Grundlagen der Konstruktion
für Feinwerk- und Elektrotechniker

Herausgegeben von
Werner Krause

Autoren:
Werner Krause
Alfons Holfeld
Jürgen Thümmler
Günter Röhrs
Günter Höhne
Manfred Meissner
Gerhard Friedrich

Erweiterter Nachdruck
der dritten, bearbeiteten Auflage

Mit einem Anhang
unter Mitarbeit von Gerhard Siegmund

Springer-Verlag Wien New York

Autoren:

Prof. Dr.-Ing. habil. Werner Krause
Dr.-Ing. Alfons Holfeld
Dr.-Ing. Jürgen Thümmler
Doz. Dr.-Ing. Günter Röhrs
Sektion Elektronik-Technologie und Feingerätetechnik
der Technischen Universität Dresden

unter Mitarbeit von

Doz. Dr.-Ing. Günter Höhne (Abschn. 1.)
Dr.-Ing. Manfred Meissner (Abschn. 2.1.)
Sektion Gerätetechnik der Technischen Hochschule Ilmenau

Dr.-Ing. Gerhard Friedrich
VEB Kombinat Getriebe und Kupplungen
Hauptabteilung Forschung und Entwicklung, Dresden

Dipl.-Ing. Gerhard Siegmund (Anhang)
Wien

Vertriebsrechte für die sozialistischen Länder:
VEB Verlag Technik Berlin

Vertriebsrechte für alle Staaten
mit Ausnahme der sozialistischen Länder:
Springer-Verlag Wien – New York

Mit 339 Abbildungen

CIP-Kurztitelaufnahme der Deutschen Bibliothek

Grundlagen der Konstruktion : für Feinwerk- u. Elektrotechniker / hrsg. von Werner Krause. Autoren: Werner Krause ... Mit e. Anh. unter Mitarb. von Gerhard Siegmund. – Erw. Nachdr. d. 3., bearb. Aufl. – Wien ; New York : Springer, 1984.

NE: Krause, Werner [Hrsg.]

Softcover reprint of the hardcover 3rd edition 1984

Gesamtherstellung: Offizin Andersen Nexö, Graphischer Großbetrieb, DDR – 7010 Leipzig

ISBN 978-3-7091-8769-2
ISBN 978-3-7091-8768-5 (eBook)
DOI 10.1007/978-3-7091-8768-5

Vorwort

Das Erzeugnisspektrum der Elektrotechnik, Elektronik und Feinwerktechnik umfaßt sowohl Maschinen, Geräte und Anlagen für die Erzeugung, Übertragung und Anwendung von Elektroenergie als auch vorwiegend informationsübertragende und -verarbeitende Geräte und Anlagen der Nachrichten-, Meß- und Automatisierungstechnik, der Datenverarbeitung und Rechentechnik sowie der Feinmechanik und Optik. Diese Erzeugnisse werden aus mechanischen, elektromechanischen, elektrischen, optischen und zunehmend aus elektronischen und mikroelektronischen Bauelementen und Funktionsgruppen aufgebaut. Das Spektrum reicht von hochkomplizierten Anlagen, vielfach in einmaliger Spezialausführung hergestellt, bis zu Produkten der Konsumgüterindustrie, deren hoher Bedarf meist nur durch Anwendung spezieller und ausgereifter Verfahren der Massenfertigung gedeckt werden kann.

Auf dem Gebiet der Elektrotechnik, z.B. im Elektromaschinenbau, steht dabei vielfach die Leistungsübertragung im Vordergrund, die mit möglichst hohem Wirkungsgrad erfolgen soll. In der Elektronik und Feinwerktechnik dagegen müssen vorwiegend Informationen der unterschiedlichsten Art erfaßt, gespeichert, verarbeitet oder zur Aufnahme durch den Menschen aufbereitet werden, wobei hohe Arbeitsgeschwindigkeiten und zugleich große Genauigkeiten, z.B. bei der Einhaltung vorgegebener Übertragungsfunktionen, erforderlich sind. Darüber hinaus werden bei allen Erzeugnissen dieser Fachgebiete gesteigerte Leistungsfähigkeit sowie erhöhte Zuverlässigkeit, Lebensdauer und Umweltfreundlichkeit unter Wahrung wirtschaftlicher Aspekte gefordert. Die Tendenz geht dabei dahin, die informationsverarbeitenden Funktionsgruppen unter Verwendung mikroelektronischer Bausteine zu realisieren und mechanische durch elektronische Prinzipe überall dort abzulösen, wo es funktionell und ökonomisch vorteilhaft ist. An der Geräteperipherie werden dagegen in zunehmendem Maße leistungsfähige mechanische und elektromechanische Baugruppen benötigt.

Auf dem Gebiet der Konstruktion besteht deshalb die Aufgabe, durch eine noch sicherere Beherrschung mechanischer Konstruktionselemente und durch die Erarbeitung neuer konstruktiver Lösungen mit dieser Entwicklung Schritt zu halten. Deshalb müssen sowohl Ingenieure für Technische Kybernetik und Automatisierungstechnik, Elektrotechnik, Informationstechnik, elektronische Bauelemente und Informationsverarbeitung als auch Betriebswirtschaftler, Arbeitswissenschaftler und Berufspädagogen ebenso wie die Konstrukteure und Technologen der Elektrotechnik, Elektronik und Feinwerktechnik selbst bereits im Studium eine vertiefte Konstruktionsausbildung erhalten. Sie soll dazu befähigen, Maschinen, Geräte und Anlagen schnell verstehen, mitentwickeln, aufbauen und anwenden zu können.

Das vorliegende Lehrbuch will dem Studierenden die Grundlagen der Konstruktion vermitteln. Zugleich ist es für den in der Praxis tätigen Ingenieur durch die übersichtliche und z.T. katalogartige Aufbereitung des Stoffes als Nachschlagewerk und zum schnellen Auffrischen erworbener Kenntnisse geeignet.

Das Buch folgt mit seinem Aufbau den allgemein eingeführten Lehrprogrammen des Grundstudiums für die Konstruktionsausbildung der elektrotechnisch, elektronisch und feinwerktechnisch bzw. gerätetechnisch orientierten Studienrichtungen und entspricht damit den Bedürfnissen einer großen Anzahl Studenten.

Das Buch erschien zunächst im VEB Verlag Technik Berlin. Für den Springer-Verlag wurden deshalb sowohl im Text als auch zusammenfassend im Anhang den TGL-Standards die entsprechenden DIN-Normen zugeordnet sowie aus diesem Vergleich abgeleitete Unterschiede bei Werkstoffbezeichnungen, Begriffen, Berechnungsvorschriften usw. übersichtlich zusammengefaßt. Im gleichen Sinne werden die Begriffe Gerätetechnik für Feinwerktechnik und Standardisierung für Normung verwendet.

Allen Mitarbeitern, die zum Gelingen des Buches beigetragen haben, sei an dieser Stelle herzlich gedankt. Ebenso gebührt Herrn Prof. Dr.-Ing. habil. *E. Bürger*, TH Karl-Marx-Stadt, Herrn Doz. Dr. sc. techn. *M. Schilling*, TH Ilmenau und Herrn Studiendirektor Dipl.-Ing. *V. Ludwig*, Ingenieurschule für Feinwerktechnik Glashütte, Dank für die Hinweise zur Gestaltung und dem VEB Verlag Technik Berlin sowie dem Springer-Verlag Wien – New York für die aktive Unterstützung bei der Herausgabe des Buches.

Dresden *Werner Krause*

Inhaltsverzeichnis

1. Der konstruktive Entwicklungsprozeß ... 11

1.1. Stellung der Konstruktion im Reproduktionsprozeß ... 11

1.2. Ablauf und Methoden des Konstruierens ... 12

2. Grundlagen der Konstruktionsarbeit ... 17

2.1. Gestalten von Bauelementen und Baugruppen ... 17
- 2.1.1. Gestaltungsgrundsätze und -richtlinien ... 17
- 2.1.2. Formelemente ... 18
- 2.1.3. Montagegerechtes Gestalten der Bauelemente ... 21
- 2.1.4. Vorgehensweise beim Gestalten ... 22

2.2. Vorzugszahlen und -maße, Normzahlen und -maße ... 23

2.3. Toleranzen und Passungen ... 25
- 2.3.1. Toleranzen ... 25
- 2.3.2. Passungen ... 34
- 2.3.3. Maß- und Toleranzketten ... 38
- 2.3.3.1. Maximum-Minimum-Methode ... 40
- 2.3.3.2. Wahrscheinlichkeitstheoretische Methode ... 42
- 2.3.4. Toleranz- und passungsgerechtes Gestalten ... 43

2.4. Werkstoffwahl ... 45

2.5. Aufgaben und Lösungen zu Abschn. 2. ... 47

3. Statik und Festigkeitslehre ... 52

3.1. Einführung ... 52

3.2. Statik ... 53
- 3.2.1. Kräfte an starren Körpern ... 53
- 3.2.2. Ebenes zentrales Kraftsystem ... 56
- 3.2.3. Ebenes allgemeines Kraftsystem ... 57
- 3.2.4. Kräftepaar und Moment ... 58
- 3.2.5. Gleichgewichtsbedingungen ... 59
- 3.2.6. Standsicherheit ... 60
- 3.2.7. Bestimmung der Auflagergrößen (Auflagerreaktionen) ... 60
- 3.2.8. Schnittreaktionen ... 63

3.3. Festigkeitslehre ... 65
- 3.3.1. Grundbegriffe ... 65
- 3.3.2. Beanspruchung durch Kräfte ... 70
- 3.3.3. Beanspruchung durch Momente ... 74
- 3.3.3.1. Beanspruchung auf Biegung ... 74
- 3.3.3.2. Beanspruchung auf Torsion (Verdrehung) ... 79
- 3.3.4. Zusammengesetzte Beanspruchung ... 80

3.4. Aufgaben und Lösungen zu Abschn. 3. ... 81

4. Mechanische Verbindungselemente und -verfahren ... 85

4.1. Verbindungen durch stoffliche Veränderungen ... 86

4.1.1. Schweißverbindungen ... 86
4.1.1.1. Preßschweißen ... 86
4.1.1.2. Schmelzschweißen ... 89
4.1.2. Lötverbindungen ... 92
4.1.2.1. Lötverfahren ... 93
4.1.2.2. Berechnung und konstruktive Gestaltung ... 95
4.1.3. Klebverbindungen ... 96
4.1.4. Kittverbindungen ... 98
4.1.5. Einbettverbindungen ... 99

4.2. Verbindungen durch elastische Verformung ... 100

4.2.1. Preßverbindungen (Preßverbände) ... 100
4.2.2. Schraubenverbindungen ... 104
4.2.2.1. Berechnung ... 107
4.2.2.2. Konstruktive Gestaltung ... 113
4.2.3. Stift- und Keilverbindungen ... 116
4.2.4. Feder- und Profilwellenverbindungen ... 119
4.2.5. Klemmverbindungen ... 121
4.2.6. Spreizverbindungen ... 122

4.3. Verbindungen durch plastische Verformung ... 123

4.3.1. Nietverbindungen ... 123
4.3.2. Verbindungen durch Bördeln, Sicken, Falzen, Einrollen, Lappen, Schränken und Blechsteppen ... 127

5. Elektrische Leitungsverbindungen ... 130

5.1. Funktion und Aufbau ... 130

5.2. Leitungselemente ... 131

5.3. Verbindungselemente und -verfahren ... 131

5.4. Verdrahtungen ... 137

5.4.1. Klassifikation ... 137
5.4.2. Kabelverdrahtung ... 139
5.4.3. Flachverdrahtung ... 140
5.4.4. Freiverdrahtung ... 140

5.5. Aufgaben und Lösungen zu den Abschnitten 4. und 5. ... 141

6. Federn ... 146

6.1. Grundbegriffe, Federkennlinien ... 146

6.2. Federwerkstoffe ... 148

6.3. Berechnung der Einzelfeder ... 148

6.3.1. Grundlagen ... 148
6.3.2. Biegefedern ... 149
6.3.3. Torsionsfedern ... 153

6.4. Federsysteme ... 156

6.4.1. Reihenschaltung von Federn ... 156
6.4.2. Parallelschaltung von Federn ... 156

6.5. Tellerfedern . . . 157

6.6. Gummifedern . . . 158

6.7. Bimetallfedern (Thermobimetalle) . . . 159

6.8. Aufgaben und Lösungen zu Abschn. 6. . . . 161

7. Achsen und Wellen . . . 163

7.1. Beanspruchungen . . . 163

7.2. Entwurfsberechnung . . . 163
7.2.1. Überschlägliche Bestimmung des Achsendurchmessers . . . 163
7.2.2. Überschlägliche Bestimmung des Wellendurchmessers . . . 164

7.3. Nachrechnung . . . 165
7.3.1. Nachrechnung der vorhandenen Spannungen . . . 165
7.3.2. Nachrechnung der Verformung . . . 168
7.3.3. Schwingungsberechnung . . . 169

7.4. Werkstoffwahl und Gestaltung . . . 170

7.5. Aufgaben und Lösungen zu Abschn. 7. . . . 171

8. Lager . . . 173

8.1. Gleitlager . . . 174
8.1.1. Gleitreibung . . . 174
8.1.2. Gleitlagerkonstruktion . . . 176
8.1.2.1. Verschleißlager . . . 177
8.1.2.2. Hydrodynamische Gleitlager . . . 179
8.1.3. Werkstoffwahl . . . 183
8.1.4. Schmierung . . . 185
8.1.5. Sinterlager . . . 188

8.2. Wälzlager . . . 189
8.2.1. Rollreibung . . . 189
8.2.2. Aufbau und Eigenschaften der Wälzlager . . . 190
8.2.3. Ausführungsformen der Wälzlager und ihre Anwendung . . . 190
8.2.4. Miniaturwälzlager . . . 193
8.2.5. Berechnungsgrundlagen . . . 194
8.2.6. Einbau von Wälzlagern . . . 198

8.3. Sonderformen von Lagern in der Gerätetechnik . . . 201
8.3.1. Steinlager . . . 201
8.3.2. Spitzenlager . . . 202
8.3.3. Schneidenlager . . . 204
8.3.4. Stoßsicherungen . . . 205
8.3.5. Federlager . . . 206

9. Geradführungen . . . 207

9.1. Gleitführungen . . . 207

9.2. Wälzführungen . . . 209

9.3. Aufgaben und Lösungen zu den Abschnitten 8. und 9. . . . 211

10. Kupplungen . . . 214

10.1. Feste Kupplungen . . . 214

10.2. Ausgleichskupplungen 216

10.3. Schaltkupplungen 221
10.3.1. Schaltbare Kupplungen 221
10.3.2. Selbstschaltende Kupplungen 224

10.4. Aufgaben und Lösungen zu Abschn. 10. 226

11. Zahnrad- und Zugmittelgetriebe 229

11.1. Einteilung der Getriebearten 229

11.2. Zahnradgetriebe – Übersicht 231
11.2.1. Einteilung nach der Gestellanordnung der Räder 231
11.2.2. Einteilung nach der Anzahl der Übersetzungsstufen 232
11.2.3. Einteilung nach Lage der Achsen und geometrischer Grundform der Radkörper 233

11.3. Zahnräder 233
11.3.1. Grundgesetze der Verzahnung 233
11.3.2. Bezeichnungen und Bestimmungsgrößen an Zahnrädern 234
11.3.3. Profilformen 235
11.3.4. Stirnräder mit Evolventengeradverzahnung 236
11.3.4.1. Die Evolvente 236
11.3.4.2. Bezugsprofil und Verzahnungsgrößen 237
11.3.4.3. Eingriffsverhältnisse und Profilüberdeckung 238
11.3.4.4. Herstellung der Zahnräder 239
11.3.4.5. Unterschnitt und Grenzzähnezahl 239
11.3.4.6. Profilverschiebung 240
11.3.4.7. Verzahnungstoleranzen, Getriebepassungen 243
11.3.5. Stirnräder mit Evolventenschrägverzahnung 244
11.3.6. Festigkeitsberechnung der Zahnräder 245
11.3.6.1. Zahnkräfte 245
11.3.6.2. Überschlagsrechnung nach Bach 246
11.3.6.3. Tragfähigkeitsberechnung 247
11.3.6.4. Berechnung von Zahnrädern aus Plastwerkstoffen 251
11.3.7. Werkstoffwahl 252
11.3.8. Konstruktive Gestaltung und Schmierung der Zahnräder 253

11.4. Bauformen der Zahnradgetriebe 254
11.4.1. Stirnradgetriebe 254
11.4.2. Kegelradgetriebe 258
11.4.3. Schneckengetriebe 259
11.4.4. Schraubenstirnradgetriebe 260

11.5. Zugmittelgetriebe 261
11.5.1. Zugmittelgetriebe mit Kraftpaarung (Schnur-, Band-, Flachriemen- und Keilriemengetriebe) 262
11.5.2. Zugmittelgetriebe mit Formpaarung (Zahnriemen- und Kettengetriebe) ... 265

11.6. Aufgaben und Lösungen zu Abschn. 11. 268

Literatur 270

Anhang: DIN-Normen, Literatur, Toleranzen und Passungen, Werkstoffkenngrößen 274

Sachwörterverzeichnis 292

1. Der konstruktive Entwicklungsprozeß

Die konstruktive Entwicklung technischer Erzeugnisse ist nach dem heute vorherrschenden Grad der Arbeitsteilung in der Regel Aufgabe einer speziellen Struktureinheit innerhalb eines Betriebes oder Werkes, die man i.allg. als betrieblichen Konstruktionsbereich bezeichnet. Dieser Bereich hat enge Bindungen zu anderen Bereichen, besonders zur technologischen Fertigungsvorbereitung und zur Fertigung selbst.

Die erfolgreiche Bearbeitung von Konstruktionsaufgaben in einem solchen Bereich setzt unter Beachtung der Vielfalt möglicher Lösungswege ein systematisches Vorgehen und die wissenschaftliche Durchdringung der Konstruktionsarbeit mit dem Ziel voraus, solche Vorschriften und Regeln zu erarbeiten, die es gestatten, technische Gebilde mit höheren Gebrauchswerten zu schaffen und den konstruktiven Entwicklungsprozeß rationell vollziehen zu können. Die Aneignung dieser Grundlagen und Methoden sowie die Nutzung der dazu geschaffenen Hilfsmittel sind wichtige Voraussetzungen für eine erfolgreiche Tätigkeit in der Praxis.

1.1. Stellung der Konstruktion im Reproduktionsprozeß

Das Konstruieren als gedankliche Vorausbestimmung eines Erzeugnisses nimmt eine zentrale Stellung im Reproduktionsprozeß eines technischen Gebildes ein (Bild 1.1).

Konstruktionsaufgaben entspringen ebenso wie die übrigen technischen Aufgaben stets einem gesellschaftlichen Bedürfnis. Sie werden in enger Wechselwirkung mit anderen Prozessen der technischen Vorbereitung, wie der technologischen Entwicklung, der

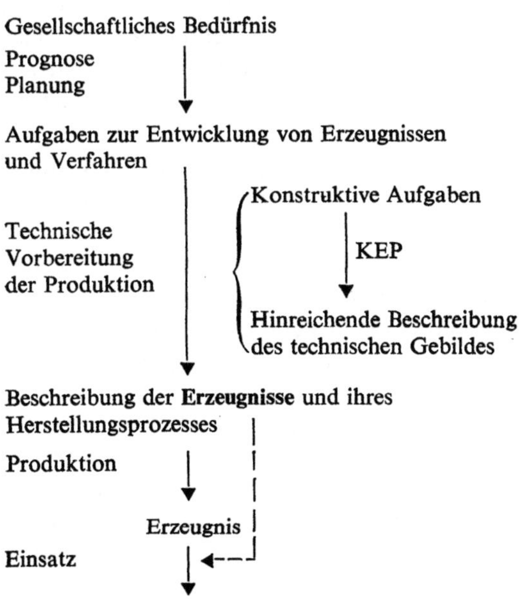

Bild 1.1
Einordnung des konstruktiven Entwicklungsprozesses (KEP) in den Reproduktionsprozeß

Vorlaufforschung, dem Musterbau, der Materialwirtschaft, formuliert und gelöst. Der Konstrukteur schafft mit seinem Arbeitsergebnis – der Beschreibung eines technischen Gebildes – die Voraussetzung sowohl für die Herstellung als auch für die zweckentsprechende Nutzung.

Der Konstruktionsvorgang hat demnach entscheidenden Einfluß auf den Gebrauchswert des Erzeugnisses und die Ökonomie von Produktion und Einsatz. Nur in dem Maße, wie es dem Konstrukteur gelingt, die vielfältigen und z.T. widersprüchlichen Forderungen aus dem gesellschaftlichen Reproduktionsprozeß technisch umzusetzen, wird das ursprüngliche gesellschaftliche Bedürfnis erfüllt. Untersuchungen haben ergeben, daß die gesamten Kosten eines Erzeugnisses bis zu 75% bereits beim Konstruieren festgelegt werden.

1.2. Ablauf und Methoden des Konstruierens [12] [1.1] bis [1.12]

Für die Leitung, Organisation und Kontrolle der Konstruktionsarbeit in der Industrie ist nach [1.12] eine in Tafel 1.1 dargestellte Regelung zur Vereinheitlichung gegeben. Sie ist in den Betrieben bzw. Werken durch sog. Überleitungsordnungen für die spezifischen Bedingungen im jeweiligen Bereich konkretisierbar. Dazu gehören Festlegungen über Zwischenverteidigungen, Präzisierungen der in einer Arbeitsstufe zu erbringenden Leistungen, Kriterien für die Produktionsreife der Entwicklung usw. Derartige Festlegungen können jedoch i.allg. nur günstige *äußere* Bedingungen für die Lösung von Konstruktionsaufgaben schaffen. Sie werden erst durch eine zielgerichtete systematische Arbeitsweise des Konstrukteurs wirksam.

Das Vorgehen beim Konstruieren hängt von einer Reihe objektiver Gegebenheiten ab, auf die sich der Bearbeiter einstellen muß. Eine Konstruktionsaufgabe enthält – gleichgültig, ob ein komplexes Gerät oder eine einfache Verbindungsstelle zu entwickeln ist – Forderungen über den Zweck, das Einsatzgebiet, die Leistung u.ä., die in ihrem Kern die *Funktion* des technischen Gebildes festlegen. Gesucht ist die *Struktur*, über die ebenfalls Vorgaben vorhanden sein können.

Die Aufgabe des Konstrukteurs besteht demnach in der Synthese einer Struktur, die eine vorgegebene technische Funktion unter einer Reihe von Randbedingungen erfüllen muß. Untersuchungen der Beziehungen zwischen Funktion und Struktur haben ergeben, daß die Lösung einer Konstruktionsaufgabe *mehrdeutig* und *unbestimmt* ist. Für die Erfüllung einer technischen Funktion sind mehrere Strukturen einsetzbar. Das Bestimmen dieser Lösungsmenge ist außerdem mit Unsicherheit behaftet; es gibt keinen determinierten Lösungsweg. Aus dieser Situation lassen sich Ansätze für eine systematische Arbeitsweise beim Konstruieren ableiten, wie Bild 1.2 zeigt.

Die Mehrdeutigkeit bei der Lösungsfindung bietet zum einen die Möglichkeit zur Optimierung, erfordert zum anderen aber einen erhöhten Arbeitsaufwand. In jedem Fall sollte man sich einen Überblick über das mögliche Lösungsfeld verschaffen und es mit geeigneten Mitteln ordnen. Die geeignete Lösung wird mittels Bewertung und Entscheidungsregeln ausgewählt.

Die Unbestimmtheit bei der Synthese kann zunächst dadurch gemindert werden, daß man den notwendigen Informationszuwachs aufteilt und in zweckmäßigen Schritten erarbeitet. Vorhandene, dem Gedächtnis, Katalogen oder anderen Quellen entnommene Lösungen setzen die Unsicherheit und den Arbeitsaufwand erheblich herab, auch wenn sie nicht unverändert übertragbar sind. Zweckmäßig ist außerdem der Wechsel zwischen gedanklichen, schöpferischen Vorgriffen auf Lösungen bzw. Lösungselemente und der

Tafel 1.1. Arbeitsstufen zur Entwicklung und Einführung von Erzeugnissen (K1 bis K11) – Auszug aus [1.12]*; für DDR gesetzliche Regelung*

Arbeitsstufe	Zeichen	Erfüllungsnachweis
Ausarbeitung der Aufgabenstellung	K 1	bestätigtes Pflichtenheft
Erarbeitung des Lösungswegs und Präzisierung der Aufgabenstellung	K 2	bestätigtes präzisiertes Pflichtenheft, bestätigtes Arbeitsprogramm
Erarbeitung der konstruktiven und technologischen Lösung für den Bau des Funktionsmusters	K 3	Fertigungsdokumentation für FuMu, Erprobungsprogramm
Bau des Funktionsmusters	K 4	Funktionsmuster
Erprobung der konstruktiven Lösung und Nachweis der Reproduzierbarkeit der Funktion	K 5	bestätigter Erprobungsbericht, präzisiertes Arbeitsprogramm
(Freigabe zur Produktion)	K 5/0	(s. u.)
Vorbereitung des Baus des Fertigungsmusters/der Errichtung des Experimentalbaus	K 6	Fertigungsdokumentation – FeMu/Exbau, Erprobungsprogramm
Bau des Fertigungsmusters/Errichtung des Experimentalbaus	K 7	Fertigungsmuster bzw. Experimentalbau
Erprobung des Fertigungsmusters/Experimentalbaus und Nachweis der Fertigungsreife	K 8	bestätigter Erprobungsbericht, ggf. Fertigungsdokumentation – Nullserie
(Freigabe zur Produktion)	K 8/0	(s. u.)
Bau der Nullserie unter den Bedingungen der künftigen Serienproduktion	K 9	Nullserienerzeugnisse
Erprobung der Nullserienproduktion und Nachweis der Serienproduktionsreife	K 10	bestätigter Erprobungsbericht
(Freigabe zur Produktion)	K 10/0	(s. u.)
Mitwirkung bei der Einführung in die Produktion	K 11	Abnahmeprotokoll der TKO (Technische Kontrollorganisation in Betrieben der DDR) über die im Plan der Einführung festgelegte Produktion
Freigabe zur Produktion:		
auf Grundlage des Funktionsmusters (Einzelfertigung)	K 5/0	Fertigungsdokumentation – Produktion, bestätigter FE-Bericht (gilt für K 5/0, K 8/0, K 10/0)
auf Grundlage des Fertigungsmusters/des Experimentalbaus (Serienfertigung)	K 8/0	
auf Grundlage der Nullserie (Großserien- und Massenfertigung)	K 10/0	

Bild 1.2. Maßnahmen zur Erhöhung der Zielstrebigkeit beim Konstruieren

Problemsituation	gegeben ist geforderte Funktion	Lösungsweg → (Inhalt und Folge der Lösungsschritte ist unbestimmt)	gesucht ist Menge der funktionserfüllenden Strukturen
Maßnahmen	Vervollständigen und Aufbereiten der Aufgabenstellung – Präzisieren – Verallgemeinern (Abstraktion) – Ermitteln der Forderungen und Gegebenheiten	Einschränken der Unbestimmtheit – schrittweises Vorgehen – Ausnutzen vorhandener Lösungen – zyklische Arbeitsweise (Rückkopplung)	Ausnutzen und Einschränken der Lösungsvielfalt – Erschließen des Lösungsfeldes – Ordnen (Klassifizieren, Systematisieren) – Auswahl der optimalen Variante

bewußten Rückkopplung auf die Ausgangssituation, wodurch iterativ die gewünschte Struktur gefunden werden kann.

Erheblichen Einfluß auf den Konstruktionsvorgang haben die in der Aufgabenstellung enthaltenen Vorgaben. Da sie meist lückenhaft sind, muß man sie vervollständigen und konkretisieren. Damit wächst der Informationsumfang, was die Lösungsfindung u. U. aufwendiger werden läßt. Beschränkt man sich auf die wesentlichen Merkmale der zu realisierenden Funktion, wird das Auffinden eines Lösungsansatzes erleichtert.

Die im Bild 1.2 angegebenen Maßnahmen erweisen sich als methodische Grundregeln für die Lösung einer Konstruktionsaufgabe. Sie werden u. a. durch Gliederung des Konstruktionsvorgangs in methodisch sinnvolle Arbeitsschritte realisiert, die zu inhaltlich definierten Entwicklungszuständen des technischen Gebildes führen. Am Beispiel der Entwicklung einer elektromechanischen Baugruppe ist der Ablauf in Tafel 1.2 erläutert.

Die erste Phase dient der Aufgabenaufbereitung. Sie zielt zunächst auf eine umfassende Informationsbeschaffung und präzisiert und ordnet die Angaben der Aufgabenstellung. Durch systematische Analyse werden die Anforderungen an Funktion und Struktur für den späteren Einsatz sowie an die Herstellung so detailliert wie möglich erfaßt und in der *präzisierten Aufgabenstellung* bzw. dem *Pflichtenheft* niedergelegt. Diese Unterlage, die während der Entwicklung ständig auf dem neuesten Stand zu halten ist, bildet die Grundlage zur Festlegung von Teilaufgaben und des Arbeitsplans.

Für die Erarbeitung der Lösung muß man sich zunächst von den zahlreichen Details frei machen, durch Abstraktion den Kern herausschälen und in verallgemeinerter Form die zu realisierende Gesamtfunktion bestimmen (Tafel 1.2).

In der sich anschließenden Prinzipphase werden die grundsätzlichen technischen Lösungsmöglichkeiten ermittelt und eine optimale Variante bestimmt. Bei einer Neuentwicklung ist eine physikalische Grundlage, ein *Verfahrensprinzip*, erforderlich, das die Folge der notwendigen physikalisch-technischen Operationen enthält. Für die mechanische Unterbrechung eines Stromkreises, wie es die Aufgabenstellung im betrachteten Beispiel fordert, müssen Kräfte erzeugt und in geeigneter Weise zur Wirkung gebracht werden. Nachdem man den für eine Steuerung günstigen Elektromagneten gewählt hat, läßt sich als nächstes Entwicklungsstadium eine *Funktionsstruktur* angeben. Sie enthält die für die Realisierung der Gesamtfunktion notwendigen Funktionselemente und deren Verknüpfung über die Eingangs- und Ausgangsgrößen. Auch hierbei sind mehrere Varianten möglich. Bei der Bestimmung des *technischen Prinzips* wird zur geometrisch-stofflichen Realisierung übergegangen. Es enthält die funktionswichtigen Bauelemente in symbolisierter Darstellung, ihre Kopplungen und Anordnungen. Die Bauelemente für die Teilfunktionen der Funktionsstruktur werden systematisch ermittelt, wie es in Tafel 1.2 für das Triebsystem dargestellt ist [1.10]. Aus diesen Teilprinzipen entstehen unter Hinzufügung von Prinziplösungen für die mechanische Energiespeicherung, die Bewegungsübertragung und das Kontaktsystem verschiedene Gesamtprinzipe.

Nach Auswahl des optimalen Prinzips folgt die quantitative Bestimmung der Struktur in der Gestaltungsphase. Neben der Funktionserfüllung sind alle weiteren Forderungen, insbesondere die Fertigungsbedingungen, zu beachten. Alle Bauelemente erhalten im *technischen Entwurf* ihre Gestalt und Abmessung. Dazu sind u. a. Toleranz- und Dimensionierungsrechnungen erforderlich. Auch hierbei sind zahlreiche Varianten möglich, wie es das Beispiel der Kontaktfedern in Tafel 1.2 veranschaulichen soll. Aus dem Gesamtentwurf werden dann die notwendigen Unterlagen für Herstellung, Vertrieb und Einsatz erarbeitet.

Der Ablauf in Tafel 1.2 ist verallgemeinert und vereinfacht. Das zweckmäßigste Vorgehen muß man anhand der konkreten Gegebenheiten für jede Aufgabe gesondert fest-

Tafel 1.2. Grundstruktur des konstruktiven Entwicklungsprozesses (KEP); Beispiel Relaisentwicklung

<table>
<tr><th></th><th>Entwicklungszustände</th><th>Beispiel</th></tr>
<tr><td rowspan="3">Aufbereitungsphase</td><td>Aufgabenstellung</td><td>Entwicklung eines steuerbaren Schalters mit mechanischer Unterbrechung des Stromkreises</td></tr>
<tr><td>1. Präzisierte Aufgabenstellung</td><td>Gegebenheiten und Forderungen:

Funktion:
max. Schaltleistung 30 VA
Ansprechzeit ⩽ 10 ms
Rückgangszeit ⩽ 4 ms
Kontaktkraft 15–20 cN
Lebensdauer 10^5 Schaltspiele

Struktur:
Raum
$50 \times 20 \times 12\ \mathrm{mm}^3$
Einbaulage beliebig

Herstellung:
Großserie 500000 Stück/Jahr</td></tr>
<tr><td>2. Gesamtfunktion</td><td>– verbale Beschreibung:
Schließen und Öffnen eines elektrischen Stromkreises zu einem beliebigen Zeitpunkt
– symbolische Beschreibung:
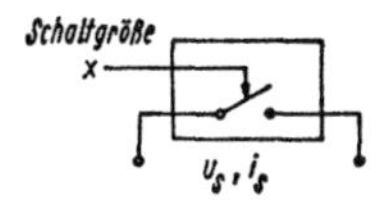
</td></tr>
<tr><td rowspan="3">Prinzipphase</td><td>3. Verfahrensprinzip</td><td>Zum Schließen und Öffnen der Kontakte werden Kräfte benötigt

Varianten:
Schwerkraft $F = mg$
Statischer Auftrieb $F = \varrho V g$
Zentrifugalkraft $F = mr\omega^2$
Elastizität $F = cs$
Bimetall $F = \frac{kEbh^2}{4l} \Delta\vartheta$
Elektromagnet $F = \frac{\mu_0 w^2 I^2}{l^2} A$

Gewähltes Prinzip:
Schließen durch E-Magnet
Öffnen durch Rückstellfeder</td></tr>
<tr><td>4. Funktionsstruktur</td><td>Beispiel einer möglichen Funktionsstruktur:
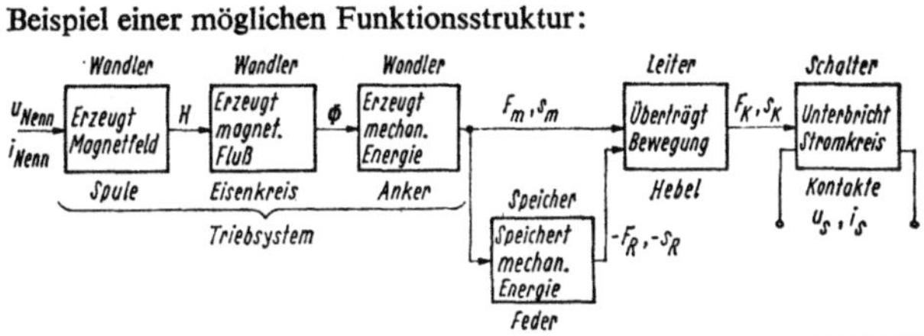
</td></tr>
<tr><td>5. technisches Prinzip</td><td>Technische Prinzipe für Triebsystem (Auszug):
<table>
<tr><th rowspan="3">Magnetform</th><th colspan="3">Ankerbewegung</th></tr>
<tr><th rowspan="2">Translation</th><th colspan="2">Rotation</th></tr>
<tr><th>mehrere Luftspalte</th><th>ein Luftspalt</th></tr>
<tr><td>U</td><td>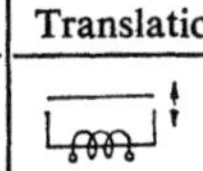</td><td></td><td>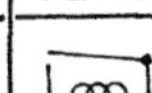</td></tr>
<tr><td>E</td><td>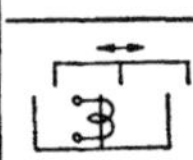</td><td>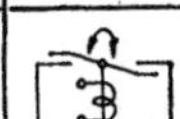</td><td>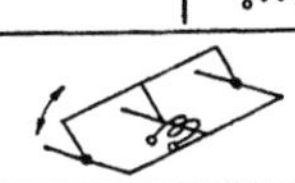</td></tr>
<tr><td>Topf</td><td>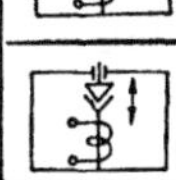</td><td>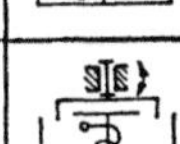</td><td></td></tr>
</table></td></tr>
<tr><td rowspan="2">Gestaltungsphase</td><td>6. technischer Entwurf</td><td>Gestaltungsvarianten, z.B.:

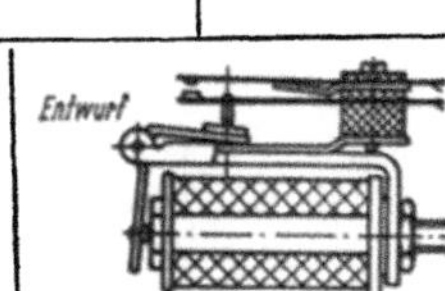
</td></tr>
<tr><td>7. Konstruktionsdokumentation</td><td>Zeichnungssatz, Stückliste, Montageanleitung, Justiervorschrift, Prüfvorschrift und andere Unterlagen</td></tr>
</table>

legen. Sehr oft sind nicht Neuentwicklungen von Bauelementen oder Geräten zu vollziehen, sondern nur bestimmte Teilprobleme konstruktiv zu lösen, z.B. die Befestigung eines Relais auf einer Leiterplatte oder in einem Gestellrahmen. In solchen Fällen wären Überlegungen auf der Abstraktionsebene Funktionsstruktur unnötig.

Für die einzelnen Arbeitsschritte des konstruktiven Entwicklungsprozesses stehen zahlreiche Hilfsmittel zur Verfügung, z.B. zur Informationsverarbeitung die Methoden der elektronischen Rechentechnik (Digital-, Analog- und Hybridrechner), zur Informationsspeicherung neben Handbüchern, Katalogen und Karteien vor allem Mikrofilm- und EDV-Speicher sowie zur Informationsdarstellung sowohl die konventionelle Zeichentechnik als zunehmend auch Drucker, Plotter, Zeichenautomaten und Bildschirmgeräte [12] [1.1] bis [1.9] [1.13].

Die nachfolgenden Abschnitte stellen Grundlagen für die Auswahl, Berechnung und konstruktive Ausführung mechanischer Konstruktionselemente in der Gestaltungsphase bereit, die etwa 50% des Arbeitsaufwands beim Konstruieren umfassen. Tafel 1.3 gibt Hinweise für ein zweckmäßiges methodisches Vorgehen, das entsprechend der zu bearbeitenden Aufgabe modifiziert werden kann.

Tafel 1.3. Methodische Arbeitsschritte beim Gestalten und Dimensionieren

Arbeitsschritte	Inhalt	Verweise
1. Präzisieren der Gestaltungsaufgabe	– Bestimmen der Funktion (z.B. Bewegungen hinsichtlich Bereich, Richtung, Bewegungswiderstand, Freiheitsgraden; Kräfte und Momente; Beanspruchungen; zulässige Verlagerungen und Verformungen)	Abschnitte 4. bis 11.
	– Erfassen gegebener Gestaltelemente (für technisches Prinzip, Wirkflächen, Koppelstellen usw.)	Abschn. 2.1.
	– Forderungen aus der Umgebung (z.B. Anschlußmaße, Einbaulage, Störgrößen)	
2. Bestimmen des Gestaltprinzips	– Beschränken auf Funktionsforderungen (Bewegungen, Kraft- und Momentenübertragung, funktionswichtige Gestaltelemente u.a.)	
	– Auswahl geeigneter Bauelemente	Abschnitte 4. bis 11.
	– Gestalten der Wirkflächen (qualitativ hinsichtlich Form, Lage, Werkstoffart)	Abschn. 2.1.
	– Darstellung von Lösungsvarianten durch Skizzen	
	– Bewertung und Auswahl der optimalen Variante	
3. Festlegen der Hauptabmessungen (Dimensionieren)	– Bestimmen der für die Bewegung erforderlichen Parameter (z.B. Drehwinkel, Führungslänge, Übersetzung, Gewindesteigung usw.)	Abschnitte 4. bis 11.
	– Bestimmen der für die Kraft- und Momentenübertragung erforderlichen Parameter (z.B. Querschnitte, Werkstoffparameter, Berührungsflächen, Reibwerte)	Abschn. 3.
	– Vergleich mit geforderten bzw. zulässigen Parametern, Korrektur	
4. Erarbeiten des vollständigen Entwurfs	– Gestalten aller Einzelheiten entsprechend den Forderungen	Tafel 2.1
	– Festlegen aller Abmessungen	Abschn. 2.2.
	– Toleranz- und Passungswahl	Abschn. 2.3.
	– Vollständige Werkstoffestlegung	Abschn. 2.4.
	– maßstäbliche, standardgerechte Entwurfszeichnung	
	– Fehlerkritik, Korrektur	

2. Grundlagen der Konstruktionsarbeit

Um einen gesicherten Austauschbau und vor allem auch eine wirtschaftliche Herstellung der Erzeugnisse zu ermöglichen, muß die Vielzahl möglicher Ausführungsformen und geometrischer Abmessungen von Bauelementen, von Werkstoffen und deren Anlieferungsformen, von technischen Parametern usw. eingeengt werden. Dies erfolgt durch Standards bzw. Normen, bei denen nach dem Geltungsbereich zwischen internationalen, nationalen, Fachbereich- und Werkstandards bzw. Normen unterschieden werden kann. Beispiele sind die internationalen ISO-Normen, die Normen der BRD (DIN), die Standards der DDR (TGL) und die Ö-Normen in Österreich. Die Normen sind als Einzelblätter und, nach bestimmten Sachgebieten zusammengestellt, zusätzlich in Form von Taschenbüchern (z. B. für technische Zeichnungen, Stahl usw.) verfügbar. In Verzeichnissen, die auf dem letzten Stand gehalten werden, sind alle gültigen Standards bzw. Normen angeführt (z. B. Verzeichnis staatlicher Standards der DDR oder DIN-Katalog für technische Regeln Bd. 1 und 2).

Zu den wichtigsten standardisierten bzw. genormten Arbeitsunterlagen in der Phase der konstruktiven Entwicklung von Erzeugnissen gehören Vorzugs- bzw. Normzahlen, Toleranzen und Passungen sowie die verfügbaren Werkstoffe. Ihre Anwendung soll deshalb im folgenden dargestellt werden. Die Arbeit mit standardisierten bzw. genormten Konstruktionselementen wird in den weiteren Hauptabschnitten verdeutlicht.

2.1. Gestalten von Bauelementen und Baugruppen [5] [7] [12] [1.3]

Unter Gestalten versteht man das Vorausdenken von Stoff und Form eines technischen Gebildes und seine technische Darstellung, in der auch die für eine Herstellung notwendigen Unterlagen verankert sind. Ausgehend vom technischen Prinzip für ein technisches Gebilde (s. Abschn. 1.) werden beim Gestalten Stoff und Form nach technischen und wirtschaftlichen Gesichtspunkten soweit festgelegt, daß Struktur und bestimmte Eigenschaften eindeutig bestimmt sind. Neben der Wahl geeigneter Werkstoffe, Fertigungsverfahren und der Hauptabmessungen erfolgt in dieser Phase auch die Untersuchung der räumlichen Verträglichkeit aller Bauelemente einer Baugruppe bzw. der Baugruppen im gesamten Erzeugnis. Der maßstäblichen Darstellung des ersten Entwurfs eines technischen Gebildes (Bauelement, Baugruppe, Gerät) folgt die technisch-wirtschaftliche Bewertung, die verschiedene Änderungen ergeben kann. Somit ist das Gestalten ein sich stets wiederholender Vorgang von Überlegungen und Überprüfungen zur optimalen Erfüllung funktioneller, fertigungstechnischer und ökonomischer Forderungen.

2.1.1. Gestaltungsgrundsätze und -richtlinien

Die Konstruktion wird entscheidend von der in der Aufgabenstellung geforderten *Funktion* bestimmt. Die erforderlichen elektronischen, elektrischen und mechanischen Bauelemente haben innerhalb des Gerätes ganz bestimmte Teilfunktionen zu erfüllen. Aber gerade die Teilfunktionen sind in den meisten Fällen für die Gestalt des Einzelteils allein maßgebend. Deshalb sind einfache, billige und möglichst automatisch herstellbare Bauelemente zu wählen.

Die *Stückzahl* stellt hierbei eine entscheidende Einflußgröße dar. In allen Fällen gilt die *Grundregel*:

■ Technische Gebilde sind *eindeutig, einfach* und *sicher* zu gestalten.

Die *eindeutige* Realisierung eines gewählten Wirkprinzips erfordert z.B. die geordnete, d.h. nicht überbestimmte, Sicherstellung des Kraft-, Stoff- und Signalflusses. Verstöße gegen dieses Prinzip führen u.a. zu ungewollten Zwangszuständen mit erhöhten Kräften und Verformungen. Doppelpassungen (s. Tafel 2.14/5), mehr als eine Festlageranordnung bei der Lagerung von Wellen (s. Abschn. 8., Bild 8.33) oder unterschiedliche Wärmedehnungen an Bauteilen (z.B. Glasdurchführungen) können solche Zwangszustände bewirken und stellen somit überbestimmte (mehrdeutige) Lösungen dar. Bild 2.1 zeigt die Gestaltung der eindeutigen Einbaulage an einem Leistungstransistor.

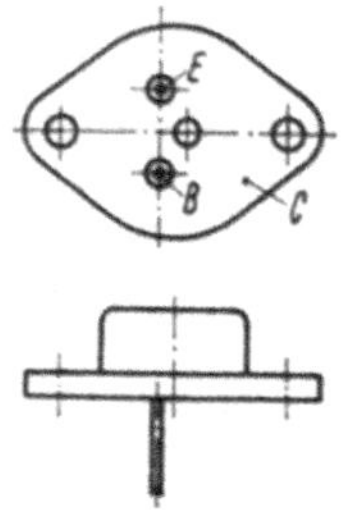

Bild 2.1. Eindeutige Einbaulage der Anschlüsse an einem Leistungstransistor

Die *einfache* Gestaltung wird u.a. durch die Wahl einer einfachen Form des technischen Gebildes (s. Abschn. 2.1.2.), eines geeigneten Werkstoffs und des Aufbaus zusammengesetzter Bauteile aus möglichst wenigen Einzelteilen erreicht. Dadurch sind wirtschaftliche Fertigung und Montage möglich [5].

Die *sichere* Gestaltung umfaßt die konsequente Erfüllung der Tragfähigkeitsanforderungen, die Zuverlässigkeit, den Arbeitsschutz (z.B. Berührungsschutz), den Umweltschutz, die Wartung, die Montage usw. Auf Werkstoffwahl und Bauteildimensionierung wird in den folgenden Abschnitten eingegangen.

Von den in der Literatur enthaltenen zahlreichen Gestaltungsprinzipien, -regeln und -hinweisen sind die wichtigsten in den Tafeln 2.1 und 2.2 zusammengefaßt. Die Regeln in Tafel 2.1 geben gleichzeitig die Vorgehensweise beim Gestalten an. Nicht für jede technische Lösung sind alle Prinzipien in Tafel 2.2 gleich wichtig. Es hängt von der jeweiligen Aufgabenstellung ab, welche Prinzipien den Vorrang erhalten.

Da die Vielzahl der Möglichkeiten, Gestaltungsprinzipien anzuwenden, Regeln für die Gestaltung abzuleiten und durch Beispiele zu erläutern, hier nicht erschöpfend behandelt werden kann, sei auf die Literatur verwiesen [5] [12] [1.3] [1.4] [2.3].

2.1.2. Formelemente

Die *Form* der Bauteile ist für den Einsatz eines *wirtschaftlichen Fertigungsverfahrens* von entscheidender Bedeutung. Sie wird in den meisten Fällen entsprechend der Arbeitsweise der Werkzeugmaschinen aus einfachen geometrischen Grundformen gebildet. Solche Grundformen können ebenflächig (durch Hobeln, Fräsen und Schleifen) oder kreisförmig sein (durch Drehen und Bohren).

Ebene geometrische Grundformen (Quadrat, Rechteck, Rhombus, Kreis und Kombinationen) bilden in den meisten Fällen auch die funktionsbestimmenden bzw. funktionsbedingten Flächen, die *Wirkflächen*, der Bauelemente. Bei räumlichen geometrischen Gebilden sind Würfel, Quader, Pyramide, Zylinder, Kegel und Kugel bzw. ihre Teile die Grundformen.

Tafel 2.1. Allgemeine Gestaltungsregeln

Gegenstand	Forderung	Überprüfung
Funktion	funktionsgerecht, toleranzgerecht, Erfüllen der gestellten Aufgabe und der sich daraus ableitenden Teilaufgaben	Kann durch die gewählten Wirkprinzipe die Funktion erfüllt und die Aufgabe gelöst werden?
Werkstoff und Dimensionierung	werkstoffgerecht, beanspruchungsgerecht, formänderungsgerecht, verschleißgerecht, korrosionsgerecht	Ermöglicht der gewählte Werkstoff – eine wirtschaftliche Fertigung? – die Aufnahme der Betriebskräfte? – minimale Masse? – minimale Materialkosten?
Herstellung	fertigungs-, montage-, justier-, stückzahl-, standard- bzw. normgerecht	Ermöglicht die gewählte Form eine wirtschaftliche Fertigung und Montage?
Ergonomie (Beziehung Mensch – Gerät)	gebrauchsgerecht, formgerecht	Wurde das Gerät bediengerecht gestaltet? Sind Form und Farbe ansprechend?
Kontrolle	kontrollgerecht	Können bestimmte Abmessungen oder Funktionsparameter geprüft (gemessen, gelehrt) werden?
Gebrauch und Instandhaltung	gebrauchsgerecht, instandhaltungs- bzw. wartungsgerecht, transportgerecht	Sind Vorkehrungen für einfache Wartung vorgesehen und Maßnahmen zur Vermeidung von Geräusch, Störungen, Erschütterungen, Umweltverschmutzungen u.a. eingeleitet worden?
Kosten	kostengerecht	Sind durch Verringerung der Herstellungs-, Material- und Betriebskosten Einsparungen möglich?

Tafel 2.2. Gestaltungsprinzipien [12]

Gestaltungsprinzipien	Beispiele
Prinzip der Kraftleitung	
– Kraftfluß und Prinzip der gleichen Gestaltfestigkeit	Trapezform bei Blattfedern (s. Bild 2.3)
– Prinzip der abgestimmten Verformungen	Abschrägen von Löt- und Klebflächen (Bilder 4.13 und 4.14)
– Prinzip der direkten und kurzen Kraftleitung	Radnaben auf Wellen in Lasteinleitungsrichtung anordnen
– Prinzip des Kraftausgleichs	Doppelkegelkupplung (s. Bild 10.15e)
Prinzip der Aufgabenteilung	
– Zuordnung der Teilfunktionen	Spannbandlagerung von Meßspulen (Bild 8.54)
– Aufgabenteilung bei unterschiedlichen Funktionen	Wälzlagerkombinationen als Festlager (Bild 8.36)
– Aufgabenteilung bei gleicher Funktion	Parallelschaltung von Leistungstransistoren
Prinzip der Stabilität und gewollten Labilität	Sintergleitlager (Bild 8.23); astabiler Multivibrator
Prinzip Funktionswerkstoff an Funktionsstelle	Werkstoffanordnung auf funktionsnotwendige Stellen beschränken
Prinzip der minimalen Herstellungskosten	s. Bild 2.8a
Prinzip des minimalen Raumbedarfs	Schaltnetzteile, Mikroelektronik
Prinzip des Leichtbaus	Sandwichbauweise
Prinzip der günstigen Handhabung	Griffmulden, Tragegriffe
Prinzip der minimalen Verluste	Kryokabel (Supraleitung)

Eine einfache Grundform ist der Zylinder. Je nach dem Verhältnis Durchmesser/Länge werden Zylinder als Stäbe, Achsen, Rollen oder Ronden bezeichnet. Ein Quader ist je nach den Verhältnissen seiner Abmessungen eine Stange, Platte, Folie oder ein Blech. Solche Formen haben oft *Halbzeuge*, die vorgefertigt mit standardisierten bzw. genormten Querschnitten vorliegen (Bild 2.2).

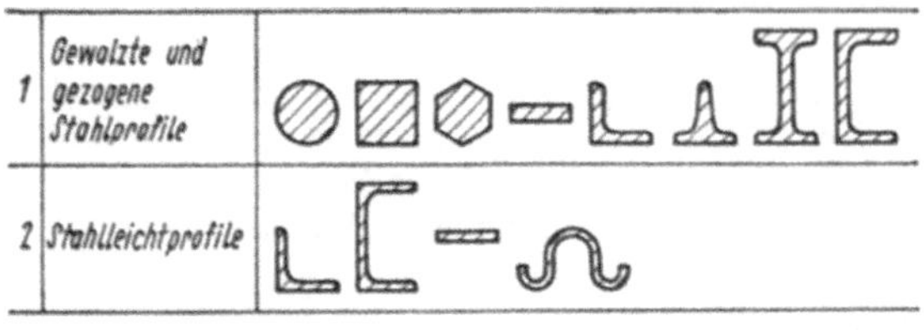

Bild 2.2
Standardisierte bzw. genormte Stahlprofile

Die meisten technischen Gebilde lassen sich durch Kombination aus den verschiedensten Grundformen zusammensetzen. Der im Bild 2.3 dargestellte Kontaktfedergrundkörper ist aus quaderförmigen Grundformen aufgebaut. Verknüpfungs- und Anschlußflächen sind Rechtecke, die Zusatzelemente dagegen Drehteile mit Zylindern und Kugeln als Grundkörper und Kreisen als Verknüpfungsflächen.

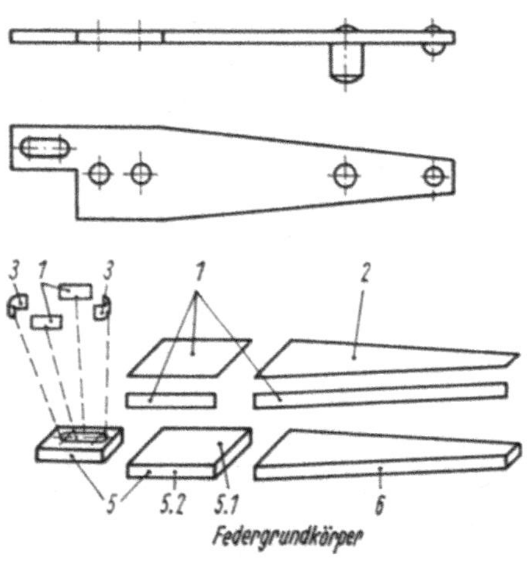

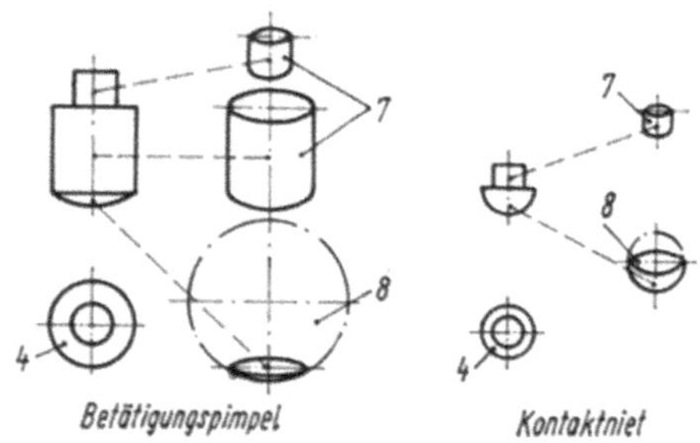

Bild 2.3. Formelemente an einer trapezförmigen Kontaktblattfeder

Flächen: *1* Rechteck; *2* Trapez; *3* Zylindermantel; *4* Kreis; *5.1.* Wirkfläche; *5.2.* untergeordnete Fläche (Nebenfläche)
Körper: *5* Quader; *6* Prisma; *7* Zylinder; *8* Kugel

An Bauteilen findet man Flächen, die zur Realisierung ganz bestimmter Funktionen dienen, während andere Flächen nur Nebenfunktionen innehaben bzw. das Bauteil nach außen abschließen. Die Rechteckfläche 5.1 (Bild 2.3) ist eine Wirkfläche, die die Befestigung der Feder ermöglichen soll, während die Fläche 5.2 das Bauteil nach außen abschließt und somit nur eine Nebenfunktion zu erfüllen hat. Die Gestalt von Bauteilen läßt sich bei funktionellen und fertigungstechnischen Zusatzforderungen durch Hinzufügen weiterer einfacher Grundformen verändern und z.T. verbessern. Bild 2.4 zeigt eine Gehäusekappe, die zum einen aus zylindrischen Grundformen zusammengesetzt (a) und zum anderen ein Tiefziehteil (b) ist.

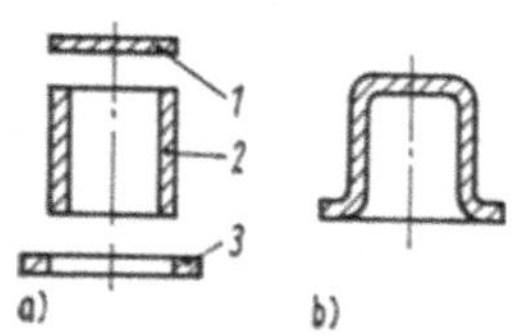

Bild 2.4. Gestaltung einer Gehäusekappe mit Formelementen

a) aus geometrischen Grundformen *1*, *2* und *3* Zweckformen
b) Tiefziehteil – fertigungstechnische Ausführungsform

Fertigungstechnische Erwägungen führen auch zu der im Bild 2.5 gezeigten Veränderung der die Funktion erfüllenden Grundform (a) in die einfachere Form (b), die durch Verwendung von standardisierten Bauteilen eine Materialeinsparung ermöglicht.

Für die Lötfahnen einer Lötfahnenleiste (Bild 2.6) wäre eine Rechteckform bereits funktionserfüllend. Die zusätzlichen Kerben bewirken einen Wärmestau und sollen den Wärmeabfluß zum Lötfahnenträger verringern.

Die wenigen Beispiele verdeutlichen die Vielfalt von Überlegungen, die zur Wahl einer optimalen Formelementekombination beitragen.

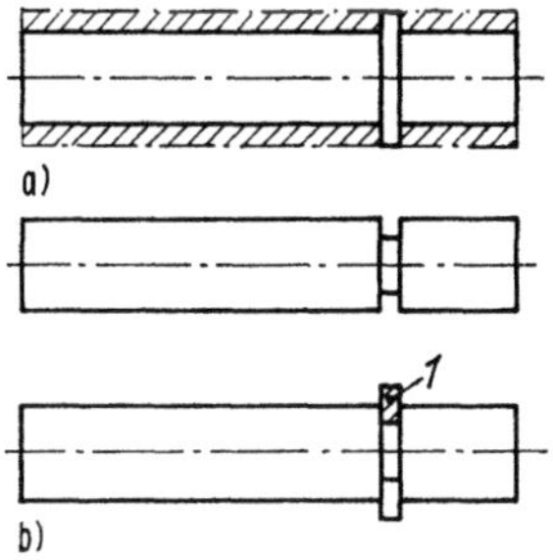

Bild 2.5. Gestaltung eines Drehteiles
a) nach Zweckform, großer Materialabfall
b) besser durch Verwendung von gezogenem Halbzeug nach TGL 11163/DIN 668 und Standard- bzw. Normteil *1* (Sicherungsscheibe nach TGL 0-6799/DIN 6799)

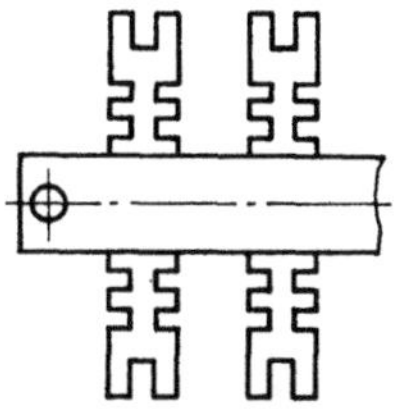

Bild 2.6. Lötfahnengestaltung (die rechteckige Grundform wird von Kerben zur Verminderung des Wärmeabflusses zum Lötfahnenträger durchbrochen)

2.1.3. Montagegerechtes Gestalten der Bauelemente

Bauelemente müssen neben den ihnen zufallenden Teilfunktionen auch einfache Montage und wirtschaftlichen Austauschbau gewährleisten. Vorteilhaft sind zunächst die Einschränkung der Vielzahl möglicher Konstruktionsmaße durch Anwendung bestimmter Vorzugsmaße aus Auswahlreihen (s. Abschn. 2.2.) und die vorrangige Verwendung standardisierter Bauelemente. Eine weitere Voraussetzung ist die Paßmaßübereinstimmung. Für jedes Funktionsmaß muß der Konstrukteur *Toleranzen* festlegen nach dem Grundsatz (s. Abschn. 2.3.):

■ Toleriere so grob wie möglich und nur so fein wie erforderlich.

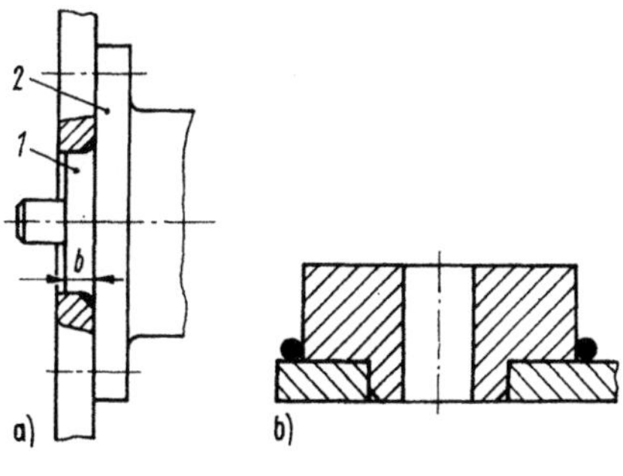

Bild 2.7
Zentrierungen und Lagesicherungen
a) Motorbefestigung
1 Zentrierbund; *2* Anlagebund des Motors
b) Lötverbindung: Lagesicherung von Buchse, Hebel und Lot beim Schutzgaslöten

Um das oftmalige Auswechseln zueinander passender Teile zu gewährleisten und die Montage zu erleichtern, muß weiterhin eine genaue *Lagefixierung und -sicherung* erfolgen. Bei Drehteilen wird die Lage in radialer Richtung meist durch einen Zentrierbund und in axialer Richtung durch einen Anlagebund gesichert (Bild 2.7). Zentrierbunde sollten eine ausreichende Breite ($b \geqq 4$ mm) haben. Mit Hilfe von Gewinden kann eine Zentrierung nicht erreicht werden. Bei Verschraubungen ist deshalb stets eine zusätzliche Lagesicherung, z.B. durch Stifte (Bild 4.41), erforderlich. Die Abhängigkeit der Kosten von der Gestaltung der Schraubenverbindung zeigt Bild 2.8 (s. auch Tafel 2.2).

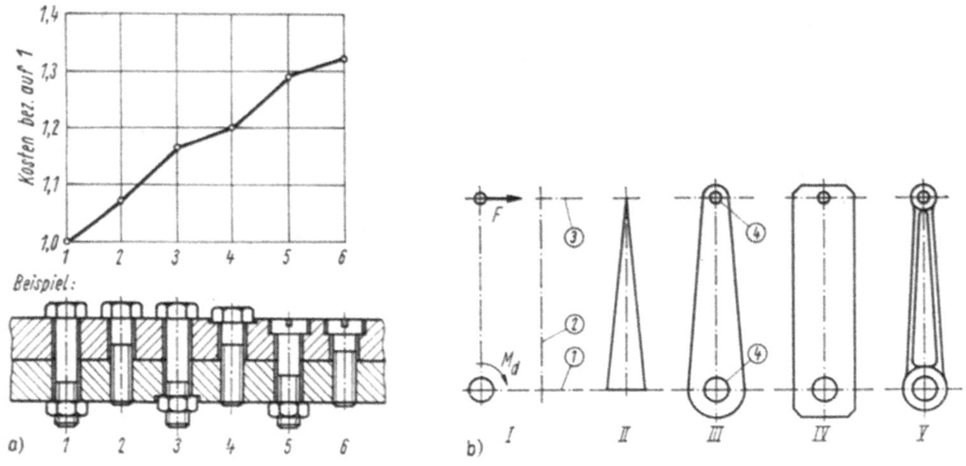

Bild 2.8. Gestaltungsbeispiele

a) Beeinflussung der Kosten durch die günstige Gestaltung von Schraubenverbindungen
b) Vorgehensweise beim Gestalten einer Kurbel
(1) Welle; (2) Kurbelarm; (3) Griff; (4) Koppelstellen
I) Aufgabenstellung
II) Erfüllung der Funktion nach Festigkeitsbedingungen ohne Berücksichtigung der Koppelstellen
III) Gestaltung des Kurbelarms von den Koppelstellen ausgehend von „innen" nach „außen" (Grundform)
IV) Gestaltung des Kurbelarms als Blechteil (Einzelfertigung; nicht beanspruchungsgerecht)
V) Gestaltung des Kurbelarms als Gußteil (für größere Stückzahlen)

Einem Verwechseln ähnlicher Teile ist durch sinnvolle Wahl entsprechender Konturenformen und Abmessungen entgegenzuwirken. Für die Anwendung automatisierter Montageverfahren ist es außerdem wichtig, das Verhaken und Ineinanderschachteln von Teilen zu vermeiden, aber ein sicheres Ergreifen bzw. automatisches Zuführen zu ermöglichen [2.2].

An den Berührungsstellen der Einzelteile kann bei Feuchtigkeit und aggressiven Gasen *Korrosion* auftreten. Korrosionserscheinungen lassen sich oft nicht vermeiden, sondern nur mindern, weil die Ursachen nicht beseitigbar sind. Bei Kontaktbauelementen wirkt sich die Korrosion auch auf den Übergangswiderstand aus. Deshalb sind meist entsprechende Schutzschichten notwendig. Saure oder basische Anteile in Flußmitteln für Lote wirken ebenfalls korrosionsfördernd. Solche Flußmittel sind deshalb für Lötverbindungen in diesen Fällen zu vermeiden (s. Abschn. 4.1.2.). Der Konstrukteur muß durch eine zweckmäßige Werkstoffwahl und Bauteilgestaltung der Korrosion entgegenwirken. Die zu wählenden Maßnahmen hängen von der Art der zu erwartenden Korrosion ab.

2.1.4. Vorgehensweise beim Gestalten

Die Gestaltung technischer Gebilde ist unter Berücksichtigung aller im Abschn. 2.1.1. und darüber hinaus der in der Literatur angegebenen Gestaltungsregeln und -hinweise (s. a. Tafeln 2.1 und 2.2) vorzunehmen. Das Primat kommt der Erfüllung der Funktion zu. Deshalb ist grundsätzlich mit der Gestaltung der Bauteile zu beginnen, die die geforderte *Hauptfunktion* realisieren und danach mit den Teilen, die Nebenfunktionen erfüllen. Bei Einzelteilen sind das die Wirkflächen bzw. Koppelstellen mit anderen Bauteilen, in Baugruppen und Geräten die funktionsbestimmenden Bauteile. Es gilt der Grundsatz (s. Abschn. 1.1.):

- Vom Wichtigen zum weniger Wichtigen.

Beim geometrisch-stofflichen Aufbau von Baugruppen und Geräten gilt der Grundsatz:

- von „innen" nach „außen".

Eine umgekehrte Vorgehensweise birgt die Gefahr in sich, nach der Gestaltung außen liegender Teile nicht genügend Raum für die innen anzuordnenden zu haben. Das trifft besonders für nach außen abgeschlossene Baugruppen (Schalter, Getriebe, Meßgeräte usw.), aber auch für Kupplungen, Ventile usw. zu. Ein einfaches Beispiel zeigt Bild 2.8 b. Bei der Gestaltung einer Kurbel gelangt man unter Erfüllung der Festigkeitsbedingungen und der Funktion zunächst zu der unter II dargestellten Form des Kurbelarms. Die Berücksichtigung der Koppelstellen (Befestigen auf einer Welle und Anbringen eines Griffes) führt bei der Gestaltung von „innen" nach „außen" zu der unter III dargestellten Grundform. Fertigungstechnische Gesichtspunkte ergeben dann in Abhängigkeit von der erforderlichen Stückzahl die unter IV und V skizzierten Ausführungsvarianten.

Schon dieses einfache Beispiel zeigt, daß die Beachtung zahlreicher weiterer Einflußgrößen, wie Stückzahl, betriebliche Bedingungen, volkswirtschaftliche Bedeutung, Einzelteil bzw. Baugruppe oder Gerät usw., zu unterschiedlichen Ergebnissen führt und daß es nicht möglich ist, allen Regeln vollständig zu genügen. Die konsequente Befolgung einer Regel schließt vielfach die vollständige Erfüllung einer anderen aus (z.B. Werkstoff: hohe Festigkeit, korrosionsbeständig, geringe Dichte, billig, leicht beschaffbar). In der Literatur [1.3] werden deshalb Vorgehensweisen empfohlen, die die Arbeitsschritte als Algorithmus formulieren oder allgemeine Leitlinien für das Gestalten angegeben. Es liegt im Ermessensspielraum eines jeden Konstrukteurs, durch geeignete Wichtung bei der Anwendung der Regeln unter Beachtung weiterer Einflußgrößen eine optimale technische Lösung zu erreichen.

2.2. Vorzugszahlen und -maße, Normzahlen und -maße [3] [5]

Bei der Festlegung physikalischer, technischer und ökonomischer Größen (z.B. geometrische Abmessungen, elektrische Spannungen, Leistungen, Drücke, Übersetzungen) sind aus Gründen der Wirtschaftlichkeit Einschränkungen erforderlich. Diese werden über Vorzugszahlen bzw. Normzahlen und Vorzugsmaße bzw. Normmaße geregelt, die eine logarithmisch aufgebaute Zahlenauswahl darstellen.

Vorzugszahlen entstehen, indem man die Zwischenbereiche der Zehnerpotenzen 1, 10, 100 usw. so aufteilt, daß das Verhältnis je zwei aufeinanderfolgender Zahlen konstant ist. Dieses Verhältnis (Stufensprung q) ist zusammen mit den daraus entwickelten Zahlenreihen standardisiert. Für den Stufensprung q und die zugehörigen Reihen gilt $q_n = \sqrt[n]{10}$ mit $n = 5$, 10, 20 und 40 (Grundreihen R 5 bis R 40). Die für den normalen Gebrauch vorgesehenen Hauptwerte dieser Grundreihen (Tafel 2.3) sind geringfügig gerundet. Durch Benutzung jedes p-ten Gliedes einer Grundreihe entstehen abgeleitete Reihen. So kann man aus der Reihe R 20 durch Auswahl jedes dritten Gliedes die abgeleitete Reihe R 20/3 bilden.

Tafel 2.3. Grundreihen R und Rundwertreihen R'[1]) (nach TGL 27786 bzw. DIN 323) sowie Vorzugsmaßreihen R_a[2]) (nach TGL RGW 514)

R 5	1								1,6								2,5			
R 10	1				1,25 (1,2)				1,6				2				2,5			
R 20	1		1,12 (1,1)		1,25 (1,2)		1,4		1,6		1,8		2		2,24 (2,2)		2,5		2,8	
R 40	1	1,06 (1,05)	1,12 (1,15)	1,18 (1,15)	1,25 (1,2)	1,32 (1,3)	1,4	1,5	1,6	1,7	1,8	1,9	2	2,12 (2,1)	2,24 (2,2)	2,36 (2,4)	2,5	2,65 (2,6)	2,8	3

R 5	2,5				4								6,3							
R 10	3,15 (3,2)				4				5				6,3				8			
R 20	3,15 (3,2)		3,55 (3,6)		4		4,5		5		5,6		6,3		7,1		8		9	
R 40	3,15 (3,2)	3,35 (3,4)	3,55 (3,6)	3,75 (3,8)	4	4,25 (4,2)	4,5	4,75 (4,8)	5	5,3	5,6	6	6,3	6,7	7,1	7,5	8	8,5	9	9,5

[1]) Die Rundwertreihen R'10 und R'20 entsprechen bis auf eine Ausnahme den Reihen R_a10 und R_a20: 1,25 statt 1,2. Die Rundwertreihe R'40 ist mit der Reihe R_a40 identisch.

[2]) Die Vorzugsmaßreihen R_a entsprechen den Grundreihen R bis auf wenige Ausnahmen (Klammerwerte gelten für Reihen R_a).

Tafel 2.4. Grundtoleranzen nach ISO in µm (nach TGL RGW 145-77/DIN 7151; Auszug)

Maßbereich, mm	Qualität IT	01	0	1	2	3	4	5	6	7	8
	von 1 bis 3	0,3	0,5	0,8	1,2	2	3	4	6	10	14
	über 3 bis 6	0,4	0,6	1	1,5	2,5	4	5	8	12	18
	über 6 bis 10	0,4	0,6	1	1,5	2,5	4	6	9	15	22
	über 10 bis 18	0,5	0,8	1,2	2	3	5	8	11	18	27
	über 18 bis 30	0,6	1	1,5	2,5	4	6	9	13	21	33
	über 30 bis 50	0,6	1	1,5	2,5	4	7	11	16	25	39
	über 50 bis 80	0,8	1,2	2	3	5	8	13	19	30	46
	über 80 bis 120	1	1,5	2,5	4	6	10	15	22	35	54
	über 120 bis 180	1,2	2	3,5	5	8	12	18	25	40	63

Maßbereich, mm	Qualität IT	9	10	11	12	13	14	15	16	17
	von 1 bis 3	25	40	60	100	140	250	400	600	–
	über 3 bis 6	30	48	75	120	180	300	480	750	–
	über 6 bis 10	36	58	90	150	220	360	580	900	1500
	über 10 bis 18	43	70	110	180	270	430	700	1100	1800
	über 18 bis 30	52	84	130	210	330	520	840	1300	2100
	über 30 bis 50	62	100	160	250	390	620	1000	1600	2500
	über 50 bis 80	74	120	190	300	460	740	1200	1900	3000
	über 80 bis 120	87	140	220	350	540	870	1400	2200	3500
	über 120 bis 180	100	160	250	400	630	1000	1600	2500	4000

Anmerkung: in DIN 7151 bis IT 18.

Bereitet die Anwendung der Hauptwerte Schwierigkeiten oder sind handelsübliche Größen zu berücksichtigen, können die Vorzugszahlen stark gerundet werden (z.B. bei R 10 statt 6,3 Wert 6). Aus den Rundwerten ergeben sich die für die praktische Anwendung wichtigen Rundwertreihen R'10, R'20 usw. sowie die Vorzugsmaßreihen R_a 5, R_a 10 usw. (s. Tafel 2.3). Für die meisten konstruktiven Probleme stellen die Reihen R 20 bzw. R'20 und R_a 20 die zweckmäßigste Zahlenauswahl dar. Die Nennwerte elektrischer

Bauelemente (Widerstände, Kondensatoren usw.) sind dagegen nach einer dezimalgeometrischen Reihe, der *Internationalen E-Reihe*, gestuft, bei der $q_n = \sqrt[n]{10}$ mit $n = 6, 12, 24$ und 48 festgelegt ist (Reihen E 6, E 12, E 24 und E 48) [9].

Die Zahlenwerte für die Dezimalbereiche <1 und >10 der in der Tafel 2.3 dargestellten Reihen lassen sich durch Multiplikation mit Potenzen von 10 leicht errechnen. Tafel 2.4 enthält außerdem die ISO-Grundtoleranzen (vgl. a. Abschn. 2.3.1. und Bild 2.11).

2.3. Toleranzen und Passungen [3] [5] [7] [2.1]

Alle zu fertigenden Werkstücke weichen von den geforderten Maßen ab. Diese Abweichungen sind abhängig von den zur Produktion verwendeten Maschinen und Werkzeugen, der Temperaturdifferenz zwischen Bearbeitung und Anwendung, von Spannungen im Werkstück, seinen elastischen Eigenschaften usw. Aufgabe des Konstrukteurs ist es, die Abweichungen so festzulegen, daß die Funktion stets erfüllt wird. Dabei ist zu beachten, daß die Fertigung in Verbindung mit der Prüfung um so teurer wird, je enger die Grenzen der Abweichungen gezogen werden. Um eine rationelle Fertigung und vor allem einen gesicherten Austauschbau zu ermöglichen, sind standardisierte Richtlinien geschaffen worden. Sie enthalten Festlegungen zu den Grenzabweichungen an Einzelteilen und zum Zusammenwirken von Teilen.

2.3.1. Toleranzen

Abweichungen von der geometrischen Form der Einzelteile können sowohl die Abmessungen (Höhe, Breite usw.) als auch die Lage der Mittellinien (Exzentrizitäten), die Form (z. B. konisch) und auch die Oberfläche betreffen, so daß es praktisch keine Abmessungen gibt, die nicht einem bestimmten Fertigungsspielraum gerecht werden müssen.

Festlegungen zur Tolerierung von Maßen

Grundbegriffe. Am Beispiel einer Bohrung und einer Welle (Bild 2.9) sind in Tafel 2.5 die wichtigsten Bezeichnungen nach TGL RGW 145-75 (Einheitliches System der Toleranzen und Passungen des RGW, Allgemeine Festlegungen, Reihen der Toleranzen und Grundabmaße) bzw. nach DIN 7182 (Angaben in Klammern) zusammengestellt.

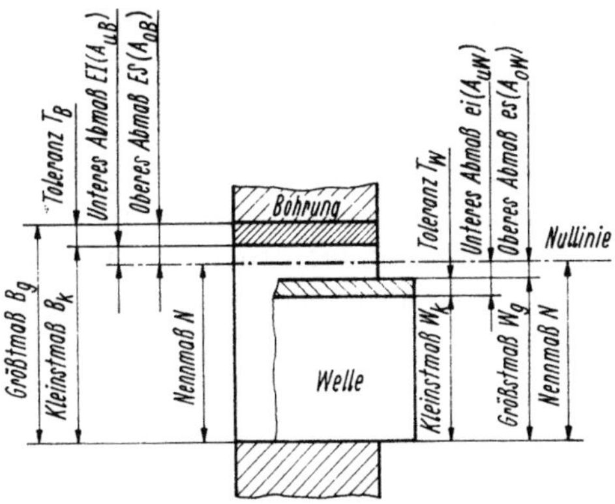

Bild 2.9. Bezeichnung der Maße und Toleranzen für Außen- und Innenteile (Wellen und Bohrungen); Angaben nach DIN 7182 in Klammern

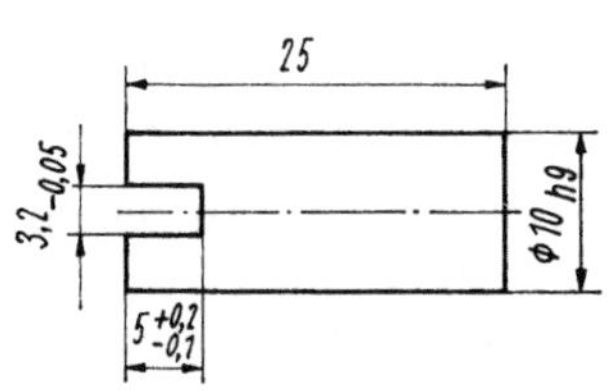

Bild 2.10. Angabe tolerierter Maße in Zeichnungen

Für die Tolerierung von Maßen und deren Angabe in Zeichnungen hat man grundsätzlich drei Möglichkeiten (Bild 2.10):

- die Anwendung international vereinheitlichter Toleranzen (ISO-Toleranzen; z.B. ∅ 10h9 oder ∅ 10D11)
- frei gewählte Toleranzen (z.B. $5^{+0,2}_{-0,1}$) und
- Maße ohne Toleranzangabe (z.B. Maß 25; Toleranzangaben im Zeichnungsschriftfeld).

Tafel 2.5. Bezeichnungen bei tolerierten Maßen nach TGL RGW 145-75 (Angaben nach DIN 7182 in Klammern); Maße in mm

Bezeichnung	Kurzzeichen	Beispiel (Bohrung)	Erläuterungen
Nennmaß	N	100	Maß zur Größenangabe, auf das Abmaße bezogen werden
Paßmaß		$100^{+0,2}_{-0,1}$	in Zeichnung eingetragenes toleriertes Nennmaß
Abmaß			
– Ist-Abmaß	$E_{ist}(A_i)$	0,1	vorhandene Abweichung vom Nennmaß
– oberes Abmaß	$ES(A_{oB})$ – Innenmaße $es(A_{oW})$ – Außenmaße	0,2	zulässige Abweichung vom Nennmaß
– unteres Abmaß	$EI(A_{uB})$ – Innenmaße $ei(A_{uW})$ – Außenmaße	−0,1	zulässige Abweichung vom Nennmaß
Beispiel Bohrung: Grenzmaße			
– Größtmaß	$G = N + ES\ (= N + A_{oB})$	100,2	zulässiges größtes und kleinstes Maß eines Teiles (durch Toleranzangaben festgelegt)
– Kleinstmaß	$K = N + EI\ (= N + A_{uB})$	99,9	
Istmaß	$I = N + E_{ist}\ (= N + A_i)$	100,1	Maß des gefertigten Teiles
Toleranz	$T = G - K$ $= ES - EI\ (= A_{oB} - A_{uB})$	0,3	zulässiger Schwankungsbereich zwischen G und K
Nullinie	0–·–·–0		durch Nennmaß festgelegte Bezugslinie für $ES(A_{oB})$, $EI(A_{uB})$; $es(A_{oW})$, $ei(A_{uW})$

ISO-Toleranzfelder (Toleranzen nach TGL RGW 144-75 und 145-75): Die Kennzeichnung der Toleranzfelder erfolgt durch eine Ziffer (Größe) und einen Buchstaben (Lage der Felder bezüglich einer Nullinie, Tafel 2.6).

Für die *Größe der Maßtoleranzfelder* gelten folgende Festlegungen:

- Die Abmessungen von 1 ... 500 mm sind in 25 annähernd geometrisch gestufte Nennmaßbereiche unterteilt, in denen die Toleranzen einer Qualität konstant sind.
- Die Größe der Toleranzen ist in 19 Bereiche (Qualitäten) untergliedert und wird mit den Zahlen 01, 0, 1 bis 17 bezeichnet. Sie bilden die Toleranzreihen IT01, IT0, IT1 bis IT 17 und sind in TGL RGW 145-75 festgelegt (in DIN 7151 bis IT 18; s. Tafel 2.4).

Den in diesen Toleranzreihen festgelegten Grundtoleranzen liegen folgende Gesetzmäßigkeiten zugrunde:

Zur Berechnung wird eine international vereinheitlichte Toleranzeinheit i herangezogen

$$i = 0{,}45\,\sqrt[3]{D} + 0{,}001D \qquad \frac{i}{\mu m}\Bigg|\frac{D}{mm} \tag{2.1}$$

mit $D = \sqrt{D_1 D_2}$ (D_1, D_2 Grenzen des jeweiligen Nennmaßbereichs). Die Qualität IT 6 ist dem Betrag von $10i$ zugeordnet, und jede nachfolgende IT-Qualität entsteht mit Hilfe der R5-Reihe (Stufensprung $q = \sqrt[5]{10} \approx 1{,}6$). Die Qualität IT 5 entspricht etwa $7i$. Für die Festlegung der Qualitäten IT 01 bis IT 4 wurden mit Rücksicht auf die zu deren Realisierung notwendigen höheren Fertigungsanstrengungen andere Gesichtspunkte gewählt. Die allgemeinen Anwendungsbereiche zeigt Bild 2.11. Bei der Tolerierung von Nennmaßen ist zu beachten, daß eine jeweils nächsthöhere Qualität bereits ein um 60 % größeres Toleranzfeld aufweist und damit eine wesentliche Verringerung der Fertigungskosten ermöglicht.

Bild 2.11
Anwendungsgebiete der ISO-Qualitäten (in DIN 7151 bis IT 18)

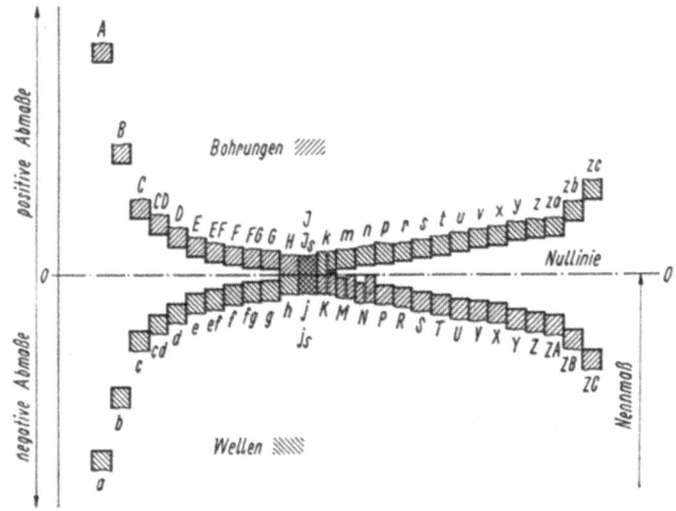

Bild 2.12
Lagen der ISO-Toleranzfelder

Die Kennzeichnung der *Lage der Maßtoleranzfelder* erfolgt bei Außenmaßen durch die kleinen Buchstaben *a* bis *z*, *za*, *zb*, *zc* und bei Innenmaßen analog durch die großen Buchstaben *A* bis *Z*, *ZA*, *ZB*, *ZC*, in einigen Fällen auch durch eine Kombination von je zwei Buchstaben (z. B. *cd* oder *EF*). Insgesamt ergeben sich damit für Außen- und Innenmaße jeweils 28 mögliche Lagen (Bild 2.12). Die Toleranzfelder mit den Buchstaben *h* und *H* liegen an der Nullinie. Ein mit *h* bezeichnetes Toleranzfeld eines Außenmaßes bzw. einer Welle berührt die Nullinie von unten (Einheitswelle), ein solches mit *H* für ein Innenmaß bzw. eine Bohrung dagegen von oben (Einheitsbohrung). Die Toleranzfelder, die mit den übrigen kleinen und großen Buchstaben bezeichnet sind, liegen symmetrisch zur Nullinie. Bei der Prüfung von Werkstücken unterscheidet man Gutmaße, die bei der Fertigung zuerst, sowie Ausschußmaße, die bei der Fertigung zuletzt erreicht werden und

Tafel 2.6. ISO-Toleranzfelder für Außen- und Innenmaße von 1 bis 500 mm (Auszug aus TGL RGW 144-75 für die Qualitäten IT6 bis IT9 und Nennmaße bis 120 mm)

In DIN 7157 sind auch t6 sowie T7, S7 und R7 Vorzugstoleranzfelder, h8 dagegen nicht (Nennabmaße für TGL RGW und DIN sind identisch). DIN 58700 enthält zusätzlich Toleranzfeldauswahl und zu empfehlende Passungen für die Feinwerktechnik.

a) Außenmaße

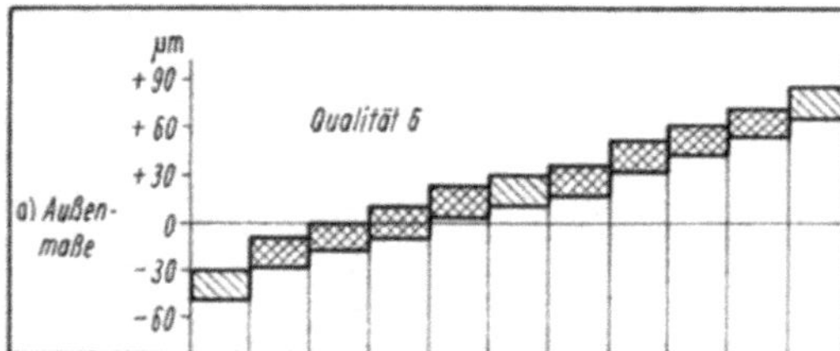

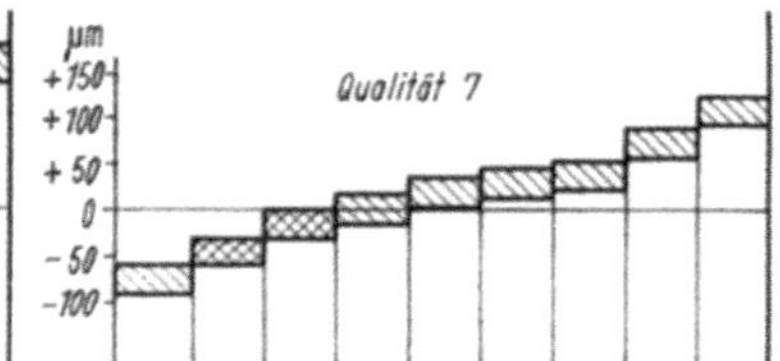

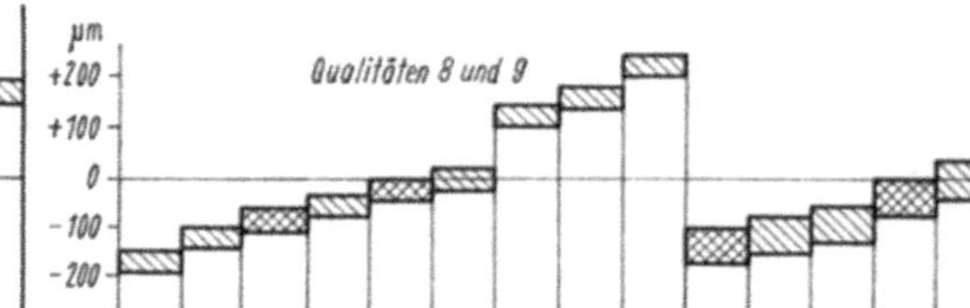

Qualität 6 – Toleranzfelder, Nennabmaße / µm

Maßbereich mm	f6	g6	h6	j_s6	k6	m6	n6	p6	r6	s6	t6
Von 1 bis 3	-6 -12	-2 -8	0 -6	+3,0 -3,0	+6 0	+8 +2	+10 +4	+12 +6	+16 +10	+20 +14	–
über 3 bis 6	-10 -18	-4 -12	0 -8	+4,0 -4,0	+9 +1	+12 +4	+16 +8	+20 +12	+23 +15	+27 +19	–
über 6 bis 10	-13 -22	-5 -14	0 -9	+4,5 -4,5	+10 +1	+15 +6	+19 +10	+24 +15	+28 +19	+32 +23	–
über 10 bis 14	-16 -27	-6 -17	0 -11	+5,5 -5,5	+12 +1	+18 +7	+23 +12	+29 +18	+34 +23	+39 +28	–
über 14 bis 18											
über 18 bis 24	-20 -33	-7 -20	0 -13	+6,5 -6,5	+15 +2	+21 +8	+28 +15	+35 +22	+41 +28	+48 +35	–
über 24 bis 30											+54 +41
über 30 bis 40	-25 -41	-9 -25	0 -16	+8,0 -8,0	+18 +2	+25 +9	+33 +17	+42 +26	+50 +34	+59 +43	+64 +48
über 40 bis 50											+70 +54
über 50 bis 65	-30 -49	-10 -29	0 -19	+9,5 -9,5	+21 +2	+30 +11	+39 +20	+51 +32	+60 +41	+72 +53	+85 +66
über 65 bis 80									+62 +43	+78 +59	+94 +75
über 80 bis 100	-36 -58	-12 -34	0 -22	+11,0 -11,0	+25 +3	+35 +13	+45 +23	+59 +37	+73 +51	+93 +71	+113 +91
über 100 bis 120									+76 +54	+101 +79	+126 +104

Qualität 7 – Toleranzfelder, Nennabmaße / µm

Maßbereich mm	e7	f7	h7	j_s7	k7	m7	n7	s7	u7
Von 1 bis 3	-14 -24	-6 -16	0 -10	+5 -5	+10 0	–	+14 +4	+24 +14	+28 +18
über 3 bis 6	-20 -32	-10 -22	0 -12	+6 -6	+13 +1	+16 +4	+20 +8	+31 +19	+35 +23
über 6 bis 10	-25 -40	-13 -28	0 -15	+7 -7	+16 +1	+21 +6	+25 +10	+38 +23	+43 +28
über 10 bis 14	-32 -50	-16 -34	0 -18	+9 -9	+19 +1	+25 +7	+30 +12	+46 +28	+51 +33
über 14 bis 18									
über 18 bis 24	-40 -61	-20 -41	0 -21	+10 -10	+23 +2	+29 +8	+36 +15	+56 +35	+62 +41
über 24 bis 30									+69 +48
über 30 bis 40	-50 -75	-25 -50	0 -25	+12 -12	+27 +2	+34 +9	+42 +17	+68 +43	+85 +60
über 40 bis 50									+95 +70
über 50 bis 65	-60 -90	-30 -60	0 -30	+15 -15	+32 +2	+41 +11	+50 +20	+83 +53	+117 +87
über 65 bis 80								+89 +59	+132 +102
über 80 bis 100	-72 -107	-36 -71	0 -35	+17 -17	+38 +3	+48 +13	+58 +23	+106 +71	+159 +124
über 100 bis 120								+114 +79	+179 +144

Qualitäten 8 und 9 – Toleranzfelder, Nennabmaße / µm

Maßbereich mm	c8	d8	e8	f8	h8	j_s8*	u8	x8	z8	d9	e9	f9	h9	j_s9*
Von 1 bis 3	-60 -74	-20 -34	-14 -28	-6 -20	0 -14	+7 -7	+32 +18	+34 +20	+40 +26	-20 -45	-14 -39	-6 -31	0 -25	+12 -12
über 3 bis 6	-70 -88	-30 -48	-20 -38	-10 -28	0 -18	+9 -9	+41 +23	+46 +28	+53 +35	-30 -60	-20 -50	-10 -40	0 -30	+15 -15
über 6 bis 10	-80 -102	-40 -62	-25 -47	-13 -35	0 -22	+11 -11	+50 +28	+56 +34	+64 +42	-40 -76	-25 -61	-13 -49	0 -36	+18 -18
über 10 bis 14	-95 -122	-50 -77	-32 -59	-16 -43	0 -27	+13 -13	+60 +33	+67 +40	+77 +50	-50 -93	-32 -75	-16 -59	0 -43	+21 -21
über 14 bis 18								+72 +45	+87 +60					
über 18 bis 24	-110 -143	-65 -98	-40 -73	-20 -53	0 -33	+16 -16	+74 +41	+87 +54	+106 +73	-65 -117	-40 -92	-20 -72	0 -52	+26 -26
über 24 bis 30							+81 +48	+97 +64	+121 +88					
über 30 bis 40	-120 -159	-80 -119	-50 -89	-25 -64	0 -39	+19 -19	+99 +60	+119 +80	+151 +112	-80 -142	-50 -112	-25 -87	0 -62	+31 -31
über 40 bis 50	-130 -169						+109 +70	+136 +97	+175 +136					
über 50 bis 65	-140 -186	-100 -146	-60 -106	-30 -76	0 -46	+23 -23	+133 +87	+168 +122	+218 +172	-100 -174	-60 -134	-30 -104	0 -74	+37 -37
über 65 bis 80	-150 -196						+148 +102	+192 +146	+256 +210					
über 80 bis 100	-170 -224	-120 -174	-72 -126	-36 -90	0 -54	+27 -27	+178 +124	+232 +178	+312 +258	-120 -207	-72 -159	-36 -123	0 -87	+43 -43
über 100 bis 120	-180 -234						+198 +144	+264 +210	+364 +310					

b) Innenmaße

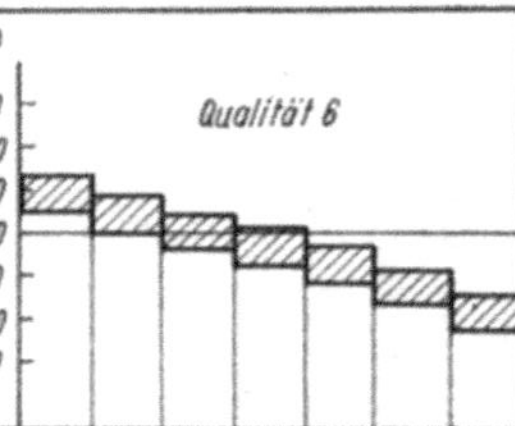

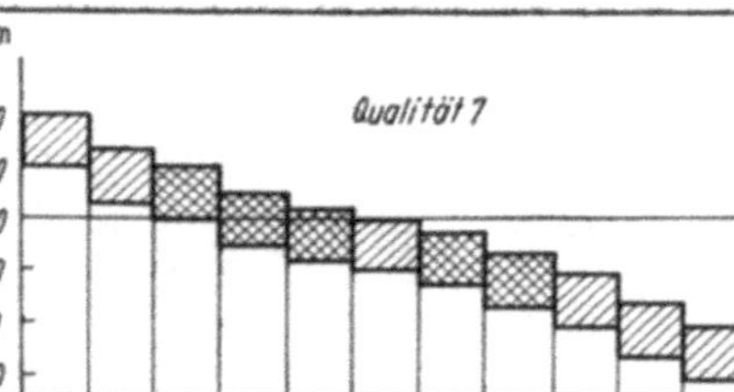

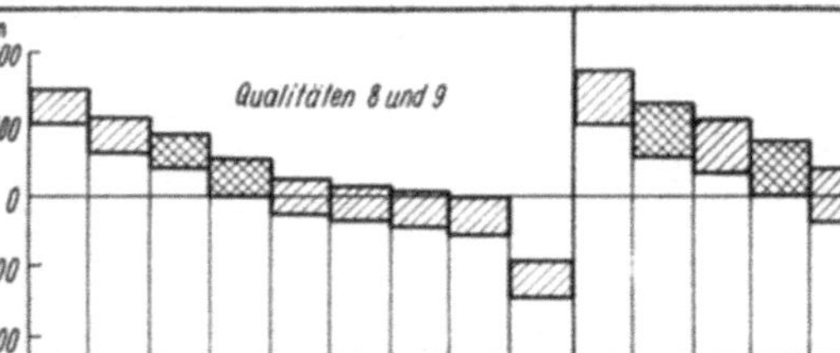

Toleranzfelder – Qualität 6 (Nennabmaße / µm)

Maßbereich mm	G6	H6	J_S6	K6	M6	N6	P6
Von 1 bis 3	+8 +2	+6 0	+3,0 -3,0	0 -6	-2 -8	-4 -10	-6 -12
über 3 bis 6	+12 +4	+8 0	+4,0 -4,0	+2 -6	-1 -9	-5 -13	-9 -17
über 6 bis 10	+14 +5	+9 0	+4,5 -4,5	+2 -7	-3 -12	-7 -16	-12 -21
über 10 bis 14 über 14 bis 18	+17 +6	+11 0	+5,5 -5,5	+2 -9	-4 -15	-9 -20	-15 -26
über 18 bis 24 über 24 bis 30	+20 +7	+13 0	+6,5 -6,5	+2 -11	-4 -17	-11 -24	-18 -31
über 30 bis 40 über 40 bis 50	+25 +9	+16 0	+8,0 -8,0	+3 -13	-4 -20	-12 -28	-21 -37
über 50 bis 65 über 65 bis 80	+29 +10	+19 0	+9,5 -9,5	+4 -15	-5 -24	-14 -33	-26 -45
über 80 bis 100 über 100 bis 120	+34 +12	+22 0	+11 -11	+4 -18	-6 -28	-16 -38	-30 -52

Toleranzfelder – Qualität 7 (Nennabmaße / µm)

Maßbereich mm	F7	G7	H7	J_S7	K7	M7	N7	P7	R7	S7	T7
Von 1 bis 3	+16 +6	+12 +2	+10 0	+5 -5	0 -10	-2 -12	-4 -14	-6 -16	-10 -20	-14 -24	–
über 3 bis 6	+22 +10	+16 +4	+12 0	+6 -6	+3 -9	0 -12	-4 -16	-8 -20	-11 -23	-15 -27	–
über 6 bis 10	+28 +13	+20 +5	+15 0	+7 -7	+5 -10	0 -15	-4 -19	-9 -24	-13 -28	-17 -32	–
über 10 bis 14 über 14 bis 18	+34 +16	+24 +6	+18 0	+9 -9	+6 -12	0 -18	-5 -23	-11 -29	-16 -34	-21 -39	–
über 18 bis 24 über 24 bis 30	+41 +20	+28 +7	+21 0	+10 -10	+6 -15	0 -21	-7 -28	-14 -35	-20 -41	-27 -48	– -33 -54
über 30 bis 40 über 40 bis 50	+50 +25	+34 +9	+25 0	+12 -12	+7 -18	0 -25	-8 -33	-17 -42	-25 -50	-34 -59	-39 -64 -45 -70
über 50 bis 65 über 65 bis 80	+60 +30	+40 +10	+30 0	+15 -15	+9 -21	0 -30	-9 -39	-21 -51	-30 -60 -32 -62	-42 -72 -48 -78	-55 -85 -64 -94
über 80 bis 100 über 100 bis 120	+71 +36	+47 +12	+35 0	+17 -17	+10 -25	0 -35	-10 -45	-24 -59	-38 -73 -41 -76	-58 -93 -66 -101	-78 -113 -91 -126

Toleranzfelder – Qualitäten 8 und 9 (Nennabmaße / µm)

Maßbereich mm	D8	E8	F8	H8	J_S8	K8	M8	N8	U8	D9	E9	F9	H9	J_S9*
Von 1 bis 3	+34 +20	+28 +14	+20 +6	+14 0	+7 -7	0 -14	–	-4 -18	-18 -32	+45 +20	+39 +14	+31 +6	+25 0	+12 -12
über 3 bis 6	+48 +30	+38 +20	+28 +10	+18 0	+9 -9	+5 -13	+2 -16	-2 -20	-23 -41	+60 +30	+50 +20	+40 +10	+30 0	+15 -15
über 6 bis 10	+62 +40	+47 +25	+35 +13	+22 0	+11 -11	+6 -16	+1 -21	-3 -25	-28 -50	+76 +40	+61 +25	+49 +13	+36 0	+18 -18
über 10 bis 14 über 14 bis 18	+77 +50	+59 +32	+43 +16	+27 0	+13 -13	+8 -19	+2 -25	-3 -30	-33 -60	+93 +50	+75 +32	+59 +16	+43 0	+21 -21
über 18 bis 24 über 24 bis 30	+98 +65	+73 +40	+53 +20	+33 0	+16 -16	+10 -23	+4 -29	-3 -36	-41 -74 -48 -81	+117 +65	+92 +40	+72 +20	+52 0	+26 -26
über 30 bis 40 über 40 bis 50	+119 +80	+89 +50	+64 +25	+39 0	+19 -19	+12 -27	+5 -34	-3 -42	-60 -99 -70 -109	+142 +80	+112 +50	+87 +25	+62 0	+31 -31
über 50 bis 65 über 65 bis 80	+146 +100	+106 +60	+76 +30	+46 0	+23 -23	+14 -32	+5 -41	-4 -50	-87 -133 -102 -148	+174 +100	+134 +60	+104 +30	+74 0	+37 -37
über 80 bis 100 über 100 bis 120	+174 +120	+126 +72	+90 +36	+54 0	+27 -27	+16 -38	+6 -48	-4 -58	-124 -178 -144 -198	+207 +120	+159 +72	+123 +36	+87 0	+43 -43

Anmerkungen: 1. Die Lageschemata der Toleranzfelder sind für den Maßbereich 50 bis 65 mm angegeben; 2. Vorzugstoleranzfelder kreuzschraffiert (ihre Kennzeichnung ist in rechteckigen Rahmen gegeben); 3. * Toleranzfelder, die in der Regel nicht für Passungen bestimmt sind.

nach deren Überschreitung das Bauteil Ausschuß ist. Bei Außenmaßen ist das Toleranzfeld deshalb zweckmäßig unterhalb der Nullinie festzulegen. Das Nennmaß ist hierbei das Gutmaß, und das gesamte Toleranzfeld steht für die Fertigung bis zum Erreichen des Ausschußmaßes zur Verfügung. Bei Innenmaßen ist es für die Fertigung am zweckmäßigsten, das Toleranzfeld oberhalb der Nullinie festzulegen. Winkel, Lochabstände usw. werden dagegen so toleriert, daß das Toleranzfeld (in Bearbeitungsrichtung gesehen) symmetrisch zur Nullinie liegt.

Bei Kombination aller möglichen Toleranzfeldlagen mit den IT-Qualitäten entsteht so für jeden Nennmaßbereich eine Vielzahl verschiedener Toleranzfelder. Für den praktischen Gebrauch erfolgte, besonders im Zusammenhang mit dem Paßsystem und um eine wirtschaftliche Handhabung zu sichern, eine Einschränkung im Sinne einer Auswahl. Danach sind im Nennmaßbereich von 1 ... 500 mm nur noch ausgewählte Toleranzfelder für Innen- und Außenmaße vorgesehen, von denen im Sinne einer weiteren Begrenzung nur wenige bevorzugt angewendet werden sollen (Tafel 2.6; vgl. auch TGL RGW 144-75, DIN 7157, DIN 58700).

Bei Werkstücken mit Abmessungen < 1 mm wirken sich Fertigungsungenauigkeiten, Temperatureinflüsse usw. anders aus. Außerdem nehmen z.B. relative Meßfehler mit kleiner werdendem Nennmaß zu. Deshalb wurden die Toleranzfelder für den Nennmaßbereich < 1 mm gesondert standardisiert bzw. genormt (s. TGL RGW 144-75, DIN 58701, [3] [5]). Analoge Festlegungen gibt es ebenfalls für den Nennmaßbereich > 500...3150 mm.

Maße ohne Toleranzangabe und freitolerierte Maße. Maße mit den in TGL RGW bzw. DIN standardisierten bzw. genormten Toleranzen (ISO-Toleranzen) sind nur dann anzuwenden, wenn besondere Funktions- oder sonstige Passungsforderungen bestehen. Die übrigen Maße bleiben ohne Toleranzangabe *(Freimaßtoleranzen)*, oder diese wird frei gewählt. Im ersten Fall dürfen bei der Fertigung trotzdem bestimmte Grenzen nicht überschritten werden. In TGL 2897/DIN 7168 sind zulässige Abweichungen bei spanender Bearbeitung für Längenmaße (Tafel 2.7), für Rundungshalbmesser und Winkel in vier Genauigkeitsklassen symmetrisch zur Nullinie festgelegt, deren Angabe im Zeichnungsschriftfeld erfolgt. Bei anderen Fertigungsverfahren und speziellen Werkstoffen (z.B. Schnitt- und Stanzteile, gepreßte und spritzgegossene Teile aus Metallen oder Plasten, durch Pressen hergestellte keramische Werkstücke) gelten für die Maße ohne Toleranzangabe darüber hinaus besondere Standards bzw. Normen.

Frei gewählte Toleranzen werden dann vorgesehen, wenn sowohl die in TGL RGW bzw. DIN festgelegten Toleranzen (ISO-Toleranzen) als auch die Freimaßtoleranzen nicht geeignet erscheinen. Dies kann der Fall sein, wenn z.B. beide bei grober Vorfertigung noch zu fein sind oder wenn an einem Werkstück oder einer Baugruppe Maße auftreten, die mit Lehren nicht erfaßbar sind (Lochabstände usw.) und bei denen eine frei gewählte ±-Tolerierung der Fertigung das anzustrebende Nennmaß vorschreibt.

Tafel 2.7. Zulässige Abweichungen für Längenmaße bei nichttolerierten Maßen nach TGL 2897 und DIN 7168 (in DIN 7168 gegenüber TGL 2897 zusätzlich festgelegte bzw. veränderte Werte stehen in Klammern)

Genauigkeitsgrad	Nennmaßbereich in mm/zulässige Abweichungen in mm (ab 0,5 bis 3)	über 0,5 (3) bis 6	über 6 bis 30	über 30 bis 120	über 120 bis 315 (400)	über 315 (400) bis 1000	über 1000 bis 2000
Fein (f)	(±0,05)	±0,05	±0,1	±0,15	±0,2	±0,3	±0,5
Mittel (m)	(±0,1)	±0,1	±0,2	±0,3	±0,5	±0,8	±1,2
Grob (g)	(±0,15)	±0,2	±0,5	±0,8	±1,2	±2,0	±3,0
Sehr grob (sg)	–	±0,5	±1,0	±1,5	±2,0	±3,0	±4,0

Anwendung von Form- und Lagetoleranzen

Lagetoleranzen. Kann z.B. aus fertigungstechnischen Gründen nicht ohne weiteres vorausgesetzt werden, daß die in der Zeichnung bemaßten und tolerierten Teile in einer geforderten Beziehung stehen, so ist die Lage bestimmter Körperkanten zueinander oder zu einer Mittellinie gesondert festzulegen. Diese sog. Lagetoleranzen werden in der Zeichnung i.allg. durch Symbole dargestellt, die in TGL 19085/DIN 7184 festgelegt sind (Tafel 2.8). Die Abweichung von der Mittigkeit wurde bisher durch einen gebrochenen Linienzug angegeben, dessen Knickstellen die zu tolerierenden Flächen kennzeichnen (Bild 2.13a). Diese Darstellungsweise ist noch zulässig, sollte aber vermieden und durch das Symbol „Symmetrietoleranz" ersetzt werden (Bild 2.13b). Bei der Eintragung der Toleranzgrenzen für Mitten- oder Symmetrieabweichungen ist zu beachten, daß kein Vorzeichen enthalten sein darf. Es sind dies immer symmetrische ±-Abweichungen.

Tafel 2.8. Angabe von Form- und Lagetoleranzen in Zeichnungen (Auszug aus TGL 19 085/DIN 7184)

Toleranzart	Symbol	Beispiel
a) Lagetoleranzen		
Parallelitäts-toleranz	//	
Symmetrie-toleranz	≡	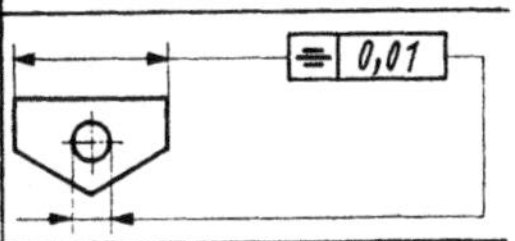
Rechtwinkligkeits-toleranz	⊥	
b) Formtoleranzen		
Kreisform-toleranz	○	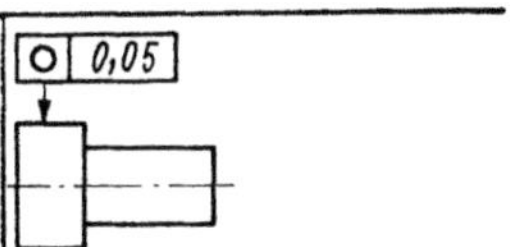
Ebenheits-toleranz	▱	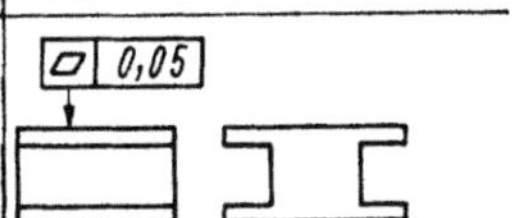

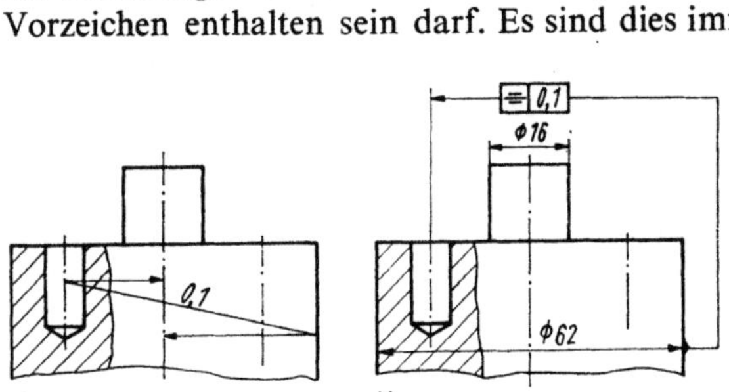

Bild 2.13. Angabe von Mittentoleranzen in Zeichnungen

Formtoleranzen. Alle drei Koordinaten eines Körpers sind toleriert. Es entsteht also ein sog. Toleranzraum, in dem sich die äußere Gestalt eines Bauteils bewegen kann, ohne die Toleranzgrenze zu über- oder unterschreiten.

Ein Zylinder (Bild 2.14) kann innerhalb des Toleranzraums eine Tonnen- oder Kegelstumpfform usw. aufweisen, oder seine Achslage kann von der Nennlage abweichen. Die Angabe der Kreisformtoleranz, der Ebenheitstoleranz usw. in Zeichnungen ist ebenfalls in TGL 19085 festgelegt (s. Tafel 2.8b). Weitere Angaben vgl. TGL 19081 bzw. DIN 7184.

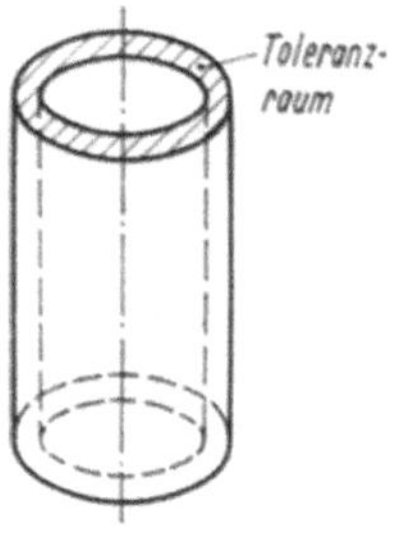

Bild 2.14. Toleranzraum bei einem Zylinder

Oberflächengüte und erreichbare Genauigkeit. Die geforderte Oberflächengüte an Werkstücken und die Maßtoleranzen müssen immer sinnvoll aufeinander abgestimmt sein, da sie eng zusammenhängen. So ist, um dem geometrisch idealen Körper möglichst nahezukommen, bei genauester Fertigung auch eine hohe Oberflächengüte zu gewährleisten.

Der Oberflächenzustand des fertigen Werkstücks muß insgesamt aus der Zeichnung hervorgehen. Er umfaßt Angaben zur Rauheit, zum anzuwendenden Bearbeitungsverfahren einschließlich des Verlaufs der Bearbeitungsspuren und zur Nachbehandlung der Oberfläche durch Härten, Beschichten usw.

Tafel 2.9. Angabe der Oberflächenrauheit (nach TGL 31050)

Symbol	Erklärung
	Grundsymbol, wenn das Fertigungsverfahren freigestellt ist
	Grundsymbol mit Querlinie, wenn die Oberflächenrauheit durch Trennen vorgeschrieben werden muß
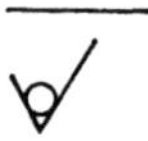	Grundsymbol mit Kreis, wenn für die Oberflächenrauheit ein Fertigungsverfahren außer Trennen vorgeschrieben werden muß
	Grundsymbol mit Querlinie und Kurzzeichen für die Kennzeichnung des Verlaufs der Bearbeitungsspuren (hier: Bearbeitungsspuren senkrecht zu der Linie, die die gekennzeichnete Fläche darstellt; weitere Kurzzeichen s. TGL 31050, vgl. a. [1])

Die Oberflächenrauheit ist mit Symbolen nach Tafel 2.9 in Verbindung mit Angaben für Rauheitskenngröße, Bearbeitungsspuren, Rauheitsbezugsstrecke und Fertigungsverfahren zu kennzeichnen. Weitere Eintragungen an den Symbolen verdeutlicht Bild 2.15.

Die qualitative Angabe der Rauheit durch Oberflächenzeichen nach TGL 0-140/02 genügt nicht mehr den gestiegenen Ansprüchen. Deshalb wurden die international abgestimmten Symbole in Verbindung mit quantitativen Angaben eingeführt. Da vorhandene

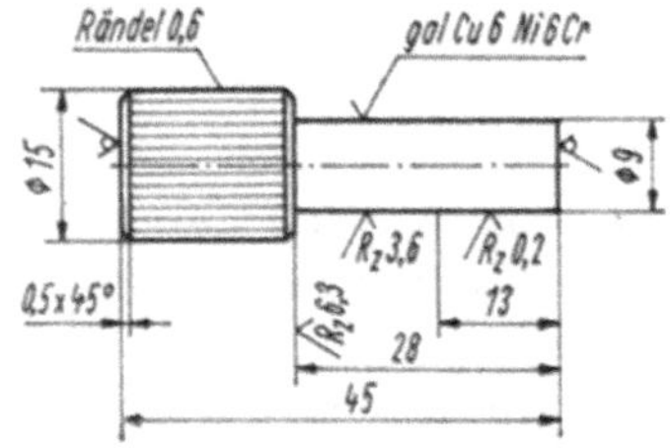

Bild 2.15
Bolzen mit Rändelansatz als Beispiel für die Kennzeichnung von Oberflächen [1]

Angabe der Oberflächenbeschaffenheit vorzugsweise durch gemittelte Rauhtiefe bzw. mittlere Rauheit R_z oder durch arithmetischen Mittenrauhwert R_a; bei Verwendung des Mittenrauhwerts entfällt R_a in der Zeichnung; in grober Vereinfachung gilt $R_a \approx 0{,}1\ R_z$ und $R_z \approx R_t$ (R_t ist die bisherige Rauhtiefe)

Zeichnungen nicht umgestellt werden, sind in Tafel 2.10 zum Vergleich die bisherigen Oberflächenzeichen und die dadurch ausgedrückten Forderungen an die Rauheit zusätzlich dargestellt. Die Abhängigkeit vom Bearbeitungsverfahren zeigt Tafel 2.11.

Tafel 2.10. Oberflächenzeichen nach TGL 0-140 bzw. DIN 3141

Oberflächenzeichen	Forderungen an Oberfläche; Richtwerte für größte zulässige gemittelte Rauhtiefe bzw. mittlere Rauheit R_z
∼	größere Gleichmäßigkeit oder besseres Aussehen
▽	Rillen (Bearbeitungsspuren) dürfen mit bloßem Auge deutlich sichtbar sein; $R_z \approx 160\,\mu m$
▽▽	Rillen dürfen mit bloßem Auge sichtbar sein; $R_z \approx 40\,\mu m$
▽▽▽	Rillen dürfen mit bloßem Auge noch sichtbar sein; $R_z \approx 10\,\mu m$
▽▽▽▽	Rillen dürfen mit bloßem Auge nicht mehr sichtbar sein; $R_z \approx 1\,\mu m$

Tafel 2.11. Erreichbare gemittelte Rauhtiefe bzw. mittlere Rauheit R_z in Abhängigkeit von den Bearbeitungsverfahren (nach [5])

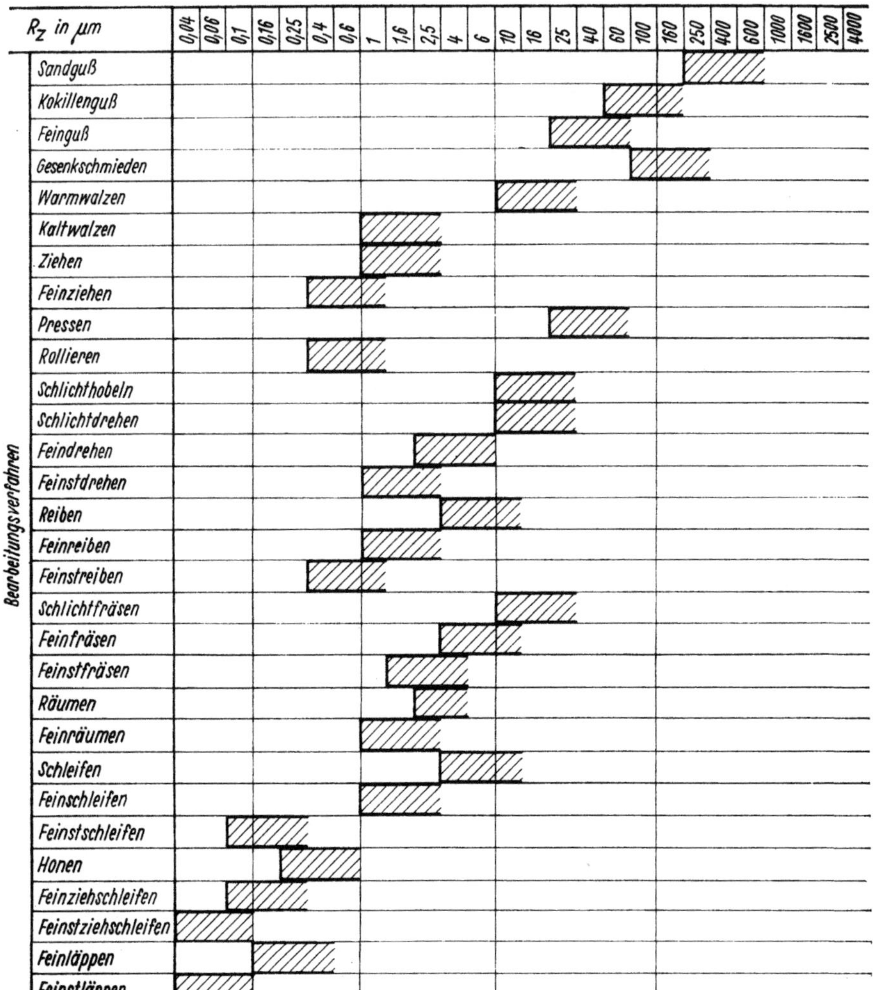

2.3.2. Passungen

Unter Passungen versteht man die maßlichen Beziehungen zwischen gepaarten Teilen (z. B. Paarung einer Welle mit einer Bohrung). Man unterscheidet drei Passungsarten: *Spielpassungen* ergeben sich durch Paarung von Teilen mit Außenmaßen (z. B. Wellen), die stets kleiner sind als die Innenmaße (z. B. Bohrungen) der zugehörigen Teile. Die Differenz zwischen Innen- und Außenmaß wird Spiel genannt. Die Teile sind in jedem Falle gegeneinander beweglich.
Preßpassungen ergeben sich durch Paarung von Teilen mit Außenmaßen (z. B. Wellen), die vor dem Zusammenfügen immer größer sind als die Innenmaße (z. B. Bohrungen) der zugehörigen Teile. Die Differenz zwischen Innen- und Außenmaß heißt Übermaß. Nach dem Fügen sitzen die Teile mehr oder weniger fest ineinander. Dabei kann sowohl elastische als auch plastische Verformung auftreten.
Übergangspassungen liegen zwischen den Spiel- und Preßpassungen. Es kann Spiel oder Übermaß vorliegen, je nachdem, ob innerhalb der Toleranzbereiche kleinere Außenmaße mit größeren Innenmaßen oder umgekehrt größere Außenmaße mit kleineren Innenmaßen zusammentreffen. Ihr Fügungscharakter ist also im Gegensatz zu den anderen Passungen von den Istmaßen der gepaarten Teile abhängig.

In TGL RGW und DIN (ISO-Paßsystem) werden die theoretisch vielfältigen Möglichkeiten eingeschränkt und damit die Toleranzfeldkombinationen erheblich herabgesetzt:

Zum einen sind für Außenmaße nur die Qualitäten IT4 bis IT12 sowie für Innenmaße die Qualitäten IT5 bis IT12 zugelassen, und zum anderen muß das Toleranzfeld eines der Teile immer an der Nullinie liegen. Es entstehen so die beiden Paßsysteme *Einheitswelle* (mit *h*4 bis *h*12 für Wellentoleranzen) und *Einheitsbohrung* (mit *H*5 bis *H*12 für Bohrungstoleranzen), deren Passungscharakter jeweils durch die Wahl der Gegenstücktoleranzen festlegbar ist. Bild 2.16 zeigt dies am Beispiel der Spielpassungen.

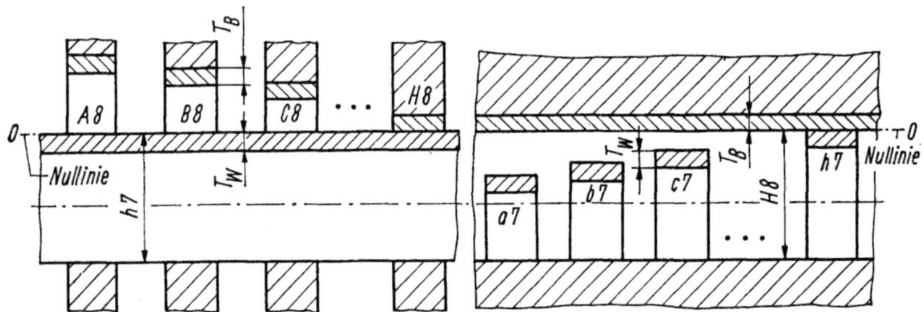

Bild 2.16. Spielpassungen in den Systemen
a) Einheitswelle; b) Einheitsbohrung

Grundbegriffe. Als Bezeichnungen wurden eingeführt:

W Welle	g Größtmaß	*T* Toleranz
B Bohrung	k Kleinstmaß	T_p Paßtoleranz.

Aus Bild 2.17 (System Einheitsbohrung mit Spiel- und Preßpassung) lassen sich folgende Beziehungen ableiten:

Spiel erhält man, wenn $B_k > W_g$: (2.2a)

Größtspiel $S_g = B_g - W_k$,

Kleinstspiel $S_k = B_k - W_g$. (2.2b)

Übermaß liegt vor, wenn $B_g < W_k$:

Größtübermaß $U_g = W_g - B_k$, (2.3a)

Kleinstübermaß $U_k = W_k - B_g$. (2.3b)

Für *Übergangspassungen* gilt:

Größtspiel $S_g = B_g - W_k$, (2.4a)

Größtübermaß $U_g = W_g - B_k$. (2.4b)

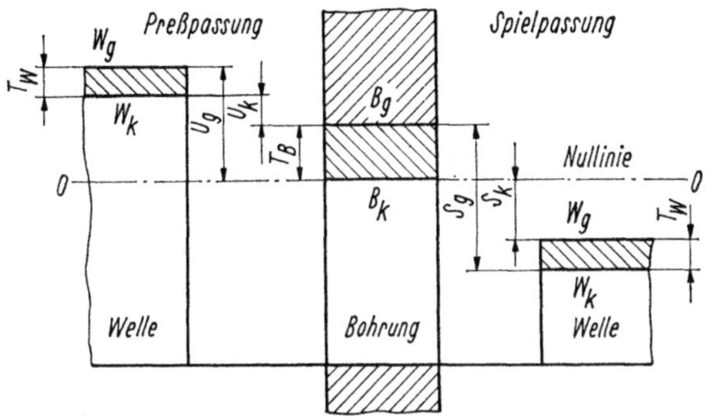

Bild 2.17. Bezeichnungen bei Passungen

Der Schwankungsbereich zwischen den jeweiligen Extremwerten wird bei allen Passungen *Paßtoleranz* T_p genannt.

Für sie ergibt sich:

bei Spiel $T_p = S_g - S_k$, (2.5a)

bei Übermaß $T_p = U_g - U_k$, (2.5b)

bei Übergang $T_p = S_g + U_g$. (2.5c)

Für alle Passungsarten gilt außerdem die Kontrollgleichung

$$T_p = T_W + T_B. \quad (2.6)$$

Da die Paßtoleranz T_p durch Größe und Lage eindeutig festgelegt ist, läßt sich jeweils ein Paßtoleranzfeld angeben (Bild 2.18).

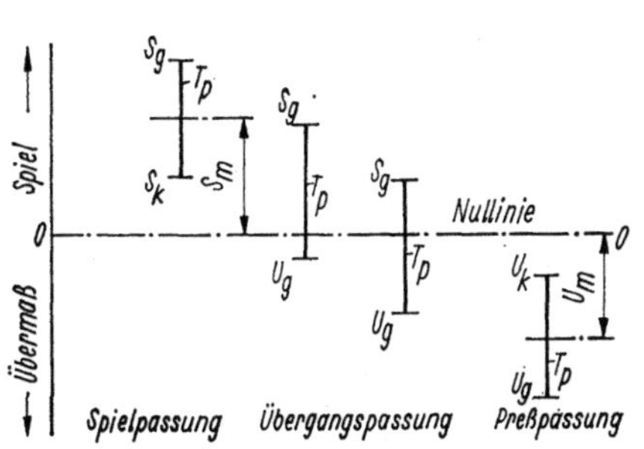

Bild 2.18. Grafische Darstellung der Paßtoleranzfelder nach TGL RGW 145-77/DIN 7182

Tafel 2.12. ***Passungsauswahl (Vorzugspassungen nach TGL RGW 144-75)****; DIN 58 700 enthält eine etwa analog festgelegte Passungsauswahl für die Feinwerktechnik*

Lfd. Nr.	System Einheitsbohrung	Einheitswelle	Allgemeine Charakterisierung	Anwendungsbeispiele	S_m in µm für $N = 3 \ldots 6$ mm	Passungsart
1	*H*11/*d*11		Die Teile sitzen locker aufeinander und haben sicheres Bewegungsspiel.	einfache Geradführungen, Achslager für Drehschalter, Lager für handbetriebene Haushaltgeräte; Paßteile, die nach Oberflächenbehandlung noch genügendes Spiel zeigen	+105	Spielpassungen
2	*H*11/*h*11	*H*11/*h*11	Die Teile lassen sich sehr leicht fügen, haben aber trotz der großen Herstellungstoleranzen kein wesentlich größeres mittleres Spiel als bei Nr. 3.	Teile, die auf Welle verstiftet, geschraubt oder festgeklemmt werden; Distanzbuchsen, Scharnierbolzen	+75	
3	*H*9/*h*9		Die Teile sind sehr leicht ineinander beweglich und zeigen reichliches Spiel.	Langsam rotierende Scheiben und Rollen für Seiltriebe; Stopfbuchsenteile; Lager in Werkzeugmaschinen	+60	
4	*H*8/*d*9				+54	
5		*E*9/*h*8			+44	
6	*H*8/*e*8		Die Teile sind ineinander beweglich und zeigen merkliches bis reichliches Spiel.	Verschiebbare Teile von Kupplungen, Lager für schnellaufende Achsen, Kurbelwellen u.ä.; Gleitführungen	+38	
7	*H*7/*e*8				+35	
8		*F*8/*h*6	Die Teile sind ineinander beweglich und zeigen noch merkliches Spiel.	auf Wellen geschobene Stellringe, Handräder, Kupplungsteile, Scheiben; Lager für schnelllaufende Achsen in der Gerätetechnik; Werkzeugmaschinenlager; Führungssteine, Gleitbuchsen und -hülsen	+23	
9	*H*7/*f*7				+22	
10	*H*8/*h*8	*H*8/*h*8	Die Teile sind beweglich und zeigen geringes Spiel.	Präzisionslagerungen in der Gerätetechnik; kraftlos verschiebbare Teile auf Achsen und Wellen	+18	
11	*H*8/*h*7	*H*8/*h*7	Die Teile sind noch beweglich und zeigen nur wenig Spiel.		+15	

12	$H7/g6$		Die Teile lassen sich zusammenfügen, zeigen aber kaum Spiel.	leerlaufende Kupplungsteile, Stellstifte in Führungsbuchsen, verschiebbare Zahnräder	+14	
13	$H7/h6$	$H7/h6$	Die Teile lassen sich noch von Hand verschieben, gleiten aufeinander, zeigen aber fast kein Spiel.	gut sitzende Stellringe, Wechselräder auf Achsen, Wälzlageraußenringe	+10	
14	$H7/j_s6$		Die Teile haften aufeinander und können ohne erheblichen Kraftaufwand gefügt werden (möglichst mit Schmierstoff), mehrfache Demontage möglich.	Handräder, Zahnräder, Scheiben auf Wellen, Wälzlageraußenringe, Lagerbuchsen, Wälzlagerinnenringe	+6	Übergangspassungen
15		$J_s7/h6$			+4	
16	$H7/k6$				+1	
17		$K7/h6$				
18	$H7/n6$		Die Teile sitzen fest und sind nur mit Presse zu fügen, gegen Verdrehen jedoch zu sichern, wenn Drehmomente übertragen werden sollen.	Lagerbuchsen, stoßweise beanspruchte Zahnräder, Wälzlagerinnenringe, Ankerkörper auf Wellen	−6	
19		$N7/h6$				
20	$H7/p6$		Die Teile sitzen fester als bei Nr. 18/19 und sind nur mit Presse zu fügen; Übertragung kleinerer Drehmomente ohne Verdrehsicherung.	feste Bolzen in Bohrungen, Stellglieder, Kupplungsnaben, Lagerbuchsen in Gehäusen	−10	Preßpassungen
21		$P7/h6$				
22	$H7/r6$		Die Teile sitzen sehr fest, Übertragung größerer Drehmomente möglich; Fügen nur mit Presse oder Wärmedifferenz, Lösen schwer möglich.	ausgeschnittene Zahnräder auf Wellen in mechanischen Federwerken; Lagerbuchsen in Gehäusen; Kupplungsnaben auf Wellen	−13	
23	$H7/s6$				−17	

Der Charakter einer Passung wird i. allg., besonders wenn die zu paarenden Bauteile in großen Stückzahlen zu fertigen sind, durch den arithmetischen Mittelwert aus den Größt- und den Kleinstwerten gekennzeichnet, wobei gilt:

mittleres Spiel $S_m = (S_g + S_k)/2,$ (2.7)

mittleres Übermaß $U_m = (U_g + U_k)/2,$ (2.8)

für Übergangspassung $S_m = (S_g - U_g)/2$ bzw. $U_m = (U_g - S_g)/2.$ (2.9)

Zu beachten ist noch, daß in Zeichnungen der Maßunterschied zwischen zwei Teilen prinzipiell nicht dargestellt wird. Die Passungsart geht nur aus der Passungsangabe hinter dem Nennmaß hervor (Bild 2.19).

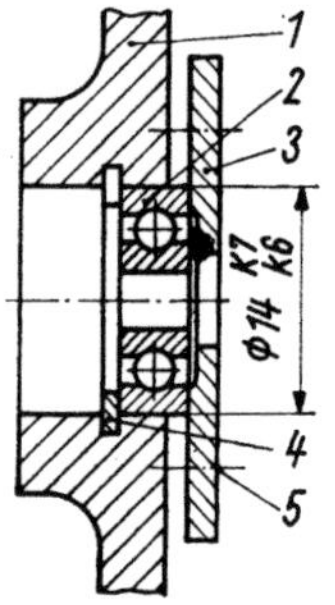

Bild 2.19
Bemaßung einer Passung
(Einbau eines Wälzlagers, s. Abschn. 8.2.)
1 Gehäuse; *2* Wälzlager; *3* Deckel; *4* Sicherungsring nach TGL 0-472/DIN 472; *5* Verschraubung

Passungsauswahl. In den Passungssystemen Einheitsbohrung und Einheitswelle sind die theoretisch möglichen Paarungen bereits erheblich eingeschränkt (s. Bild 2.12). Zur weiteren Erhöhung der Wirtschaftlichkeit wurde in TGL RGW und DIN eine sinnvolle Auswahl innerhalb dieser beiden Systeme getroffen. Danach sind im Nennmaßbereich von 1 ... 500 mm nur ausgewählte Passungen für den praktischen Gebrauch empfohlen. Eine Vorzugsreihe in dieser Passungsauswahl umfaßt nur noch wenige Spiel-, Übergangs- und Preßpassungen. Diese Vorzugspassungen ermöglichen die Lösung der wesentlichen Passungsprobleme. Sie sind in Tafel 2.12 nach fallendem mittlerem Spiel S_m zusammen mit einer allgemeinen Charakterisierung und Beispielen dargestellt.

Bei der Anwendung unter veränderlichen Temperaturen ist zu beachten, daß sich durch Temperaturdehnung die Toleranzfeldlage verschiebt, während die Breite des Toleranzfeldes praktisch unverändert bleibt. Bei Paarung von Teilen mit unterschiedlichen Längen-Temperatur-Koeffizienten können sich Spiel bzw. Übermaß einer Passung oder sogar der Passungscharakter insgesamt verändern (Übergang von Spiel- zu Preßpassung und umgekehrt [2.4]). Ähnliche Verhältnisse liegen auch bei Längenänderung durch Wasseraufnahme vor (z. B. bei Plastwerkstoffen).

Hingewiesen sei auf gesonderte Empfehlungen zur Passungsauswahl für die Nennmaßbereiche <1 mm und >500 mm, die in TGL RGW 144-75 analog den Toleranzen (s. Abschn. 2.3.1.) gegeben sind (vgl. a. DIN 58701, DIN 7172).

2.3.3. Maß- und Toleranzketten [3] [5] [12] [2.2] [2.6]

Bei der Bemaßung und Tolerierung von Werkstücken und beim Aufbau von Baugruppen ist das Zusammenwirken mehrerer Toleranzfelder oft nicht zu vermeiden, da nicht immer alle Körperkanten z. B. von nur einer Maßbezugslinie aus festgelegt werden können (Bild 2.20). Demzufolge entstehen Maßketten und, da alle Maße toleriert sind, auch Toleranzketten.

Unter einer *Maßkette* versteht man die fortlaufende Aneinanderreihung zusammenwirkender Einzelmaße M_i und eines von diesen abhängigen Schlußmaßes M_0, bei dem sich die Toleranzen aller am Aufbau der Kette beteiligten Einzelmaße auswirken. Im allgemeinen liegen lineare Maßketten vor, deren einzelne Glieder voneinander unabhängig sind. Das Nennmaß N_0 des Schlußmaßes M_0 kann in diesem Fall als algebraische Summe der vorzeichenbehafteten Nennmaße N_i der Einzelmaße ermittelt werden:

$$N_0 = \sum_{i=1}^{m} k_i N_i, \tag{2.10}$$

mit i Laufvariable für Einzelmaße, m Anzahl der Einzelmaße, k Richtungskoeffizent ($k = +1$ oder -1).

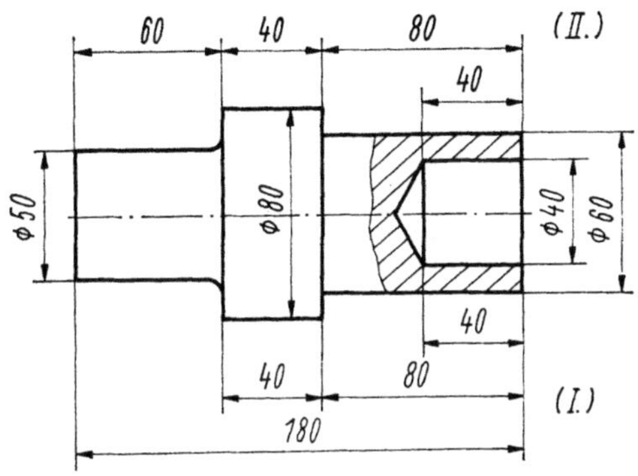

Bild 2.20. Zweckmäßige (I) und unzweckmäßige (II) Bemaßung eines Drehteils

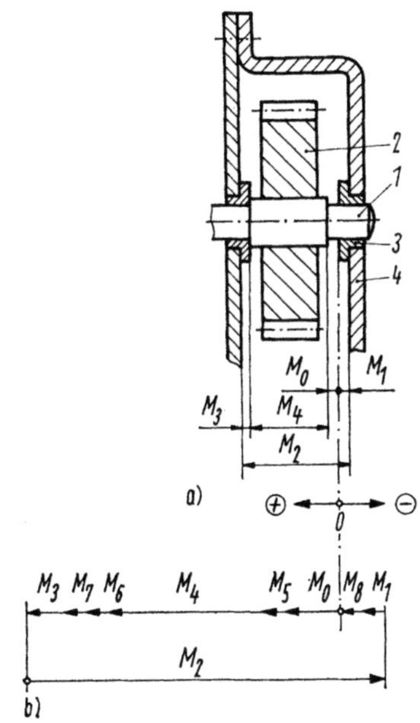

Bild 2.21
Beispiel einer Maßkette bei der Lagerung eines Zahnrads

a) Baugruppe; b) Maßkette
1 Welle; *2* Zahnrad; *3* Buchsen; *4* Gestell

Zur Bildung der für die weitere Toleranzrechnung wichtigen Ausgangsgleichung

$$M_0 = f(M_1, M_2, \ldots, M_m) \tag{2.11}$$

verfährt man zweckmäßig so, daß an einer beliebigen Schnittstelle der Maßkette ein Ausgangspunkt 0 festgelegt und von diesem aus ein geschlossener Linienzug mit den einzelnen Kettengliedern unter Beachtung eines bestimmten Richtungssinns gebildet wird. Bild 2.21 verdeutlicht dies an einem Beispiel. Die Ausgangsgleichung bei diesem Beispiel lautet ohne Beachtung der Stirnlauftoleranzen (M_5 bis M_8):

$$M_1 + M_0 + M_4 + M_3 - M_2 = 0 \quad \text{bzw.}$$

$$M_0 = M_2 - M_1 - M_4 - M_3.$$

Unter Berücksichtigung der o.g. Toleranzen gilt:

$$M_0 = M_2 - M_1 - M_8 - M_5 - M_4 - M_6 - M_7 - M_3.$$

Analog zur Maßkette erhält man eine *Toleranzkette* als Aneinanderreihung aller Einzeltoleranzen T_i und der von ihnen abhängigen und ausschließlich aus ihnen resultierenden Schlußtoleranz T_0. Sie bilden ebenfalls einen geschlossenen Linienzug.

Zur Gewährleistung der Funktion bzw. der Montagemöglichkeit der Bauelemente darf das Schlußmaß nur eine bestimmte Toleranz aufweisen. Für die einzelnen Glieder der Maßkette ergeben sich also Einzeltoleranzen T_i, die von der Schlußtoleranz T_0 abhängen, sofern man nicht zusätzliche Justage- oder Einpaßarbeiten bzw. auch gesonderte Einstellglieder in Kauf nehmen will. Der Zusammenhang zwischen einer geforderten Schlußtoleranz und den daraus abzuleitenden Einzeltoleranzen kann nach verschiedenen Methoden berechnet werden, je nachdem welchen Grad der Austauschbarkeit man fordert.

2.3.3.1. Maximum-Minimum-Methode

Mit der Maximum-Minimum-Methode können Lage und Größe der Toleranzen unter Berücksichtigung der ungünstigsten Kombinationen der Istwerte berechnet werden. Das Schlußmaß an einem einzelnen Bauteil stellt dann den theoretisch möglichen Größt- oder Kleinstwert dar. Die Montage derart tolerierter Teile gestaltet sich sehr einfach und wirtschaftlich. Alle Teile beispielsweise einer Losgröße können ohne Überschreiten der erforderlichen Schlußtoleranz miteinander funktionsgerecht gepaart werden. Auch ein schadhaft gewordenes Teil ist ohne Nacharbeit gegen ein anderes austauschbar. Diese Methode garantiert eine *vollständige Austauschbarkeit* und ist deshalb zunächst immer anzustreben. Um allerdings wirtschaftlich zu sein, setzt die Methode entweder weniggliedrige Ketten oder große Schlußtoleranzen bei vielgliedrigen Ketten voraus. Nur so sind hinreichend große, fertigungstechnisch reale Einzeltoleranzen erreichbar.

Zur Lösung der Ausgangsgleichung einer Maßkette in allgemeiner Form gemäß Gl. (2.11) kann das arithmetische Toleranzfortpflanzungsgesetz herangezogen werden [2.2]. Man erhält damit für die Schlußtoleranz T_0:

$$T_0 = \left|\frac{\partial f}{\partial M_1}\right| T_1 + \left|\frac{\partial f}{\partial M_2}\right| T_2 + \ldots + \left|\frac{\partial f}{\partial M_m}\right| T_m = \sum_{i=1}^{m} \left|\frac{\partial f}{\partial M_i}\right| T_i. \tag{2.12}$$

Wegen der Unabhängigkeit der Glieder bei den hier betrachteten linearen Maßketten werden die partiellen Ableitungen $|\partial f/\partial M_i| = 1$, und man erhält die vereinfachte Beziehung

$$T_0 = \sum_{i=1}^{m} T_i. \tag{2.13}$$

Eine beliebige Einzeltoleranz T_n innerhalb der Kette kann daraus errechnet werden zu

$$T_n = T_0 - \sum_{i=1}^{n-1} T_i - \sum_{i=n+1}^{m} T_i. \tag{2.14}$$

Die berechnete Toleranz für ein Maß M bezieht sich auf das Toleranzmittenmaß C (arithmetischer Mittelwert aus Größtmaß G und Kleinstmaß K, s. Bild 2.22d):

$$M = C \pm T/2 = N + E_C \pm T/2. \tag{2.15}$$

E_C ist die algebraische Differenz zwischen dem Toleranzmittenmaß C und dem Nennmaß N (in DIN Abmaß allgemein mit A bezeichnet).

Das Toleranzmittenabmaß E_{C0} des Schlußmaßes M_0 (Index C bezieht sich auf die Toleranzmitte) erhält man aus der Beziehung

$$E_{C0} = \sum_{i=1}^{m} k_i E_{Ci}. \tag{2.16}$$

Analog ergibt sich das Toleranzmittenabmaß E_{Cn} eines Einzelmaßes aus

$$E_{Cn} = \frac{1}{k_n}\left[E_{C0} - \sum_{i=1}^{n-1} k_i E_{Ci} - \sum_{i=n+1}^{m} k_i E_{Ci}\right]. \tag{2.17}$$

Insgesamt läßt die Darstellung erkennen, daß z.B. bei gegebener Schlußtoleranz T_0 die Maße der Toleranzkette so zu tolerieren sind, daß die Überlagerung aller Einzeltoleranzen die Gesamttoleranz ergibt. Je mehr Maße eine Kette enthält, um so kleiner werden die Einzeltoleranzen. Deshalb sollten Maßketten möglichst vermieden werden.

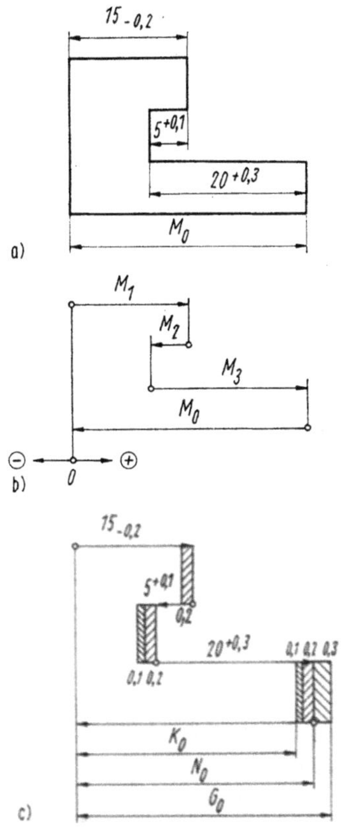

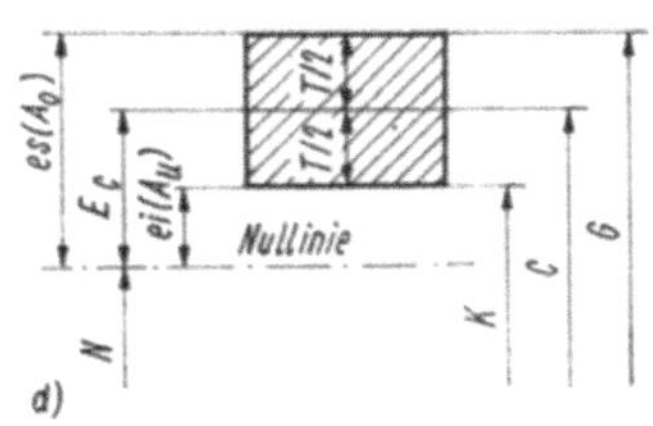

Bild 2.22
Bemaßung und Tolerierung eines Schnitteils
a) Darstellung des Schnitteils; b) Maßkette; c) Verdeutlichung der Toleranzüberlagerung; d) allgemeine Darstellung der Lage und Größe eines Toleranzfeldes
(in DIN Abmaß allgemein mit A bezeichnet)

Beispiel: Bemaßung und Tolerierung eines Schnitteils. Für das im Bild 2.22a dargestellte Schnitteil seien die drei tolerierten Einzelmaße gegeben. Daraus sind das Nennmaß N_0 sowie die Toleranz T_0 für das Schlußmaß, das für die Fertigung des zugehörigen Werkzeugs wichtig ist, so zu bestimmen, daß vollständige Austauschbarkeit gewährleistet ist.

Zur Vorbereitung werden zunächst gemäß Abschn. 2.3.3. die zugehörige Maßkette gezeichnet, die Ausgangsgleichung aufgestellt (a) und alle gegebenen Werte in einer Tabelle aufbereitet (b).

Danach können mit Gl. (2.10) das Nennmaß N_0, mit Gl. (2.16) das Toleranzmittenabmaß E_{C0} des Schlußmaßes und mit Gl. (2.13) die Schlußtoleranz T_0 berechnet werden.

Lösung:

a) Maßkette (Bild 2.22b) und Ausgangsgleichung

$$M_0 = M_1 - M_2 + M_3$$

b) Aufbereitung der gegebenen Werte (Angaben in mm)

i	M_i	N_i	E_{Ci}	k_i	T_i
1	$15_{-0,2}$	15	−0,1	+1	0,2
2	$5^{+0,1}$	5	+0,05	−1	0,1
3	$20^{+0,3}$	20	+0,15	+1	0,3

c) Berechnung

Nennmaß N_0 des Schlußmaßes

$$N_0 = [(+1) \cdot 15 + (-1) \cdot 5 + (+1) \cdot 20] \text{ mm} = 30 \text{ mm};$$

Toleranzmittenabmaß E_{C0} des Schlußmaßes

$$E_{C0} = [(+1) \cdot (-0{,}1) + (-1) \cdot 0{,}05 + (+1) \cdot 0{,}15] \text{ mm} = 0 \text{ mm};$$

Schlußtoleranz T_0

$$T_0 = T_1 + T_2 + T_3 = (0{,}2 + 0{,}1 + 0{,}3) \text{ mm} = 0{,}6 \text{ mm}.$$

Damit ergibt sich ein Maß $M_0 = (30 \pm 0{,}3)$ mm mit einem Größtmaß $G_0 = 30{,}3$ mm und einem Kleinstmaß $K_0 = 29{,}7$ mm.

Zur Erläuterung ist im Bild 2.22c die Überlagerung der Einzeltoleranzen veranschaulicht, und Bild 2.22d zeigt nochmals in allgemeiner Form die Angaben zur Kennzeichnung von Lage und Größe eines Toleranzfeldes.

Wenn komplexere Erzeugnisse eine hohe Genauigkeit erfordern und Maßketten mit vielen Kettengliedern aufweisen, führt die Anwendung der Maximum-Minimum-Methode oft zu einer unwirtschaftlichen Fertigung. In diesen Fällen ist die wahrscheinlichkeitstheoretische Methode zweckmäßiger.

2.3.3.2. **Wahrscheinlichkeitstheoretische Methode** [12]

Die Methode geht davon aus, daß bei vielgliedrigen Ketten die ungünstigsten Extremwerte praktisch nur sehr selten zusammentreffen. Die nach den Gln. (2.13) und (2.14) ermittelten Toleranzen lassen sich deshalb unter Beachtung wahrscheinlichkeitstheoretischer Gesetzmäßigkeiten so erweitern, daß für die Fertigung der Einzelteile wesentliche Erleichterungen geschaffen werden, ohne auf eine Austauschbarkeit zu verzichten. Es ist lediglich eine verhältnismäßig kleine, vorher festlegbare Ausschußquote (Überschreiten der vorgegebenen Schlußtoleranz durch die Istabmessungen des Schlußmaßes) in Kauf zu nehmen und daraus abgeleitet ein Mehraufwand an Nacharbeit bzw. Ausschuß. Zudem lassen sich die zunächst nicht verwendbaren Teile bei anderer Kombination vielfach noch zu funktionsfähigen Baugruppen montieren. Die Methode kann also immer dann Anwendung finden, wenn aus technischen oder wirtschaftlichen Gründen eine *unvollständige Austauschbarkeit* zulässig ist. Sie setzt voraus, daß die Verteilung der Istwerte der Maßkettenglieder bekannt oder zumindest abschätzbar ist, daß Montagelosgrößen von mindestens 50 Teilen je Los und vielgliedrige Toleranzketten vorliegen. Wenigglíedrige Ketten können nur dann mit dieser Methode untersucht werden, wenn die Istwerte in ganz bestimmten Verteilungen anfallen (s. [2.2] [2.6]).

Die wahrscheinliche Größe der Schlußtoleranz T_0' (′ bezogen auf wahrscheinlichkeitstheoretische Methode) kann aus Gl. (2.12) unter Beachtung bestimmter Gesetzmäßigkeiten der Wahrscheinlichkeitsrechnung bestimmt werden:

$$T_0' = t\sqrt{\sum_{i=1}^{m} (c_i T_i')^2}\,. \tag{2.18}$$

Der Risikofaktor t (Faktor der Student-Verteilung) kann in Abhängigkeit von der wirtschaftlich vertretbaren Ausschußquote p Tafel 2.13 entnommen werden. Bei der Wahl des Koeffizienten der relativen Streuung c genügt es in nahezu allen Fällen, von einer Normalverteilung der Istwerte auszugehen, für die $c = 0{,}333$ gilt.

Tafel 2.13. Faktor t

p in %	10	5	2	1	0,5	0,2	0,1
t	1,65	1,96	2,33	2,58	2,81	3,09	3,37

An vielen Beispielen [12] [2.2] läßt sich zeigen, daß die mit dieser Methode ermittelte Schlußtoleranz im Vergleich zur Maximum-Minimum-Methode oft nur etwa 50 bis 60% beträgt. Die Toleranzen der einzelnen Maße können also um einen solchen Betrag vergrößert werden. Dabei ist nach dem Grundsatz zu verfahren, das Teil am gröbsten zu tolerieren, das am wertvollsten ist bzw. dessen Fertigung den größten Aufwand erfordert.

2.3.4. Toleranz- und passungsgerechtes Gestalten [5] [2.5]

Bei der Festlegung von Toleranzen und Passungen ist zu beachten, daß die Wirtschaftlichkeit der Fertigung gewahrt bleibt. Deshalb muß bei der konstruktiven Gestaltung auf eine möglichst kleine Anzahl der Einzelteile und der Paßstellen geachtet werden. Außerdem sind, solange es die Funktion des jeweiligen Erzeugnisses zuläßt, zunächst Freimaßtoleranzen zu wählen und enge Passungen entweder durch den Einsatz elastischer Elemente („elastische Bauweise") oder durch Nachstellbarkeit bzw. Justage zu umgehen.

Tafel 2.14. Toleranz- und passungsgerechte Gestaltung

Ungünstige Lösung	Erläuterungen	Günstige Lösung
1. *Wähle Teile- und Paßstellenzahl möglichst klein!*		
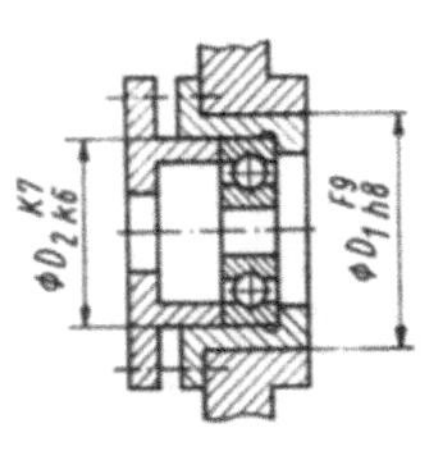	*Linkes Bild:* Viele Einzelteile, zwei Toleranzpaare, Bohrung der Buchse wegen Ansatz innen mit Reibahle nicht bearbeitbar, *rechtes Bild:* nur ein Toleranzpaar, durch Wegfall der Buchse läßt sich Bohrung im Gehäuse aufreiben, Deckel einfacher gestaltet, Sicherungsring *1* als billiges Standardteil vereinfacht die Fertigung (s.a. Bild 8.35).	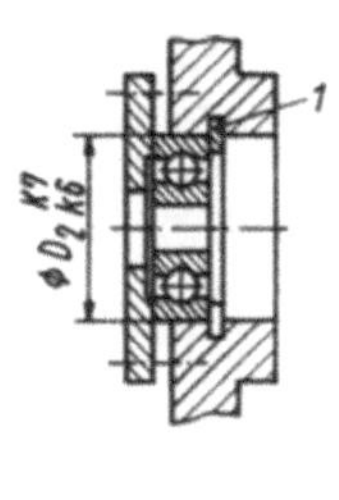

Tafel 2.14. Fortsetzung

Ungünstige Lösung	Erläuterungen	Günstige Lösung

2. *Wähle grobe Toleranzen oder Freimaßtoleranzen, solange es die Funktion zuläßt!*

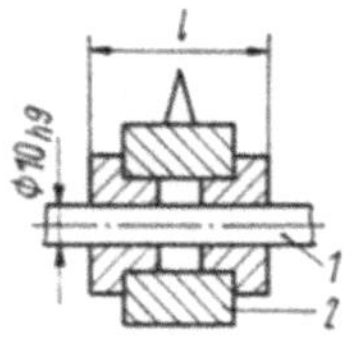

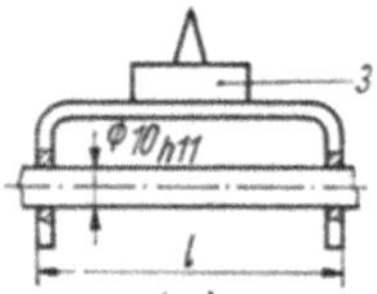

Je größer Führungslänge *l*, desto gröber kann Geradführung toleriert sein.
1 Führungsstab; *2, 3* Anzeigeteil

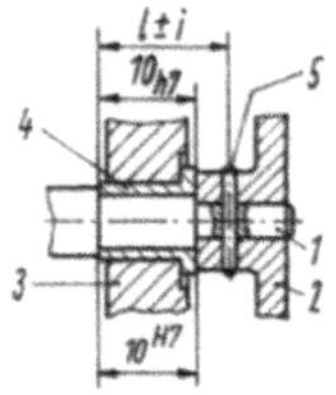

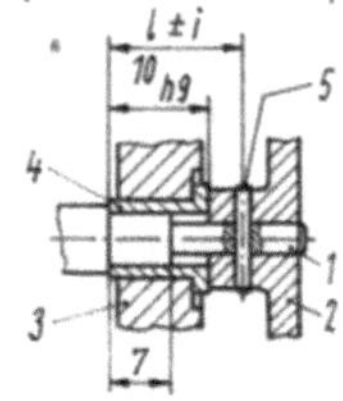

Tolerierte Länge der Buchse *4* begrenzt Axialspiel des Rades *2*; Funktion bleibt erhalten, wenn der gleichlange Wellenabsatz kürzer gehalten wird.
1 abgesetzte Welle; *2* Rad; *3* Gehäuse; *4* Buchse; *5* Stift

3. *Vermeide enge Toleranzen durch elastische Bauweise (Verwendung von federnden oder gefederten Elementen)!*

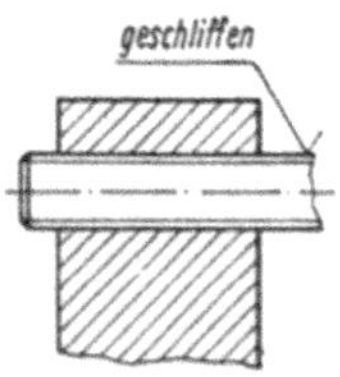

Gewindeschleifen (teuer) ergibt Gewinde mit geringem Anfangsspiel, das sich infolge Verschleiß vergrößert. Günstiger ist axiales (Bild rechts) oder radiales Verspannen von Schrauben- und Muttergewinde durch elastische Verformung; das Spiel wird dauerhaft beseitigt.

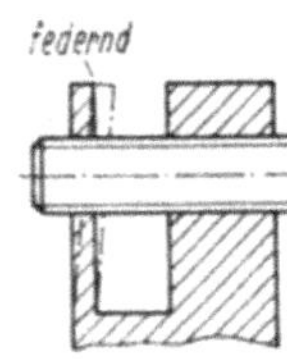

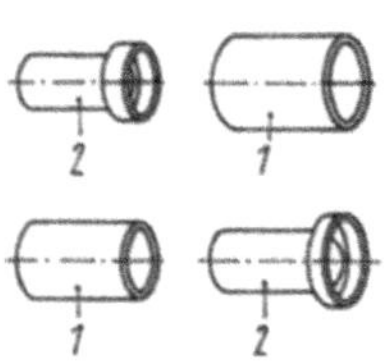

Enge Passungen z.B. bei dünnwandigen rohrförmigen Teilen lassen sich durch federnde Ausbildung vermeiden (s.a. Bild 9.5).
1 Außenteil; *2* Innenteil

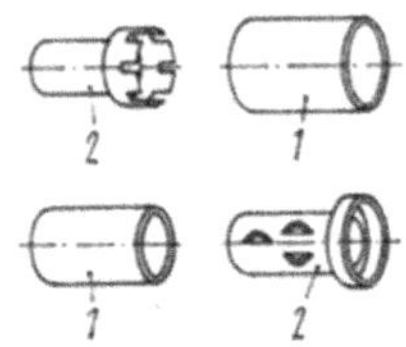

4. *Vermeide enge Toleranzen durch nachstellbare oder justierbare Elemente!*

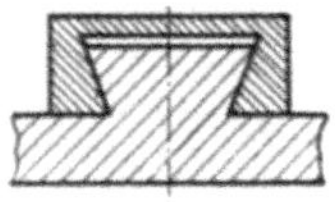

Mit nachstellbarer Führungsleiste *1* einer Schwalbenschwanzführung können enge Herstellungstoleranzen vermieden und kann verschleißbedingtes Spiel ausgeglichen werden.

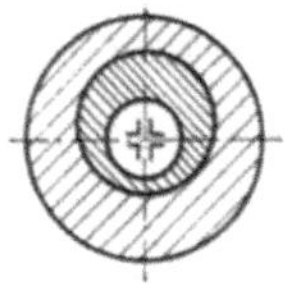

Die Einstellung einer Strichplatte durch zwei Exzenter (drei Passungen) ist billiger mit drei um 120° versetzten Gewindestiften zu erreichen.

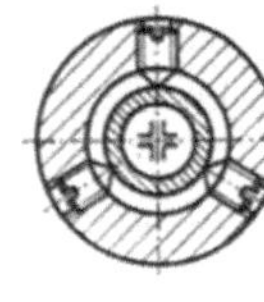

5. *Vermeide toleranzmäßige Überbestimmung und Mehrfachpaßstellen!*

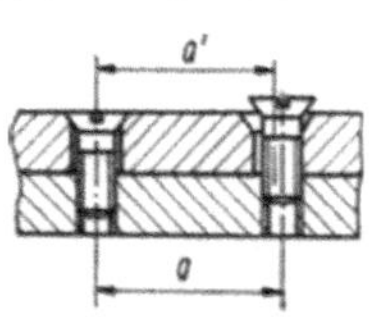

Werden zwei Bauteile durch Senkschrauben verbunden, so ist nur bei sehr enger Tolerierung der Bohrungsabstände zu erwarten, daß der Kopf in der Senkung bündig abschließt. Durch Verwendung zweier Zylinderkopfschrauben wird dieser Fehler ausgeglichen, wenn Bohrung und Senkung genügend groß sind.

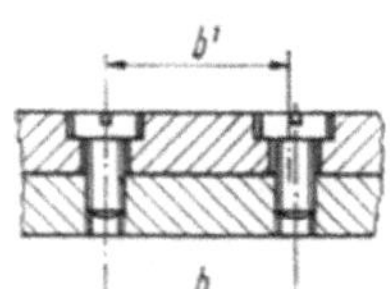

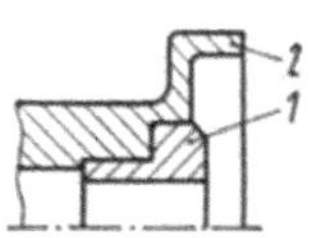

Die Lage der in Gehäuse *2* eingepreßten Buchse *1* ist sowohl radial als auch axial je zweimal festgelegt (linkes Bild). Je eine Begrenzung ist ausreichend (rechtes Bild).

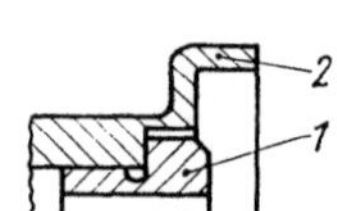

Toleranzen und Passungen nach TGL RGW und DIN (s. Tafeln 2.6 und 2.12) sollten generell nur bei besonderen funktionellen oder Genauigkeitsforderungen Anwendung finden. Jedoch ist auch dann darauf zu achten, daß Überbestimmung durch doppelte Maß- oder Toleranzangaben und Mehrfachpaßstellen vermieden werden.

In Tafel 2.14 sind ungünstige und günstige Lösungen gegenübergestellt.

2.4. **Werkstoffwahl** [5] [7] [2.7] bis [2.10]

Die Gestalt eines Bauteils festzulegen heißt, „in Fertigungsverfahren denken“, wobei der Werkstoffwahl besonderes Augenmerk gewidmet werden muß (s. Abschn. 2.1.).

In der Elektrotechnik, Elektronik und Gerätetechnik liegt ein sehr umfangreiches Angebot an Werkstoffen vor, und die Werkstoffwahl wird durch vielfältige Gesichtspunkte bestimmt, neben der Festigkeit und den Kosten u.a. durch Forderungen hinsichtlich Elastizität, Verschleißverhalten, Masse, magnetischer und elektrischer Leitfähigkeit, Korrosionsverhalten und Veredlungsfähigkeit. Generell gilt:

■ teure und schwer zu beschaffende Werkstoffe vermeiden und dafür möglichst gleichwertige Austauschstoffe heranziehen.

Oft sind für bestimmte Fertigungsverfahren spezielle Werkstoffe entwickelt worden, z.B. für das Automatendrehen die Automatenstähle, die hohe Schnittgeschwindigkeiten zulassen. Die meisten Werkstoffe werden als Halbfabrikate (Halbzeuge, Bild 2.2) geliefert, deren richtiger Einsatz (Bild 2.5) erhebliche Kostensenkungen ermöglicht.

Man unterscheidet drei Werkstoffhauptgruppen:

- *Stahl und Eisen* (allgemeine Baustähle, Vergütungs- und Einsatzstähle, Gußeisen, Stahlguß).
- *Nichteisenmetalle* (Schwermetalle – Kupfer, Zinn, Zink, Blei; Leichtmetalle – Aluminium, Magnesium; Edelmetalle – Gold, Silber, Platin. Die zuerst genannten Werkstoffe gelangen meist als Legierungen verschiedener Metalle zur Anwendung).
- *Nichtmetalle* (keramische Werkstoffe, Plaste usw.). Diese Werkstoffe erhalten zunehmende Bedeutung, da mit ihnen besondere physikalische Forderungen, wie elektrische Isolierfähigkeit, zu erfüllen sind, aber auch die Herstellung von Einzelteilen durch wirtschaftliche Verfahren der Massenfertigung, u.a. durch Pressen [5], ermöglicht wird.

Tafel 2.15. Eigenschaften ausgewählter Werkstoffe (s.a. Tafel 3.2)

a) *Stahl und Eisen*

Als *Stahl* werden alle ohne Nachbehandlung schmiedbaren Eisenwerkstoffe mit einem C-Gehalt unter 1,7 % bezeichnet, die man zusätzlich in unlegierte und legierte Stähle unterteilt. Das wichtigste Legierungselement ist der Kohlenstoff, da Stahl z.B. erst durch einen C-Gehalt > 0,3 % wesentlich härtbar wird und Festigkeit und Härte mit dessen weiterer Zunahme ansteigen. Wichtigste Stähle:
Allgemeine Baustähle sind unlegierte Stähle mit einem C-Gehalt unter 0,5 %, deren Bezeichnung im allgemeinen nach der Zugfestigkeit erfolgt und die für normale Anforderungen einsetzbar sind (St 34 bis St 70). Sie lassen sich schweißen und im Anlieferungszustand verwenden, d.h., eine Wärmebehandlung nach dem Warmwalzen ist zumeist nicht erforderlich. St 34 ist z.B. aber einsatzhärtbar, St 50 oberflächenhärtbar und St 60 sowie St 70 härtbar und vergütbar. Allerdings ist die Korrosionsbeständigkeit gering, wodurch auch unter normalen atmosphärischen Bedingungen eine Oberflächenbehandlung erforderlich wird. Für besondere Beanspruchungen gelangen Baustähle mit niedrigen Legierungsbestandteilen an Mn, Si, Cr, Mo, V usw. zur Anwendung, z.B. 9Mn6, 25MnSi6 (TGL 7960, 14508; DIN 17100).

Tafel 2.15. Fortsetzung 1

Vergütungsstähle werden durch Härten und anschließendes Anlassen von unlegierten bzw. niedriglegierten Stählen mit C-Gehalt zwischen 0,2 und 0,6% bei Temperaturen von 450 bis 700 °C auf große Zähigkeit und Festigkeit gebracht (vergütet) und finden für stoß- und wechselbeanspruchte, sehr zähe Teile Anwendung, z.B. Qualitätsstähle C 25 bis C 60, Edelstähle CK 25 bis CK 60, 34CrMo4 (TGL 6547, DIN 17200).
Einsatzstähle sind Eisenwerkstoffe, deren Eigenschaften man durch spezielle Wärmebehandlung erreicht. Verwendet werden unlegierte bzw. niedrig legierte Stähle mit einem C-Gehalt unter 0,2%, die zunächst geringe Härte und Festigkeit aufweisen. Durch Einsatzhärten (Glühen der i. allg. fertigen Werkstücke in kohlenstoffabgebenden Mitteln, dadurch Anreichern der Oberfläche mit C, und nachfolgendes Abschrekken) entsteht eine glasharte Oberfläche, während der Kern weich und zäh bleibt. Einsatzstähle werden bei hochwertigen, sehr verschleißbeanspruchten Teilen mit Forderung nach großer dynamischer Festigkeit angewendet, z.B. Qualitätsstähle C 10, C 15; Edelstähle 15Cr3, 16MnCr5 (TGL 6546, DIN 17210).
Automatenstähle weisen sehr gute Zerspanungseigenschaften auf und sind deshalb für Teile mit normalen Festigkeitsanforderungen geeignet, die in großen Stückzahlen spanend zu fertigen sind, z.B. 9S20K, 10S20K (TGL 12529, DIN 1651).
Werkzeugstähle dienen der Herstellung von Werkzeugen für spanende Bearbeitung sowie von Schnitt- und Umformwerkzeugen (mit C-Gehalt > 0,6%, z.B. C60W bis C130W, 90MnV8) und auch als spezielle Stähle für Halbzeuge und Bleche [3] einschließlich Sonderstählen mit bestimmten magnetischen Eigenschaften (z.B. weichmagnetische Werkstoffe wie Dynamoblech, Hyperm, Permaloy [2.10] [2.11]).
Eisengußwerkstoffe finden u.a. wegen ihres hohen Dämpfungsvermögens für größere Gestelle, Chassis und spezielle Gehäuseteile Anwendung. Man unterscheidet Gußeisen mit Lamellengraphit (GGL; Grauguß), Gußeisen mit Kugelgraphit (GGG), Temperguß (GT) und Stahlguß (GS). Temperguß ist ein Gußwerkstoff, dessen C- und Si-Gehalt so gewählt ist, daß die Gußteile graphitfrei erstarren.
Als Stahlguß bezeichnet man nach üblichen Gießverfahren gefertigte Gußteile aus Stahl, d.h. mit einem C-Anteil < 1,9%. GGG unterscheidet sich von GGL durch höhere Festigkeit und Elastizität, von Temperguß durch höhere Zugfestigkeit und von Stahlguß durch eine geringere Elastizität, ein höheres Verhältnis von Streckgrenze zu Zugfestigkeit sowie eine relativ gute Dämpfungsfähigkeit (Eisengußwerkstoffe s. TGL 14400, 10327, 14315 sowie DIN 1691, 1693, 1692, 1681 – Bezeichnung von Grauguß in DIN mit GG).

b) *Nichteisenmetalle*

Schwermetalle und Legierungen: Dazu zählen

- Kupfer und Cu-Legierungen (nach bisherigen Bezeichnungen u.a. Messing, Bronze, Neusilber)
- Nickel, Zinn, Zink, Blei und deren Legierungen.

Sie haben meist gute Gleiteigenschaften, sind unmagnetisch und gut verarbeitbar sowie in fast allen Fällen durch Löten gut verbindbar. Cu und dessen Legierungen werden darüber hinaus wegen der guten elektrischen Leitfähigkeit hauptsächlich als Leiterwerkstoffe verwendet.

Leichtmetalle und Legierungen: Dazu zählen

- Aluminium und Al-Legierungen
- Magnesium und Mg-Legierungen.

Sie zeichnen sich durch niedrige Dichte, teilweise sehr gute Formbarkeit und gießtechnisch gute Verarbeitbarkeit (Druckgießen) sowie gute Wärmeleitfähigkeit und elektrische Leitfähigkeit aus. Löt- und schweißbar sind diese Werkstoffe nur mittels besonderer Maßnahmen (s. Abschn. 4.1.).

c) *Nichtmetalle*

Plaste (Tafel 3.2) weisen im Gegensatz zu den Metallen eine makromolekulare Struktur auf. Die Vielzahl der heute verfügbaren Plastwerkstoffe läßt sich sinnvoll nur unter Beachtung ihrer Fertigung bzw. Zusammensetzung ordnen [5] [7]:
Nach der Art der Herstellung unterscheidet man *Polymerisate*, *Polykondensate* und *Polyaddukte*. Die chemische Struktur gestattet eine Einteilung nach dem Molekülaufbau (vollsynthetische Plastwerkstoffe, abgewandelte Naturstoffe), das Temperaturverhalten eine solche in Thermo- und Duroplaste. Hinsichtlich der physikalischen Struktur werden amorphe und kristalline makromolekulare Stoffe unterschieden, wobei durchsichtige Plaste stets amorph sind. Die Anforderungen an Verarbeitbarkeit, Eigenschaften und Preis bestimmen, ob Plaste mit oder ohne Füllstoffe eingesetzt werden.
Folgende Eigenschaften bestimmen den Einsatz der Plaste als Konstruktionswerkstoffe: kleine Dichte (bei füllstofffreien Plasten $\varrho = 0{,}9 \ldots 1{,}4$ g/cm^3), niedrige Wärmeleitfähigkeit ($\lambda = 0{,}1 \ldots 0{,}35$ W/m · K), gro-

Tafel 2.15. Fortsetzung 2

ßer Längen-Temperatur-Koeffizient (etwa 6 ... 8mal so groß wie bei Metallen), sehr gute Korrosionsbeständigkeit, niedrige Temperaturbeständigkeit (etwa zwischen −30 und 100 °C).
Keramische Werkstoffe sind sowohl hinsichtlich der Zusammensetzung als auch der Eigenschaften außerordentlich vielfältig. Sie werden für Feinkeramik (technische Keramik) in Elektrotechnik, Elektronik, Gerätetechnik und Maschinenbau verwendet, aber auch in der Bau- und Sanitärtechnik und im Haushalt.
In TGL 7838 sind folgende Werkstoffgruppen standardisiert:

Gruppe 100 Hartporzellane und Porzellane,
200 Magnesium-Silikat-Keramik, Steatit,
300 Rutil- und Titanatmassen,
400 Cordieritkeramik (Al-Mg-Silikatkeramik),
500 Poröse Isolierkeramik (Steinzeug),
600 Tonerdekeramik, Millitporzellan,
700 Oxidkeramik,
F100 Filterkeramik.

Mechanische Eigenschaften und Anwendungsgebiete wichtiger Keramiktypen enthält [5].

Zur Erleichterung der Auswahl liegen Standards vor. Sie enthalten u.a. die genaue Bezeichnung, Zusammensetzung und Eigenschaften (u.a. Zugfestigkeit, Streckgrenze, Bruchdehnung bei Metallen; Wasseraufnahmefähigkeit, Formbeständigkeit usw. bei Plasten) sowie Abmessungen und Toleranzen. Zur einfachen Handhabung sind die Standards bzw. Normen in TGL- bzw. DIN-Taschenbüchern zusammengefaßt (z.B. TGL-Taschenbuch 1 bzw. DIN-Taschenbuch 4: Stahl und Eisen). In Tafel 2.15 wird eine Übersicht der Eigenschaften ausgewählter Werkstoffe gegeben (s. auch Tafel 3.2).

2.5. Aufgaben und Lösungen zu Abschn. 2.

Aufgabe 2.1. Vorzugszahlen, Normzahlen

Quadratflächen mit der Seitenlänge a sind im Bereich von 40 mm bis 1000 mm möglichst gleichmäßig so zu stufen, daß eine Typenreihe aus acht verschieden großen Flächen entsteht.
Gesucht sind:

a) Stufung nach einer geometrischen Reihe!
b) Stufung nach einer arithmetischen Reihe!
c) Vergleich der Lösungen a) und b) und Auswahl der geeigneten Typenreihe!

Aufgabe 2.2. Passungsanalyse

Gegeben ist eine Passung ⌀ 5 E9/h8.

Gesucht sind:

a) Größe des Nennmaßes
b) Art des Passungssystems
c) Darstellung von Toleranz- und Paßtoleranzfeld
d) Charakter der Passung
e) Größt- und Kleinstspiel sowie Paßtoleranz.

Aufgabe 2.3. Umstellung eines Passungssystems

Die Passung ⌀20 D9/h8 ist auf das Passungssystem Einheitsbohrung umzustellen, wobei die Werte für Größt- und Kleinstspiel erhalten bleiben sollen.

Aufgabe 2.4. Maß- und Toleranzketten an einem Schnitteil

Das Schnitteil im Bild 2.23 ist bezüglich der Toleranzen zu überprüfen. Im einzelnen sind folgende Aufgaben zu lösen:

a) Ermittlung der Schlußtoleranz T_0 sowie des zu erwartenden Größtmaßes G_0 und des Kleinstmaßes K_0 für das für die Fertigung des zugehörigen Werkzeugs interessierende Maß M_0.

b) Der Einfluß der Toleranzen der Maße *a, b, c, d* auf das Maß *e* ist zu untersuchen und dessen Größt- und Kleinstmaß sowie die Gesamttoleranz sind anzugeben (Fertigung erfolgt nach dem Genauigkeitsgrad „fein" nach TGL 2897 bzw. DIN 7168).
c) Die Maßeintragung ist so zu ändern, daß auch das Maß *e* dem Genauigkeitsgrad „fein" entspricht.

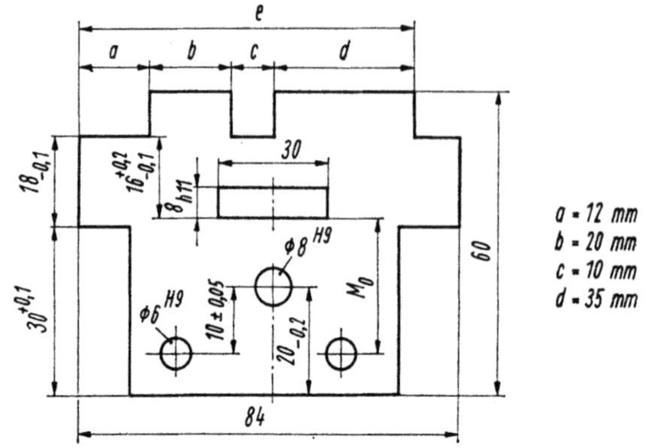

Bild 2.23
Toleranzmäßige Überprüfung eines Schnitteils

Aufgabe 2.5. Elastische Bauweise

Es sind mehrere Möglichkeiten anzugeben, wie sich bei einem Stirnradgetriebe (s. Abschn. 11.) zum Antrieb eines Drehkondensators durch Einsatz von elastischen Bauelementen das Spiel zwischen den Zahnflanken und damit eine Umkehrspanne („toter Gang") bei Drehrichtungswechsel vermeiden läßt.

Aufgabe 2.6. Spielarme Rastvorrichtung

Bei Rastvorrichtungen, in denen ein zylindrischer Bolzen in eine ebenfalls zylindrische Bohrung eingreift, müssen Bolzen- und Bohrungsdurchmesser sehr eng toleriert sein, um eine spielarme Rastung zu gewährleisten. Es ist eine Rastvorrichtung zu entwerfen, bei der weniger eng tolerierte Maße ausreichend sind, die Fertigung also wesentlich vereinfacht werden kann.

Lösung zu Aufgabe 2.1

a) Stufung nach geometrischer Reihe:
$a, aq, aq^2, \dots aq^{n-1}$
mit Anfangsglied $a = 40$ mm, Stufensprung q und Anzahl der Glieder n.
Berechnung von q:

$aq^7 = 1000; \quad 40q^7 = 1000; \quad q = \sqrt[7]{25};$

$\lg q = (1/7) \lg 25 = (1/7)\, 1{,}3979 = 0{,}1997; \quad q = 1{,}584.$

Dies entspricht der Stufung nach der geometrischen Reihe R 5 mit folgenden Gliedern (Zahlenwerte geringfügig gerundet):

$a = 40$ mm $\quad aq^2 = 100$ mm $\quad aq^4 = 250$ mm $\quad aq^6 = 630$ mm

$aq = 63$ mm $\quad aq^3 = 160$ mm $\quad aq^5 = 400$ mm $\quad aq^7 = 1000$ mm.

b) Stufung nach arithmetischer Reihe:

$a, a + d, a + 2d, \dots a + (n - 1)\, d$

mit Anfangsglied $a = 40$ mm, konstanter Differenz d und Anzahl der Glieder n.
Berechnung von d:

$a + 7d = 1000; \quad 40 + 7d = 1000; \quad 7d = 960; \quad d = 137{,}1.$

Es ergibt sich eine arithmetische Reihe mit folgenden Gliedern (gerundete Werte in Klammer):

$a = 40$ mm $\quad a + 4d = 588{,}4$ mm (590 mm)

$a + d = 177{,}1$ mm (180 mm) $\quad a + 5d = 725{,}5$ mm (730 mm)

$a + 2d = 314{,}2$ mm (310 mm) $\quad a + 6d = 862{,}6$ mm (860 mm)

$a + 3d = 451{,}3$ mm (450 mm) $\quad a + 7d = 999{,}7$ mm (1000 mm).

c) Ein Vergleich der Zahlenwerte läßt erkennen, daß die arithmetische Stufung eine unregelmäßige Verteilung der Glieder der Typenreihe im vorgegebenen Bereich ergibt. Während bei kleinen Werten nur wenige Flächenelemente liegen, tritt im oberen Bereich eine Häufung auf. Die geometrische Stufung ergibt demgegenüber eine wesentlich gleichmäßigere Verteilung (Bild 2.24).

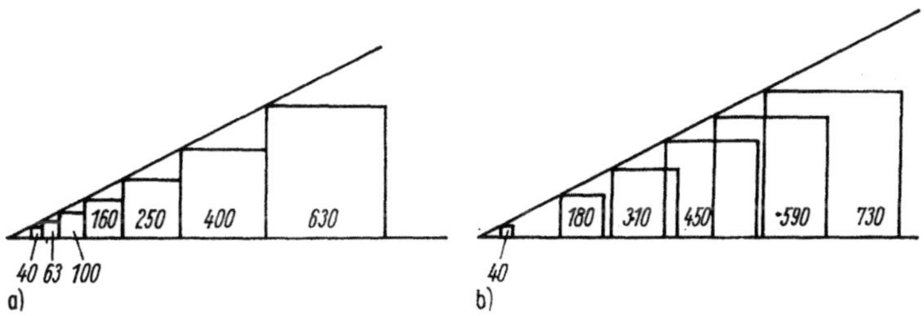

Bild 2.24. Vergleich von geometrischer (a) und arithmetischer Stufung (b)

Reihe in Bild b ist zwischen Strahlen gemäß Bild a aufgetragen; letzte Felder nicht dargestellt

Lösung zu Aufgabe 2.2

Gegeben ist die Passung ∅ 5 E9/h8.

a) Das Nennmaß beträgt $N = 5$ mm.

b) Es handelt sich um das Passungssystem „Einheitswelle", da das Toleranzfeld (h8) des Innenteils (Welle) an der Nullinie liegt, und zwar um eine Vorzugspassung (Tafel 2.12).

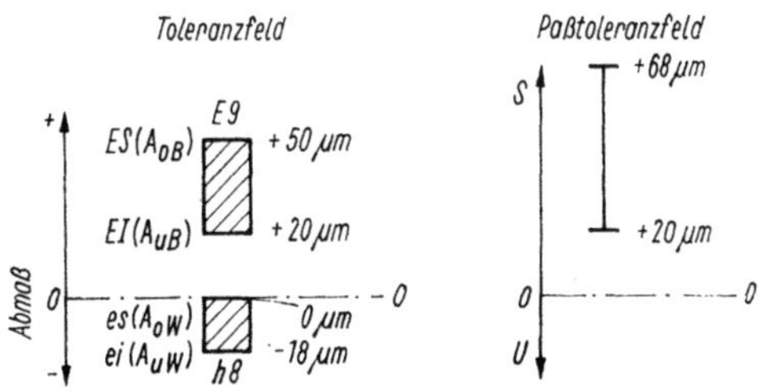

Bild 2.25
Toleranzfelder und Paßtoleranzfeld für die Passung ∅ 5 E9/h8

c) Nach Tafel 2.6 ergeben sich für $N = 5$ mm folgende Abmaße (Bild 2.25):

für E9: $ES\,(A_{oB}) = +50\,\mu m$ für h8: $es\,(A_{oW}) = 0\,\mu m$

$EI\,(A_{uB}) = +20\,\mu m$ $ei\,(A_{uW}) = -18\,\mu m$.

d) Aus Toleranz- und Paßtoleranzfeld ist ersichtlich, daß die Passung ∅ 5 E9/h8 eine Spielpassung ist.

e) Größtspiel $S_g = B_g - W_k = 5{,}050\text{ mm} - 4{,}982\text{ mm} = 68\,\mu m$

Kleinstspiel $S_k = B_k - W_g = 5{,}020\text{ mm} - 5{,}000\text{ mm} = 20\,\mu m$

Mittleres Spiel $S_m = +44\,\mu m$

Paßtoleranz $T_p = S_g - S_k = 68\,\mu m - 20\,\mu m = 48\,\mu m$

(Probe: $T_p = T_B + T_W = 30\,\mu m + 18\,\mu m = 48\,\mu m$).

Lösung zu Aufgabe 2.3

Für Größt- und Kleinstspiel gelten folgende Beziehungen:

$$S_g = B_g - W_k; \quad S_k = B_k - W_g.$$

Nach Tafel 2.6 ergibt sich:

Welle: ∅ 20h8	$N =$	20 mm	$W_g = 20$ mm
	$es\,(A_{oW}) =$	0 µm	$W_k = 19{,}967$ mm
	$ei\,(A_{uW}) =$	−33 µm	$T_W = 33\,\mu m$
Bohrung: ∅ 20D9	$N =$	20 mm	$B_g = 20{,}117$ mm
	$ES\,(A_{oB}) =$	117 µm	$B_k = 20{,}065$ mm
	$EI\,(A_{uB}) =$	65 µm	$T_B = 52\,\mu m$

Größtspiel

$S_g = B_g - W_k$

$S_g = 20{,}117\text{ mm} - 19{,}967\text{ mm}$

$S_g = 0{,}150$ mm.

Kleinstspiel

$S_k = B_k - W_g$

$S_k = 20{,}065\text{ mm} - 20{,}000\text{ mm}$

$S_k = 0{,}065$ mm.

Damit S_g und S_k erhalten bleiben, müssen die Toleranzfeldlagen von Bohrung und Welle vertauscht werden, ohne dabei die Qualitäten zu ändern. Mit den Werten der Tafel 2.6 (vgl. auch Tafel 2.12) erhält man für das System Einheitsbohrung die neue Passung ⌀20 H8/d9 (Bild 2.26), die im Gegensatz zur früheren eine Vorzugspassung ist.

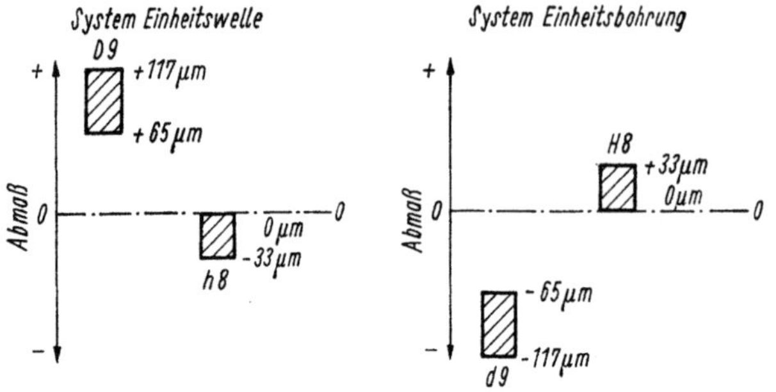

Bild 2.26
Lage der Toleranzfelder bei den Systemen Einheitswelle und Einheitsbohrung für die Passung ⌀ 20 D9/h8 bzw. ⌀ 20 H8/d9

Lösung zu Aufgabe 2.4

a) Zusammenstellung der Toleranzangaben (Angaben in mm); Bild 2.27:

i	M_i	N_i	E_{Ci}	k_i	T_i
1	$30^{+0,1}$	30	+0,05	+1	0,1
2	$18_{-0,1}$	18	−0,05	+1	0,1
3	$16^{+0,2}_{-0,1}$	16	+0,05	−1	0,3
4	$10^{\pm 0,05}$	10	0	+1	0,1
5	$20_{-0,2}$	20	−0,1	−1	0,2

Nennmaß N_0 des Schlußmaßes nach Gl. (2.10):

$$N_0 = [(+1)\cdot 30 + (+1)\cdot 18 + (-1)\cdot 16 + (+1)\cdot 10 + (-1)\cdot 20]\,\text{mm} = 22\,\text{mm}.$$

Toleranzmittenabmaß E_{C0} des Schlußmaßes nach Gl. (2.16):

$$E_{C0} = [(+1)\cdot 0{,}05 + (+1)\cdot(-0{,}05) + (-1)\cdot 0{,}05 + (+1)\cdot 0 + (-1)\cdot(-0{,}1)]\,\text{mm}$$
$$= 0{,}05\,\text{mm}.$$

Schlußtoleranz T_0 nach Gl. (2.13):

$$T_0 = (0{,}1 + 0{,}1 + 0{,}3 + 0{,}1 + 0{,}2)\,\text{mm} = 0{,}8\,\text{mm}.$$

Damit ergibt sich ein Maß

$$M_0 = (22 + 0{,}05 \pm 0{,}4)\,\text{mm} = (22{,}05 \pm 0{,}4)\,\text{mm}$$

mit einem Größtmaß $G_0 = 22{,}45$ mm und einem Kleinstmaß $K_0 = 21{,}65$ mm.

b) Für den Gütegrad „fein" nach TGL 2897 bzw. DIN 7168 gilt:

$$a = (12 \pm 0{,}1)\,\text{mm};\quad b = (20 \pm 0{,}1)\,\text{mm};\quad c = (10 \pm 0{,}1)\,\text{mm};$$
$$d = (35 \pm 0{,}15)\,\text{mm};\quad \text{wobei } e = a + b + c + d.$$

Bei einer solchen Tolerierung sind die Toleranzmittenabmaße von Einzelmaßen und Schlußmaß gleich Null.

Für das Nennmaß N_0 des Schlußmaßes ergibt sich

$$N_0 = [(+1)\cdot 12 + (+1)\cdot 20 + (+1)\cdot 10 + (+1)\cdot 35]\,\text{mm} = 77\,\text{mm}.$$

Die Schlußtoleranz T_0 beträgt

$$T_0 = (0{,}2 + 0{,}2 + 0{,}2 + 0{,}3)\,\text{mm} = 0{,}9\,\text{mm}.$$

Damit ergibt sich ein Maß

$$e = (77 \pm 0{,}45)\,\text{mm}$$

mit einem Größtmaß $e_g = 77{,}45$ mm und einem Kleinstmaß $e_k = 76{,}55$ mm.

c) Bei der im Bild 2.23 angegebenen Kettenbemaßung stellen sich für die Lagen der einzelnen Kanten die im Bild 2.28a eingezeichneten Abmessungen ein.

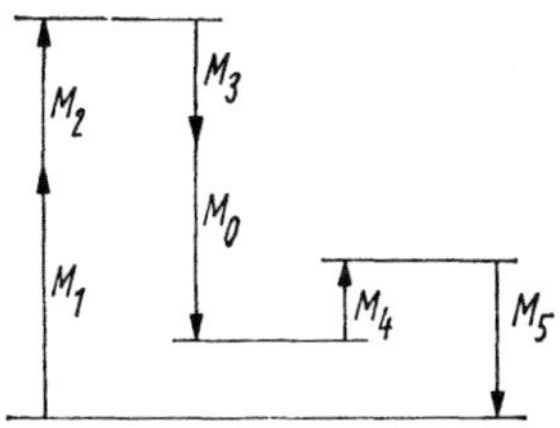

Bild 2.27. Maßkette für Schnitteil nach Bild 2.23

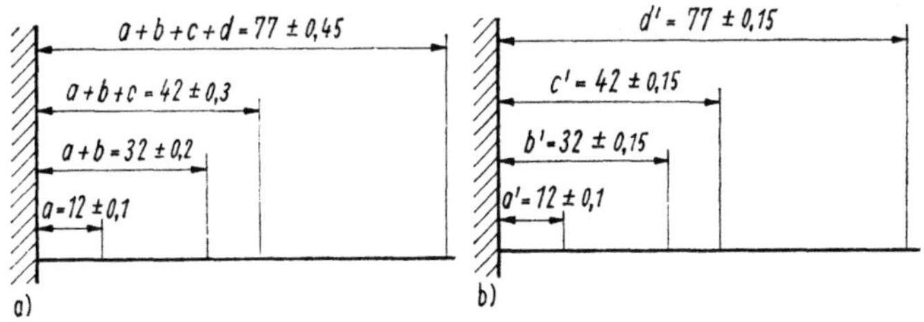

Bild 2.28. Änderung der Maßeintragung (Maße) für Schnitteil nach Bild 2.23

Erfolgt die Bemaßung von einer Maßbezugslinie aus (Bild 2.28b), läßt sich eine wesentlich größere Maßhaltigkeit bei gleichem Fertigungsaufwand erreichen. Der Nachteil der Kettenbemaßung zeigt sich hier sehr deutlich. Deshalb sind derartige Maße, wenn funktionsbedingte Abhängigkeiten nicht vorliegen, unbedingt zu vermeiden!

Lösung zu Aufgabe 2.5

Garantierte Zweiflankenanlage und damit Ausgleich von Spiel zwischen den Zahnflanken einer Zahnradpaarung läßt sich durch Einbau gefederter Elemente erreichen. Bild 2.29 zeigt zwei häufig angewendete Konstruktionsprinzipe:

a) Eines der beiden Räder, vorteilhaft das größere, wird geteilt ausgeführt (geteilte Zahnbreite) und durch tangentiale Verspannung eine spielfreie Anlage der Zahnflanken gegen die des ungeteilten Gegenrades erreicht.

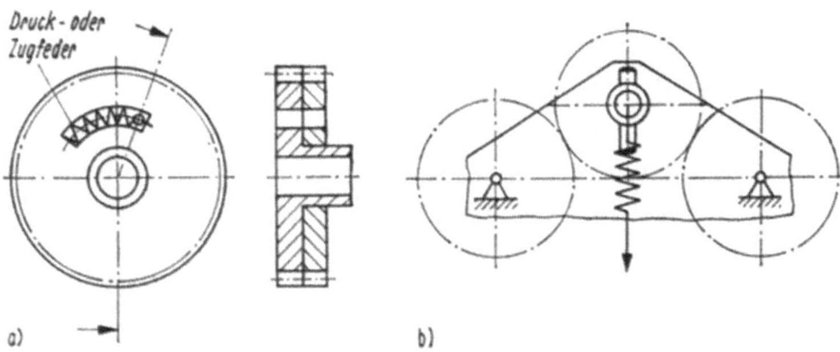

Bild 2.29
Flankenspielfreie Stirnradgetriebe der Feingerätetechnik

a) durch geteiltes und verspanntes Rad
b) durch federnd gelagertes Zwischenrad einer Räderkette

b) Der Achsabstand des Getriebes wird elastisch einstellbar gestaltet (radiale Verspannung), so daß die im Eingriff befindlichen Zähne des gefederten Rades ohne Spiel in die Zahnlücken des Gegenrades eingreifen können.

Lösung zu Aufgabe 2.6

Eine spielarme und dazu technologisch einfache Rastung wird mit der Paarung Kugel-Zylinderbohrung erreicht. Im Bild 2.30 sind zwei Möglichkeiten für ein selbsttätiges Axialrastgesperre dargestellt, deren Teile einfach zu fertigen sind und nur grobe Passungen erfordern. Bei der Lösung *a* ist die Rastkraft durch die hohle Einstellschraube *4* einstellbar. Um das Herausspringen oder -fallen der Rastkugel *3* zu verhindern, ist ein Umbördeln des unteren Randes der Buchse *5* zu empfehlen. Die Rastbohrungen sollten an der Kugeleingriffsstelle leicht gesenkt sein. Bei Lösung *b* ist eine einfache, aber nicht einstellbare Blattfeder zur Erzeugung der Rastkraft verwendet worden. Die Größe des Spiels ist in beiden Fällen nur noch von der Passung zwischen der Rastkugel 3 und der Buchse 5 (a) bzw. der Einstellschraube 2 (b) abhängig und kann sehr klein gehalten werden.

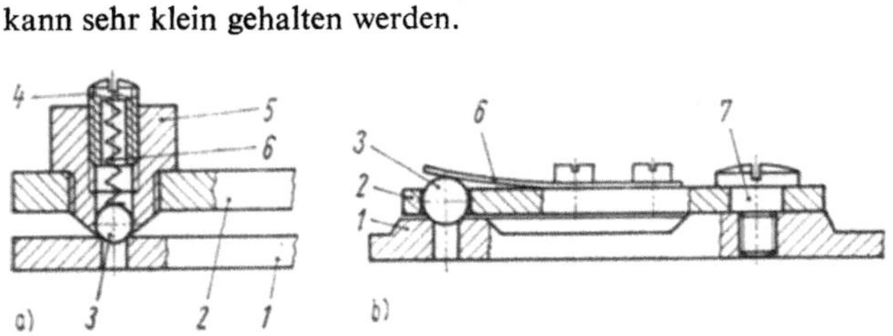

Bild 2.30
Spielarme Rastvorrichtung

a) mit einstellbarer Rastkraft
b) mit unveränderlicher Rastkraft
***1* Rastscheibe; *2* Einstellscheibe; *3* Rastkugel; *4* Einstellschraube; *5* Buchse; *6* Feder; *7* Achse**

3. Statik und Festigkeitslehre

3.1. Einführung

Zur Sicherung der Funktionen, die ein Gerät oder eine Maschine zu erfüllen haben, ist die mechanische Stabilität sowohl des Geräteaufbaus als auch seiner Einzelteile wesentliche Vorbedingung. Sie kann anhand der Erkenntnisse und Regeln der Statik und Festigkeitslehre durch exakte Vorausberechnung garantiert werden [3.1] bis [3.6]. Diese Wissensgebiete gehören deshalb mit zu den Grundlagen bei der konstruktiven Entwicklung von Erzeugnissen. Festigkeitsberechnungen haben in diesem Zusammenhang das Ziel, anhand der vorliegenden Belastungen die erforderliche Dimensionierung der Bauteile vorzunehmen, für ein bereits vorgegebenes Bauteil die maximale Belastbarkeit zu bestimmen oder die vorhandene Beanspruchung und die als Folge auftretende Verformung unter konkreten Bedingungen zu ermitteln.

Voraussetzung für Festigkeitsuntersuchungen ist neben der Kenntnis der Werkstoffeigenschaften eine genaue Analyse der an den einzelnen Bauteilen wirkenden Kräfte. Dabei ist zu unterscheiden zwischen den Kräften an einem ruhenden (Beschleunigung $a = 0$, Geschwindigkeit $v = 0$) oder gleichmäßig bewegten Körper ($a = 0$, $v =$ konst.), die man im Teilgebiet Statik behandelt, und Kräften an einem beschleunigt bewegten Körper, die nach dem dynamischen Grundgesetz $F = ma$ berechnet werden und Inhalt des Teilgebiets Dynamik sind. Die Abschnitte 3.2. und 3.3. geben eine Einführung in die Statik und Festigkeitslehre. Die Probleme der Dynamik übersteigen den Rahmen dieser Darstellung und sind im Bedarfsfall anhand der Literatur [3.2] [3.6] zu studieren.

Für diese und die folgenden Abschnitte gelangen aus dem „Internationalen Einheitensystem (SI)“ folgende Einheiten zur Anwendung [10]:

Größe	Einheit
Länge	m oder mm
Kraft	N (Newton)
Druck, Spannung, Flächenlast	$N \cdot m^{-2}$ oder $N \cdot mm^{-2}$
Streckenlast	$N \cdot m^{-1}$ oder $N \cdot mm^{-1}$.

Bisher wurden Kräfte in kp (Kilopond) angegeben. Für diese Einheit gilt die Umrechnung

$$1 \text{ kp} = 9{,}81 \text{ N}.$$

Für allgemeine technische Belange genügt die Näherung

$$1 \text{ kp} \approx 10 \text{ N} \quad \text{bzw.} \quad 1 \text{ N} \approx 0{,}1 \text{ kp}.$$

3.2. Statik [3.1] [3.2] [3.4] [3.5]

Die Statik, die Lehre vom Gleichgewicht der Kräfte, ermöglicht die Ermittlung zunächst unbekannter Kraftreaktionen. Zur Bedingung ($a = 0$ und $v = 0$ bzw. $v =$ konst.) wird weiterhin angenommen, daß ein ideal starrer Körper vorliegt, der unter Kräfteeinwirkung nicht verformt wird. Im Abschn. 3.3. wird dann gezeigt, welche Verformungen an technisch realen Körpern – also an mechanischen Bauteilen – entstehen.

3.2.1. Kräfte an starren Körpern

Meist tritt die Kraft als Einzelkraft F auf, die an einer örtlich begrenzten Stelle (Punkt) angreift. Es gibt aber auch Belastungen, die über eine Strecke verteilt sind, z. B. die Windlast an einem Antennenstab. Man spricht dann von einer Streckenlast mit der Intensität q. Die Belastung kann auch über eine Fläche verteilt sein, wie der Gasdruck in einem Gefäß. Hier liegt eine Flächenlast p vor.

Die Kraft ist ein linienflüchtiger Vektor. Sie ist bestimmt durch ihre Größe (Betrag) sowie durch die Richtung und darf auf ihrer Wirkungslinie verschoben werden. Die Lage der Wirkungslinie wird durch den Richtungswinkel (Bild 3.1) angegeben. Da die Kraft maßstäblich als Vektorpfeil darstellbar ist, sind z. B. bei der Addition und Subtraktion von Kräften auch zeichnerische Lösungen möglich, die sich bei komplizierten Kraftsystemen vorteilhaft anwenden lassen. Voraussetzung ist, daß für alle Kräfte der gleiche Abbildungsmaßstab gilt. In TGL 15131 „Maßstäbe in grafischen Darstellungen" ist definiert:

Maßstab = darstellende Größe/wirkliche Größe.

Darstellende Größen in diesem Sinne sind die zur Darstellung benutzten geometrischen Größen, z. B. Längen, Flächen, Winkel; wirkliche Größen sind darzustellende oder dargestellte Größen beliebiger Art, z. B. physikalisch-technische Größen.

Das Formelzeichen des Maßstabs ist M. Es enthält als Index das Formelzeichen der wirklichen Größe. Die darstellende Größe wird durch das in spitze Klammern $\langle\rangle$ gesetzte Formelzeichen der wirklichen Größe bezeichnet.

Für den Kraftmaßstab gilt demnach

$$M_F = \langle F\rangle/F,$$

wobei F die Größe der darzustellenden Kraft in N und $\langle F\rangle$ die gezeichnete Länge des Vektorpfeils in mm ist. Der Kraftmaßstab M_F hat also die Dimension mm · N^{-1}.

Beispiel: Eine Kraft $F_1 = 30$ N wird als 60 mm langer Vektorpfeil gezeichnet. Damit ist

$$F_1 = 30\ \text{N},$$

$$\langle F_1\rangle = 60\ \text{mm} \quad \text{und}$$

$$M_F = \langle F_1\rangle/F_1 = 60\ \text{mm}/30\ \text{N} = 2\ \text{mm}\cdot\text{N}^{-1}.$$

Soll im selben Kraftsystem eine Kraft $F_2 = 20$ N dargestellt werden, so muß die Länge des Vektorpfeils

$$\langle F_2\rangle = F_2 M_F = 20\ \text{N}\cdot 2\ \text{mm}\cdot\text{N}^{-1} = 40\ \text{mm betragen.}$$

Die Kräfte an einem Körper bilden i. allg. ein räumliches Kraftsystem. Im folgenden wird jedoch nur das ebene Kraftsystem (x-y-Ebene) behandelt. Bild 3.1 stellt die Kraft F und ihre Komponenten F_x und F_y im rechtwinkligen Koordinatensystem dar. Die Kräfte in y-Richtung kann man danach auch als Vertikalkräfte und die Kräfte in x-Richtung als Horizontalkräfte bezeichnen. Die Gln. (3.1) bis (3.4) sind die mathematischen Beschreibungen:

$$F = \sqrt{F_x^2 + F_y^2}, \tag{3.1}$$

$$F_x = F \cos \alpha, \tag{3.2}$$

$$F_y = F \sin \alpha, \tag{3.3}$$

$$\tan \alpha = F_y / F_x. \tag{3.4}$$

In der Festigkeitslehre, wo der Querschnitt des belasteten Teils eine Rolle spielt, ist ein räumliches Koordinatensystem erforderlich. Die x-y-Ebene wird in den beanspruchten Querschnitt gelegt. Die z-Achse verläuft dann längs des Bauteils (s. auch Bild 3.29).

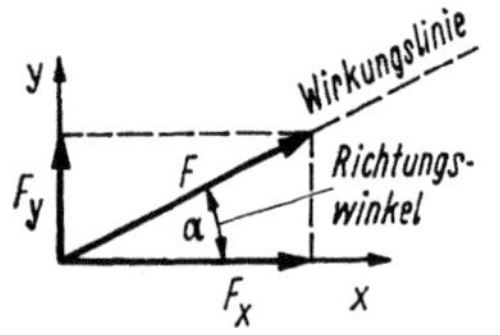

Bild 3.1. Darstellung der Kraft und ihrer Komponenten im rechtwinkligen Koordinatensystem

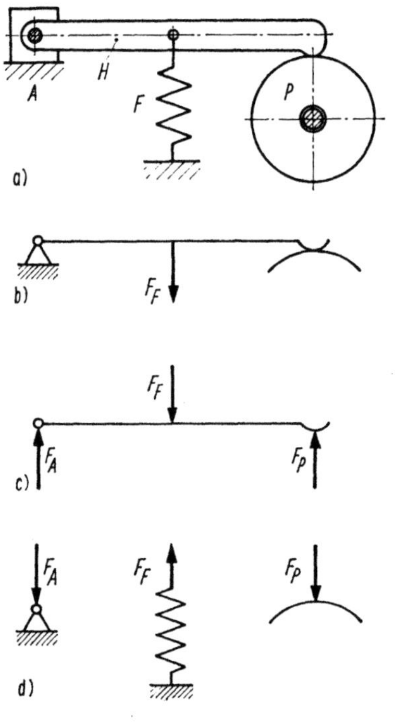

Bild 3.2
Freimachen: Kräfte am Hebel H

a) Konstruktionsskizze; b) schematische Darstellung (Strukturplan); c) freigemachter Hebel mit den einwirkenden Kräften; d) restliche Konstruktion mit den vom Hebel her wirkenden Kräften

In den praktischen Konstruktionen sind stets mehrere Körper miteinander in Verbindung. Hierbei ist das Reaktionsprinzip zu beachten:

- Die Wirkungen zweier Körper aufeinander sind stets gleich und von entgegengesetzter Richtung.

Für die Behandlung der Kräfte an einem Körper innerhalb der Gesamtkonstruktion sind deshalb sowohl die eingeprägten als auch die Reaktionskräfte zu berücksichtigen, denn beide zusammen bestimmen die Beanspruchung. Bild 3.2 zeigt als Beispiel die Kräfte am Papierandruckhebel in einem Registriergerät.

Der Andruckhebel H ist im Lager A gelagert und drückt durch die Wirkung der Feder F auf die Papierrolle P. Die Feder ist eine Zugfeder. Sie zieht mit der Kraft F_F am Hebel H und wird selbst durch die Kraft F_F gedehnt. Der Hebel H stützt sich sowohl auf das

Lager A als auch auf die Papierrolle P, er drückt auf das Lager mit der Kraft F_A und auf die Papierrolle mit F_P. Die Reaktion von Lager und von Papierrolle auf den Hebel ist ebenfalls F_A und F_P, aber den Aktionskräften entgegengerichtet. Betrachtet man den Hebel H allein, dann wirken auf ihn die im Bild 3.2c eingezeichneten Kräfte. Dieses Herauslösen des zu betrachtenden Körpers aus der Gesamtkonstruktion nennt man das Freimachen.

Zur vereinfachten Darstellung einer Konstruktion wird ein Strukturplan (technisches Prinzip) verwendet, welcher folgende Gesichtspunkte berücksichtigt (Bild 3.2b):

- geometrische Parameter (Länge, Winkel)
- wirkende Belastung
- Abstützung
- abstrahierte Bauteilform.

Für die verschiedenen Elemente werden dabei allgemein die Symbole in Tafel 3.1 angewendet.

Tafel 3.1. Darstellungssymbole in der Statik

Symbol	Bezeichnung	Eigenschaft	Belastung	Reaktion
Auflagerelemente				
	Festlager	allseitig belastbar, Kraft geht durch den Drehpunkt	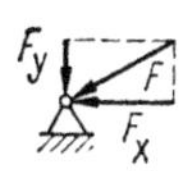	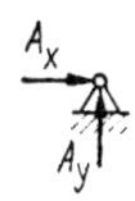
	Loslager	nur senkrecht zur Lagerfläche belastbar	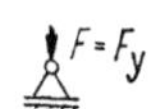	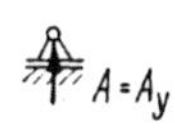
	feste Einspannung	allseitig belastbar, auch durch ein Moment	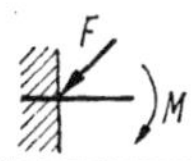	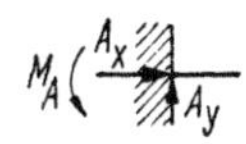
Tragelemente				
	Träger, Balken	beliebig belastbar (Quer- u. Längskräfte, Momente)		
	Seil	kann nur Zugkräfte übertragen		
Verbindungen				
	Gelenk	kann eine Kraft in beliebiger Richtung aufnehmen, aber kein Moment		
	starre Verbindung	kann Kräfte in beliebiger Richtung und Momente aufnehmen		
Anordnungen				
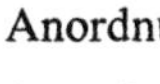	Stab	Träger zwischen zwei Gelenken, kann von den Gelenken kommende Kräfte nur in Richtung seiner Längsachse übertragen		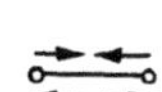
	Festlager mit Stab	auf das Lager wirken nur Kräfte in Stabrichtung		
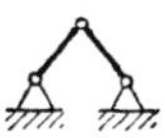	Dreigelenkbogen	starre Konstruktion, wirkt insgesamt wie ein Festlager	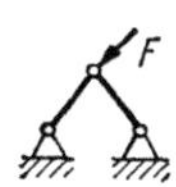	

3.2.2. Ebenes zentrales Kraftsystem

Wenn sich die Wirkungslinien aller an einem Körper angreifenden Kräfte in einem Punkt (Knotenpunkt) schneiden, liegt ein ebenes zentrales Kraftsystem vor. Alle angreifenden Kräfte können dabei durch eine einzige Kraft, die resultierende Kraft, vollständig ersetzt werden.

Analytische Ermittlung der resultierenden Kraft

Den Regeln der Vektorrechnung entsprechend, gilt für die resultierende Kraft nach Bild 3.3a und allgemein

$$\boldsymbol{F}_R = \boldsymbol{F}_1 + \boldsymbol{F}_2 + \boldsymbol{F}_3 + \boldsymbol{F}_4 = \sum_{i=1}^{n} \boldsymbol{F}_i. \quad (3.5a)$$

Unter Einbeziehung der Einheitsvektoren $\mathbf{e}_x$ und $\mathbf{e}_y$ ist

$$\boldsymbol{F}_i = F_{ix}\boldsymbol{e}_x + F_{iy}\boldsymbol{e}_y. \quad (3.5b)$$

Der halbfette Druck weist nachdrücklich darauf hin, daß die Kraft F ein Vektor ist.

Legt man in den Knotenpunkt den Ursprung eines rechtwinkligen x-y-Koordinatensystems und zeichnet alle Kräfte vom Knotenpunkt weg, dann kann die resultierende Kraft auch aus den Komponenten F_x und F_y der einzelnen Kräfte berechnet werden (Bild 3.3b).

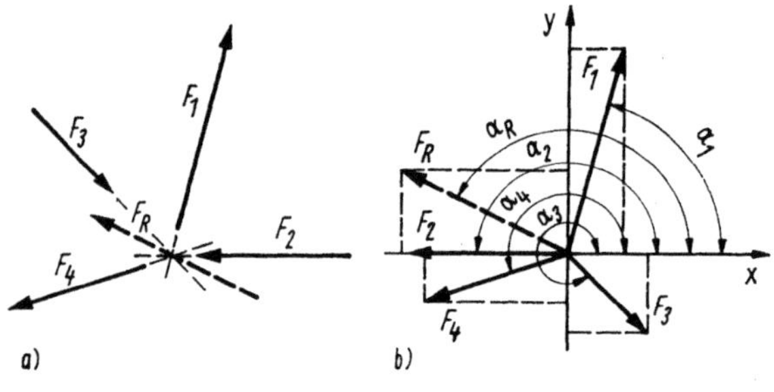

Bild 3.3
Resultierende Kraft aus vier Einzelkräften
a) Lageplan der Kräfte; b) gemeinsamer Kraftangriffspunkt im Ursprung des Koordinatensystems

Unter Anwendung der Gln. (3.1) bis (3.4) gilt

$$F_R = \sqrt{F_{Rx}^2 + F_{Ry}^2}, \quad (3.6)$$

$$F_{Rx} = \sum_{i=1}^{n} F_{ix} = \sum_{i=1}^{n} F_i \cos\alpha_i, \quad (3.7)$$

$$F_{Ry} = \sum_{i=1}^{n} F_{iy} = \sum_{i=1}^{n} F_i \sin\alpha_i, \quad (3.8)$$

$$\tan\alpha_R = F_{Ry}/F_{Rx}. \quad (3.9)$$

Grafische Ermittlung der resultierenden Kraft

Bei zwei Kräften (Bild 3.4a) gibt die Diagonale des Kräfteparallelogramms die Größe und Richtung der resultierenden Kraft an. Die für die Vektorrechnung erforderliche „geometrische Addition“ kann durch Aneinanderreihen der Kräfte entsprechend Betrag und Richtung erfolgen. Die Resultierende ist dann die Verbindungslinie vom Anfang des ersten zum Endpunkt des letzten Kraftpfeils (Bild 3.4b). Die Reihenfolge der Summanden ist beliebig (Bild 3.4c). Die Konstruktion eines solchen Kraftecks kann auch auf beliebig viele Kräfte angewendet werden. Bild 3.5 zeigt das zum Bild 3.3a gehörende Krafteck.

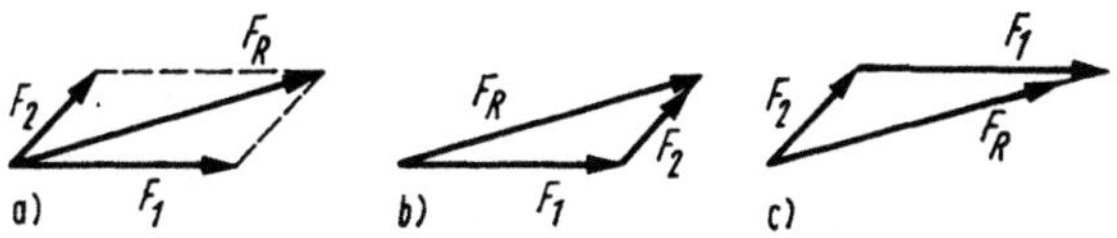

Bild 3.4. Grafische Ermittlung der resultierenden Kraft
a) Parallelogrammkonstruktion; b), c) Dreieckkonstruktion

Ist $F_R = 0$, dann herrscht Gleichgewicht. Es ist dann sowohl

$$\sum_{i=1}^{n} F_i = 0 \quad \text{als auch} \quad \sum_{i=1}^{n} F_{ix} = 0 \quad \text{und} \quad \sum_{i=1}^{n} F_{iy} = 0.$$

In der grafischen Darstellung erkennt man das Gleichgewicht daran, daß sich das Krafteck schließt (Bild 3.6).

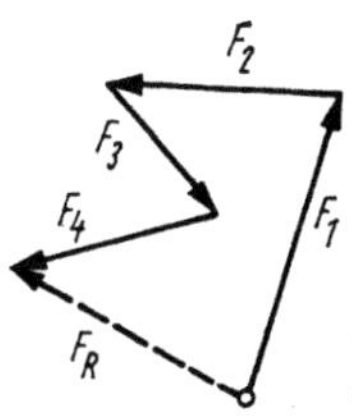

Bild 3.5
Krafteck zu Bild 3.3a

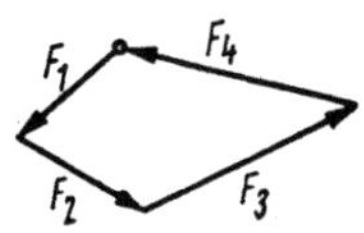

Bild 3.6
Krafteck für Gleichgewichtsfall

3.2.3. Ebenes allgemeines Kraftsystem

Liegt ein gemeinsamer Schnittpunkt aller Wirkungslinien der Kräfte nicht vor, spricht man von einem ebenen allgemeinen Kraftsystem. Die Resultierende aus z.B. drei Einzelkräften kann schrittweise ermittelt werden aus

$$\boldsymbol{F}_1 + \boldsymbol{F}_2 = \boldsymbol{F}_{R1/2}$$

und

$$\boldsymbol{F}_{R1/2} + \boldsymbol{F}_3 = \boldsymbol{F}_R.$$

Bei einer größeren Anzahl von Kräften ist das Seileckverfahren übersichtlicher (Bild 3.7). Aus dem Lageplan der Kräfte (Bild 3.7a) wird der Kräfteplan (Krafteck, Bild 3.7b) gezeichnet. Die Resultierende ist der Summenvektor.

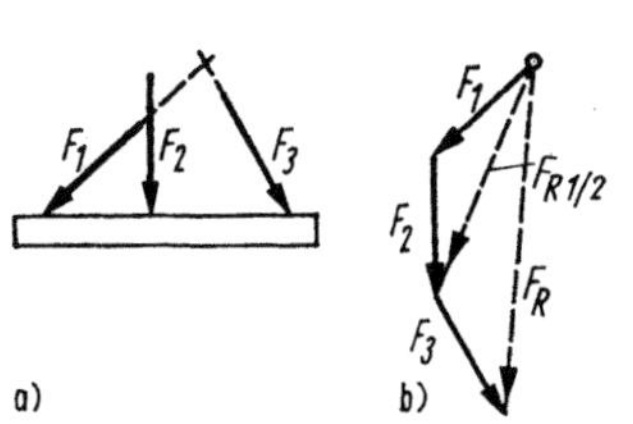

Bild 3.7. Ebenes allgemeines Kraftsystem
a) Lageplan; b) Kräfteplan

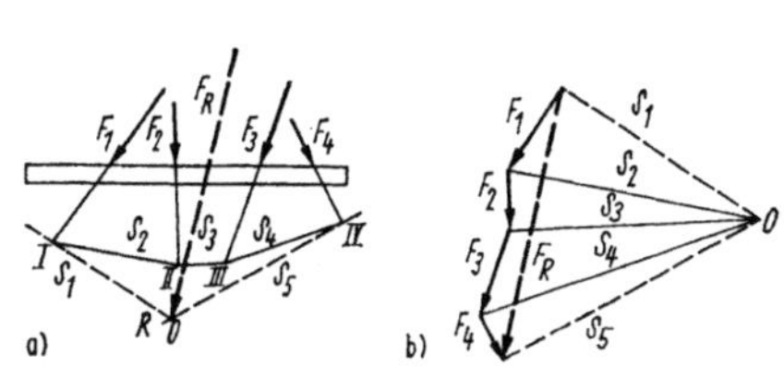

Bild 3.8. Beispiel zum Seileckverfahren
a) Lageplan; b) Kräfteplan

Bild 3.8 zeigt an einem Beispiel die grafische Ermittlung der Resultierenden aus vier Kräften und die Konstruktion der Lage der Resultierenden im Lageplan. Die Enden der Kraftpfeile werden mit einem beliebig gewählten Pol *0* verbunden (Polstrahlen S_1 bis S_5). Zur Ermittlung der Resultierenden im Lageplan wird das sog. Seileck gezeichnet, beginnend auf einem beliebigen Punkt der Wirkungslinie einer Kraft. Je zwei Polstrahlen begrenzen im Kräfteplan eine Kraft (im Beispiel S_3 und S_4 die Kraft F_3). Die Polstrahlen müssen sich auf der Wirkungslinie derselben Kraft im Lageplan schneiden (Punkt III). Da im Kräfteplan zwischen den Polstrahlen S_1 und S_5 die Resultierende F_R liegt, muß im Lageplan durch den Schnittpunkt von S_1 und S_5 die Wirkungslinie von F_R gehen (Punkt R).

Allgemein gilt:

■ Ein Dreieck im Kräfteplan entspricht einem Punkt im Lageplan.

3.2.4. Kräftepaar und Moment

Kräftepaar. Zwei gleichgroße, parallele, aber entgegengesetzt gerichtete Kräfte bilden ein Kräftepaar (Bild 3.9). Bei einem senkrechten Abstand a der Kräfte voneinander ist die Wirkung des Kräftepaars das statische Moment

$$M = Fa. \tag{3.10}$$

Liegen mehrere Kräftepaare an einem Körper vor, so ist das resultierende Moment

$$M_R = \sum_{i=1}^{n} M_i = \sum_{i=1}^{n} F_i a_i. \tag{3.11}$$

Ein Kräftepaar ändert seine Wirkung am Körper nicht, wenn es in seiner Wirkungsebene parallel verschoben, gedreht oder durch ein anderes vom gleichen Moment und Drehsinn ersetzt wird. Im Gegensatz zum linienflüchtigen Kraftvektor ist das Moment ein freier Vektor.

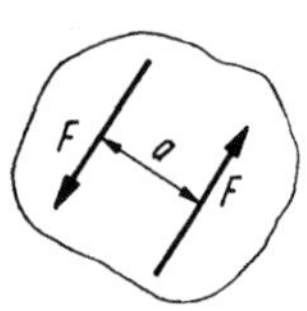

Bild 3.9. Kräftepaar

Für das Vorzeichen gilt allgemein folgende Festlegung:

- linksdrehendes Moment ist positiv,
- rechtsdrehendes Moment (Uhrzeigersinn) ist negativ.

Moment einer Kraft in bezug auf eine Achse. Wirkt eine Kraft F an einem Hebelarm im Abstand a von der Drehachse des Hebels (Lager A, Bild 3.10a), ergibt sich ein Moment der Größe

$$M_A = Fa. \tag{3.12}$$

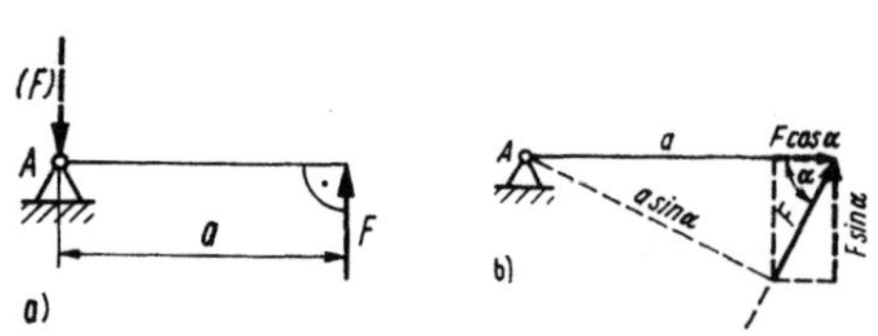

Bild 3.10
Kraft am Hebelarm
a) senkrecht angreifend; b) schräg angreifend

Genaugenommen liegt auch hier ein komplettes Kräftepaar vor, denn auf die Drehachse wirkt die Gegenkraft (F) zur Kraft F. Die Größe des Moments einer Kraft ist abhängig von ihrer Entfernung von der Drehachse. Schließt die Kraft mit dem Hebelarm den Winkel α ein (Bild 3.10b), so beträgt das Moment

$$M_A = Fa \sin \alpha,$$

wobei es gleichgültig ist, wie man sich dieses Moment entstanden denkt, ob aus F und dem senkrechten Abstand von F zu A ($a \sin \alpha$) oder aus dem Hebelarm a und der auf ihm senkrecht stehenden Kraftkomponente $F \sin \alpha$.

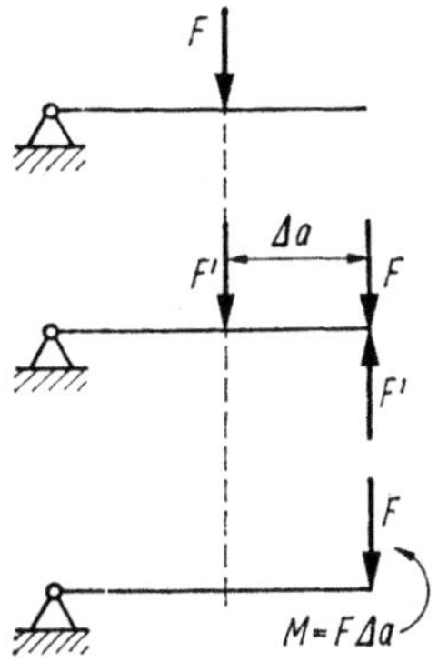

Bild 3.11
Parallelverschiebung einer Kraft

Parallelverschiebung einer Kraft. Wird eine Kraft F parallel zu ihrer Wirkungslinie um die Strecke Δa verschoben, so ändert sich ihre statische Wirkung auf das System nicht, wenn gleichzeitig ein Kräftepaar der Größe $F'\Delta a$, das sog. Versetzungsmoment, angebracht wird, wobei F und F' gleich groß sind (Bild 3.11).

3.2.5. Gleichgewichtsbedingungen

Gleichgewicht liegt an einem starren Körper vor, wenn sowohl die Resultierende aller äußeren Kräfte als auch das resultierende Moment um eine beliebige Achse verschwinden, d.h.,

$$F_R = 0 \quad \text{und} \quad M_R = 0.$$

Entsprechend den Gln. (3.6) bis (3.8) und den Ausführungen im Abschn. 3.2.2. ergeben sich folgende Gleichgewichtsbedingungen:

$$\begin{aligned} &1. \quad \sum_{i=1}^{n} F_{ix} = 0 \quad \text{Symbol} \rightarrow: \\ &2. \quad \sum_{i=1}^{n} F_{iy} = 0 \quad \text{Symbol} \uparrow: \\ &3. \quad \sum_{i=1}^{n} M_i = 0 \quad \text{Symbol} \curvearrowleft A: \end{aligned} \qquad (3.13)$$

Die drei Gleichungen sind voneinander unabhängig und gestatten damit die Ermittlung von drei unbekannten Auflagerreaktionen an dem untersuchten Körper.

Man bezeichnet ein System als statisch bestimmt, wenn es mit diesen Gleichgewichtsbedingungen allein lösbar ist. Ein System ist statisch unbestimmt, wenn mehr unbekannte Auflagerreaktionen auftreten als Gleichgewichtsbedingungen vorhanden sind. In diesem Fall müssen auch die auftretenden Verformungen berücksichtigt werden, um die unbekannten Auflagerreaktionen ermitteln zu können [3.1].

3.2.6. Standsicherheit

Ein frei auf der Unterlage stehender Körper ist standsicher, wenn die Summe aller Momente, die den Körper auf seine Standfläche zu drücken versuchen (Standmomente M_S), größer ist als die Summe der Kippmomente M_K. Als Standsicherheitszahl S gilt

$$S = \sum M_S / \sum M_K. \tag{3.14}$$

Bedingung für die Standsicherheit des Körpers ist: $S > 1$. Die Standsicherheit ist auf eine bestimmte Kippachse bezogen, die Stand- und Kippmomente sind um diese Achse zu bilden.

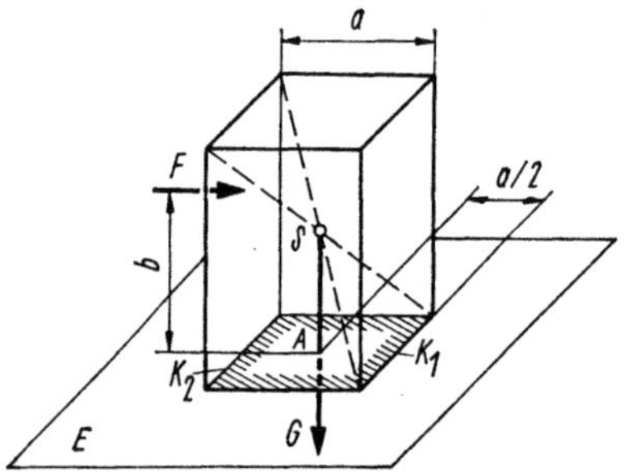

Bild 3.12
Zur Ermittlung der Standsicherheit

Im Bild 3.12 ist die Kante K_1 des Körpers die Kippachse. Das durch die Seitenkraft F hervorgerufene Kippmoment ist

$$M_K = Fb.$$

Die durch den Schwerpunkt S gehende Wirkungslinie der Gewichtskraft des Körpers führt zum Standmoment

$$M_S = Ga/2.$$

Bei Geräten mit beweglichen Baugruppen oder Teilen, wie Einschübe, Türen, Gehäuseklappen usw., entstehen bereits Kippmomente, wenn die Wirkungslinie der Gewichtskraft dieser mitunter recht schweren Teile die Standfläche über die Kippachse verläßt.

3.2.7. Bestimmung der Auflagergrößen (Auflagerreaktionen)

Zunächst ist aus der technischen Zeichnung bzw. dem Konstruktionsentwurf das technische Prinzip (Strukturplan) abzuleiten, damit deutlich jene Stellen sichtbar werden, an denen Kräfte und Momente wirken (Abschn. 3.2.1.). Ein weiteres Beispiel soll die gesamte Verfahrensweise verdeutlichen (Bild 3.13a).

Das Magnetband M_B wird von der ständig rotierenden Welle W transportiert, wenn die Andrückrolle R das Band gegen die Welle drückt. Die Andrückkraft soll durch einen Zugmagneten M erzeugt werden. Bei abgeschaltetem Magneten zieht die Rückholfeder F den Andrückhebel gegen den Anschlag B.

Ist der Zugmagnet eingeschaltet, dann gilt Bild 3.13b, denn der Hebel wird durch das Lager *A* und die Rolle *R* abgestützt. Da zwischen Rolle und Welle nur eine Kraft in Richtung der Verbindung der Drehpunkte beider Elemente übertragen werden kann, ist als Stützlager ein Loslager *C* anzuordnen. Am Hebel greifen die Magnetkraft F_M, die Federkraft F_F und die Gewichtskraft *G* an.

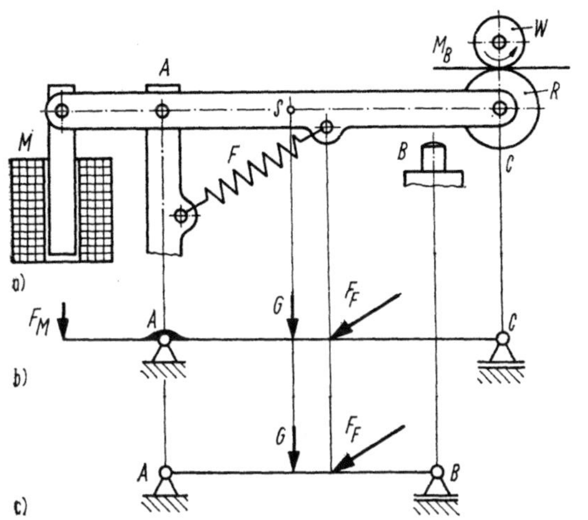

Bild 3.13
Kräfte am Magnetbandandrückhebel

a) Konstruktionsskizze;
b) technisches Prinzip für Betriebsfall: Zugmagnet eingeschaltet
c) technisches Prinzip für Betriebsfall: Zugmagnet abgeschaltet

Bei abgeschaltetem Zugmagneten trifft Bild 3.13c zu, denn der Hebel liegt jetzt am Anschlag *B* an, der als Loslager auszuführen ist, da er nur eine Kraft aufnehmen kann, die senkrecht zur Auflagefläche steht. Auf den Hebel wirken dann nur die Rückstellkraft F_F der Feder und die Gewichtskraft *G*. Das Beispiel zeigt, daß bei der Untersuchung der Kräfte an einem Konstruktionsteil stets der Betriebszustand zu beachten ist.

Entsprechend der Belastbarkeit der einzelnen Abstützelemente (s. Tafel 3.1) ist mit folgenden Auflagerreaktionen zu rechnen:

- Loslager: eine Unbekannte (A_y),
- Festlager: zwei Unbekannte (A_x, A_y),
- feste Einspannung: drei Unbekannte (A_x, A_y, M_A).

Nachfolgend werden an zwei Beispielen die Auflagerreaktionen ermittelt.

Beispiel 1. Träger auf zwei Stützen (Bild 3.14)

Gegeben: *F*, *α*, *a*, *l*.
Gesucht: A_x, A_y, *B*.

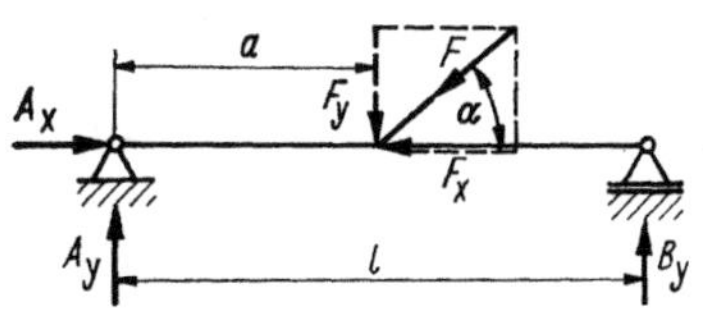

Bild 3.14
Träger auf zwei Stützen mit Einzellast

Beim Festlager *A* ist die Richtung der Abstützkraft unbekannt, sie ist aus den Komponenten A_x und A_y zu bestimmen. Lager *B* als Loslager kann nur eine Kraft senkrecht zur Auflagefläche aufnehmen ($B = B_y$). Die drei unbekannten Auflagerreaktionen sind mit den drei Gleichgewichtsbedingungen (s. Abschn. 3.2.5.) zu ermitteln; das System ist statisch bestimmt.

Aufstellen der Gleichgewichtsbedingungen:

$$1.\ \rightarrow:\quad A_x - F_x = 0 \tag{3.15}$$

$$2.\ \uparrow:\quad A_y + B_y - F_y = 0 \tag{3.16}$$

$$3.\ \curvearrowleft_A:\quad B_y l - F_y a = 0. \tag{3.17}$$

Es ist $F_x = F\cos\alpha$ und $F_y = F\sin\alpha$.

Aus Gl. (3.17) folgt

$$B_y = (a/l)\,F\sin\alpha. \tag{3.18}$$

Analog ergibt sich aus Gl. (3.16)

$$A_y = F\sin\alpha - B_y = F\sin\alpha\,(1 - a/l) \tag{3.19}$$

und aus Gl. (3.15) erhält man

$$A_x = F\cos\alpha. \tag{3.20}$$

Wenn die Gewichtskraft des Trägers nicht vernachlässigt werden kann, dann ist sie als Streckenlast anzusetzen. Bei dem Trägerquerschnitt A wird

$$q = A\varrho g$$

mit der Dichte ϱ und der Erdbeschleunigung g.

Beispiel 2. Einseitig eingespannter Träger mit Streckenlast (Bild 3.15)

Gegeben: F, q, l, a, b.
Gesucht: A_x, A_y, M_A.

Die Streckenlast q ergibt über die Breite a insgesamt eine Kraft der Größe qa, die im Schwerpunkt der Fläche des Streckenlastdiagramms, d.h. im vorliegenden Beispiel nach Bild 3.15, am Hebelarm $(l - a/2)$ angreift.

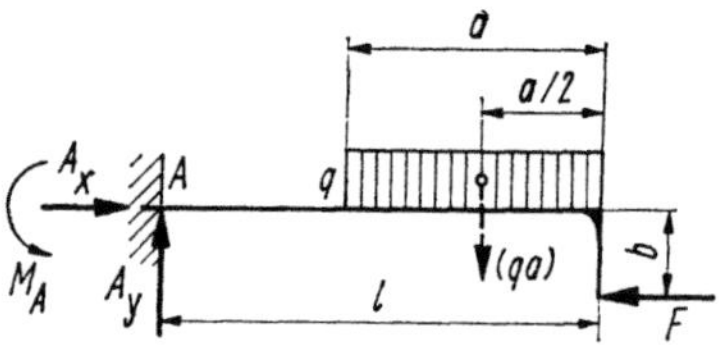

Bild 3.15
Einseitig eingespannter Träger mit Streckenlast

Aufstellen der Gleichgewichtsbedingungen:

$$1.\ \rightarrow:\quad A_x - F = 0 \tag{3.21}$$

$$2.\ \uparrow:\quad A_y - qa = 0 \tag{3.22}$$

$$3.\ \curvearrowleft_A:\quad M_A - qa\,(l - a/2) - Fb = 0 \tag{3.23}$$

Ergebnis:

$$A_x = F,\quad A_y = qa,$$

$$M_A = Fb + q\,(al - a^2/2).$$

3.2.8. Schnittreaktionen

Um die geometrischen Abmessungen eines Konstruktionselements so festlegen zu können, daß es den einwirkenden Belastungen standhält, genügt die Kenntnis der äußeren Kräfte allein noch nicht. Die eingeprägten Kräfte (Aktionskräfte) werden durch den Träger (Konstruktionselement) zu den Auflagern geleitet und rufen dort die Lagerreaktionen (Reaktionskräfte) hervor. Dabei treten innerhalb des Trägers Belastungen (Kräfte und Momente) auf, die den Werkstoff beanspruchen. Um diese inneren Kräfte und Momente erfassen zu können, wird an einer beliebigen Stelle x_s ein Schnitt durch den Träger gelegt (Bild 3.16a), der diesen in einen linken (li) und rechten (re) Teil trennt.

Damit an jedem der beiden Teile ebenso Gleichgewicht herrscht wie am Gesamtträger, müssen an der Schnittstelle eine Kraft und ein Moment vorhanden sein. Die Kraft, deren Richtung unbekannt ist, wird in zwei Komponenten zerlegt, in Richtung längs des Trägers (Längskraft L) und quer zum Träger (Querkraft Q). Das Moment beansprucht den Träger auf Biegung und wird deshalb als Biegemoment M_b bezeichnet.

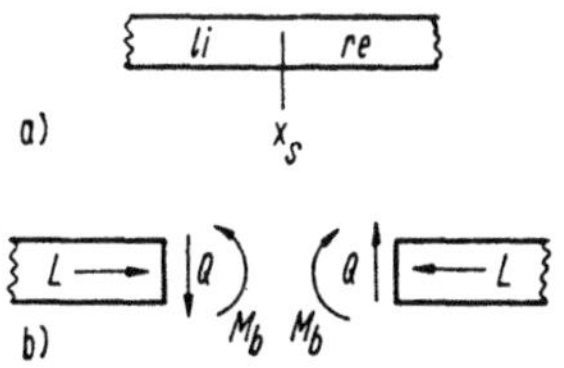

Bild 3.16. Geschnittener Träger
a) Schnitt; b) Schnittreaktionen

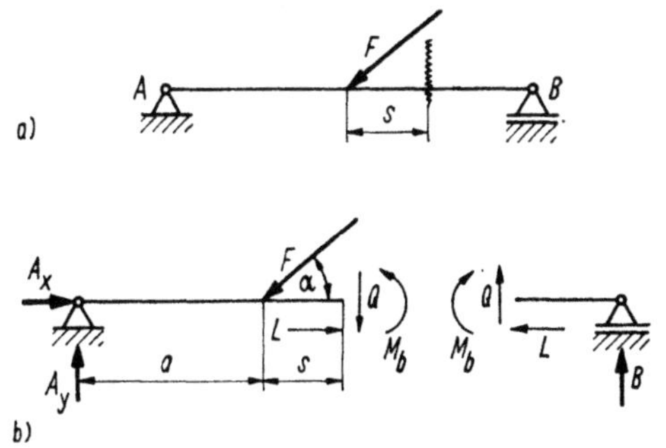

Bild 3.17. Schnittreaktionen am Beispiel von Bild 3.14
a) Lage des Schnittes; b) Schnittreaktionen

Es liegen damit drei unbekannte Reaktionen vor, so wie an einer festen Einspannstelle. Wegen des Wechselwirkungsgesetzes sind L, Q und M_b am anderen Schnittufer entgegengesetzt orientiert. Die Definition der positiven Richtungen der Schnittreaktionen erfolgt so, wie es Bild 3.16b zeigt. Mit Hilfe der drei Gleichgewichtsbedingungen lassen sich die drei Schnittreaktionen ermitteln. Am Beispiel nach Bild 3.14 soll das gezeigt werden. Die Entfernung der Schnittstelle vom Angriffspunkt der Kraft F sei s (Bild 3.17a). Als Momentenbezugspunkt wird die Schnittstelle selbst gewählt (M_s). Im Bild 3.17b sind alle Schnittreaktionen eingetragen. Für das linke Schnittufer ergeben sich dann folgende Gleichgewichtsbedingungen:

1. $\rightarrow$: $A_x - F\cos\alpha + L = 0$

2. $\uparrow$: $A_y - F\sin\alpha - Q = 0$

3. $\curvearrowleft x_S$: $M_b - A_y(a + s) + sF\sin\alpha = 0.$

Daraus ergeben sich mit den Werten für A_x und A_y aus Gl. (3.19) und Gl. (3.20)

$$L = F\cos\alpha - A_x = 0 \tag{3.24}$$

$$Q = A_y - F\sin\alpha = -(a/l)\,F\sin\alpha \quad \text{und} \tag{3.25}$$

$$M_b = A_y(a + s) - sF\sin\alpha = aF\sin\alpha\,[1 - (a + s)/l]. \tag{3.26}$$

Der Schnitt wurde an eine willkürlich gewählte Stelle gelegt. Um den notwendigen Überblick über die innere Beanspruchung des gesamten Trägers zu gewinnen, muß der Verlauf von L, Q und M_b über der gesamten Trägerlänge l ermittelt werden. Dazu wird der Träger in verschiedene Bereiche aufgegliedert, und an jeder Unstetigkeitsstelle ist eine neue Koordinate s_i einzuführen. Unstetigkeitsstellen sind Lager, Einzelkräfte bzw. -momente,

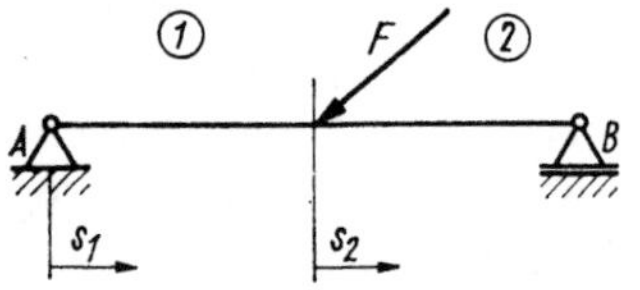

Bild 3.18. Einteilung des Trägers in Bereiche

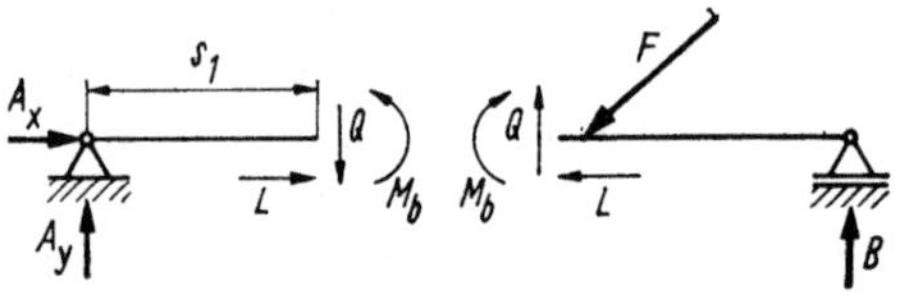

Bild 3.19. Schnittreaktionen im Bereich ① von Bild 3.18

Beginn einer Streckenlast oder Knicke bzw. Verzweigungen des Trägers. Die Koordinate s_i läuft dann jeweils zwischen zwei Unstetigkeitsstellen. Im gewählten Beispiel ist damit eine Einteilung in zwei Bereiche erforderlich, und zwar links von F mit der Koordinate s_1 und rechts von F mit s_2 (Bild 3.18). Die Verläufe $L(s_2)$, $Q(s_2)$ und $M_b(s_2)$ sind durch die Gln. (3.24), (3.25) und (3.26) bereits bekannt. Für die Bereichsgrenzen $s_2 = 0$ und $s_2 = l - a$ gilt:

	L	Q	M_b
$s_2 = 0$	0	$-\frac{a}{l} F \sin\alpha$	$aF \sin\alpha \left(1 - \frac{a}{l}\right)$
$s_2 = l - a$	0	$-\frac{a}{l} F \sin\alpha$	0

Ein Schnitt an der Stelle x_S (vgl. auch Bild 3.16) im Bereich ① (Bild 3.19) liefert:

$$\rightarrow: \quad A_x + L = 0; \qquad L = -A_x = -F\cos\alpha$$

$$\uparrow: \quad A_y - Q = 0; \qquad Q = A_y = F \sin\alpha\,(1 - a/l)$$

$$\curvearrowleft x_S: \quad M_b - A_y \cdot s = 0; \qquad M_b = A_y s = sF \sin\alpha\,(1 - a/l).$$

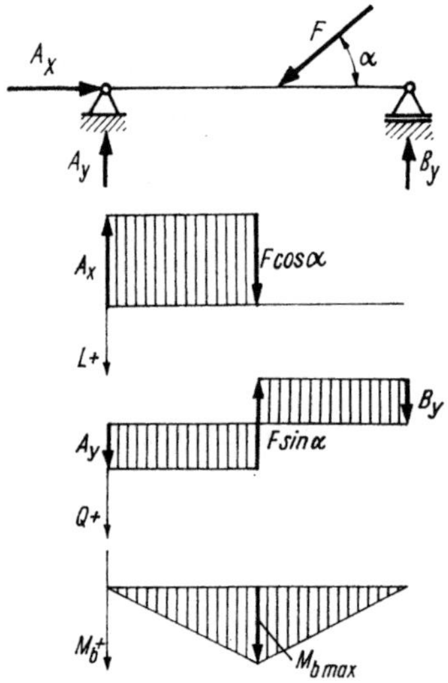

Bild 3.20
Verlauf der Schnittreaktionen

Das ergibt an den Bereichsgrenzen:

	L	Q	M_b
$s_1 = 0$	$-F\cos\alpha$	$F\sin\alpha\,(1 - a/l)$	0
$s_1 = a$	$-F\cos\alpha$	$F\sin\alpha\,(1 - a/l)$	$aF\sin\alpha\,(1 - a/l)$

Damit sind die Verläufe von Q, L und M_b über die ganze Länge des Trägers bekannt und können zur besseren Übersicht in Diagrammen grafisch dargestellt werden (Bild 3.20). Dabei ist folgende Vorzeichenregel üblich:

- die positive Achse zeigt nach unten bzw. nach rechts.

Positives Vorzeichen bei einer Längskraft bedeutet, daß im Träger eine Zugbeanspruchung vorliegt, negatives Vorzeichen, daß eine Druckbeanspruchung vorliegt. Wie im Abschn. 3.3. gezeigt wird, hat ein gebogener Stab eine Druck- und eine Zugseite (Druck- und Zugfaser). Das Biegemoment wird immer auf der Zugseite angetragen.

Zwischen dem Querkraft- und dem Momentendiagramm bestehen außerdem folgende Zusammenhänge:

- die Querkraft ist der Anstieg des Momentenverlaufs

$$Q(s) = \mathrm{d}M_b/\mathrm{d}s.$$

- In dem Trägerquerschnitt, in dem die innere Querkraft ihr Vorzeichen ändert, tritt ein Extremwert des Biegemoments M_b auf.

3.3. Festigkeitslehre [3] [7] [3.1] bis [3.5]

3.3.1. Grundbegriffe

Wird ein Bauteil durch äußere Kräfte F oder Momente M belastet, so unterliegt es einer Beanspruchung. Diese ist oft aus mehreren Beanspruchungsarten zusammengesetzt und deshalb sehr kompliziert, läßt sich aber im allgemeinen auf die Grundformen Zug-, Druck-, Scher-, Biege- und Torsionsbeanspruchung zurückführen (Bild 3.21). Die Beanspruchung äußert sich als innere Kraft, die im Gefüge des Werkstoffs wirkt. Diese

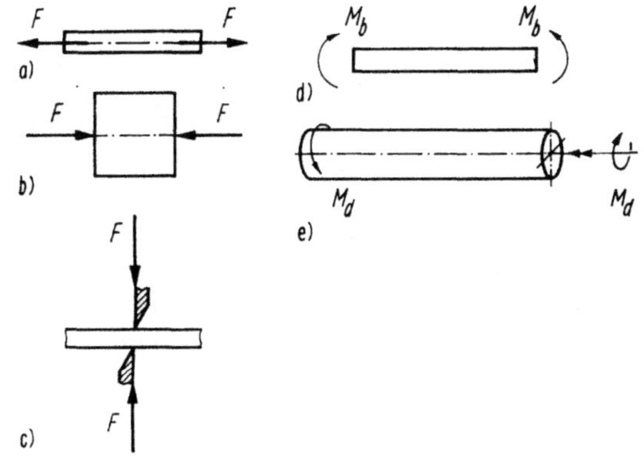

Bild 3.21
Grundformen der Beanspruchung

a) Zugbeanspruchung; b) Druckbeanspruchung; c) Scherbeanspruchung; d) Biegebeanspruchung; e) Torsionsbeanspruchung (Drehmomentvektor ←←—)

Kräfte werden auf das Flächenelement dA bezogen, an dem sie angreifen, und den Quotienten dF/dA bezeichnet man als Spannung. Eine beliebig zum Flächenelement gerichtete Kraft dF läßt sich stets in eine Kraft dF_N senkrecht (normal) zur Fläche dA und eine Tangentialkraft dF_T zerlegen. Dementsprechend erhält man eine Normalspannung σ und eine Tangential- oder Schubspannung τ:

$$\sigma = \mathrm{d}F_N/\mathrm{d}A; \quad \tau = \mathrm{d}F_T/\mathrm{d}A. \tag{3.27}$$

Die in der Fläche liegende Tangentialspannung wird meist nochmals so in zwei Komponenten unterteilt, daß dann alle drei Anteile (eine Normalspannung und die beiden Tangentialspannungen) senkrecht aufeinanderstehen (karthesisches Koordinatensystem). Es ist üblich, die x-y-Ebene parallel zur Querschnittsfläche des Bauteils anzuordnen, so daß die z-Koordinate in Richtung der Bauteilachse zeigt (Bild 3.29a).

Tritt nur eine Normalspannung auf, so spricht man von einem einachsigen Spannungszustand. Bei Vorhandensein von Normalspannungen in zwei bzw. drei Koordinatenrichtungen liegt ein zwei- bzw. dreiachsiger Spannungszustand vor, wobei neben den Normalspannungen noch die entsprechenden Schubspannungen entstehen [3.1].

Die Festigkeit eines Bauteils kennzeichnet sein Verhalten bei der jeweiligen Beanspruchung. Kriterien für die Festigkeit sind Größe und zeitliches Verhalten der durch die Beanspruchung verursachten Verformung. Die Verformung hängt von der Art der äußeren Belastung und von den Werkstoffeigenschaften ab.

Belastung. Um Festigkeitsberechnungen durchführen zu können, ist es erforderlich, die als Belastung wirkenden äußeren Kräfte und Momente hinsichtlich ihres zeitlichen Verhaltens genauer zu charakterisieren. Dabei werden allgemein drei Belastungsfälle unterschieden (Bild 3.22):

- Fall I ruhend (F bzw. M sind annähernd konstant)
- Fall II schwellend (F bzw. M ändern sich, Richtung gleichbleibend)
- Fall III wechselnd (F bzw. M ändern sich, Richtung wechselnd).

Der allgemeine Fall ist durch die mittlere und die Ausschlagbelastung gekennzeichnet (Bild 3.22).

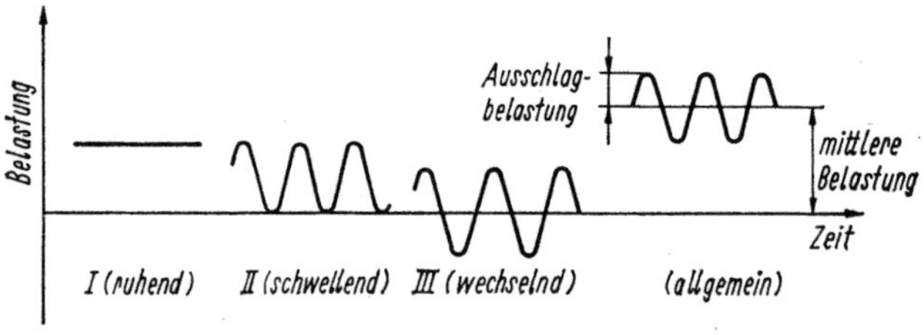

Bild 3.22 Belastungsfälle

Der jeweilige Belastungsfall ist maßgebend für die Auswahl der entsprechenden Werkstoffkenngrößen. Bei zeitlich veränderlicher Belastung ist außerdem noch ihre jeweilige Dauer, ausgedrückt in der Anzahl N der Lastwechsel, zu beachten (s. Dauerfestigkeit).

Werkstoffeigenschaften. Die Werkstoffeigenschaften werden durch Versuche ermittelt. Bild 3.23 zeigt als Beispiel den Verlauf der bei Zugbeanspruchung eines Probekörpers auftretenden Spannung σ in Abhängigkeit von der Verformung (Dehnung ε) für verschiedene Werkstoffe. Anhand solcher Diagramme lassen sich verschiedene Festigkeitskenngrößen angeben. Den im Bereich bis σ_P, der Proportionalitätsgrenze, bestehenden linearen Zusammenhang zwischen σ und ε beschreibt das Hookesche Gesetz

$$\sigma = \varepsilon E. \tag{3.28}$$

Proportionalitätsfaktor ist die Werkstoffkenngröße, die den Widerstand gegen Verformung durch Zug- und Druckspannung enthält – der Elastizitätsmodul E (s. Tafel 3.2). Die Verformung des Werkstoffs bei vorhandener Spannung bzw. eingeprägter Kraft wird als Fließen bezeichnet und durch die Streck- oder die Fließgrenze σ_S bzw. σ_F charakterisiert. Die Bruchgrenze σ_B (Zugfestigkeit) ist die maximale Spannung, die im Spannungs-Dehnungs-Diagramm auftritt. Im Bereich zwischen der Streck- und der Bruchgrenze sinkt anfangs die Spannung infolge der beginnenden Verschiebung der Kristalle. Dann verfestigt sich der Werkstoff wieder, und die Spannung nimmt erneut zu. Dieses Verhalten läßt sich jedoch nicht bei allen Werkstoffen feststellen; es trifft aber besonders für Baustahl zu.

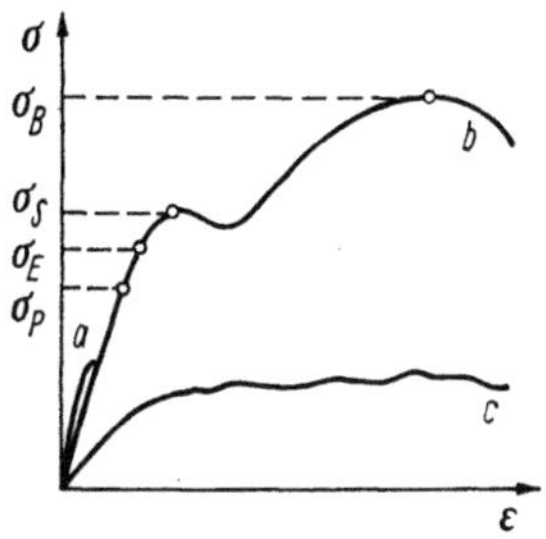

Bild 3.23
Spannungs-Dehnungs-Diagramm
a) Glas; b) Baustahl; c) Kupfer

Für Werkstoffe ohne ausgeprägtes Fließverhalten tritt an die Stelle der Streckgrenze σ_S die 0,2-Dehngrenze, d.h. diejenige Spannung, bei der ein Probekörper im Zugversuch eine bleibende Dehnung von 0,2% aufweist. Sie wird mit $\sigma_{0,2}$ bezeichnet.

Tafel 3.2. Elastizitätsmodul und Festigkeitskenngrößen für
a) verschiedene Stahlarten (in DIN z. T. abweichende Bezeichnungen und Werte)

Werkstoff	Elast.-Modul	σ_B	σ_{bF}	σ_S	τ_F	σ_{bW}	σ_{zdW}	τ_{tW}	σ_{bSch}	σ_{zSch}	τ_{tSch}
	in 10^3 N/mm²	in N/mm²									
Baustahl TGL 7960 (vgl. a. DIN 17100)											
St 34		340	240	220	130	160	130	90	240	210	130
St 38	210	380	260	240	150	180	140	100	260	230	150
St 42		420	320	260	170	200	160	120	310	250	170
St 50		500	370	300	190	240	190	140	370	300	190
St 60	215	600	430	340	220	280	210	160	430	340	220
Vergütungsstahl TGL 6547 (vgl. a. DIN 17200)											
C 25		550	460	370	210	280	230	160	420	370	210
C 35	210	650	540	420	270	310	250	180	470	400	270
C 45		750	620	480	310	370	300	210	550	480	310
C 60		850	700	570	390	410	330	250	620	520	390
30Mn5		850	710	600	400	420	340	250	640	540	400
40Mn4		900	720	650	410	430	350	260	660	560	410
34Cr4		1000	890	800	450	490	380	280	750	620	450
42CrMo4	215	1100	980	900	500	520	420	310	800	680	500
50CrMo4		1200	1080	1000	520	550	440	340	850	720	520
58CrV4		1250	1130	1050	560	570	450	360	890	740	550
Einsatzstahl TGL 6546 (vgl. a. DIN 17210)											
C 15		600	490	350	240	280	240	180	450	350	240
16MnCr5		800	750	600	360	400	340	250	600	540	360
20MnCr5	215	1000	900	700	420	480	420	300	730	660	420
18CrNi8		1200	1100	800	470	550	470	330	850	760	470

Tafel 3.2. (Fortsetzung)
b) weitere metallische und Plastwerkstoffe (s. a. Tafel 8.2)

Werkstoff	Elast.- Modul in 10^3 N/mm²	σ_B in N/mm²	σ_S	σ_{bB}	σ_{bW}
Stahlguß TGL 14315 (vgl. a. DIN 1681)					
GS-40		400	200		
GS-50	210	500	250		
GS-60		600	300		
Gußeisen mit Kugelgraphit TGL 8189 (vgl. a. DIN 1693)					
GGG-40	150	400	280		
GGG-60		600	380		
Gußeisen mit Lamellengraphit TGL 14400 (vgl. a. DIN 1691)					
GGL-20	105	200		290	100
GGL-30	130	300		410	150
Aluminiumlegierungen TGL 14725 (vgl. a. DIN 1745, 1746)					
AlMg3F18		180	80		
AlMg5F24		240	110		
AlMg1Si1F20	70 ... 90	200	100		
AlCu4Mg2F44		440	290		
Kupfergußlegierungen TGL 8110 (vgl. a. DIN 1705, 1709, 1716)					
G-CuSn10	90	250	120		100
G-CuPb10Sn10	80	230	120		100
G-CuZn33Pb2	105	170	60		70
G-CuZn15Si3	100	290	100		120
Plastwerkstoffe					
Polystyrol (PS)	3,4	40		100	
Polyvinilchlorid hart (PVC-H)	2 ... 3	60		120	
Polyamid (PA)	3	80		100	
PA glasfaserverstärkt	7,8	170		220	
Polyoximethylen (POM)	3	70		110	
Polykarbonat (PC)	2,3	65		85	
PC glasfaserverstärkt	2,5	90		145	
Phenol-Formaldehydharz (PF)	7 ... 13	50 ... 100		100 ... 130	

Ähnliche Diagramme und Kenngrößen wie beim Zug- bzw. Druckversuch lassen sich auch für einen Biege- oder Torsionsversuch ermitteln. Dabei erhält man die Biegefestigkeit σ_{bB} und die Verdrehfestigkeit τ_{tB} (als Äquivalent zur Zugfestigkeit σ_B) sowie die Biegefließgrenze σ_{bF} und die Verdrehfließgrenze τ_{tF} (als Äquivalent zur Streckgrenze σ_S).

Diese Spannungsgrößen charakterisieren das statische Festigkeitsverhalten eines Werkstoffs (Fall I). Liegt eine dynamische Beanspruchung vor (Fall II und III), so wird die Angabe weiterer Kenngrößen erforderlich, nämlich der Schwell- bzw. Wechselfestigkeiten für die jeweilige Beanspruchungsart. Sie werden durch Hinzufügen der Indizes „Sch" bzw. „W", z. B. σ_{bW} (Biegewechselfestigkeit) gekennzeichnet (Tafel 3.2). Die Festigkeit eines Werkstoffs bei beliebiger dynamischer Beanspruchung wird durch die *Dauerschwingfestigkeit* (kurz Dauerfestigkeit) beschrieben. Wird ein Probekörper einer um einen Mittelwert σ_m schwankenden Beanspruchung ausgesetzt, so ist die Zeit bis zum Bruch (Anzahl der Lastwechsel N) abhängig von der Spannungsamplitude σ_A. Diese Abhängigkeit wird für einen bestimmten Mittelwert σ_m in der *Wöhler-Kurve* grafisch dargestellt (Bild 3.24).

Der Übergang von der Zeitfestigkeit (abfallender Kurventeil) zur Dauerfestigkeit erfolgt bei der Grenzlastspielzahl N_0 [$N_0 \approx (3 \ldots 10)\,10^6$ für Stahl]. Mit der so gewonnenen Dauerfestigkeit bei verschiedenen Mittelwerten σ_m läßt sich ein Dauerfestigkeitsschaubild (Smith-Diagramm) angeben (Bild 3.25). Es enthält die mögliche Spannungsamplitude bei Dauerbelastung $2\sigma_{AD}$ in Abhängigkeit vom Mittelwert σ_m. Die obere Grenze wird dadurch festgelegt, daß die Summe aus Mittelspannung σ_m und überlagerter Spannung σ_{AD} nicht größer als die jeweilig maßgebende Streck- oder Fließgrenze (σ_S bzw. σ_F) sein darf. Die durch die Ziffern I, II und III gekennzeichneten Punkte entsprechen den Fällen ruhende (σ_S bzw. σ_F), schwellende (σ_{Sch}) und wechselnde Belastung (σ_W). Damit stellen die oben erwähnten Schwell- und Biegefestigkeiten sowie die Streck- oder Fließgrenze ausgezeichnete Punkte im Dauerfestigkeitsschaubild dar, bei deren Kenntnis sich die obere und die untere Grenzlinie des Diagramms (Oberspannung σ_{OD} und Unterspannung σ_{UD}) konstruieren lassen. In TGL 19340 sind die Dauerfestigkeitsschaubilder für Stahl bei Beanspruchung durch Zug/Druck, Biegung und Torsion angegeben. Die Dauerfestigkeit ist außer von den Werkstoffeigenschaften noch von der Bauteilform abhängig (s. Kerbwirkung) und deshalb keine reine Werkstoffkenngröße (vgl. a. DIN 18800).

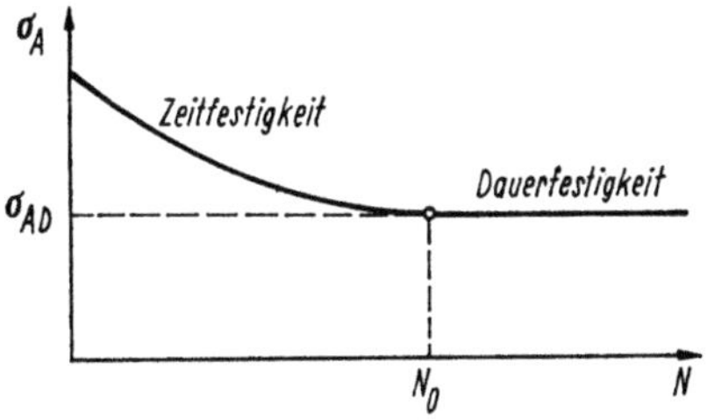

Bild 3.24. Wöhler-Kurve

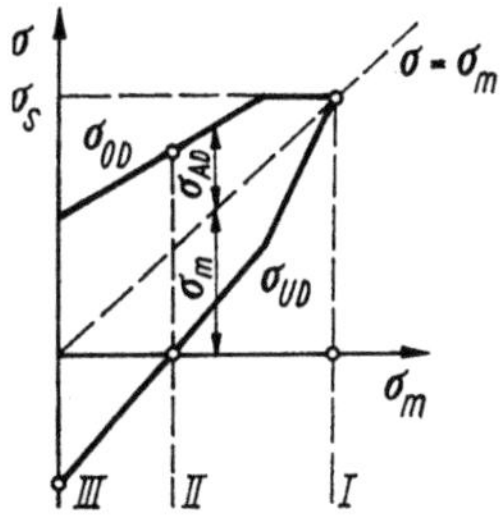

Bild 3.25. Dauerfestigkeitsschaubild (Smith-Diagramm)

Zulässige Spannung. Bauteile dürfen i. allg. nur bis zur Streckgrenze σ_S beansprucht werden, in der Gerätetechnik meist nur bis zur Elastizitätsgrenze σ_E und in Sonderfällen sogar nur bis unterhalb der Proportionalitätsgrenze σ_P, z. B. wenn man die Verformung für Meßzwecke nutzt (Biegebalken mit aufgeklebten Dehnmeßstreifen zur Kraftmessung). Um dies zu garantieren, wird eine zulässige oder ertragbare Spannung σ_{zul} definiert. Sie ist die wesentliche Größe für eine festigkeitsmäßige Dimensionierung, und die tatsächlich auftretende Spannung muß immer kleiner bzw. darf höchstens gleich der zulässigen Spannung sein:

$$\sigma \leqq \sigma_{zul}; \quad \tau \leqq \tau_{zul}. \tag{3.29a}$$

Den Wert der zulässigen Spannung erhält man aus der jeweiligen Werkstoffkenngröße, die für das Versagen des Bauteils im konkreten Fall maßgebend ist (σ_{vers}), indem man diese durch einen Sicherheitsfaktor S dividiert:

$$\sigma_{zul} = \sigma_{vers}/S; \quad \tau_{zul} = \tau_{vers}/S. \tag{3.29b}$$

Der Sicherheitsfaktor wird in der Gerätetechnik i. allg. zu $S = 2 \ldots 4$ und im Maschinenbau zu $S = 1{,}2 \ldots 4$ gewählt.

Welche Werkstoffkenngröße als Versagensspannung auftritt, hängt von der jeweiligen Beanspruchungsart, dem Lastfall und den Einsatzbedingungen des Bauteils ab. Im allgemeinen sind für σ_{vers} die Streck- oder Fließgrenzen (Fall I) bzw. die jeweilige Dauerfestigkeit einzusetzen (beliebiger Lastfall). Mit den Gln. (3.29) und einem innerhalb der angegebenen Grenzen gewählten Sicherheitsfaktor erfolgt eine vorläufige Dimensionierung des Bauteils (Entwurfsberechnung). Nach Korrektur der so gewonnenen Bauteilabmessungen bzw. Werkstoffeigenschaften (Rundung, Anpassung an standardisierte oder Vorzugsmaße bzw. -werte) muß der tatsächlich vorliegende Sicherheitsfaktor nachgerechnet werden (Sicherheitsnachweis nach TGL 19340). In der Gerätetechnik kann meist auf die Nachrechnung verzichtet werden, weil man dort bereits einen größeren Sicherheitsfaktor annimmt. Außerdem werden gerätetechnische Bauteile aus ökonomischen und fertigungstechnischen Gründen häufig überdimensioniert (z.B. Wahl eines einheitlichen Schraubendurchmessers in einem Gerät, der durch die höchste Beanspruchung bestimmt wird).

Wenn Menschenleben oder große volkswirtschaftliche Werte von der sicheren Funktion eines Bauteils abhängen, wenn dessen Auswechseln mit sehr hohem Montageaufwand verbunden ist oder die äußeren Kräfte bzw. Momente nicht hinreichend genau bekannt sind, wird der Sicherheitsfaktor noch größer gewählt.

Eine u.U. erhebliche Beeinträchtigung der zulässigen Spannung und besonders der Dauerfestigkeit tritt ein, wenn das beanspruchte Bauteil sprunghafte Querschnittsänderungen, z.B. durch Absätze oder Einstiche für Sicherungsringe, aufweist (Kerben, s. Abschnitt 7.3.1.). Im Bereich der Kerben erhöht sich die auftretende Spannung bei ruhender Belastung um einen kerbformabhängigen Faktor (s. Bild 7.1), den Formfaktor oder die Formzahl α_K (TGL 19340/DIN 18800). Die maximale Spannung ergibt sich damit zu

$$\sigma_{max} = \alpha_K \sigma_n, \tag{3.30a}$$

wobei mit σ_n die für den kleinsten Querschnitt aus $\sigma_n = F/A_{min}$ berechnete Nennspannung bezeichnet wird.

Die Verminderung der Festigkeit des Bauteils bei schwingender Beanspruchung infolge der Kerbwirkung wird durch die Kerbwirkungszahl β_K berücksichtigt, die sich aus der Formzahl unter Einbeziehung weiterer Faktoren bestimmen oder ebenfalls TGL 19340 entnehmen läßt (s. Abschn. 7.3., Bilder 7.3 und 7.4). Damit beträgt z.B. die Dauerfestigkeit σ_{ADK} eines gekerbten Bauteils

$$\sigma_{ADK} = \sigma_{AD}/\beta_K. \tag{3.30b}$$

Es sei noch darauf hingewiesen, daß eine Kerbwirkung bereits durch Oberflächenrauhigkeiten verursacht werden kann.

3.3.2. Beanspruchung durch Kräfte

Beanspruchungen durch Kräfte unterscheiden sich im wesentlichen durch die Richtung der angreifenden Kraft (senkrecht oder parallel zur beanspruchten Fläche) und durch die geometrischen Verhältnisse (Kraftwirkung im Bauteil oder an der Berührungsstelle von Bauteilen). Die durch Kräfte hervorgerufenen Spannungen ergeben sich als Quotient aus Kraft und Fläche:

$$\sigma = F/A \leqq \sigma_{zul}; \quad \tau = F/A \leqq \tau_{zul}. \tag{3.31}$$

Schräg angreifende Kräfte verursachen zusammengesetzte Spannungen (vergleiche Abschnitt 3.3.4.).

Die verschiedenen Beanspruchungsarten, die Kraftwirkungen und die Berechnungsgrundlagen sind in Tafel 3.3 zusammengestellt.

Zugbeanspruchung. Bei Zugbeanspruchung eines zylindrischen Stabes mit der Länge l und dem Durchmesser d tritt neben der Dehnung in Längsrichtung $\varepsilon = \Delta l/l$ eine Durchmesserverringerung auf, die Querverkürzung $\varepsilon_q = \Delta d/d$. Das Verhältnis der beiden Größen ergibt die Querzahl ν, deren Kehrwert die Poissonsche Zahl m ist:

$$\varepsilon_q/\varepsilon = \nu = 1/m. \tag{3.32}$$

Tafel 3.3. Beanspruchungsarten – Wirkung der Kraft bzw. des Moments und Berechnungsgleichungen

Beanspruchungsart	Wirkung der Kraft bzw. des Moments	Berechnungsgleichung
Zug	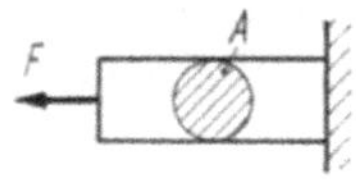	$\sigma_z = F/A \leqq \sigma_{z\,zul}$
Scherung	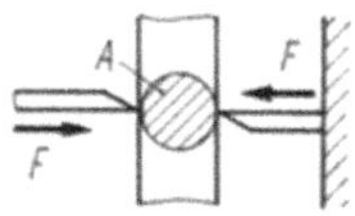	$\tau = F/A \leqq \tau_{zul}$
Druck	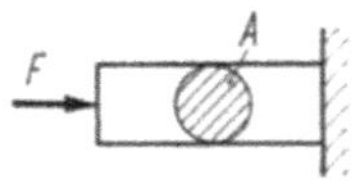	$\sigma_d = F/A \leqq \sigma_{d\,zul}$
Flächenpressung	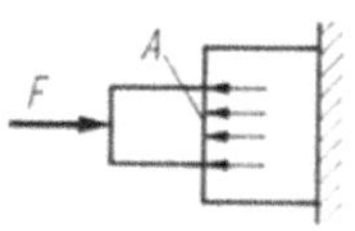	$p = F/A \leqq p_{zul}$
Hertzsche Pressung	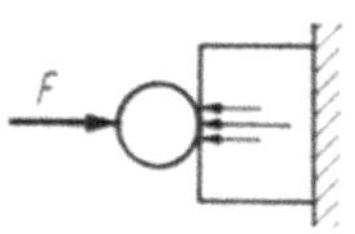	s. Tafel 3.4
Knickung		$F \leqq \sigma_K A/S_K$ $S_K = 3 \ldots 6$ (Knicksicherheit)
Biegung	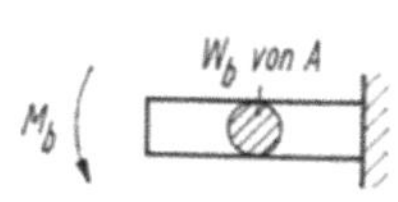	$\sigma_b = M_b/W_b \leqq \sigma_{b\,zul}$
Torsion (Verdrehung)	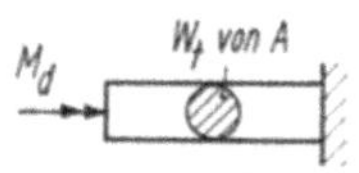	$\tau_t = M_d/W_t \leqq \tau_{t\,zul}$

Die Poissonsche Zahl spielt u.a. bei der Hertzschen Pressung eine Rolle (s.u.) und beträgt für Metalle $m \approx 10/3$.

Zugspannungen (und ebenso Druckspannungen) können in einem Bauteil auch unter Einfluß einer Temperaturänderung entstehen, wenn die Längenänderung durch äußere Bedingungen (z.B. Einspannung) verhindert wird. Die Größe der Spannung läßt sich dann ebenfalls mit Hilfe von Gl. (3.28) bestimmen, wenn für ε die rechnerisch aus der Temperaturänderung ermittelte Dehnung $\varepsilon = \alpha \Delta\vartheta$ eingesetzt wird.

Scherbeanspruchung. Voraussetzung für eine ideale Scherbeanspruchung ist eine gemeinsame Wirkungslinie für die beiden entgegengesetzt gerichteten Kräfte F. Dies kommt in der Praxis kaum vor; meist ist infolge eines Abstandes a zwischen den Kräften (z.B. bei Nietverbindungen, Bild 3.26) zusätzlich ein Biegemoment vorhanden, das aber vielfach vernachlässigt werden kann.

Scherbeanspruchung führt zu Schubspannungen im Werkstoff. Die daraus resultierende Verformung äußert sich z.B. an dem im Bild 3.27 dargestellten Quadrat in einer Winkeländerung, der Schiebung oder Verzerrung γ. Zwischen der Schubspannung τ und der Schiebung γ besteht der Zusammenhang

$$\tau = \gamma G \tag{3.33}$$

(Hookesches Gesetz für Schub), wobei G eine Werkstoffkenngröße ist, die analog zu dem für Normalspannungen geltenden Elastizitätsmodul E als Schubmodul bezeichnet wird.

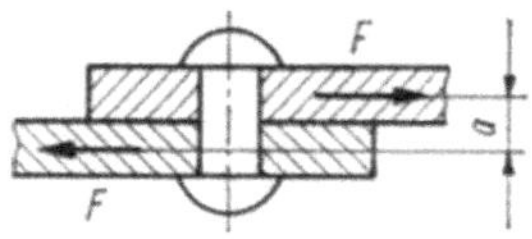

Bild 3.26. Scher- und Biegebeanspruchung an einer Nietverbindung

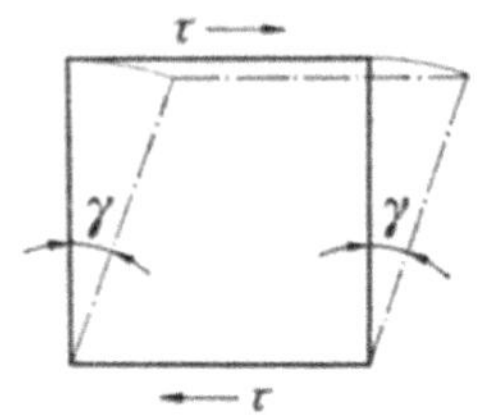

Bild 3.27. Verformung durch Schubspannung

Schubmodul G und Elastizitätsmodul E lassen sich mit der Beziehung

$$G = E/2\,(1 - \nu) \tag{3.34}$$

ineinander überführen.

Tafel 3.4. Berührungsverhältnisse und Berechnungsgleichungen bei Hertzscher Pressung

	Berührungsverhältnisse			Abplattung	maximale Pressung
Punktberührung	Kugel gegen Kugel	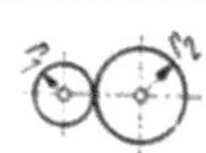	$\frac{1}{r} = \frac{1}{r_1} + \frac{1}{R}$ $R = r_2$	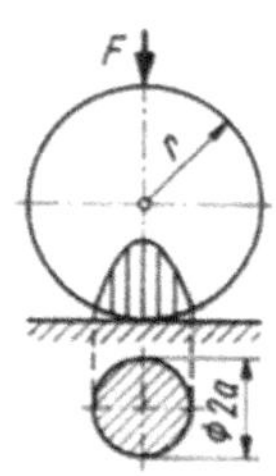	$p_{max} = 1{,}5\,\frac{F}{a^2\pi}$ a Druckkreisradius Bei unterschiedlichen E-Moduln: $E = \frac{2E_1E_2}{E_1 + E_2}$
	Kugel gegen Hohlkugel	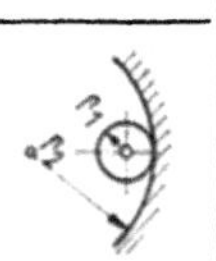	$R = -r_2$		
	Kugel gegen Ebene		$R = \infty$	$a = \sqrt[3]{\frac{1{,}5\,(1 - \nu^2)\,Fr}{E}}$	
Linienberührung	Zylinder gegen (Hohl-) Zylinder		siehe Kugel gegen (Hohl-) Kugel	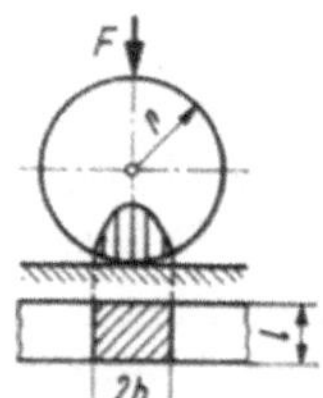	$p_{max} = \frac{2F}{\pi bl}$ b halbe Druckflächenbreite l Druckflächenlänge
	Zylinder gegen Ebene		siehe Kugel gegen Ebene	$b = \sqrt[2]{\frac{8Fr\,(1 - \nu^2)}{\pi El}}$	

ν Querzahl; für Metalle $\nu \approx 0{,}3$

Druckbeanspruchung. Reine Druckspannung tritt nur innerhalb eines Bauteils auf, das durch eine Druckkraft beansprucht wird. Wirkt diese Kraft auf die Berührungsfläche zweier Bauteile, so spricht man von einer *Flächenpressung p*. Bei gekrümmten Berührungsflächen wird zur Berechnung der Flächenpressung die Projektion der Fläche in Kraftrichtung benutzt.

Berühren sich zwei Bauteile nur linien- oder punktförmig, wie es bei Wälz-, Schneiden- oder Spitzenlagern (s. Abschn. 8.) der Fall ist, so liegt *Hertzsche Pressung* vor. Es entsteht in der Berührungszone eine Verformung (Abplattung), die bei Punktberührung kreisförmig und bei Linienberührung rechteckförmig begrenzt ist, sofern homogener Werkstoff angenommen wird. Sind die Abmessungen der Verformungsbereiche klein gegenüber den Abmessungen der Bauteile und wird die Proportionalitätsgrenze nicht überschritten, so lassen sich die Abmessungen der Verformungsbereiche mit den in Tafel 3.4 angegebenen Gleichungen bestimmen. Wegen der unterschiedlichen Spannungsverteilung im Abplattungsbereich interessiert außerdem die maximale Pressung p_{max}. Für häufig vorkommende Berührungsverhältnisse sind die entsprechenden Beziehungen ebenfalls in Tafel 3.4 angeführt.

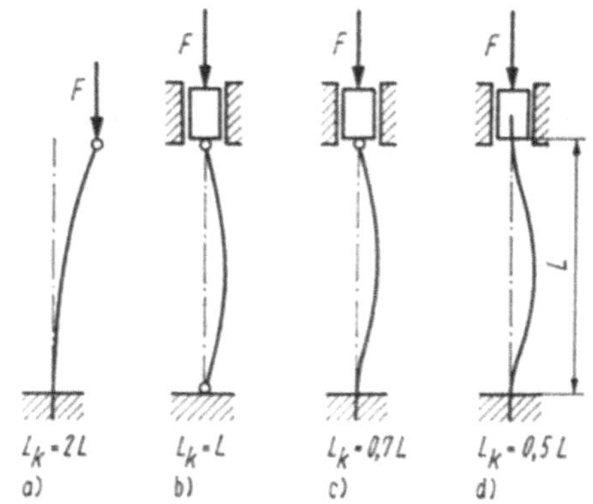

Bild 3.28
Freie Knicklänge bei unterschiedlicher Stabbefestigung (nach Euler)
a) ein Ende eingespannt, anderes Ende frei beweglich
b) beide Enden gelenkig befestigt
c) ein Ende eingespannt, anderes Ende gelenkig befestigt
d) beide Enden fest eingespannt

Wird bei einem auf Druck beanspruchten Bauteil ein bestimmtes Verhältnis von Länge zu Querschnitt überschritten, so kann ein *Knicken* auftreten. Die Grenze wird durch die Knickspannung σ_k beschrieben. Diese Spannung ist keine reine Werkstoffkenngröße, sondern zusätzlich von den geometrischen Verhältnissen abhängig. Wesentlichen Einfluß hat die freie Knicklänge L_k. Bild 3.28 gibt ihre Bestimmung für die vier möglichen Einspannungsarten an.

Weitere Einflußgrößen sind die Querschnittsfläche A und das Flächenträgheitsmoment I (s. Abschn. 3.3.3.) für die Querschnittsachse, um die das Ausknicken erfolgt. Mit diesen Größen wird der Schlankheitsgrad λ berechnet:

$$\lambda^2 = L_k^2 A/I.$$

Die Knickspannung σ_k ergibt sich damit zu

$$\sigma_k = \pi^2 E/\lambda^2 \quad \text{(Euler-Hyperbel).} \tag{3.35}$$

Aus der Knickspannung läßt sich unter Berücksichtigung einer Knicksicherheit S_k ($S_k = 3 \ldots 6$) die zulässige Kraft für die jeweilige Querschnittsfläche A bestimmen:

$$F_{zul} = \sigma_k A/S_k. \tag{3.36}$$

Diese Berechnung gilt jedoch nur, solange keine plastische Verformung zugelassen wird. Plastische Verformung tritt auf, wenn der Schlankheitsgrad λ einen Grenzwert λ_0 unterschreitet:

$$\lambda_0 = \sqrt{\pi^2 E/\sigma_P}.$$

Für $\lambda < \lambda_0$ muß die Knickspannung σ_k und damit die zulässige Kraft F_{zul} nach *Tetmayer* ermittelt werden [2] [3.3]. In Tafel 3.5 sind Werte von σ_P und λ_0 für einige Werkstoffe angegeben.

Tafel 3.5. Werkstoffkenngrößen für Knickbeanspruchung (Auswahl)

Werkstoff	σ_P in $N \cdot mm^{-2}$	λ_0
St 38	210	100
St 60	235	93
Dural	195	59
Gußeisen	154	80
Nadelholz	10	100

3.3.3. Beanspruchung durch Momente

Wird die angreifende Kraft in Verbindung mit einem Hebelarm wirksam, so liegt eine Beanspruchung durch ein Moment M vor (s. Abschn. 3.2.4.), wobei zwischen Biegebeanspruchung und Torsionsbeanspruchung unterschieden werden kann. Dem angreifenden Moment widersetzt sich das Bauteil mit dem Widerstandsmoment W, das von den geometrischen Abmessungen abhängt. Die entstehende Spannung im Bauteil ist der Quotient aus dem angreifenden Moment und dem Widerstandsmoment [s. Gln. (3.43) und (3.44) sowie Tafel 3.3].

3.3.3.1. Beanspruchung auf Biegung

Unter dem Einfluß eines Biegemomentes M_b krümmt sich das beanspruchte Bauteil (Bild 3.29). Die Krümmung bewirkt im oberen Teil des im Bild 3.29a dargestellten Trägers mit rechteckigem Querschnitt eine Stauchung (Druckspannung) und im unteren Teil

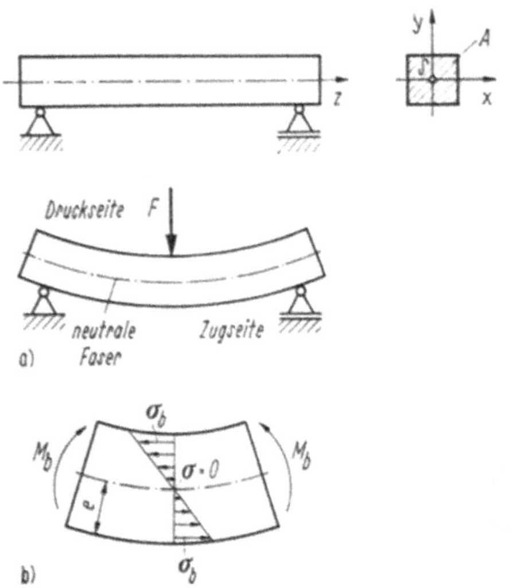

Bild 3.29
Biegebeanspruchung eines zweiseitig aufgelegten Trägers
a) Durchbiegung; b) Spannungsverlauf

eine Dehnung (Zugspannung). Der Übergang von Zug- zu Druckspannung verläuft kontinuierlich und ergibt an der Übergangsstelle eine spannungsfreie Zone (neutrale Faser, Neutrale). Der Maximalwert der auftretenden Spannung in der am weitesten von der neutralen Faser entfernten Randzone wird unabhängig von ihrer Art als Biegespannung $\sigma_{b\,max}$ bezeichnet (Bild 3.29b).

In die Querschnittsfläche A wird derart ein Koordinatensystem gelegt, daß die x-Achse dem Verlauf der neutralen Faser im Querschnitt entspricht (die Biegung erfolgt um die x-Achse) und sich der Koordinatenursprung im Schwerpunkt S der Querschnittsfläche A befindet (Bild 3.29a). Dann läßt sich unter Berücksichtigung des (maximalen) Randabstands e von der neutralen Faser für die auftretende Biegespannung schreiben:

$$\sigma_b(y) = \sigma_{b\,max}\, y/e. \tag{3.37}$$

Auf das Flächenelement dA im Querschnitt wirkt die Längskraft

$$\mathrm{d}F_L = \sigma_b\, \mathrm{d}A. \tag{3.38}$$

Die Längskraft F_L ergibt sich damit zu

$$F_L = \int_A \sigma_b\, \mathrm{d}A = 0 = \frac{\sigma_{b\,max}}{e} \int_A y\, \mathrm{d}A. \tag{3.39}$$

Für das Biegemoment um die x-Achse erhält man

$$M_{bx} = \int_A y\, \mathrm{d}F_L = \int_A y\sigma_b\, \mathrm{d}A = \int_A \frac{\sigma_{b\,max}}{e} y^2\, \mathrm{d}A = \frac{\sigma_{b\,max}}{e} \int_A y^2\, \mathrm{d}A. \tag{3.40}$$

Der Ausdruck $\int_A y^2\, \mathrm{d}A$ wird als das auf die x-Achse bezogene äquatoriale Flächenträgheitsmoment I_x bezeichnet:

$$I_x = \int_A y^2\, \mathrm{d}A. \tag{3.41}$$

Analog existiert ein auf die y-Achse bezogenes Flächenträgheitsmoment

$$I_y = \int_A x^2\, \mathrm{d}A. \tag{3.42}$$

Für das Biegemoment M_{bx} um die x-Achse gilt dann

$$M_{bx} = \sigma_{b\,max} I_x/e = \sigma_{b\,max} W_{bx} \tag{3.43}$$

mit

$$W_{bx} = I_x/e \tag{3.43a}$$

als Widerstandsmoment gegen Biegung (äquatoriales Widerstandsmoment).

Ein Umstellen nach $\sigma_{b\,max}$ führt analog Gl. (3.31) zu der Beziehung:

$$\sigma_{b\,max} = M_b/W_b \leqq \sigma_{b\,zul}. \tag{3.44}$$

Für häufig vorkommende Querschnittsformen sind die Flächenträgheits- und Widerstandsmomente in Tafel 3.6 angegeben. Für andere Formen können I und W_b nach den Gln. (3.41) und (3.43a) berechnet oder aus den Werten von Einzelflächen zusammengesetzt werden. Läßt sich ein bestimmter Querschnitt in Teilflächen zerlegen, die auf die gleiche Achse (Trägheitsachse) bezogen sind, so können die Werte für I addiert werden (Bild 3.30). Die Anteile von Flächen mit im Abstand a parallel zur Hauptträgheitsachse liegender Achse werden nach dem Satz von *Steiner* bestimmt (Bild 3.31):

$$I_\xi = I_x + Aa^2. \tag{3.45}$$

Tafel 3.6. Flächenträgheits- und Widerstandsmomente (Auswahl)

Querschnitt	Äquatoriale Flächenträgheitsmomente I_x, I_y	Widerstandsmomente gegen Biegung $W_b = W_x$ bzw. W_y	Polares Flächenträgheitsmoment I_p bzw. Drillungswiderstand I_t	Widerstandsmoment gegen Torsion W_t
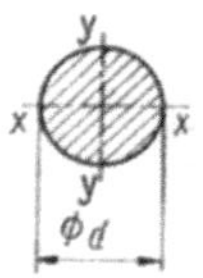	$I_x = I_y = \frac{\pi}{64} d^4 = \frac{\pi}{4} r^4 \approx 0{,}05\, d^4$	$W_x = W_y = \frac{\pi}{32} d^3 = \frac{\pi}{4} r^3 \approx 0{,}1\, d^3$	$I_t = I_p = \frac{\pi}{32} d^4 \approx 0{,}1 d^4$	$W_t = \frac{\pi}{16} d^3$
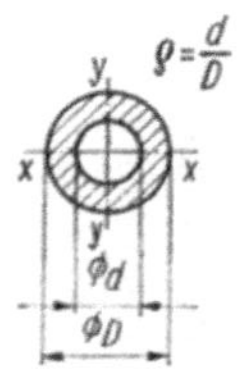	$I_x = I_y = \frac{\pi}{64}(D^4 - d^4) = \frac{\pi}{64} D^4 (1 - \varrho^4) = \frac{\pi}{4}(R^4 - r^4)$	$W_x = W_y = \frac{\pi}{32} \frac{D^4 - d^4}{D} = \frac{\pi}{32} D^3 (1 - \varrho^4) = \frac{\pi}{4} \frac{(R^4 - r^4)}{R}$	$I_t = I_p = \frac{\pi}{32}(D^4 - d^4) = \frac{\pi}{32} D^4 (1 - \varrho^4) = \frac{\pi}{2}(R^4 - r^4)$	$W_t = \frac{\pi}{16} \frac{D^4 - d^4}{D} = \frac{\pi}{16} D^3 (1 - \varrho^4)$
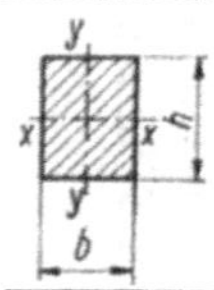	$I_x = \frac{1}{12} bh^3$ $I_y = \frac{1}{12} b^3 h$	$W_x = \frac{1}{6} bh^2$ $W_y = \frac{1}{6} b^2 h$	$I_t = \eta_3 b^3 h$ Werte für η_3 siehe unten	$W_t = \eta_2 b^2 h$ Werte für η_2 siehe unten

h/b	1	1,5	2	3	4	6	8	10	∞
η_2	0,208	0,231	0,246	0,267	0,282	0,299	0,307	0,313	0,333
η_3	0,140	0,196	0,229	0,263	0,281	0,299	0,307	0,313	0,333

Das Widerstandsmoment W_b muß stets aus dem Gesamtträgheitsmoment nach Gl. (3.43a) ermittelt werden.

Den Einfluß der Querschnittsform auf das Flächenträgheitsmoment bei konstanter Querschnittsfläche veranschaulicht Bild 3.32.

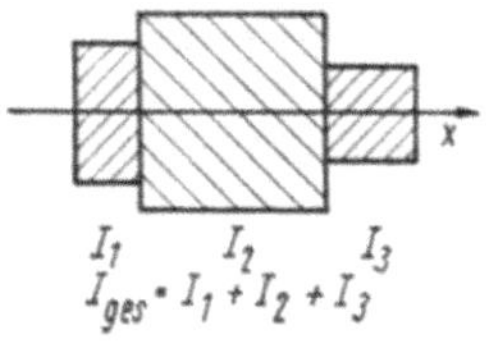

Bild 3.30. Flächenträgheitsmoment zusammengesetzter Flächen mit gleicher Trägheitsachse

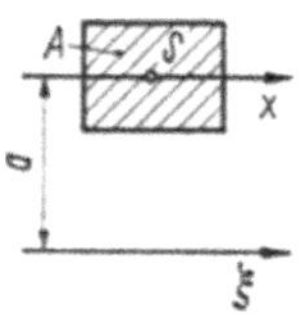

Bild 3.31. Zum Steinerschen Satz

In der Konstruktion wird die Vergrößerung des Flächenträgheitsmoments u. a. zur Erhöhung der Biegesteifigkeit von dünnen Blechteilen oder plattenförmigen Bauteilen ausgenutzt, hauptsächlich durch Abwinkeln, Sicken oder Rippen. Abgewinkelte Kanten und Sicken finden besonders bei dünnen Blechteilen Verwendung (Bild 3.33). Rippen dienen vorzugsweise der Versteifung von Schweißkonstruktionen und Gußteilen (Bild 3.34). Prismatische Teile werden durch Ausbildung als Profil versteift (Bild 3.32).

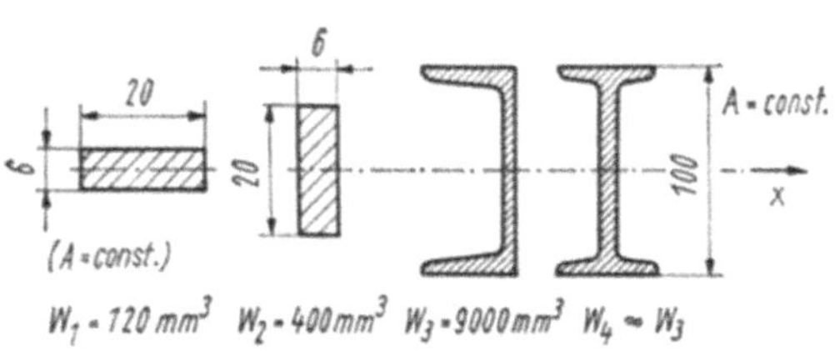

Bild 3.32
Einfluß der Querschnittsform auf das Flächenträgheitsmoment

Bei Bauteilen, die einer Biegebeanspruchung ausgesetzt sind, interessiert neben der auftretenden Biegespannung auch die Durchbiegung f (verschiedentlich auch mit v bezeichnet). Diese ist abhängig von den Einspannungs- bzw. Auflageverhältnissen des Bauteils, der Belastung, dem Widerstandsmoment des Bauteilquerschnitts gegen Biegung und dem Elastizitätsmodul E.

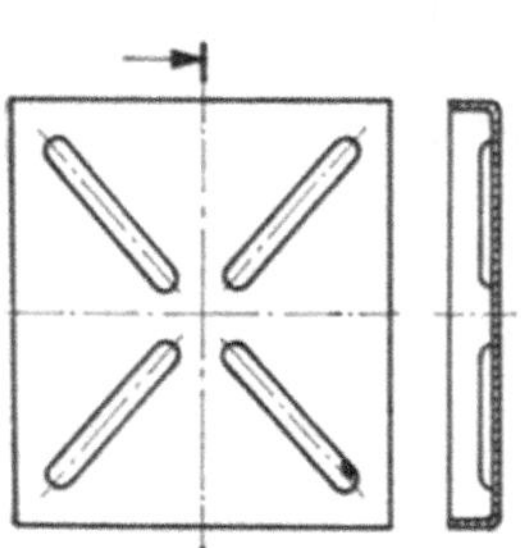

Bild 3.33. Abdeckblech

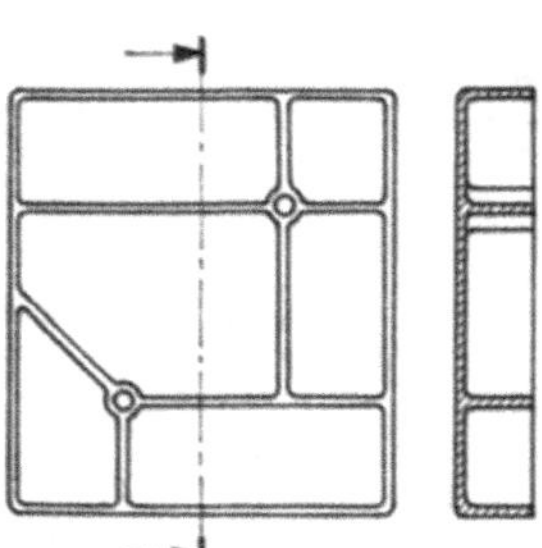

Bild 3.34. Grundplatte, Druckguß

Aus der durch das angreifende Moment verursachten Verformung (Krümmung) des Bauteils läßt sich unter Beachtung des Hookeschen Gesetzes die Differentialgleichung für die Durchbiegung f als Funktion des Ortes z ableiten. Man erhält

$$d^2f/dz^2 = -M_b/EI \qquad (3.46)$$

(Differentialgleichung der Biegelinie oder elastischen Linie). Für das einseitig eingespannte Bauteil im Bild 3.35 ergibt sich die Lösung dieser Differentialgleichung wie folgt:

$$f'' = -M_b/EI_x = (F/EI_x)(l - z) \quad \text{mit} \quad M_b = -F(l - z), \tag{3.47}$$

$$f' = (F/EI_x)(lz - z^2/2) + C_1 \quad \text{mit} \quad C_1 = 0 \quad \text{wegen} \quad f'(z = 0) = 0, \tag{3.48}$$

$$f = (F/EI_x)(lz^2/2 - z^3/6) + C_2 \quad \text{mit} \quad C_2 = 0 \quad \text{wegen} \quad f(z = 0) = 0. \tag{3.49}$$

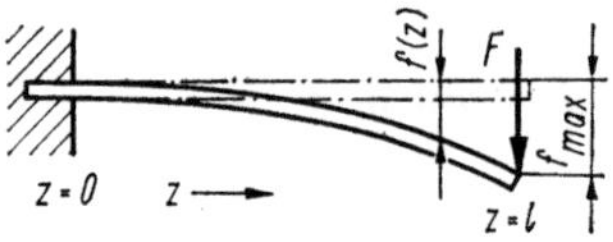

Bild 3.35
Querkraftbiegung

Tafel 3.7. Biegelinien und Momentenverläufe für einige Belastungsfälle

<table>
<tr><th>Belastungsfall</th><th>Berechnungsgleichungen</th></tr>
<tr><td>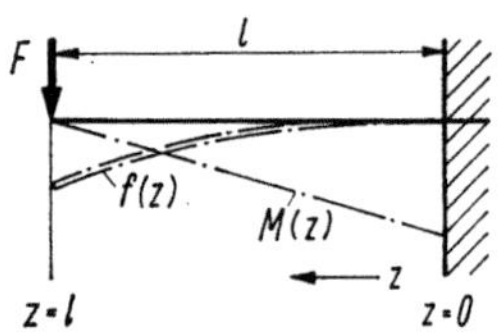

einseitig eingespannt, Einzelkraft</td><td>$f(z) = \frac{Fl^3}{3EI}\left[\frac{3}{2}\left(\frac{z}{l}\right)^2 - \frac{1}{2}\left(\frac{z}{l}\right)^3\right]$
$f(z = l) = \frac{Fl^3}{3EI}$
$M(z) = -F(l - z); \quad M(z = 0) = -Fl$</td></tr>
<tr><td>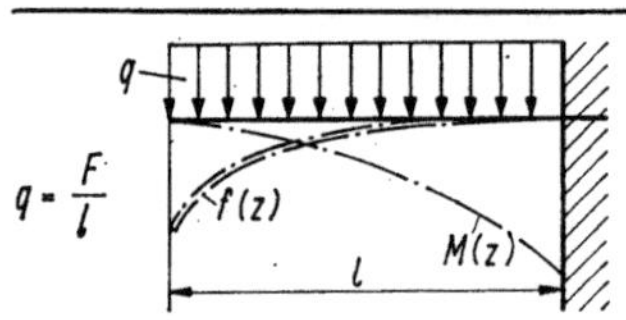

einseitig eingespannt, Streckenlast</td><td>$f(z) = \frac{Fl^3}{8EI}\left[2\left(\frac{z}{l}\right)^2 - \frac{4}{3}\left(\frac{z}{l}\right)^3 + \frac{1}{3}\left(\frac{z}{l}\right)^4\right]$
$f(z = l) = \frac{Fl^3}{8EI}$
$M(z) = -\frac{Fl}{2}\left(1 - \frac{z}{l}\right)^2; \quad M(z = 0) = -\frac{Fl}{2}$</td></tr>
<tr><td>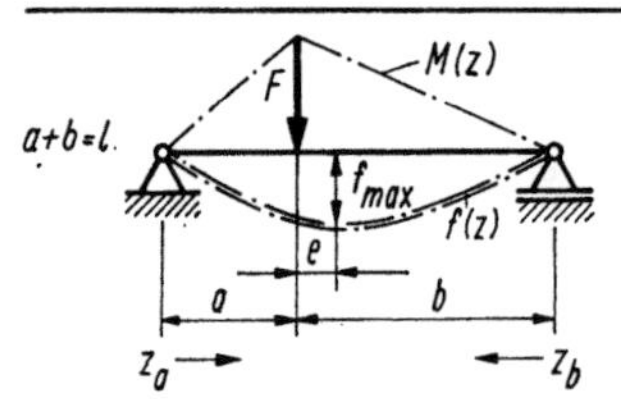

zweiseitig aufgelegt, Einzelkraft</td><td>$f(z_a) = \frac{Fl^3}{6EI}\frac{b}{l}\frac{z_a}{l}\left[1 - \left(\frac{b}{l}\right)^2 - \left(\frac{z_a}{l}\right)^2\right]$
$f(z_b) = \frac{Fl^3}{6EI}\frac{a}{l}\frac{z_b}{l}\left[1 - \left(\frac{a}{l}\right)^2 - \left(\frac{z_b}{l}\right)^2\right]$
f_{max} für $e = b\sqrt{\frac{1}{3} + \frac{2}{3}\frac{a}{b}} - \frac{l}{2}$
$M(z_a) = F\frac{b}{l}z_a; \quad M(z_b) = F\frac{a}{l}z_b$</td></tr>
<tr><td>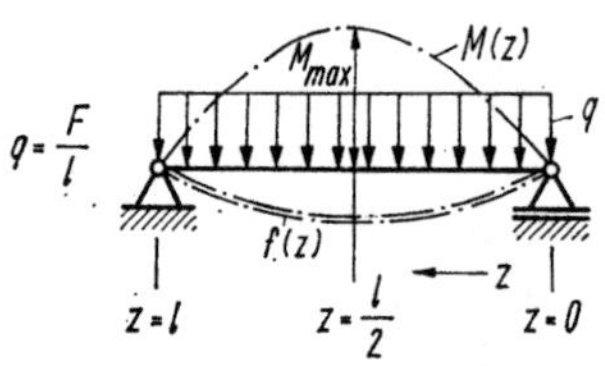

zweiseitig aufgelegt, Streckenlast</td><td>$f(z) = \frac{Fl^3}{24EI}\left[\frac{z}{l} - 2\left(\frac{z}{l}\right)^3 + \left(\frac{z}{l}\right)^4\right]$
$f\left(z = \frac{l}{2}\right) = f_{max} = \frac{Fl^3}{EI}\frac{5}{384}$
$M(z) = \frac{Fl}{2}\left[\frac{z}{l} - \left(\frac{z}{l}\right)^2\right]; \quad M\left(z = \frac{l}{2}\right) = M_{max} = \frac{Fl}{8}$</td></tr>
</table>

Die Lösung der Differentialgleichung ergibt die Biegelinie oder elastische Linie $f(z)$. Sie wird meist in normierter Form angegeben und lautet für das dargestellte Beispiel

$$f = (Fl^3/2EI_x)\,[(z/l)^2 - (z/l)^3/3]. \tag{3.50}$$

Die maximale Durchbiegung an der Stelle $z = l$ ergibt sich zu

$$f_{max} = Fl^3/3EI_x. \tag{3.51}$$

Die Gleichung der Biegelinie für verschiedene geometrische Abmessungen und Einspannungsverhältnisse kann Tabellen entnommen werden [2], [6] (s.a. Tafel 3.7).

3.3.3.2. Beanspruchung auf Torsion (Verdrehung)

Wird ein (stabförmiges) Bauteil durch ein Drehmoment M_d (Torsionsmoment M_t) beansprucht (Bild 3.37), so entsteht eine Tangentialspannung, die Schub- oder Torsionsspannung τ_t. Analog zur Biegebeanspruchung – Gln. (3.37) bis (3.41) – läßt sich zeigen, daß dann die beanspruchte Querschnittsfläche ein polares Flächenträgheitsmoment I_p hat:

$$I_p = \int_A r^2\,\mathrm{d}A. \tag{3.52}$$

Aus Bild 3.36 ist ersichtlich, daß das polare Flächenträgheitsmoment als Summe der auf die x- und y-Achse bezogenen äquatorialen Flächenträgheitsmomente dargestellt werden kann:

$$I_p = I_x + I_y. \tag{3.53}$$

Das nach Gl. (3.52) definierte polare Flächenträgheitsmoment und Gl. (3.53) gelten allerdings nur für konzentrische Querschnittsformen. Abweichende Formen, z.B. rechteckige Querschnitte, erfordern wegen des nichtlinearen Spannungsanstiegs vom Schwerpunkt

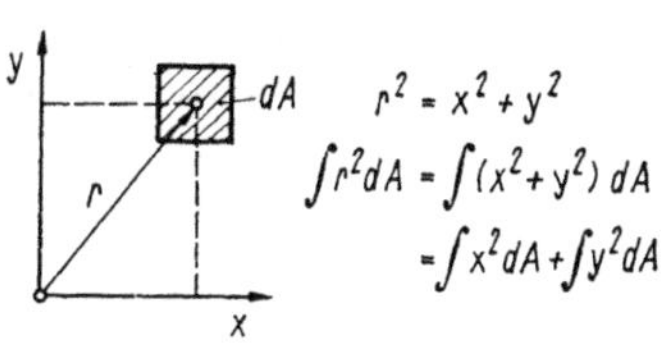

Bild 3.36
Zur Berechnung von I_p

zu den Randzonen und der ungleichmäßigen Spannungsverteilung auf dem Rand die Einführung eines Drillungswiderstands I_t, der um so mehr vom polaren Flächenträgheitsmoment abweicht, je stärker sich der betrachtete Querschnitt von einer konzentrischen Form unterscheidet. Entsprechend existiert ein Widerstandsmoment gegen Torsion (polares Widerstandsmoment) W_t:

$$W_t = I_p/r. \tag{3.54}$$

Mit diesem Widerstandsmoment ergibt sich analog Gl. (3.44) der für die Festigkeitsberechnung bei Torsionsbeanspruchung wesentliche Zusammenhang

$$\tau_t = M_d/W_t \leqq \tau_{t\,zul}. \tag{3.55}$$

Werte von I_p bzw. I_t und W_t sind für einige Querschnittsformen in Tafel 3.6 enthalten.

Die interessierenden Größen für die Angabe der Verformung durch Torsionsbeanspruchung veranschaulicht Bild 3.37. Die Verformung kann aus dem Hookeschen Gesetz für

Schub nach Gl. (3.33) berechnet werden. Mit Gl. (3.56) lassen sich daraus die Schiebung γ und der Verdrehwinkel φ im Bogenmaß ermitteln. Für glatte Wellen gilt:

$$\gamma = \tau_t/G = M_d/W_tG = M_dr/I_pG; \quad \varphi = M_dl/I_pG. \tag{3.56a}$$

Für abgesetzte Wellen (Bild 7.7a) gilt analog:

$$\gamma = \frac{M_d}{G} \sum_{i=1}^{n} \frac{r_i}{I_{pi}}; \quad \varphi = \frac{M_d}{G} \sum_{i=1}^{n} \frac{l_i}{I_{pi}}. \tag{3.56b}$$

Die Ausführungen im Abschn. 3.3.3.1. zur Erhöhung der Biegesteifigkeit gelten aufgrund von Gl. (3.53) sinngemäß auch für die Vergrößerung der Torsionssteifigkeit. Hohlwellen oder Profile weisen bei gleichem Materialaufwand eine wesentlich größere Torsionssteifigkeit auf als Vollmaterial. Sie ermöglichen einen ökonomischen Werkstoffeinsatz und die Realisierung des Leichtbauprinzips.

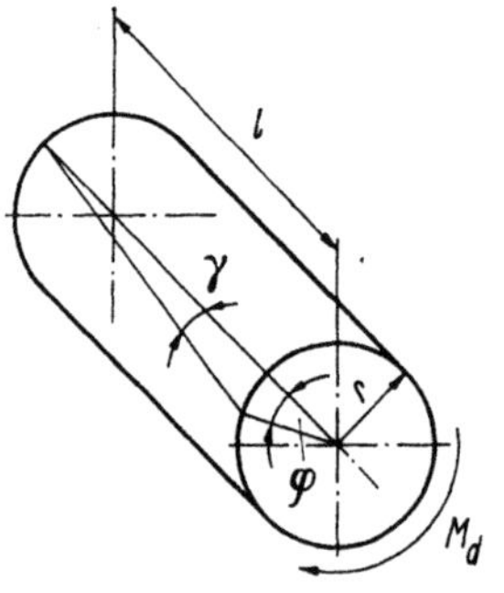

Bild 3.37
Verformung bei Torsion

3.3.4. Zusammengesetzte Beanspruchung

Wie einleitend dargestellt, treten an einem Bauteil i.allg. mehrere Beanspruchungsarten gleichzeitig auf. Beispielsweise wird die Welle eines Zahnradgetriebes auf Torsion (Drehmomentübertragung) und Biegung (Normalkraft zwischen den Zahnflanken) beansprucht.

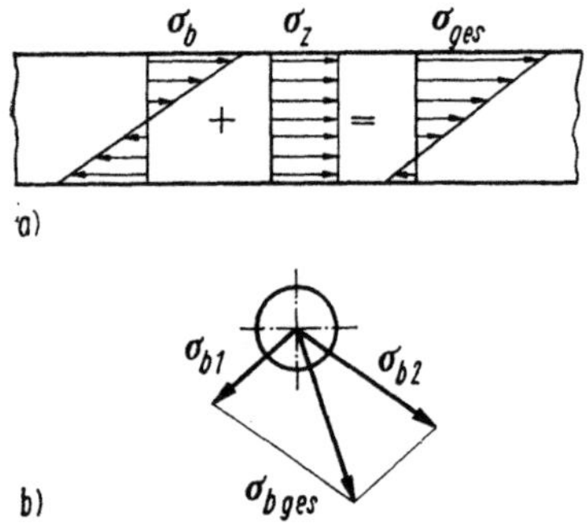

Bild 3.38
Zusammengesetzte Spannungen

a) Biegung und Zug (Spannungsverlauf);
b) Biegung in verschiedenen Ebenen

Rufen die unterschiedlichen Beanspruchungsarten die gleiche Spannungsart bei gleicher Richtung hervor (Normal- oder Tangentialspannung), so ergibt sich die Gesamtspannung aus der Summe der vorzeichenbehafteten Einzelspannungen, z.B.

$$\sigma_{ges} = \sigma_z + \sigma_b; \quad \tau_{ges} = \tau_t + \tau_s. \tag{3.57}$$

Bild 3.38a verdeutlicht die Überlagerung einer Biege- und einer Zugspannung. Biegespannungen in verschiedenen Ebenen (Bild 3.38b) werden wie Kräfte vektoriell addiert.

Stehen die Ebenen senkrecht aufeinander, so gilt

$$\sigma_{\mathrm{b\,ges}} = \sqrt{\sigma_{\mathrm{b1}}^2 + \sigma_{\mathrm{b2}}^2}. \tag{3.58}$$

Treten Normal- und Tangentialspannungen gleichzeitig auf, so wird eine Vergleichsspannung σ_v eingeführt:

$$\sigma_v = \sqrt{\sigma^2 + 3\,(\alpha_0 \tau)^2} \leqq \sigma_{\mathrm{v\,zul}}, \tag{3.59}$$

wobei σ und τ wiederum zusammengesetzte Spannungen sein können.

Diese aus der Gestaltänderungshypothese [3.1] gewonnene Gleichung enthält den Anstrengungsfaktor α_0, der in Abhängigkeit von der Kombination verschiedener Lastfälle für die beiden Spannungsarten wie folgt zu wählen ist:

α_0 bei	τ_{I}	τ_{II}	τ_{III}
σ_{I}	1	1,5	2
σ_{II}	0,7	1	1,35
σ_{III}	0,5	0,75	1

Demnach wäre bei der erwähnten Getriebewelle $\alpha_0 = 0{,}75$ zu wählen, da hinsichtlich der Biegung eine Wechselbeanspruchung (Lastfall III) und hinsichtlich der Torsion meist eine schwellende Beanspruchung (Lastfall II) vorliegen. Im Abschn. 7.3. wird die Bestimmung der Vergleichsspannung am Beispiel der festigkeitsmäßigen Dimensionierung von Wellen verdeutlicht [3.1].

3.4. Aufgaben und Lösungen zu Abschn. 3.

Aufgabe 3.1. Belastung eines Hebels

Auf den Hebel im Bild 3.39 wirken im Ruhezustand die Kraft $F_1 = 5$ N und die Federkraft $F_2 = 4$ N. Es sind unter Anwendung des Seileckverfahrens die Auflagerreaktionen zu ermitteln.

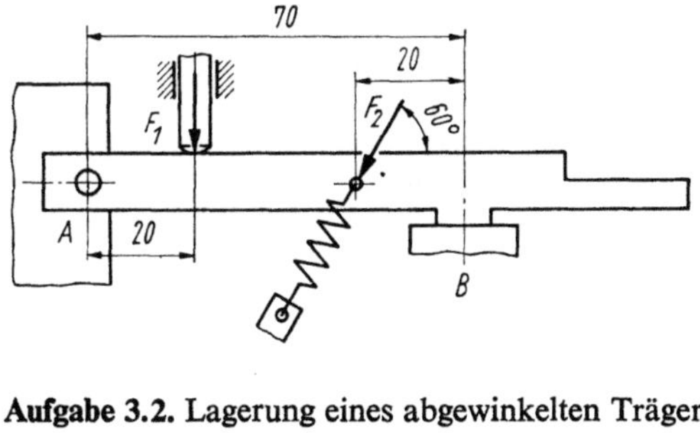

Bild 3.39
Belastung eines Hebels

Aufgabe 3.2. Lagerung eines abgewinkelten Trägers

Ein in den Punkten A und B gelagerter abgewinkelter Träger (Bild 3.40) wird durch eine Einzelkraft F belastet. Es sind die Auflagerreaktionen zu berechnen und der Verlauf der Schnittreaktionen (Längskraft, Querkraft, Biegemoment) darzustellen.

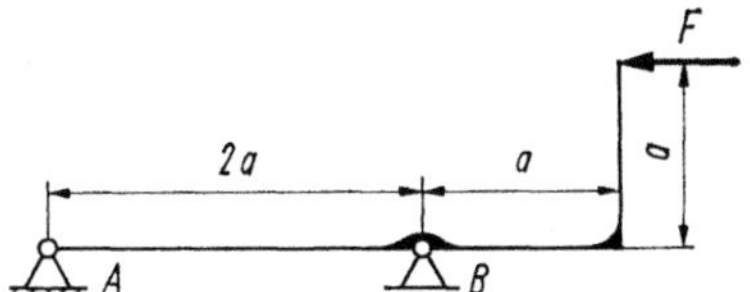

Bild 3.40
Lagerung eines abgewinkelten Trägers

Aufgabe 3.3. Lagerung der Welle eines Elektromotors

Die Welle eines Elektromotors ist in zwei Wälzlagern (Kugellagern) gelagert (Bild 3.41). Das Wellenende trägt eine Keilriemenscheibe. Der vorgespannte Keilriemen überträgt das Drehmoment auf eine andere Baugruppe.

a) Welche Beanspruchung und welcher Lastfall liegen zwischen Innenring der Wälzlager und den Wälzkörpern vor?
b) Welche Beanspruchung und welcher Lastfall lassen sich an der Motorwelle feststellen?

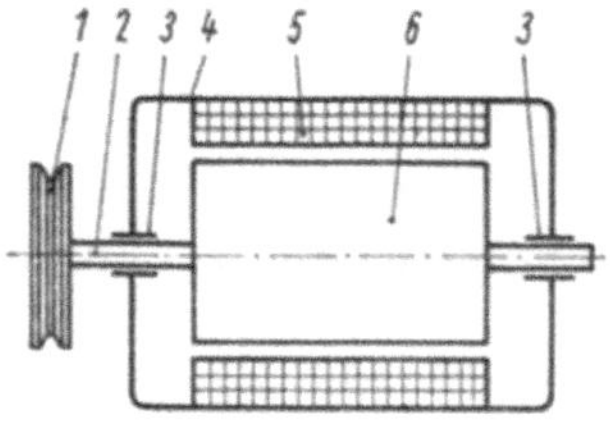

Bild 3.41
Lagerung der Welle eines Elektromotors
1 Keilriemenscheibe; *2* Welle; *3* Lagerstelle; *4* Gehäuse; *5* Statorwicklung; *6* Rotor

Aufgabe 3.4. Einseitige Zapfenhalterung

Ein Zapfen mit dem Durchmesser $d = 2$ mm ist einseitig in einer Buchse befestigt. Er hat eine radiale Kraft $F = 20$ N aufzunehmen, die sich gleichmäßig über die Zapfenlänge von $l = 10$ mm verteilt (Bild 3.42).

a) Wie wird der Zapfen beansprucht, und aus welchem Baustahl (TGL 7960/DIN 17100) muß er gefertigt werden, damit er die ruhende Belastung aushält?
b) Wie groß ist die Durchbiegung am Zapfenende (E_{Stahl} s. Tafel 3.2.)?

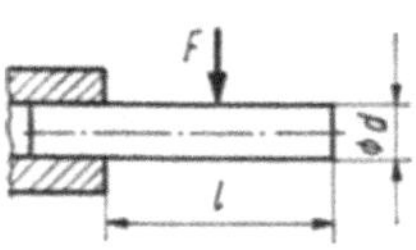

Bild 3.42
Einseitige Zapfenhalterung

Aufgabe 3.5. Knicksicherheit eines Stahldrahts

In einem Phonolaufwerk wird zur Übertragung der Betätigungskraft einer mechanischen Schaltvorrichtung ein beidseitig in Blechteile eingehängter Stahldraht mit einer Länge $l = 150$ mm verwendet. Zu berechnen ist der erforderliche Drahtdurchmesser, wenn eine Kraft von $F = 1$ N übertragen und ein Ausknicken des Drahtes mit einer Sicherheit von $S_k = 3$ verhindert werden soll.

Lösung zu Aufgabe 3.1

Aus der Konstruktionsskizze ist zunächst das technische Prinzip zu entwickeln (Bild 3.43a). Das System aus den Kräften F_1, F_2, F_A und F_B steht im Gleichgewicht, das Krafteck muß sich schließen. Es werden nur die Kräfte F_1 und F_2 im Krafteck (b) eingetragen, der Pol P an beliebiger Stelle festgelegt und die Seilstrahlen *0*, *1* und *2* gezogen.

Weil von der Auflagerkraft F_A nicht die Wirkungslinie, sondern lediglich der Angriffspunkt (Festlager A) bekannt ist, beginnt man dort mit der Seileckkonstruktion. Im Lageplan (c) wird von A aus der Seil-

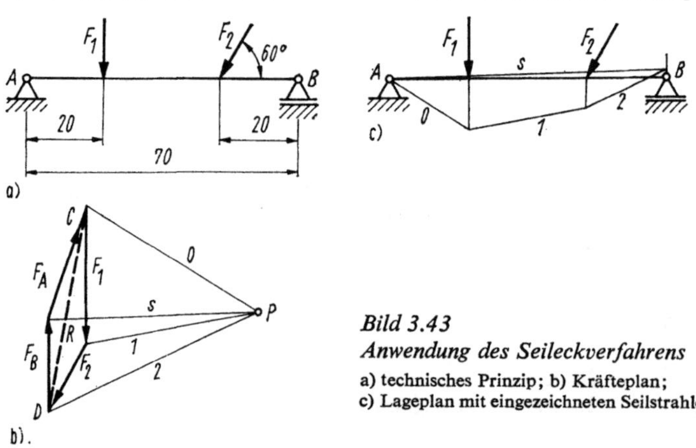

Bild 3.43
Anwendung des Seileckverfahrens
a) technisches Prinzip; b) Kräfteplan; c) Lageplan mit eingezeichneten Seilstrahlen

strahl *0* bis zum Schnitt mit der Wirkungslinie von F_1 gezogen. Durch diesen Schnittpunkt muß auch der Seilstrahl *1* gehen, denn im Kräfteplan bilden F_1 und die Seilstrahlen *0* und *1* ein Dreieck. Der Seilstrahl *1* führt im Lageplan zum Schnitt mit der Wirkungslinie von F_2, von hier aus geht der Seilstrahl *2* bis zum Schnitt mit der Wirkungslinie der Auflagerreaktion F_B, deren Richtung bekannt ist, da es sich um ein Loslager handelt. Zwischen diesem Schnittpunkt und dem Anfangspunkt im Festlager *A* liegt der Seilstrahl *s*, der in den Kräfteplan übertragen wird und die Größe von F_B festlegt. Damit ist auch F_A bekannt, da sich das Krafteck schließen muß.

Zwischen den Punkten *C* und *D* im Krafteck liegt die Resultierende *R* von F_1 und F_2 sowie von F_A und F_B.

Die maßstabgetreue Zeichnung ergibt $F_A = 5$ N und $F_B = 4$ N.

Lösung zu Aufgabe 3.2

Bevor die Berechnung der Auflagerreaktionen unter Verwendung der drei Gleichgewichtsbedingungen erfolgen kann, sind die Richtungen der Auflagerreaktionen in das technische Prinzip (Bild 3.44 a) einzuzeichnen. Sie sind aber zunächst noch unbekannt und müssen angenommen werden. Ergibt sich bei der Berechnung der Auflagerreaktion ein negatives Vorzeichen, ist die tatsächliche Wirkungsrichtung der angenommenen entgegengerichtet. In den meisten Fällen kann man die Wirkungsrichtung erkennen. In der Aufgabe muß A_x der Kraft *F* entgegengerichtet sein, ebenso wie A_y und *B*, weil ihre Summe Null ist. Betrachtet man die Momente um den Punkt *A* (Bild 3.40), so erzeugt die Kraft *F* ein linksdrehendes Moment. Demnach muß die Auflagerreaktion *B* ein rechtsdrehendes Moment ergeben, was nur erreicht wird, wenn *B* nach unten weist.

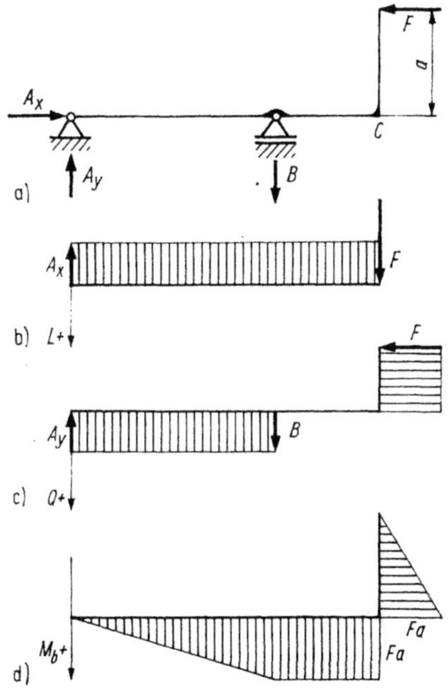

Bild 3.44
Auflager- und Schnittreaktionen bei einem Träger
a) Lageplan der Kräfte; b) Längskraftdiagramm; c) Querkraftdiagramm; d) Biegemomentendiagramm

Berechnung der Auflagerreaktionen:

$$\rightarrow: \quad A_x - F = 0$$

$$\uparrow: \quad B - A_y = 0$$

$$\curvearrowleft_A: \quad Fa - B2a = 0.$$

Das ergibt: $B = F/2$, $A_y = F/2$, $A_x = F$.

Verlauf der Schnittreaktionen:
Eine Längskraft tritt nur im horizontalen Hebelteil auf, verursacht durch A_x und *F*. Dadurch wird der Hebel auf Druck beansprucht, das Vorzeichen ist negativ (Bild 3.44 b). Querkräfte (c) treten im horizontalen Hebelteil zwischen den Auflagern *A* und *B* (Bild 3.40) sowie im vertikal abgewinkelten Hebelteil

auf, verursacht durch die Kraft F. Das ergibt entsprechend dem Zusammenhang zwischen Querkraft und Moment einen Biegemomentenverlauf (d). Zwischen Auflager B und Eckpunkt C ist das Biegemoment konstant.

Lösung zu Aufgabe 3.3

a) Wegen der Punktberührung zwischen Innenring und Kugeln liegt Hertzsche Pressung vor (Kugel gegen Hohlkugel). Da die Kraft, die auf die Welle wirkt (Vorspannkraft und Umfangskraft), immer in die gleiche Richtung zeigt, der Innenring sich aber mit der Welle dreht, schwankt die Belastung für einen Punkt auf dem Innenring zwischen Null und dem Maximalwert (Lastfall II, schwellend).
b) Es liegt eine zusammengesetzte Beanspruchung aus Biegung (Vorspannkraft) und Torsion (Drehmoment) an der Motorwelle vor. Die Torsionsbeanspruchung ist zeitlich konstant (Lastfall I), während die Biegebeanspruchung wegen der Drehung der Welle wechselt (Lastfall III).

Lösung zu Aufgabe 3.4

a) Da der Zapfen auf Biegung beansprucht wird, ist $\sigma_{b\,zul}$ zu ermitteln. Aus Gl. (3.44) ergibt sich

$$\sigma_{b\,zul} \geqq M_{b\,max}/W_b.$$

Für das maximale Biegemoment an der Einspannstelle erhält man aus Tafel 3.7

$$M_{b\,max} = Fl/2.$$

Das Widerstandsmoment für den kreisförmigen Querschnitt beträgt nach Tafel 3.6

$$W_b = \pi d^3/32.$$

Damit ergibt sich die erforderliche zulässige Spannung zu

$$\sigma_{b\,zul} \geqq \frac{16Fl}{\pi \cdot d^3} = \frac{16 \cdot 20\ \text{N} \cdot 10\ \text{mm}}{\pi \cdot 8\ \text{mm}^3} = 127\ \text{N/mm}^2.$$

Bei einem gewählten Sicherheitsfaktor gegen Fließen von $S = 2$ muß nach Tafel 3.2 der Zapfen aus St 38 gefertigt werden (σ_{bF} für St 38 $= 260\ \text{N/mm}^2 > 2\sigma_{b\,zul}$).
b) Aus Tafel 3.7 kann die Gleichung für die Durchbiegung am Zapfenende entnommen werden:

$$f = Fl^3/8EI.$$

Aus Tafel 3.6 erhält man für I den Wert

$$I = \pi d^4/64.$$

Der Elastizitätsmodul beträgt für St 38: $E = 210 \cdot 10^3\ \text{N/mm}^2$ (Tafel 3.2).
Für die Durchbiegung f ergibt sich damit

$$f = \frac{64Fl^3}{8\pi E d^4} = \frac{64 \cdot 20\ \text{N} \cdot 1000\ \text{mm}^3}{8\pi \cdot 210000\ \text{N/mm}^2 \cdot 16\ \text{mm}^4} = 0{,}0151\ \text{mm} = 15{,}1\ \mu\text{m}.$$

Lösung zu Aufgabe 3.5

Die freie Knicklänge nach Bild 3.28b beträgt $L_k = l$. Damit wird $\lambda^2 = L_k^2 A/I = l^2 A/I$. Für den Kreisquerschnitt gilt (Tafel 3.6):

$$I = \frac{\pi d^4}{32}; \quad \sigma_k = \frac{\pi^2 E}{l^2 A}; \quad F \leqq \frac{\sigma_k A}{S_k} = \frac{\pi^2 EIA}{l^2 A S_k};$$

$$d \geqq \sqrt[4]{\frac{Fl^2 \cdot 32 S_k}{\pi^3 E}} = 0{,}75\ \text{mm}; \quad \text{gewählt wird } d = 0{,}8\ \text{mm}.$$

4. Mechanische Verbindungselemente und -verfahren

Der Begriff Verbindungselemente umfaßt Elemente (z.B. Niete, Schrauben) und Verfahren (z.B. Schweißen) zum Verbinden, d.h. zur Übertragung von Kräften oder zur Lagesicherung von Bauteilen. Sie werden i.allg. in stoffschlüssige (Wirkung von Molekularkräften), formschlüssige (Wahl geeigneter Verformung bzw. Formgebung) und kraftschlüssige Verbindungen (Ausnutzung von Reibungskräften) unterteilt. Außerdem lassen sie sich in unlösbare (nur durch Zerstören oder größere Kräfte lösbar) und in wiederholt lösbare Verbindungen unterscheiden. Die Lösbarkeit wird durch Art und Grad der an den zu verbindenden Bauteilen und Verbindungselementen vorgenommenen Veränderungen bzw. Verformungen bestimmt. Daher ist es wegen der Vielzahl der in Elektrotechnik, Elektronik und Gerätetechnik gebräuchlichen Verbindungselemente günstig (im Gegensatz z.B. zum Maschinenbau), nach diesem Gesichtspunkt zu ordnen. Demgemäß wird unterteilt in Verbindungen durch stoffliche Veränderungen (Löten, Schweißen usw.), durch plastische Verformung (z.B. Nieten) und durch elastische Verformung (z.B. Einpressen). Rein formschlüssige Verbindungen, d.h. Verbindungen, bei denen die Kraftübertragung ausschließlich auf einer entsprechenden Formgebung und dem dadurch möglichen Ineinandergreifen der Bauteile beruht, lassen sich nicht in die gewählte Systematik einordnen, da keine der o.g. Verformungen vorgenommen wird. Im vorliegenden Abschnitt betrifft das insbesondere die Feder- und Profilwellenverbindungen. Um die Systematik nicht zu durchbrechen, wurden sie wegen ihrer Verwandtschaft mit den Stift- und Keilverbindungen unter „Verbindungen durch elastische Verformung" eingeordnet, wobei auch Stift- und Keilverbindungen u.U. dominierenden Formschluß aufweisen können.

Ein häufiges Anwendungsgebiet der Verbindungselemente ist u.a. die Herstellung von Wellen-Naben-Verbindungen, also die Befestigung von Zahnrädern, Riemenscheiben usw. auf Wellen zur form- oder kraftschlüssigen Drehmomentübertragung. Die erforderlichen Abmessungen der Wellen ergeben sich anhand entsprechender Festigkeits- und Verformungsberechnungen nach Abschn. 7., die der Verbindungselemente mit den in diesem Abschnitt dargestellten Berechnungsmöglichkeiten.

Im folgenden wird ein Überblick über Eigenschaften, Berechnung und konstruktive Gestaltung der wichtigsten Verbindungselemente gegeben. Sie müssen bei der konstruktiven Entwicklung eines Erzeugnisses unter Beachtung der funktionellen Anforderungen, der einsetzbaren Werkstoffe und der technologischen Bedingungen gewählt werden.

4.1. Verbindungen durch stoffliche Veränderungen [2] [3] [6] [7]

4.1.1. Schweißverbindungen [4.2] [4.3] [4.9]

Schweißverbindungen sind unlösbare stoffschlüssige Verbindungen von Bauteilen aus gleichen oder ähnlichen Werkstoffen. Die Verbindungspartner werden an der Verbindungsstelle in den teigigen Zustand gebracht und gefügt (Preßschweißen) oder bis in den flüssigen Zustand erhitzt und mit oder ohne Zusatzwerkstoffe verbunden (Schmelzschweißen). Zur Erwärmung dienen hauptsächlich der direkte Stromdurchgang (elektrisches Widerstandsschweißen), der elektrische Lichtbogen (Lichtbogenschweißen) oder Brenngas-Sauerstoff-Gemische (Autogenschweißen). In Sonderfällen erfolgt ein Verbinden unterhalb der Schmelztemperatur (Diffusionsschweißen). Schweißbar sind praktisch alle Metalle, Thermoplaste und Glas. Die Vorteile von Schweißverbindungen sind relativ niedrige Bauteilmassen, kurze Herstellungszeit und, z. B. gegenüber dem Löten, höhere Festigkeit und größere zulässige Betriebstemperatur. Als nachteilig erweisen sich Spannungen, die zu Rissen, Deformationen oder Verwerfungen führen können. Eine Übersicht gibt Tafel 4.1 (s. a. TGL 14904 sowie DIN 1910, 1912, 8551 u. a.: Schweißen–Terminologie, Verfahren, Schweißpositionen usw.).

4.1.1.1. Preßschweißen

Die für die Elektrotechnik, Elektronik und Gerätetechnik wichtigsten Verfahren des elektrischen Widerstandspreßschweißens sind das Punkt-, Buckel- und Nahtschweißen (Tafel 4.1).

Die Verbindungspartner werden durch stift- oder rollenförmige Elektroden zusammengepreßt und an einer oder mehreren Verbindungsstellen elektrisch erhitzt. Das *Punktschweißen* dient hauptsächlich zur Herstellung einzelner Verbindungsstellen zwischen Blechen mit einer Dicke von $s = 0{,}02 \ldots 6$ mm und ist sowohl in der Einzel- als auch in der Massenfertigung einsetzbar. Nachteilig sind die an der Blechoberfläche entstehenden Krater und Narben an den Andruckstellen der Elektroden (für sauberes Aussehen ist Nacharbeit erforderlich). Beim *Buckelschweißen* werden vorgeformte (mit Buckeln, Warzen oder Sicken versehene) Bauteile durch großflächige Elektroden zusammengepreßt und unter Einebnung der Verformungen gleichzeitig an mehreren definierten Stellen verbunden (besonders in der Massenfertigung einsetzbar). Das *Nahtschweißen* ermöglicht Punktreihen oder durchgehende Nähte bei Blechdicken bis 3 mm durch Verwendung rollenförmiger Elektroden. Es kommt besonders in der Serien- und Massenfertigung dann zum Einsatz, wenn engmaschige (kleine Punktabstände) oder dichte Schweißverbindungen gefordert werden.

Bei Anwendung dieser Schweißverfahren ist auf gleichen oder ähnlichen Schmelzpunkt, gleiche Wärmeleitfähigkeit und gleichen spezifischen Widerstand der zu verbindenden Werkstoffe zu achten.

Beim *Kondensatorimpulsschweißen* lassen sich die Schweißparameter durch genaue Dosierung der Schweißenergie und extrem kurze Schweißzeiten so optimieren, daß auch kleine und empfindliche Teile aus schwer schweißbaren Metallen verbunden werden können.

Das *Ultraschallschweißen* ist ein Reibschweißverfahren, bei dem die Oxidschichten an den Oberflächen der Verbindungspartner durch hochfrequente mechanische Schwingungen zerstört werden. Es gestattet die Verbindung unterschiedlicher Metalle und gesinterter Werkstoffe untereinander und mit Glas, Keramik und Plastwerkstoffen. Das Verfahren

Tafel 4.1. Übersicht über Schweißverfahren

		Verfahren	Bildliche Darstellung
Preßschweißen	Elektrisches Widerstandspreßschweißen	Punktschweißen	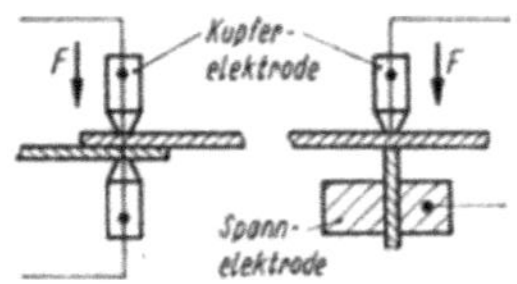
		Buckelschweißen	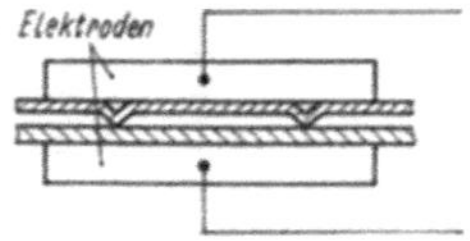
		Nahtschweißen	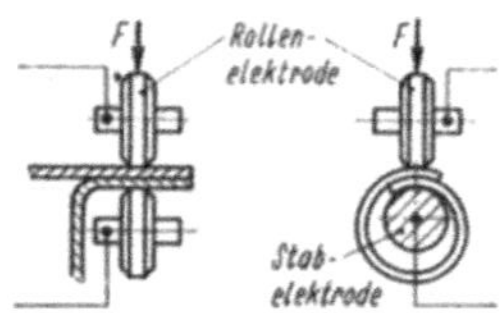
		Stumpfschweißen	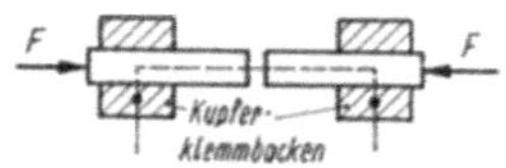
	Kondensator-impulsschweißen		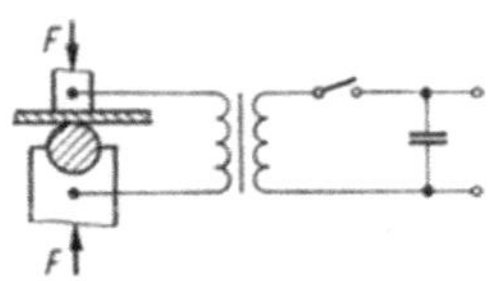
	Induktions-preßschweißen		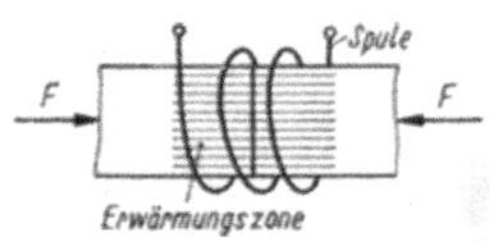
	Ultraschallschweißen		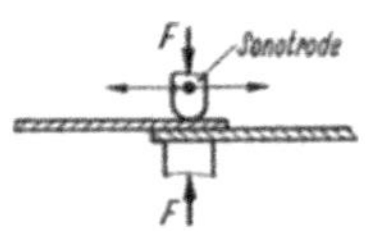

		Verfahren	Bildliche Darstellung
Schmelzschweißen	Gasschweißen		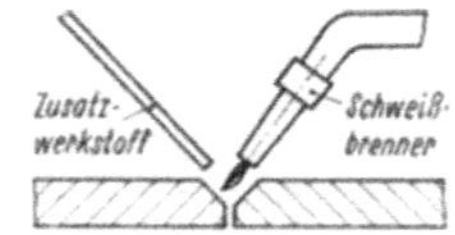
	Lichtbogenschweißen offen	Hand-E-Schweißen	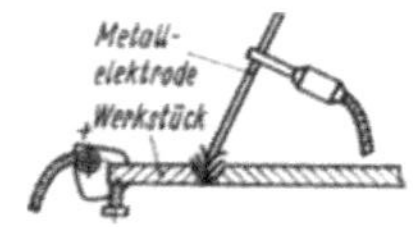
	Lichtbogenschweißen verdeckt	Schutzgas-CO_2-Schweißen	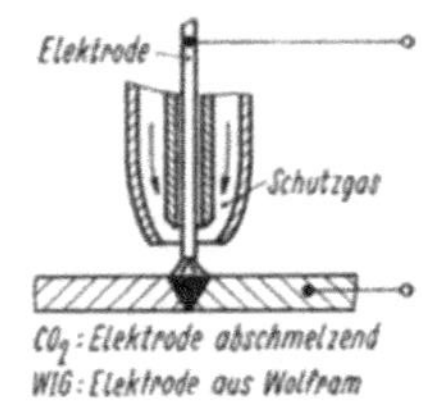
		Wolfram-Inertgas-schweißen (WIG)	
		Arcatomverfahren	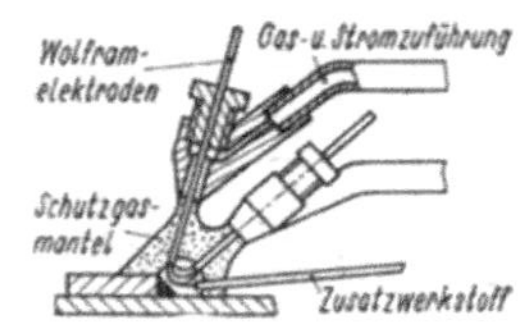
		Unterschienen-verfahren (US)	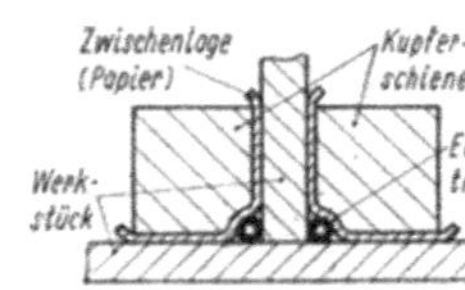

dient zum Schweißen kleiner Teile in der Elektrotechnik und Feinmechanik sowie zum Herstellen dichter Nähte, z. B. in der Verpackungsindustrie. Darüber hinaus ist es für die innere Kontaktierung elektronischer Bauelemente von Bedeutung (vgl. Abschn. 5.3.).

Ein dem Preßschweißen verwandtes Verfahren ist das *Diffusionsschweißen.* Es arbeitet ebenfalls mit Druck und Erwärmung (meist induktiv oder dielektrisch mittels Hochfrequenz), aber nur unterhalb der Schmelztemperatur ($\vartheta_{\text{Schw}} \approx 0{,}8\vartheta_{\text{Schm}}$). Die Verbindungspartner diffundieren ineinander. Vorteile sind die Schweißstellengüte und die Schweißbarkeit von prinzipiell allen Metallen und Legierungen sowie Glas, Plasten und Keramik mit- und untereinander bei nahezu beliebiger Gestaltung der Teile.

Festigkeitsberechnung ist in vielen Fällen nicht erforderlich. Wenn notwendig, erfolgt z. B. die Berechnung von Punkt- oder Buckelschweißverbindungen vereinfacht wie beim Nieten auf Abscherung (s. Abschn. 4.3.1.).

Dynamische oder schlagartige Beanspruchungen setzen die Festigkeit erheblich herab und sind deshalb zu vermeiden oder konstruktiv zu mindern (z. B. Einbau federnder Elemente).

Die *konstruktive Gestaltung* der Verbindungsstelle richtet sich nach ihrer Funktion und Beanspruchung und erfordert die Auswahl der richtigen Stoßart und Nahtform (siehe Tafel 4.2).

Tafel 4.2. Stoßarten beim Punkt-, Buckel- und Nahtschweißen

Stoßart	Sinnbild	Kennzeichnung	Verfahren
Überlappstoß		Teile überlappen sich	Punkt-, Buckel- und Nahtschweißen
Parallelstoß		Teile liegen aufeinander	hauptsächlich Punkt- und Buckelschweißen
Stumpfstoß		Teile liegen in einer Ebene	Nahtschweißen
T-Stoß		rechtwinkliger Stoß der Teile	Punkt- und Buckelschweißen mit Spannelektroden, Nahtschweißen

Der Schweißpunktdurchmesser d ($\approx$ Elektrodendurchmesser) wird durch die kleinste Dicke $s_{\min}$ der zu verschweißenden Materialien bestimmt ($d \approx 5\sqrt{s_{\min}}$). Um einwandfreie Verbindungen zu erzielen, sind saubere und gut anliegende Flächen erforderlich, die durch mechanische oder chemische Vorbehandlung erreichbar sind. Die Verbindung von Blechen unterschiedlicher Dicke erfordert eine gleichmäßige Erhitzung an den Schweißstellen. Gebräuchliche Maßnahmen beim Punktschweißen sind die Verwendung von ungleich dicken (Bild 4.1 a) oder Doppelelektroden (b und c), Zusatzblech (d), einer Senkung im dickeren Blech (e) oder Übergang zum Buckelschweißen (f).

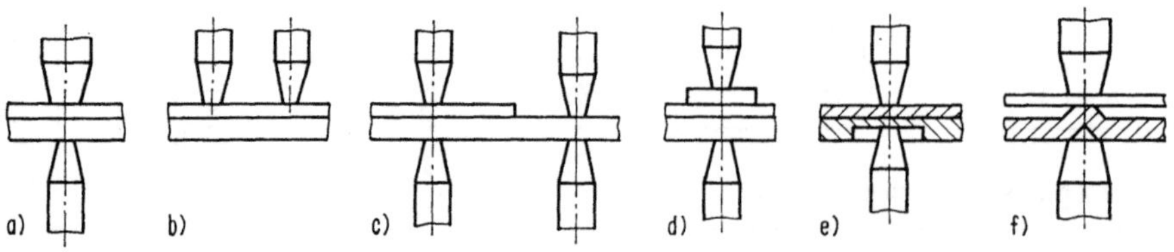

Bild 4.1. Punktschweißen von Blechen unterschiedlicher Dicke

Die Form der Bauteile ist außerdem so zu wählen, daß Sonderelektroden oder zusätzliche Arbeitsgänge entfallen (Bild 4.2). Beim Buckelschweißen zu verwendende Buckelformen sind in TGL 14904 standardisiert (Bild 4.3).

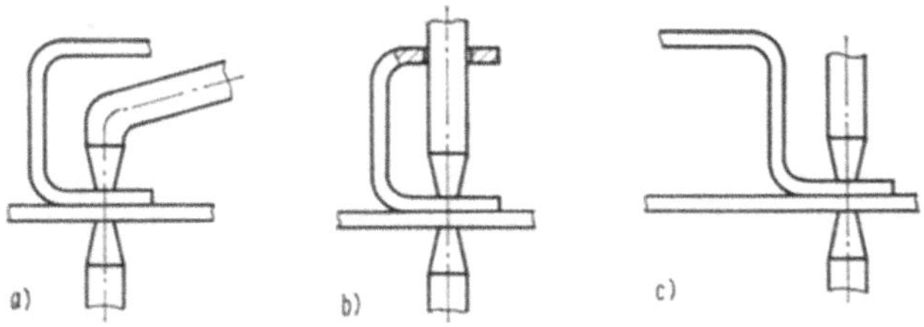

Bild 4.2
Zugänglichkeit der Schweißstelle beim Punktschweißen
a) schwer zugänglich, Sonderelektrode;
b) zusätzlicher Arbeitsgang;
c) gut zugänglich, Lösung funktionsbedingt

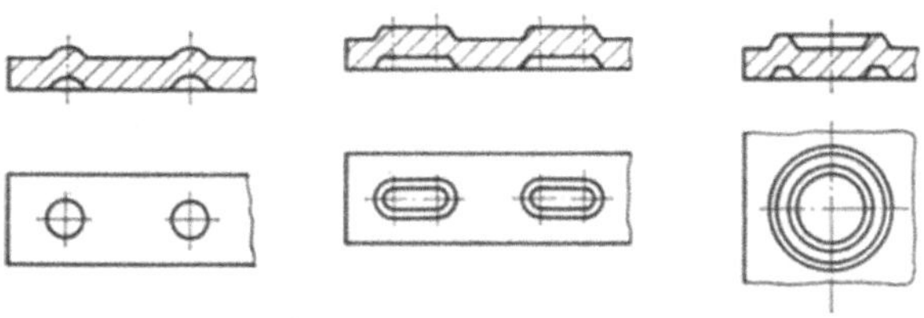

Bild 4.3
Buckelformen

4.1.1.2. Schmelzschweißen

Das Schmelzschweißen wird je nach Energiezufuhr untergliedert in Gasschweißen und Lichtbogenschweißen.

Beim *Gasschweißen* erfolgt die Verbindung der Bauteile durch einen örtlich begrenzten Schmelzfluß, der durch Brenngas-Sauerstoff- oder Brenngas-Luft-Flamme erzeugt wird. Es kann ohne und mit Zusatzwerkstoff gearbeitet werden. Nachteilig sind die große Erwärmungszone und dadurch entstehendes starkes Verziehen sowie erhebliche Schrumpfspannungen.

Tafel 4.3. Schweißbarkeit verschiedener Metalle mittels Schmelzschweißen

Werkstoff	Schweißbarkeit Autogen	Elektrisch
Stahl bis 0,25% C	gut	gut
Stahl bis 0,6% C	meist schweißbar	meist schweißbar
Mn-Si-Stahl	gut	gut
Cr-Mn-V-Stahl	gut	gut
Cr-V-Stahl	schweißbar	schweißbar
Rein-Al u. Knetlegierungen	gut	meist gut
Al-Gußlegierungen	gut	meist gut
Schweißbare Mg-Knetlegierungen	gut	nicht schweißbar (Arcatom gut)
Schweißbare Mg-Gußlegierungen	gut	nicht schweißbar (Arcatom gut)
Cu	gut	meist gut
Zn und Haupt-	gut	nicht schweißbar
Ni legierungen	schweißbar	schweißbar
Pb	gut	mit Kohleelektr. gut
Messing	gut	schweißbar
Zinnbronze	schweißbar	schweißbar

Das *Lichtbogenschweißen* benutzt die Wärme eines elektrischen Lichtbogens, um den erforderlichen Schmelzfluß zu erzeugen. Auch hier kann ohne und mit artgleichem Zusatzwerkstoff geschweißt werden. Zur Erhöhung der Geschwindigkeit des Schweißvorgangs und der Qualität der Schweißstellen wurden verschiedene Spezialverfahren entwickelt (Tafel 4.1). Gegenüber dem Gasschweißen sind der Erwärmungsbereich und damit die auftretenden Spannungen kleiner. Die Schweißbarkeit verschiedener Werkstoffe mittels Gas- und Lichtbogenschweißen enthält Tafel 4.3.

Das *Schmelzschweißen* wird im Maschinenbau universell als Verbindungs- und Auftragsschweißen und in der Gerätetechnik hauptsächlich zur Herstellung höher belasteter Bauteile und als Feinschweißverfahren zum Verbinden von Drähten eingesetzt, z.B. in der Meßgerätefertigung usw. Es ist für Einzel-, Serien- und Massenfertigung geeignet (automatisierbar). Über Nahtarten und -formen sind Festlegungen in TGL 14904/03 sowie DIN 1912 vorhanden (Tafel 4.4).

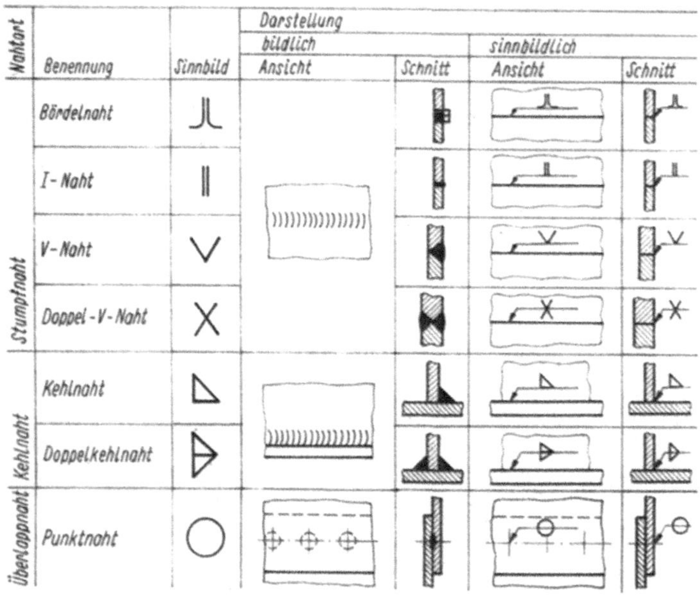

Tafel 4.4. Einige Nahtarten beim Schmelzschweißen

Darstellung auf der Zeichnung nur einmal im Schnitt oder in der Ansicht

Die *Festigkeit* einer Schmelzschweißverbindung [7] ist abhängig vom Schweißverfahren, von der Schweißgüte und der konstruktiven Gestaltung. Bei Stumpfnähten können nahezu 100%, bei Kehlnähten bis zu 80% der Festigkeit des Grundwerkstoffs bei statischer Belastung (Lastfall I, s. Abschn. 3.) erreicht werden. Die Verringerung der Schweißnahtfestigkeit gegenüber der des Grundwerkstoffs berücksichtigt ein Minderungsfaktor α, der von Art und Ausführung der Naht sowie von der Beanspruchungsart abhängt und für den folgende Richtwerte gelten:

Minderungsfaktor α für	Beanspruchung der Naht auf Zug	Druck	Biegung	Schub
Stumpfnähte	0,75	0,95	0,80	0,60
Kehlnähte	0,65	0,65	0,65	0,65

Mit diesem Minderungsfaktor ergibt sich die zulässige Spannung einer Schweißverbindung $\sigma_{\text{zul Schw}}$ aus der zulässigen Werkstoffspannung σ_{zul} nach

$$\sigma_{\text{zul Schw}} = \alpha \sigma_{\text{zul}}. \qquad (4.1)$$

Mit Hilfe dieser zulässigen Schweißnahtspannung kann nun eine Festigkeitsberechnung analog zu der im Abschn. 3.3. angegebenen Verfahrensweise erfolgen, d.h., es gilt bei Beanspruchung durch Kräfte grundsätzlich

$$\sigma_{\mathrm{Schw}} = F/A_{\mathrm{Schw}} \leqq \sigma_{\mathrm{zul\,Schw}} \quad \text{bzw.} \quad \tau_{\mathrm{Schw}} = F/A_{\mathrm{Schw}} \leqq \tau_{\mathrm{zul\,Schw}}. \tag{4.2}$$

Die beanspruchte Schweißnahtfläche setzt sich i. allg. aus den Teilflächen mehrerer Nähte mit der Länge l und der Nahtdicke a zusammen (Bild 4.4a):

$$A_{\mathrm{Schw}} = \sum_{i=1}^{n} l_i a_i. \tag{4.3}$$

Sind bei einer Schweißnaht Anfangs- und Endkrater (Abbrand) vorhanden, so ergibt sich die rechnerische Nahtlänge l aus der ausgeführten Schweißnahtlänge L abzüglich der Länge der Krater, die der Nahtdicke a entspricht ($l = L - 2a$). Als Nahtdicke a ist für Stumpfnähte die kleinste Dicke der zu verbindenden Teile anzunehmen; für Kehlnähte wird die Nahtdicke nach Bild 4.4b ermittelt.

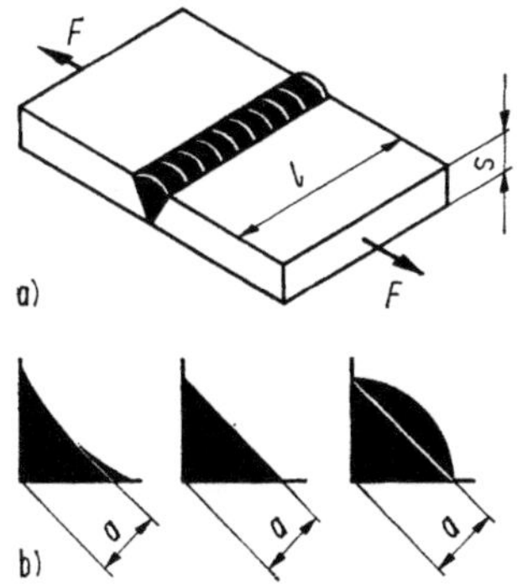

Bild 4.4
Zur Berechnung von Schweißnähten
a) Stumpfnaht bei Zugbeanspruchung; b) Bestimmung der Nahtdicke a bei Kehlnähten (Hohl-, Flach- und Wölbnaht)

Für die Beanspruchung einer Schweißverbindung durch Momente gilt dementsprechend

$$\sigma_{\mathrm{b\,Schw}} = M_{\mathrm{b}}/W_{\mathrm{b\,Schw}} \leqq \sigma_{\mathrm{b\,zul\,Schw}}, \tag{4.4}$$

$$\tau_{\mathrm{t\,Schw}} = M_{\mathrm{d}}/W_{\mathrm{t\,Schw}} \leqq \tau_{\mathrm{t\,zul\,Schw}}, \tag{4.5}$$

wobei als Widerstandsmoment das der o. g. Schweißnahtfläche einzusetzen ist.

Tritt zusammengesetzte Beanspruchung auf, so erfolgt die Dimensionierung analog Gl. (3.59) anhand der Vergleichsspannung

$$\sigma_{\mathrm{v\,Schw}} = \sqrt{\sigma_{\mathrm{Schw}}^2 + 3\,(\alpha_0 \tau_{\mathrm{Schw}})^2} \leqq \sigma_{\mathrm{zul\,Schw}}. \tag{4.6}$$

Bei dynamischer Beanspruchung der Schweißverbindung wird die zulässige Spannung σ_{zul} über die Ausschlagfestigkeit σ_{A} bzw. die Dauerfestigkeit σ_{AD} (s. Abschn. 3.3.) des Werkstoffs ermittelt und dann durch Multiplizieren mit dem Minderungsfaktor α die zulässige Schweißnahtspannung $\sigma_{\mathrm{zul\,Schw}}$ bestimmt:

$$\sigma_{\mathrm{zul\,Schw}} = \alpha \sigma_{\mathrm{AD}}/S. \tag{4.7}$$

Bei Kehlnähten ist ggf. noch die durch sie hervorgerufene Kerbwirkung zu berücksichtigen (s. Abschn. 3.3.).

Zur Kontrolle der Dimensionierung ist bei höher belasteten Bauteilen, z.B. des Maschinen- und Elektromaschinenbaus, ein Sicherheitsnachweis nach TGL 14915/01 zu führen, wobei der vorhandene Sicherheitsfaktor mit dem erforderlichen verglichen wird.

Bei der *konstruktiven Gestaltung* müssen folgende Aspekte berücksichtigt werden (Bild 4.5): gute Zugänglichkeit der Schweißstelle mit Brenner bzw. Elektrode und Zusatzwerkstoff (a); formschlüssige Unterstützung, da dann größere mechanische Festigkeit und Lagegenauigkeit gegeben und außerdem keine Schweißvorrichtungen erforderlich sind (b); Verhinderung des Verziehens der Bauteile infolge von Wärmespannungen durch Versteifung dünner Bleche, z. B. mittels Sicken oder Verlegen der Naht in den Abwinkelungsbereich (c); Vermeidung von Nahtanhäufungen und spitzen Ecken wegen der Gefahr des Abbrandes (d).

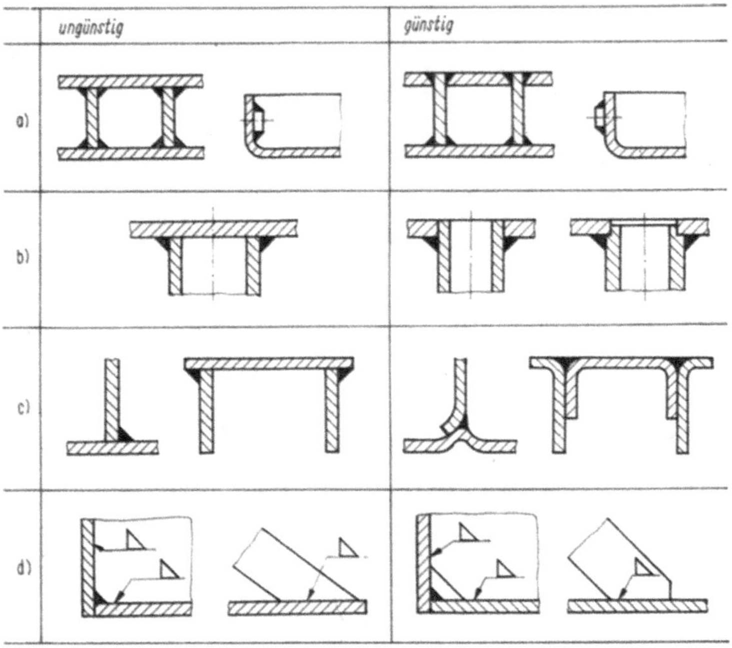

Bild 4.5
Konstruktive Gestaltung von Schmelzschweißverbindungen

Für das *Schweißen von Thermoplasten* kommen besondere Verfahren zur Anwendung (TGL 14903). Beim Heißgasschweißen werden die Verbindungspartner und ggf. der Zusatzwerkstoff durch einen Heißluftstrom erhitzt. Das Heizelementschweißen nutzt die Wärmeleitung von einem Heizelement zu den beiderseitig angeordneten Verbindungspartnern. Rotationssymmetrische Teile lassen sich durch Reibschweißen verbinden, bei dem die Wärme durch Reibung zwischen den Verbindungspartnern infolge einer Relativbewegung (Drehung) erzeugt wird. Bei allen Verfahren erfolgt das Fügen durch Zusammenpressen nach dem Erhitzen.

Auf weitere Schweißverfahren, besonders für elektrische Verbindungen in der Elektronik und Mikroelektronik, wird im Abschn. 5.3. eingegangen.

4.1.2. Lötverbindungen [4.1] [4.2] [4.8]

Lötverbindungen sind unlösbare (z. T. auch bedingt lösbare) stoffschlüssige Verbindungen metallischer oder nichtmetallischer, aber oberflächenmetallisierter Bauteile. Sie entstehen durch Oberflächenlegierungs-, Adhäsions- und Diffusionsvorgänge zwischen den Bauteilen und metallischen Zusatzwerkstoffen, den *Loten*. Die Verbindungspartner werden zusammen mit den Loten vollständig oder nur im Bereich der Lötstelle bis auf die

Schmelztemperatur des Lotes erhitzt. Das flüssige Lot verteilt sich zwischen den Verbindungspartnern – es fließt. Voraussetzung für eine einwandfreie Benetzung durch das Lot sind metallisch reine Oberflächen, die durch mechanische oder chemische Vorbehandlung sowie durch *Flußmittel* erreicht werden. Flußmittel wirken u. a. oxidlösend und/oder reduzierend und stellen die Lötfähigkeit der Bauteiloberfläche her bzw. erhalten diese während des Lötvorgangs. Gebräuchlich sind für das *Weichlöten* (Schmelztemperatur des Lotes $\vartheta < 300\,°C$) Lötwasser (wäßrige Lösungen von Zinkchlorid; stark korrodierende Wirkung und deshalb nur für gröbere Lötungen angewendet, Rückstände müssen entfernt werden), Lötfette (Gemische aus Zinkchlorid, Salmiak und Harz, Talg, Öl; verwendet für allgemeine Arbeiten, besonders für Blechverbindungen; korrodierende Wirkung) und Harzflußmittel (meist Kolophonium mit oder ohne aktivierende Zusätze; nicht korrodierend, aber auch nur schwach reduzierend, daher für Löten gut vorgereinigter Bauteile in Elektrotechnik, Elektronik und Gerätetechnik angewendet). Als Flußmittel zum *Hartlöten* ($\vartheta > 600\,°C$) dienen Borax und Borsäure (evtl. mit Zusätzen), Glaspulver und Wasserglas sowie Spezialflußmittel, z. B. Gemische aus Chloriden und Fluoriden für das Leichtmetallhartlöten.

Weichlote enthalten hauptsächlich Zinn und Blei, evtl. Zusätze von Silber, Antimon oder Kadmium; Hartlote bestehen meist aus Kupfer, Zink und Silber (für Leichtmetalle auch Aluminium). Das Löten läßt sich von der Einzelfertigung bis zur Massenfertigung vorteilhaft zur Verbindung von Bauteilen einsetzen. Durch die niedrige Arbeitstemperatur werden Wärmespannungen und Versprödungserscheinungen vermieden, und die Bauteile verziehen sich nicht. Nachteilig, z. B. gegenüber dem Schweißen, sind die geringere Festigkeit und Temperaturbelastbarkeit der Verbindungsstelle sowie die höheren Materialkosten; gebräuchliche Lote s. TGL 14908 sowie DIN 1707 und DIN 8513.

4.1.2.1. Lötverfahren

Einen Überblick über wichtige Lötverfahren gibt Tafel 4.5. Das *Kolbenlöten* mit elektrischen oder brenngasbeheizten Lötkolben bei vorheriger und gleichzeitiger Flußmittelzuführung dient ausschließlich zum Weichlöten und wird vorteilhaft bei der Einzelfertigung elektrischer Verbindungen sowie zu Reparaturzwecken angewendet. Temperatur und Beschaffenheit der Lötspitze beeinflussen wesentlich die Qualität der Lötverbindung. Außerdem ist die Lage der Verbindungspartner während der Erstarrungsphase des Lotes zu fixieren. Das *Fließ- oder Schwallöten* (maschinelles Löten) kommt in der Massenfertigung u. a. zur Herstellung elektrischer Verbindungen von elektronischen Bauelementen mit Leiterplatten zum Einsatz (s. Abschn. 5.3.). Die lagefixierten und mit Flußmittel versehenen Lötstellen werden in horizontaler Richtung über den Kamm einer im Lotbad erzeugten Lotwelle geführt und von dieser benetzt. Die ständige Bewegung des Lotes garantiert eine oxidfreie Oberfläche und damit saubere Lötstellen, wenn die Lötbarkeit der Verbindungspartner gesichert ist. Beim *Tauchlöten* taucht man die Verbindungspartner vollständig oder nur an der Lötstelle in ein Lotbad. Erwärmt wird durch das schmelzflüssige Lot. Notwendige Flußmittel bringt man vor oder während des Eintauchens auf. Das Tauchlöten findet überwiegend beim Weichlöten zum Verzinnen, seltener zum Löten von Leiterplatten Verwendung. Das Hartlöten nach dem Tauchverfahren wird als Salzbadlöten durchgeführt. Tauchlöten ist wegen des großen Aufwands für Grund- und Zusatzausrüstungen und der besonderen konstruktiven Gestaltung der Lötteile nur bei Großserien- und Massenfertigung wirtschaftlich.

Mit *Ofenlöten* lassen sich vorverbundene, mit Lot versehene Bauteile in gas- oder elektrisch beheizten Muffelöfen unter Zufuhr reduzierender Schutzgase verbinden. Das Ofenlöten wird hauptsächlich zum Hartlöten im Durchlaufverfahren (Massenfertigung) eingesetzt. Zu beachten ist der für ein Fließen des Lotes infolge Kapillarwirkung erforderliche Lötspalt, der bei der konstruktiven Gestaltung der Verbindungspartner berücksichtigt werden muß. Das Ofenlöten bietet den Vorteil gleichmäßiger Erwärmung und langsamer Abkühlung.

Tafel 4.5. Übersicht über Lötverfahren und ihre Anwendung

Verfahren	Bildliche Darstellung	Anwendung
Kolbenlöten	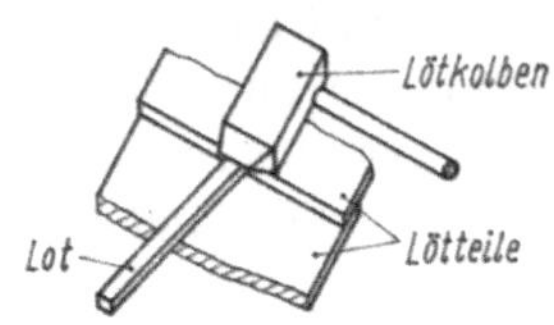	Weichlöten, Handlöten elektrischer Verbindungen, Reparaturlöten; Einzelfertigung
Fließlöten, Schwallöten	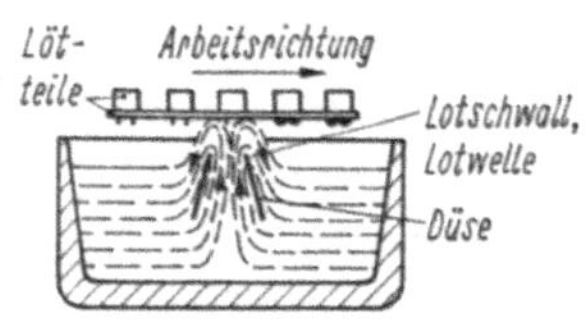	Weichlöten vorzugsweise von Leiterplatten; Serien- und Massenfertigung; variable Wellenform ermöglicht optimale Parameter
Tauchlöten	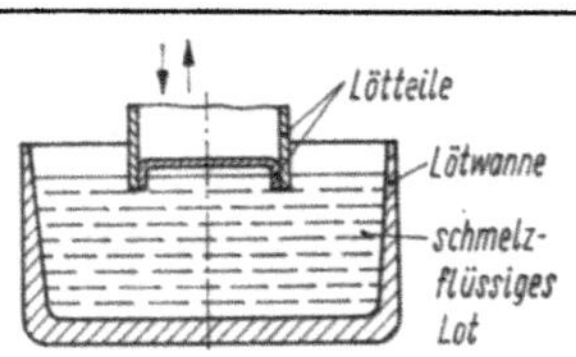	Weichlöten: vorzugsweise zum Verzinnen von Teilen; Hartlöten: als Salzbadlöten in Großserien- und Massenfertigung
Ofenlöten	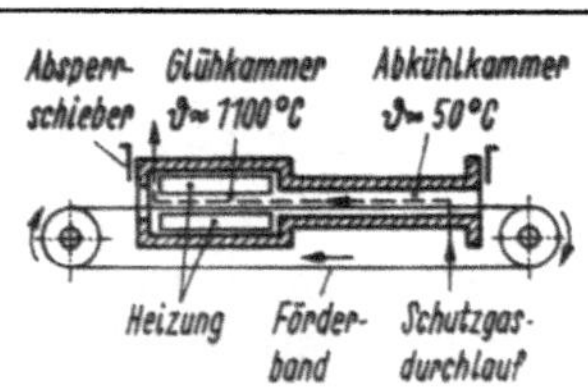	hauptsächlich Hartlöten; typisches Verfahren der Gerätetechnik für Kleinteile; Serien- und Massenfertigung
Elektrisches Widerstandslöten	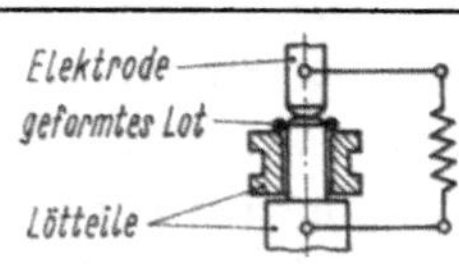	überwiegend Hartlöten, typisches Verfahren der Gerätetechnik für Serien-, z.T. Massenfertigung
Kaltpreßlöten	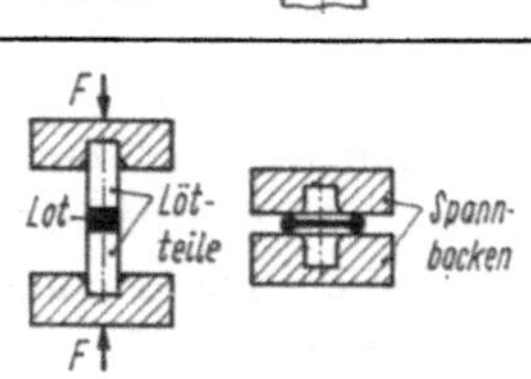	Weichlöten von harten Metallen ohne Wärmezufuhr und Flußmittel; Serien-, z.T. Massenfertigung

Beim *elektrischen Widerstandslöten* werden die Lötteile (ähnlich dem Widerstandsschweißen) durch Stromzuführung unter Druck über geeignet bemessene Elektroden erwärmt. Das Verfahren findet hauptsächlich beim Hartlöten Verwendung und gestattet eine Dosierung und Konzentration der Erwärmung auf den Lötbereich.

Das *Kaltpreßlöten* dient zum Verbinden meist harter Metalle, zwischen die als Lot weicheres Metall gelegt wird. Beim Zusammenpressen werden die Oxidschichten zerstört, so daß zwischen Lötteilen und Lot Molekularkräfte wirken können.

Neben den hier angeführten Verfahren sei u.a. noch auf das Reib- oder Reaktionslöten zum Verbinden von Leichtmetallen und das Diffusionslöten zum Herstellen vakuumdichter Verbindungen unterhalb der Schmelztemperatur des verwendeten Lotes hingewiesen [3].

Weitere Lötverfahren zur äußeren Kontaktierung elektronischer Bauelemente sind im Abschn. 5.3. angegeben.

4.1.2.2. Berechnung und konstruktive Gestaltung

Lötverbindungen sollten nur auf Schub (Abscherung) beansprucht werden, was entsprechend bei Konstruktion und Berechnung zu berücksichtigen ist. Für Hartlötverbindungen ist auch Zugbeanspruchung möglich, die Berechnung erfolgt dann ähnlich der von Schweißverbindungen.

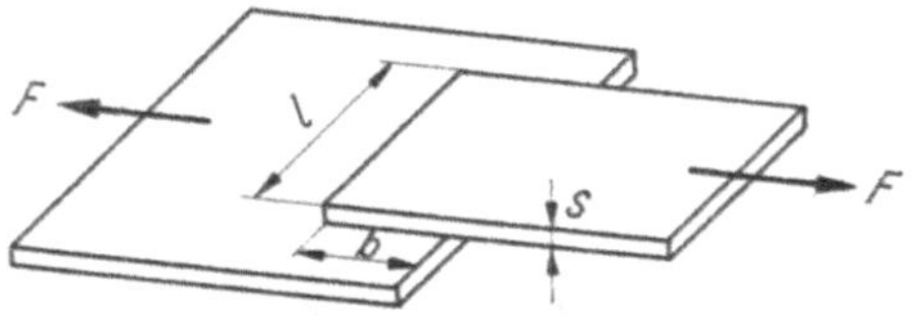

Bild 4.6
Schubbeanspruchung einer Lötverbindung

Die übertragbare Kraft F für die Lötfläche $A = lb$ (Bild 4.6) beträgt

$$F = A\tau_{zul} = A\tau_B/S. \tag{4.8}$$

Die statische Schubfestigkeit τ_B beträgt bei einwandfreier Lötverbindung für

Zinnlot	20 ... 86 N/mm^2
Zinklot	120 N/mm^2
Messinglot	200 N/mm^2
Silberlot	220 N/mm^2.

Der Sicherheitsfaktor wird zu $S = 2 \dots 4$ gewählt, die Breite soll etwa $b = (4 \dots 6)\, s$ betragen, bezogen auf das dünnere Bauteil (s Blechdicke). Die *konstruktive Gestaltung* von Lötverbindungen erfordert beim Weichlöten wegen der geringen Festigkeit des Lotes große Lötflächen, die durch konstruktive Maßnahmen geschaffen werden müssen (Bild 4.7). Beim Hartlöten reicht dagegen meist der Stumpf- oder Schrägstoß aus (Bild 4.8).

Lötstellen für elektrische Anschlüsse sollten nicht mechanisch beansprucht werden. Die Lagesicherung der Teile während des Lötvorgangs und erhöhte Festigkeit werden

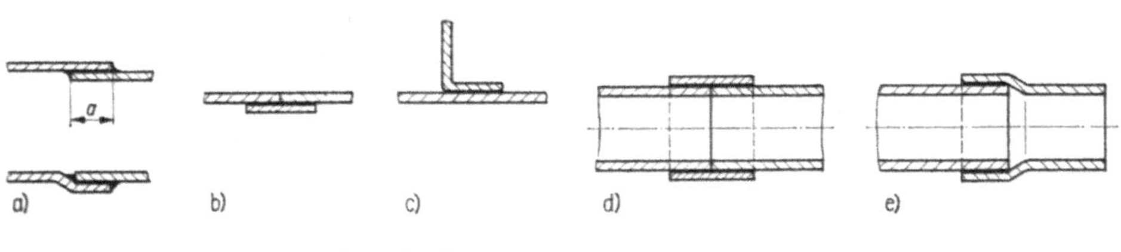

Bild 4.7. Lötflächen bei Weichlötverbindungen

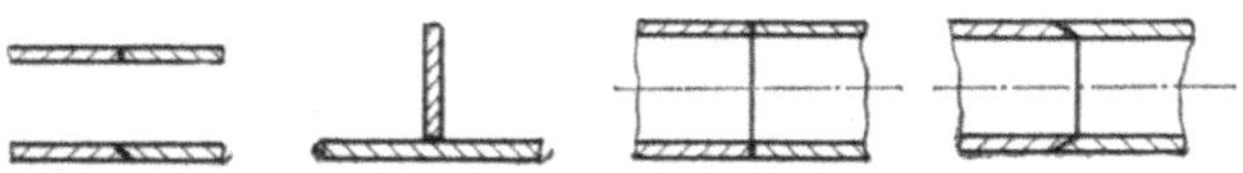

Bild 4.8. Lötflächen bei Hartlötverbindungen

durch formschlüssige Unterstützung erreicht (Bild 4.9). Bei einer Lötverbindung zwischen Bolzen und Blech (Bild 4.10) wird höhere Festigkeit und geringere Verlagerung durch eine möglichst kleine Spaltbreite ($D_1 - D$) erreicht (a). Wird Preßpassung angewendet, sind meist besondere Lötkerben notwendig (b). Geringe Blechdicken erfordern Düsen oder ähnliches (c, d) oder eine zweistellige Lötverbindung (e, f). Bei der Gestaltung von Lötverbindungen für die Massenfertigung (Ofenlöten) ist besonders auf ausreichende Kapillarwirkung durch enge und gleichmäßige Lötspalte zu achten (Bild 4.11). Weiterhin muß eine sichere Lage des Lotes gewährleistet sein (Bild 4.12).

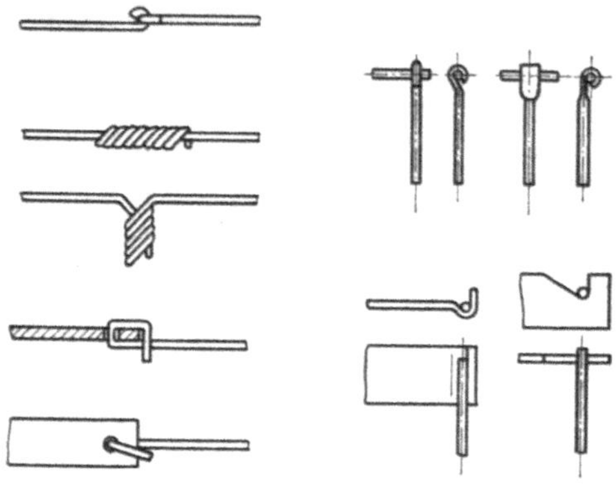

Bild 4.9
Formschluß beim Weichlöten elektrischer Leiter [3]

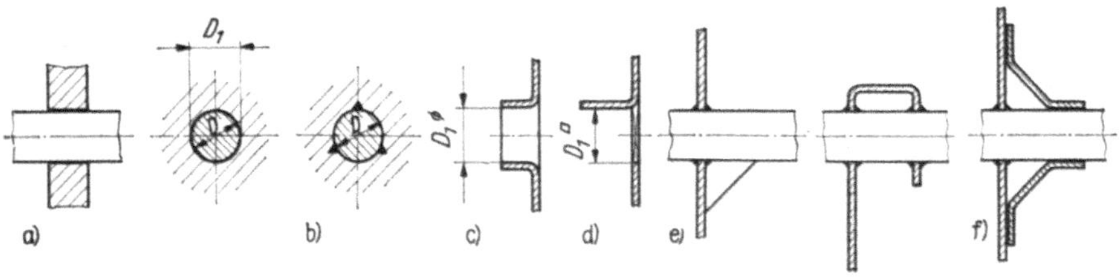

Bild 4.10. Eingelötete Rundteile

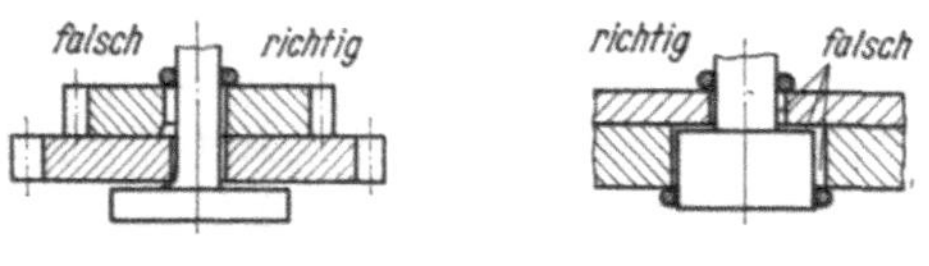

Bild 4.11
Lötspaltgestaltung bei mehreren Lötstellen

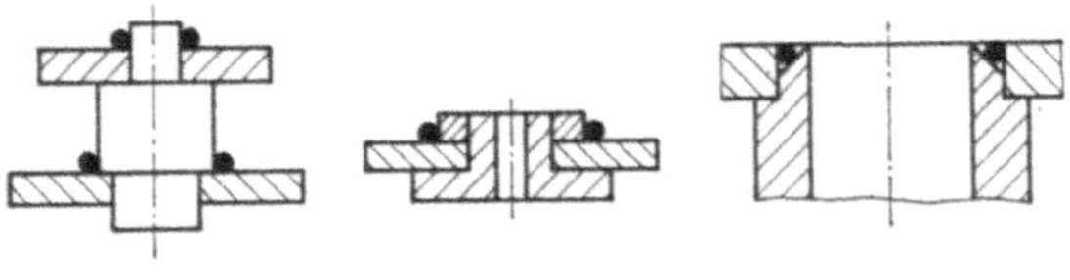

Bild 4.12
Lagesicherung des Lotes beim Schutzgaslöten

4.1.3. **Klebverbindungen** [4.4] [4.10] [4.11]

Klebverbindungen sind stoffschlüssige, unlösbare (z. T. auch bedingt lösbare) Verbindungen gleicher oder unterschiedlicher Werkstoffe. Nach der Vorbehandlung der Bauteile (Reinigen, z.T. Aufrauhen der Klebflächen) wird der Klebstoff in flüssigem Zustand auf die zu klebenden und dann aufeinandergelegten Flächen aufgetragen und härtet aus oder trocknet (meist unter Belastung). Klebverbindungen werden angewendet bei Papier, Holz, Leder, Gummi, Keramik usw. und auch für Metalle, wobei allerdings die Festigkeit und thermische Belastbarkeit von Schweiß- und Hartlötverbindungen noch nicht erreicht werden. Vorteilhaft ist aber, daß die Klebetechnik grundsätzlich neue Bauweisen ermöglicht, z.B. die Stützkern- und Schichtbauweise. Dadurch ist das Kleben mehr als eine einfache Verbindungstechnologie.

Als *Klebstoffe* finden tierische, pflanzliche und synthetische Stoffe Verwendung. Zu den tierischen Klebstoffen gehören Glutin- und Kaseinkleber. Glutinkleber (hochmolekulare Eiweißverbindung) dient zum Kleben von Papier, Holz, Textilien usw. und ist als Tischler- oder Tafelleim bekannt. Verarbeitet wird er in warmem Zustand. Kaseinkleber (Milcheiweiß, Alkalien, Zusätze) ist vielseitiger anwendbar und u.a. zur Herstellung sehr fester Verbindungen geeignet.

Bekannte pflanzliche Klebstoffe sind Dextrin- und Stärkekleber. Beide finden vorrangig in der Papierwarenindustrie Verwendung. Kautschuk in gelöster Form eignet sich zum Kleben von Gummi. Synthetische Klebstoffe werden als Ein- oder Zweikomponentenstoffe meist auf Kunstharzbasis hergestellt. Mit Polyurethan lassen sich sehr feste und chemisch resistente Verbindungen herstellen. Epoxidharze dienen zum Metallkleben und ergeben große Druck- und Scherfestigkeit bei geringem Schwund. Es gibt heiß- und kaltaushärtende Epoxidharze. Phenolharze erfordern nach Zugabe von Härter eine schnelle Verarbeitung und werden z.B. zum Kleben von Phenolharzpreßstoffen eingesetzt.

Zum Verbinden von Thermoplasten genügt oft ein Lösungsmittel, wobei die an den Oberflächen aufgelösten Plaste zugleich den Klebstoff darstellen.

Die *Berechnung von Klebverbindungen* wird analog zu Weichlötverbindungen durchgeführt, da Klebverbindungen i.allg. ebenfalls nur auf Schub beanspruchbar sind (Zugbeanspruchung ist u.U. zulässig). Die übertragbare Kraft einer Klebfläche $A = lb$ (analog Bild 4.6, Abschn. 4.1.2.2.) beträgt

$$F = A\tau_{\text{zul}} = lb\tau_{\text{B}}/S. \tag{4.9}$$

Der Sicherheitsfaktor S wird auch hier zu $S = 2 \dots 4$ gewählt. Die statische Schubfestigkeit τ_{B} für Metallverklebungen beträgt beispielsweise bei Verwendung von Epoxidharzkleber etwa 20 N/mm².

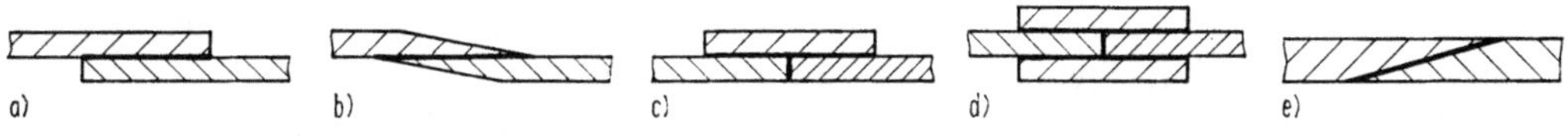

Bild 4.13. Gestaltung von Klebstellen

Bei der *konstruktiven Gestaltung* von Klebverbindungen ist ebenfalls zu beachten, daß die Klebstelle nur auf Schub belastet werden soll. Deshalb kommen der Überlapp- (Bild 4.13a, b) oder Laschenstoß (Bild 4.13c, d) zur Anwendung, in speziellen Fällen auch der Schrägstoß (Bild 4.13e). Die Klebflächen sind ausreichend groß auszubilden und gründlich von Fett, Staub u.ä. zu reinigen, evtl. auch aufzurauhen.

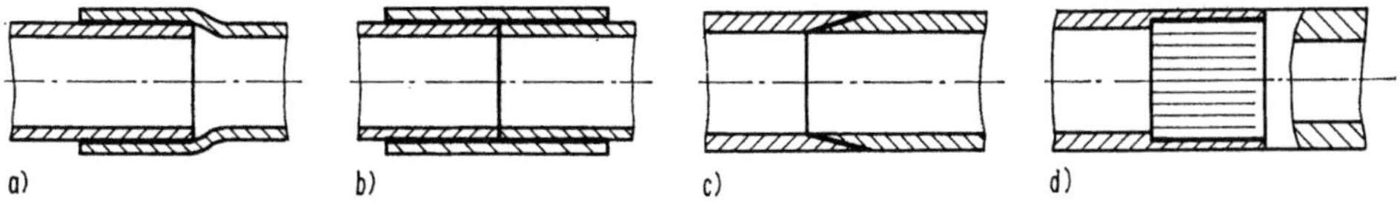

Bild 4.14. Geklebte Rohrverbindungen

a), d) Überlappstoß; b) Muffenstoß; c) kegliger Stoß

Die entsprechende Gestaltung von Rohrverbindungen zeigt Bild 4.14, wobei mit den Varianten c) und d) durch Schrägstoß bzw. Rändelung des Innenteils ein Abstreifen des Klebers beim Fügen vermieden wird.

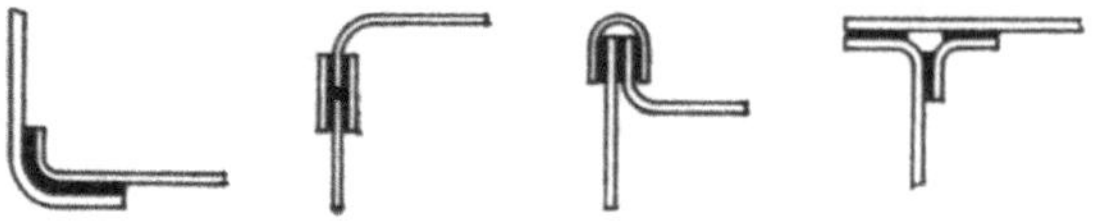

Bild 4.15
Geklebte Eckverbindungen (nach [7]*)*

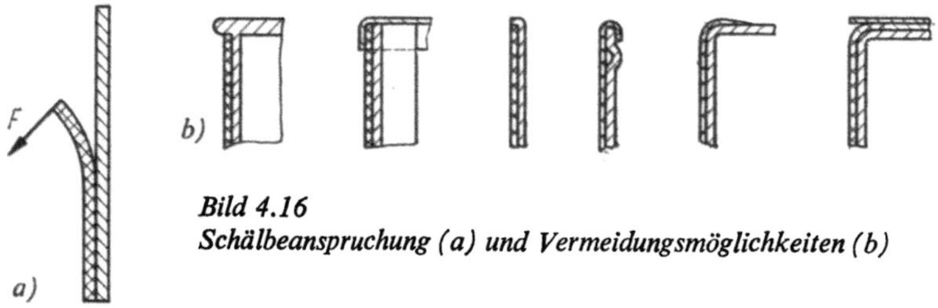

Bild 4.16
Schälbeanspruchung (a) und Vermeidungsmöglichkeiten (b)

Die zweckmäßige Gestaltung geklebter Eckverbindungen ist im Bild 4.15 dargestellt. Eine linienförmige Beanspruchung der Klebfläche (Schälbeanspruchung, Bild 4.16a) muß durch entsprechende konstruktive Maßnahmen (b) vermieden oder verringert werden.

4.1.4. Kittverbindungen

Kittverbindungen sind unlösbare Verbindungen, die sowohl Bauteile miteinander verbinden als auch unerwünschte Hohlräume ausfüllen. Sie finden Verwendung bei der Verbindung von Teilen, deren geometrische Form sehr großen Herstellungstoleranzen unterliegt oder deren Beschaffenheit eine andere Befestigungsart nicht zuläßt.

Der Kitt wird im plastischen Zustand in die Kittfuge eingebracht. Er haftet durch Adhäsion an den Kittflächen und erhärtet je nach Art durch physikalische oder chemische Vorgänge. Neben dem bekannten Glaserkitt (Leinölfirnis, Schlämmkreide) kommen Wasserglaskitt (säure- oder feuerfest), Bleiglättekitt (hohe mechanische Festigkeit, giftig), Harzkitt, Porzellankitt, Siegellack u.a. zur Anwendung.

Kittverbindungen erfordern eine wesentlich größere Fuge als Klebverbindungen und sind möglichst durch eine entsprechend gestaltete Kittfläche formschlüssig zu unterstützen. Sie sind vorteilhaft bei der Verbindung von Metall und Keramik, da bei mechanischer Beanspruchung eine gleichmäßige Kraftübertragung über den Kitt auf den spröden Werkstoff erfolgen kann. Bei der Gestaltung von Kittverbindungen müssen der Ausdehnungskoeffizient und das Treiben und Schwinden des Kittes beachtet werden.

Bild 4.17 zeigt einige Ausführungsformen von Kittverbindungen zwischen Metallteilen und Keramik bzw. Glas.

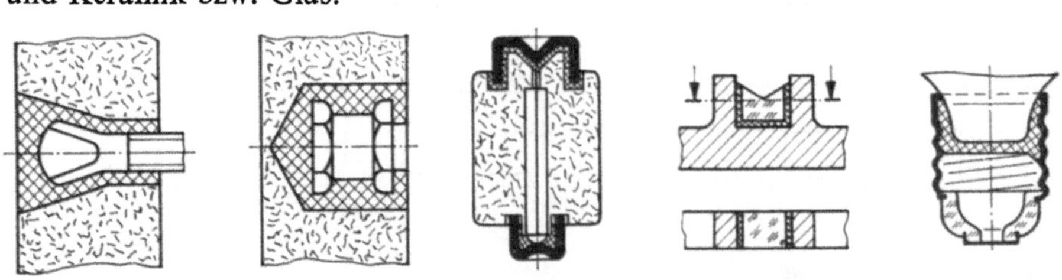

Bild 4.17. Kittverbindungen zwischen Metall und Keramik bzw. Glas [3]

4.1.5. Einbettverbindungen

Einbettverbindungen sind unlösbare formschlüssige Verbindungen meist von metallischen Bauteilen mit Preßstoffteilen. Preßstoffe aus Phenol- oder Harnstoffharzen werden in Verbindung mit Füllstoffen in Form von Pulver, Fasern oder Schnitzeln (Papier, Gewebe, Holz) verarbeitet. Die in eine Form eingelegten Bauteile werden beim Preßvorgang teilweise oder vollständig vom Preßstoff eingeschlossen und nach dem Erstarren formschlüssig gehalten. Einbettungen sind zweckmäßig, wenn die Festigkeit mechanisch stark beanspruchter Teile an bestimmten Stellen nicht ausreicht, das sind insbesondere solche mit Innen- oder Außengewinde. Auch Funktionselemente wie Lagerbuchsen, Achsen oder Wellen werden häufig durch Einbetten mit dem Grundkörper verbunden. In der Elektronik/Elektrotechnik dient die Einbettung von Metallteilen in Preßstoff noch zusätzlich als Isolation. Auch Einbettungen in Druckgußteile sind möglich [5].

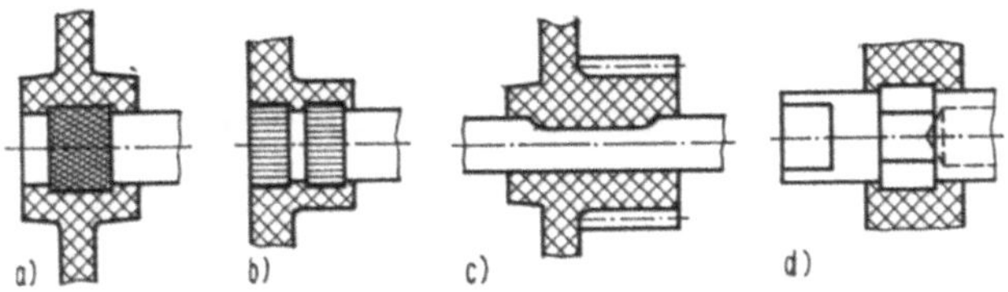

Bild 4.18
Formschluß eingebetteter Rundteile durch
a) Kordel; b) Rändel und Einstich;
c) Anflächung; d) sechskantigen Ansatz

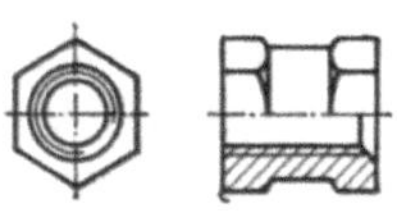

Bild 4.19
Einpreßmutter für Formstoffteile

Bei der *konstruktiven Gestaltung* ist je nach Belastungsart eine formschlüssige Sicherung gegen Herausziehen, Verdrehen o.dgl. vorzusehen (Bild 4.18). Als Einbettungsteile sind standardisierte bzw. genormte Teile vorteilhaft (Bild 4.19). Einbettungsteile müssen lagesicher in der Preßform angeordnet werden, um eine Verschiebung durch den Preßdruck

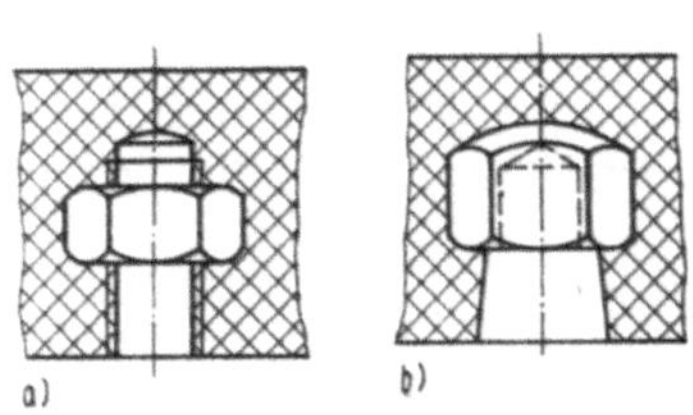

Bild 4.20. Halterung eingebetteter Gewindemuttern

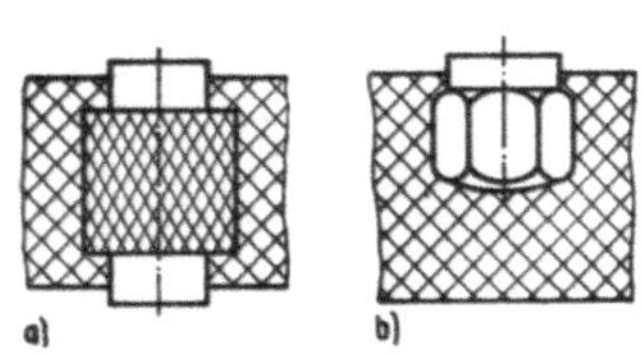

Bild 4.21. Einbettung von Teilen mit vorstehender Anlagefläche

zu vermeiden. So können z.B. allseitig einzubettende Muttern gehaltert und gegen Eindringen der Preßmasse in die Gewindegänge nach Bild 4.20 gesichert werden, indem Gewindezapfen (a) eingesetzt oder Hutmuttern (b) verwendet werden. Vorstehende Anlageflächen von Einbettungsteilen sind zweckmäßig rund auszuführen (Bild 4.21), um das Entgraten zu erleichtern. Rändel, Kordel, Sechskant usw. sichern gegen Verdrehen, wobei für einseitig vorstehende Gewindezapfen meist eine Kordelung ausreicht, die mit einer zusätzlichen Sicherung gegen Herausziehen kombiniert wird.

Bild 4.22
Einbettung schmaler Blechteile

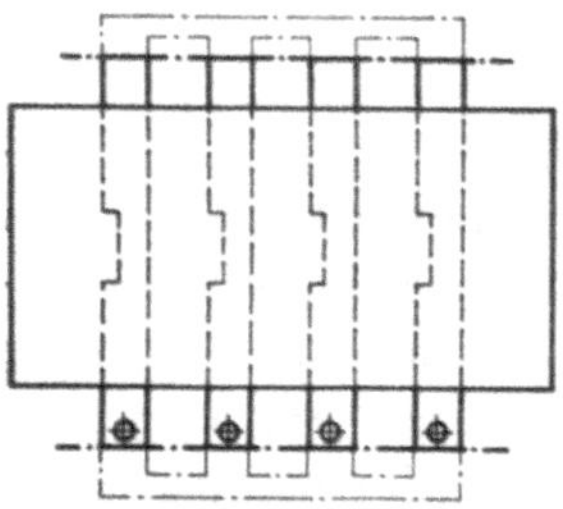

Bild 4.23
Lagesicherung gleicher Blechteile

Schmale Blechteile werden ausreichend durch einen eckigen Einschnitt oder durch eine Bohrung lagegesichert (Bild 4.22). Mehrere gleiche Blechteile erhalten ihre Lagefixierung durch die Herstellung als zusammenhängendes Schnitteil (Bild 4.23). Die Verbindung wird nach dem Einbetten dann durch Beschneiden entfernt.

4.2. Verbindungen durch elastische Verformung [2] [3] [6] [7]

4.2.1. Preßverbindungen (Preßverbände) [4.1]

Preßverbindungen (Preßverbände) beruhen auf der Reibung zwischen den Verbindungspartnern infolge Flächenpressung, die entweder durch elastische Verformung aufgrund eines Übermaßes der Bauteile zueinander oder durch nachträgliches plastisches Verformen meist eines Verbindungspartners (Verpressen) hervorgerufen wird.

Beim *Einpressen* hat das Innenteil (Welle) mit dem Durchmesser D_a gegenüber der Bohrung im Außenteil (Nabe) mit dem Durchmesser D_i ein Übermaß $U = D_a - D_i$ (Bild 4.24). Das Übermaß läßt sich auch durch *Schrumpfen* und/oder *Dehnen* der entsprechenden Verbindungspartner z.B. infolge Abkühlung bzw. Erwärmung erzeugen. Die Teile werden dann praktisch ohne Kraftaufwand gefügt; die Flächenpressung ent-

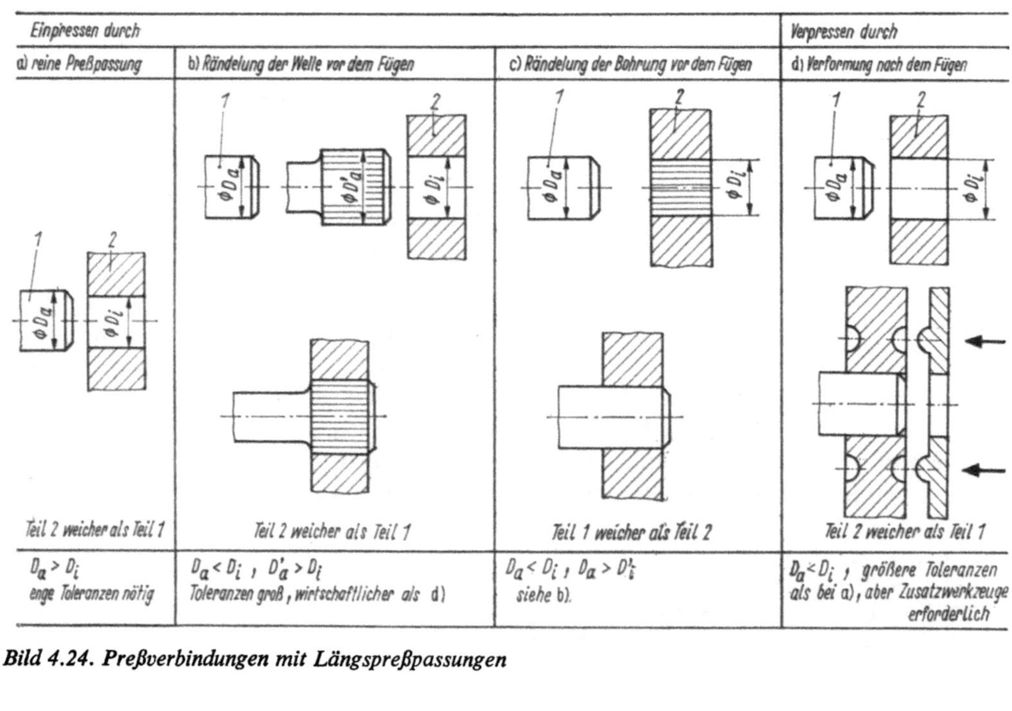

Bild 4.24. Preßverbindungen mit Längspreßpassungen

steht durch Schrumpfen des Außenteils bzw. Dehnung des Innenteils nach dem Fügen. Beim Einpressen ist dagegen eine Einpreßkraft F_e zum axialen Fügen der Teile erforderlich.

Die engen Toleranzen beim Einpressen nach Bild 4.24a sind durch Verformung der Teile (Rändeln von Welle oder Bohrung) vor dem Fügen vermeidbar (Bild 4.24b, c). Es soll möglichst das härtere Bauteil verformt werden, wobei zu beachten ist, daß sich Wellen leichter bearbeiten lassen.

Ein anderer Weg zur Herstellung von Preßverbänden mit größeren Toleranzen besteht im nachträglichen plastischen Verformen *(Verpressen)* der ohne Übermaß gefügten Teile (Bilder 4.24d und 4.25). Außerdem kann die Verbindung formschlüssig unterstützt werden (Bild 4.25b), wozu Sonderwerkzeuge notwendig sind. Solche Preßverbände finden hauptsächlich bei geringer Belastung Anwendung, z.B. in der Gerätetechnik.

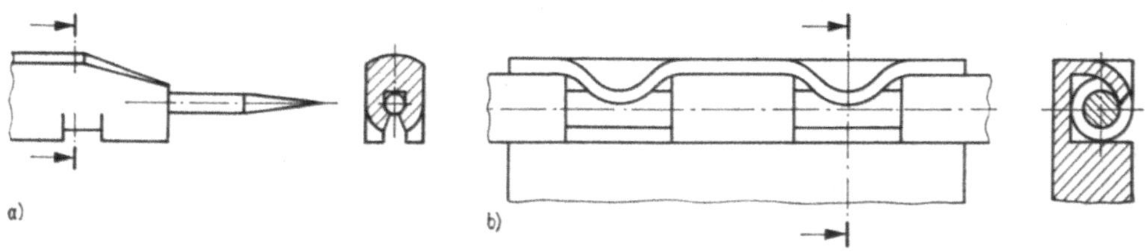

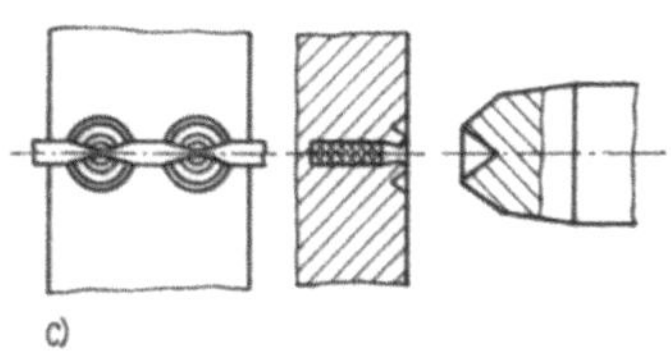

Bild 4.25
Preßverbände durch nachträgliches Verformen (Verpressen)
a) Zirkelspitze; b) Relaisanker; c) Uhrfederbefestigung

Die *Berechnung von Preßverbänden* durch Einpressen nach Bild 4.24a erfolgt nach TGL 0-7190 bzw. DIN 7190. Ziel ist die Ermittlung der Bauteilabmessungen (Übermaß, Passung, Preßfugenlänge) anhand der zu übertragenden Kräfte und unter Berücksichtigung der Werkstoff- und Oberflächeneigenschaften der Verbindungspartner. In Tafel 4.6 sind die wesentlichen Schritte zusammengestellt. Es wird von der in der Preßfuge herrschenden Flächenpressung p (Fugenpressung, Fugendruck p_F) ausgegangen, die durch die elastische Verformung entsteht. Die minimale Fugenpressung ist diejenige, die zur Übertragung einer Kraft F in Umfangs- oder Längsrichtung notwendig ist. Dabei ist μ der Haftbeiwert (Haftreibungskoeffizient) der jeweiligen Werkstoffpaarung (Tafel 4.7 enthält ausgewählte Haftbeiwerte). Die Preßfugenfläche A_F ist das Produkt aus Preßfugenlänge l_F und Fugenumfang πD_F. Die maximal zulässige Pressung wird bei Vollwellen durch die Festigkeit des Außenteils (Streckgrenze σ_s) unter Berücksichtigung eines Sicherheitsfaktors S festgelegt. Die Pressungsbeiwerte K_A (Außenteil) und K_I (Innenteil) enthalten mit der Poissonschen Zahl m und dem Elastizitätsmodul E das elastische Verhalten der Werkstoffe und mit den Durchmesserverhältnissen Q die geometrischen Abmessungen der Verbindungspartner (Bild 4.26). Maßgebend für die unter den konkreten Bedingungen vorliegende Fugenpressung ist das wirksame Übermaß (Haftmaß) Z. Es ergibt sich aus dem Übermaß U, das beim Fügen der Teile infolge Einebnung (Glättung) der Oberflächen um einen Betrag ΔU (Übermaßverlust) verringert wird, der von der Oberflächenrauheit (gemittelte Rauhtiefe bzw. mittlere Rauheit R_z) der Verbindungspartner abhängt (Werte s. Tafel 2.11). K_A und K_I werden nach Tafel 4.6 berechnet oder Diagrammen (z.B. DIN 7190) entnommen.

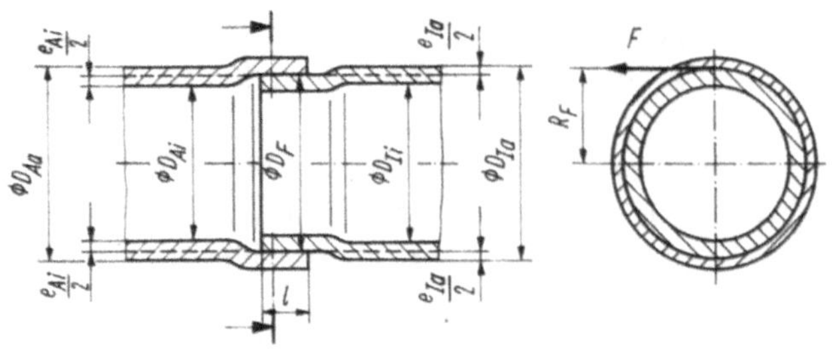

Bild 4.26
Maße bei Preßpassungen

Tafel 4.6. Berechnung von Preßpassungen (s. Bild 4.26)

	Gegeben: zu übertragende Kraft F Gesucht: Übermaßgrenzen zur Passungsauswahl	
Dimensionierung	Mindestens erforderliche Fugenpressung	$p_{F\,min} = \dfrac{F}{A_F \cdot \mu}$
	Maximal zulässige Fugenpressung	$p_{F\,max} = \sigma_S S \dfrac{1 - Q_A^2}{1 + Q_A^2}$ $(S = 1{,}1 \ldots 1{,}3)$
	Hilfsgrößen (s. Bild 4.26)	$Q_A = \dfrac{D_{Ai}}{D_{Aa}} \approx \dfrac{D_F}{D_{Aa}}$; $Q_I = \dfrac{D_{Ii}}{D_{Ia}} \approx \dfrac{D_{Ii}}{D_F}$
	Pressungsbeiwerte	$K_A = \dfrac{(m_A + 1) + (m_A - 1)\,Q_A^2}{m_A E_A (1 - Q_A^2)}$ $K_I = \dfrac{(m_I - 1) + (m_I + 1)\,Q_I^2}{m_I E_I (1 - Q_I^2)}$ m Poissonsche Zahl; E E-Modul
	Haftmaßgrenzen	$Z_{min/max} = p_{F\,min/max} (K_A + K_I)\, D_F$
	Übermaßverlust	$\Delta U = 2\,(G_I + G_A) = 2\,(R_{pI} + R_{pA})$ $G = R_p \approx 0{,}5 R_z$, R_z Rauheit
	Übermaßgrenzen	$U_{min/max} = Z_{min/max} + \Delta U$
	Paßtoleranz	$T_p = U_g - U_k$ (U_g, U_k gewählt; $U_g \leqq U_{max}$; $U_k \geqq U_{min}$)
Nachrechnung	Größte wirkliche Fugenpressung	$p_{Fg} = p_{F\,max} \dfrac{Z_g}{Z_{max}}$; $Z_g = U_g - \Delta U$
	Größte Durchmesseränderung am Außenteil	$e_{Aa} = p_{Fg}\, 2 D_{Aa} \dfrac{Q_A^2}{E_A (1 - Q_A^2)}$
	Größte Durchmesseränderung am Innenteil	$e_{Ii} = p_{Fg}\, 2 D_{Ii} \dfrac{Q_I^2}{E_I (1 + Q_I^2)}$
	Einpreßkraft bei Längspreßpassung	$F_e = p_{Fg} A_F \cdot \mu$
	Fügetemperatur für Innen- oder Außenteil bei Erzeugung des Fügespiels durch Abkühlung (−) oder Erwärmung (+) (Querpreßpassung)	$\vartheta_{I/A} = \vartheta_{Raum} \mp \dfrac{U_g + S_F}{\alpha_{I/A} D_F}$ S_F Fügespiel, $S_F \geqq D_F/1000$; α Längen-Temperaturkoeffizient [12]

Tafel 4.7. Haftbeiwerte μ für Preßverbindungen (Preßverbände); nach DIN abweichende Bezeichnungen in Klammern

Innenteil	Chromstahl X210Cr12 o.ä.				
Außenteil	St 60 GS-60	St 38 (St 37)	G-AlSi12Cu	G-CuPbSn10	GGL-25 (GG-25)
trocken	0,11	0,10	0,07	0,07	0,12 bis 0,14
geschmiert	0,08	0,07	0,05	–	0,06

Aus den Grenzwerten der Fugenpressung $p_{F\,min}$ und $p_{F\,max}$ können der zulässige Bereich des Haftmaßes Z und daraus die Grenzen des Übermaßes U ermittelt werden. Die Paßtoleranz für die Preßpassung ist dann so zu wählen, daß die Toleranzgrenzen innerhalb der Übermaßgrenzen liegen. Ist die so bestimmte Paßtoleranz zu gering oder liegt die erforderliche (minimale) Flächenpressung schon über dem zulässigen Maximalwert, kann man die minimale Pressung durch Vergrößern der Fugenfläche A_F (größere Preßfugenlänge l_F) verringern.

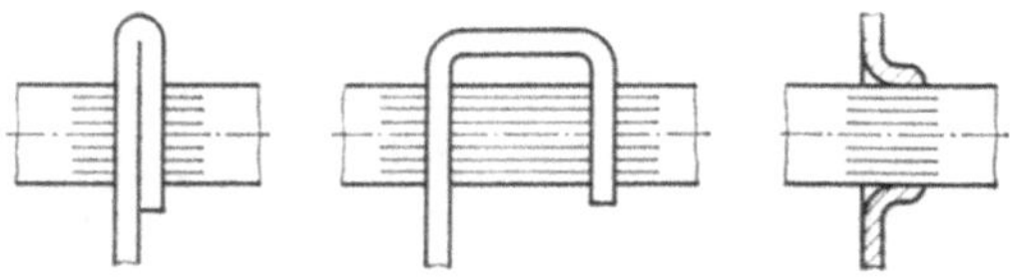

Bild 4.27. Vergrößerung von Preßfugenfläche und Führungslänge bei Preßverbindungen

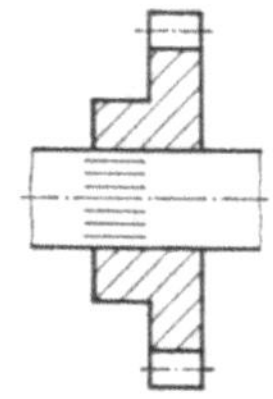

Bild 4.28. Verbesserung der Führungseigenschaften

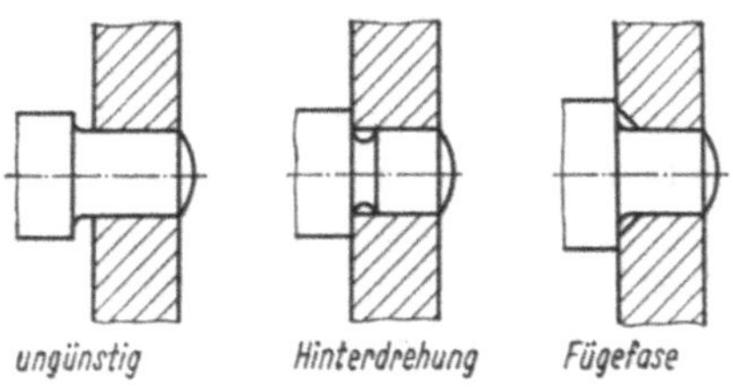

Bild 4.29 Anlageflächen bei einer Preßverbindung

Mit Hilfe der von der gewählten Passung abhängigen (größten) wirklichen Fugenpressung p_{Fg} lassen sich die elastische Vergrößerung des Außendurchmessers e_{Aa} und die Verkleinerung des Innendurchmessers e_{Ii} berechnen, was vor allem dann zu beachten ist, wenn an der Verbindungsstelle noch andere Bauteile angebracht werden sollen. Die zum Fügen notwendige Einpreßkraft F_e ergibt sich aus der (größten) wirklichen Pressung p_{Fg} unter Einbeziehung des Haftbeiwerts zum Einpressen μ (s. Tafel 4.7). Ebenso kann die durch Erwärmen des Außenteils oder Abkühlen des Innenteils zu erreichende Fügetemperatur bei Querpreßpassung berechnet werden, wobei ein Mindestspiel S_F gewährleistet sein muß. Da rein elastische Preßverbindungen nach Bild 4.24a bei kleinen Abmessungen unter Beachtung der notwendigen und der maximalen Fugenpressung auf kleine Toleranzen führen und damit unwirtschaftlich sind, werden sie in der Elektrotechnik und der Gerätetechnik nur selten angewendet und meist durch Verbindungen gemäß Bild 4.24b, c ersetzt, bei denen eine Berechnung i.allg. entfällt.

Bei der *konstruktiven Gestaltung* von Preßverbindungen sind neben den ökonomischen Gesichtspunkten die erforderlichen Wanddicken (Preßfugenlänge) zu beachten, die durch Aufschweißen von Verstärkungen, Umbiegen von Blech, Anordnung von Gußaugen usw. realisierbar sind (Bild 4.27). Die Führungseigenschaften bei verpreßten, vor dem Fügen verformten Bauteilen lassen sich dadurch erhöhen, daß nur ein Teil der Preßfuge gerändelt wird, wobei der nicht gerändelte Teil zur Zentrierung dient (Bild 4.28). Saubere Anlageflächen können durch Hinterdrehen oder Anordnen von Fügefasen (i.allg. am Innenteil) erreicht werden (Bild 4.29), die gleichzeitig ein Abtragen der Rauhigkeiten beim Fügen verhindern und dieses erleichtern.

4.2.2. Schraubenverbindungen [4.1] [4.5] [4.14] [4.15]

Schraubenverbindungen sind die am häufigsten verwendeten lösbaren Verbindungen. Sie beruhen auf einem Kraftschluß infolge der Keilwirkung des Gewindes. Die Grundform des Gewindes ist die Schraubenlinie, die durch Aufwickeln einer Geraden unter dem Winkel α auf einen Zylinder mit dem Radius r entsteht. Die Höhe einer Windung der Schraubenlinie heißt Steigung oder Ganghöhe $P = 2\pi r \tan \alpha$. Für Verbindungszwecke kommen Schrauben mit Befestigungsgewinde zum Einsatz; daneben existieren noch Bewegungsgewinde zur Bewegungs- und Kraftübertragung (Tafel 4.8).

Befestigungsschrauben sollen sich unter dem Einfluß einer Längskraft nicht lösen, d.h., das Gewinde muß selbstsperrend sein. Dieser Bedingung genügen insbesondere Schrauben mit eingängigem spitzem Gewinde und kleinem Steigungswinkel α. International standardisiert ist das metrische (ISO-) Gewinde (Tafel 4.8, Nr. 1) mit einem Flankenwinkel von 60° und einem Steigungswinkel von $\alpha \approx 2{,}5°$. Tafel 4.10 enthält die Gewindeabmessungen für die Größen M 0,25 bis M 64. Metrisches Feingewinde (Tafel 4.8, Nr. 2) dient als Befestigungsgewinde mit erhöhter Sicherheit gegen Lockern. Es wird auch vorteilhaft bei großen hochbeanspruchten Schrauben (> M 30) sowie für dünnwandige Rohre und Ringe angewendet. Neben dem metrischen Gewinde ist noch das Whitworth-Gewinde (Flankenwinkel 55°, Zollabmessungen) als Spitzgewinde gebräuchlich. Für Neukonstruktionen ist jedoch nur noch das Whitworth-Rohrgewinde (Nr. 3) zugelassen. Ein weiteres Befestigungsgewinde, das Rundgewinde (Nr. 4), findet Anwendung in Baugruppen, die starker Verschmutzung ausgesetzt sind (z.B. für Armaturen, Ventilspindeln, Schlauchverschraubungen) oder bei starker Stoßbeanspruchung. Eine Sonderform des Rundgewindes ist das Elektrogewinde (Nr. 5) für Lampensockel, Fassungen, Sicherungen usw.

Bewegungsschrauben dienen der Kraftübertragung bzw. der Umwandlung von Dreh- in Längsbewegungen oder umgekehrt. Die Forderung nach großem Wirkungsgrad läßt sich dabei durch (oft mehrgängige) Gewinde mit kleinem Flanken- und großem Steigungswinkel erfüllen, wie beim Trapezgewinde (Nr. 6) zur Übertragung in beiden Richtungen (Spindeln) oder beim Sägengewinde bei großen einseitig wirkenden Kräften.

Nachfolgend werden die Berechnungsgrundlagen für Befestigungsschrauben dargestellt. Bewegungsschrauben zählen nicht zu den Verbindungselementen, sondern finden aufgrund ihrer Funktion u.a. Anwendung in Schraubengetrieben. Sie werden hinsichtlich der Zugbeanspruchung analog berechnet. Darüber hinaus ist die Kenntnis der Knickbeanspruchung durch axiale Kräfte und oft des Wirkungsgrads erforderlich [3].

Schraubenverbindungen können als unmittelbare (eines der zu verbindenden Teile ist mit einem Innengewinde versehen) oder mittelbare Verbindungen ausgeführt sein. Die Schrauben selbst und auch die zweiten Teile der mittelbaren Verbindungen, die Muttern,

Tafel 4.8. Auswahl standardisierter bzw. genormter Gewinde

Nr.	Gewinde-Art	Standard bzw. Norm	Verwendung	Profilform	Maßangabe	Bezeichnungsbeispiel für eingängiges Rechtsgewinde
1	Metrisches (ISO-) Gewinde	TGL RGW 180-75 bis 184-75 DIN 13	Für Befestigungszwecke aller Art	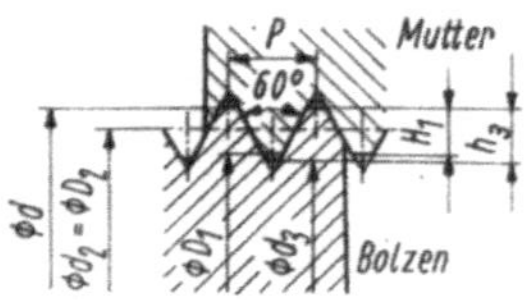	Gewindeaußendurchmesser in mm	M 3
2	Metrisches Feingewinde		Für kleinen Steigungswinkel α oder kleine Gewindehöhe P oder kleine Gewindetiefe h_3 (z.B. Linsenfassungen, Lagerschrauben, dünnwandige Rohre)		Gewindeaußendurchmesser in mm mal Steigung in mm	M 3 × 0,35
3	Whitworth-Rohrgewinde mit und ohne Spitzenspiel	TGL 0-259 DIN 259	Für Installationszwecke (Armaturen, Kabeleinführungen, Gewindeflansche)	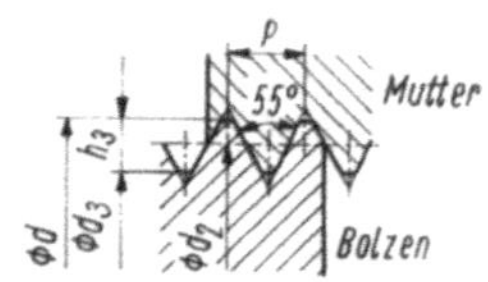	Nennweite des Rohres in Zoll	R 3/4″ R 1/8″
4	Rundgewinde	TGL 0-405 DIN 405	Für Armaturenbau, wo Abnutzung oder Verschmutzung zu verhindern ist (Isolierpreßstoffteile)	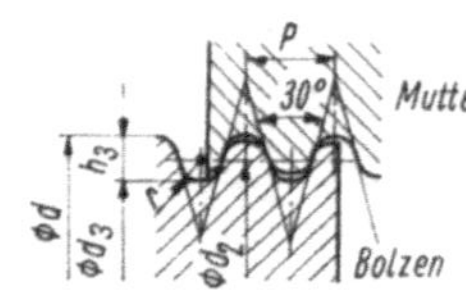	Gewindeaußendurchmesser in mm mal Steigung in Zoll	Rd 10 × 1/10″
5	Elektro-Gewinde	TGL 10580 DIN 40400	Für Lampensockel, Fassungen, Sicherungen usw.	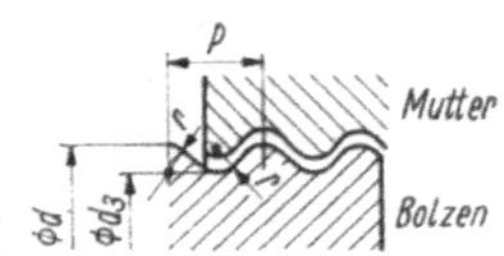	Nenndurchmesser in mm	E 27 TGL 10580 E 27 DIN 40400
6	Trapezgewinde (–, fein, grob)	TGL 0-103 DIN 103 TGL 0-378 DIN 378 TGL 0-379 DIN 379	Für Bewegungsgewinde (Spindeln)	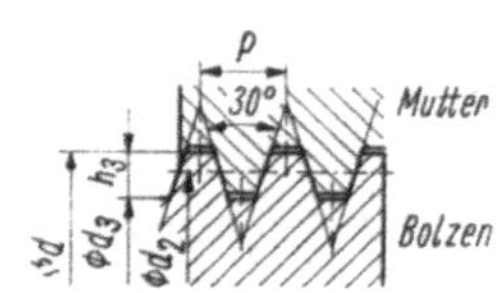	Gewindeaußendurchmesser in mm mal Steigung in mm	Tr 22 × 5

Tafel 4.9. Berechnung von Schraubenverbindungen ohne Vorspannung (s. Bild 4.33)

Berechnung auf	Spannung	Dimensionierung
	längsbelastete Schrauben	
Zugbeanspruchung	$\sigma_z = \dfrac{F}{A_s} \leqq \sigma_{z\,zul} \approx 0{,}7\sigma_S$ mit $A_s = \dfrac{\pi}{4}\left(\dfrac{d_2 + d_3}{2}\right)^2$	$A_s \geqq \dfrac{F}{\sigma_{z\,zul}}$
Flächenpressung der Gewindeflanken	$p = \dfrac{F}{\pi d_2 n H_1} \leqq p_{zul}$	$m \geqq \dfrac{FP}{\pi d_2 H_1 p_{zul}}$ mit $m = nP$
Abscherung der Gewindegänge	$\tau = \dfrac{F}{\pi d_{(3)} m} \leqq \tau_{zul}$	$m \geqq \dfrac{F}{\pi d_{(3)} \tau_{zul}}$ Näherung: $m \geqq d_{(3)} \dfrac{\sigma_{z\,zul\,Schr}}{\sigma_{z\,zul\,Mu}}$
	querbelastete Schrauben	
Scherbeanspruchung des Schafts	$\tau = \dfrac{4F_Q}{\pi d_P^2} \leqq \tau_{zul}$	$d_P \geqq \sqrt{\dfrac{4F_Q}{\pi \tau_{zul}}}$
Zugbeanspruchung (Scherbeanspruchung des Schafts nicht zulässig)	$\sigma_z = \dfrac{F_Q}{\mu A_s} \leqq \sigma_{z\,zul}$	$A_s \geqq \dfrac{F_Q}{\mu \sigma_{z\,zul}}$

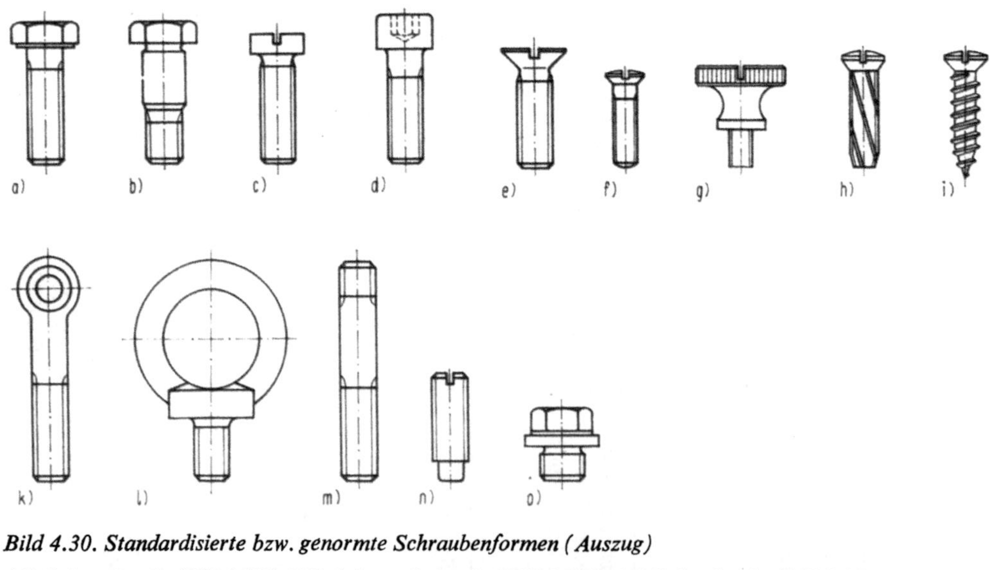

Bild 4.30. Standardisierte bzw. genormte Schraubenformen (Auszug)

a) Sechskantschraube (TGL 0-931); b) Sechskantpaßschraube (TGL 0-609); c) Zylinderschraube (TGL 0-84); d) Zylinderschraube mit Innensechskant (TGL 0-912); e) Senkschraube (TGL 5683/DIN 7987); f) Linsensenkschraube (TGL 5687/DIN 964); g) Rändelschraube (TGL 0-464); h) Schneidschraube (TGL 5738/DIN 7513); i) Blechschraube (TGL 0-7973); k) Augenschraube (TGL 0-444); l) Ringschraube (TGL 0-580); m) Stiftschraube (TGL 0-938); n) Gewindestift (TGL 0-417); o) Verschlußschraube (TGL 0-910); (Standards TGL 0-... entsprechen DIN gleicher Nummer)

existieren in vielfältigen standardisierten Ausführungen, um den verschiedenen Anforderungen gerecht zu werden. Die wichtigsten Schraubenformen sind im Bild 4.30 dargestellt. Neben den bekannten Maschinenschrauben kommen für nicht oder selten zu lösende Verbindungen auch gewindeschneidende Schrauben zur Anwendung. Dadurch entfällt das vorherige Gewindeschneiden; allerdings eignen sich diese Schrauben nur für weiche Werkstoffe, z.B. Aluminiumlegierungen. Zur Befestigung an dünnem Blech können Blechschrauben eingesetzt werden. Diese Schneidschrauben haben keine Spannut und sind mit einem speziellen Gewinde versehen.

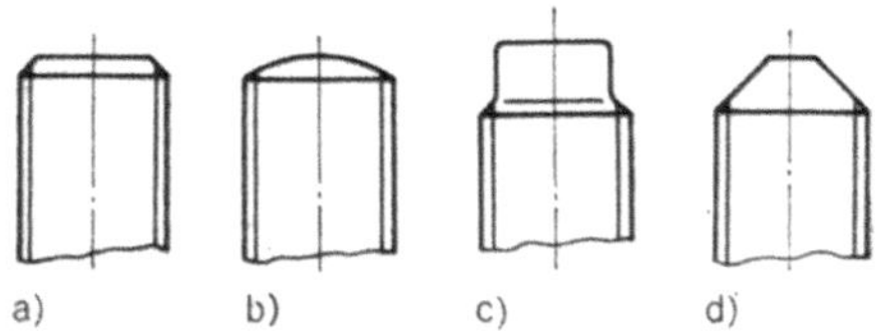

Bild 4.31
Gestaltung von Schraubenenden nach TGL 0-78/DIN 78 (Auszug)
a) Kegelkuppe; b) Linsenkuppe; c) Zapfen; d) Spitze

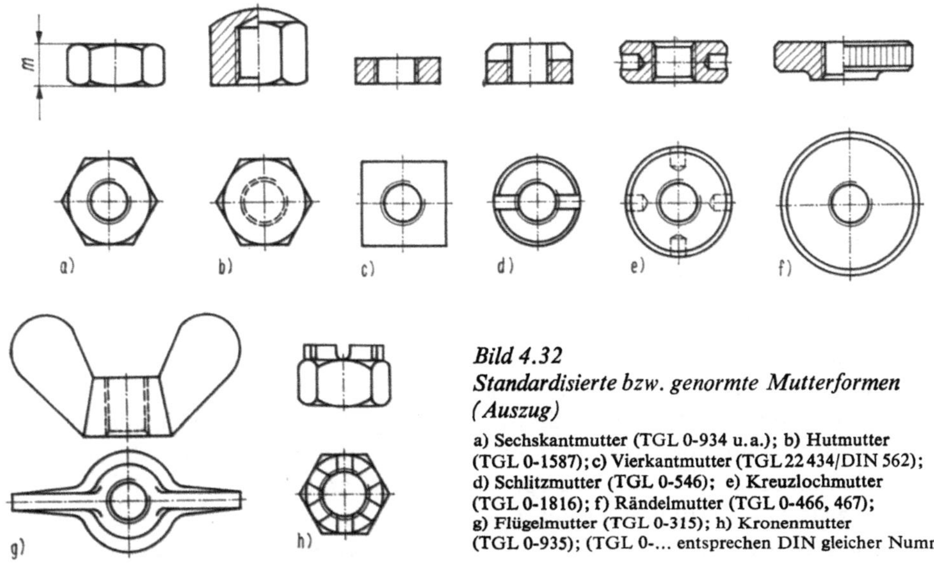

Bild 4.32
Standardisierte bzw. genormte Mutterformen (Auszug)
a) Sechskantmutter (TGL 0-934 u.a.); b) Hutmutter (TGL 0-1587); c) Vierkantmutter (TGL 22434/DIN 562); d) Schlitzmutter (TGL 0-546); e) Kreuzlochmutter (TGL 0-1816); f) Rändelmutter (TGL 0-466, 467); g) Flügelmutter (TGL 0-315); h) Kronenmutter (TGL 0-935); (TGL 0-... entsprechen DIN gleicher Nummer)

Die Gestaltung der Schraubenenden ist entsprechend dem Verwendungszweck in TGL 0-78 standardisiert (Bild 4.31). Von den Mutterformen (Bild 4.32) wird die Sechskantmutter mit den Höhen $m = 0{,}8d$ und $m = 0{,}5d$ am häufigsten verwendet. Maßtabellen für standardisierte Schrauben und Muttern sind in [3] und [6] angegeben.

4.2.2.1. **Berechnung** [3] [7]

Um eine sichere Kraftübertragung zwischen den zu verbindenden Bauteilen zu gewährleisten, sind Schraubenverbindungen vorzuspannen. Das erfolgt in untergeordneten Fällen, wie vielfach in der Gerätetechnik, durch einfaches „festes" Anziehen der Schraube oder Mutter von Hand (z.B. mit Schraubendreher oder Schraubenschlüssel ohne definierte Kraft). Bei hochbeanspruchten Schraubenverbindungen im Maschinen- und Elektromaschinenbau muß demgegenüber oft eine definierte Vorspannkraft, z.B. unter Verwendung eines Drehmomentschlüssels, aufgebracht werden. Danach unterteilt man Festigkeitsberechnungen in Schraubenverbindungen mit nur geringer Vorspannung (als Verbindungen „ohne" Vorspannung bezeichnet, obwohl dieser Begriff nicht exakt ist) und mit Vorspannung.

Grundsätzlich kann zwischen Längs- und Querbelastung der Schrauben unterschieden werden. Während Verbindungen mit Durchsteckschrauben (Bild 4.33a, c) sowohl zur Aufnahme von Längs- als auch Querkräften geeignet sind, sollte die Paßschraube (Bild 4.33b) ausschließlich durch Querkräfte beansprucht werden. Die Durchsteckschraube wird dabei von Längskräften unmittelbar und von Querkräften nur mittelbar über den Kraftschluß belastet. In beiden Fällen werden der Schraubenschaft auf Zug (ausreichendes Anzugsmoment erforderlich!) und bei vorgespannter Schraubenverbindung infolge des Gewindereibungsmoments zusätzlich auf Torsion, die Gewindegänge auf Abscherung und Pressung sowie die Kopf- und Mutterauflage auf Pressung beansprucht.

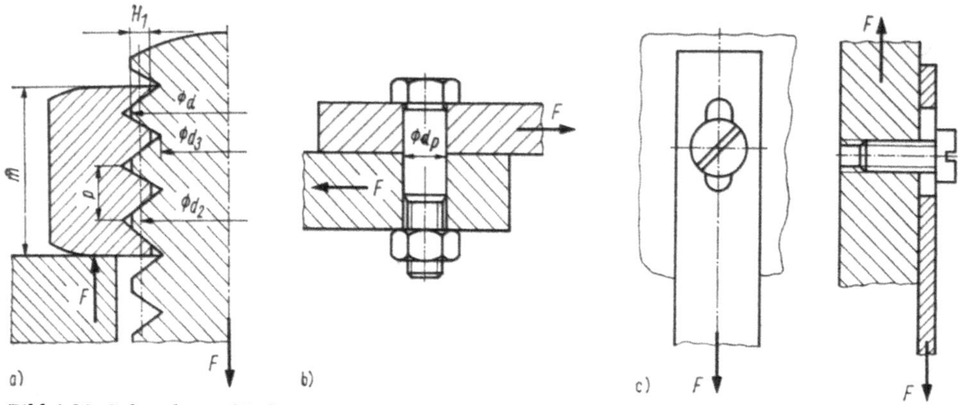

Bild 4.33. Schraubenverbindungen

a) längsbelastet; b) querbelastet mit Paßschraube; c) querbelastet mit Durchsteckschraube und Langloch

Schraubenverbindungen ohne Vorspannung. Die für die Berechnung wesentlichen Gleichungen sind in Tafel 4.9 zusammengestellt.

Bei *Längsbelastung* (Bild 4.33a) tritt durch das Anziehen von Schraube oder Mutter *Zugbeanspruchung* im Schraubenquerschnitt auf. Da die Gewindegänge abstützend wirken, wird zur Berechnung der Spannung nicht der kleinste Querschnitt, d.h. der Kernquerschnitt, herangezogen, sondern ein Spannungsquerschnitt A_s (s. Tafel 4.10) mit einem Durchmesser zwischen Kerndurchmesser d_3 und Flankendurchmesser d_2. Weiterhin liegt *Flächenpressung* an den Gewindeflanken vor. Bei ihrer Berechnung wird davon ausgegangen, daß sich die Kraft gleichmäßig auf n Gewindegänge verteilt. Die Fläche eines Gewindegangs ist durch einen Kreisring mit der Breite H_1 (Gewindetiefe) gegeben. Aus der zulässigen Flächenpressung kann die notwendige Einschraublänge bzw. Mutterhöhe $m = nP$ bestimmt werden. Als Zahlenwert für die zulässige Pressung ist bei unterschiedlichem Werkstoff von Schraube und Mutter stets der kleinere Wert einzusetzen. Neben der Flächenpressung werden die Gewindegänge auch noch auf *Abscherung* beansprucht (Ausreißen des Gewindes). Je nach Werkstoffpaarung erfolgt dabei ein Abscheren des Schrauben- oder Muttergewindes. Dementsprechend ist für die beanspruchte Fläche bei weicherem Mutterwerkstoff ein Zylindermantel mit dem Durchmesser d und bei weicherem Schraubenwerkstoff ein solcher mit dem Durchmesser d_3 einzusetzen. Im Falle gleicher Werkstoffe von Schraube und Mutter muß der Flankendurchmesser d_2 zugrunde gelegt werden. Zur Ermittlung der Einschraublänge aus der Scherbeanspruchung ist häufig die Näherung in Tafel 4.9 ausreichend. Standardisierte Schrauben und Muttern mit (ISO-) Gewinde sind so bemessen, daß bei Einhaltung einer Mindesteinschraubtiefe m_{min} ($m_{min} = 0{,}8d$ für St; $1{,}0d$ für Ms; $1{,}3d$ für GGL und $1{,}5d$ für Leichtmetall; d Gewindenenndurchmesser) nur die Zugbeanspruchung im Spannungsquerschnitt A_s des Schraubenschafts überprüft werden muß.

Tafel 4.10. Abmessungen für metrisches (ISO-) Gewinde; Maße in mm (Auswahl); d Bolzen, D Mutter

Gewinde-Nenndurchmesser d Reihe 1	Steigung	Flankendurchmesser	Kerndurchmesser		Tragtiefe	Profiltiefe des Bolzengewindes	Kernquerschnitt	Spannungsquerschnitt
	P	$d_2 = D_2$	D_1	d_3	H_1	h_3	A_q mm²	A_s mm²
0,25	0,075	0,201	0,169	0,158	0,041	0,046	0,020	0,025
0,3	0,08	0,248	0,213	0,202	0,043	0,049	0,032	0,040
0,4	0,1	0,335	0,292	0,277	0,054	0,061	0,060	0,074
0,5	0,125	0,419	0,365	0,347	0,068	0,077	0,095	0,115
0,6	0,15	0,503	0,438	0,416	0,081	0,092	0,136	0,166
0,8	0,2	0,670	0,583	0,555	0,108	0,123	0,242	0,295
1	0,25	0,838	0,729	0,693	0,135	0,153	0,377	0,460
1,2	0,25	1,038	0,929	0,893	0,135	0,153	0,626	0,732
1,6	0,35	1,373	1,221	1,171	0,189	0,215	1,08	1,27
2	0,4	1,740	1,567	1,509	0,217	0,245	1,79	2,07
2,5	0,45	2,208	2,013	1,948	0,244	0,276	2,98	3,39
3	0,5	2,675	2,459	2,387	0,271	0,307	4,47	5,03
4	0,7	3,545	3,242	3,141	0,379	0,429	7,75	8,78
5	0,8	4,480	4,134	4,019	0,433	0,491	12,7	14,2
6	1	5,350	4,917	4,773	0,541	0,613	17,9	20,1
8	1,25	7,188	6,647	6,466	0,677	0,767	32,8	36,6
10	1,5	9,026	8,376	8,160	0,812	0,920	52,3	58,0
12	1,75	10,863	10,106	9,853	0,947	1,074	76,2	84,3
16	2	14,701	13,835	13,546	1,083	1,227	144	157
20	2,5	18,376	17,294	16,933	1,353	1,534	225	245
24	3	22,051	20,752	20,319	1,624	1,840	324	352
30	3,5	27,727	26,211	25,706	1,894	2,147	519	561
36	4	33,402	31,670	31,093	2,165	2,454	759	817
42	4,5	39,077	37,129	36,479	2,436	2,760	1045	1121
48	5	44,752	42,587	41,866	2,706	3,067	1377	1473
56	5,5	52,428	50,046	49,252	2,977	3,374	1905	2030
64	6	60,103	57,305	56,639	3,248	3,681	2520	2676

Eine *Querbelastung* der Schraube entsteht durch eine Querkraft F_Q. Wird die Querkraft durch eine Paß- oder Schaftschraube (Bild 4.33b) übertragen, so ist eine Beanspruchung des Schraubenschafts auf Abscherung gestattet. Aus der zulässigen Scherspannung kann der erforderliche Schaftdurchmesser d_P berechnet werden. Bei Verwendung von Durchsteckschrauben, bei denen der Schraubenschaft wegen möglicher Verformung der Gewindegänge oder aus anderen Gründen (z. B. Justage, Bild 4.33c) nicht auf Abscherung beansprucht werden darf, muß die Querkraft von einer durch Längsverspannung der Schraube erzeugten Reibkraft aufgenommen werden. Die Berechnung erfolgt dann wie bei Längsbelastung unter Berücksichtigung des Reibwerts μ zwischen den zu verbindenden Bauteilen.

Hingewiesen sei noch darauf, daß man in der Gerätetechnik bei sehr kleinen äußeren Kräften auf die Festigkeitsrechnung gänzlich verzichtet und die Abmessungen in erster Linie nach konstruktiven und fertigungstechnischen Gesichtspunkten festlegt (z.B. Wahl eines einheitlichen und dann oft überdimensionierten Schraubendurchmessers innerhalb eines Geräts aus wirtschaftlichen Gesichtspunkten).

Schraubenverbindungen mit Vorspannung. Bei hochbeanspruchten Schraubenverbindungen ist, wie einleitend dargestellt, eine definierte Vorspannkraft F_{vor} aufzubringen. Das erforderliche *Anzugsmoment* M_A setzt sich allgemein zusammen aus dem Gewindereibmoment M_G und dem Reibmoment M_K an der Schraubenkopf- oder Mutterauflagefläche ($M_A = M_G + M_K$).

Das Gewindereibmoment läßt sich aus den geometrischen und Kräftebeziehungen an der Gewindeflanke herleiten [6] [7] und beträgt für das fast ausschließlich interessierende ISO-Profil

$$M_G \approx 0{,}25\,(d_2/2)\,F_{vor}. \tag{4.10}$$

Das Reibmoment M_K kann unter Berücksichtigung des Reibwerts μ_A an der Auflagefläche und deren mittlerem Radius r_A aus

$$M_K = F_{vor}\mu_A r_A \tag{4.11}$$

berechnet werden. Für das ISO-Profil und übliche Werkstoffpaarungen ergibt sich das Gesamtanzugsmoment näherungsweise zu

$$M_A \approx 0{,}22 F_{vor} d. \tag{4.12}$$

Neben dem Anzugsmoment ist die *elastische Deformation* der Schraubenverbindung infolge Vorspannung von Interesse, die sich in einer Dehnung der Schraube um den Betrag $\lambda_{vor\,z}$ und einer Stauchung der Bauteile um den Betrag $\lambda_{vor\,d}$ äußert (Bild 4.34). Zwischen Vorspannkraft F_{vor} und Deformation besteht im elastischen Bereich ein linearer Zusammenhang, der sich als Verspannungsdreieck darstellen läßt (Bild 4.34b). Das Aufbringen einer Betriebskraft F_{Betr} führt zu einer zusätzlichen Dehnung $\Delta\lambda$ der Schraube, während die Bauteile um dieselbe Strecke entlastet werden (Bild 4.35). Die Gesamtschraubenkraft ergibt sich dann als Summe aus Vorspannkraft und einer Zusatzkraft F_Z:

$$F_{Schr\,ges} = F_{vor} + F_Z. \tag{4.13}$$

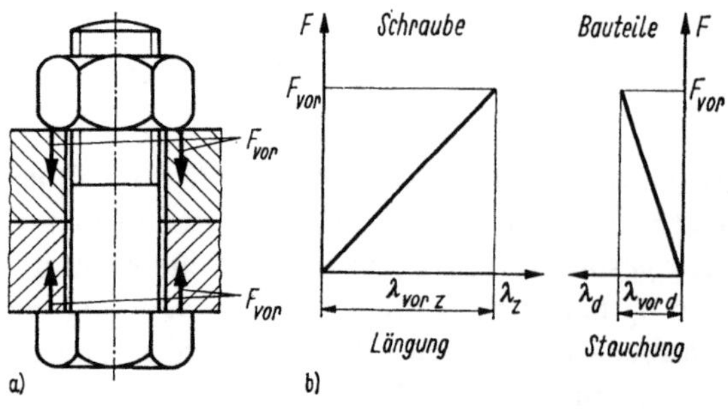

Bild 4.34
Vorgespannte Schraubenverbindung
a) Kraftwirkung; b) elastische Deformation (Federkennlinie)

Die aufgebrachte Betriebskraft darf nur so groß sein, daß die auf die Bauteile wirkende Restkraft einen von der Funktion der Verbindung abhängigen Betrag nicht unterschreitet, zumindest aber nicht Null wird.

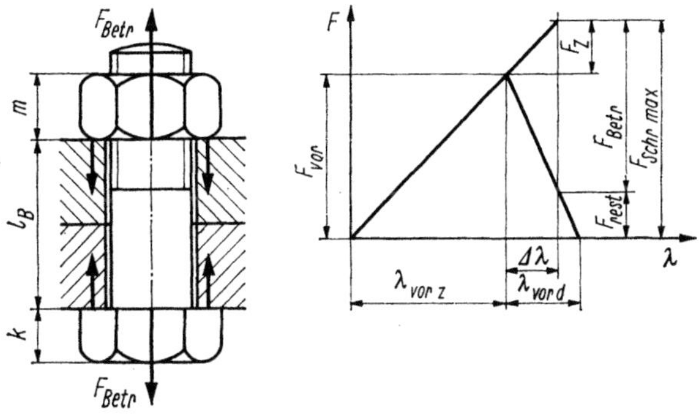

Bild 4.35
Verspannungsdiagramm mit Betriebskraft F_{Betr}

Die als Beanspruchungserhöhung auf die Schraube wirkende Zusatzkraft F_Z kann aus der Betriebskraft und den Federkonstanten von Schraube und Bauteilen berechnet werden:

$$F_Z = F_{Betr} c_{Schr}/(c_{Schr} + c_B). \tag{4.14}$$

Die Federkonstante der Schraube läßt sich aus

$$c_{Schr} = E_{Schr} A_{Schr}/l \tag{4.15}$$

mit

$$l = l_B + (k + m)/3,$$

E_{Schr} E-Modul des Schraubenwerkstoffs, A_{Schr} Schraubenquerschnitt, l_B Länge der verspannten Bauteile, k, m Schraubenkopf-, Mutterhöhe, berechnen (s. Bild 4.35). Zur Berechnung der Federkonstanten der verspannten Bauteile wird nach *Rötscher* eine kegelstumpfförmige Druckverteilung in den Bauteilen angenommen und jeweils durch einen Hohlzylinder mit dem Außendurchmesser

$$d_{A1,2} = S + l_{B1,2} \quad (S \text{ Schlüsselweite}) \tag{4.16}$$

und dem Lochdurchmesser als Innendurchmesser angenähert (Bild 4.36). Damit ergibt sich die Federkonstante eines verspannten Bauteils zu

$$c_{B1,2} = \frac{E_{B1,2}\pi}{4 l_{B1,2}} \left[(S + l_{B1,2})^2 - d_L^2\right] \tag{4.17}$$

und die Gesamtfederkonstante mehrerer Bauteile allgemein aus

$$\frac{1}{c_{B\,ges}} = \sum_{i=1}^{n} \frac{1}{c_{Bi}}. \tag{4.18}$$

Für die festigkeitsmäßige Dimensionierung höher beanspruchter Schraubenverbindungen werden die Festigkeitsklassen nach TGL 10826, DIN 267 u. DIN ISO 898 zugrunde gelegt, die durch zwei Zahlen gekennzeichnet sind, z.B. 5.6. Die erste Zahl gibt die Mindestzugfestigkeit (σ_B) des Werkstoffs in 100 N/mm² an, die zweite Zahl beinhaltet das Zehnfache des Verhältnisses von Mindeststreckgrenze (σ_S) zur Mindestzugfestigkeit. In

Abhängigkeit von diesen Festigkeitsklassen werden bestimmte Verhältnisse zwischen Vorspannkraft und Betriebskraft empfohlen:

Festigkeitsklasse des Schraubenwerkstoffs	5.6	6.8	8.8	10.9
F_{vor}/F_{Betr}	2,75	3,0	3,5	3,5

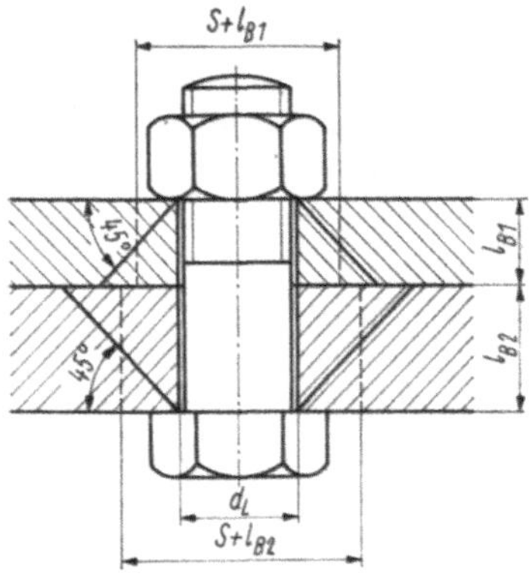

Bild 4.36
Rötscher-Kegel
(d_L Lochdurchmesser)

Bei der Dimensionierung der Verbindung geht man so vor, daß bei einer vorgegebenen Betriebskraft F_{Betr} zunächst eine Festigkeitsklasse ausgewählt und aus dem zugehörigen Verhältnis F_{vor}/F_{Betr} die empfohlene Vorspannung ermittelt wird. Der für diese Vorspannung erforderliche Spannungsquerschnitt $A_s = (\pi/4)\,[(d_2 + d_3)/2]^2$ wird aus

$$\sigma_{vor} = F_{vor}/A_s \leqq 0{,}7\sigma_S \tag{4.19}$$

berechnet und dient als erste Orientierung für die Festlegung des Nenndurchmessers d. Die festigkeitsseitige Überprüfung dieses Werts erfolgt anhand der Gesamtbeanspruchung, die sich aus der Vorspannkraft F_{vor}, der Zusatzkraft F_Z sowie dem Gewindereibmoment M_G zusammensetzt und eine Gesamt(vergleichs)spannung σ_v ergibt:

$$\sigma_v = \sqrt{\sigma_z + 3\tau_t^2} \leqq \sigma_{zul} = (0{,}9 \ldots 1)\,\sigma_S \quad \text{mit} \tag{4.20}$$

$$\sigma_z = (F_{vor} + F_Z)/A_s \quad \text{und} \quad \tau_t = M_G/W_t \approx 16F_{vor}d_2/\pi\,(d_2 + d_3)^3$$

(für ISO-Profil).

Die Gesamtspannung soll so nahe wie möglich an der Streckgrenze liegen, andernfalls sind die Schraubenabmessungen oder die Festigkeitsklasse zu korrigieren und die Berechnung ist zu wiederholen. Sind Vorspannkraft F_{vor} und Zusatzkraft F_Z unbekannt, kann mit folgender Näherung gerechnet werden:

$$\sigma = (1{,}5 \ldots 3)\,F_{Betr}/A_s \leqq \sigma_{zul}$$

mit

$$\sigma_{zul} = 0{,}7\sigma_S\,.$$

Liegt eine *wechselnde Betriebskraft* vor, so wird in der Schraube eine Schwellbeanspruchung hervorgerufen, deren Amplitude jedoch wegen des elastischen Zusammenspiels zwischen Schraube und Bauteilen wesentlich geringer ist als die Amplitude der Betriebskraft.

Bild 4.37 verdeutlicht, daß das Verhältnis um so günstiger ist, je elastischer der Schraubenschaft ausgeführt wird. Dies ist z. B. bei den sog. Dehnschrauben (Bild 4.38) für hochbeanspruchte Schraubenverbindungen der Fall, die einen verminderten Schaftquerschnitt und eine größere Länge haben.

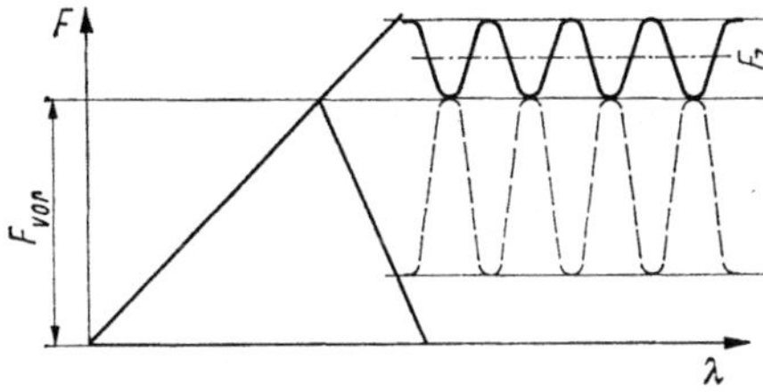

Bild 4.37. Schwingungsbeanspruchung

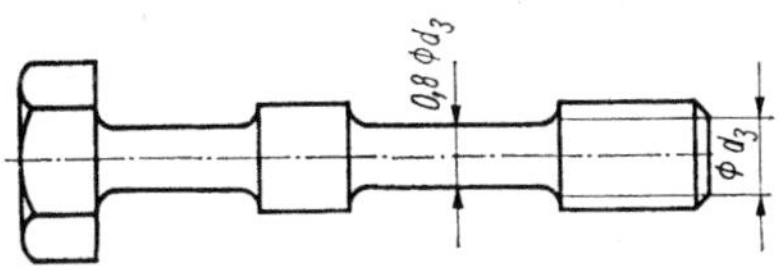

Bild 4.38. Dehnschraube

Bei einer zeitlich veränderlichen Betriebskraft mit Schwingspielzahlen $> 10^4$ ist zusätzlich die Dauertragfähigkeit anhand der Beziehung

$$\sigma_a = F_Z/2A_s \leqq \sigma_{a\,zul} = 0{,}8\sigma_{ADK} \tag{4.21}$$

zu überprüfen. Einige Richtwerte für die unter Berücksichtigung der Kerbwirkung des Gewindes einzusetzende Dauerfestigkeit σ_{ADK} sowie weitere Werkstoff-Kenngrößen sind (σ-Werte in N/mm²):

Festigkeitsklasse	4.6	4.8	5.6	5.8	6.8	8.8	10.9
σ_B	400	400	500	500	600	800	1000
σ_S	240	320	300	400	480	640	900
σ_{ADK}	30...40		40...50				50...60

(niedrigere σ_{ADK}-Werte für $d >$ M 14, höhere für M 6 bis M 12).

4.2.2.2. Konstruktive Gestaltung

Bei der konstruktiven Gestaltung von Schraubenverbindungen sind verschiedene Gesichtspunkte zu beachten:

Die erforderliche Einschraubtiefe muß bei zu geringen Materialdicken durch konstruktive Maßnahmen gesichert werden. Bild 4.39 zeigt einige Möglichkeiten zur Vergrößerung der Einschraubtiefe bei Blech- und Gußteilen. Bei höher belasteten Gewinden in Preßstoffteilen empfiehlt sich darüber hinaus das Einbetten metallischer Gewindebuchsen.

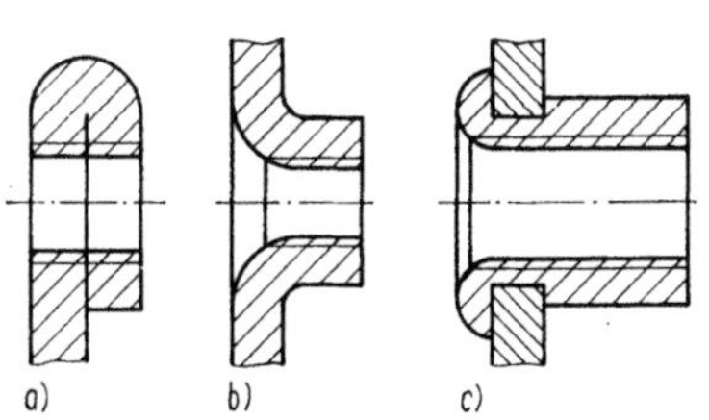

Bild 4.39. Vergrößerung der Einschraubtiefe

a) Blech umgelegt
b) Durchzug nach TGL 0-7952/DIN 7952
c) Gewindebuchse eingenietet

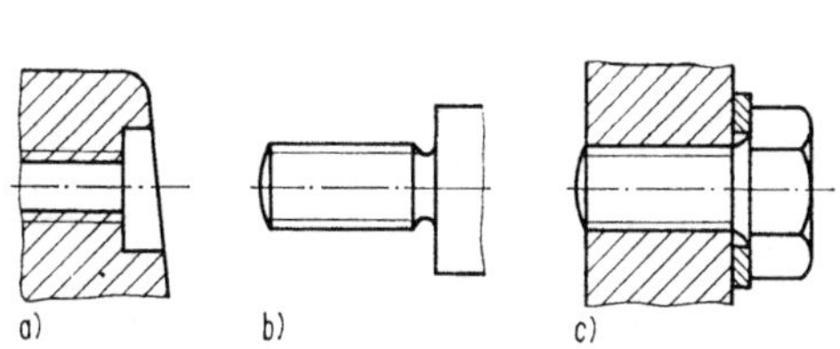

Bild 4.40. Verbesserung der Auflagefläche bei Schrauben

Schraubenverbindungen erfordern eine genügend große *Auflagefläche* senkrecht zur Schraubenachse. Ist diese durch die Form des Bauteils oder den Gewindeauslauf der Schrauben nicht gegeben, sind ebenfalls zusätzliche Maßnahmen notwendig, z.B. entsprechende Bearbeitung der Bauteile (Bild 4.40a), Freidrehen des Gewindeauslaufs (b) oder Verwenden einer Unterlegscheibe (c).

Eine zusätzliche Lagesicherung der Bauteile ist erforderlich, wenn diese u.a. aus Gründen der Wirtschaftlichkeit mit nur einer Schraube verbunden werden sollen (sog. Einlochbefestigung, Bild 4.41 a, b) oder wenn z.B. eine Justierlage auch bei wiederholter Demontage wieder herstellbar sein muß (Paßstifte nach Bild 4.41 c, s. Abschn. 4.2.3.).

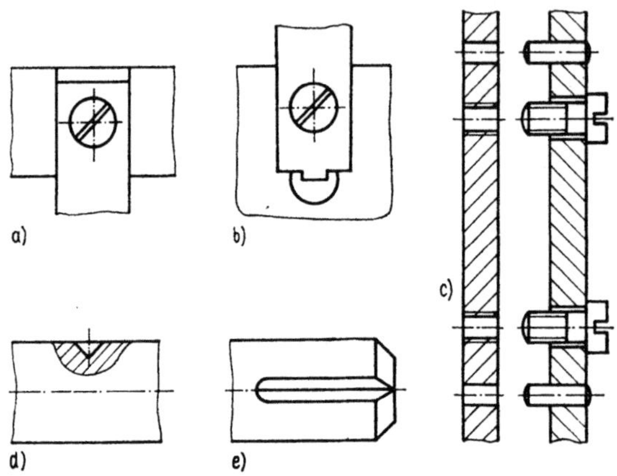

Bild 4.41
Lagesicherung von Schraubenverbindungen

Bei einer Verbindung von Bauteilen mit Achsen oder Wellen durch Klemmschrauben ist eine formschlüssige Unterstützung zum Übertragen von axialen Kräften nach Bild 4.41 d sowie von Drehmomenten nach Bild 4.41 e zu empfehlen.

Eine *Sicherung der Schraubenverbindung gegen Lösen* ist besonders dann notwendig, wenn die Verbindung veränderlich belastet wird (z.B. durch Temperatureinfluß oder Erschütterungen) bzw. wenn die Gefahr eines Aufhebens des Kraftschlusses besteht (z.B. durch Nachgiebigkeit des Werkstoffs oder durch Korrosion). Die Sicherung kann kraft-, form- oder stoffschlüssig erfolgen. Die einfachste kraftschlüssige Sicherung ist das Verwenden einer Gegenmutter. Nachteilig sind dabei die relativ große Bauhöhe und die mitunter nicht ausreichende Rüttelsicherheit. Diese Nachteile entfallen bei handelsüblichen standardisierten Sicherungselementen (Federringe, Federscheiben, Zahn- oder Fächerscheiben, Bild 4.42). Die Sicherung erfolgt durch Einlegen dieser Elemente zwischen Mutter und Bauteil bei mittelbarer bzw. zwischen Schraubenkopf und Bauteil bei unmittelbarer Schraubenverbindung.

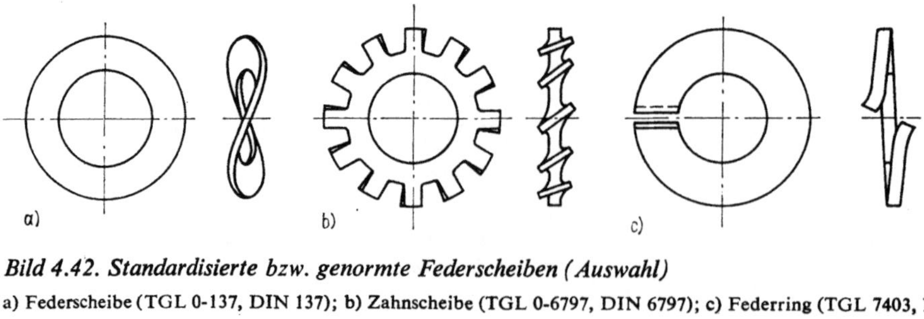

Bild 4.42. Standardisierte bzw. genormte Federscheiben (Auswahl)

a) Federscheibe (TGL 0-137, DIN 137); b) Zahnscheibe (TGL 0-6797, DIN 6797); c) Federring (TGL 7403, DIN 127)

Sicherungen durch Formschluß werden entweder durch plastisches Verformen von Schraube, Mutter oder Bauteil geschaffen (Bild 4.43) oder durch Verformen zusätzlicher, größtenteils ebenfalls standardisierter Bauteile (Bild 4.44). Sie bieten eine große Sicherheit gegen Lösen.

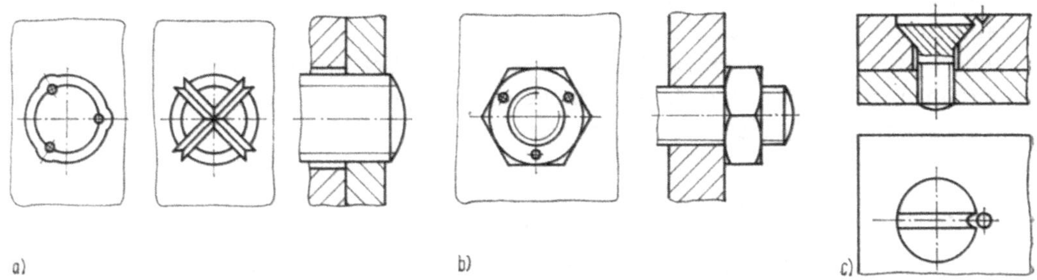

Bild 4.43. Formschlüssige Sicherung durch Verformen von
a) Schraube; b) Mutter; c) Bauteil

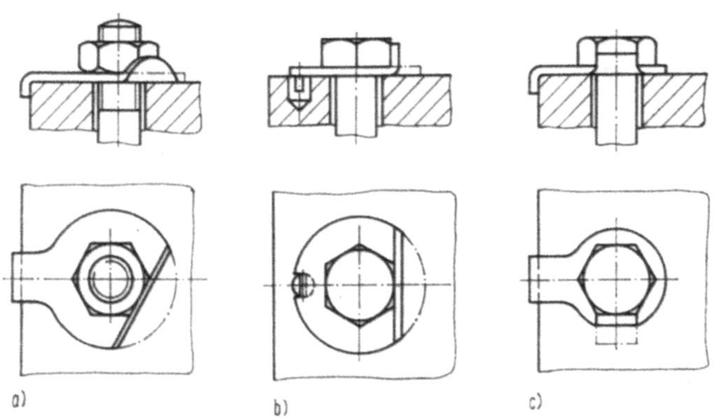

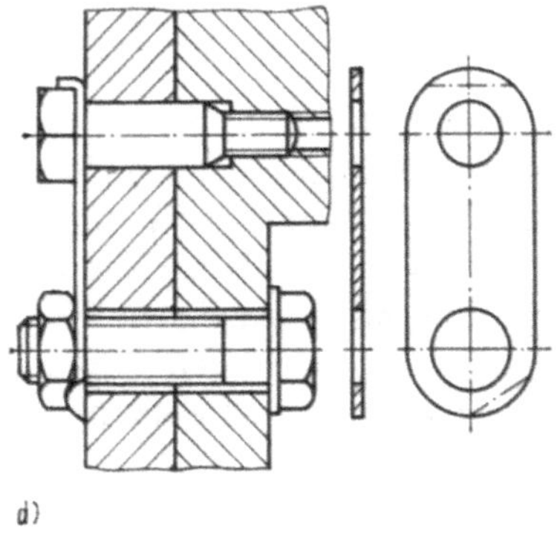

Bild 4.44
Formschlüssige Sicherung durch zusätzliches Bauteil
a) Sicherungsblech mit Lappen (TGL 0-93); b) Sicherungsblech mit Nase (TGL 0-432); c) Sicherungsblech mit zwei Lappen (TGL 0-463); d) Sicherungsblech für zwei benachbarte Schrauben (TGL 0-... entsprechen DIN gleicher Nummer)

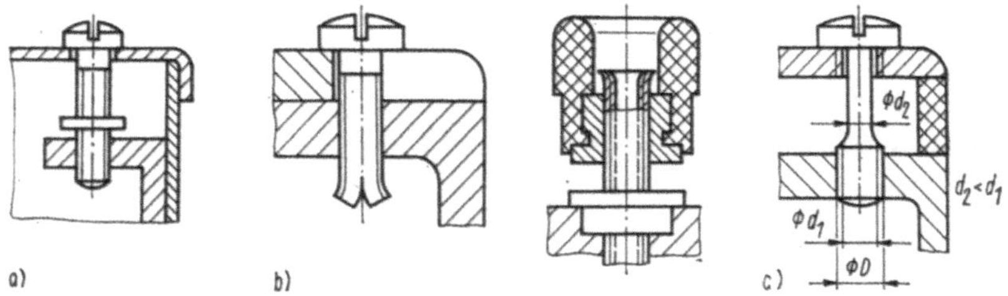

Bild 4.45. Sicherung gegen Verlieren durch
a) Pappscheibe; b) Verformen des Schraubenendes; c) Linsenhalsschraube

Stoffschlüssige Sicherungen werden wegen ihrer Einfachheit vorrangig bei kleinen Drehmomenten angewendet. Die Sicherung erfolgt durch Lack oder Kitt und macht außerdem unbefugtes Lösen kenntlich.

Sicherung gegen Verlieren ist zweckmäßig bei Verbindungen, die häufig gelöst werden müssen. Eine Möglichkeit besteht in der Anwendung von Drahtringen, Sicherungs- oder Pappscheiben (Bild 4.45a). Auch das Schraubenende (b) läßt sich leicht deformieren, verhindert aber vollständiges Lösen der Verbindung. Bei Spezialschrauben (Linsenhalsschrauben, Bild 4.45c) sind Zusatzbauteile nicht erforderlich, jedoch müssen beide Verbindungspartner mit Gewinde versehen sein.

4.2.3. Stift- und Keilverbindungen [3] [6] [7]

Stift- und Keilverbindungen sind teilweise lösbare form- und kraftschlüssige Verbindungen. Der Formschluß entsteht durch das Eingreifen des Stifts oder Keils in die zu verbindenden Bauteile, wobei die Stift- oder Keilachse i.allg. senkrecht zu der Kraft steht, mit der die Verbindung beansprucht wird. Der Kraftschluß wird entweder durch Übermaß eines zylindrischen Stifts gegenüber der Bohrung (mittelbare Preßverbindung) oder durch kegelige Form des Stifts erreicht (Keilverbindung mit axialer Kraftwirkung).

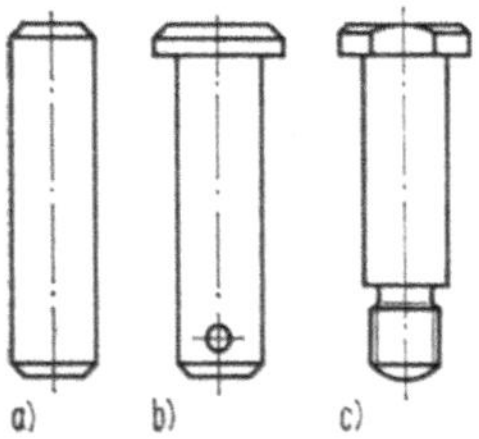

Bild 4.46. Standardisierte bzw. genormte Bolzen

a) ohne Kopf (TGL 0-1433, DIN 1433)
b) mit Kopf und Splintloch (TGL 18010, DIN 1436)
c) mit Gewindezapfen (TGL 0-1438, DIN 1438)

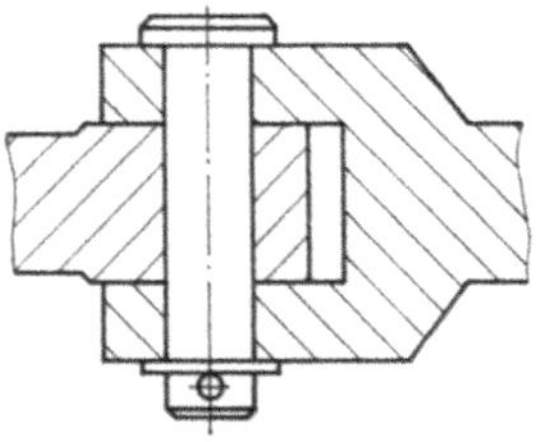

Bild 4.47. Gabelgelenk mit Bolzen

Zylinderstifte größeren Durchmessers (als *Bolzen* bezeichnet, Bild 4.46) dienen meist zur gelenkigen Verbindung (Gelenkbolzen, Bild 4.47) und zur Kraftbegrenzung (Brechbolzen, mit Kerbe als Sollbruchstelle). Stifte mit kleinerem Durchmesser werden in vielen, z.T. standardisierten Ausführungsformen verwendet (Bild 4.48), als Verbindungsstifte (lediglich formschlüssige Verbindung), Befestigungsstifte (mit zusätzlichem Kraftschluß), Paßstifte (zur Lagesicherung, s. Bild 4.41c), Sicherungsstifte (Sicherung von Schrauben, Muttern u.a. gegen Lösen), Haltestifte (z.B. zur Halterung von Federn) usw.

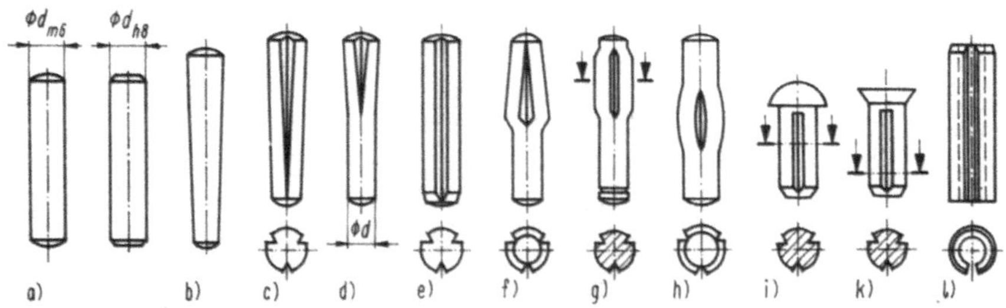

Bild 4.48. Standardisierte bzw. genormte Stiftformen

a) Zylinderstift (TGL 0-7); b) Kegelstift (TGL 0-1); c) Kegelkerbstift (TGL 0-1471); d) Paßkerbstift (TGL 0-1472); e) Zylinderkerbstift (TGL 0-1473); f) Steckkerbstift (TGL 0-1474); g) Halskerbstift (TGL 7408); h) Knebelkerbstift (TGL 0-1475); i) Halbrundkerbnagel (TGL 0-1476); k) Senkkerbnagel (TGL 0-1477); l) Spannstift (DIN 1481); (TGL 0-... entsprechen DIN gleicher Nummer)

Kegelstifte (Bild 4.48b) ermöglichen gut sitzende, aber leicht lösbare Verbindungen. Sie finden überwiegend Anwendung als Paßstifte zur Lagesicherung von Teilen mit einer Kegelneigung $1/k = 2 \tan \alpha$ (α Kegelwinkel) von 1:15 bis 1:25 für oft zu lösende Verbindungen und mit 1:50 für Dauerverbindungen. Ein rüttelsicherer Sitz ist damit nicht zu gewährleisten; außerdem erfordert das notwendige genaue Passen ein Bearbeiten der Bohrung mit einer Kegelreibahle (teuer!).

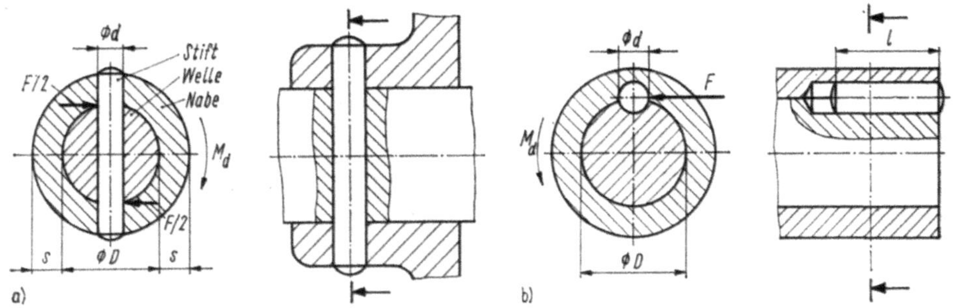

Bild 4.49. Stiftverbindung zur Drehmomentübertragung
a) Querstift; b) Längsstift

Bei Kerb- und Spannstiften (Bilder 4.48c bis h, l) reicht demgegenüber ein einfaches Bohren der Löcher mit einer Toleranz H12 zur Stiftaufnahme. Infolge der elastischen Wirkung der am Umfang vorhandenen axialen Kerben bei Kerbstiften bzw. des geschlitzten Hohlzylinders bei Spannstiften ist ein wiederholtes Einschlagen möglich (bei Kerbstiften wegen der zusätzlichen plastischen Verformung nur begrenzt), und es ergeben sich rüttelsichere Verbindungen. Ähnliche Eigenschaften haben Kerbnägel (Bild 4.48i, k) zur Befestigung von Blechen (z.B. Typenschilder an Geräten), Skalen, Scharnieren usw. auf Metallteilen in Durchgangs- und Grundbohrungen.

Die zur *Berechnung einer Stiftverbindung* für das Beispiel der Drehmomentübertragung zwischen Welle und Nabe notwendigen Beziehungen sind in Tafel 4.11 angegeben. Bei der Verbindung mittels Querstift (Bild 4.49a) wird der Stiftquerschnitt auf Abscherung

Tafel 4.11. Berechnung von Stiftverbindungen (s. Bild 4.49; zulässige Spannungen s. Abschn. 3.3.1.), z Anzahl der Stifte

Berechnung auf	Spannung	Dimensionierung
	Querstift	
Abscherung des Stifts	$\tau = \frac{F}{ziA} \leqq \tau_{zul}$ $A = \pi \frac{d^2}{4}$ ($z = 1$; $i = 2$ im Bild 4.49a)	$d \geqq \sqrt{\frac{8M_d}{zi\pi D\tau_{zul}}}$ $\left(M_d = F\frac{D}{2}\right)$
Flächenpressung in der Nabe (Flächenpressung in der Welle analog)	$p = \frac{M_d}{sd(D+s)} \leqq p_{zul}$	$s \approx \frac{M_d}{p_{zul}dD}$
	Längsstift (Rundkeil)	
Abscherung des Stifts	$\tau = \frac{2M_d}{dDl} \leqq \tau_{zul}$	$d \geqq \frac{2M_d}{Dl\tau_{zul}}$
Flächenpressung der Nabe und Welle	$p = \frac{4M_d}{dDl} \leqq p_{zul}$	$l \geqq \frac{4M_d}{dDp_{zul}}$

beansprucht, wobei zu beachten ist, daß es sich um eine zweischnittige Verbindung handelt (der Stift wird an zwei Stellen beansprucht) und demzufolge als Querschnittsanzahl $i = 2$ eingesetzt werden muß. Die Nabe wird auf Flächenpressung (Lochleibung p_l) beansprucht. Wegen der unterschiedlichen Spannungsverteilung auf der gekrümmten Berührungsfläche zwischen Stift und Lochwandung wählt man hierbei die Projektion der Berührungsfläche in Kraftrichtung als zweckmäßige Näherung für die beanspruchte Fläche.

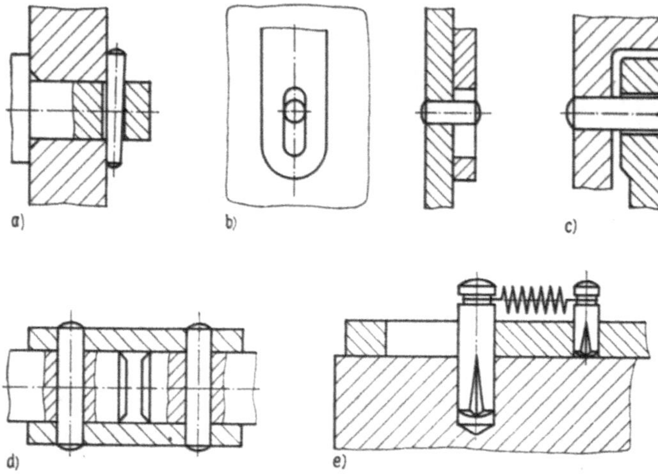

a) axial wirkender Kegelstift
b) Zylinderstift als Anschlag
c), e) Stift als Funktionselement
d) Querstift

Bild 4.50. Ausführungsbeispiele für Stiftverbindungen

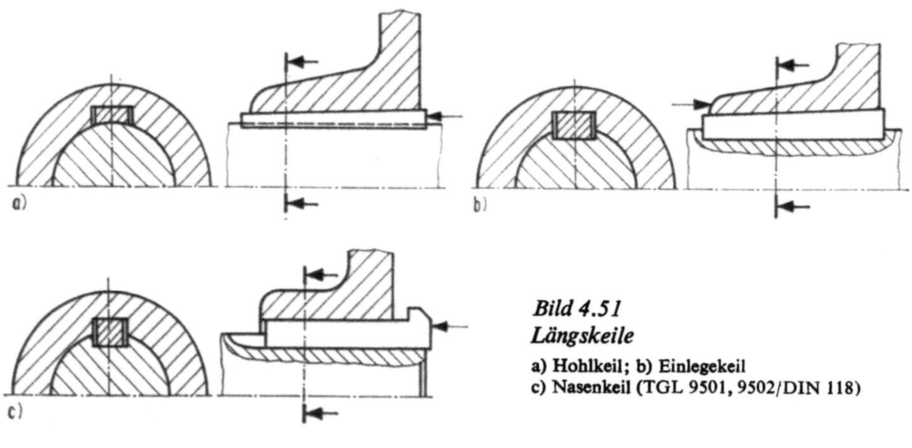

Bild 4.51
Längskeile

a) Hohlkeil; b) Einlegekeil
c) Nasenkeil (TGL 9501, 9502/DIN 118)

Die Berechnung einer Verbindung mit Längsstift oder Rundkeil (Bild 4.49b) erfolgt analog. Ähnliches gilt für beliebige andere Stiftverbindungen, wobei evtl. eine infolge asymmetrischer Lage des Stiftes zur Trennfuge vorhandene unterschiedliche Flächenpressung zwischen Welle und Nabe zu beachten ist.

Bei der *konstruktiven Gestaltung* lösbarer Stiftverbindungen müssen Durchgangslöcher vorgesehen werden, damit die Stiftenden beiderseits zugänglich sind. Beim häufigen Wechsel von Zylinderstiften treten Lochaufweitungen ein, die sich durch Kegelstifte vermeiden lassen. Eine Sicherung von Stiften gegen Längsverschiebung kann, sofern nicht Kerbstifte Verwendung finden, durch Deformation der Stiftenden bzw. durch Splinte oder Sicherungsscheiben erreicht werden. Einige Beispiele zeigt Bild 4.50.

Zur form- und kraftschlüssigen Übertragung hauptsächlich von (wechselnden) Drehmomenten werden Keilverbindungen mit Längskeilen eingesetzt (Bild 4.51). Wegen der einseitigen Verspannung der Nabe gegen die Welle und der dadurch entstehenden Unwucht sind die Verbindungen nicht für hohe Drehzahlen geeignet. Von den gebräuchlichsten Formen gelangen Hohlkeile (Bild 4.51 a) als reine kraftschlüssige Verbindungen nur bei kleinen Drehmomenten (Handräder, Riemenscheiben), kraft- und formschlüssige Nutenkeile, wie Einlege- und Nasenkeile (Bild 4.51 b und c), bei größeren Beanspruchungen zur Anwendung.

4.2.4. Feder- und Profilwellenverbindungen [3] [6] [7]

Wie bereits einführend zum Abschn. 4. dargestellt, werden die Feder- und Profilwellenverbindungen wegen ihrer Ähnlichkeit mit den Keilverbindungen an dieser Stelle eingeordnet, obwohl keine elastische Verformung, sondern reiner Formschluß vorliegt. Die genannten Verbindungen dienen zur Übertragung großer Drehmomente u.a. im Fahrzeugbau sowie im Werkzeug- und Elektromaschinenbau durch Verwendung von Paß-, Scheiben- und Gleitfedern verschiedener Abmessungen (Bild 4.52) oder von Profilwellen mit unterschiedlicher Profilform (z.B. Keilwellenprofil, Bild 4.53). Gleitfedern ermöglichen dabei die axiale Verschiebbarkeit der Nabe auf der Welle durch Spielpassung zwischen Feder und Nabennut. Die Profilwellenverbindung kann durch Vervielfachung der Mitnehmer wesentlich größere Momente übertragen und zugleich einen zentrischen Sitz der Nabe gewährleisten. Die Profile an den Wellen dieser Verbindung werden i.allg. durch Fräsen, die der Naben durch Räumen hergestellt.

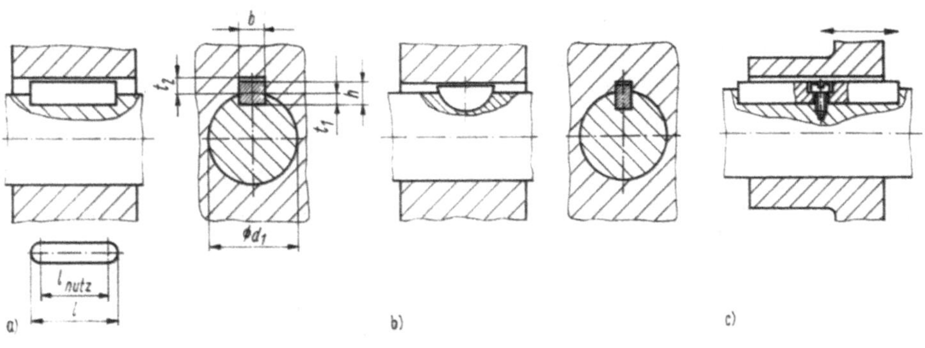

Bild 4.52. Federverbindungen (zugeordnete Nutabmessungen TGL 21000/DIN 119)
a) Paßfeder; b) Scheibenfeder; c) Gleitfeder (TGL 9499, 9500/DIN 119)

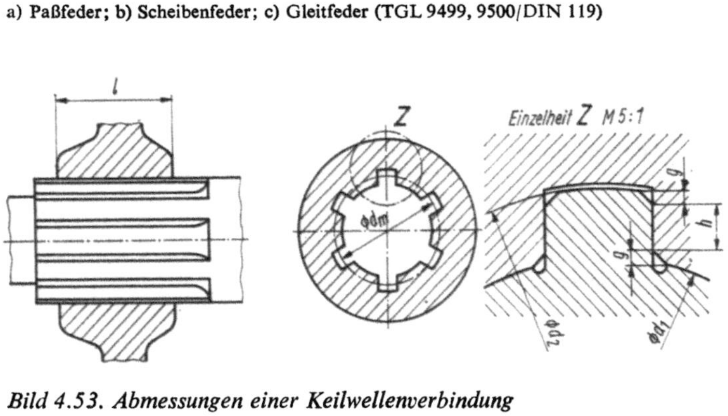

Bild 4.53. Abmessungen einer Keilwellenverbindung

Das Drehmoment wird bei den Feder- und Profilwellenverbindungen durch Beanspruchung der Feder bzw. der Mitnehmer auf Flächenpressung und Abscherung übertragen, i. allg. erfolgt aber die Bemessung nur nach der zulässigen Flächenpressung an den Anlageflächen zwischen Welle und Nabe.

Bei Federverbindungen (Bild 4.52a) gilt für

Wellennut: $$p = F_U/t_1 l_{Nutz} = 2M_d/dt_1 l_{Nutz} \leqq p_{zul}, \tag{4.22}$$

Nabennut: $$p = F_U/(h - t_1)\, l_{Nutz} = 2M_d/d(h - t_1)\, l_{Nutz} \leqq p_{zul}. \tag{4.23}$$

Die zulässige Flächenpressung p_{zul} ist von der Art des Werkstoffs und der Feder abhängig [6].

Bei Paßfedern gilt für zähe Werkstoffe (St, GS) $p_{zul} = \sigma_S/S_F$ und für spröde Werkstoffe (GGL) $p_{zul} = t_p \sigma_{dB}/S_F$.

σ_S und σ_{dB} sind die Streck- bzw. Bruchgrenze des Naben- bzw. Wellenwerkstoffs und t_p der Traganteil unter Berücksichtigung der Formänderung in der Preßfuge. Abhängig von der Bearbeitung gilt $t_p = 0{,}25$ für feingebohrte, feingedrehte und feingefräste Flächen, $t_p = 0{,}5$ für geschliffene und geriebene sowie $t_p = 0{,}75$ für geschabte Flächen.

Erfolgt bei *Gleitfedern* die Verschiebung ohne Belastung (z. B. im Stillstand), dann gelten die gleichen Werte für p_{zul} wie bei Paßfedern. Erfolgt jedoch das Verschieben unter Last, müssen die Werte kleiner sein. Mit der Sicherheit $S_F = 1{,}3 \ldots 2$ und $S_B = 3 \ldots 4$ gilt dann für zähe Werkstoffe (St, GS) $p_{zul} \approx 0{,}5\sigma_S/S_F$ und für spröde Werkstoffe (GGL) $p_{zul} \approx 0{,}5 t_p \sigma_{dB}/S_B$ (Werte für Traganteil t_p analog Paßfedern).

Als nutzbare Länge l_{Nutz} ist die Länge der Anlagefläche zwischen Feder und Nabe einzusetzen, die z. B. bei der Paßfeder wegen der abgerundeten Federenden geringer ist als die Federlänge l.

Die Flächenpressung einer Keilwellenverbindung (Bild 4.53) als Beispiel für Profilwellenverbindungen ergibt sich unter der Annahme, daß nur 75 % aller Mitnehmerflächen an der Kraftübertragung beteiligt sind, zu

$$p = 2M_d/(0{,}75 d_m z h l) \leqq p_{zul} \tag{4.24}$$

(z Mitnehmeranzahl, l Mitnehmerlänge) mit dem mittleren Durchmesser $d_m = (d_1 + d_2)/2$ und der tragenden Höhe der Keile $h = (d_2 - d_1)/2 - 2g$ (g Abschrägung am Naben- oder Wellenprofil).

Die zulässige Flächenpressung ist auch hier in Abhängigkeit von Werkstoffart, Nabenart und Lastfall festzulegen [6]:

zähe Werkstoffe (St, GS): $p_{zul} = c_1 c_2 \sigma_S/S_F$,

spröde Werkstoffe (GGL): $p_{zul} = c_1 c_2 t_p \sigma_{dB}/S_B$.

Für σ_S und σ_{dB} sind die Festigkeitswerte des Nabenwerkstoffs einzusetzen. c_1 und c_2 berücksichtigen die Betriebsbedingungen etwa wie folgt:

Betriebslast	c_1	Nabenart	c_2
einseitig wirkend	1	Befestigungsnaben	1
wechselnd	0,8	Verschiebenaben, ohne Last verschiebbar	0,4
Stoßkraft wechselnd	0,6	Verschiebenaben, unter Last verschiebbar	0,1

Für die Sicherheitsfaktoren gilt: $S_F = 1{,}3 \ldots 2$; $S_B = 3 \ldots 4$; Werte für Traganteil sind analog Paßfedern zu wählen.

Als allgemeine Orientierung zur Dimensionierung von Naben bei einem Wellendurchmesser d gelten folgende Richtwerte

für Gußeisen: $D_N = (2 \ldots 2{,}2)\,d; \quad L_N = (1{,}2 \ldots 2)\,d,$

für Stahl: $D_N = (1{,}8 \ldots 2)\,d; \quad L_N = (1 \ldots 1{,}3)\,d,$

D_N Außendurchmesser der Nabe, L_N Nabenlänge.

4.2.5. **Klemmverbindungen** [4.1]

Klemmverbindungen sind mittelbare Kraftschlußverbindungen, die i. allg. zur lösbaren Verbindung von Bauteilen dienen und bei denen die Haftkraft mit Kraftschluß durch zusätzliche Klemmelemente erzielt wird. Verwendung finden besonders Exzenter (Bild 4.54a) oder Schrauben (b), zur Erhöhung der Klemmwirkung häufig in Verbindung mit Keilen oder Kegeln (c). Klemmverbindungen werden oft als Doppelschelle (Bild 4.55) zur Übertragung von Drehmomenten eingesetzt. Bei der Berechnung geht man davon aus, daß die Schellen (Nabe) vollflächig an der Welle anliegen und eine gleichmäßige Pressung hervorrufen (Bild 4.56). Für das übertragbare Drehmoment M_d ist die Reibkraft in der Klemmfuge maßgebend:

$$M_d = F_R d_F/2 \quad \text{mit} \quad F_R = \mu F_N. \tag{4.25}$$

Die Normalkraft F_N kann aus der Flächenpressung p bestimmt werden:

$$F_N = pA; \quad (A = \pi d_F l_F; \quad p \leqq p_{zul}). \tag{4.26}$$

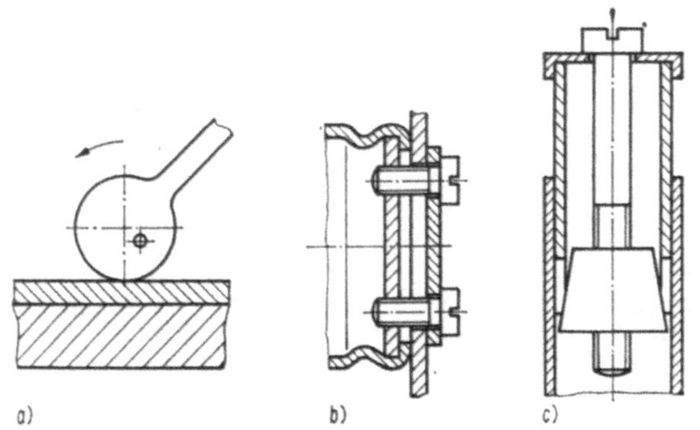

Bild 4.54
Klemmelemente

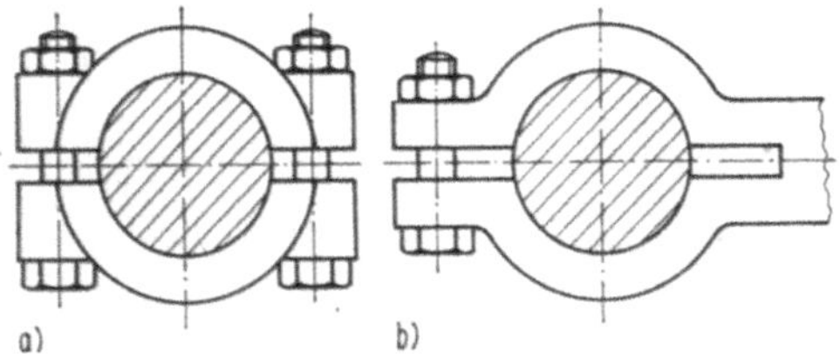

Bild 4.55. Klemmverbindung
a) mit geteilter Nabe; b) mit geschlitzter Nabe

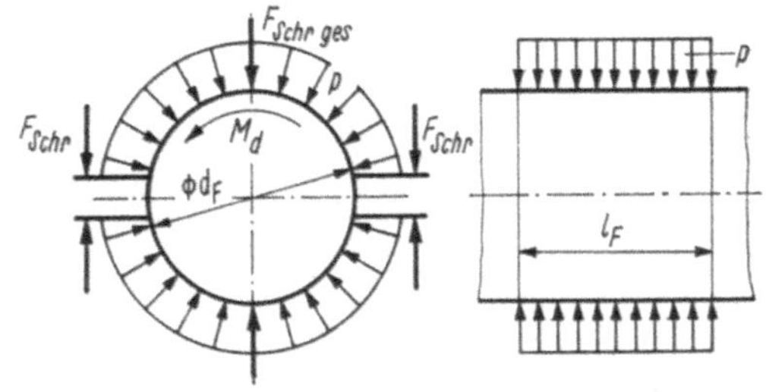

Bild 4.56. Angenommene Pressungsverteilung bei einer Klemmverbindung

Zur Erzeugung der notwendigen Flächenpressung ist bei z Schrauben eine Gesamtkraft von

$$F_{\text{Schr ges}} = F_{\text{Schr}} z = p d_{\text{F}} l_{\text{F}} \tag{4.27}$$

notwendig. Mit den Gln. (4.25) und (4.26) läßt sich somit die erforderliche Kraft einer Schraube aus

$$F_{\text{Schr}} = 2M_{\text{d}} / \pi z \mu d_{\text{F}} \tag{4.28}$$

berechnen. Um die notwendige Sicherheit zu gewährleisten, ist als Reibwert μ der für Gleitreibung geltende einzusetzen. Bei der konstruktiven Gestaltung ist besonders auf genügend große Klemmflächen zu achten, damit die zulässige Flächenpressung nicht überschritten wird.

4.2.6. **Spreizverbindungen** [2] [3]

Spreizverbindungen sind form- oder kraftschlüssige Verbindungen, die durch Verformung eines Bauteils entstehen und bei denen, je nach Verformungsgrad und Gestaltung, zwischen unlösbaren und lösbaren unterschieden wird. Unlösbare Verbindungen werden

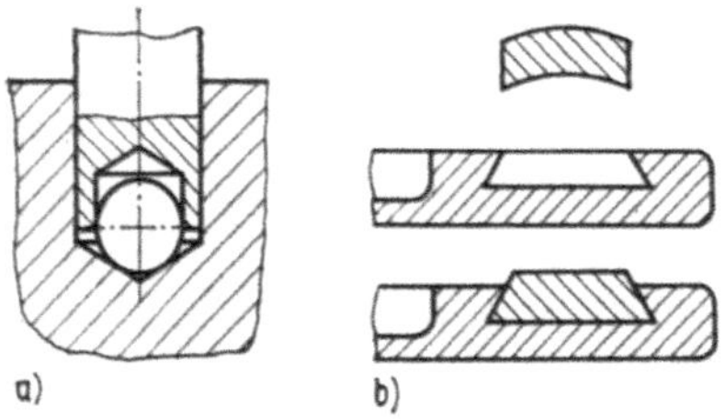

Bild 4.57
Unlösbare Spreizverbindungen von
a) Bolzen und Grundplatte; b) Kontakt in Trägerplatte

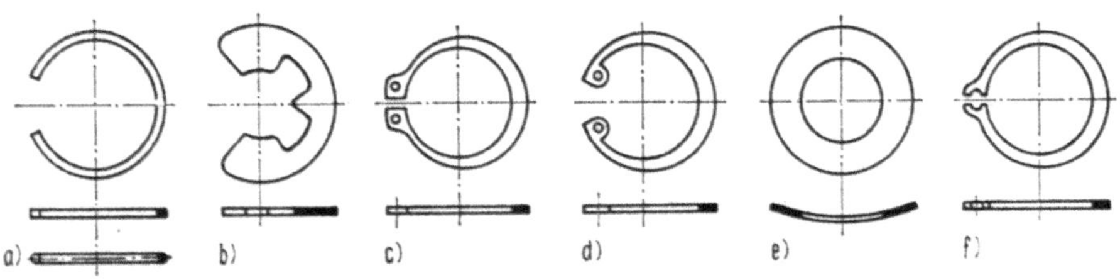

Bild 4.58. Auswahl standardisierter bzw. genormter Spreizmittel

a) Sprengring rund (TGL 31665/DIN 122) und flach (TGL 16363/DIN 122); b) Sicherungsscheibe (Bz-Scheibe) (TGL 0-6799); c) Sicherungsring für Wellen (TGL 0-471); d) Sicherungsring für Bohrungen (TGL 0-472); e) Verschlußscheibe (TGL 0-470); f) Klemmring (TGL 21706/DIN 122); (TGL 0-... entsprechen DIN gleicher Nummer)

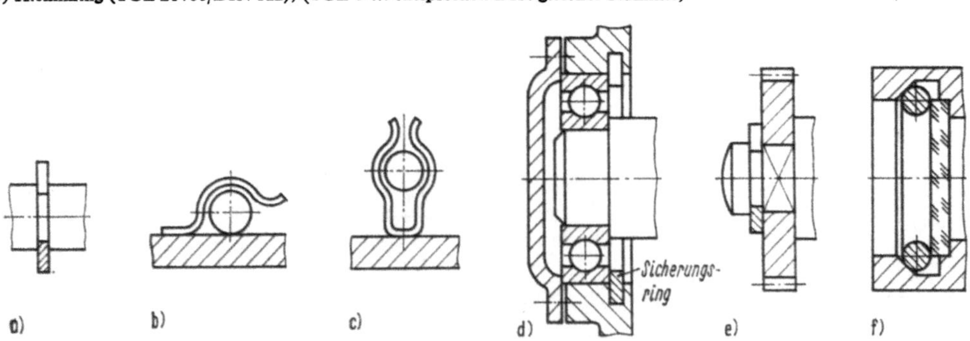

Bild 4.59. Anwendungsbeispiele für Spreizverbindungen [3]

a) Bund auf Welle durch Sicherungsscheibe; b) und c) Sicherungshalter; d) Lagesicherung eines Wälzlagers; e) Axialsicherung eines Zahnrades; f) Befestigung einer Glasscheibe

meist durch plastisches Verformen erreicht (Bild 4.57). Für lösbare Spreizverbindungen verwendet man häufig standardisierte Einspreizmittel (Bilder 4.58, 4.59a), die durch elastische Verformung in entsprechende Nuten bzw. Aussparungen der Bauteile eingebracht oder (bei geringer Belastung) auf die Bauteile geklemmt werden. Des weiteren kommen nichtstandardisierte Spreizmittel zum Einsatz sowie die elastische Verformung der Bauteile selbst (Bild 4.59b, c). Besonders standardisierte Einspreizmittel ermöglichen sehr wirtschaftliche Verbindungen. Sie sind deshalb in der Gerätetechnik in großem Umfang anzutreffen.

Bei der Gestaltung der Einspreizverbindung ist auf gute Montagemöglichkeiten zu achten. Das gilt besonders, wenn zur Montage spezielle Hilfswerkzeuge erforderlich sind. Einige Anwendungsbeispiele zeigt Bild 4.59.

4.3. Verbindungen durch plastische Verformung

4.3.1. Nietverbindungen [2] [3] [4.7]

Das Nieten dient der form- und kraftschlüssigen Verbindung von Bauteilen und wird hauptsächlich in der Blechverarbeitung sowie im Behälter-, Stahl- und Kesselbau angewendet, wird aber zunehmend durch modernere Verbindungsverfahren (Schweißen, Kleben) verdrängt.

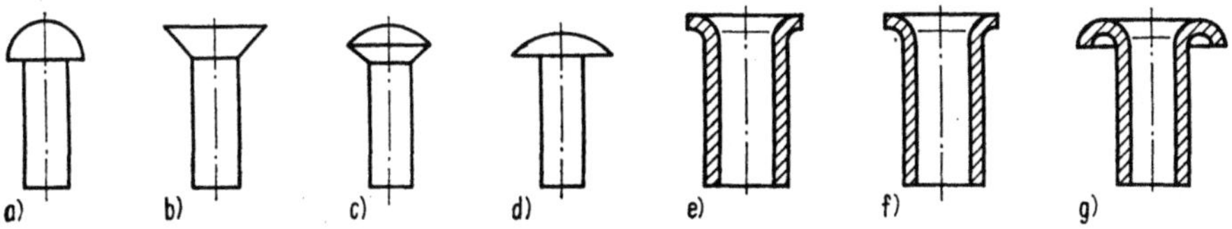

Bild 4.60. Auswahl standardisierter bzw. genormter Nietformen

a) Halbrundniet (TGL 0-660); b) Senkniet (TGL 0-661); c) Linsenniet (TGL 0-662); d) Flachrundniet (TGL 0-674); e) Hohlniet (TGL 0-7339); f), g) Rohrniet Form A und B (TGL 0-7340); (TGL 0-... entsprechen DIN gleicher Nummer)

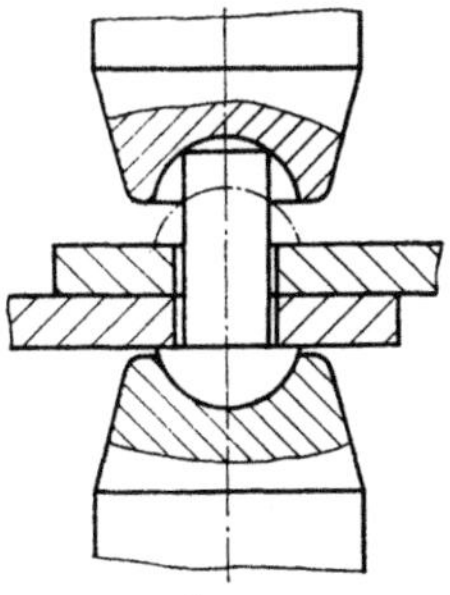

Bild 4.61
Bilden des Schließkopfes beim Nieten

Die gebräuchlichsten standardisierten Nietformen sind im Bild 4.60 dargestellt. Bei ihrer Auswahl ist grundsätzlich darauf zu achten, daß Niet- und Bauteilwerkstoffe gleiche oder ähnliche Eigenschaften aufweisen, um ein Lockern oder Reißen durch unterschiedliche Wärmeausdehnung, Korrosion infolge Lokalelementbildung usw. zu vermeiden. Die Herstellung der Nietverbindung, d.h. das Bilden des Schließkopfes mit Kopfmachern (Bild 4.61), erfolgt bei Nieten aus Stahl mit einem Schaftdurchmesser über 10 mm im warmen Zustand. Stahlniete mit kleinerem Schaftdurchmesser sowie Niete aus Kupfer- oder Aluminiumlegierungen werden kalt verarbeitet.

Tafel 4.12. Berechnung von Nietverbindungen (s. Bilder 4.62 und 4.63)

Berechnung auf	Spannung	Dimensionierung
Scherbeanspruchung des Niets	$\tau = \dfrac{F}{ziA} \leqq \tau_{zul}$ $A = \dfrac{\pi}{4} d^2$ für Vollniet $A = \dfrac{\pi}{4}(d_a^2 - d_i^2)$ für Hohlniet	$d \geqq \sqrt{\dfrac{4F}{zi\pi\tau_{zul}}}$ für Vollniet
Flächenpressung (Lochleibung p_l)	$p_l = \dfrac{F}{zds} \leqq p_{zul}$	$d \geqq \dfrac{F}{zsp_{zul}}$
Zugbeanspruchung des Blechs zwischen zwei Nieten		Richtwert: $t \geqq 2{,}5D$
Zugbeanspruchung eines Randquerschnitts		Richtwert: $a \geqq 1{,}5D$
Scherbeanspruchung des Blechs hinter einem Niet	$\tau = \dfrac{F}{2z(e - D/2)\,s} \leqq \tau_{zul}$	Richtwert: $e \geqq 2D$

Eine Nietverbindung wird bei Angriff äußerer Kräfte (Bild 4.62) zunächst auf Reibung und nach deren Überschreitung auf Abscherung und Flächenpressung zwischen Niet- und Lochwandung (Lochleibung, vgl. Abschn. 4.2.3.) beansprucht. Da die Größe der Reibungskraft i.allg. unbekannt ist, erfolgt die *Berechnung einer Nietverbindung* (Tafel 4.12) vereinfacht unter Vernachlässigung der Reibungskraft, wobei je nach Anzahl i der je Niet beanspruchten Querschnittsflächen zwischen ein- und mehrschnittigen Nietverbindungen zu unterscheiden ist (Bild 4.62a, b).

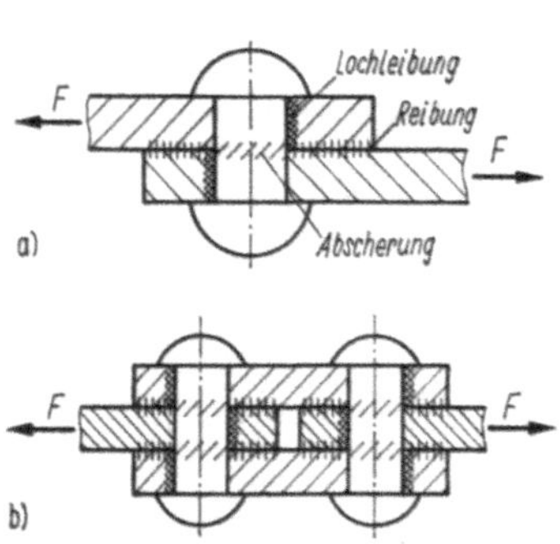

Bild 4.62. Nietverbindungen

a) einschnittige (Überlapp-) Verbindung ($i = 1$, $z = 1$); b) zweischnittige (Doppellaschen-) Verbindung ($i = 2$, $z = 1$)

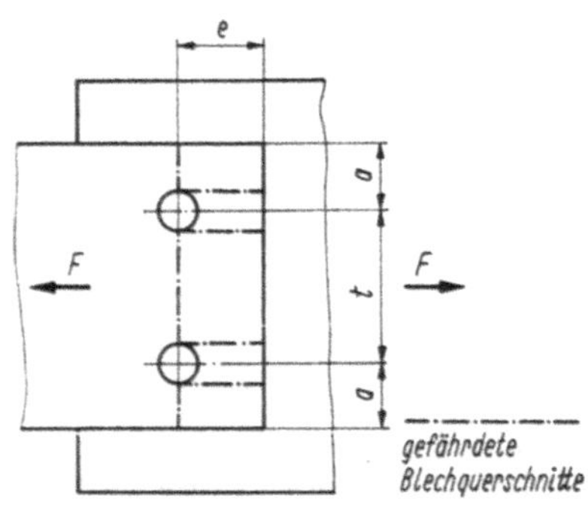

Bild 4.63. Abmessungen der Randzonen einer Nietverbindung

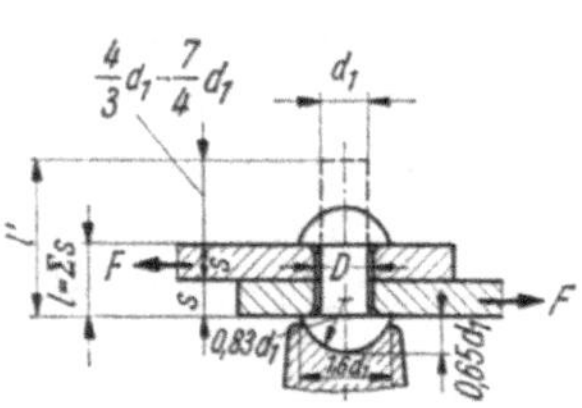

Bild 4.64
Dimensionierung einer Nietverbindung

Bei Zugbelastung der Verbindungsstelle wird der Nietquerschnitt auf Abscherung beansprucht. Durch die Anzahl *i* der beanspruchten Querschnitte je Niet und die Nietanzahl *z* wird die Aufteilung der Kraft berücksichtigt. Bei Laschenverbindungen (Bild 4.62b) wirkt beiderseits der Trennstelle des inneren Blechs die gleiche Kraft, so daß für *z* nur jeweils die Anzahl der Niete auf einer Seite einzusetzen ist.

Neben der Berechnung der Niete selbst empfiehlt sich eine Überprüfung der Zugspannung im Blechquerschnitt zwischen den Nieten und im seitlichen Randquerschnitt sowie der Scherspannung im Blechquerschnitt hinter den Nieten (Bild 4.63). Richtwerte und Berechnungsgleichungen können Tafel 4.12 entnommen werden. Ergänzende Hinweise zur Nietdimensionierung gibt Bild 4.64.

Bei der *konstruktiven Gestaltung* einer Nietverbindung sind verschiedene Aspekte zu beachten. Die Schließkopfform des Niets richtet sich nach den Anforderungen an die Oberfläche der Verbindung und den konstruktiven Gegebenheiten. Vorstehende Nietköpfe lassen sich durch Versenken (Bild 4.65a bis e) vermeiden, wobei die entsprechende Variante nach wirtschaftlichen Gesichtspunkten festgelegt wird.

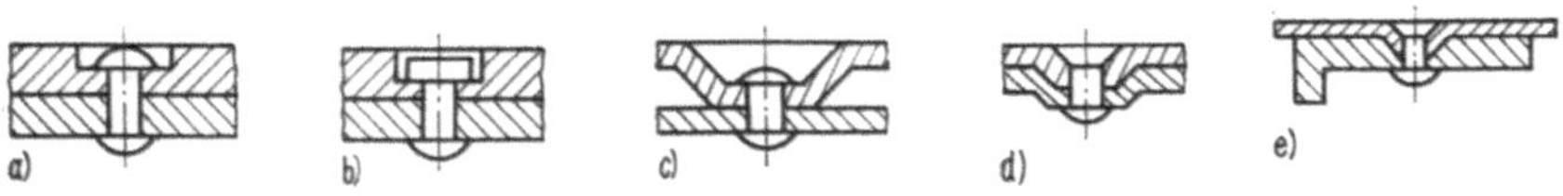

Bild 4.65. Versenkte Nietköpfe
a), b) Flachsenkung; c), d) Durchzug; e) Kegelsenkung mit Senkniet

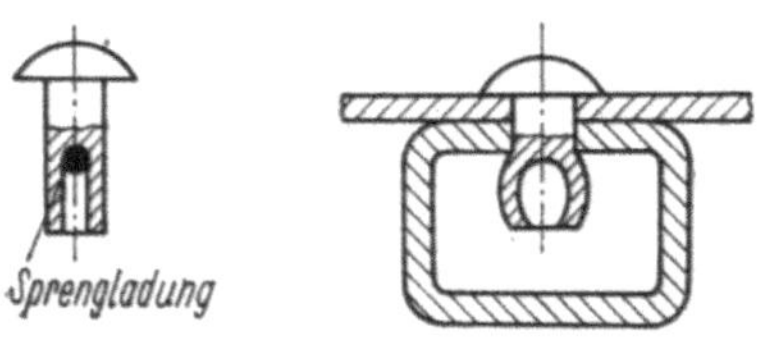

Bild 4.66. Sprengniet mit Ausführungsbeispiel [3]

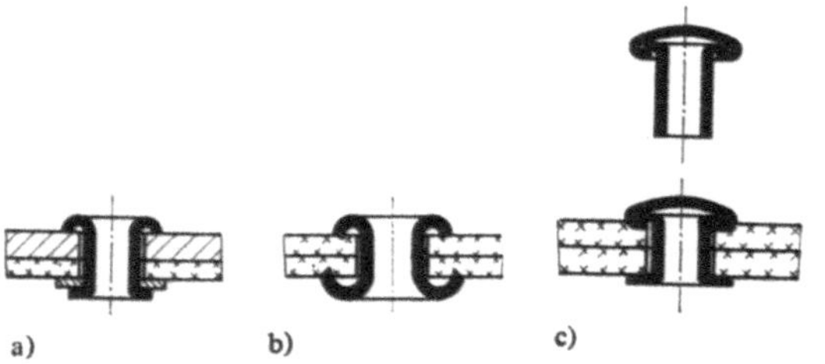

Bild 4.67. Nietköpfe bei Hohlnieten

An schwer zugänglichen Bauteilen (z. B. Hohlprofile) finden Sprengniete Verwendung. Die Sprengladung im Nietschaft wird durch Erwärmen (z. B. Lötkolben) gezündet und ergibt eine Schließkopfform nach Bild 4.66. Hohlniete (Bild 4.67) dienen vorrangig der Verbindung von Bauteilen aus spröden oder nachgiebigen Werkstoffen, häufig unter Verwendung von Zwischenlagen (a). Diese bestehen bei spröden Werkstoffen aus elastischem Material (Leder, Hartpapier u. ä.); bei nachgiebigen Werkstoffen läßt sich durch Verwendung von Unterlegscheiben die Auflagefläche vergrößern. Nietköpfe nach Bild 4.67b werden bei plastisch leicht verformbaren Materialien eingesetzt, da sich die Kanten in das Material eindrücken. Teile aus Leder oder Webstoffen werden oft durch Spezialhohlniete (Ösen) verbunden (c).

Neben dem mittelbaren Nieten unter Verwendung zusätzlicher Verbindungselemente kommt u. a. in der Gerätetechnik häufig das wirtschaftlichere unmittelbare Nieten zum Einsatz, bei dem ein Bauteil mit einem Nietansatz (Nietzapfen) versehen wird. Als Dimensionierungsrichtlinien gelten die Erfahrungswerte $l \approx d + s$ und $d \approx 0{,}6D$ (Bild 4.68).

Die bei unmittelbarem Nieten mit vollem Zapfen entstehende hohe Materialbeanspruchung wird durch teilweise Verformung des Zapfens mit Körner, Meißel oder Spezialwerkzeugen (Bild 4.69) oder durch Verwendung angesenkter oder hohler Nietzapfen vermieden (Bild 4.70). Richtwerte für die Dimensionierung von angesenkten oder Hohlzapfen sind Bild 4.70 zu entnehmen. Das Nieten mit rechteckigem Nietzapfen (Bild 4.71) findet vor allem zum Verbinden von Blechteilen Anwendung. Die Verformung des Nietzapfens, der ebenso wie das Nietloch mit Schnittwerkzeugen hergestellt werden kann, erfolgt durch einfaches Breitschlagen (a) oder mit speziellen Werkzeugen (b).

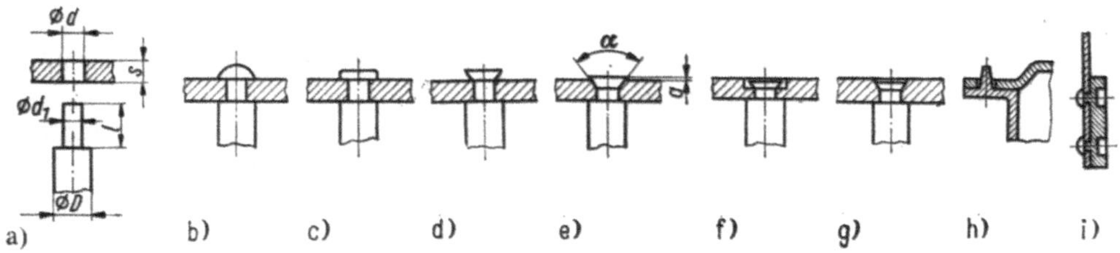

Bild 4.68. Unmittelbares Nieten mit vollem Zapfen [3]

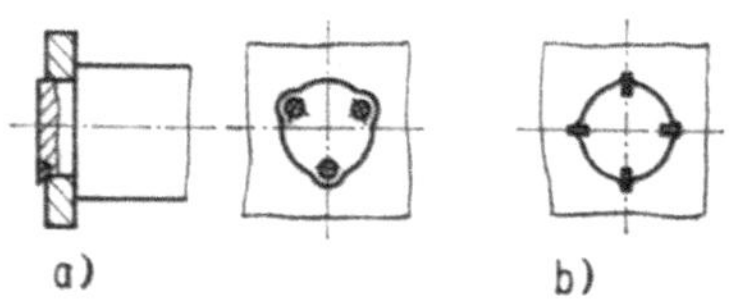

Bild 4.69
Unmittelbares Nieten mit teilweiser Verformung des Zapfens [3]

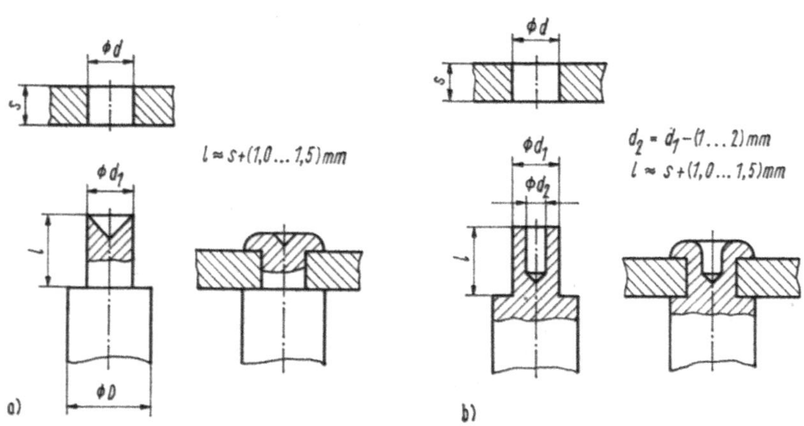

Bild 4.70. Unmittelbares Nieten bei größerem Zapfendurchmesser [3]
a) 90°-Senkung; b) Hohlzapfen

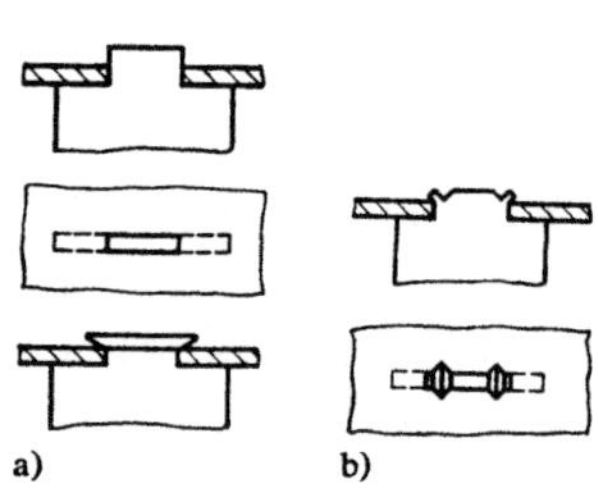

Bild 4.71. Unmittelbares Nieten zum Verbinden von Blechteilen [3]

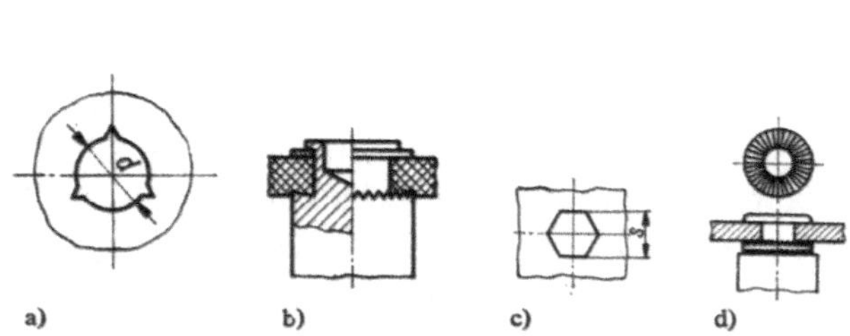

Bild 4.72. Verdrehsicherung beim unmittelbaren Nieten [3]

Unmittelbar vernietete Bauteile, die durch Drehmomente beansprucht werden, müssen zusätzlich gegen Verdrehen durch Formschluß gesichert sein. Dies kann bei härterem Zapfenwerkstoff mittels plastischer Verformung des Zapfens nach Bild 4.72a und b, bei weicherem Werkstoff durch unrunde Nietform nach c erfolgen. Weiterhin sind zusätzliche Bauteile wie Rändelscheiben, Zylinderstifte o.ä. möglich (d).

4.3.2. Verbindungen durch Bördeln, Sicken, Falzen, Einrollen, Lappen, Schränken und Blechsteppen

Bördelverbindungen. Das Bördeln dient der unlösbaren Verbindung von hauptsächlich rohrförmigen Außenteilen mit abschließenden scheibenförmigen Innenteilen. Durch Umlegen des rohrförmigen Bördelrands (Bild 4.73a) am Außenteil entsteht ein Formschluß (b). Das Umlegen erfolgt mittels Bördelrollen, wobei der erforderliche Druck von der Randbreite, dem Umlegewinkel und der Werkstoffhärte abhängt. Werkstoffe für Bördelteile müssen genügend weich sein, auch um Schäden beim Einbördeln spröder Bauteile zu vermeiden. Verwendet werden Bleche aus Stahl (Tiefziehbleche), Messing, Aluminium u.ä. Durch Anfasen oder Abschrägen des einzubördelnden Bauteils (c, e) kann der Rand leichter umgelegt werden, und die Gefahr der Falten- und Rißbildung verringert sich.

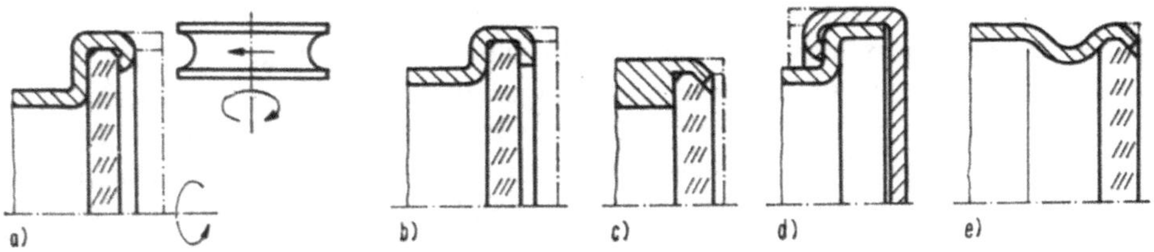

Bild 4.73. Bördelverbindungen
a) Prinzip; b) bis e) Ausführungsbeispiele

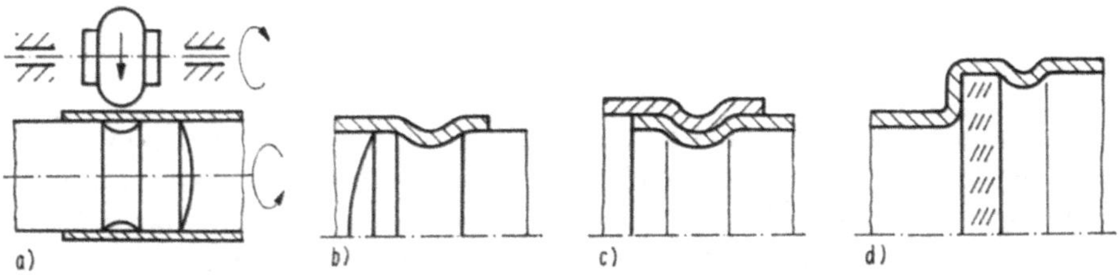

Bild 4.74. Sickenverbindungen
a) Prinzip; b), c), d) Ausführungsbeispiele

Vor allem bei der Verbindung dünner Bleche kann auch das Abschlußteil verformt werden (d). Die Anlagefläche für das Abschlußteil läßt sich bei geringeren Genauigkeitsforderungen durch Sicken herstellen (e).

Sickenverbindungen. Das Sicken dient der unlösbaren Verbindung von meist zylindrischen Hohlteilen untereinander oder mit Rundstäben. In eines der Bauteile wird mit einer Druckrolle eine Sicke eingedrückt (Bild 4.74a, b), die in eine entsprechende Rille des Gegenstücks eingreift und auf diese Weise Formschluß ergibt. Bei Innenteilen aus weichem Werkstoff (z.B. Holz) kann die Rille zugleich mit der Sicke hergestellt werden, ebenso bei der Verbindung dünnwandiger Bauteile untereinander (c). Die zu verformenden Bauteile müssen ähnlich wie bei Bördelverbindungen weich sein, während die Gegenstücke aus beliebigem Werkstoff bestehen können. Die Verbindungen mit eingelegtem Sickenwulst (a bis c) sichern gegen axiales Verschieben in beiden Richtungen und werden angewendet, wenn das Gegenstück entweder durch vorherige Bearbeitung oder während des Sickvorgangs mit einer Rille versehbar ist. Ist dies nicht möglich, z. B. bei spröden (d) oder dünnwandigen Einlegeteilen, kommen Sickenverbindungen mit vorgelegtem Sickenwulst zur Anwendung. Sie erfordern aber eine zusätzliche Sicherung gegen axiales Verschieben, z. B. durch eingerollten Anschlag (d) oder Doppelsicke.

Falz- und Einrollverbindungen. Mit Falzen und Einrollen lassen sich Bauteile aus Blech untereinander bzw. mit zylindrischen oder prismatischen Stäben starr und unlösbar verbinden. Durch Ineinanderhaken und Kröpfen der vorgeformten (umgebogenen) Blechränder entstehen beim Falzen (Bild 4.75) Formschluß und teilweise auch Kraftschluß.

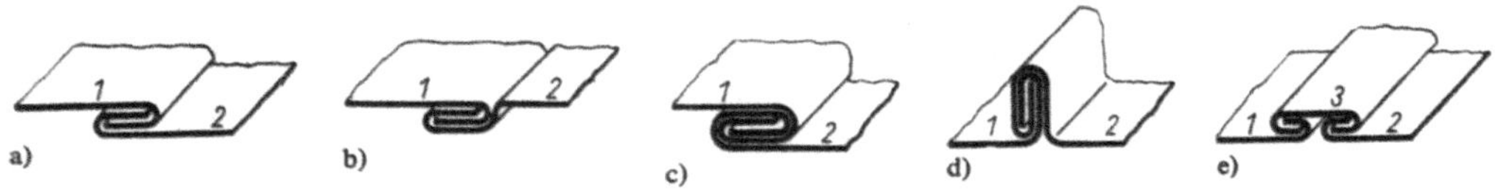

Bild 4.75. Falzverbindungen
1, 2 zu verbindende Bleche; *3* Zusatzteil (Falzleiste)

Das Zusammendrücken kann durch Falzmeißel oder Sickenmaschinen erfolgen. Die verwendeten Werkstoffe müssen gut verformbar sein, ohne zu Rißbildung zu neigen (Stahl-, Kupfer-, Aluminiumbleche, bei Verarbeitungstemperaturen von 80 bis 100 °C auch Zinkbleche). Die Umformung soll möglichst senkrecht zur Walzrichtung erfolgen und darf einen kleinsten zulässigen Biegeradius nicht unterschreiten [5]. Man unterscheidet unmittelbare Falzverbindungen mit einfachem Falz (Bild 4.75a), durchgesetztem Falz (b) oder für dichte Verbindungen mit Doppelfalz (c), ggf. in stehender Anordnung (d), und mittelbare Falzverbindungen (e).

Bild 4.76
Einrollverbindungen

Einrollverbindungen, bei denen ein Stab durch Blech umhüllt wird, zeigt Bild 4.76.

Lappen und Schränken ergeben bedingt lösbare, form- und teilweise kraftschlüssige starre Verbindungen. Die zu verbindenden Bauteile (vor allem Blechteile bei größerer Stückzahl) werden mit Verbindungslappen einerseits und entsprechenden Durchbrüchen oder Aussparungen andererseits versehen und durch Ineinanderstecken und anschließendes plastisches Verformen der Verbindungslappen gefügt. Beim Lappen entsteht Formschluß durch Umbiegen der in oder über das Gegenstück greifenden Lappen (Bild 4.77a).

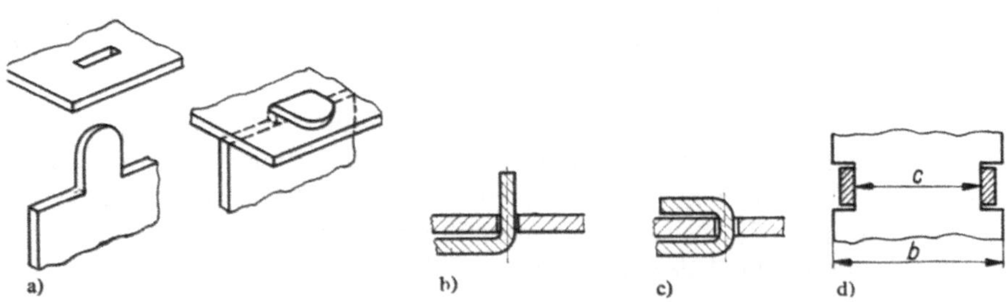

Bild 4.77. Verbindungen durch Lappen

Erfolgt während der Herstellung der Bauteile ein Vorbiegen (b) der Verbindungslappen (meist um 90°), so ist diese Biegerichtung beim nachfolgenden Verformen beizubehalten (b, c), um ein Abbrechen oder Einreißen der Lappen zu verhindern. Die Biegekanten sollen senkrecht zur Walzrichtung des Blechs liegen, und die Werkstoffe sind so zu wählen, daß ein Rückfedern der Lappen nach dem Umbiegen möglichst vermieden wird (weiche Materialien).

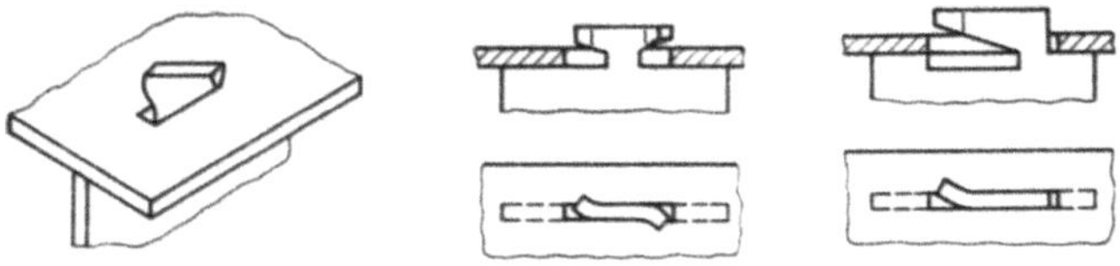

Bild 4.78
Verbindungen durch Schränken

Für die meist mit Schnittwerkzeugen hergestellten Durchbrüche wird die gleiche Querschnittsform gewählt wie für die ebenso hergestellten Lappen unter Berücksichtigung des erforderlichen Spiels zum Fügen der Teile. Durchbrüche zum Lappen in Randnähe lassen sich als Einschnitte (d) ausführen.

Schränkungen entstehen durch Verdrehen (Bild 4.78) der meist dickeren Verbindungslappen. Durchbruch und Lappen müssen gleiche Querschnittsform aufweisen. Durch Anschrägen der Lappen wird zusätzlicher Kraftschluß bewirkt. Wegen der Verletzungsgefahr an den vorstehenden scharfkantigen Lappen sollten Schränkungen nur an verdeckten Flächen eingesetzt werden.

Blechsteppverbindungen. Das Blechsteppen dient zur starren formschlüssigen Verbindung von Feinblechen mittels Drahtklammern großer Festigkeit (Bild 4.79a). Diese werden maschinell bei Arbeitsgeschwindigkeiten bis zu 120 Heftungen je Minute durch die zu verbindenden, nicht vorgelochten Bleche gedrückt. Das Verfahren ähnelt dem Heften von Kartonagen. Es wird vorteilhaft im Leichtbau u. a. bei der Fertigung von Baugruppen aus Blech, wie Lüfterkanälen usw., anstelle der Verbindung durch Nieten eingesetzt. Die Dicke der zu verbindenden Bleche ist abhängig von deren Festigkeit und darf bei Reinaluminium 3 mm sowie bei härteren Werkstoffen (z. B. AlCuMg) 1,5 mm nicht übersteigen. Die Drähte der Klammern haben runden oder rechteckigen Querschnitt mit einer Dicke von etwa 1 bis 1,5 mm.

Sind die Bleche ausreichend dünn, oder werden sie mit Teilen aus weicheren Werkstoffen verbunden, kann der Klammerrücken gemäß Bild 4.79b, c in die Oberfläche eingedrückt werden (Einziehsteppen). Bild 4.79d zeigt als Beispiel für die Anwendung dieses Verfahrens ein aus vier Einzelblechen gefertigtes beidseitig offenes Blechgehäuse.

Bild 4.79. Blechsteppverbindungen

a) einfaches Blechsteppen; b) Einziehsteppen; c) Verbindung von Blechen mit Platten aus weicherem Werkstoff; d) Beispiel eines aus vier Einzelblechen gefertigten Gehäuses [3]

5. Elektrische Leitungsverbindungen

5.1. Funktion und Aufbau

Eine typische Anwendung der in Abschn. 4. dargestellten Verbindungsverfahren und -elemente stellen die elektrischen Leitungsverbindungen dar. Ihre grundsätzliche Aufgabe ist, die aus fertigungs- und montagetechnischen Gründen körperlich getrennt aufgebauten Bauelemente und Baugruppen eines Geräts miteinander so zu verbinden, daß zwischen ihnen der für die Gerätefunktion notwendige Energie- oder Informationsfluß gewährleistet wird. Daraus resultiert folgender prinzipieller Aufbau einer Leitungsverbindung (Bild 5.1) [12]:

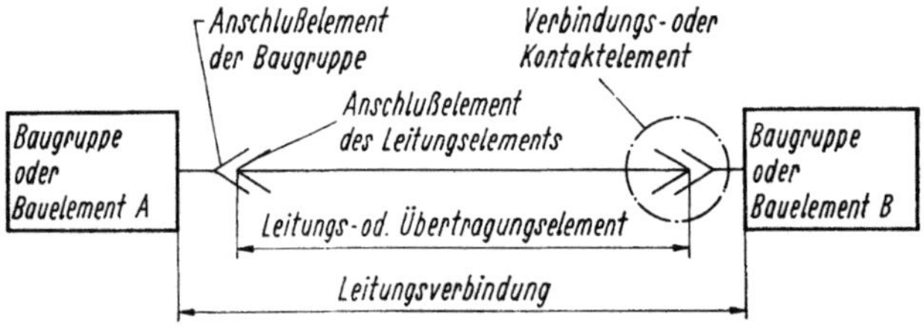

Bild 5.1. Prinzipieller Aufbau einer Leitungsverbindung

Die Leitungsverbindung besteht aus dem

- Leitungs- oder Übertragungselement mit der ausschließlichen Funktion des Leitens oder Übertragens von Energie- oder Informationsflüssen und aus den
- Verbindungs- oder Kontaktelementen, die i.allg. jeweils ein Paar von Anschlußelementen des Bauelements bzw. der Baugruppe und des Leitungselements enthalten.

Die Verbindungs- oder Kontaktelemente haben die Funktionen des Leitens und Verbindens im Sinne der Sicherung einer geometrisch definierten Elementen- oder Wirkflächenpaarung der Anschlußelemente. Damit wird deutlich, daß Leitungsverbindungen grundsätzlich keine Anordnungsfunktionen für die zu verbindenden Bauelemente oder Baugruppen übernehmen dürfen.

Die Aufgabe der Leitungsverbindungen bedingt eine Vielzahl von Ausführungsformen für die verschiedenen stofflichen und energetischen Medien, also z. B. optische, mechanische, pneumatische oder auch hydraulische. Dominierend sind heute jedoch die elektrischen Leitungsverbindungen, die sich vom einfachen Schaltdraht in den Anfangsjahren des Gerätebaus zu konstruktiven Lösungen entwickelt haben, die in modernen Erzeugnissen z. B. durch gedruckte Leitungsverbindungen in Mehrlagentechnik und interne Verbindungen in mikroelektronischen Bauelementen dokumentiert werden.

Tafel 5.1. Elektrische Leitungselemente (Auswahl)

Art des Leitungs-elements	Kurz-zeichen	Ausführungsform und -daten	Anwendung
1. Schwachstromleitungen, feste Legung			
Schaltdraht, blank (TGL 5477) (DIN 46420/431)			Masse- oder Erdleiter in Geräten und Anlagen
Gedruckte Leitung		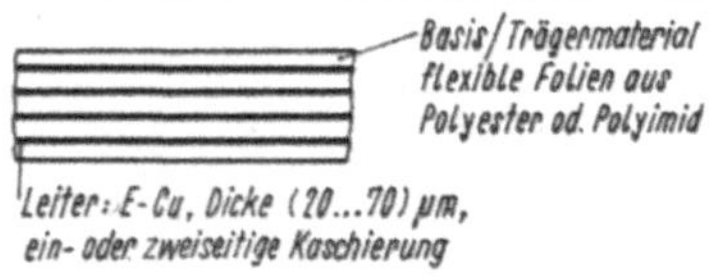	Signalleitungen für kleinste Volumina, mit minimaler Masse, hoher Reproduzierbarkeit der Leitungseigenschaften, hoher Flexibilität und Festigkeit, minimaler Anpassung an den Geräteaufbau
Bandleitung (TGL 24451)	BY, BLiY	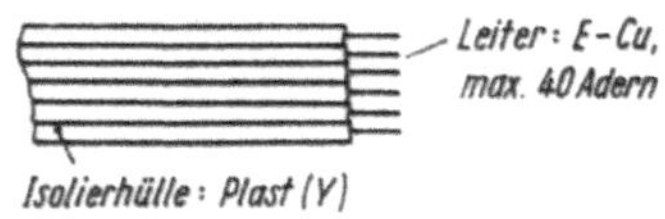	
Fernmelde-schaltdraht, ein- bis fünfadrig (TGL 21806/05) (DIN 47411)	SL, SUL, LSL, LUL, LSUL, LSL(St), LSL(St) UL, LSUL(St) UL, Y, 7Y, Yh, Y(C), Y(St)Y	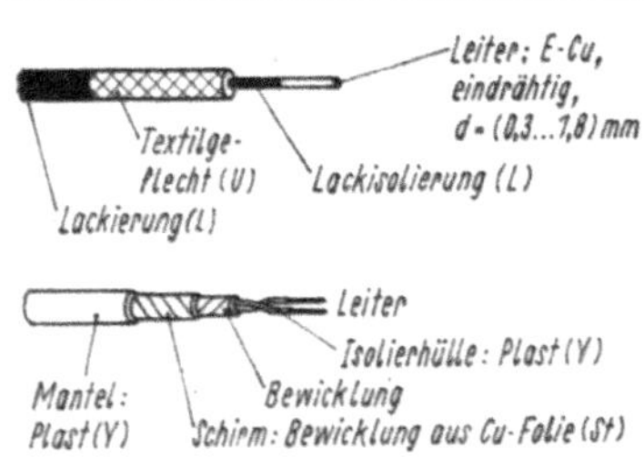	universeller Schaltdraht für Signalleitungen in allen Verdrahtungen der Gerätetechnik mit Löt-, Quetsch-, Klemm- oder Wickelverbindung; bei Scheuerbeanspruchung nur Y-Drähte; für fremdspannungsfreie Leitungen mit Schirm (*C*)
Fernmeldeschalt-litze, ein- bis fünf-adrig (TGL 21806/06) (DIN 47411)	LiSU, LiSUL, LiSL, Li2G, Li2Y, LiY, LiYfl, LiY(C), Li2Y(C)Y	*Aufbau wie bei Fernmelde-Schaltdrähten* *Leiter: E-Cu, feindrähtig, besonders flexibel* *$A = (0{,}02 \ldots 1{,}5)$ mm²*	insbesondere für Leitungen, die bei der Legung hohe Flexibilität aufweisen müssen
2. Schwachstromleitungen, ortsveränderliche Legung			
Fernmelde-schlauchleitung, 1- bis 32adrig (TGL 21807/05) (DIN 47413/47414)	HGG, HG(C)G, HYY, HYF(C)Y	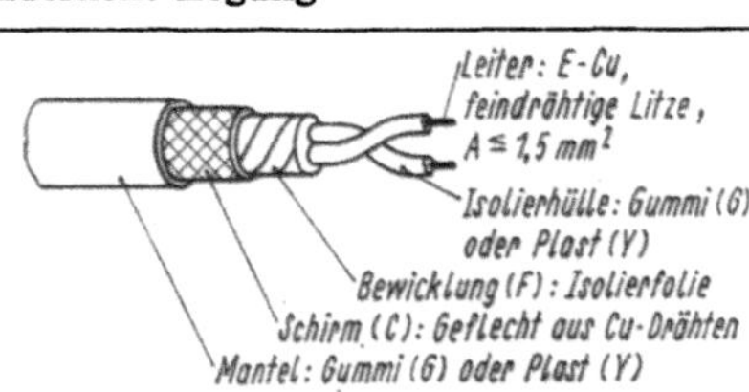	Signalleitungen für ortsveränderliche Legung in der Gerätetechnik
koaxiales Hoch-frequenzkabel, 50 Ohm, 60 Ohm, 75 Ohm (TGL 200-1579/05) (DIN 47264/265/269)		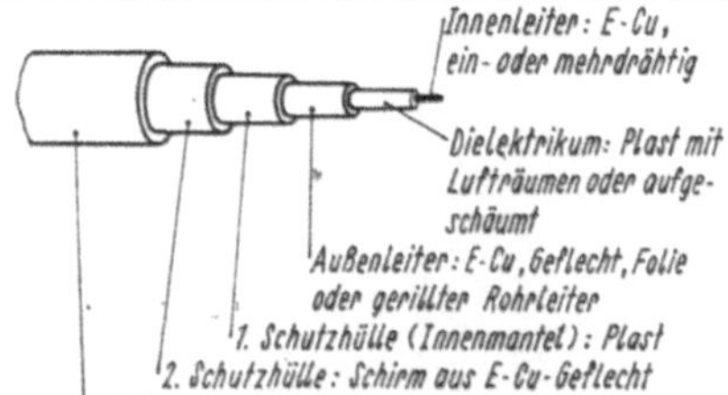	Signalübertragung in der Rundfunk- und Fernsehsendetechnik, der Trägerfrequenztechnik, der Hochfrequenzmeßtechnik, der Fernsehempfangstechnik (Antennenkabel)

Tafel 5.1 (Fortsetzung)

Art des Leitungselements	Kurzzeichen	Ausführungsform und -daten	Anwendung
Symmetrische Hochfrequenzleitung, 240 Ohm, 300 Ohm (TGL 200-1579/09) (DIN 47264/265/269)		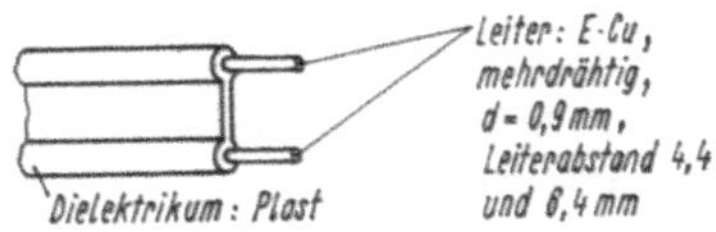	wie bei koaxialem Hochfrequenzkabel
3. Starkstromleitungen, feste Legung			
Schiene, blank (TGL 5477, TGL 5478) (DIN 46420/431/433)			Hauptstrom(sammel)-leitungen oder Erdungs(sammel)leitungen in größeren Geräten; Befestigung auf Porzellan- und Plastisolatoren oder in Hartpapierkämmen gleitend oder mit Dehnungsbändern wegen Längenänderungen
Aderleitung, einadrig (TGL 21804/05/11) (DIN 47727/47730)	NYA, NGA	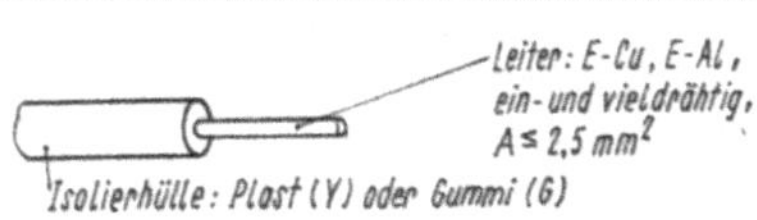	für geschützte Legung in Rohr oder Kanal, auf und unter Putz, auf Isolierkörpern, als Steuerleitung (*St*)
4. Starkstromleitungen, ortsveränderliche Legung			
Zwillingsleitung, Drillingsleitung (TGL 21805/05) (DIN 47709/47717)	NYZ, NYD	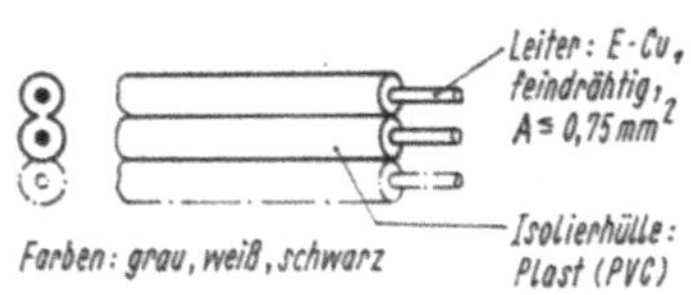	für Netzanschluß ortsveränderlicher Geräte (z.B. Rundfunk-, Fernseh-, Phonogeräte, Elektrorasurgeräte) bei geringen mechanischen Belastungen; NYZ auch mit thermoplastisch angeformtem Flachstecker (Europastecker)
Gummischlauchleitung; ein-, drei- und vieradrig (TGL 21805/09/10/11) (DIN 47709/47717)	NHGGU, NLH, NMH	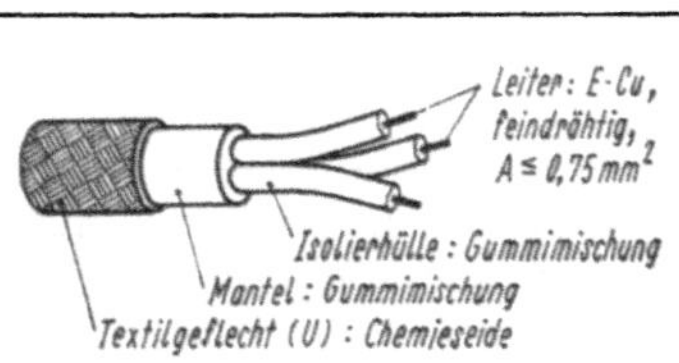	für Netzanschluß ortsveränderlicher Geräte (z.B. Bügelgeräte, Tauchsieder, Staubsauger, Kühlschränke, Waschmaschinen, Elektroherde, Büromaschinen), hohe Biegeelastizität

Zeit bestrebt, auch für die lösbaren Kontakte die Anschlußelemente zu reduzieren und z. B. das Leitungselement unmittelbar mit dem Anschlußelement der Baugruppe bzw. des Bauelements lösbar zu verbinden (Wickel- und Preßverbindungen).

Tafel 5.2 zeigt gebräuchliche lösbare und bedingt lösbare Kontakte. Die unlösbaren Kontakte lassen sich mit den im Abschn. 4.1. dargestellten Verbindungen realisieren und sind in ihrer spezifischen Ausführung ausführlich in [5.1] dargestellt.

Spezielle unlösbare Verbindungen auf der Basis stofflicher Veränderungen sind für die Kontaktierung aktiver elektronischer Bauelemente (Transistoren, integrierte Schaltungen u. a.) entwickelt worden, die den besonderen Bedingungen der Mikroelektronik gerecht werden. Sie lassen sich in Verfahren der inneren Kontaktierung (elektrische Verbindung

Tafel 5.2. Lösbare und bedingt lösbare elektrische Kontakte (s. a. Abschn. 4. sowie DIN 134, 136, 137)

Verbindungs- oder Kontaktart	Charakteristik/ Anwendung	Ausführungsformen
1. Klemmverbindung (TGL 21590)	Verbindung, bei der der Leiter mittelbar oder unmittelbar durch besondere Anschlußelemente lösbar geklemmt wird; Anwendung als leicht lösbare Anschlüsse für Starkstrominstallation in Geräten und für Anschlüsse mit geringen Zuverlässigkeitsanforderungen	
1.1. Buchsen-klemmverbindung	Klemmung des Leiters indirekt (oder direkt) durch Schrauben am Klemmanschlußstück des Bauelements oder der Baugruppe; in Starkstrominstallation sehr verbreitet, z. B. für Klemmenleisten nach TGL 200-3681	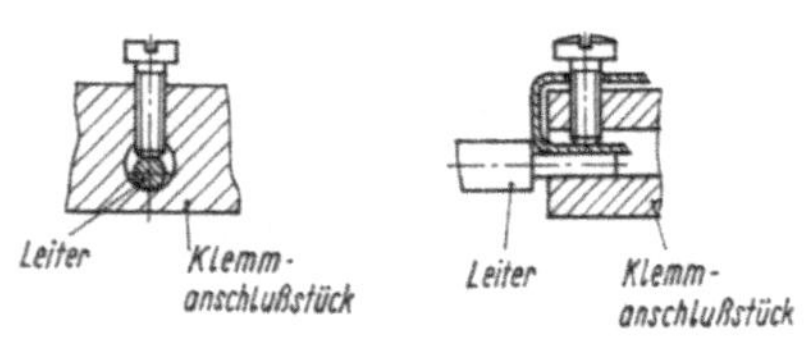
1.2. Kopfschrauben-klemmverbindung	Klemmung des Leiters unmittelbar oder mittelbar durch Kabelschuhe nach TGL 11108/01 und TGL 200-3670/01 auf flaches Anschlußstück durch Schraubenkopf direkt oder indirekt; in Verbindung mit Kabelschuhen verbreitete Anwendung auch in Schwachstrom-installation	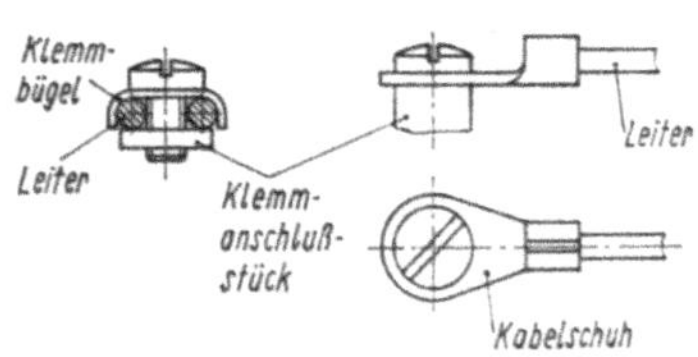
2. Steckverbindung	Verbindung, bei der durch federnde Ausbildung eines der beiden zu paarenden Anschlußelemente der Form Stecker–Buchse ein kraftschlüssiger Kontakt realisiert wird; Anwendung als sehr leicht lösbare Verbindung für Stark- und Schwachstrom-, Nieder- und Hochfrequenzzwecke in der gesamten Gerätetechnik	
2.1. Flachsteck-verbindung (TGL 29331)	Ausbildung des Paarungssystems Stecker–Buchse in flacher Reihenanordnung als Steckerleiste und Buchsenleiste mit (14 ... 90) Einzelkontakten hoher Zuverlässigkeit λ und großer Lebensdauer (λ/Kontakt = $10^{-7}\ h^{-1}$ und Lebensdauer $5 \cdot 10^2$ Steckungen)	

Tafel 5.2 (Fortsetzung)

Verbindungs- oder Kontaktart	Charakteristik/ Anwendung	Ausführungsformen
2.1.1. Direkter Steckverbinder (TGL 29331/01)	Ausbildung der Randzone einer Leiterplatte als Steckerleiste: Oberflächenveredelung der Kontaktleiterzüge mit Palladium-Gold; Anwendung von Kodierschlitzen zur Erreichung einer unverwechselbaren Steckung. Ausbildung der Buchsenleiste: Kontaktfedern unterschiedlicher Form und unterschiedlichen Werkstoffs; Anschlußstifte der Buchsenleiste für Lötung oder Wickelverbindung; Steckkräfte 0,4 ... 0,9 N, Ziehkräfte 0,3 ... 0,7 N; Anwendung ausschließlich für die Steckung von Leiterplatten-Funktionsbaugruppen	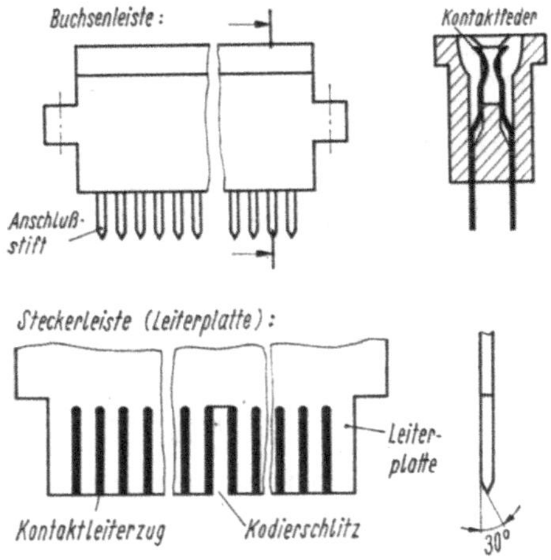
2.1.2. Indirekter Steckverbinder (TGL 29331/03/04/06/07)	Ausbildung der Steckerleiste: abgewinkelte Anschlußstifte für den Aufbau von Leiterplattensteckeinheiten mit indirektem Steckverbinder (Verlötung der Anschlußstifte in Kontaktbohrungen der Leiterplatte); gerade Anschlußstifte für Löt- und Wickelverbindung ausgebildet; geschützte Anbringung der Steckerstifte; Steckerstifte zwei- bis dreireihig. Ausbildung der Buchsenleiste: Anschlußstifte für Löt- und Wickelbefestigung; Befestigung im Gestellrahmen starr oder schwimmend (Toleranzausgleich); voreilende Kontakte vorsehen	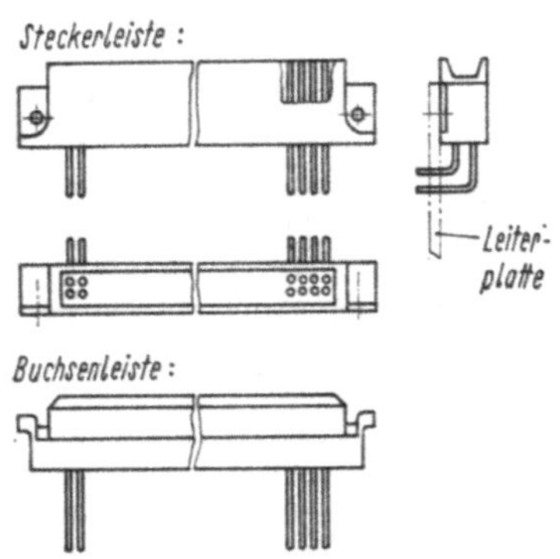

Tafel 5.2 (Fortsetzung)

<table>
<tr><th>Verbindungs- oder Kontaktart</th><th>Charakteristik/ Anwendung</th><th>Ausführungsformen</th></tr>
<tr><td>2.2.
Flachsteckarmatur (Flachanschluß nach TGL 22425 und Flachsteckhülse nach TGL 200-3854)</td><td>Paarungssystem aus Steckhülse und flachem Anschlußstück, auf das Steckhülse aufgeschoben wird; formschlüssige Unterstützung der Verbindung durch Butzen der Hülse und Bohrung des Anschlusses; Selbstreinigungseffekt durch scharfe Kanten der Steckhülse; verbreitet in Autoelektrik, Haushaltelektrik (Waschmaschinen, Kühlschränke u. ä.)</td><td>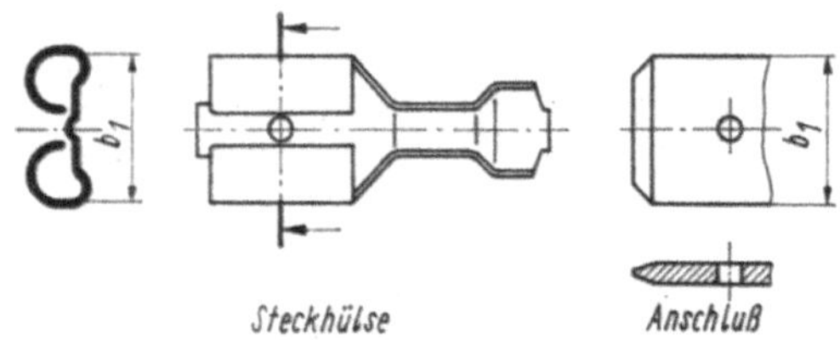
</td></tr>
<tr><td>2.3.
Rundsteckverbinder der Informations- und HF-Technik (TGL 10472, 8549, 31428, 24814, 24815)</td><td>Ausbildung des Steckverbindersystems in runder Ausführung, dadurch gute Möglichkeiten der Sicherung der Verbindung Stecker–Buchse mit Hilfe von Bajonett- und Schraubverschluß;
fünfpolige Steckverbindung nach TGL 10472 in Gerätetechnik stark verbreitet</td><td>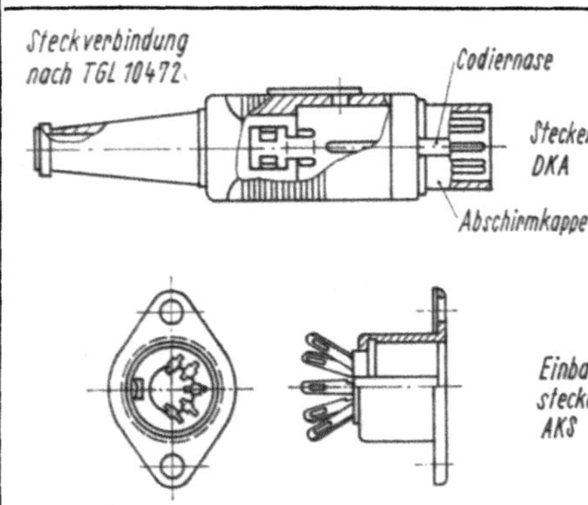
</td></tr>
<tr><td>2.4.
Gerätesteckverbinder (TGL 19486/01 bis 14)</td><td colspan="2">zweipolige Steckverbinder mit oder ohne Schutzkontakte für die Stromversorgung von Geräten mit der Nennspannung 250 V (Gleich- oder Wechselspannung) und Nennströmen von 1 A; 2,5 A; 6 A; 10 A
Unterscheidung nach Kaltgerätesteckverbinder (bis 65 °C), Warmgerätesteckverbinder (bis 120 °C) und Extrawarmgerätesteckverbinder (bis 155 °C)</td></tr>
<tr><td>3.
Preßverbindung (Klammer- oder Klemmhülsenverbindung)</td><td>bedingt lösbarer Kontakt hoher Zuverlässigkeit durch Verwendung elastischer Klemmhülsen, die den Schaltdraht unter hohem Druck auf das Anschlußstück (Anschlußfahne) pressen; Abisolierung des Schaltdrahts durch Kontaktiervorgang, Automatisierung der Kontaktierung möglich; i. allg. bis zu 3 Anschlüsse/Anschlußfahne</td><td>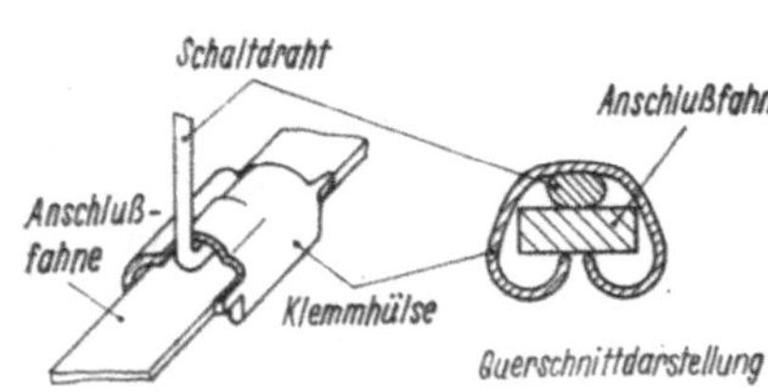
</td></tr>
</table>

Tafel 5.2 (Fortsetzung)

Verbindungs- oder Kontaktart	Charakteristik/ Anwendung	Ausführungsformen
4. Wickelverbindung (Wire-wrap-Verbindung) (TGL 28566)	bedingt lösbarer Kontakt hoher Zuverlässigkeit durch Umwicklung von Anschlußfahnen quadratischen oder rechteckigen Querschnitts mit abisoliertem Schaltdraht mit Hilfe entspr. Werkzeugs (Wickelpistole); plastische Deformation des Drahtes an scharfen Kanten; Automatisierbarkeit; Anwendung stark verbreitet im elektronischen Gerätebau, speziell zur Rückverdrahtung von Steckeinheiten	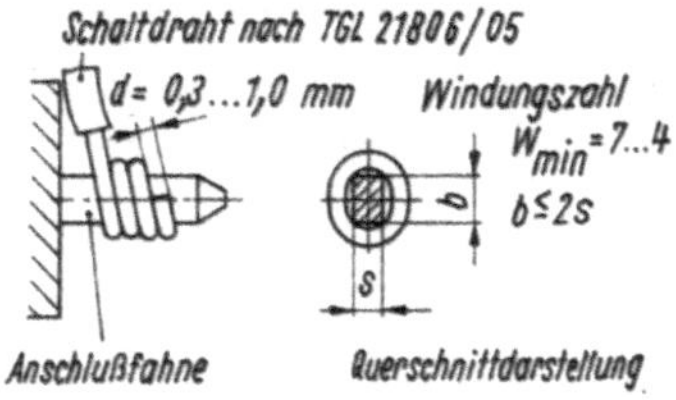
5. Lötverbindung	vgl. Abschn. 4.1.2. und Tafel 5.3.	

der Chipanschlüsse mit den Gehäuseanschlüssen) und solche der äußeren Kontaktierung (elektrische Verbindung der Gehäuseanschlüsse mit denen des Bauelementeträgers) unterteilen.

Während die innere Kontaktierung (Thermokompression, Ultraschallschweißen, Beam-lead-Technik, Flip-chip-Technik [5.1]) in erster Linie für die Hersteller von Halbleiterbauelementen interessant ist, muß die Art der äußeren Kontaktierung bei der Konstruktion elektronischer Geräte berücksichtigt werden. Tafel 5.3 enthält eine Übersicht über die ebenfalls in [5.1] eingehender diskutierten Verfahren.

5.4. Verdrahtungen [12]

5.4.1. Klassifikation

Die unterschiedlichen Arten von Leitungsverbindungen werden als Verdrahtungen bezeichnet. Ihre elektrischen Übertragungseigenschaften haben sich in der modernen Gerätetechnik aufgrund der gestiegenen Leitungsdichten und der damit einhergehenden gegenseitigen Beeinflussung der Leitungen zu einem Anordnungs- oder Legungsproblem entwickelt. Da außerdem die Unterbringung einer Verdrahtung in einem Gerät ein konstruktives Problem darstellt, erfolgt ihre Klassifikation auch primär nach mechanisch-geometrischen Gesichtspunkten (Bild 5.2):

- Eine feste Legung ist eine Legungsart, bei der die Leitungen durch konstruktive Maßnahmen ihre Lage nicht verändern können.
- Bei einer ortsveränderlichen Legung ist die ständige oder zeitweilige Lageveränderung notwendige Bedingung.

Tafel 5.3. Verfahren zur äußeren Kontaktierung elektronischer Bauelemente (Übersicht nach [5.1]*)*

Verfahren	Prinzip	Anwendung, Bemerkungen
Kontaktierung durchsteckbarer Bauelemente		
Schwall-Löten	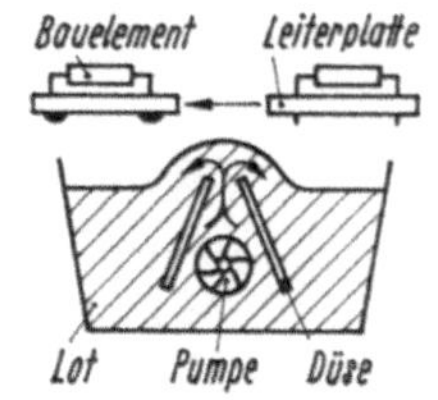	Bedeutsamstes Verfahren für steckbare Bauelemente; durch bewegtes Lot infolge Umlaufpumpe ständig oxidfreie Oberfläche; Variation der Wellenform ermöglicht auch komplizierte Lötungen (geringer Leiterabstand, Durchkontaktierungen); Schwallötanlagen meist als Komplex mit Vor- und Nachbehandlung (Fluxen, Wärmen, Löten, Waschen); s. Abschn. 4.1.2.
Infrarot-Löten	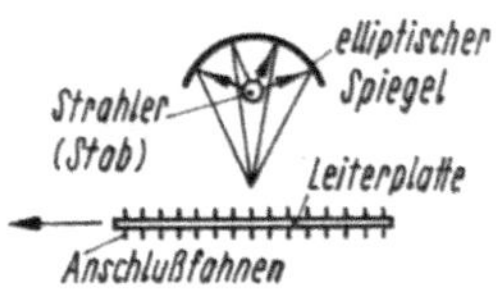	Sonderverfahren zum linienhaften selektiven Löten, dort, wo Schwallöten versagt (lange Anschlußfahnen, an denen noch gewickelt werden soll); dosierte Lotzugabe (Ringe) ist vor dem Löten erforderlich
Kontaktierung aufsetzbarer Bauelemente		
Widerstands-Löten	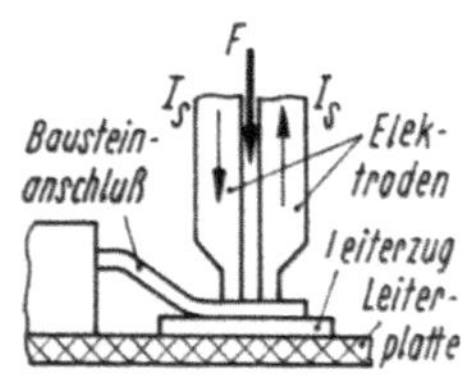	Aufschmelzen der mittels Vorverzinnens aufgebrachten Lotschichten durch direkten Stromfluß; I_s geringer als beim Parallelspaltschweißen; große Variationsbreite der Verfahrensparameter möglich
Parallelspalt-Schweißen		Aufschmelzen der Verbindungspartner meist durch Stromimpuls; nur für dünne Anschlüsse; hohe Konstanz der Parameter erforderlich; geringe Übergangswiderstände der Verbindungsstellen
Löten mit Bügelelektrode	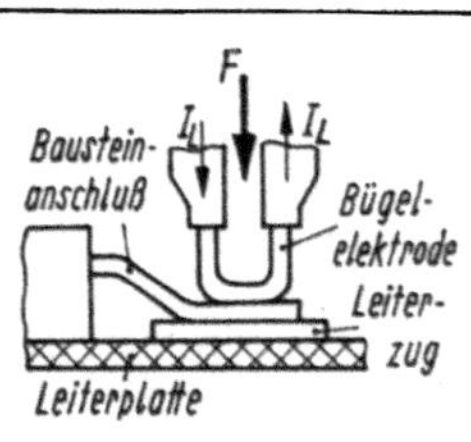	Aufschmelzen der Lotschichten durch indirekte Erwärmung (Wärmeleitung von der infolge Stromfluß erhitzten Bügelelektrode); gleichzeitig Kontaktierung mehrerer Anschlüsse möglich; ein Partner muß vorverzinnt sein
Lichtstrahl-Löten	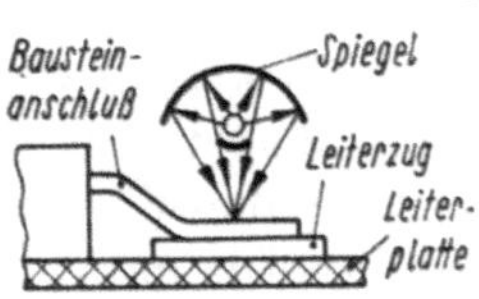	Wie Infrarotlöten, aber mit höheren Temperaturen, Halogen- oder Hg-Strahler (punkt- oder linienförmig); Verbindung kann bei bewegter Leiterplatte erfolgen; hohe thermische Belastung des Trägers; vorverzinnte Anschlüsse notwendig
Lichtbogenpunkt-schweißen und -löten	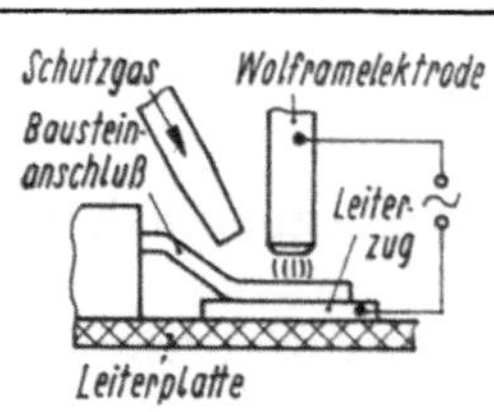	Kurzzeitig brennender Lichtbogen; Übergangswiderstand der Verbindungsstelle ist unkritisch; gleichzeitig mehrere Kontakte in der Bewegung möglich; gute Positionierung und Konstanz der Parameter erforderlich; Löten nur bei Kupferanschlüssen möglich

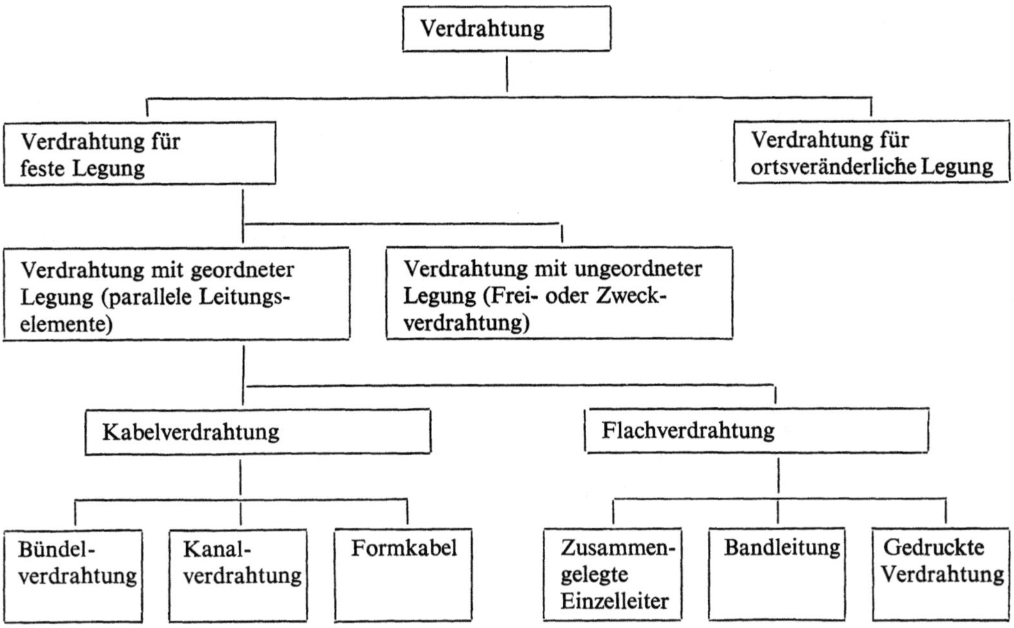

Bild 5.2. Klassifikation von Verdrahtungen

5.4.2. Kabelverdrahtung

Bei der *Bündelverdrahtung* werden die Leitungen während der Gerätemontage in Bündeln parallel verlegt und durch Rangierösen innerhalb des Geräts geführt. Bei der *Kanalverdrahtung* liegen die Leitungen in halboffenen oder geschlossenen Leitungskanälen rechteckigen oder runden Querschnitts aus Plast oder Blech. Typisch sind Leitungskanäle aus Plast nach Bild 5.3. Das *Formkabel* unterscheidet sich gegenüber der Bündel- und Kanalverdrahtung im wesentlichen dadurch, daß es außerhalb des Gerätes hergestellt und als vorgefertigtes, durch Fäden abgebundenes Leitungsbündel (Formkabel oder Kabelbaum) in dasselbe eingesetzt wird (Bild 5.4). Allen genannten Kabelverdrahtungen gemeinsam sind die Vorteile Montageerleichterung und Übersichtlichkeit, aber auch die Nachteile größerer Leitungslängen und damit hoher Leitungskapazitäten und -induktivitäten, so daß sie nur für Niederfrequenzzwecke Anwendung finden.

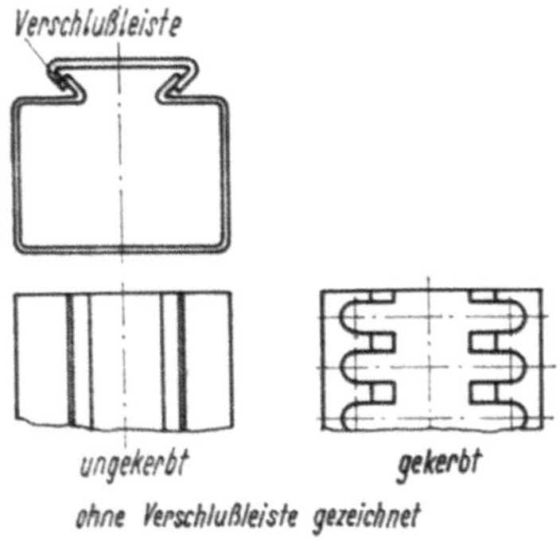

Bild 5.3
Leitungskanal aus Plast

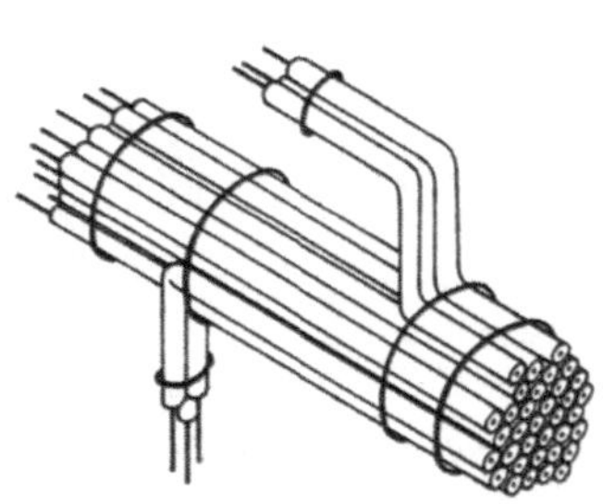

Bild 5.4
Formkabel

5.4.3. Flachverdrahtung

Die Flachverdrahtung ist eine geordnete Legung von einadrigen Leitungselementen, die unmittelbar neben- oder übereinander angeordnet und befestigt sind. Neben den flexiblen gedruckten Leitungen haben in letzter Zeit Bandleitungen Bedeutung erlangt, die aus parallel geführten, mechanisch fest miteinander durch Einweben in textile Gewebebänder, Einbetten in Plast oder durch Verschweißen verbundenen einadrigen Leitern bestehen (Bild 5.5). Sie sind besonders geeignet für die Kontaktierung von Bauelementen, deren Anschlüsse in einem einheitlichen Raster und in bestimmter Reihenfolge vorliegen, z.B. für Steckverbinder.

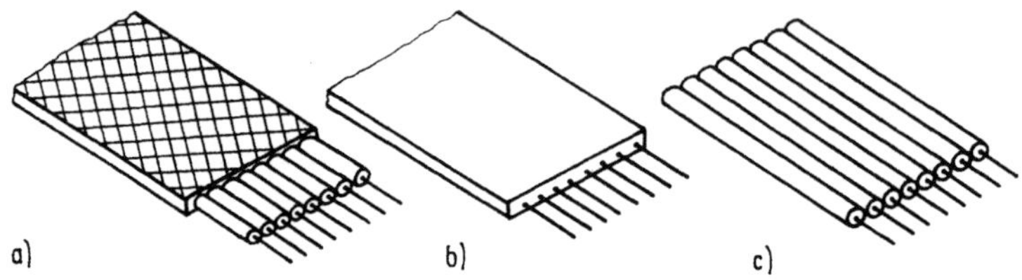

Bild 5.5. Bandleitung

a) eingewebte, b) eingebettete, c) verschweißte Leiter

5.4.4. Freiverdrahtung

Die Freiverdrahtung ist eine ungeordnete Legung von i.allg. einadrigen Leitungen auf dem kürzesten Wege einzeln von Anschlußstelle zu Anschlußstelle. Im modernen elektronischen Gerät, das sich durch hohe Arbeitsfrequenzen der Funktionseinheiten und große Leitungsdichten auszeichnet, ist diese traditionelle Verdrahtungsart wieder höchst aktuell geworden, da sie minimale Leitungslängen mit nur geringen kapazitiven und induktiven Verkopplungen ermöglicht und Voraussetzungen für eine automatische Verdrahtung bei der Gerätemontage bietet. Für die Rückverdrahtung elektronischer Funktionseinheiten in Form der bekannten Leiterplattensteckeinheiten zeigt Bild 5.6a die konventionelle Freiverdrahtung, bei der die Schaltdrähte auf kürzestem Wege zwischen den Anschlußelementen der Steckverbinder verlegt und in der Regel durch Wickelverbindungen kontaktiert sind. Die gegenwärtig höchstentwickelte „Freiverdrahtung" nutzt die elektrischen und mechanischen Möglichkeiten der Mehrlagenleiterplatte und führt zu sog. Rückver-

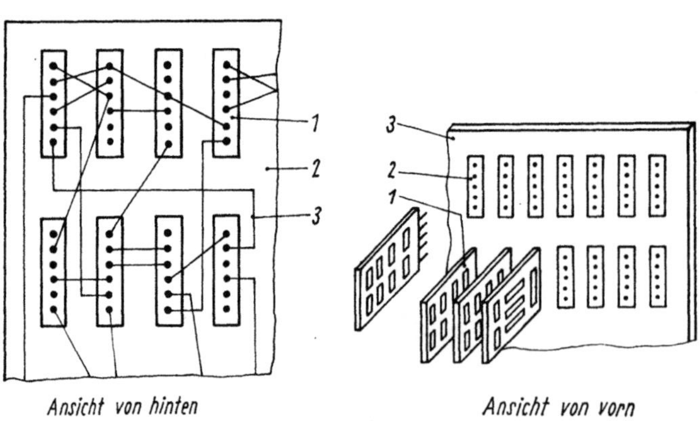

Bild 5.6. Rückverdrahtung von Leiterplattensteckeinheiten

a) in Freiverdrahtung

1 Buchsenleiste des Flachsteckverbinders; *2* Gerätegestell; *3* Schaltdraht

b) mittels Mehrlagenleiterplatte

1 Leiterplattensteckeinheit; *2* Buchsenleiste des Flachsteckverbinders; *3* Mehrlagenleiterplatte

drahtungsleiterplatten in Mehrlagenausführung (Bild 5.6b). Die Leiterplatte trägt auf ihrer Vorderseite die Steckverbinderbuchsenleisten, deren Anschlüsse in Kontaktbohrungen der Mehrlagenleiterplatte verlötet sind. Die Leiterplatte besteht in der Regel aus zwei bis vier Ebenen und ermöglicht damit eine nahezu ideale Trennung in unterschiedliche Leitungsebenen (Signalebenen, Stromversorgungsebenen, Masseebenen). Die Maximalabmessungen solcher Rückverdrahtungsleiterplatten betragen etwa 400 mm × 400 mm (sog. Paneelblock). Die genannten Leiterplattensteckeinheiten werden mit einseitiger gedruckter Verdrahtung (Einebenenleiterplatte) oder zwecks Erhöhung der Leitungs- und

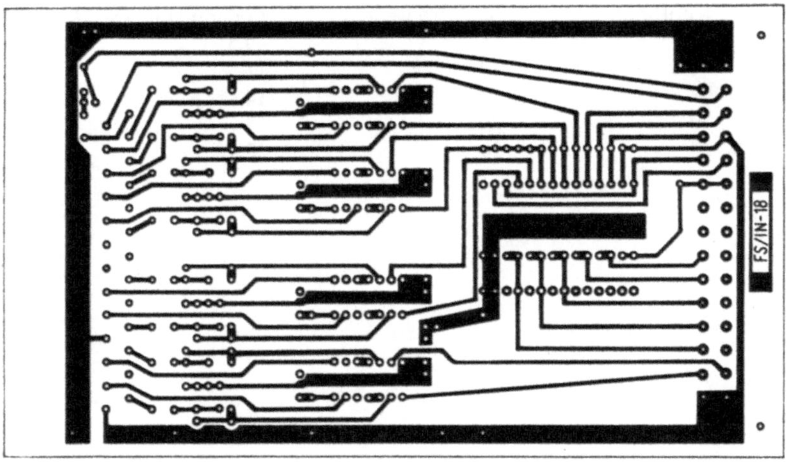

Bild 5.7. Einebenenleiterplatte (Leiterseite) als Steckeinheit für indirekten Steckverbinder

Packungsdichte der elektronischen Bauelemente mit zweiseitiger gedruckter Verdrahtung (Zweiebenenleiterplatte) und durchkontaktierten Bohrungen verwendet. Bild 5.7 zeigt die Leiterseite einer Einebenenleiterplatte.

5.5. Aufgaben und Lösungen zu den Abschnitten 4. und 5.

Aufgabe 5.1. Wellen-Naben-Verbindung

Zur Übertragung von Drehmomenten werden bei höheren Genauigkeitsforderungen an die Drehwinkeltreue häufig Metallbälge (Wellrohre) als Ausgleichskupplungen eingesetzt (Bild 5.8). Die Verbindung mit der Welle kann durch mit den Metallbälgen (*1*) verklebte Anschlußstücke (*2*) erfolgen.

a) Welches Drehmoment kann mit der im Bild dargestellten Anordnung bei einer geforderten fünffachen Sicherheit der Klebstelle übertragen werden?
b) Die Verbindung der Welle mit dem Anschlußstück soll durch einen Querstift erfolgen. Welchen Durchmesser muß der Stift haben, damit er bei gleichem Drehmoment nicht abgeschert wird?

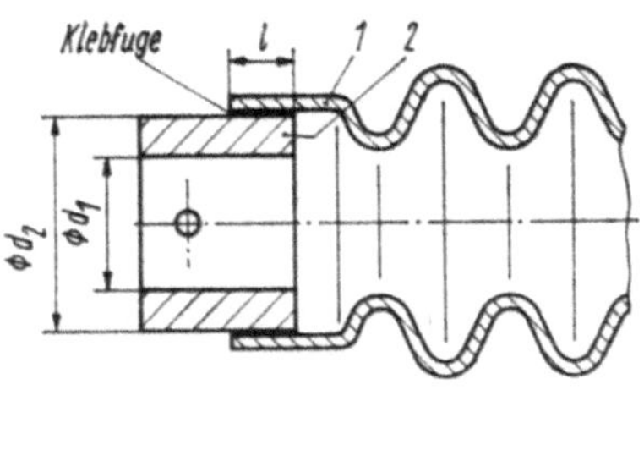

Bild 5.8
Metallbalgbefestigung

Gegeben:

$\tau_{BKleber} = 25\ \mathrm{N/mm^2}$; $l = 6$ mm; $\tau_{zul\,Stift} = 80\ \mathrm{N/mm^2}$; $d_1 = 20$ mm; $d_2 = 30$ mm.

Aufgabe 5.2. Lagerdeckelverschraubung eines Getriebegehäuses

Die auf die Getriebewelle (*1*) eines Zahnradgetriebes hoher Leistung einwirkende Axialkraft von $F = 30$ kN soll über die Lagerdeckelverschraubung (*2*) vom Getriebegehäuse (*3*) aufgenommen werden (Bild 5.9). Es sind vier Schrauben der Festigkeitsklasse 8.8 vorgesehen. Die Dicke des Deckelflanschs beträgt $l_B = 20$ mm. Es sind die erforderlichen Schraubenquerschnitte unter der Annahme einer konstanten Axialkraft zu ermitteln. Konstruktionsmaße für Schrauben (in mm):

Nenndurchmesser d	Kopfhöhe k	Schlüsselweite S	Lochdurchmesser d_L
8	5,5	14	9,5
10	7	17	11,5
12	8	19	14
16	10	24	18
20	13	30	23

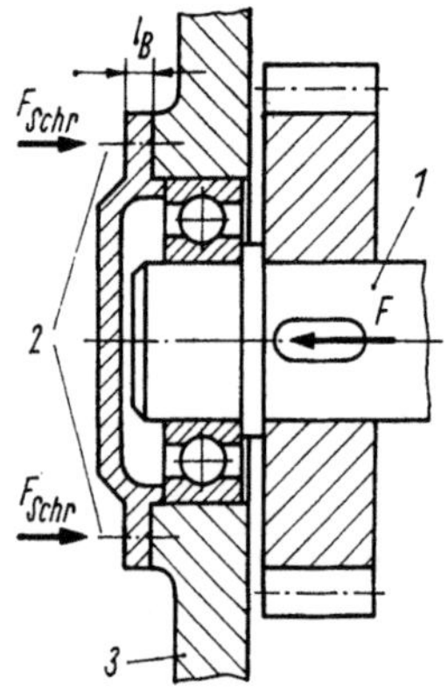

Bild 5.9
Lagerdeckelverschraubung

Aufgabe 5.3. Seilrollenbefestigung

Eine Seilrolle (*1*) für das Skalenseil eines elektronischen Geräts ist im Abstand *a* drehbar an einem Halteblech (*2*) zu befestigen (Bild 5.10). Gesucht sind mehrere konstruktive Lösungen und ihre Diskussion nach der Wirtschaftlichkeit bei unterschiedlichen Stückzahlen.

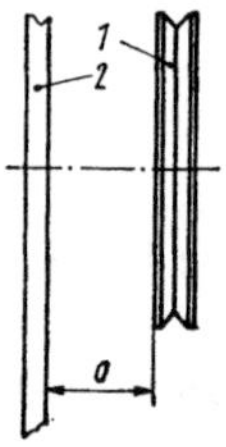

Bild 5.10
Prinzip der Seilrollenbefestigung

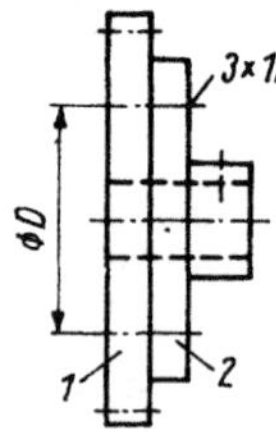

Bild 5.11
Verbindung Zahnrad–Wellenflansch

Aufgabe 5.4. Verbindung Zahnrad–Wellenflansch

Ein Zahnrad *1* aus Hartgewebe (Bild 5.11) soll durch drei Niete ($z = 3$), die auf einem Kreis mit dem Durchmesser $D = 20$ mm angeordnet sind, mit einem Wellenflansch *2* verbunden werden. Zu berechnen ist näherungsweise der erforderliche Nietdurchmesser d, wenn ein Drehmoment von $M_d = 85\ \mathrm{N \cdot mm}$ zu übertragen ist und die zulässige Flächenpressung für Hartgewebe $p_{l\,zul} = 0{,}5\ \mathrm{N \cdot mm^{-2}}$ nicht überschritten werden darf. Die Breite des Zahnrads beträgt $s = 3$ mm.

Aufgabe 5.5. Schwenkrahmenverdrahtung

Eine Schaltwarte besteht aus Gestellen mit um eine senkrechte Achse drehbaren Schwenkrahmen für die Aufnahme der elektronischen Funktionseinheiten. Für einen solchen Schwenkrahmen mit Leiterplatten-

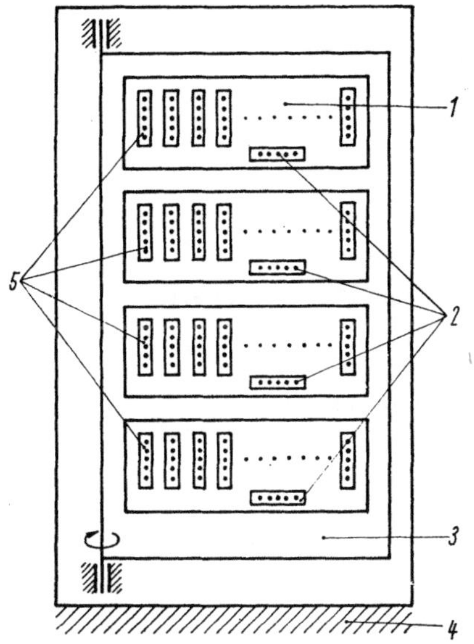

Bild 5.12. Schwenkrahmen

1 Einbaurahmen; *2* Anschlußleisten für Stromversorgung der Einbaurahmen; *3* Schwenkrahmen; *4* Gestell; *5* Anschlußleisten für Signalleitungen zwischen Schwenkrahmen und Gestell

steckeinheiten (Bild 5.12), deren elektronische Funktionseinheiten mit sehr hohen Operationsgeschwindigkeiten arbeiten, ist die funktionell zweckmäßigste Verdrahtungsvariante festzulegen:

a) Gesamtverdrahtung der Leiterplattensteckeinheiten innerhalb eines Einbaurahmens
b) Signalleitungsverdrahtung zwischen den einzelnen Einbaurahmen
c) Verdrahtung der Stromversorgung für die Einbaurahmen unter Berücksichtigung der notwendigen flexiblen Anordnung der Verdrahtung vom Schwenkrahmen zum Gestell
d) Signalleitungsverdrahtung zwischen Schwenkrahmen und Gestell.

Lösung zu Aufgabe 5.1

a) Berechnung des übertragbaren Drehmoments:

$$M_{\mathrm{d\,max}} = F_{\mathrm{u\,max}} d_2/2; \quad F_{\mathrm{u\,max}} = A\tau_{\mathrm{zul}} = A\tau_{\mathrm{B}}/S$$

$$A = l\pi d_2; \quad M_{\mathrm{d\,max}} = l\pi d_2^2 \tau_{\mathrm{B}}/2S$$

$$M_{\mathrm{d\,max}} = \frac{6\ \mathrm{mm} \cdot \pi \cdot 900\ \mathrm{mm}^2 \cdot 25 \cdot \mathrm{N} \cdot \mathrm{mm}^{-2}}{2 \cdot 5} = 42{,}4\ \mathrm{Nm}.$$

b) Berechnung des Stiftdurchmessers (nach Tafel 4.11)

$$\tau_{\mathrm{Stift}} = F_{\mathrm{u}}'/A; \quad F_{\mathrm{u}}' = 2M_{\mathrm{d}}/d_1; \quad A = 2\pi d_{\mathrm{Stift}}^2/4$$

$$\tau_{\mathrm{Stift}} = 4M_{\mathrm{d}}/\pi d_1 d_{\mathrm{Stift}}^2 \leqq \tau_{\mathrm{zul\,Stift}}$$

$$d_{\mathrm{Stift}}^2 = \frac{4M_{\mathrm{d}}}{d_1 \pi \tau_{\mathrm{zul\,Stift}}} = \frac{4 \cdot 42{,}4 \cdot 10^3\ \mathrm{N} \cdot \mathrm{mm}}{20\ \mathrm{mm} \cdot \pi \cdot 80\ \mathrm{N} \cdot \mathrm{mm}^{-2}}$$

$$d_{\mathrm{Stift}} = 5{,}8\ \mathrm{mm} \approx 6\ \mathrm{mm}.$$

Lösung zu Aufgabe 5.2

Kraft je Schraube

$$F_{\mathrm{Schr}} = \frac{30}{4}\ \mathrm{kN} = 7{,}5\ \mathrm{kN} = F_{\mathrm{Betr}}$$

Vorspannkraft

$$F_{\mathrm{vor}}/F_{\mathrm{Betr}} = 3{,}5 \text{ (aus Tafel S. 112)}$$

$$F_{\mathrm{vor}} = 7{,}5\ \mathrm{kN} \cdot 3{,}5 = 26.25\ \mathrm{kN}.$$

Spannungsquerschnitt
Aus Gl. (4.19) folgt $A_s = F_{\mathrm{vor}}/0{,}7\sigma_S$, wobei $\sigma_s = 640\ \mathrm{N/mm^2}$ (Tafel S. 113).

$$A_s = \frac{26250\ \mathrm{N}}{0{,}7 \cdot 640\ \mathrm{N/mm^2}} = 58{,}6\ \mathrm{mm^2}.$$

Gewählt wird aus Tafel 4.10 der nächstliegende Wert, d.h., $A_s = 58{,}0\ \mathrm{mm^2}$ mit $d = 10$ mm (M 10). Es werden Sechskantschrauben nach TGL 0-931/DIN 931 ausgewählt.

Federkonstanten für Schrauben

$$c_{Schr} = E_{Schr}A_{Schr}/l; \quad E_{Schr} = 2{,}15 \cdot 10^5\ \text{N/mm}^2 \text{ (Tafel 3.2 für St)}$$

$$A_{Schr} = d^2\pi/4 = 78{,}5\ \text{mm}^2, \quad l \approx l_B + k/3 \approx 22{,}3\ \text{mm};$$

$$l_B = 20\ \text{mm}, \quad k = 7\ \text{mm},$$

$$c_{Schr} = \frac{2{,}15 \cdot 10^5\ \text{N/mm}^2 \cdot 78{,}5\ \text{mm}^2}{22{,}3\ \text{mm}} = 7{,}6 \cdot 10^5\ \text{N/mm}.$$

Federkonstante Deckelflansch

$$c_B = (E_B\pi/4l_B) \cdot [(S + l_B)^2 - d_L^2]; \quad E_B = 2{,}15 \cdot 10^5\ \text{N/mm}^2 \text{ (Tafel 3.2 für St)};$$

$$l_B = 20\ \text{mm}, \quad S = 17\ \text{mm für M 10}, \quad d_L = 11{,}5\ \text{mm}.$$

$$c_B = \frac{2{,}15 \cdot 10^5\ \text{N/mm}^2 \cdot \pi}{4 \cdot 20\ \text{mm}} \cdot (37^2 - 11{,}5^2)\ \text{mm}^2 = 104{,}4 \cdot 10^5\ \text{N/mm}.$$

Zusatzkraft

$$F_Z = c_{Schr}/(c_{Schr} + c_B)\ F_{Betr} = \frac{7{,}6 \cdot 10^5}{112 \cdot 10^5} \cdot 7500\ \text{N} = 509\ \text{N}.$$

Normalspannung

$$\sigma_z = (F_{vor} + F_Z)/A_s = \frac{26\,250\ \text{N} + 509\ \text{N}}{58\ \text{mm}^2} = 461\ \text{N/mm}^2.$$

Torsionsspannung

$$\tau_t = \frac{F_{vor}d_2}{A_s\,(d_2 + d_3)} = \frac{26\,250\ \text{N} \cdot 9{,}03\ \text{mm}}{58\ \text{mm}^2 \cdot 17{,}2\ \text{mm}} = 238\ \text{N/mm}^2$$

($d_2 = 9{,}03$ mm, $d_3 = 8{,}16$ mm, $A_s = 58$ mm^2, Tafel 4.10).

Vergleichsspannung

$$\sigma_v = \sqrt{\sigma_z^2 + 3\tau_t^2} = \sqrt{461^2 + 3 \cdot 238^2} = 618\ \text{N/mm}^2.$$

Zulässige Spannung

$$\sigma_{zul} = (0{,}9 \ldots 1)\,\sigma_S = (576 \ldots 640)\ \text{N/mm}^2; \quad \sigma_S = 640\ \text{N/mm}^2$$

(Festigkeitsklasse 8.8); damit liegt die auftretende Spannung innerhalb des zulässigen Bereichs; die Dimensionierung der Schrauben mit M 10 ist richtig.

Lösung zu Aufgabe 5.3

Einige Varianten für die Seilrollenbefestigung sind im Bild 5.13 dargestellt: a1/a2/b1 bei Einzelfertigung; a2/a3/a4/b2 bei Serienfertigung; bei Massenfertigung Halterung als Plastspritzteil und a3 (thermisch)/b3 (*a* Befestigung der Achse am Halteblech, *b* Befestigung der Seilrolle auf der Achse).

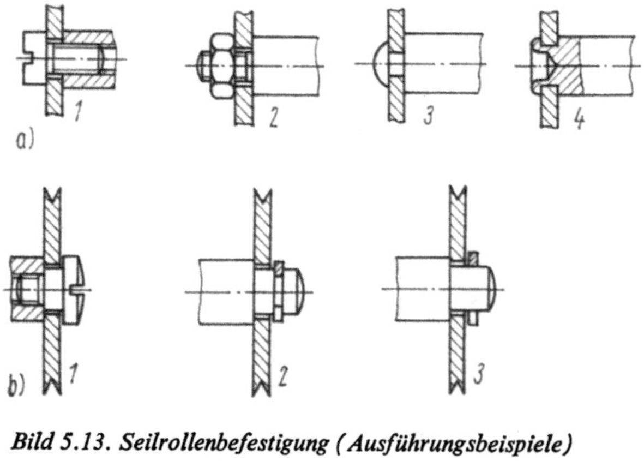

Bild 5.13. Seilrollenbefestigung (Ausführungsbeispiele)

a) Befestigung am Halteblech

1 Bolzen mit Innengewinde, Schraube; *2* Distanzbolzen mit Absatz und Außengewinde, Mutter; *3* Nietung mit Vollzapfen; *4* Nietung mit Hohlzapfen

b) Halterung der Seilrolle

1 Ansatzschraube; *2* Sicherungsscheibe; *3* Klemmring

Lösung zu Aufgabe 5.4

Die Kraft je Niet beträgt $F_{\text{Niet}} = 2M_d/(Dz)$.
Damit ergibt sich

$$p_l = \frac{F_{\text{Niet}}}{ds} = \frac{2M_d}{Dzds} \leqq p_{l\,\text{zul}}.$$

Für den Nietdurchmesser erhält man

$$d \geqq \frac{2M_d}{Dzsp_{l\,\text{zul}}}; \qquad d \geqq \frac{2 \cdot 85\ \text{N} \cdot \text{mm}}{20\ \text{mm} \cdot 3 \cdot 3\ \text{mm} \cdot 0{,}5\ \text{N} \cdot \text{mm}^{-2}} = 1{,}9\ \text{mm}.$$

Es wird ein Nietdurchmesser von $d = 2$ mm gewählt.

Lösung zu Aufgabe 5.5

Zur Lösung der Aufgabe werden vier verschiedene Verdrahtungen eingesetzt (Bild 5.14):

a) Der Einbaurahmen wird als Mehrlagenleiterplatte mit drei Ebenen ausgebildet (Signalebene, Abschirmebene, Stromversorgungsebene).
b) Die Verlegung der Signalleitungen zwischen den Einbaurahmen erfolgt wegen der hohen Operationsgeschwindigkeiten in freier Verdrahtung (minimale Leitungslängen und -parallelführungen); die Verbindung zwischen Leitung und Einbaurahmen ist zweckmäßig durch Wickeln zu realisieren, wobei die Anschlußfahnen in den Leiterplatten eingelötet sind (Infrarotlöten).

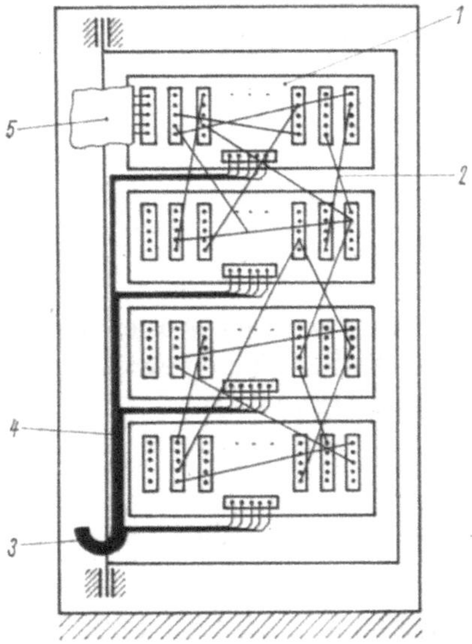

Bild 5.14
Verdrahtung eines Schwenkrahmens
1 Mehrlagenleiterplatte; *2* Freiverdrahtung; *3* Kabelschlaufe; *4* Formkabel; *5* Flachverdrahtung

c) Die Stromversorgung wird als Formkabelverdrahtung ausgeführt. Das Formkabel ist am Rahmen geeignet zu befestigen; zur Gewährleistung der Schwenkbewegung des Rahmens ist eine entsprechend große Kabelschlaufe vorzusehen.
d) Die Verbindung läßt sich durch Flachverdrahtung als Bandleitung oder als flexible gedruckte Leitung herstellen.

6. Federn

Federn sind Bauelemente, bei denen bewußt die elastischen Eigenschaften des Werkstoffs ausgenutzt werden.

Federn finden in der Gerätetechnik und im Maschinenbau eine vielfältige Anwendung (als Einzelfeder oder Federkombination bzw. Federsystem) als

- *Speicherelemente*
  Antrieb von Laufwerken (z. B. Aufzugfeder einer Uhr) und Sprungelemente in Schaltern
- *Meßelemente*
  Messung von Kräften und Momenten, z. B. Federwaage
- *Schwingungselemente*
  Feder-Masse-System mit konstanter Eigenfrequenz, z. B. im Zungenfrequenzmesser
- *Ruheelemente*
  Erzeugung eines Kraftschlusses, Ausschalten unerwünschten Spiels, Sicherung einer stabilen Lage der Bauteile (z. B. Rückholfeder)
- *Lagerelemente*
  elastische Beweglichkeit in Gelenken (s. Abschn. 8.3.5.).

6.1. Grundbegriffe, Federkennlinien [3] [7]

Bei der Verformung einer Feder durch eine äußere Kraft F wird die Auslenkung des Kraftangriffspunkts als Federweg f bezeichnet (Bild 6.1). Die Federkennlinie ist die Darstellung der Belastungskraft F als Funktion des Federwegs f (Bild 6.2).

Das Maß für die Steifigkeit einer Feder ist die Steigung der Kennlinie:

$$c = \mathrm{d}F/\mathrm{d}f. \qquad (6.1\,\mathrm{a})$$

Wird die Verformung durch ein Drehmoment M_d hervorgerufen, so gilt

$$c = \mathrm{d}M_d/\mathrm{d}\varphi, \quad \varphi \text{ Verdrehwinkel}. \qquad (6.1\,\mathrm{b})$$

„Harte" Federn haben eine steile, „weiche" eine flache Kennlinie. Bei der linearen Kennlinie (a im Bild 6.2) muß u. a. der Werkstoff dem Hookeschen Gesetz folgen; die Federsteife wird zur Federkonstanten. Nur wenige Federn haben eine gekrümmte Kennlinie.

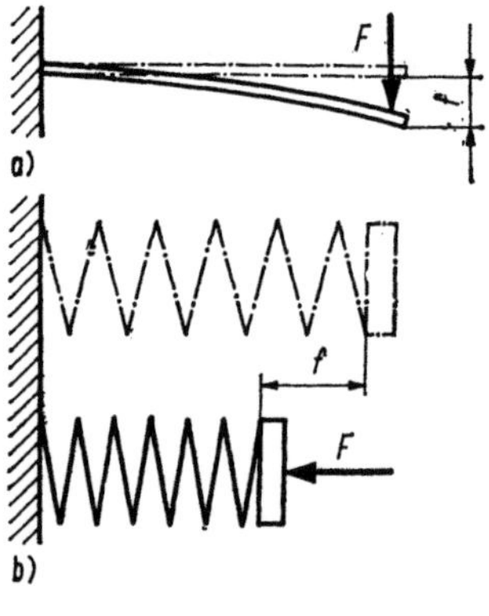

Bild 6.1
Verformung von Federn
a) Blattfeder; b) Druckfeder

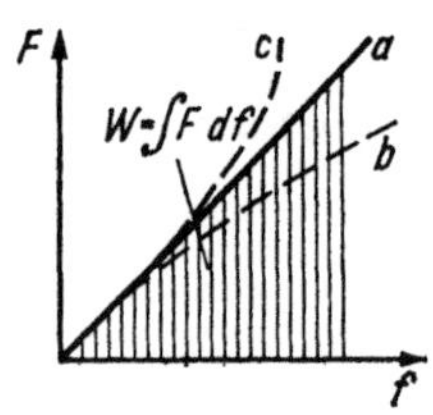

Bild 6.2
Federkennlinien

Tafel 6.1. Festigkeitseigenschaften von Federwerkstoffen

a) Bandstahl, kaltgewalzt, Auszug aus TGL 14192 (vgl.a. DIN 17222)

Stahlmarke	Festigkeitszustand[1])	σ_S N/mm²	σ_{zB} N/mm²	E[2]) N/mm²	G[2]) N/mm²	Arbeitstemperatur °C	Härterichtwerte[3]) HV 5
	G	480	650	$21 \cdot 10^4$	$8 \cdot 10^4$	−35 ... +80	≦190
CK 67	K75	–	750 ... 900				220 ... 265
und	K90	–	900 ... 1100				265 ... 320
MK 75	V130	1200 ... 1400	1300 ... 1500				380 ... 435
	V190	1800 ... 2100	1900 ... 2200				585 ... 670
50CrV4	G	650	750	$21 \cdot 10^4$	$8 \cdot 10^4$	−35 ... +300	≦220
	K85	–	850 ... 1000				250 ... 295
	V120	1100 ... 1300	1200 ... 1400				350 ... 400
	V160	1500 ... 1800	1600 ... 1900				460 ... 545

b) Kupfer-Knetlegierungen, kaltgewalzt, Auszug aus TGL 35489, DIN 17670, 17672

Bezeichnung	Festigkeitszustand	$\sigma_{0,2}$ N/mm²	σ_{zB} N/mm²	E[2]) N/mm²	G[2]) N/mm²	Arbeitstemperatur °C	Härterichtwert[3]) HB 10D² (≈HV 5)
CuZn37	F30	≦180	290	$11{,}6 \cdot 10^4$	$4 \cdot 10^4$	−35 ... +60	70
	F38	≧200	370				105
	F45	≧340	440				135
	F55	≧470	540				160
	F62	≧550	610				180
CuSn6	F36	≦255	350	$11{,}5 \cdot 10^4$	$4{,}3 \cdot 10^4$	−35 ... +60	85
	F41	≧200	400				115
	F48	≧370	470				135
	F56	≧470	550				155
	F65	≧570	640				185

c) Aurelast, Auszug aus TGL 25521

Bezeichnung	Lieferzustand	σ_S N/mm²	σ_{zB} N/mm²	E ($\vartheta_0 = 25\,°C$) 10^4 N/mm²	G ($\vartheta_0 = 25\,°C$) 10^4 N/mm²	T_{KE} 10^{-6}/K
FeNi42Cr5	homogenisiert	200	600	16,2 ... 18,0	6,9 ... 7,5	−10 ... +30
	homogenisiert und ausgehärtet	650	1000	18,2 ... 18,9	6,9 ... 7,5	
	50% kaltverformt	900	950	17,2 ... 18,5	5,4 ... 6,0	
	50% kaltverformt und ausgehärtet	1000	1100	18,5 ... 19,0	6,3 ... 7,5	

[1]) G weichgeglüht, K kalt nachgewalzt, V vergütet; [2]) bei $\vartheta_0 = 20\,°C$; [3]) bei Dicke < 2 mm

Bei Tellerfedern (Abschn. 6.5.) z. B. wird die Feder mit zunehmender Belastung weicher (*b* im Bild 6.2), bei Gummifedern (Abschn. 6.6.) mit zunehmender Belastung härter (*c*).

Das Arbeitsvermögen (Energie) oder die Federarbeit W ist bei Belastung einer Feder

$$W = \int_f F\,\mathrm{d}f. \tag{6.2}$$

Bei gerader Kennlinie ist $W = Ff/2 = cf^2/2$ (schraffierte Fläche unter der Kennlinie *a*).

Tafel 6.2. Festigkeitseigenschaften von Federstahldraht (unlegiert, kalt gezogen, Auszug aus TGL 14193; vgl. a. DIN 17 223)

Nennmaß d mm	σ_{zB} N/mm² Klasse A	Klasse B	Klasse C
0,1	–	–	2580 ... 2930
0,2	–	–	2540 ... 2890
0,4	1720 ... 2060	2070 ... 2470	2480 ... 2830
0,5	1700 ... 2040	2050 ... 2440	2450 ... 2800
0,8	1640 ... 1980	1990 ... 2350	2360 ... 2710
1,0	1600 ... 1930	1940 ... 2300	2310 ... 2610
1,2	1560 ... 1880	1890 ... 2230	2240 ... 2540
1,4	1530 ... 1850	1860 ... 2190	2200 ... 2500
1,6	1500 ... 1810	1820 ... 2140	2150 ... 2450
1,8	1470 ... 1770	1780 ... 2090	2100 ... 2350
2,0	1450 ... 1740	1750 ... 2040	2050 ... 2300

Arbeitstemperatur: −35 bis +80 °C

6.2. Federwerkstoffe

Als Federwerkstoffe gelangen im Maschinenbau vorwiegend Stahl, in der Gerätetechnik alle elastisch verformbaren Werkstoffe (auch Gummi, Plaste oder Glas) zur Anwendung. Die zulässige Spannung wird in erster Linie von der Elastizitätsgrenze bestimmt, die bei harten Werkstoffen fast bis an die Bruchgrenze heranreicht (vgl. Bild 3.23). Die Härte ist durch Wärmebehandlung oder Kaltverformung (Walzen, Ziehen) erreichbar.

Die elastischen Eigenschaften der Werkstoffe ändern sich mit der Temperatur. Für hohe Ansprüche wurde der Spezialwerkstoff *Aurelast* mit sehr kleinem Temperaturkoeffizienten T_{KE} des E-Moduls $[E_\vartheta = E_{\vartheta_0} (1 + T_{KE}\, \Delta\vartheta)]$ entwickelt.

Die Festigkeitsgrenzen für einige Federwerkstoffe sind in den Tafeln 6.1 und 6.2 zusammengestellt. Sie gelten für den Belastungsfall I (ruhende Belastung, s. Abschn. 3.3.1.) und haben nur für gestreckte Federn Gültigkeit. Bei gebogenen oder gewundenen Federn ist die zulässige Festigkeit mit einem Korrekturfaktor k' zu multiplizieren:

$k' = 0{,}7$ für Stahlfedern mit Biegeradius $r \leqq 0{,}5h$, für alle übrigen Metallfedern mit Biegeradius $r \leqq 0{,}25h$ und für Drahtfedern mit Biegeradius $r \leqq 1{,}5d$;

$k' = 0{,}25$ wenn die Biegestelle unmittelbar an der Einspannstelle liegt;

$k' = 0{,}1$ als Sicherheit bei Meßfedern, da eine hohe Reproduzierbarkeit der Federkennlinie im Arbeitsbereich garantiert werden muß.

6.3. Berechnung der Einzelfeder [6.6] [6.7] [6.9] [6.10]

6.3.1. Grundlagen

Jede Feder ist in zweifacher Hinsicht zu berechnen (s. Abschn. 3.3.), nach den Regeln

- der Elastizitätslehre der Zusammenhang zwischen Belastungskraft und Verformung (Funktionsnachweis)
- der Festigkeitslehre die im Federquerschnitt auftretende Spannung, die mit der für den jeweiligen Werkstoff zulässigen zu vergleichen ist (Festigkeitsnachweis).

Die Federn werden zweckmäßig nach der Hauptbeanspruchung des Federwerkstoffs eingeteilt, weil damit zugleich auf die Berechnung hingewiesen wird. Die Hauptbeanspruchungen sind *Biegung* und *Verdrehung* (Torsion). Man unterscheidet demnach Biegefedern und Torsionsfedern. Im Sprachgebrauch wird noch nach der Art der äußeren Beanspruchung unterteilt, was aber oft nicht der Werkstoffbeanspruchung entspricht:

Benennung	Äußere Beanspruchung	Beanspruchung des Federquerschnitts
Zugfeder	Zugkraft	Torsion
Druckfeder	Druckkraft	Torsion
Drehfeder	Drehmoment	Biegung

Bezeichnet wird üblicherweise auch nach der Federform, z.B. Spiralfeder, Kegelfeder, Schraubenfeder.

6.3.2. Biegefedern

Gerade Biegefeder. Sie wird als Blattfeder mit rechteckigem oder als Stabfeder mit rundem Querschnitt verwendet. Im Gegensatz zur Blattfeder hat die Stabfeder keine bevorzugte Wirkungsrichtung, ihre Federsteife ist in allen Richtungen radial zur Stabachse gleich. Tafel 6.3 gibt für die verschiedenen Möglichkeiten der Federanordnung die Berechnungsgleichungen an. Bei der Federform ist zu beachten, daß der Werkstoff bei der Trapezfeder gegenüber der Rechteckblattfeder besser ausgenutzt und eine Materialeinsparung bis zu 50 % erreicht wird. Bei der konstruktiven Gestaltung der Federeinspannung müssen die Kanten der Federhalterung abgerundet werden. Außerdem sind für feinstbearbeitete Federn in der Einspannstelle Zwischenlagen aus einem weicheren Werkstoff vorzusehen, um Beschädigungen der Oberfläche zu vermeiden. Bei der Verwendung von

Tafel 6.3. Berechnungsgleichungen für Federn

Anordnung	Querschnitt	Funktionsnachweis	Festigkeitsnachweis	Federkonstante
a) gerade Biegefedern				
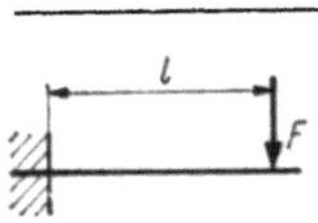	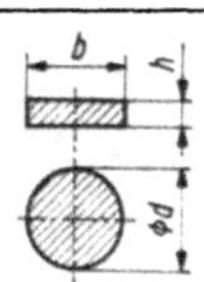	$f = \frac{4Fl^3}{Ebh^3}$ $f = \frac{64Fl^3}{3\pi Ed^4}$	$f \leqq \frac{2l^2}{3Eh}\sigma_{b\,zul}$ $f \leqq \frac{2l^2}{3Ed}\sigma_{b\,zul}$	$c = \frac{bh^3E}{4l^3}$ $c = \frac{3\pi d^4E}{64l^3}$
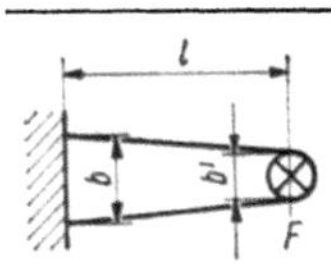	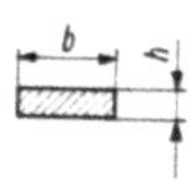	$f = \psi\frac{4Fl^3}{Ebh^3}$	$f \leqq \psi\frac{2l^2}{3Eh}\sigma_{b\,zul}$	$c = \frac{bh^3E}{4\psi l^3}$
		b'/b: 0; 0,2; 0,4; 0,6; 0,8; 1,0 ψ: 1,500; 1,315; 1,202; 1,121; 1,054; 1,000		
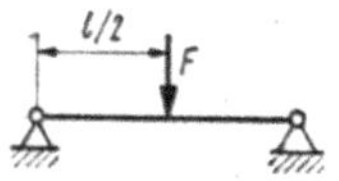		$f = \frac{Fl^3}{4Ebh^3}$	$f \leqq \frac{l^2}{6Eh}\sigma_{b\,zul}$	$c = \frac{4bh^3E}{l^3}$
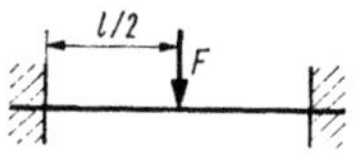		$f = \frac{Fl^3}{16Ebh^3}$	$f \leqq \frac{l^2}{12Eh}\sigma_{b\,zul}$	$c = \frac{16bh^3E}{l^3}$

Tafel 6.3 (Fortsetzung)

Anordnung	Querschnitt	Funktionsnachweis	Festigkeitsnachweis	Federkonstante
b) Spiralfedern mit Windungszwischenraum				
äußeres Federende  s. Bild 6.5a	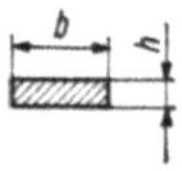	$\hat{\varphi} = \frac{15 M_d l}{E b h^3}$	$\hat{\varphi} \leqq \frac{5 l \sigma_{b\,zul}}{4 E h k}$	$c = \frac{b h^3 E}{15 l}$
 s. Bild 6.5b		$\hat{\varphi} = \frac{12 M_d l}{E b h^3}$	$\hat{\varphi} \leqq \frac{2 l \sigma_{b\,zul}}{E h k}$	$c = \frac{b h^3 E}{12 l}$
c) Drehfedern				
 s. Bild 6.9	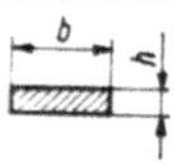	$\hat{\varphi} = \frac{12 F r l}{E b h^3}$.	$\hat{\varphi} \leqq \frac{2 l \sigma_{b\,zul}}{E h k}$	$c = \frac{b h^3 E}{12 l}$
	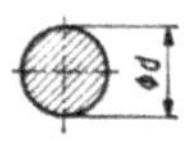	$\hat{\varphi} = \frac{64 F r l}{\pi E d^4}$	$\varphi \leqq \frac{2 l \sigma_{b\,zul}}{E d k}$	$c = \frac{\pi d^4 E}{64 l}$
d) gerade Torsionsfedern				
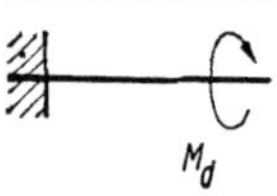 s. Bild 6.10	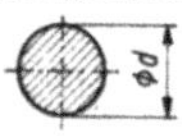	$\hat{\varphi} = \frac{32 M_d l}{\pi G d^4}$	$\hat{\varphi} \leqq \frac{2 l}{G d} \tau_{t\,zul}$	$c = \frac{\pi d^4 G}{32 l}$
	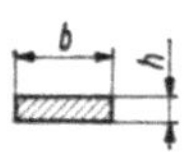	$\hat{\varphi} = \frac{M_d l}{\eta_3 G b h^3}$	$\hat{\varphi} \leqq \frac{\eta_2 l}{\eta_3 h G} \tau_{t\,zul}$	$c = \frac{\eta_3 b h^3 G}{l}$

b/h	1	2	4	8	10	∞
η_2	0,208	0,246	0,282	0,307	0,313	0,333
η_3	0,140	0,229	0,281	0,307	0,313	0,333

Anordnung	Querschnitt	Funktionsnachweis	Festigkeitsnachweis	Federkonstante
e) zylindrische Schraubenfedern				
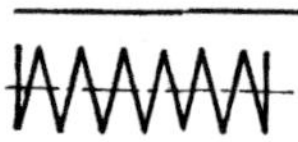 s. Bild 6.11		$f = \frac{8 i_f F D^3}{G d^4}$	$f \leqq \frac{\pi i_f D^2 \tau_{t\,zul}}{G d}$	$c = \frac{G d^4}{8 D^3 i_f}$
		i_f = Anzahl der federnden Windungen		

E Elastizitäts-; *G* Schubmodul des Federwerkstoffs

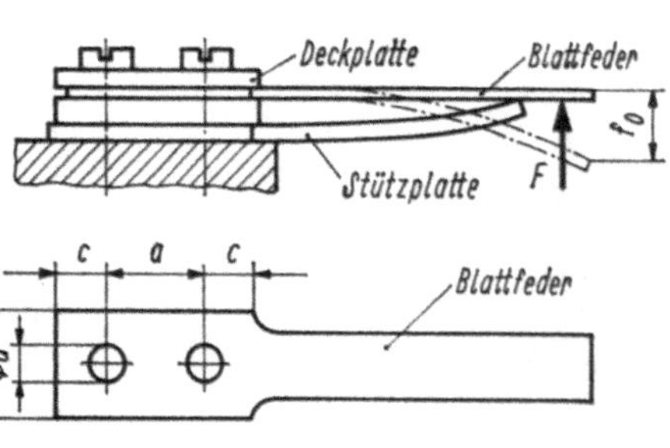

Bild 6.3
Befestigung einer Blattfeder

Biegefedern mit Vorspannung (Federvorspannweg f_0) sind Stützplatten (Bild 6.3) erforderlich, für die ein weicher Werkstoff gewählt wird, damit die Stützplatten zwecks Lagejustage der Feder leicht biegbar sind. Außerdem sollen die notwendigen Bohrungen in der Feder einen bestimmten Mindestabstand haben. Richtwerte sind:

$$a = (1{,}1 \dots 1{,}2)\,b; \quad c \approx (2/3)\,b; \quad d \approx (3/4)\,b. \qquad (6.3)$$

Es ist nicht immer möglich, eine gestreckte Biegefeder zu verwenden, gekrümmte Blattfedern (s. Bild 6.4) sind platzsparender. Für Formen, die lediglich aus Kreisbogen- und Geradenstücken zusammengesetzt sind, ist in [3] die Berechnung angegeben. Verwendung finden solche Federn, die auch als Flachformfedern bezeichnet werden, u.a. als Klemmfedern für leicht lösbare Verbindungen (s. Abschn. 4.2.), als Messerfedern für elektrische lösbare Kontakte (s. Abschn. 5.) und als Bügelfedern zum Erzeugen einer Vorspannung, wie z.B. bei der Spannbandlagerung in Galvanometern erforderlich (s. Abschn. 8.3.5.).

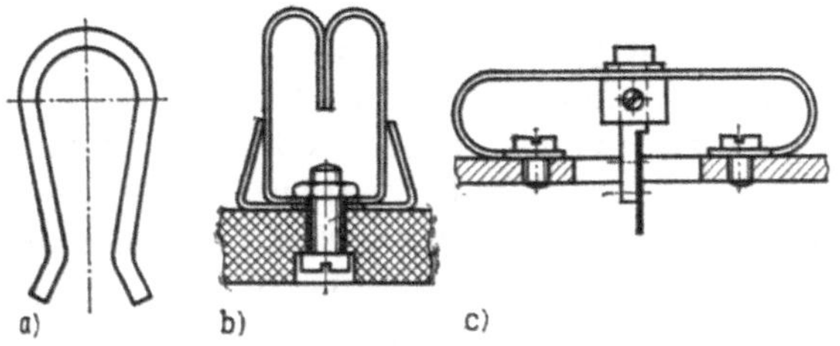

Bild 6.4
Gekrümmte Blattfedern
a) Klemmfeder; b) Messerfeder; c) Bügelfeder

Eben gewundene Biegefeder (Spiralfeder). In der Gerätetechnik sind zwei Ausführungsformen gebräuchlich: Spiralfedern mit und ohne Windungszwischenraum.

Spiralfedern mit Windungszwischenraum werden meist als archimedische Spirale mit konstantem Abstand a zwischen den Windungen ausgeführt. Sie arbeiten ohne Reibungsverluste, wenn dafür gesorgt wird, daß sich auch während der Bewegung die Windungen nicht berühren. Der Verdrehwinkel darf daher nicht zu groß sein (i.allg. $\varphi < 360°$). Die Anwendung erfolgt als Rückstellfeder in Meßinstrumenten und als Schwingungselement in Gangreglern (Uhren).

Für die abgewickelte Länge der archimedischen Spirale gilt

$$l = i\pi(r_1 + r_2), \qquad (6.4)$$

i Anzahl der Windungen.

Der Windungsabstand a ist

$$a = (\pi/l)(r_1^2 - r_2^2). \qquad (6.5)$$

Während das innere Federende stets fest (z.B. in einer Welle) eingespannt wird, ist beim äußeren Federende A gelenkige oder feste Einspannung möglich (Bild 6.5a, b). Beide unterscheiden sich nicht nur in der Konstruktion, sondern auch in der Berechnung (Tafel 6.3b).

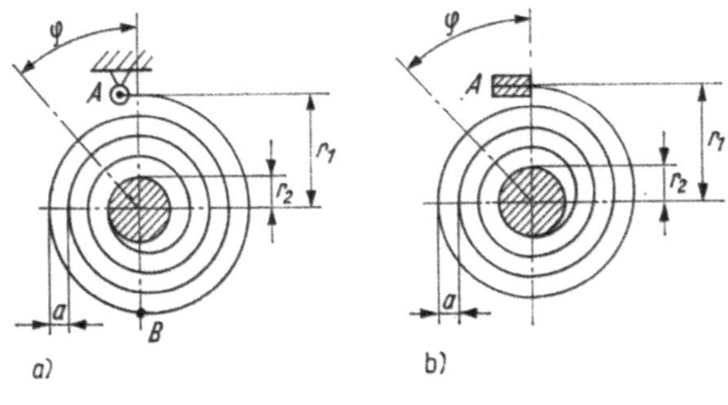

Bild 6.5
Spiralfeder
a) außen gelenkig; b) außen fest eingespannt

Der auftretende Korrekturfaktor k berücksichtigt den Einfluß der Federkrümmung auf die zulässige Spannung (Bild 6.6).

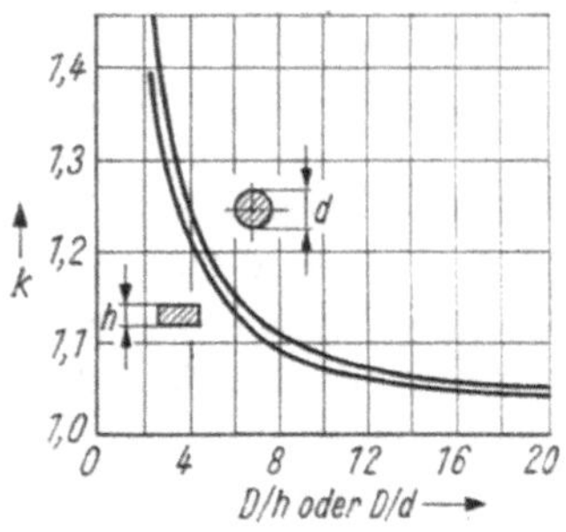

Bild 6.6
Korrekturfaktor k für Biegefedern
D Krümmungsdurchmesser

Spiralfedern ohne Windungszwischenraum sind für größere Drehwinkel vorgesehen (mehrere Umdrehungen), haben deshalb eine größere Energiespeicherkapazität und werden als Triebfedern für Uhren und andere Laufwerke verwendet. Wegen der Reibung zwischen den Windungen ist die von der Feder abgegebene Energie kleiner als die zum Spannen (Aufziehen) benötigte. Um das Einbauvolumen klein zu halten, werden Triebfedern in Gehäuse (Federhaus) eingebaut (Bild 6.7). Bei einer freien Feder besteht die Gefahr, daß beim Entspannen andere Getriebe- oder Geräteteile behindert werden. Im Bild 6.8 dargestellt ist die Abhängigkeit des Drehmoments M_d vom Drehwinkel, der durch die Anzahl N der vollen Umdrehungen angegeben wird. Die Anzahl der maximal möglichen Umdrehungen N_g, vom völlig abgelaufenen bis zum vollständig aufgezogenen Zustand, ist durch die Federlänge begrenzt. Triebfedern sind nach [3] zu berechnen.

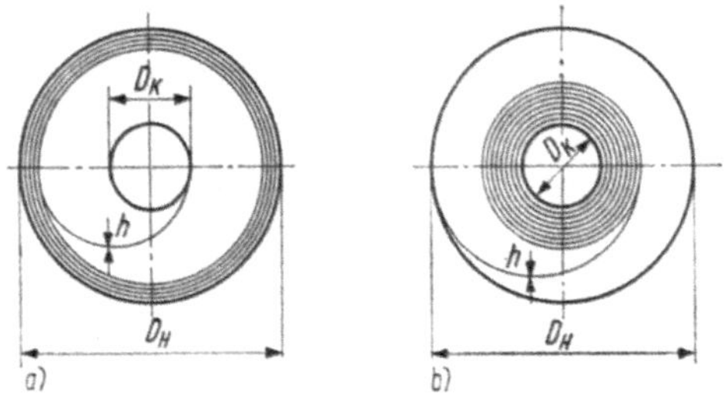

Bild 6.7
Triebfedern im Federhaus
a) völlig abgelaufen; b) völlig aufgezogen
D_H Federhausdurchmesser, D_K Federkerndurchmesser

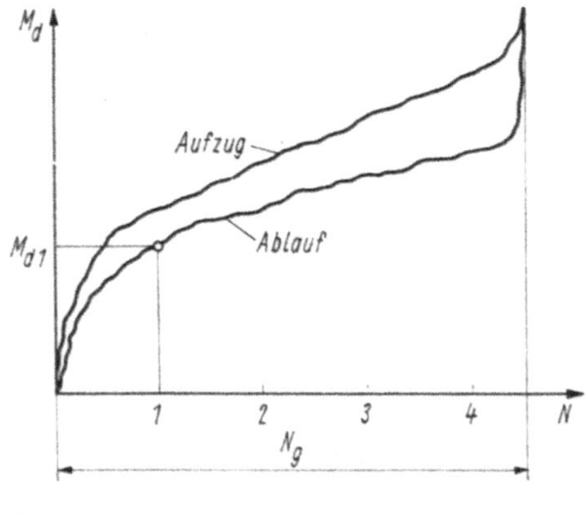

Bild 6.8
Drehmoment bei Triebfedern

Räumlich gewundene Biegefeder (Drehfeder). Die Drehfeder ist eine zylindrisch gewickelte Schraubenfeder mit Federschenkeln (Schenkelfeder). Gewöhnlich wird ein Schenkel am Gestell festgelegt und der andere mit dem beweglichen Bauteil dagegen verdreht. Sie dienen als Rückholfedern für Schalthebel und Klinken sowie als Energiespeicher in Spann- und Sprungwerken, erfordern wenig Platz und werden zur eigenen Führung i.allg. auf die Achse der Hebellagerung gesteckt (Berechnungsgleichungen für die Feder im Bild 6.9 s. Tafel 6.3c).

Eine Kraft F erzeugt das Moment $M_d = Fr$ um die Wickelachse. Die axiale Baulänge L ist mit e als Windungsabstand und der Windungszahl i

$$L = (i + 1)\, b + ie \quad \text{bzw.}$$
$$L = (i + 1)\, d + ie. \tag{6.6}$$

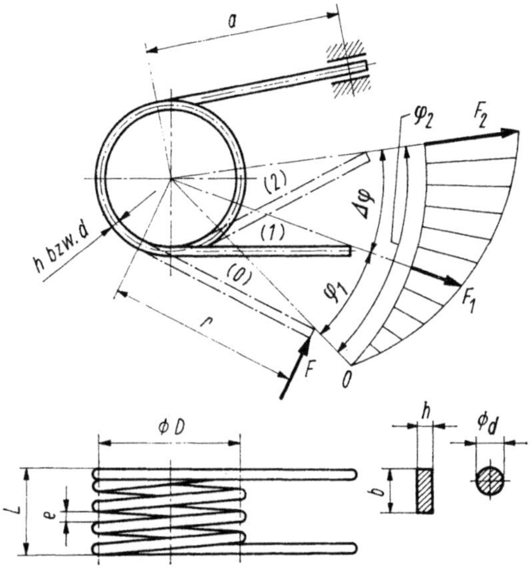

Bild 6.9
Drehfeder mit Kennlinie

Die gestreckte Federlänge beträgt

$$l = i\pi D + (a + r), \tag{6.7}$$

D Wicklungsdurchmesser.

Das oft unerwünschte zusätzliche Moment FL zwischen den Schenkeln kann durch Anwendung von zwei Schenkelfedern oder symmetrische Ausführung einer Feder vermieden werden.

6.3.3. Torsionsfedern

Gerade Torsionsfeder. Die gerade Torsionsfeder wird ausschließlich durch ein senkrecht zur Federachse liegendes Kräftepaar beansprucht, das ein Drehmoment $M_d = 2Fr$ erzeugt. Es ist entlang der Stabachse konstant, so daß bei gleichbleibendem Querschnitt auch die Torsionsspannung τ_t entlang der Feder konstant bleibt. Als Querschnittsformen werden sowohl der Kreis (Torsionsdraht) als auch das Rechteck (Torsionsband) (Bild 6.10) angewendet.

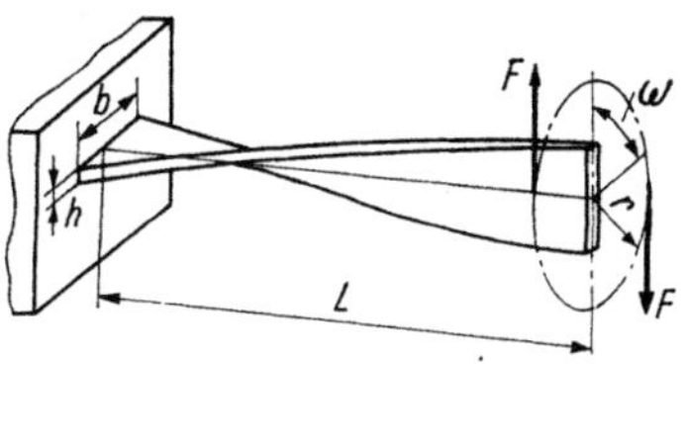

Bild 6.10
Torsionsbandfeder

Wie aus den Berechnungsgleichungen (Tafel 6.3d) abgeleitet werden kann, hat das rechteckige Torsionsband bei gleicher Federkonstante einen größeren Querschnitt als der Torsionsdraht und ist deshalb auch stärker auf Zug belastbar, eine Forderung, die bei der Spannbandlagerung (Abschn. 8.3.5.) auftritt [6.5].

Gewundene Torsionsfeder. Sie wird als zylindrisch gewundene Schraubenfeder ausgeführt und durch eine axial wirkende Kraft F belastet. Je nach Wirkungsrichtung der Kraft unterscheidet man Zug- und Druckfedern. Bild 6.11 zeigt beide Federn mit ihren Kennlinien. Durch die Axialkraft F wirkt auf den Querschnitt des Federdrahts ein Torsionsmoment $M_d = FD/2$. Durch entsprechende Dimensionierung lassen sich Kraftwirkung und Federhub f in weiten Grenzen ändern. Die Berechnungsgleichungen (Tafel 6.3e) gelten für beide Federarten, jedoch nur für Drahtfedern mit Kreisquerschnitt (s.a. [3]). Federn mit anderem Querschnitt (z.B. Flachdrahtfedern) werden nur selten angewendet.

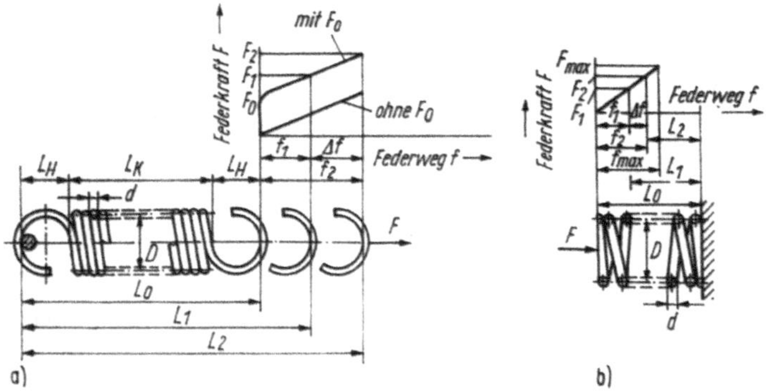

Bild 6.11
Zylindrische Schraubenfedern
a) Zugfeder; b) Druckfeder (in DIN 2096 und 2097 gilt für D das Zeichen D_m)

Bei der Berechnung ist wie bei den gewundenen Biegefedern zu beachten, daß durch die Krümmung im Drahtquerschnitt eine ungleiche Spannungsverteilung auftritt, die bei wechselnder Belastung für die Lebensdauer entscheidend ist. Beim Festigkeitsnachweis nach Tafel 6.3e ist in diesem Fall $\tau_{t\,zul}$ noch durch einen Korrekturfaktor k zu dividieren (Bild 6.12).

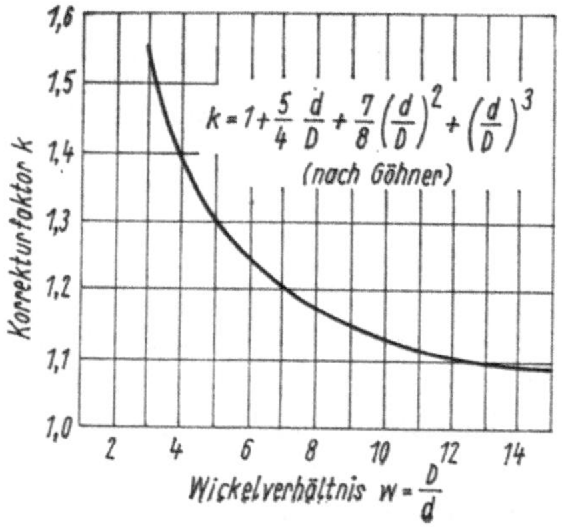

Bild 6.12
Korrekturfaktor k für zylindrische Schraubenfedern mit Kreisquerschnitt

Druckfedern müssen so gewickelt werden, daß sich die Windungen auch bei der Höchstlast F_{max} nicht berühren. Den Hub des gefederten Bauteils muß deshalb ein Anschlag begrenzen, nicht die Druckfeder selbst.

Zugfedern lassen sich mit und ohne Spiel zwischen den Windungen und sogar mit Vorspannung F_0 wickeln. Federn mit Vorspannung finden Anwendung, wenn nur ein begrenzter Einbauraum vorhanden ist. Die Toleranz von F_0 ist aber erheblich. Es werden dafür folgende Gütegrade unterschieden: grob 30%, mittel 15%, fein 7,5%.

Eines der wenigen konstruktiven Probleme ist die Gestaltung der Federenden. Bei Zugfedern sollen die Ösen so ausgebildet werden, daß die Zugkräfte möglichst axial angreifen (Bild 6.13). Die Enden der Druckfedern sind so auszubilden, daß eine einseitige Belastung vermieden wird (letzte Windung ohne Steigung oder abgeschliffen).

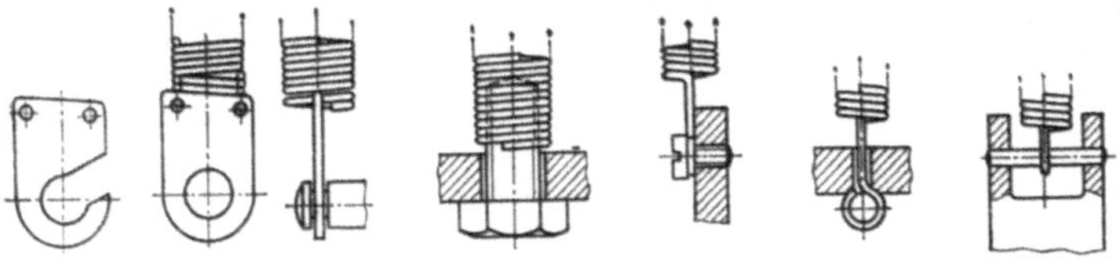

Bild 6.13 Zugfederbefestigungen

Zur Gewährleistung der Festigkeit ist $M_d \leqq W_t \tau_{t\,zul}$ einzuhalten. Mit $W_t = \pi d^3/16$ bei kreisförmigem Drahtquerschnitt kann eine Zug- oder Druckfeder höchstens mit einer Kraft

$$F \leqq (\pi d^3/8D)\,\tau_{t\,zul} \tag{6.8}$$

belastet werden.

Zur schnellen Auswahl der Hauptparameter von Zug- und Druckfedern ist eine Leitertafel (Tafel 6.4) zu empfehlen, die aus Gl. (6.8) abgeleitet ist.

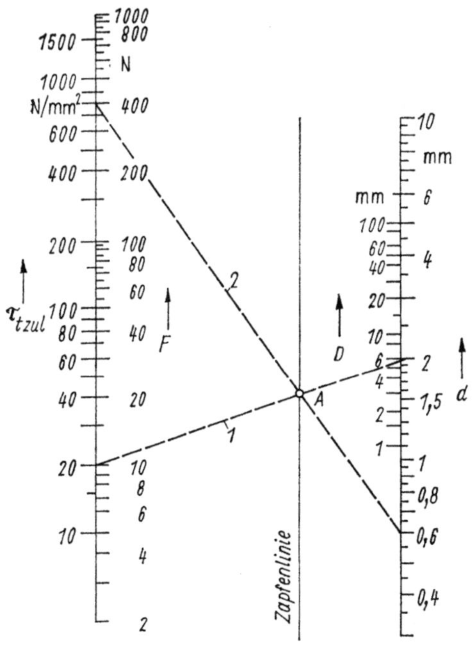

Tafel 6.4. Leitertafeln für die Berechnung von Zug- und Druckfedern

Beispiel:

Gegeben: Federkraft $F = 10$ N, mittlerer Windungsdurchmesser $D = 6$ mm.
Gesucht: Drahtdurchmesser d und Werkstoffbeanspruchung τ_t.
Lösung: Gerade *1* erhält man aus F und D, sie bestimmt den Punkt A auf der Zapfenlinie. Gerade *2* ist beliebig durch A zu legen und ergibt d und $\tau_{t\,zul}$; z.B. muß bei $d = 0{,}6$ mm $\tau_{t\,zul} \geqq 800$ N/mm² betragen.
(in DIN 2096 und 2097 mittlerer Windungsdurchmesser D_m)

Eine interessante Variante der Schraubenfeder ist die Kegelfeder (Bild 6.14). Gegenüber der zylindrischen Druckfeder hat sie den Vorteil, daß sie sich auf die Querschnittshöhe d zusammendrücken läßt, wenn die Bedingung $(D_2 - D_1) > 2\,(i - 1)\,d$ erfüllt wird.

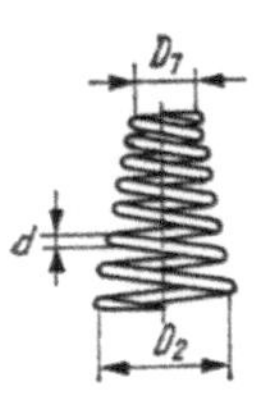

Bild 6.14. Kegelfeder

6.4. Federsysteme

Neben Einzelfedern werden oft mehrere Federn gleichzeitig angewendet (Federsysteme). Analog zur Elektrotechnik unterscheidet man Reihen- und Parallelschaltung von Federn. In den Berechnungsgleichungen wird unterschieden zwischen der Federkonstante der Einzelfeder $c_\nu = F_\nu/f_\nu$ bzw. $c_\nu = M_{d\nu}/\varphi_\nu$ und der des Federsystems $c_{ges} = F_{ges}/f_{ges}$ bzw. $c_{ges} = M_{d\,ges}/\varphi_{ges}$.

6.4.1. Reihenschaltung von Federn

Alle Federn werden mit der gleichen Kraft belastet. Die Verschiebung des Kraftangriffspunkts ergibt sich aus der Verformung aller Einzelfedern:

$$F_{ges} = F_1 = F_2 = \ldots = F_n \tag{6.9}$$

$$f_{ges} = f_1 + f_2 + \ldots + f_n = \sum_{\nu=1}^{n} f_\nu . \tag{6.10}$$

Daraus erhält man für die Federkonstante des Systems:

$$\frac{1}{c_{ges}} = \frac{f_{ges}}{F_{ges}} = \frac{1}{c_1} + \frac{1}{c_2} + \ldots + \frac{1}{c_n} = \sum_{\nu=1}^{n} \frac{1}{c_\nu} . \tag{6.11}$$

Das Federsystem ist weicher als jede Einzelfeder (Bild 6.15).

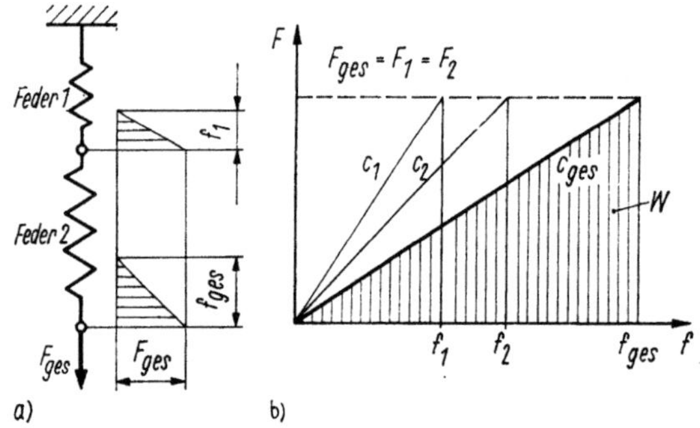

Bild 6.15
Reihenschaltung von Federn
a) Federanordnung; b) Kennlinien

6.4.2. Parallelschaltung von Federn

Alle Federn werden um den gleichen Betrag verformt, die Gesamtkraft verteilt sich auf die einzelnen Federn:

$$F_{ges} = F_1 + F_2 + \ldots + F_n = \sum_{\nu=1}^{n} F_\nu \tag{6.12}$$

$$f_{ges} = f_1 = f_2 = \ldots = f_n . \tag{6.13}$$

Damit ergibt sich für die Federkonstante des Systems:

$$c_{ges} = c_1 + c_2 + \ldots + c_n = \sum_{\nu=1}^{n} c_\nu . \tag{6.14}$$

Das Federsystem ist härter als jede Einzelfeder (Bild 6.16).

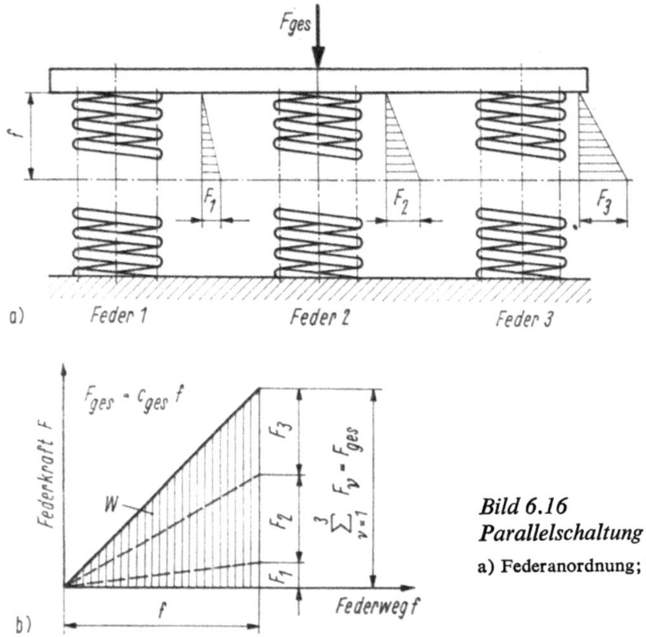

Bild 6.16
Parallelschaltung von Federn
a) Federanordnung; b) Kennlinien

6.5. Tellerfedern

Tellerfedern bestehen aus kegelförmigen Ringscheiben, die wie eine Druckfeder axial belastet werden. Die Einzelfedern (Bild 6.17a) kann man vielfältig kombiniert anordnen. Beim Einbau werden kombinierte Tellerfedern immer auf Säulen geführt. Die Schichtung kann gleichsinnig (Federpaket, Bild 6.17b) oder wechselsinnig (Federsäule, c) bzw. als Kombination (Säule aus Federpaketen, d) erfolgen. Gegenüber Schraubenfedern benötigt die Tellerfeder einen geringen Einbauraum, und bei kleinen Federwegen entstehen bereits große Federkräfte. Sie wird deshalb u.a. im Vorrichtungsbau häufig verwendet. Durch mögliche unterschiedliche Anordnung (durch Hinzufügen oder Wegnehmen einiger Teller) läßt sich die Federsteifigkeit den Erfordernissen leicht anpassen. Die Berechnung ist nach TGL 18398/DIN 2092 vorzunehmen, und die Abmessungen sind nach TGL 18399/DIN 2093 zu wählen.

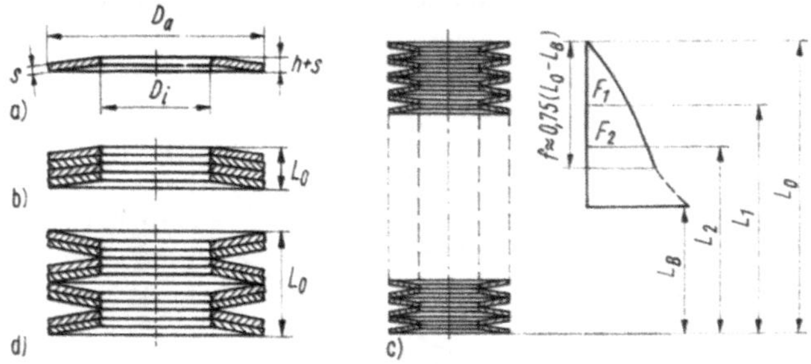

Bild 6.17. Tellerfedern
a) Einzelfeder; b) Federpaket; c) Federsäule; d) Federsäule aus Federpaketen (in DIN 2093 entsprechen: $D_a = D_e$, $s = t$, $h + s = l_0$, $L_B = L_C$)

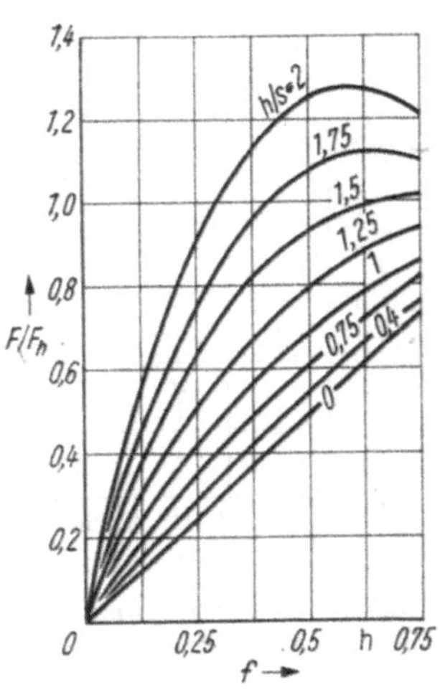

Bild 6.18
Kennlinien von Tellerfedern

Die Federsteifigkeit von Tellerfedern ist längs des Federweges nicht konstant. Bild 6.18 zeigt das Kraft-Weg-Diagramm von Einzeltellern. Der maximale Federweg, von der unbelasteten bis zur völlig flachgedrückten Feder wird mit h, die dazu notwendige Kraft mit F_h bezeichnet. In der Gerätetechnik nutzt man den annähernd waagerechten Bereich einer nichtlinearen Kennlinie zur Erzeugung wegunabhängiger Kräfte und Momente.

Das Federpaket (Bild 6.17b) ist eine Parallelschaltung von Einzeltellern. Bei Vernachlässigung der Reibung zwischen den Tellern gilt

$$F_{ges} = nF \tag{6.15}$$

$$f_{ges} = f; \quad f_{max} = h.$$

Die axiale Länge L_0 des unbelasteten Federpakets ist

$$L_0 = ns + h. \tag{6.16}$$

Die Federsäule (Bild 6.17c) ist eine Reihenschaltung von i Einzeltellern. Es gilt bei Vernachlässigung der Reibung

$$F_{ges} = F \tag{6.17}$$

$$f_{ges} = if; \quad f_{max} = ih.$$

Die axiale Länge der unbelasteten Federsäule beträgt

$$L_0 = i(h + s). \tag{6.18}$$

6.6. Gummifedern [6.2]

Wegen des guten Dämpfungsvermögens sind Gummifedern geeignet, Schwingungen zu dämpfen und empfindliche Geräteteile vor Erschütterungen zu sichern. Da sich Gummi und Metall gut haltbar miteinander verbinden lassen, bestehen handelsübliche Gummifedern deshalb vielfach aus Gummiformteilen mit anvulkanisierten metallischen Anschlußstücken. Die Haftfestigkeit der Bindung beträgt bei Schubbeanspruchung bis zu 7 N/mm². Die am häufigsten verwendeten Bauformen und ihre Berechnungsgleichungen sind in Tafel 6.5 zusammengestellt. Für Gummi gibt es keinen konstanten Elastizitäts- und Schubmodul. Der Schubmodul ist von der Gummihärte (Shore-Härte) abhängig, der

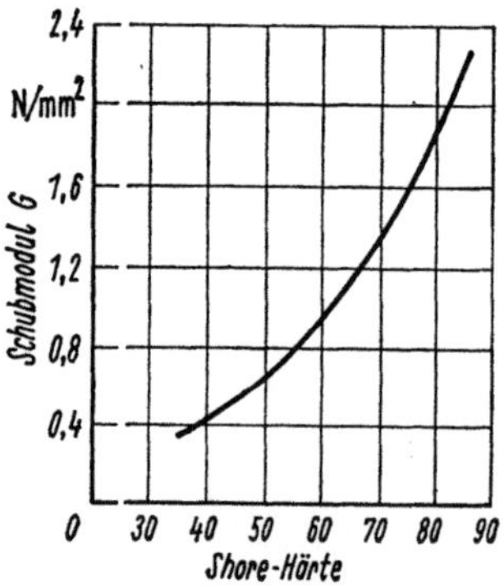

Bild 6.19. Abhängigkeit des Schubmoduls bei Gummi von der Shore-Härte

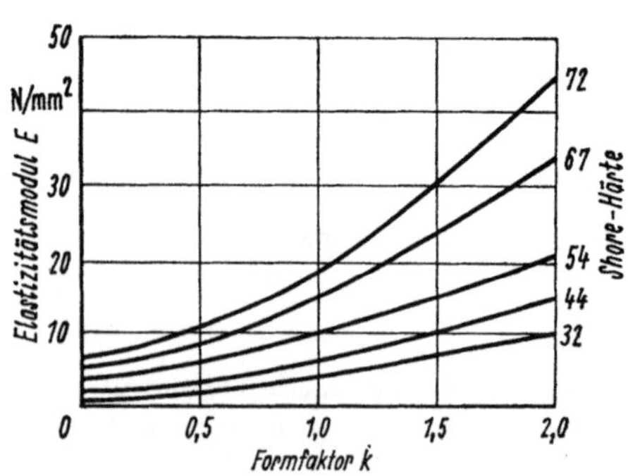

Bild 6.20. Abhängigkeit des Elastizitätsmoduls bei Gummi von Shore-Härte und Formfaktor

Elastizitätsmodul hängt dagegen sowohl von der Gummihärte als auch von der Federform ab (Bilder 6.19 und 6.20). Die Federform wird durch den Formfaktor k (k = belastete Fläche/freie Oberfläche) charakterisiert.

Tafel 6.5. Übersicht über die gebräuchlichsten Gummifederformen (nach [3]*)*

Bezeichnung	Beanspruchungsart	Federform	Federgleichung	Gültigkeitsbereich bis etwa
Scheibenfeder	Parallelschub	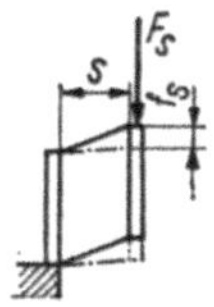	$F_s = f_s \frac{GA}{s}$ A Schubfläche	35% Verschiebung von s
Hülsenfeder	Parallelschub	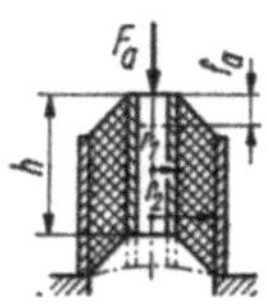	$F_a = f_a \frac{2\pi h G}{\ln r_1/r_2}$	35% Verschiebung von $r_2 - r_1$
Drehfeder	Drehschub	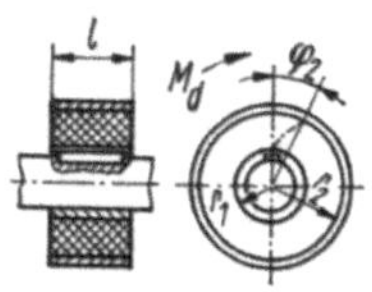	$M_d = \varphi_2 \frac{4\pi l G}{\frac{1}{r_1^2} + \frac{1}{r_2^2}}$ φ_2 im Bogenmaß	40° Drehung
Verdrehfeder	Verdrehschub (Torsion)	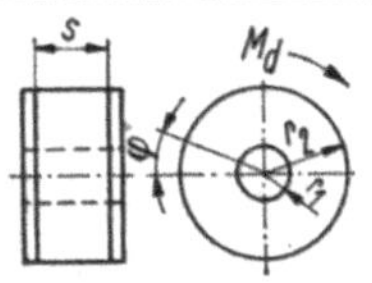	$M_d = \varphi \frac{1{,}57 G (r_2^4 - r_1^4)}{s}$ φ im Bogenmaß	20° Verdrehung
Zylindrische Druckfeder	Druck	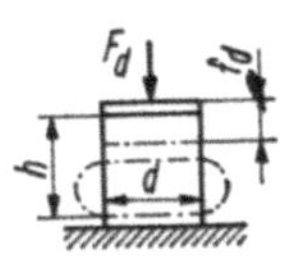	$F_d = f_d \frac{d^2 \pi E}{4h}$	20% Zusammendrückung von h

Bei den Berechnungsgleichungen in Tafel 6.5 wurde die Gültigkeit des Hookeschen Gesetzes vorausgesetzt. Da bei Gummi nur eine begrenzte Proportionalität zwischen Belastung und Formänderung vorliegt, ist auch die Gültigkeit der angegebenen Formeln eingeschränkt. Der Gültigkeitsbereich ist in der Tafel mit angegeben.

6.7. Bimetallfedern (Thermobimetalle)

Bimetall ist ein metallisches Halbzeug, das in Form von Blechtafeln oder -streifen erhältlich ist. Es besteht aus zwei Metallschichten, die fest miteinander verbunden sind. Der Temperaturkoeffizient der Längenausdehnung ist bei beiden Schichten verschieden. Bei Temperaturänderung krümmt sich der Bimetallstreifen (Tafel 6.6, Bild a).

Thermobimetalle werden vielfältig dort angewendet, wo Temperaturen oder Größen, die sich in Temperaturänderungen umwandeln lassen, gemessen oder gesteuert werden müssen. Wegen der elastischen Eigenschaften des Bimetalls sind sowohl die Verformung selbst als auch die Kraft, die bei der Verformung entsteht, ausnutzbar. Der Krümmungsradius ϱ ergibt sich zu

$$\varrho = h_n/(\alpha_1 - \alpha_2)\,\Delta\vartheta; \tag{6.19}$$

α_1, α_2 Längentemperaturkoeffizienten der einzelnen Schichten in K^{-1}; $\Delta\vartheta = \vartheta - \vartheta_0$; Erwärmung in K; h Gesamtdicke des Bimetallstreifens in mm^2; h_n Abstand der neutralen Fasern in mm.

Tafel 6.6. Ausbiegung eines Bimetallstreifens bei gleichmäßiger Erwärmung

Form	Δx	Δy	$\Delta\varphi$
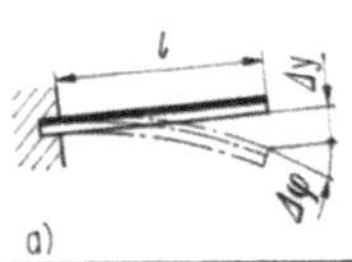 a)	0	$\dfrac{al^2}{h}\Delta\vartheta$	$\dfrac{2al}{h}\Delta\vartheta$
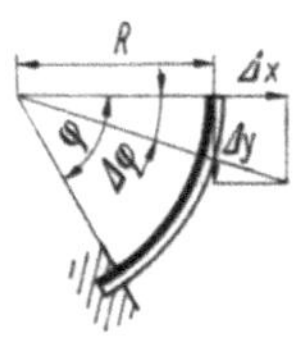 b)	$\dfrac{2aR}{h}(1 - \cos\varphi)\,\Delta\vartheta$	$\dfrac{2aR^2}{h}(\varphi - \sin\varphi)\,\Delta\vartheta$	$\Delta\varphi = \dfrac{\Delta y}{R}$ $\dfrac{2aR}{h}(\varphi - \sin\varphi)\,\Delta\vartheta$
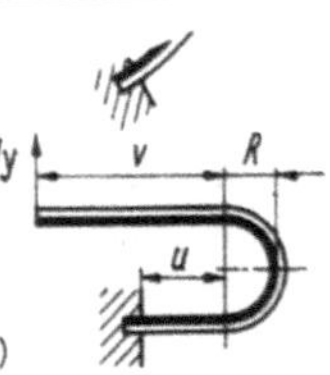 c)	–	$\dfrac{a}{h}(v^2 - u^2 + 2vu$ $+ 4R^2 + 2\pi Rv)\,\Delta\vartheta$	–
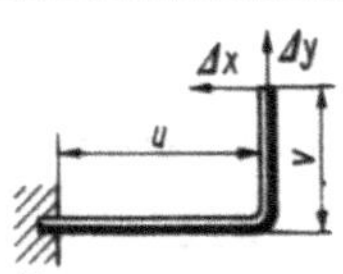 d)	$\dfrac{av\,(2u + v)}{h}\Delta\vartheta$	$\dfrac{au^2}{h}\Delta\vartheta$	–

Nach der Elastizitätslehre kann daraus die Biegelinie berechnet werden, denn es ist $d^2y/dx^2 = \pm 1/\varrho$.

Danach wird die Absenkung Δy am freien Streifenende ($x = l$)

$$\Delta y = (\alpha_1 - \alpha_2)\, l^2\, \Delta\vartheta/2h_n. \tag{6.20}$$

Zur Vereinfachung wird eine Werkstoffkonstante, die spezifische Ausbiegung, eingeführt: $a = (\alpha_1 - \alpha_2)\, h/2h_n$.

Sie stellt die Ausbiegung des freien Endes eines geraden Streifens von der Dicke h und der Länge l bei der Erwärmung $\Delta\vartheta$ dar (bei $h = 1$ mm, $l = 1$ mm, $\Delta\vartheta = 1$ K).

Als Berechnungsgleichung für die Absenkung Δy erhält man damit

$$\Delta y = al^2\, \Delta\vartheta/h. \tag{6.21}$$

Begriffe, Bezeichnung und Prüfung sind in TGL 14715 bzw. E DIN 1715 enthalten. Die Konstante a ist den Katalogangaben der Hersteller, z. B. VEB Halbzeugwerk Auerhammer (DDR) oder G. Rau GmbH & Co Pforzheim (BRD) zu entnehmen.

In Tafel 6.6 sind für einige Grundformen Berechnungsgleichungen angegeben.

6.8. Aufgaben und Lösungen zu Abschn. 6.

Aufgabe 6.1. Dimensionierung einer Zugfeder

Eine Zugfeder soll in der Ruhelage eine Zugkraft von $F_1 = 1$ N und nach einem Federweg von $\Delta f = 6$ mm eine maximale Zugkraft von 2 N aufbringen.

Wie groß sind der Vorhub f_1, die Windungszahl i_f und der Durchmesser d des zu verwendenden Federstahldrahtes?

Gegeben sind der Wickeldurchmesser $D = 5$ mm und der Werkstoff: Federstahldraht mit $\tau_{t\,zul} = 500$ N/mm² und $G = 80000$ N/mm².

Aufgabe 6.2. Spiralfederantrieb

Für einen Federantrieb ist eine Spiralfeder ohne Windungszwischenraum nach Bild 6.7. vorgesehen. Aufgezogen wird der Antrieb am Federkern (inneres Federende), der Abtrieb erfolgt über ein mit dem Federhaus (äußeres Federende) fest verbundenes Zahnrad (Teilkreisdurchmesser $d = 22{,}5$ mm). Es ist die Antriebsbaugruppe, bestehend aus Federhaus (Innendurchmesser $D_H = 20$ mm), Federkern (Durchmesser $D_K = 7$ mm) und Triebfeder (Querschnitt 0,18 mm × 4,0 mm), einschließlich der Befestigung der Federenden zu konstruieren.

Lösung zu Aufgabe 6.1

Aus F_1, F_2 und Δf läßt sich das Federdiagramm zeichnen (Bild 6.21).
Daraus ergibt sich

$$F_1/f_1 = (F_2 - F_1)/\Delta f.$$

Der Vorhub ist

$$f_1 = \frac{F_1}{F_2 - F_1}\,\Delta f = \frac{1\,\text{N}}{2\,\text{N} - 1\,\text{N}} \cdot 6\,\text{mm} = 6\,\text{mm}.$$

Der Gesamtfederweg beträgt

$$f_2 = f_1 + \Delta f = (6 + 6)\,\text{mm} = 12\,\text{mm}.$$

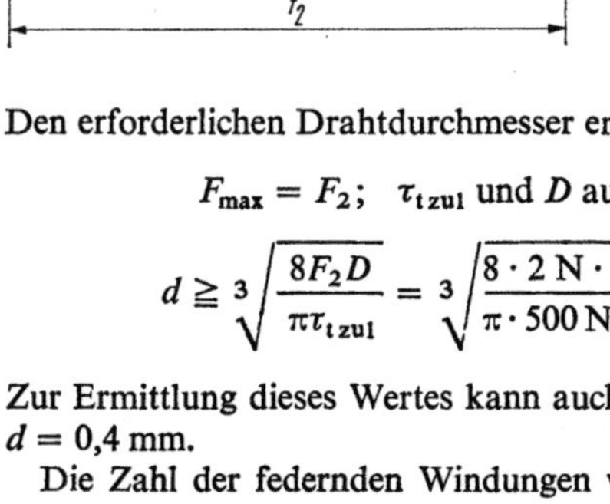

Bild 6.21
Federdiagramm zu Aufgabe 6.1

Den erforderlichen Drahtdurchmesser erhält man mit

$$F_{max} = F_2; \quad \tau_{t\,zul} \text{ und } D \text{ aus Gl. (6.8)}$$

$$d \geqq \sqrt[3]{\frac{8F_2D}{\pi\tau_{t\,zul}}} = \sqrt[3]{\frac{8 \cdot 2\,\text{N} \cdot 5\,\text{mm}}{\pi \cdot 500\,\text{N/mm}^2}} = 0{,}371\,\text{mm}.$$

Zur Ermittlung dieses Wertes kann auch das Nomogramm in Tafel 6.4 benutzt werden. Gewählt wird $d = 0{,}4$ mm.

Die Zahl der federnden Windungen wird mit der in Tafel 6.3e angegebenen Beziehung errechnet:

$$i_f = \frac{Gd^4f_2}{8D^3F_2} = \frac{80000\,\text{N/mm}^2 \cdot 0{,}4^4\,\text{mm}^4 \cdot 12\,\text{mm}}{8 \cdot 5^3\,\text{mm}^3 \cdot 2\,\text{N}} = 12{,}28.$$

Die Feder hat 12,3 federnde Windungen.

Lösung zu Aufgabe 6.2

Eine Lösungsmöglichkeit für den Federantrieb zeigt Bild 6.22. Das Federhaus *1* trägt auf seinem Umfang gleich die Verzahnung, so daß ein separates Zahnrad entfallen kann. Federkern *3* und Aufzugswelle sind aus einem Stück. Das Federhaus ist auf der Welle gelagert (Gleitlagerpassung). Zur vollständigen Abkapselung der Baugruppe (Schutz vor Staub, austretendem Fett u. ä.) ist ein Deckel *2* in das Federhaus eingepreßt. Befestigungsmöglichkeiten für das äußere Federende zeigt Bild 6.23 und für das innere Federende Bild 6.24.

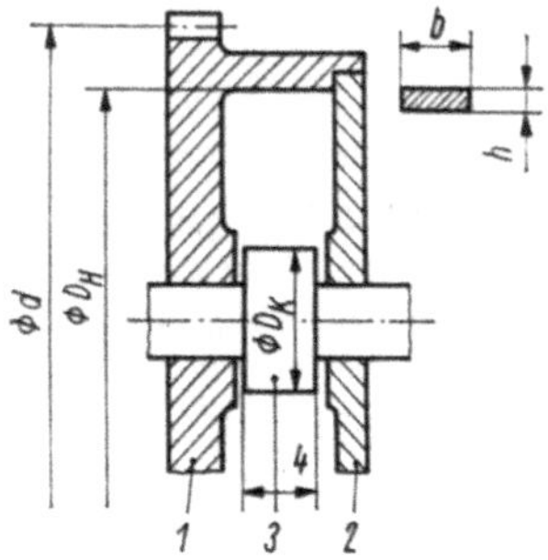

Bild 6.22
Federhaus für Spiralfeder
1 Gehäuse mit Verzahnung; *2* Deckel; *3* Welle mit Federkern

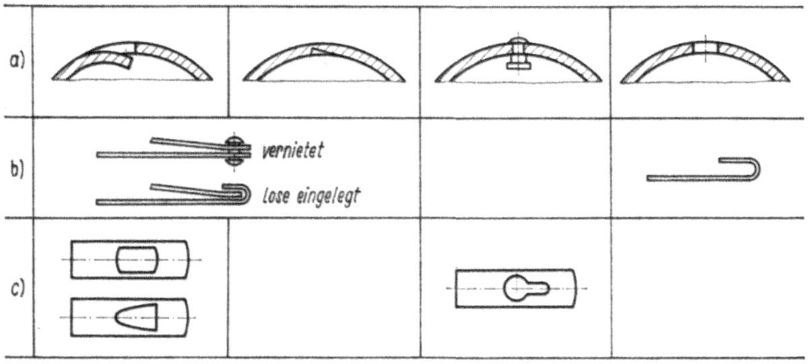

Bild 6.23. Gestaltung und Befestigung des äußeren Federendes
a) Befestigungsstelle im Federhaus; b) Hakenformen der Feder; c) Lochformen der Feder

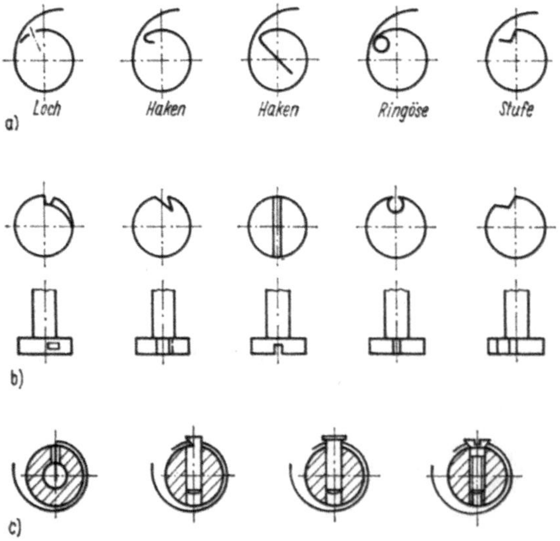

Bild 6.24
Gestaltung und Befestigung des inneren Federendes
a) Ausführung des inneren Federendes;
b) Ausführung des Federkerns;
c) Befestigung des Federendes

7. Achsen und Wellen [3] [6] [8] [7.1] [7.2]

Achsen und Wellen sind Geräte- bzw. Maschinenelemente, die die Aufgabe haben, Gewichtskräfte rotierender Körper sowie Kräfte, die sich aus der Funktion eines Gerätes ergeben, aufzunehmen und in Lagern abzustützen. Wellen dienen im Gegensatz zu Achsen noch zur Weiterleitung einer Drehbewegung und eines Drehmoments. Wellen laufen demnach immer um, während Achsen entweder umlaufend (Radachse bei Eisenbahnwagen) oder stillstehend (Fahrradachse) ausgeführt sein können.

7.1. Beanspruchungen

Achsen werden in erster Linie auf Biegung und gegebenenfalls auf Zug oder Druck beansprucht, Wellen dagegen zusätzlich auf Torsion. Infolge der Drehbewegung tritt bei umlaufenden Achsen und bei Wellen selbst bei konstanter Querkraft eine Biegewechselbeanspruchung auf (Umlaufbiegung). Das Drehmoment bei Wellen ist oft veränderlich, wobei Schwellbelastung als Extremfall gelten kann. Nur in wenigen Fällen wird ein Wechseldrehmoment mit der Umlauffrequenz der Welle auftreten.

7.2. Entwurfsberechnung

Wesentlichen Einfluß auf die Gestaltung der Achsen und Wellen haben die angreifenden Kräfte. Sind alle auf die Achse oder Welle einwirkenden Aktions- und Reaktionskräfte und die daraus resultierenden maximalen Momente nach den Regeln der Statik (s. Abschnitt 3.2.) bestimmt, wird als Ausgangspunkt für die Konstruktion eine Überschlagsrechnung vorgenommen.

7.2.1. Überschlägliche Bestimmung des Achsendurchmessers

Aus

$$\sigma_b = M_b / W_b \leqq \sigma_{b\ddot{u}b} \tag{7.1}$$

folgt mit dem Widerstandsmoment gegen Biegung (äquatoriales Widerstandsmoment, s. Abschn. 3.3.3.) für den Kreisquerschnitt

$$W_b = (\pi/32)\, d^3 \tag{7.2}$$

an der Stelle des größten Biegemoments:

$$d \approx 2{,}17 \sqrt[3]{\frac{M_{b\,max}}{\sigma_{b\ddot{u}b}}}; \quad \frac{d}{\text{mm}} \left| \frac{M_{b\,max}}{\text{N}\cdot\text{mm}} \right| \frac{\sigma_{b\ddot{u}b}}{\text{N/mm}^2}. \tag{7.3}$$

Für die überschlägliche Spannung können bei Achsen aus Stahl Richtwerte eingesetzt werden:

nicht umlaufende Achsen: $\sigma_{b\,üb} = 50 \ldots 80\ \text{N/mm}^2$

umlaufende Achsen: $\sigma_{b\,üb} = 30 \ldots 60\ \text{N/mm}^2$.

7.2.2. Überschlägliche Bestimmung des Wellendurchmessers

Es wird von dem Biegemoment und dem Drehmoment an der am höchsten belasteten Stelle ausgegangen. Für die nach der Hypothese der maximalen Gestaltänderungsarbeit gebildete Vergleichsspannung bei zusammengesetzter Beanspruchung (s. Abschn. 3.3.4.) gilt für Wellen aus Stahl näherungsweise

$$\sigma_v = \sqrt{\sigma_b^2 + 3\tau_t^2} \leqq \sigma_{b\,üb}. \tag{7.4}$$

Mit den Spannungen

$$\sigma_b = M_{b\,max}/W_b \tag{7.5}$$

und

$$\tau_t = M_d/W_t \tag{7.6}$$

sowie dem äquatorialen und dem polaren Widerstandsmoment des Kreisquerschnitts (s. Abschn. 3.3.3.)

$$W_b = (\pi/32)\, d^3 \approx d^3/10 \tag{7.7}$$

und

$$W_t = (\pi/16)\, d^3 = 2W_b \approx d^3/5 \tag{7.8}$$

folgt daraus:

$$d \approx 2{,}17 \sqrt[3]{\frac{M_{v\,max}}{\sigma_{b\,üb}}}; \quad \frac{d}{\text{mm}} \left| \frac{M_{v\,max}}{\text{N}\cdot\text{mm}} \right| \frac{\sigma_{b\,üb}}{\text{N/mm}^2}. \tag{7.9}$$

Das maximale Vergleichsmoment ist

$$M_{v\,max} = \sqrt{M_{b\,max}^2 + \tfrac{3}{4} M_d^2}. \tag{7.10}$$

Bei Wellen aus Stahl wird je nach Gestalt (Kerbwirkung), Werkstoff (Festigkeit) und Lagerstützweite (Verformung) überschläglich $\sigma_{b\,üb} = 30 \ldots 60\ \text{N/mm}^2$ gewählt.

Liegen die Lagerentfernung und somit Auflagerkräfte und Biegemomente zu Beginn des Entwurfs noch nicht fest, dann muß der erste Anhalt für den erforderlichen Wellendurchmesser allein aus dem durch Leistung und Drehzahl bestimmten Drehmoment ermittelt werden. Aus

$$\tau_t = M_d/W_t \leqq \tau_{t\,üb} \tag{7.11}$$

ergibt sich mit dem Widerstandsmoment gegen Torsion (polares Widerstandsmoment) des Kreisquerschnitts nach Gl. (7.8)

$$d \approx \sqrt[3]{\frac{5M_d}{\tau_{t\,üb}}}; \quad \frac{d}{\text{mm}} \left| \frac{M_d}{\text{N}\cdot\text{mm}} \right| \frac{\tau_{t\,üb}}{\text{N/mm}^2}. \tag{7.12}$$

Das Torsionsmoment (Drehmoment) M_d errechnet sich aus

$$M_d = 9{,}57 \cdot 10^6\ P/n; \qquad \frac{M_d}{\mathrm{N \cdot mm}} \left| \frac{P}{\mathrm{kW}} \right| \frac{n}{\mathrm{U/min}}. \tag{7.13}$$

Je nach Gestalt, Werkstoff und zusätzlicher Biegespannung wird für Stahl überschläglich $\tau_{t\ddot{u}b} = 12 \ldots 25\ \mathrm{N/mm^2}$ eingesetzt.

7.3. Nachrechnung

Mit Hilfe des überschläglich errechneten Durchmessers wird die Achse oder die Welle gemäß den Erfordernissen hinsichtlich Lagerung und Anordnung weiterer An- und Abtriebselemente konstruktiv durchgebildet, wobei montage- und fertigungsgerechte Gestaltungsprinzipien zu beachten sind. Im Anschluß erfolgt eine Nachrechnung der Festigkeit aller gefährdeten Querschnitte und eine Überprüfung der Verformung (Durchbiegung, Neigung in den Lagern). Bei schnellaufenden Achsen oder Wellen ist außerdem noch eine Schwingungsberechnung erforderlich.

7.3.1. Nachrechnung der vorhandenen Spannungen

Die Nachrechnung der auftretenden Spannungen ist an der Stelle des maximalen Biege- oder Vergleichsmoments und bei Schwingungsbeanspruchung infolge periodisch veränderlicher Kräfte oder Umlaufbiegung erforderlich, außerdem an allen Kerbstellen (Wellenabsätze, Querbohrungen, Nuten, Einstiche, Nabensitze). Treten im Querschnitt Längskräfte (Zug- oder Druckkräfte) auf, ist die Spannung zu berechnen nach

$$\sigma_{z,d} = F/A. \tag{7.14}$$

Bei einer Biegebeanspruchung durch Querkräfte ist

$$\sigma_b = M_b/W_b. \tag{7.15}$$

Greifen die Querkräfte in verschiedenen Ebenen an, dann sind sie in zwei zueinander rechtwinklige Ebenen (x, y) zu zerlegen und in jeder die Biegemomente zu bestimmen. Das resultierende Biegemoment errechnet sich aus

$$M_b = \sqrt{M_{bx}^2 + M_{by}^2}. \tag{7.16}$$

Die durch Zug oder Druck und Biegung hervorgerufene zusammengesetzte Normalspannung ist

$$\sigma_n = \sigma_{z,d} + \sigma_b \tag{7.17}$$

oder, falls der Werkstoff unterschiedliche Festigkeitseigenschaften bei Zug und Biegung aufweist,

$$\sigma_n = \sigma_{z,d} + (\sigma_S/\sigma_{bF})\,\sigma_b \tag{7.18}$$

mit der Streckgrenze σ_S und der Biegefließgrenze σ_{bF} (s. Tafel 3.2).

Bei einer Torsionsbeanspruchung ist die im Querschnitt auftretende Spannung

$$\tau_t = M_d/W_t. \tag{7.19}$$

Liegt eine Überlagerung von Normal- und Tangentialspannung (z. B. Biegung und Torsion) vor, so ist die Vergleichsspannung nach Gl. (3.59) zu berechnen.

Zulässige Spannungen

Die errechneten vorhandenen Spannungen müssen stets kleiner als der entsprechende zulässige Wert sein. Andernfalls sind größere Querschnitte zu wählen, oder die Kerbwirkung ist durch konstruktive Maßnahmen zu verringern.

Bei statischer Beanspruchung, z. B. bei nicht umlaufenden Achsen, erfolgt die Bestimmung der zulässigen Spannungen gemäß Abschn. 3.3.

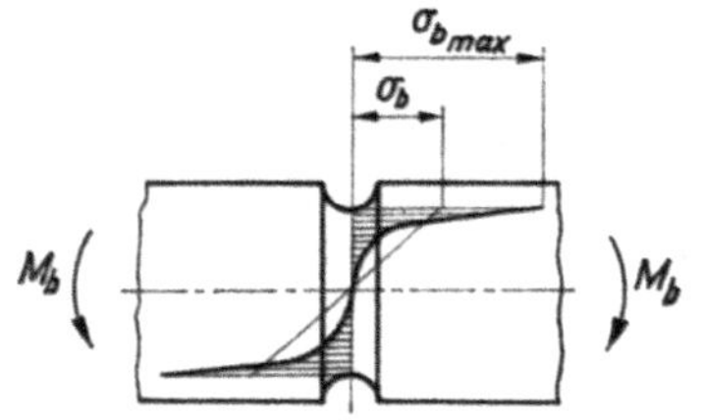

Bild 7.1. Einfluß einer Kerbe auf die Erhöhung der Biegespannung

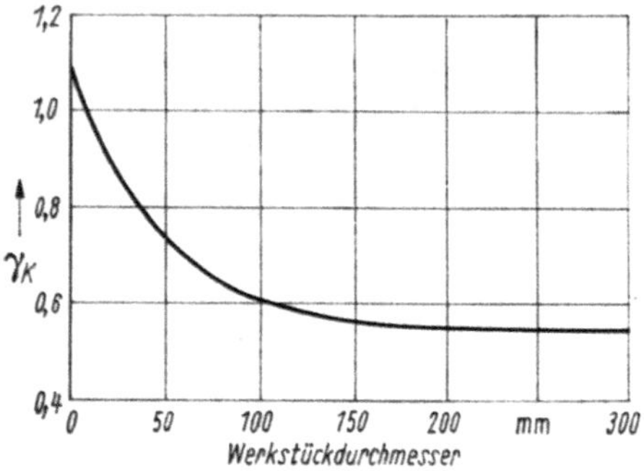

Bild 7.2. Einflußfaktor γ_K

Bei dynamischer Beanspruchung (Wellen, umlaufende Achsen) wird für die Bestimmung der zulässigen Spannungen von der Dauerschwingfestigkeit (Dauerfestigkeit) ausgegangen. Wie aus der Festigkeitslehre bekannt, stellt die Dauerfestigkeit keinen reinen Werkstoffkennwert dar, sondern hängt u. a. von der Gestalt, Größe, Oberflächenbeschaffenheit und Querschnittsform des Bauteils ab. Diese Einflüsse lassen sich durch Faktoren berücksichtigen und nach TGL 19340 zu einem Gesamteinflußfaktor γ zusammenfassen. Im folgenden werden außer der Kerbwirkung (Bild 7.1) die verschiedenen Einflüsse näherungsweise durch einen Mittelwert γ_K (Bild 7.2) erfaßt. Damit ergibt sich ein Gesamteinflußfaktor zu

$$\gamma = \beta_K/\gamma_K \tag{7.20}$$

und die zulässige Spannung bei Umlaufbiegung zu

$$\sigma_{b\,zul} = \sigma_{bW}/(S_D\gamma). \tag{7.21}$$

S_D ist die Sicherheit gegen Dauerbruch und wird i. allg. mit 2 bis 3 bzw., wenn Belastung und Kerbeinflüsse genau bekannt sind, mit 1,3 bis 2,0 angenommen.

Kerbwirkung

Durch allgemein als Kerben bezeichnete geometrische Unstetigkeiten, z. B. Querschnittsprünge oder Nuten, werden örtliche Überhöhungen des bei der Berechnung zugrunde gelegten konstanten bzw. linearen Spannungsverlaufs bewirkt (Bild 7.1). Das Verhältnis der maximalen Spannung zur berechneten Nennspannung des gekerbten Querschnitts wird als Formzahl

$$\alpha_K = \sigma_{max}/\sigma_m \tag{7.22}$$

definiert. Sie ist von der Kerbform und der Beanspruchungsart (Zug, Biegung, Torsion), jedoch nicht vom Werkstoff abhängig. Unter ruhender Beanspruchung werden bei elastischen Werkstoffen durch lokale plastische Verformungen die über die Streckgrenze hinausreichenden Spannungsspitzen abgebaut. Somit können sich keine Folgen für die Haltbarkeit ergeben, und die Kerbwirkung kann unberücksichtigt bleiben. Bei dynamischer Beanspruchung führen jedoch die erhöhten Spannungen zu einer Verminderung der Dauerfestigkeit, wobei sich die Spannungsspitzen je nach Kerbempfindlichkeit des Werkstoffs auswirken. Dieser festigkeitsmindernde Einfluß wird als Kerbwirkungszahl

$$\beta_K = \sigma_{AD}/\sigma_{ADK} \tag{7.23}$$

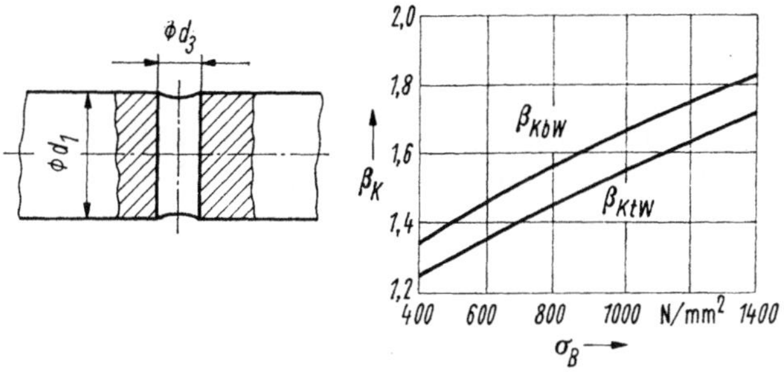

Bild 7.3. Kerbwirkungszahlen von quergebohrten Rundstäben aus St für $d_3/d_1 = 0{,}15$ bis 0,5 (Auswahl)

bW, tW Biege- bzw. Torsionswechselbeanspruchung

durch das Verhältnis der Dauerfestigkeit des ungekerbten zu der des gekerbten Bauteils erfaßt. Werte für β_K können entweder nach TGL 19340/03 aus α_K berechnet oder aus TGL 19340/04 direkt entnommen werden (Bilder 7.3 und 7.4). Wegen der Werkstoffstützwirkung gilt stets $\beta_K < \alpha_K$ (vgl. a. DIN 18800).

Hoch beanspruchte Wellen und umlaufende Achsen bedürfen unter Berücksichtigung der jeweiligen Beanspruchungscharakteristik einer genaueren Nachrechnung (s. [6], [8]).

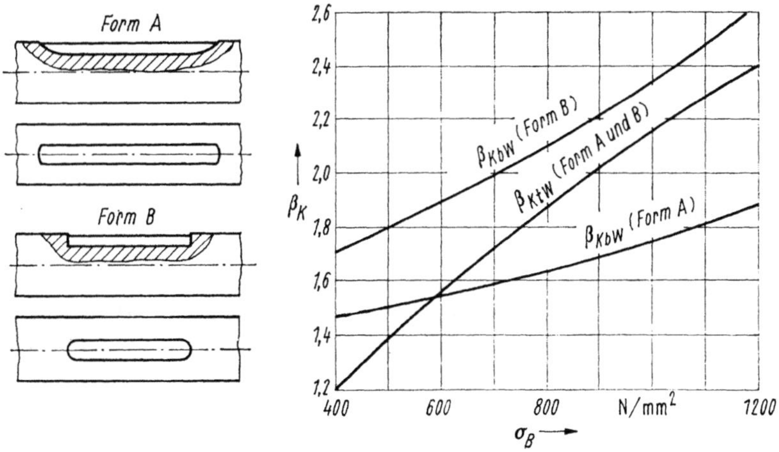

Bild 7.4. Kerbwirkungszahlen für längsgenutete Rundstäbe aus St (z.B. Wellen mit Paßfedernut), Auswahl

7.3.2. Nachrechnung der Verformung

Durch übermäßige Verformung kann die Funktion einer Achse oder Welle selbst oder die der darauf befestigten Funktionselemente beeinträchtigt werden, z. B. Lager, Zahnräder, Rotoren von Elektromotoren, optische (Teilscheiben, Spiegel) oder magnetische Elemente (Abtastköpfe) usw. Die zulässige Verformung ist deshalb in vielen Fällen begrenzt und kann u. U. für die Dimensionierung der Achse oder Welle ausschlaggebend sein.

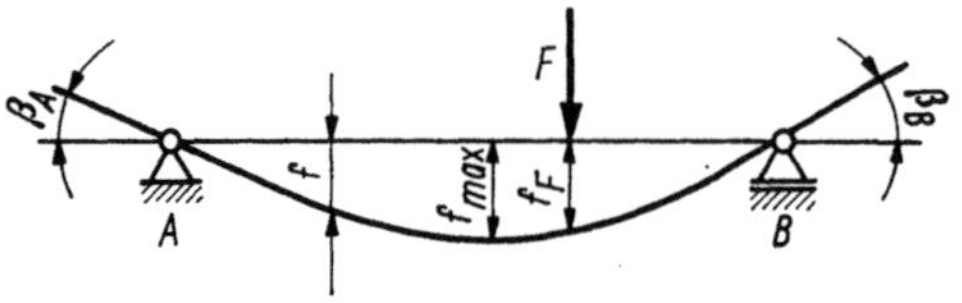

Bild 7.5
Verformung durch Querkraft
f Durchbiegung an beliebiger Stelle; f_F Durchbiegung unter Kraft F; f_{max} maximale Durchbiegung

Als Maß für die Verformung werden die Durchbiegung f und die Neigung an bestimmten Stellen der Achse oder Welle angegeben (Bild 7.5). Diese Größen lassen sich bei konstantem Durchmesser mit der Differentialgleichung der elastischen Linie (s. Abschn. 3.3.3.) berechnen:

$$f'' = -M_b/EI.$$

Die Lösung der Gleichung für einige Lagerungs- und Belastungsfälle von Trägern mit gleichbleibendem Querschnitt zeigt Tafel 3.7.

Bei Kraftangriff in mehreren Ebenen wird die resultierende Verformung analog dem resultierenden Biegemoment gemäß Gl. (7.16) gebildet:

$$f = \sqrt{f_x^2 + f_y^2} \tag{7.24}$$

$$\tan\beta = \sqrt{(\tan\beta_x)^2 + (\tan\beta_y)^2}.$$

Weisen Achsen oder Wellen keinen konstanten Durchmesser auf, kann man für Überschlagsrechnungen eine Vergleichswelle mit konstantem mittlerem Durchmesser d_m heranziehen. Wegen der Proportionalität $f \sim (l^3/d^4)$ bewährt sich zur Berechnung von d_m die Beziehung

$$d_m = \sqrt[4]{\sum_{i=1}^{n} d_i^4 l_i^3 \Big/ \sum_{i=1}^{n} l_i^3}. \tag{7.25}$$

Für die Welle im Bild 7.7a gilt dann z. B.:

$$d_m = \sqrt[4]{\frac{d_1^4 l_1^3 + d_2^4 l_2^3 + d_3^4 l_3^3}{l_1^3 + l_2^3 + l_3^3}}. \tag{7.26}$$

Durch die Torsionsbeanspruchung tritt zusätzlich eine Verdrillung φ der Welle auf, die vor allem bei großer Länge und bei Anwendung in Meßgeräten nachzurechnen ist (siehe Abschn. 3.3.3.2.).

Zulässige Verformung

Die zulässige Verformung hängt sehr stark vom jeweiligen Anwendungsfall ab, so daß sich wenig verallgemeinern läßt. Einige Beispiele sollen das verdeutlichen:

Die *Durchbiegung der Welle eines Elektromotors* darf nicht mehr als 20 bis 30% des theoretisch vorgesehenen Luftspalts zwischen Rotor und Stator betragen. Dieser ist wiederum von Motorgröße und Motortyp abhängig. Bei Drehstrommotoren mit kleiner bis mittlerer Leistung beträgt er etwa 0,3 ... 0,5 mm.

Bei *Zahnradgetrieben* führt eine Schiefstellung des Zahnrads infolge Wellenneigung zu einer ungleichmäßigen Belastung an den Zahnflanken. Um eine Beschädigung durch Überlastung zu vermeiden, darf deshalb (besonders bei Leistungsgetrieben) die Wellenneigung an der Stelle des Zahnrads nicht größer als $\tan\beta \approx \beta = 1 \cdot 10^{-4}$ sein.

Aus einer *Schrägstellung der Welle* in den Lagern kann eine Überlastung der Lagerstellen folgen (Kantenpressung). Die zulässigen Grenzwerte sind durch die Lagerkonstruktion bedingt, wobei sich Pendellager am günstigsten verhalten.

Als Richtwerte gelten:

Gleitlager mit feststehender Lagerschale	$\beta \leqq 3 \cdot 10^{-4}$,
Gleitlager mit einstellbarer Lagerschale	$\beta \leqq 1 \cdot 10^{-3}$,
Wälzlager (außer Pendellager)	$\beta \leqq 1 \cdot 10^{-3}$.

Als zulässiger Wert für die *Verdrillung* gilt bei Wellen aus Stahl allgemein

$$\varphi_{zul} = 0{,}25\,\text{Grad/m}.$$

7.3.3. Schwingungsberechnung

Infolge der Elastizität des Werkstoffs und der Eigenmasse jeder Achse oder Welle sowie besonders der darauf befestigten Massen stellt ein jedes solches Bauelement ein schwingungsfähiges Feder-Masse-System dar. Bei Achsen können Umlaufbiegeschwingungen und bei Wellen zusätzlich Torsionsschwingungen auftreten. Umlaufbiegeschwingungen werden durch die Unwucht der umlaufenden Massen erzeugt. Torsionsschwingungen entstehen infolge periodisch wirkender Drehmomente von seiten des An- oder Abtriebs; sie hängen deshalb in bezug auf Frequenz und Amplitude nicht allein von den unmittelbar auf der Welle befestigten Massen ab, sondern auch von den vor- und nachgeschalteten Feder-Masse-Systemen. Zur Beurteilung des Torsionsschwingungsverhaltens einer Welle muß deshalb das gesamte Antriebssystem, einschließlich An- und Abtriebsaggregat, betrachtet werden. Diese Aufgabe fällt der Maschinen- und Gerätedynamik zu. Im folgenden werden nur die Umlaufbiegeschwingungen behandelt.

Biegeschwingungen

Gelangt die Frequenz der Erregerkräfte in die Nähe der Eigenfrequenz des Systems, dann können die Schwingungsamplituden betriebsgefährdende Ausmaße annehmen. Die Eigenfrequenz ω_0 eines Feder-Masse-Systems mit der Masse m und der Federsteife c nach Bild 7.6 ist

$$\omega_0 = \sqrt{c/m}. \tag{7.27}$$

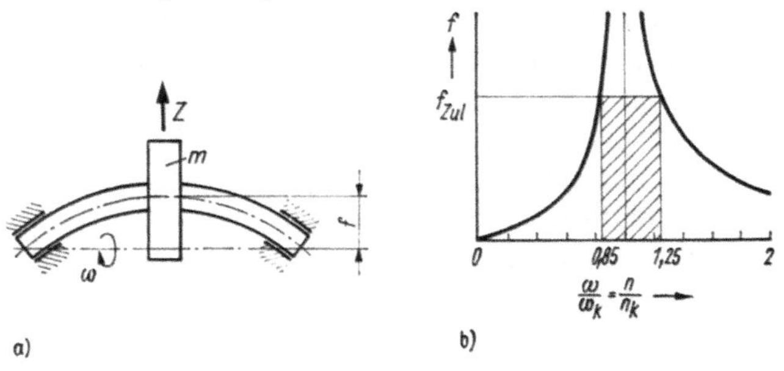

Bild 7.6
Durchbiegung f bei Achsen und Wellen

a) Schwerpunktverlagerung; b) Durchbiegung in Abhängigkeit vom Drehzahlverhältnis n/n_k
Z Fliehkraft
n_k kritische Drehzahl n_{krit}

Die Federsteife einer Welle läßt sich berechnen aus $c = 48EI/l^3$ (s. Abschn. 3.3.3.1. und 6.).

Die Drehzahl, bei der Resonanz auftritt, heißt *kritische Drehzahl* n_{krit}. Sie ist aus ω_0 zu berechnen:

$$n_{krit} = (30/\pi)\,\omega_0 \qquad \frac{n_{krit}}{\text{U/min}} \bigg| \frac{\omega_0}{s^{-1}}. \tag{7.28}$$

Als handliche Formel hat sich die zugeschnittene Größengleichung

$$n_{krit} = 300\,K\,\sqrt{1/f} \qquad \frac{n_{krit}}{\text{U/min}} \bigg| \frac{f}{\text{cm}} \tag{7.29}$$

bewährt.

Dabei ist f die ausschließlich von der Gewichtskraft hervorgerufene statische Durchbiegung der beiderseits frei aufliegenden Welle. Mit K (Lagerungsfaktor) wird die Ausführung der Lagerung berücksichtigt. Es gelten:

$K = 1$ bei Lagern, die der Neigung der Welle nachgeben können,
$K = 1{,}3$ bei starren Lagern, die eine Neigung der Welle verhindern.

Die Betriebsdrehzahl n der Achse oder Welle muß einen genügend großen Abstand von der kritischen Drehzahl haben.

Als unbedingt zu vermeidender Bereich gilt $0{,}85 < n/n_{krit} < 1{,}25$ (Bild 7.6b), denn hier treten unerwünscht hohe Schwingungsamplituden auf. Die Abmessungen der Welle oder Achse müssen dann so geändert werden, daß deren Federsteife (und damit die Eigenfrequenz) eine andere Größe annimmt.

7.4. Werkstoffwahl und Gestaltung

Die Werkstoffwahl erfolgt entsprechend der erforderlichen Festigkeit, wobei für untergeordnete Zwecke i. allg. St 42, für normale Anforderungen St 50 bis St 70 und für höhere Beanspruchungen Vergütungs- bzw. Einsatzstähle Anwendung finden (s. Tafel 3.2).

Unterliegen Achsen und Wellen korrodierenden Einflüssen, sind Stähle mit 12 ... 18 % Cr-Gehalt zu verwenden, während bei Betriebstemperaturen über 300 °C warmfeste Mo-Stähle in Frage kommen.

Die Gestaltung der Achsen und Wellen hat so zu erfolgen, daß sich aufzunehmende Teile (Kupplungen, Zahnräder, Scheiben u. a.) leicht montieren lassen und eine einfache Fertigung möglich ist. Die einfachste Form in der Gerätetechnik ist eine durchgehend glatte Achse oder Welle. Notwendige Anschläge können durch Stellringe oder Spreizelemente (s. Abschn. 4.2.6.) ohne viel Zerspanungsarbeit realisiert werden. Geeignet ist dazu blank gezogener Rundstahl, der nach TGL 11162/163, DIN 671 u. 668 mit der Durchmessertoleranz *h* 9 bzw. *h* 11 geliefert wird und eine Nacharbeit der Oberfläche erübrigt.

Bei größeren zu übertragenden Leistungen im Maschinen- und Elektromaschinenbau und wenn mehrere Elemente auf der Achse oder Welle hintereinander befestigt werden sollen bzw. wenn zwischen den Elementen Lagerstellen vorgesehen sind, ist es zweckmäßiger, die Achsen und Wellen abzusetzen und für jeden Sitz einen anderen standardisierten Durchmesser zu wählen. Passungssitze mit engen Toleranzen (z. B. Wälzlagersitze) verlangen eine hohe Oberflächengüte, die teuer ist. Sie sollten deshalb und auch im Hinblick auf einfache Montage nicht länger als erforderlich ausgeführt werden.

Das Hauptaugenmerk bei hochbeanspruchten Wellen gilt den Kerbstellen, da sie die Festigkeit herabsetzen. Schroffe Querschnittsänderungen vermeidet man durch einen Rundungsradius ϱ oder einen kegligenÜbergang (Bild 7.7b, c). Je kleiner ϱ gewählt wird, desto größer ist die Kerbwirkung. Scharfkantige Absätze (a) sind deshalb zu vermeiden.

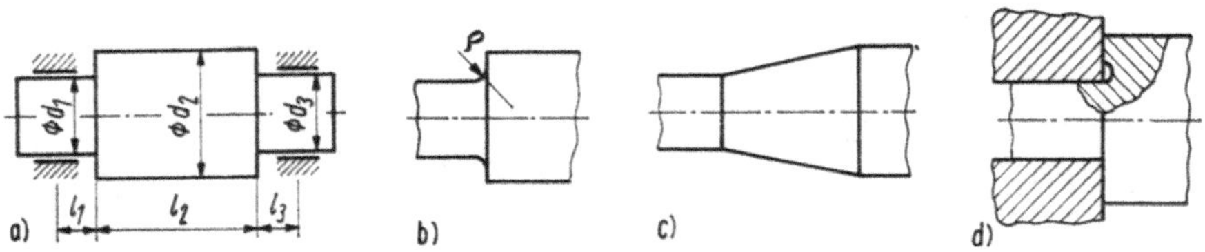

Bild 7.7. Gestaltung von Querschnittsänderungen bei Achsen und Wellen
a) scharfkantige Absätze; b) Rundungsradius; c) kegliger Übergang; d) Innenkerbe

Bei einem Wälzlagersitz ist jedoch zu beachten, daß ϱ kleiner als der Abrundungsradius des Wälzlagerringes sein muß, um gute Anlage des Ringes an der Absatzkante zu gewährleisten. Bei größeren Wellendurchmessern wählt man deshalb auch Innenkerben (d).

Die Berechnung und Gestaltung der Wellen-Naben-Verbindungen ist im Abschn. 4. enthalten.

7.5. Aufgaben und Lösungen zu Abschn. 7.

Aufgabe 7.1. Welle einer Schleifvorrichtung

Es ist die Welle einer Schleifvorrichtung überschläglich zu dimensionieren (Bild 7.8).
Gegeben sind: Gewichtskraft der Schleifscheibe $G_1 = 540$ N, Gewichtskraft der Welle $G_2 = 25$ N, Gewichtskraft der Riemenscheibe $G_3 = 60$ N, Riemenspannkräfte $S_1 + S_2 = 600$ N.

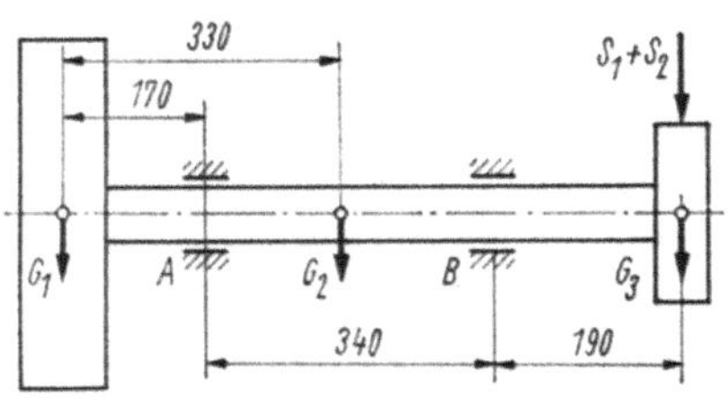

Bild 7.8
Welle einer Schleifvorrichtung

Die Welle soll aus St 50 mit einer Sicherheit gegen Dauerbruch $S_D = 2{,}5$ hergestellt werden. Wie groß ist der Durchmesser unter Berücksichtigung des größten auftretenden Biegemoments zu wählen?

Aufgabe 7.2. Beanspruchung der Achse einer Spannrolle

Eine Spannrolle soll mit der umlaufenden Achse vom Durchmesser $d = 25$ mm durch eine Paßfeder der Form B verbunden werden. Wie groß darf an dieser Stelle das Biegemoment sein, wenn als Werkstoff St 50 mit $\sigma_B = 500$ N/mm² und $\sigma_{bW} = 240$ N/mm² verwendet wird und die Sicherheit gegen Dauerbruch $S_D = 3$ betragen soll?

Lösung zu Aufgabe 7.1

Zunächst sind die Auflagerkräfte A und B zu ermitteln. Aus dem Momentengleichgewicht um den Punkt B erhält man nach Bild 7.9a

$$A = \frac{G_1 \cdot 510 + G_2 \cdot 180 - (S_1 + S_2 + G_3) \cdot 190}{340} = 454{,}4 \text{ N}.$$

Die Auflagerkraft B erhält man aus dem Gleichgewicht der Querkräfte

$$B = G_1 + G_2 + G_3 + (S_1 + S_2) - A = 770{,}6 \text{ N}.$$

Damit kann das Querkraftdiagramm gezeichnet werden (Bild 7.9b). Das maximale Biegemoment tritt an der Stelle des größten Querkraftsprungs auf, also beim Lager B (Bild 7.9c). Es ist $M_{b\,max} = (G_3 + S_1 + S_2)\,190\text{ mm} = 12{,}5 \cdot 10^4\text{ N} \cdot \text{mm}$. Die Berechnung des Wellendurchmessers erfolgt nach

$$M_{b\,max} = W_b \sigma_{b\,zul} \quad \text{mit}$$

$$W_b \approx d^3/10 \quad \text{und} \quad \sigma_{b\,zul} = \sigma_{bw}/S_D = 240\text{ N} \cdot \text{mm}^{-2}/2{,}5 = 96\text{ N} \cdot \text{mm}^{-2}$$

(σ_{bw} aus Tafel 3.2) und führt zu

$$d \geqq \sqrt[3]{\frac{10 M_{b\,max}}{\sigma_{b\,zul}}} = \sqrt[3]{\frac{10 \cdot 12{,}5 \cdot 10^4\text{ N} \cdot \text{mm}}{96\text{ N/mm}^2}} = 23{,}5\text{ mm}.$$

Der Wellendurchmesser muß an der Lagerstelle B größer als 23,5 mm sein.
Gewählt wird $d = 24$ mm.

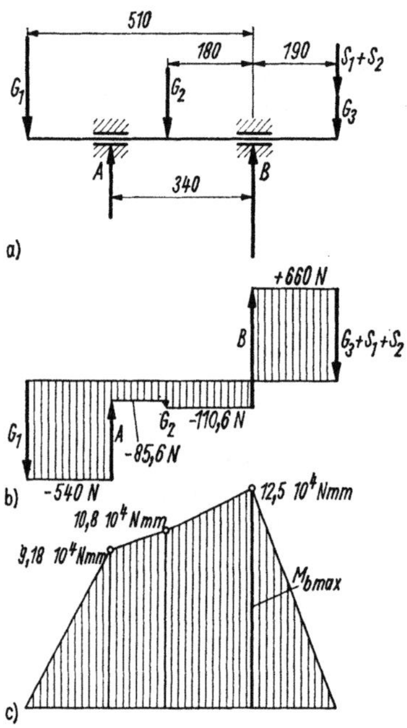

Bild 7.9
Kräfte und Schnittreaktionen für die Welle nach Bild 7.8

Lösung zu Aufgabe 7.2

Bei einer umlaufenden Achse tritt nur Umlaufbiegung auf.
Aus

$$\sigma_b = M_b/W_b \approx 10 M_b/d^3 \leqq \sigma_{b\,zul}$$

folgt

$$M_{b\,max} = d^3 \sigma_{b\,zul}/10.$$

Es ist

$$\sigma_{b\,zul} = \sigma_{bw} \gamma_K / \beta_K S_D.$$

γ_K ist in Abhängigkeit vom Achsendurchmesser aus dem Diagramm Bild 7.4 zu entnehmen. Für $d = 25$ mm ist $\gamma_K = 0{,}86$. β_K erhält man für die Paßfederform B bei $\sigma_B = 500\text{ N/mm}^2$ aus dem Diagramm Bild 7.4 zu $\beta_K = 1{,}8$. Damit wird

$$\sigma_{b\,zul} = \frac{240 \cdot 0{,}86}{1{,}8 \cdot 3}\text{ N/mm}^2 = 38{,}22\text{ N/mm}^2$$

und

$$M_{b\,max} = \frac{25^3 \cdot 38{,}22}{10}\text{ N} \cdot \text{mm} = 5{,}97 \cdot 10^4\text{ N} \cdot \text{mm}.$$

Unter den gegebenen Verhältnissen darf ein maximales Biegemoment von $5{,}97 \cdot 10^4$ N · mm auftreten.

8. Lager

Die Aufgabe, die in Geräten und Maschinen sich relativ zueinander bewegenden Teile mit ihren Kraftwirkungen abzustützen und ihre vorgeschriebene Lage im Raum zu sichern, übernehmen Gelenke. Die Drehgelenke für Rotation werden in ihrer konstruktiven Ausführung als *Lager* und die Schubgelenke für Translation als *Führungen* bezeichnet (Bild 8.1). Meist ist für Führungen die Bewegung geradlinig, weshalb man auch von Geradführungen (c) spricht (s. Abschn. 9.). Bei Lagern unterscheidet man je nach Belastungs- bzw. Abstützrichtung zwischen Quer- und Längslagern (Radial- und Axiallagern, a und b). Bei der Lagerkonstruktion ist zu beachten, daß nur die vorgesehenen Bewegungen ermöglicht, alle anderen dagegen sicher verhindert werden. In einem Loslager (Bild 8.1 d) kann neben der Drehbewegung auch eine Längsverschiebung auftreten. Beim Stützlager (e) wird diese Längsverschiebung in einer Richtung und beim Festlager (f) in beiden Richtungen verhindert. Das Führen und Abstützen der bewegten Teile soll möglichst verlustfrei und mit hoher Zuverlässigkeit bei ökonomisch vertretbarem Aufwand erfolgen. Dem stehen Reibung und Verschleiß entgegen.

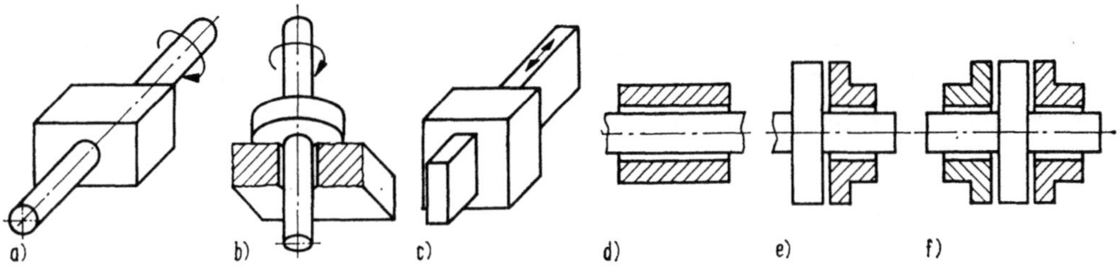

Bild 8.1. Lagerung und Führung

a) Quer- oder Radiallager; b) Längs- oder Axiallager; c) Führung; d) Loslager; e) Stützlager; f) Festlager

Reibung ist ein mechanischer Widerstand in der gemeinsamen Berührungsfläche von Bauteilen, der eine Relativbewegung zwischen zwei aufeinander gleitenden, rollenden oder wälzenden Körpern hemmt (Bewegungsreibung) oder verhindert (Ruhereibung). Je nach Art der Relativbewegung werden unterschieden

- *Gleitreibung* beim Gleiten zweier Körper aufeinander (z.B. Gleitführung)
- *Bohrreibung* beim Drehen um eine zur Oberfläche an der Berührungsstelle senkrecht stehende Achse (z.B. Wellenende auf einer Stützplatte)
- *Rollreibung* beim Abrollen eines Körpers auf einem anderen (z.B. Rad auf Schiene)
- *Wälzreibung* beim Abwälzen zweier Körper aufeinander mit einem Gleitanteil (Überlagerung von Rollen und Gleiten, z.B. bei den Flanken zweier ineinandergreifender Zähne eines Zahnrads).

Verschleiß ist die unerwünschte Veränderung der Oberfläche von Bauteilen durch mechanische Wirkungen. Verschleiß wirkt stets nur an der Oberfläche fester Körper. Die Verschleißteilchen entstehen z.T. durch Ermüdung der Oberfläche infolge wiederholter Deformation, z.T. durch Herausreißen aus der Kontaktfläche infolge Trennung von kurzzeitig entstandenen Mikroverschweißungen. Diese Mikroverschweißungen bilden sich durch die Berührung der Rauhigkeitsspitzen der Oberflächen aufeinanderliegender Teile schon bei kleinen Belastungen.

Berechnung und Konstruktion der Lager und Führungen sollen Funktionssicherheit und Genauigkeit durch richtige Dimensionierung und Anordnung sowie durch Verwendung geeigneter Werkstoffe oder Zusatzstoffe (Schmierstoffe) gewährleisten. Da einerseits die Betriebsbedingungen für die Lager und Führungen unterschiedlich sind, andererseits auch die Anforderungen an die Funktion (einschließlich Kosten) stark differieren, gibt es keine Konstruktion, die allen Anforderungen gerecht wird. Es muß jeweils neu entschieden werden, welches Lager oder welche Führung optimal ist. Dazu ist eine umfassende Kenntnis der einzelnen Lager- und Führungskonstruktionen erforderlich.

8.1. Gleitlager [2] [3] [8] [8.8] [8.10] [8.13] [8.14]

8.1.1. Gleitreibung

Die Größe des *Bewegungswiderstands* F_R eines gleitend auf einer festen Unterlage bewegten Körpers ist abhängig von der senkrecht zur Reibungsfläche wirkenden *Normalkraft* F_N und dem Reibwert μ:

$$F_R = \mu F_N. \tag{8.1}$$

Der Reibwert μ wird hauptsächlich beeinflußt durch die Werkstoffpaarung, Oberflächenbeschaffenheit, Art des Schmierstoffs und die Gleitgeschwindigkeit. Die Größe des Reibwerts μ läßt sich bei bekannter Normalkraft experimentell durch Messung der Reibkraft ermitteln, wobei gilt:

$$\mu = F_R/F_N.$$

Wegen der vielen Faktoren, die den Reibwert μ beeinflussen können, lassen sich solche Versuchswerte nicht bedenkenlos verallgemeinern.

Der Verlust an mechanischer Energie W_R durch Reibung ist:

$$W_R = F_R s_R \quad (s_R \text{ Gleitweg}). \tag{8.2}$$

Für die Verlustleistung P_R gilt

$$P_R = F_R v_G \quad (v_G \text{ Gleitgeschwindigkeit}). \tag{8.3}$$

Für die Drehbewegung einer Welle (Durchmesser $d = 2r$) in einer Lagerbuchse gelten folgende Beziehungen, wenn Spielfreiheit angenommen wird:

$$\text{Reibmoment} \quad M_R = \mu r F_N \tag{8.4}$$

$$\text{Energieverlust} \quad W_R = M_R \hat{\varphi} \quad (\hat{\varphi} \text{ Drehwinkel})$$

$$\text{Verlustleistung} \quad P_R = M_R \omega \quad (\omega \text{ Winkelgeschwindigkeit}).$$

Der Verschleiß kann vermieden werden, wenn es gelingt, die beiden Festkörperelemente (Welle und Lagerschale) durch eine tragende flüssige oder gasförmige Zwischenschicht zu trennen, so daß ein völlig anderer Reibungszustand entsteht.

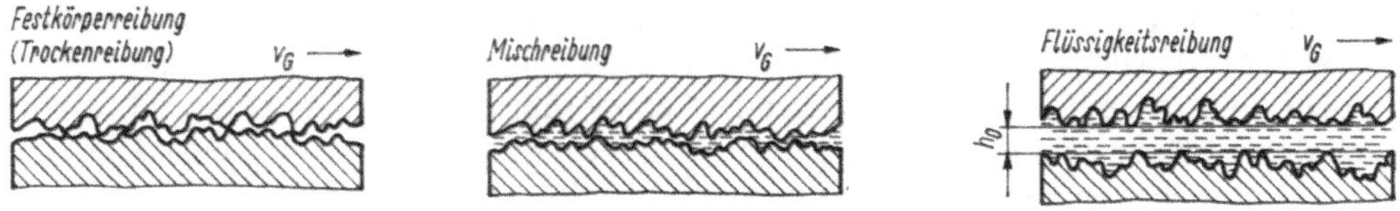

Bild 8.2. Reibungszustände

Insgesamt unterscheidet man drei *Reibungszustände* (Bild 8.2):

1. Festkörperreibung (Coulombsche Reibung). Die Reibung wird durch Vorgänge in den sich gegenseitig berührenden Oberflächen der Festkörper verursacht. Dazu zählen auch die festen Schmierstoffe, z.B. Graphit. Festkörperreibung ohne jeden Zwischenstoff nennt man *Trockenreibung*. Bei verschleißmindernden Zwischenschichten wird von Haftschichtreibung gesprochen.

2. Flüssigkeitsreibung (Newtonsche bzw. Stokessche Reibung). Hier existiert eine lückenlose flüssige Zwischenschicht (Bild 8.2), die unter Druck tragfähig ist. Wird der Druck von außen (z.B. durch eine Pumpe) aufgebracht (Bild 8.3a), entsteht eine hydrostatisch tragende Zwischenschicht. Der Druck kann sich aber auch durch die Bewegung der Körper selbst aufbauen, jedoch muß die Gleitgeschwindigkeit v genügend groß sein. Man spricht dann von einer hydrodynamisch tragenden Zwischenschicht (*b*).

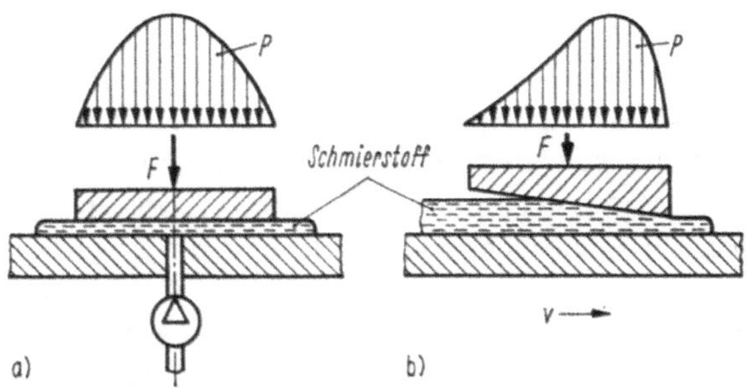

Bild 8.3
Schmierdruckausbildung
a) hydrostatisch; b) hydrodynamisch

Die noch vorhandene Reibung wird durch die innere Reibung der Flüssigkeit bewirkt. Die entsprechende Werkstoffkenngröße ist die Viskosität.

Auch Gase haben eine, wenn auch geringe, Viskosität. Sie sind folglich ebenfalls als Schmierstoffe geeignet. Es gibt sowohl aerostatisch als auch aerodynamisch wirkende Gleitlager, die sog. Luftlager (Einzelheiten s. [8.6]).

3. Mischreibung. Es liegt gleichzeitig stellenweise Festkörperreibung und Flüssigkeitsreibung vor.

Wie der Reibungszustand den Reibwert beeinflußt, wird im Bild 8.4 deutlich. Es zeigt die Abhängigkeit des Reibwerts μ von der Drehzahl n bei einem ölgeschmierten

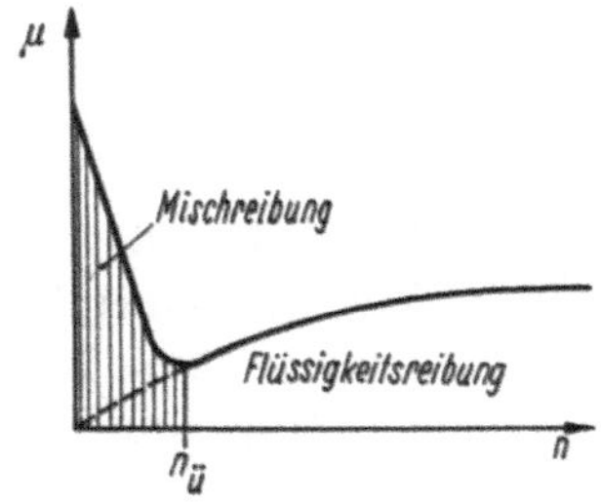

Bild 8.4
Stribeck-Diagramm

Gleitlager. Bei $n = 0$ liegt völlige Festkörperreibung vor. Mit wachsender Drehzahl steigt der Anteil der Flüssigkeitsreibung (Gebiet der Mischreibung), bis sich bei genügend großer Drehzahl ein lückenloser, tragender Schmierfilm aufbaut. Die Drehzahl, von der ab völlige Flüssigkeitsreibung herrscht, wird Übergangsdrehzahl $n_ü$ genannt. Die Welle hebt sich dabei von der Lagerbohrung ab (Bild 8.5).

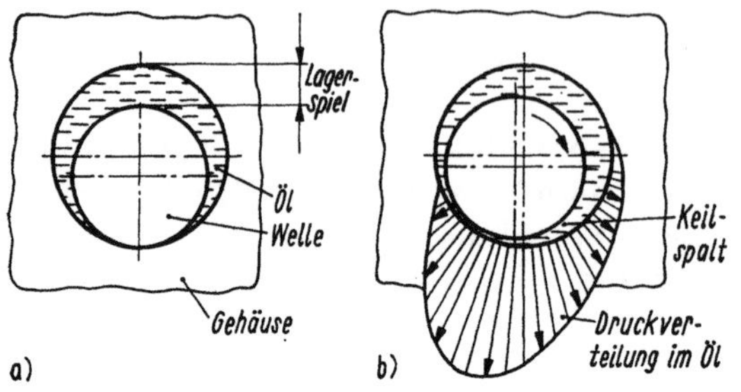

Bild 8.5
Welle in der Lagerbohrung
a) bei $n = 0$; b) bei der Betriebsdrehzahl

Der Verschleiß in einem solchen Lager wird also vermieden, wenn die Betriebsdrehzahl des Lagers größer als $n_ü$ ist. Man spricht dann von einem „betriebssicheren" oder „verschleißlosen" Lager.

Die Übergangsdrehzahl $n_ü$ in U/min kann nach *Vogelpohl* berechnet werden aus

$$n_ü = (6 \cdot 10^7/\pi)\,(\psi F h_{zul}/\eta b D^2). \qquad (8.5)$$

Die Einflußgrößen sind (Bild 8.14) das relative Lagerspiel $\psi = (D - d)/D$, der Wellendurchmesser d in mm, der Bohrungsdurchmesser D in mm, die Lagerbreite b in mm, die Viskosität des Schmieröls η in mPa · s, die Mindestschmierschichtdicke h_{zul} in µm (muß größer als die Summe der Rauhigkeiten der Gleitoberflächen sein) und die Lagerbelastung F in N.

Hydrodynamische Schmierung läßt sich in der Gerätetechnik vor allem wegen der kleinen Lagerabmessungen und des verhältnismäßig großen Lagerspiels (der Maschinenbau rechnet mit $\psi = 1$ bis 2‰) nur in Ausnahmefällen erreichen. Hydrodynamische Schmierung setzt einen Dauerbetrieb voraus. Bei jedem Start und Stopp oder bei jeder Umkehr der Drehbewegung wird das Gebiet der Mischreibung durchlaufen. Oszillierende Bewegungen, Schaltbewegungen, Start-Stopp-Vorgänge, schleichende Einstellbewegungen usw., Bewegungen also, die in den Geräten häufig vorkommen, widersprechen den Bedingungen für eine hydrodynamische Schmierung.

Die Gleitlager in der Gerätetechnik sind also vorwiegend Verschleißlager. Ihre Laufeigenschaften werden hauptsächlich von der gewählten Werkstoffpaarung und der schmierungsgerechten Gestaltung bestimmt. Im Maschinen- und Elektromaschinenbau dagegen finden hydrodynamische Gleitlager vor allem wegen des ruhigen Laufs und der hohen Lebensdauer Anwendung.

8.1.2. Gleitlagerkonstruktion

Je nach der Belastungsrichtung wird unterschieden zwischen Radial- und Axiallagern. Das Radiallager besteht im wesentlichen aus einem Lagerzapfen (Welle) und einer Lagerbuchse, die auch aus zwei Lagerschalen zusammengesetzt sein kann. Das Axiallager ist dagegen aus zwei Scheiben, einer Wellen- und einer Gehäusescheibe, aufgebaut.

8.1.2.1. Verschleißlager

Reine Axiallager werden verhältnismäßig selten benötigt. Die Axialkräfte entstehen meist bei der seitlichen Führung der Achse oder Welle und sind gegenüber den radial angreifenden Stützkräften i.allg. zu vernachlässigen. Am häufigsten gelangen Radiallager zur Anwendung.

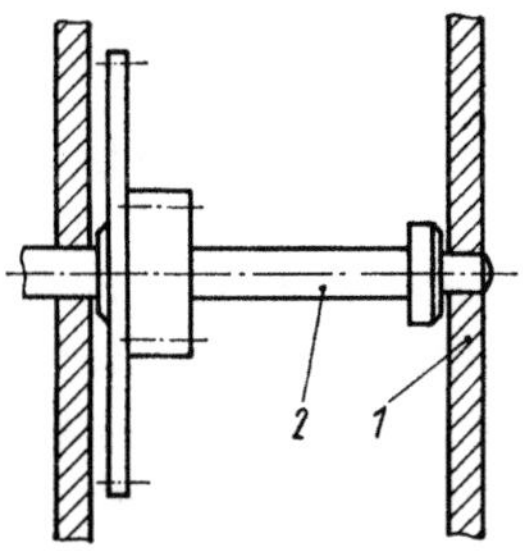

Bild 8.6. Gleitlagerung, zweistellig

1 Platine; *2* Welle

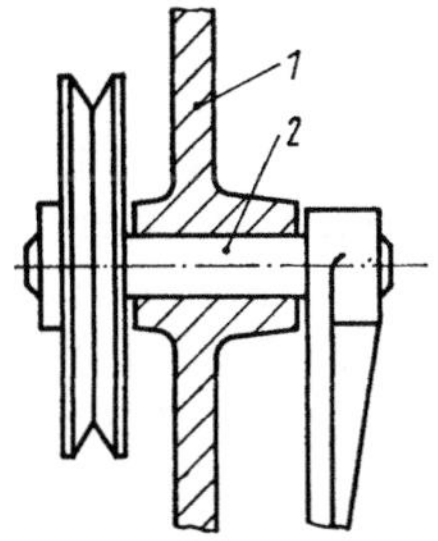

Bild 8.7. Gleitlagerung, einstellig

1 Platine; *2* Welle

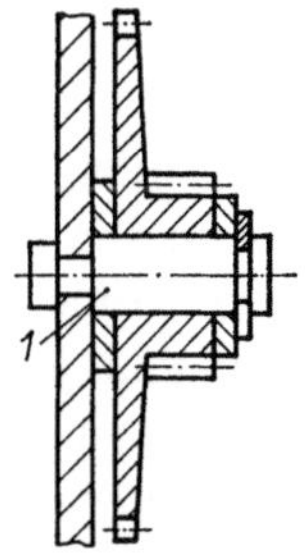

Bild 8.8. Gleitlagerung auf eingenieteter Achse 1

Die Lagerung kann zweistellig (Bild 8.6) oder bei genügender Breite der Buchse auch einstellig ausgeführt werden (Bild 8.7). In den meisten Fällen dreht sich dabei die Welle, und die Lagerbuchse steht fest. Flache Teile, z.B. Zahnräder, Scheiben, Blechhebel u.a., lassen sich aber auch auf einem feststehenden Zapfen lagern (Bild 8.8).

Berechnung

Nach Gl. (8.4) ist das Reibmoment proportional dem Durchmesser des Lagerzapfens. Reibungsarme Lager der Gerätetechnik werden daher stets einen dünnen Zapfen haben. Damit wächst aber die Gefahr des Zapfenbruchs, so daß der Lagerzapfen auf Biegung zu berechnen ist (Bild 8.9). Aus

$$M_b = Fa \leqq W_b \sigma_{b\,zul} \tag{8.6}$$

und dem Widerstandsmoment gegen Biegung

$$W_b = \pi d^3/32 \approx d^3/10$$

(für Vollquerschnitt) erhält man den Mindestdurchmesser des Lagerzapfens:

$$d_{min} = \sqrt[3]{\frac{32Fa}{\pi \sigma_{b\,zul}}} \approx \sqrt[3]{\frac{10Fa}{\sigma_{b\,zul}}}. \tag{8.7}$$

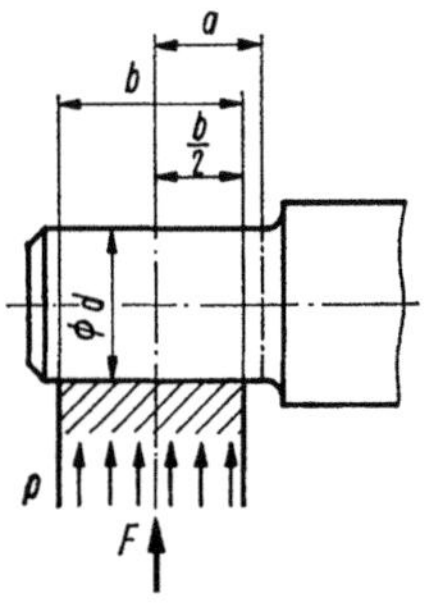

Bild 8.9
Belastung eines zylindrischen Zapfens

Die Breite ist bei jedem Gleitlager im Hinblick auf die Kantenpressung in den Grenzen $0{,}3 < b/d < 1{,}25$ und entsprechend der zulässigen Flächenpressung des Lagerwerkstoffs zu wählen. Die mittlere Flächenpressung im Gleitlager ist

$$p_m = F/bd \leqq p_{zul}. \tag{8.8}$$

Zulässige Werte sind Tafel 8.2 zu entnehmen.

Gestaltung

Sowohl der Zapfen als auch die Lagerbuchse bringen Gestaltungsprobleme mit sich. Der Zapfen hat eine Lauffläche und, da auch bei einem Radialgleitlager Maßnahmen zur Begrenzung des axialen Spiels sowie zur Aufnahme geringer Axialkräfte getroffen werden müssen, eine Anlage- bzw. Spurfläche (Bild 8.10). Wie bereits erwähnt, sitzt der Zapfen nicht immer am sich drehenden Teil. In manchen Fällen ist es günstiger, einen feststehenden Zapfen und eine rotierende Lagerbuchse vorzusehen. Hier bieten standardisierte Kerbstifte (vgl. Abschn. 4.2.3.) ökonomisch günstige Lösungen.

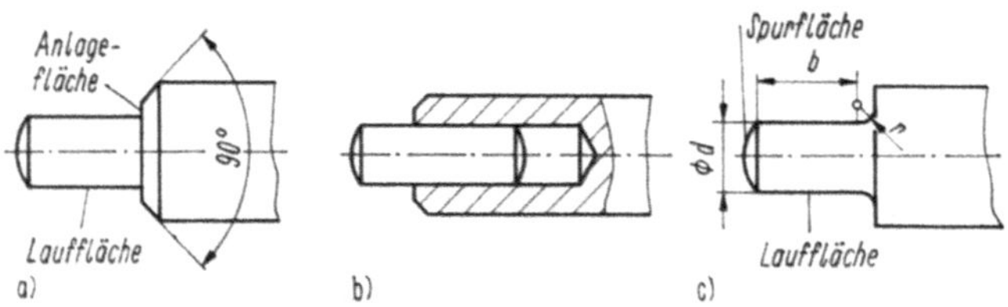

Bild 8.10
Lagerzapfenformen

a) angedrehter Zapfen mit Anlage- und Lauffläche; b) eingepreßter Zapfen; c) angedrehter Zapfen mit Spur- und Lauffläche

Prinzipiell kann ein Zapfen auch eingeschraubt werden, doch besteht infolge der Bewegung der Lagerbuchse die Gefahr des Lockerns (zusätzliche Sicherung erforderlich). Werden nur geringe Anforderungen gestellt, genügt für die Aufnahme des Lagerzapfens ein einfaches Lochlager (Bild 8.11). Für höhere Beanspruchungen werden Lagerbuchsen verwendet. Während beim einfachen Lochlager die Lagerbreite von der Dicke des Bauteils, in der sich die Lagerbohrung befindet (Platine, Gehäusewand usw.), abhängt, ermöglicht eine Buchse eine größere Lagerbreite. Sie wird u. a. durch Einpressen (Bild 8.12a),

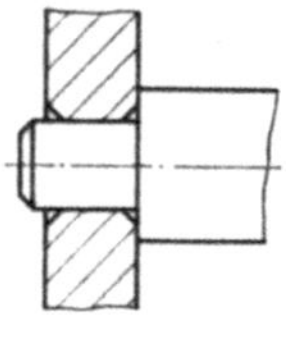

Bild 8.11
Einfaches Lochlager

Einbetten (b) oder Einnieten (c) befestigt. Bei eingepreßten Plastbuchsen besteht durch den mit der Zeit eintretenden Spannungsabbau und andere Alterungserscheinungen die Gefahr des Lockerns. Falls sich diese Buchsen nicht zusätzlich formschlüssig sichern lassen, sollten sie eingeklebt werden.

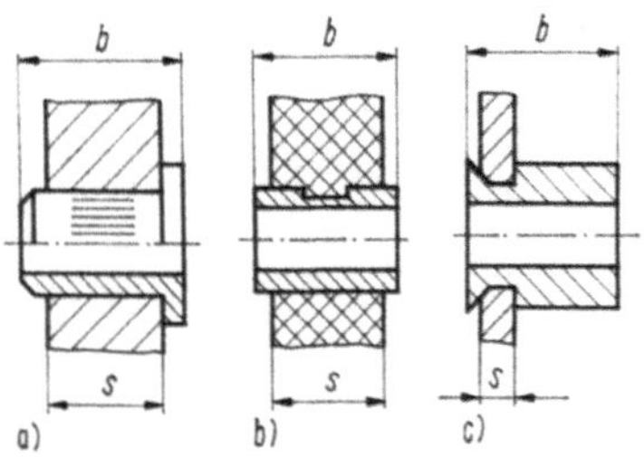

Bild 8.12
Befestigung der Lagerbuchsen

8.1.2.2. Hydrodynamische Gleitlager

Beim Radiallager ist die für das Wirksamwerden des hydrodynamischen Prinzips erforderliche Verengung des Schmierspalts in Bewegungsrichtung bereits durch die Geometrie der Gleitpaarung vorgegeben (Bild 8.5b). Zur Erhöhung der Führungsgenauigkeit werden u. U. zusätzlich hydrodynamisch wirksame Keilflächen in die Gleitzone eingearbeitet (Bild 8.13a). Beim Axiallager sind dagegen von vornherein derartige Keilflächen in der

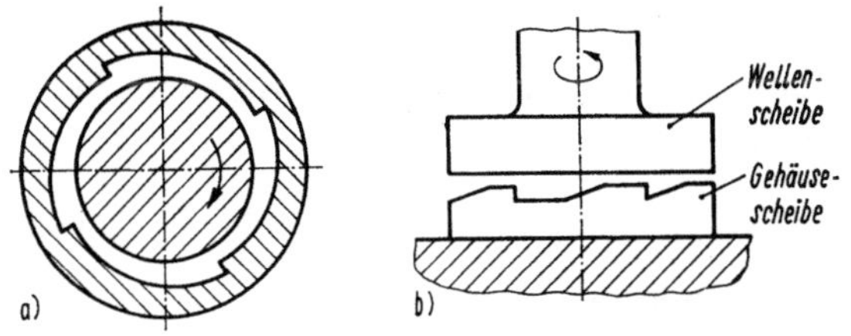

Bild 8.13
Schmierkeilformen
a) Mehrflächen-Radiallager; b) Axiallager

Gehäusescheibe vorzusehen (Bild 8.13b). In jedem Keil stellt sich eine Druckverteilung im Öl nach Bild 8.5b ein. Aus der hydrodynamischen Gleitlagertheorie lassen sich sowohl für die Radial- als auch für die Axiallager entsprechende Berechnungsgleichungen ableiten. Wegen der breiten technischen Anwendung werden im folgenden nur die hydrodynamischen Radialgleitlager behandelt (zu hydrostatischen Gleitlagern und hydrodynamischen Axiallagern s. [8]).

Betriebssicherheit

Die Betriebssicherheit eines Radialgleitlagers wird durch die kleinste Schmierfilmdicke h_0 (Bild 8.14) gekennzeichnet. Sie darf einen bestimmten zulässigen Wert nicht unterschreiten, wenn Festkörperberührung vermieden werden soll, und sie kann mit der aus der hydrodynamischen Gleitlagertheorie abgeleiteten Sommerfeld-Zahl

$$So = p\psi^2/\eta\omega = f(\delta, b/d) \qquad \frac{p}{\mathrm{N/mm^2}} \Big| \frac{\psi}{‰} \Big| \frac{\eta}{\mathrm{Pa \cdot s}} \Big| \frac{\omega}{\mathrm{s^{-1}}} \tag{8.9}$$

bestimmt werden, die eine Funktion der relativen Schmierschichtdicke

$$\delta = 2h_0/S_w = 2h_0/(D - d)$$

und des Breitenverhältnisses b/d ist;

$p = F/bd$ nominelle Flächenpressung, $\psi = S_w/d = (D - d)/d$ relatives Lagerspiel, $S_w = D - d$ Lagerspiel bei Betriebstemperatur (Warmspiel), η Viskosität (Zähigkeit) des Schmierstoffs, $\omega = 2\pi n$ Winkelgeschwindigkeit und n Zapfendrehzahl.

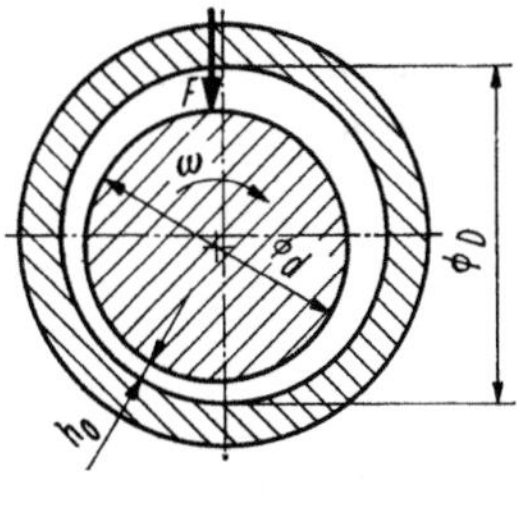

Bild 8.14
Radialgleitlager mit natürlichem Schmierspalt

Infolge des Temperaturunterschieds zwischen Montage und Betriebszustand und der unterschiedlichen Wärmedehnung von Zapfen und Buchse ändert sich das Lagerspiel um ΔS. Das Fertigungsspiel S berechnet sich aus $S = S_w + \Delta S$ mit $\Delta S \approx d/10000$.

Bild 8.15 zeigt die Belastungskennlinien für hydrodynamische Radialgleitlager, mit denen die Betriebssicherheit des Gleitlagers bestimmt werden kann. Als betriebssicher gilt ein Lager, wenn der kleinste Schmierspalt h_0 zwischen

$$\sum \Delta y < h_0 < 0{,}35\,(D - d) \tag{8.10}$$

oder die relative Schmierschichtdicke δ zwischen

$$2 \sum \Delta y/(D - d) < \delta < 0{,}7 \tag{8.11}$$

liegt. Die untere Grenze wird durch die Summe der Oberflächenrauhigkeiten und Verformungen bestimmt (Bild 8.16) und setzt sich zusammen aus

$$\sum \Delta y = \Delta y_{11} + \Delta y_{21} + \Delta y_{12} + \Delta y_{22}, \tag{8.12}$$

Δy_{11} Rauheit des Lagerzapfens, Δy_{21} Rauheit der Lagerbohrung,
Δy_{12} Verformung des Zapfens, Δy_{22} Verformung der Lagerbuchse bzw. -schale.

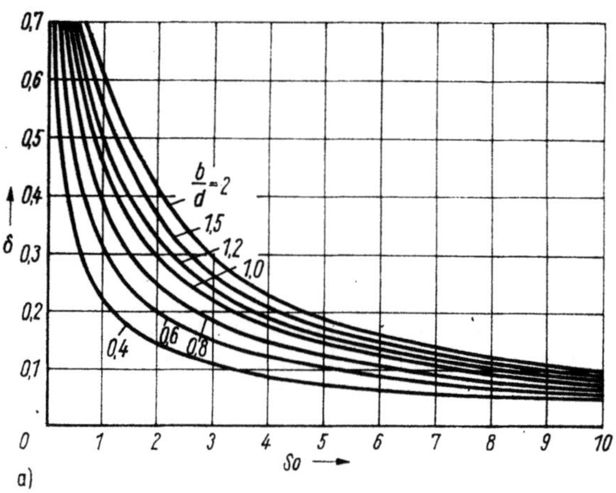

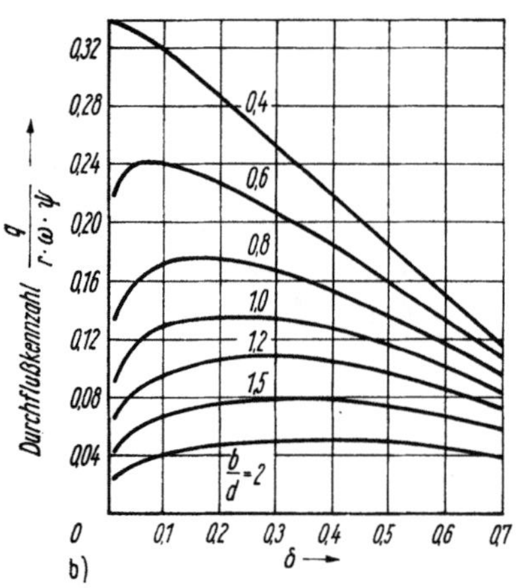

Bild 8.15. Kennlinien für hydrodynamische Radialgleitlager
a) Belastungskennlinien; b) Durchflußkennlinien

Die Oberflächenrauheit des Zapfens und der Bohrung ist abhängig vom Bearbeitungsverfahren. Für die Bearbeitung der Gleitflächen hydrodynamisch geschmierter Lager sollten nur Fein- oder Feinstbearbeitungsverfahren eingesetzt werden, um hohe Tragfähigkeiten zu erreichen. In Tafel 2.11 sind erzielbare Rauhtiefen angegeben (s.a. [8]).

Die Größe der Verformung (Biegung) des Zapfens innerhalb des Lagers läßt sich rechnerisch nach den Methoden der technischen Mechanik ermitteln. Dabei sind jedoch die Anordnung und die Belastungsverhältnisse der gesamten Welle oder Achse in Betracht zu ziehen. Bei starren, nicht einstellbaren Lagern (Bild 8.17a) überwiegt der Anteil aus

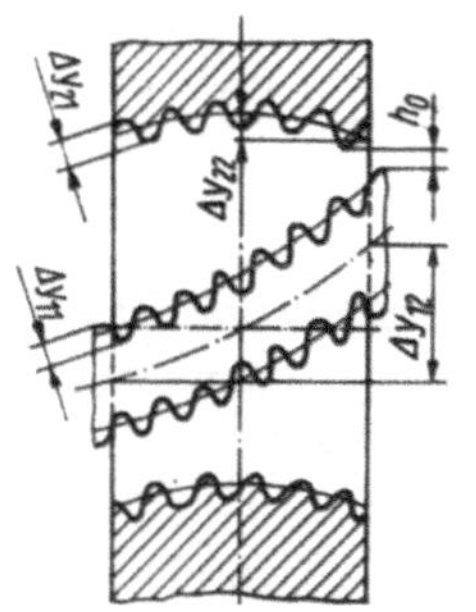

Bild 8.16. Gestaltabweichungen bei Lagerzapfen und -buchse

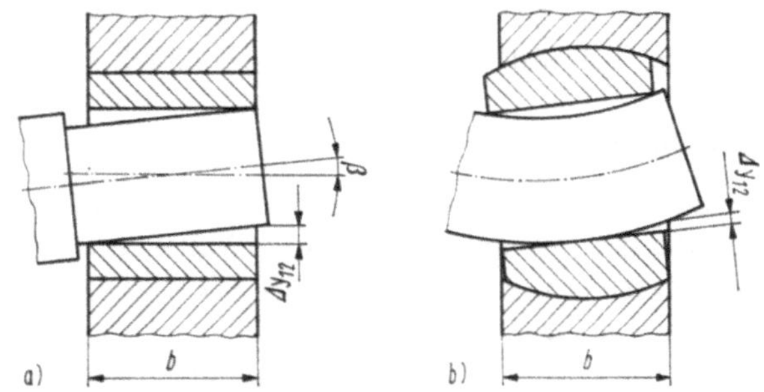

Bild 8.17. Verformung des Lagerzapfens
a) Neigung; b) Krümmung

der Schiefstellung des Zapfens, so daß für die Verformung $\Delta y_{12} = b \tan \beta$ zu setzen ist. β ist der Neigungswinkel der Welle im Lager. Bei einstellbaren Lagern (Bild 8.17b), die sich der Schiefstellung der Welle oder Achse anpassen, geht nur die Krümmung des Zapfens innerhalb des Lagers ein, und es ist

$$\Delta y_{12} = 0{,}2 \cdot 10^{-5} p d \, (b/d)^4 \qquad (8.13)$$

Δy	p	b	d
mm	N/mm²	mm	mm

einzusetzen. Für die Verformung der Lagerbuchse kann i. allg. $\Delta y_{22} = 0$ gesetzt werden. Die obere Grenze in den Gln. (8.10) und (8.11) ergibt sich aufgrund des instabilen Verhaltens des Gleitlagers bei zu großen Schmierfilmdicken, d.h., wenn der Zapfenmittelpunkt in die Nähe des Bohrungsmittelpunkts rückt. Der angegebene Grenzwert beruht auf den Erfahrungen, die bei Gleitlagerbuchsen hinsichtlich des Schwingungsverhaltens gewonnen wurden. Die *Schmierstoffmenge* für den Schmierfilm ergibt sich aus:

$$Q_S = \left(\frac{q}{r\omega\psi} \right) r\omega\psi b d \qquad (8.14)$$

Q_S	$q/(r\omega\psi)$	r	ω	ψ	b	d
mm³/s	–	mm	s^{-1}	–	mm	mm

[Durchflußkennzahl $q/(r\omega\psi)$ s. Bild 8.15b].

Um den Schmierstoff an den Schmierspalt heranführen zu können, verwendet man Schmierringe oder Ölpumpen (Bild 8.18). Während eine Pumpe (b) die Lager mit beliebig viel Schmierstoff versorgt, ist bei Schmierringen (a) die Fördermenge begrenzt.

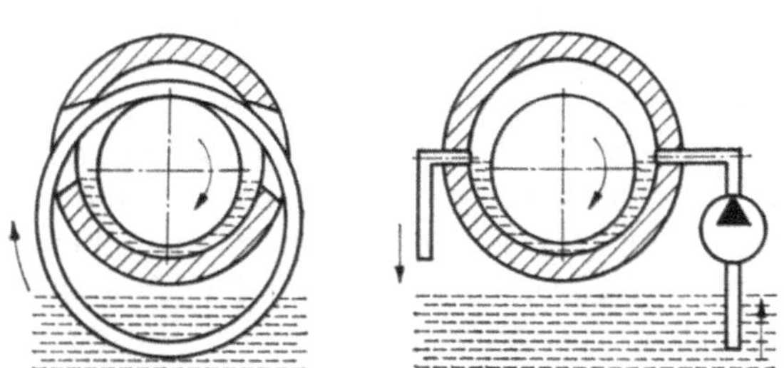

Bild 8.18
Schmierverfahren
a) Ringschmierung (Fördermenge etwa 8 Liter/h); b) Umlaufschmierung

Die starke Temperaturabhängigkeit der Ölviskosität (s. Bild 8.20) bewirkt entsprechend Gl. (8.9) einen großen Einfluß der ***Betriebstemperatur*** auf die Betriebssicherheit des Lagers. Je nach Schmierungsart und Schmierstoff darf die Betriebstemperatur bestimmte Werte nicht überschreiten. Als mittlere zulässige Betriebstemperatur kann 80 °C angenommen werden. Zur Vorausberechnung der Lagertemperatur ist eine Wärmebilanz zwischen der durch die Lagerreibung zugeführten und durch Wärmeübertragung über das Gehäuse, die Welle und den Ölstrom abgeführten Wärme aufzustellen [6] [8].

Entwurfsberechnung

Bei der Entwurfsberechnung eines Lagers sind i. allg. Belastung, Drehzahl und Zapfendurchmesser (aus der Achsen- oder Wellenberechnung) vorgegeben. Es wird zunächst das Breitenverhältnis b/d gewählt. Als Richtwert gilt $b/d = 0{,}5 \ldots 1{,}2$; $b/d = 0{,}8 \ldots 1{,}0$ ist bevorzugt anzuwenden.

Weiterhin wird die relative Schmierschichtdicke δ innerhalb der in Gl. (8.11) vorgegebenen Grenzen festgelegt (anzustreben ist $\delta = 0{,}25$). Dazu ist $\sum \Delta y$ nach Gl. (8.12) zu bestimmen und ein relatives Lagerspiel ψ anzunehmen. Die Wahl von ψ ist entscheidend für einen betriebssicheren Lauf des Lagers und muß bei der Nachrechnung ggf. korrigiert werden. Je kleiner das Spiel gewählt wird, um so geringer ist der Schmierstoffdurchsatz durch den Schmierspalt, und u. U. steigt dadurch die Temperatur des Schmierstoffs unzulässig an. Als kleinste zulässige Größe wird deshalb der folgende empirische Wert empfohlen:

$$\psi_{\min} = 0{,}8 \cdot 10^{-3} \sqrt[4]{v} \qquad \frac{\psi}{-} \left| \frac{v}{\mathrm{m/s}} \right. . \tag{8.15}$$

Mit den gewählten Größen b/d und δ kann dem Bild 8.15 die Sommerfeld-Zahl *So* entnommen und mit Gl. (8.9) die Zähigkeit η des Schmierstoffs errechnet werden. Daran schließen sich die Bestimmung der erforderlichen Durchflußmenge des Schmierstoffs nach Gl. (8.14) und, davon abhängig, die Festlegung des Schmierverfahrens an. Mit den bis dahin berechneten oder vorgegebenen Parametern kann die mittlere Lagertemperatur bestimmt [8] und dementsprechend der Schmierstoff ausgewählt werden. Ergibt sich eine über dem zulässigen Wert liegende Temperatur, so ist das relative Lagerspiel ψ zu korrigieren und die Berechnung zu wiederholen. Auf der Grundlage des aus dem Warmspiel berechneten Fertigungsspiels läßt sich eine Lagerpassung im Bereich der Qualitäten IT 5 bis IT 7 auswählen (Bohrung jeweils eine Qualitätsstufe gröber als Zapfen), deren Abmaße das Fertigungsspiel einschließen. Zur Gewährleistung der Betriebssicherheit sollte dann nochmals eine Überprüfung mit den durch die Passung bestimmten Grenzwerten des relativen Lagerspiels erfolgen.

Gestaltung

Im Bild 8.19 ist ein Gleitlager mit losem Schmierring dargestellt. Der Lagerfuß ist als Ölsammelraum *5* ausgebildet. Von hier gelangt das Öl über einen oder zwei Schmierringe *3* auf die Welle. Eine Ölverteilungsnut (Schmiertasche *2*), die meist an der Trennstelle zwischen oberer und unterer Lagerschale *1* angeordnet ist, verteilt das Schmiermittel über die gesamte Breite. Die Nut muß flach und vor allem gut abgerundet sein und darf nicht innerhalb der Druckzone angeordnet werden. Das axiale Entweichen des Schmierstoffs sowie das Eindringen von Fremdkörpern in die Lagerstelle wird durch Dichtungen *4* verhindert, deren Ausführung im wesentlichen die gleiche ist wie bei Wälzlagern (s. Bild 8.39). Die Gestaltung der Lagerschalen erfolgt zweckmäßig in der wirtschaftlichen

Verbundausführung, bei der sich die hohe Festigkeit der Stahlstützschale mit den guten Laufeigenschaften des weichen Lagermetalls vereint. Die Dicke der Lauffläche liegt dabei je nach Lagermetall und Herstellungsverfahren zwischen 0,5 und 2 mm.

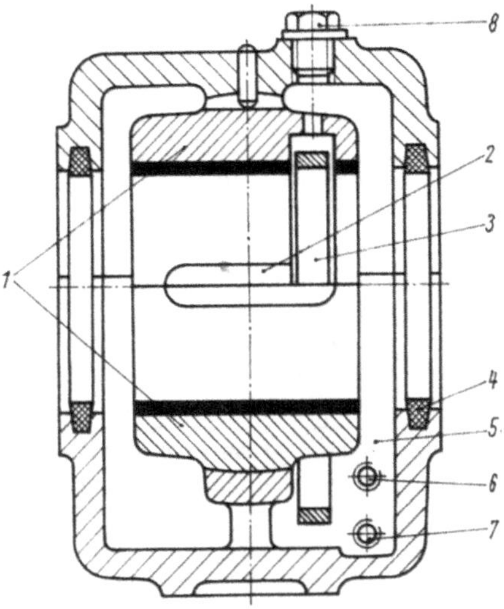

Bild 8.19
Ringschmierlager mit losem Schmierring
1 obere und untere Lagerschale in Verbundausführung; 2 Schmiertasche; 3 loser Schmierring; 4 Filzringdichtung; 5 Ölsammelraum; 6 Verschlußschraube für Ölstandskontrolle; 7 Ölablaßschraube; 8 Öleinfüllschraube

8.1.3. Werkstoffwahl

Die Werkstoffwahl muß sowohl den Lagerwerkstoff als auch den Zapfenwerkstoff umfassen. Der Werkstoff des Zapfens soll die größere Härte aufweisen und, um die Neigung zum Verschweißen mit der Lagerbuchse zu mindern, eine andere Zusammensetzung haben als der Buchsenwerkstoff. Für den Lagerzapfen wird fast ausschließlich Stahl verwendet mit einem Unterschied in der Brinellhärte zur Buchse von $HB_{\text{Zapfen}} = (3 \ldots 5)\, HB_{\text{Buchse}}$. Als Lagerwerkstoffe dienen recht unterschiedliche Materialien, von Holz, Plaste, Kohle, Glas über weiche und harte Metalle bis zu Edelsteinen. Die Vielzahl und die Verschiedenartigkeit der eingesetzten Stoffe sind durch die geforderten Eigenschaften bedingt, die in bezug auf das angestrebte Werkstoffverhalten widersprüchlich erscheinen und denen nur in Form einer Kompromißlösung entsprochen werden kann [8]. Gewünschte Eigenschaften sind hohe Druckfestigkeit (Flächenpressung), geringe Neigung zum Verschweißen (Fressen) gegenüber Stahl, gutes Wärmeleitvermögen und großes Haftvermögen für den Schmierstoff.

Da auch hydrodynamische Gleitlager beim An- und Auslauf im Gebiet der Mischreibung arbeiten, werden von den Werkstoffen prinzipiell die gleichen Eigenschaften verlangt wie beim Verschleißlager. So finden die meisten Lagerwerkstoffe sowohl für hydrodynamische als auch für Verschleißlager Verwendung. Es besteht aber ein beträchtlicher Unterschied in der zulässigen Flächenpressung.

Eine Auswahl von Lagerwerkstoffen für hydrodynamische Lager zeigt Tafel 8.1 und von metallischen Lagerwerkstoffen für Verschleißlager Tafel 8.2. Weitere Werkstoffe sind Sintermetalle und Plaste. Sowohl Thermo- als auch Duroplaste sind als Lagerwerkstoff geeignet. Durch Spritzgießen lassen sich Lagerbuchsen aus thermoplastischen Kunststoffen besonders wirtschaftlich herstellen. Lochlager in gespritzten Bauteilen brauchen nicht nachgearbeitet zu werden. Als Lagerwerkstoffe haben sich bewährt [8.10] [8.11] [8.12]:

- Polyamide (PA), besonders die höherwertigen, wie Polyamid 11; Handelsnamen sind Miramid, Rilsan, Ultramid

- Polyoximethylene (POM), die die bisher besten Verschleißeigenschaften haben; Handelsnamen sind Delrin, Hostaform C
- Polytetrafluoräthylen (PTFE), das außerordentlich günstige Gleiteigenschaften aufweist; der Werkstoff ist aber wegen der geringen mechanischen Festigkeit nicht für Massivbuchsen, sondern nur für dünne Laufschichten oder als Verbundwerkstoff geeignet; Handelsnamen sind Heydeflon, Teflon.

Tafel 8.1. Werkstoffauswahl für hydrodynamische Gleitlager

Lfd. Nr.	Marke Kurzzeichen	Härte HB bei 50 °C	p_{zul} N/mm²	Eigenschaften Anwendung
1 2	Lg PbSn10 Lg PbSn80	16 20	16 ... 25 19 ... 30	weiche Lagermetalle, Einsatz bei hohen Anforderungen an Einlauf-, Gleit- und Notlaufeigenschaften, Verbundlager
3 4 5 6	G-CuSn4Zn6Pb3 G-CuSn7Zn4Pb6 G-CuSn10 G-CuSn12	55 60 58 78	25 ... 40 31 ... 50 31 ... 50 31 ... 50	harte Lagermetalle, erfordern gehärteten Stahlzapfen; hohe Belastbarkeit bei Massiv- oder Verbundausführung; schlechte Ein- und Notlaufeigenschaften
7 8	GVb-CuPb25 GVb-CuPb15Sn7	34 65	23 ... 36 27 ... 43	gute Notlauf- und Gleiteigenschaften; bei HB > 40 gehärteter Zapfen erforderlich; Verbundlager möglich
9 10	GVb-CuAl9Fe3Mn2 G-CuMn12Al7Fe3Ni2	105 150	28 ... 44 23 ... 36	Austausch für 5 und 6, jedoch empfindlich gegen Kantenpressung; schlechtes Ein- und Notlaufverhalten; gehärteter Zapfen erforderlich; Massivlager
11	GGL-25	170	10 ... 20	nur bei geringer Flächenpressung und niedriger Gleitgeschwindigkeit einsetzbar
12 13	Hgw 2088 PA 6, PA 11	13 5 ... 12	19 ... 30 9 ... 14	gute Laufeigenschaften; geringe Wärmeleitfähigkeit, nur bei niedrigen Lagertemp. einsetzbar

(Kurzzeichen nach TGL, in DIN z.T. abweichend; vgl. ISO 4381, DIN 1705, 1716, 1691, 7735)

Für wartungsfreie Gleitlager der Gerätetechnik werden spezielle Verbundwerkstoffe hergestellt [8.15] [8.16]. Einbaufertige gerollte Buchsen stehen ab $d = 3$ mm zur Verfügung.

Von den Duroplasten eignet sich am besten Schichtpreßstoff mit Gewebeeinlagen.

Ein wesentlicher Vorzug der Kunststofflager ist ihr gutes Dämpfungsvermögen, das u. a. einen geräuscharmen Lauf ermöglicht. Nachteile sind schlechtes Wärmeleitvermögen (deshalb dünnwandige Buchsen verwenden), hoher Wärmeausdehnungskoeffizient gegenüber Metallen und Quellung durch Wasser- und Ölaufnahme.

Die Stahlzapfen für Kunststoffgleitlager sollten eine Rauhtiefe < 5 µm haben.

Für Sonderfälle (z. B. im Instrumentenbau) werden auch Steine, vorwiegend synthetische Rubine und Saphire, als Lagerwerkstoff verwendet. Sie sind verschleißfest, chemisch stabil und haben eine kleinere Reibungszahl als metallische Lagerwerkstoffe bei Paarung mit Stahlzapfen. Sie werden deshalb bevorzugt in empfindlichen Meßgeräten eingesetzt (s. Abschn. 8.3.1.).

Tafel 8.2. Auswahl metallischer Werkstoffe für Verschleißlager

Lagerwerkstoff (bisherige Bezeichnung in Klammern)	TGL (DIN)	Kurzzeichen (in DIN z.T. abweichend)	Zulässige mittlere Flächenpressung p[1]) in N/mm²	Anwendung Eigenschaften
Magnesiumknetlegierung	14729 (1729/ 9715)	MgMn2 F 20, MgAl8ZnF 30	0,1	für kleine Gleitgeschwindigkeiten und Belastungen
Kupfer-Zink-Legierung (Messing)	35484 (17660/ 17670)	CuZn40Pb2 F 67 (bisher Ms 58)	0,3	für kleine Gleitgeschwindigkeiten und Belastungen (Uhrwerke, kleine Laufwerke)
Kupfer-Zinn-Legierung (Zinnbronze) (Gußzinnbronze)	35486 8110 (17662/ 17667/ 1705)	CuSn8 F60 (bisher SnBz 8...), G-CuSn10Pb 1 (bisher G-SnBz 10)	2	gute Gleiteigenschaften, abriebfest, höher belastbar als CuZn-Legierungen
Kupfer-Aluminium-Legierung (Aluminiumbronze) (Gußaluminiumbronze)	35488 8110 (17665/ 17672/ 1714)	CuAl11Ni F75 (bisher AlBz11Ni), G-CuAl9 Ni (bisher G-NiAlBz)	10	gute Gleiteigenschaften, hoch belastbar, verschleißfest, korrosions- und säurebeständig
Lagermetall auf Zinngrundlage (Weißmetall)	14703 (ISO 4381)	Lg PbSn10 (bisher WM 10), Lg PbSn9Cd	5	für mittlere bis hohe Beanspruchungen
Kupfer-Blei-Legierung (Gußbleibronze) (Gußzinnbleibronze)	8110 (1716)	G-CuPb25 (bisher G-PbBz 25), G-CuPb15Sn7 (bisher G-SnPbBz 15)	10	für sehr hoch belastete Lager, widerstandsfähig gegen Stöße und Kantenpressung, ausgezeichnete Gleiteigenschaften

[1]) bis zu einer Gleitgeschwindigkeit von 1 m/s bei einmaliger Schmierung; bei Zusatzschmierung das Drei- bis Fünffache

8.1.4. **Schmierung** [3] [8.5]

Das Ziel einer jeden Lagerkonstruktion muß es sein, unter Berücksichtigung der Wirtschaftlichkeit und des dazu notwendigen Aufwands Reibung und Verschleiß so niedrig wie möglich zu halten. Deshalb werden Lager geschmiert. Die Wirksamkeit der Schmierung wird nicht nur von Montage und Instandhaltung, sondern auch von der Konstruktion der Lagerstelle wesentlich beeinflußt. Der Konstrukteur muß das Lager schmierungsgerecht gestalten und selbst die Entscheidung treffen, welcher Schmierstoff und welches Schmierverfahren verwendet werden sollen.

Als Schmierstoffe stehen in erster Linie zur Verfügung: Öle, Fette und Festkörperschmierstoffe.

Schmieröle

Die wichtigsten Kenngrößen sind:

Viskosität (Zähigkeit). Sie bezeichnet den Widerstand, den die Flüssigkeitsmoleküle einer gegenseitigen Verschiebung entgegensetzen. Die Einheit der *dynamischen Viskosität* η ist die Pascalsekunde:

$$1\ \mathrm{Pa} \cdot \mathrm{s} = 1\ \mathrm{N} \cdot \mathrm{m}^{-2} \cdot \mathrm{s}.$$

Zugelassen ist auch die SI-fremde Einheit Poise (P).

Es gilt folgende Umrechnung:

$$1\ \mathrm{P} = 100\ \mathrm{cP} = 0{,}1\ \mathrm{Pa} \cdot \mathrm{s}$$

bzw.

$$1\ \mathrm{cP} = 1\ \mathrm{mPa} \cdot \mathrm{s}.$$

Die Schmierstoffhersteller geben meist die *kinematische Viskosität* ν an. Sie ist das Verhältnis von dynamischer Viskosität zur Dichte des Öls: $\nu = \eta/\varrho$. Die Einheit ist das Stokes (St) bzw. Zentistokes (cSt):

$$1\ \mathrm{St} = 100\ \mathrm{cSt} = 1\ \mathrm{cm}^2/\mathrm{s} = 10^{-4}\ \mathrm{m}^2/\mathrm{s}.$$

Da Öle eine Dichte von ungefähr $\varrho = 0{,}9\ \mathrm{g/cm}^3$ haben, lassen sich damit dynamische und kinematische Viskosität leicht umrechnen:

$$1\ \mathrm{St} \mathrel{\hat{\approx}} 0{,}09\ \mathrm{Pa} \cdot \mathrm{s} \quad \text{bzw.} \quad 1\ \mathrm{Pa} \cdot \mathrm{s} \mathrel{\hat{\approx}} 11{,}11\ \mathrm{St}.$$

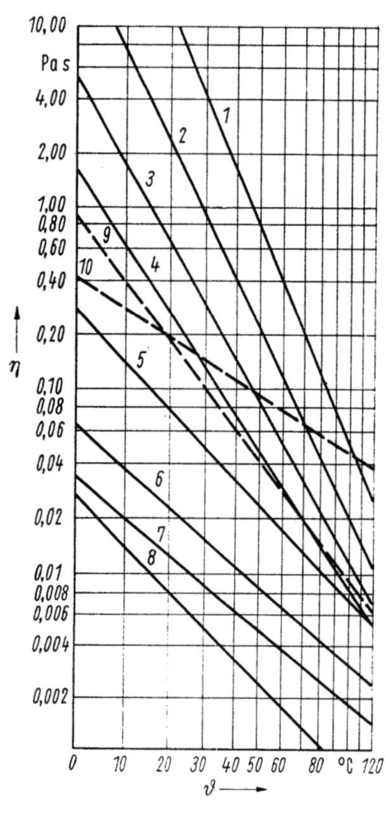

Die Viskosität ist stark von der Temperatur abhängig. Sie wird mit steigender Temperatur kleiner. In einem speziellen Viskositäts-Temperatur-Blatt erscheint die Temperaturabhängigkeitskurve als Gerade. Bild 8.20 zeigt das Viskositäts-Temperaturverhalten von in Gerätetechnik und Maschinenbau verwendeten Schmierölen.

Bild 8.20
Viskositäts-Temperatur-Verhalten von Schmierölen

1 Heißdampfzylinderöl; *2* Schmieröl GL 240; *3* Schmieröl M 95; *4* Schmieröl R 50; *5* Uhrenöl Sorte 1; *6* Feinmechaniköl F 25; *7* Schmieröl R 5; *8* Feinstpassungsöl FPO; *9* Silikonöl OE 4011/200; *10* Silikonöl MO/200

Nach DIN 51519 sind die Schmieröle in Viskositätsklassen aufgeteilt. Die der Bezeichnung ISO VG folgende Zahl gibt die kinematische Viskosität des Öls in cSt bei 40 °C an. Beispiel: ISO VG 32 bedeutet ν = 32 cSt bei ϑ = 40 °C.

Stockpunkt. Mit sinkender Temperatur verliert das Öl seine Fließfähigkeit, es stockt. Die Temperatur, bei der es durch Schwerkrafteinfluß gerade nicht mehr fließt, wird als Stockpunkt bezeichnet.

Kriechneigung. Ununterbrochenes oder zumindest regelmäßiges Nachschmieren ist bei vielen Geräten nicht möglich. Das schädliche Trockenlaufen der Lager muß man durch Verwenden solcher Schmierstoffe verhindern, die von der Schmierstelle nicht wegkriechen. Für diese Eigenschaft gibt es noch kein standardisiertes Prüfverfahren. Man erkennt die unterschiedliche Kriechneigung aber, wenn man Tropfen verschiedener Öle auf die gleiche Unterlage setzt und das Ausbreiten beobachtet (Tropfenverhalten).

Uhrenöle (*5*) haben geringe Kriechneigung, d.h. ein gutes Tropfenverhalten, während Mineralöle (*1, 2, 3, 4, 6, 7, 8*) eine große und Silikonöle (*9* und *10*) eine sehr große Kriechneigung aufweisen und daher für eine einmalige Schmierung, die über einen langen Zeitraum wirksam sein soll, ungeeignet sind.

Schmierfette

Schmierfette haften besser als Öle an der Schmierstelle, sind bei höheren Flächenpressungen einsetzbar, bei denen die Öle versagen, haben eine hohe Alterungsbeständigkeit und schützen infolge ihrer Steifigkeit das Lager gegen Staub oder Feuchtigkeit. Nachteilig ist ihre größere Reibung (als Öle) und daß einmal von der Schmierstelle verdrängtes Fett nicht zurückkriecht, also nicht mehr zur Schmierung beiträgt.

Festkörperschmierstoffe

Typische Vertreter sind Graphit und Molybdändisulfid (MoS_2). Sie haben eine Lamellenstruktur. Jedes Blättchen besteht aus vielen dünnen Lamellen, die untereinander nur schwache Bindungen aufweisen und deshalb gegeneinander leicht verschiebbar sind. Hierdurch werden die guten Gleiteigenschaften und der Schmierungseffekt hervorgerufen. Ihr Einsatz erfolgt, wenn Öle und Fette bei Festkörperreibung versagen, bei extrem hohen oder tiefen Temperaturen oder bei sehr großen Flächenpressungen. Sie lassen sich durch Streichen, Spritzen, Tauchen, Trommeln oder Bürsten auftragen. Übliche Lieferformen sind Pasten und Sprays. Graphit und MoS_2 werden auch als Zusatz zu Ölen und Fetten verwendet oder Plastwerkstoffen beigemischt, um deren Lagereigenschaften zu verbessern.

Schmierverfahren

Aufgabe des Schmierverfahrens ist es, den Schmierstoff in ausreichender Menge der Schmierstelle zuzuführen. Das setzt einen Zugang zur Reibstelle (Bohrung, Nut, Spalt o.ä.) und einen Schmierstoffspeicher voraus. Ergänzend zu den im Bild 8.18 bereits ge-

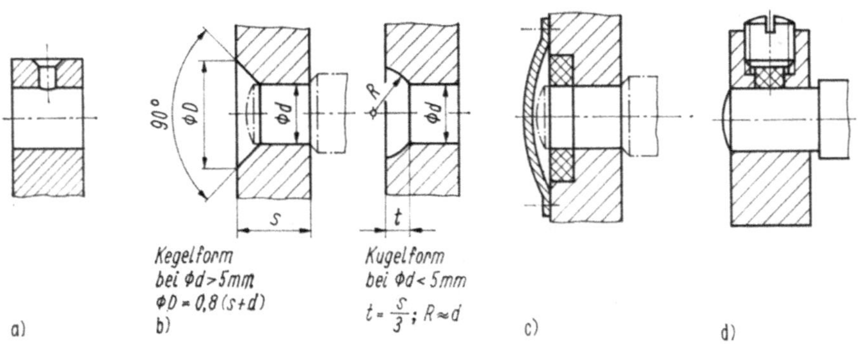

Bild 8.21. Gestaltung der Schmierstellen bei Verschleißlagern

zeigten Schmierverfahren für hydrodynamische Lager stellt Bild 8.21 einige Konstruktionsbeispiele für Verschleißlager vor. Bereits ein einfaches Ölloch (a) oder eine Ölsenkung (b) sind gut wirksam, jedoch darf das Öl keine große Kriechneigung haben. Besser ist eine Filzring- (c) oder eine Filzpolsterschmierung (d), die für Dauerschmierung gut geeignet ist. Bei größeren und vor allem stationären Geräten, bei denen eine Ölwanne vorgesehen werden kann, läßt sich Tauchschmierung realisieren. Das Öl wird dabei durch in den Ölvorrat eintauchende Ringe (Bild 8.18a), Ketten, Zahnräder oder Schleuderscheiben mitgenommen und gelangt so an die Schmierstelle (Planschwirkung beachten).

8.1.5. Sinterlager

Für eine Lebensdauerschmierung, d.h. für wartungsfreien Betrieb, wurden Sinterlager geschaffen. Lagerwerkstoffe sind Sinterbronze und Sintereisen mit oder ohne Graphitanteil. Der Sinterwerkstoff hat ein Porenvolumen von 17 bis 30%, das mit niedrigviskosem Öl gefüllt wird. Lagerbuchsen aus diesen Werkstoffen sind standardisiert (TGL 6558, 6560 und 9613 und DIN 1850) und können einbaufertig bezogen werden (Bild 8.22). Bei Sintermetall kommt der Oberflächengüte eine ganz besondere Bedeutung zu, da Sintermetallgleitlager nur sehr dünne Ölfilme ausbilden. In der Regel müssen gehärtete Wellen verwendet werden, deren Oberfläche feingeschliffen, geläppt oder poliert ist. Lediglich bei sehr geringen Belastungen und geringer Umfangsgeschwindigkeit können ungehärtete Wellen aus St 60 oder St 70 eingesetzt werden. Bei normalen Betriebsbedingungen, niedrigen Gleitgeschwindigkeiten und Belastungen reicht eine Rauhheit von 1 μm aus. Bei höheren Anforderungen, besonders hinsichtlich der Geräuscharmut, sollten 0,5 μm nicht überschritten werden. Auch das Lagerspiel hat wesentlichen Einfluß auf das Geräusch. Je kleiner es ist, desto geringer ist das Laufgeräusch; allerdings steigen damit Reibung und auch Anlaufmoment etwas an. Als Richtwert für das Lagerspiel gilt 0,05 ... 0,15% vom Wellendurchmesser.

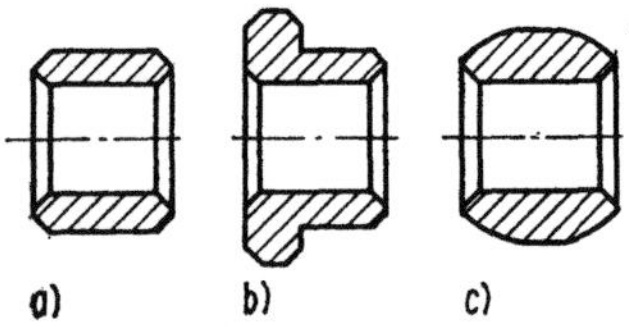

Bild 8.22 Einbaufertige Lagerbuchsen aus Sintermetall

a) Buchse ohne Bund;
b) Buchse mit Bund; c) Kalottenlager

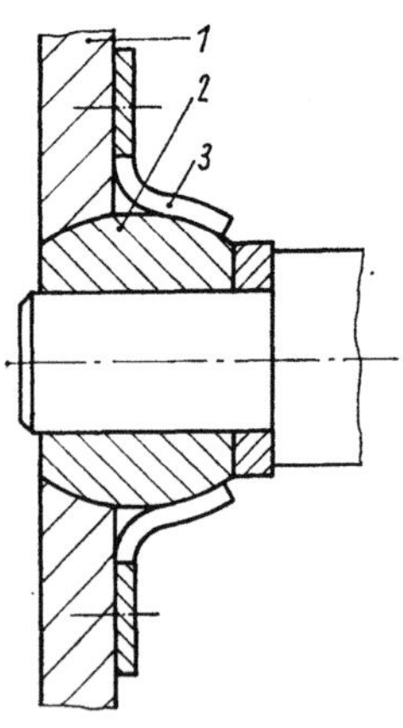

Bild 8.23
Einbau eines Kalottenlagers

Für die Einhaltung extrem enger Lagerspiele, wie für geräuscharme Lagerung erforderlich, empfiehlt sich wegen der sonst entstehenden Fluchtungsschwierigkeiten der Einbau von Kalottenlagern (Bild 8.22c). Sie können sich aufgrund ihrer balligen Außenfläche genau nach der Fluchtlinie der Welle ausrichten. Eine einfache Konstruktion zeigt Bild 8.23. In dem entsprechend der Kalottenform sphärisch ausgedrehten Gehäuse *1* liegt die eine Hälfte der Kugelkalotte *2* des Lagers, während die andere durch einen Federring *3* mit balliger Fläche gehalten wird.

Ordnet man bei einer Sinterbuchse darüber hinaus noch einen Filzring als zusätzlichen Ölspeicher an (Bild 8.24), so erhöht sich die Funktionssicherheit des Lagers, bzw. es erweitern sich die Einsatzgrenzen wie im Bild 8.25 angegeben.

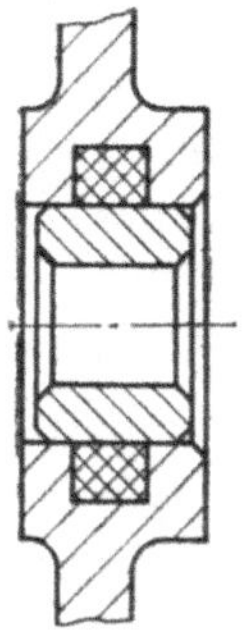

Bild 8.24. Sinterlager mit Zusatzschmierung

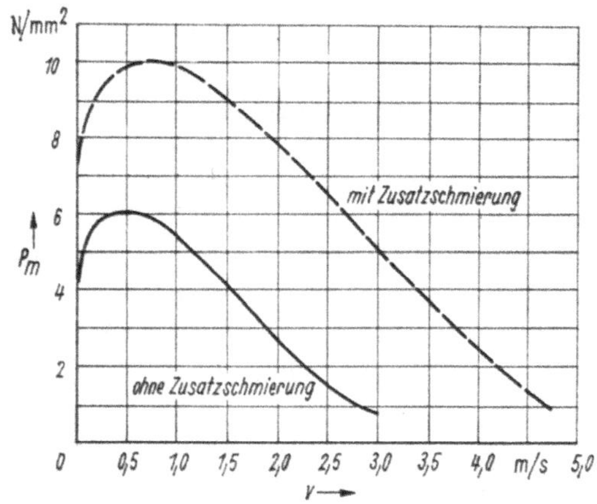

Bild 8.25. Tragfähigkeit von Sinterlagern

8.2. Wälzlager [2] [3] [8] [8.1] bis [8.4]

8.2.1. Rollreibung

Der Mechanismus der Rollreibung unterscheidet sich grundsätzlich von dem der Gleitreibung (s. Abschn. 8.1.). Beim Wälzlager rollen die Wälzkörper auf der gehärteten, geschliffenen und polierten Rollbahn ab. Ein Bewegungswiderstand (Reibung) entsteht durch die Deformation an Rollkörper und Rollbahn (Bild 8.26a).

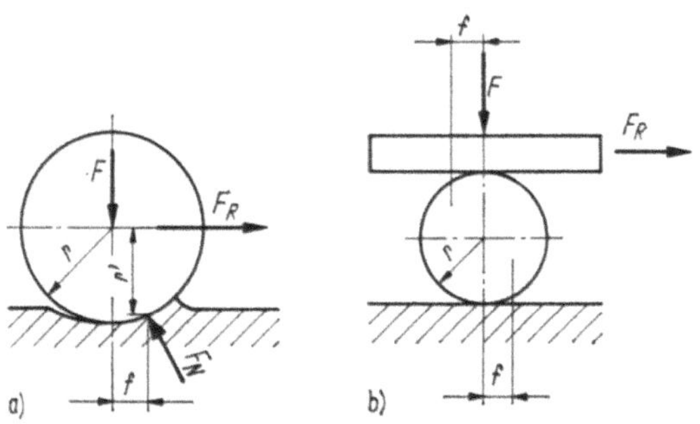

Bild 8.26
Rollwiderstand F_R an Kugeln bzw. Rollen
a) auf einer Rollbahn; b) zwischen zwei Rollbahnen

Der Hebelarm f der Rollreibung ist um so kleiner, je härter Rollbahn und Rollkörper sind. Er beträgt bei gehärteten Rollbahnen und Rollkörpern aus Stahl etwa 5 ... 10 μm.

Da die Deformation sehr gering ist, kann man $r \approx r'$ setzen, und damit wird über $Ff = F_R r'$ der Rollwiderstand

$$F_R = Ff/r. \tag{8.16}$$

Das gilt auch für die Anordnung im Bild 8.26b.

Die Reibung der Wälzlager ist wesentlich geringer als die der Gleitlager und praktisch geschwindigkeitsunabhängig. Rollbahnen und Rollkörper müssen allerdings ordnungsgemäß ausgeführt sein. Diese Aufgabe hat der Wälzlagerhersteller übernommen, der dem Anwender einbaufertige standardisierte Wälzlager zur Verfügung stellt. Aufgabe des Konstrukteurs ist es, aus dem angebotenen Sortiment aufgrund von Berechnungen den richtigen Lagertyp auszuwählen und die Einbauverhältnisse günstig zu gestalten.

8.2.2. Aufbau und Eigenschaften der Wälzlager

Wälzlager bestehen im Prinzip aus zwei Ringen (Innen- und Außenring), von denen der eine mit dem feststehenden (z. B. Gehäuse) und der andere mit dem sich drehenden Bauteil (z. B. Welle) verbunden ist. Zwischen den Ringen befinden sich die Wälzkörper (Kugeln, Zylinder-, Kegel- und Tonnenrollen oder Nadeln). Zur sicheren Führung und um ein gegenseitiges Berühren auszuschließen, sind die Wälzkörper meist in sog. Käfigen gehalten (Bild 8.27). Vorteile der Wälzlager gegenüber Gleitlagern sind:

- geringe Reibung, auch beim Anlauf; deshalb u. a. geringe Wärmeentwicklung
- gleichzeitige Aufnahme von Axial- und Radialkräften bei einer Reihe von Lagertypen möglich
- kurze axiale Baulänge
- als standardisierte bzw. genormte einbaufertige Bauteile lieferbar
- geringe Wartung und geringer Schmierstoffverbrauch.

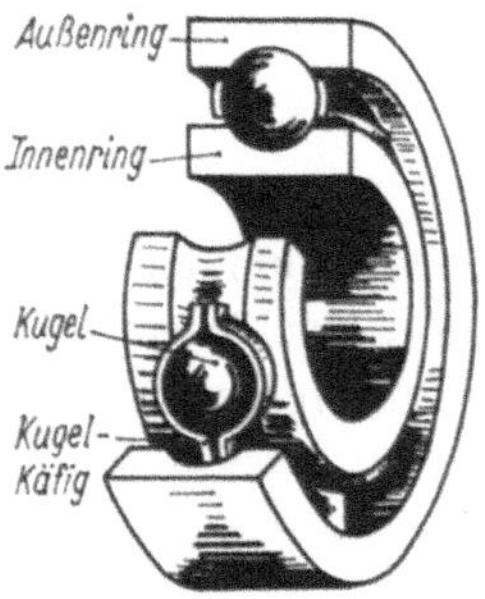

Bild 8.27
Prinzipieller Aufbau eines Wälzlagers (Radial-Rillenkugellager)

Nachteile sind:

- größerer Durchmesser und aufwendigerer Einbau
- geräuschvoller Lauf
- stoßempfindlich, da kein dämpfender Ölfilm vorhanden
- Verschmutzungsgefahr
- in vielen Fällen höherer Preis.

8.2.3. Ausführungsformen der Wälzlager und ihre Anwendung

In Tafel 8.3 ist eine Übersicht über standardisierte Wälzlager dargestellt. Man unterscheidet, der Wälzkörperform entsprechend, zwischen Kugel- und Rollenlagern und, je nach Richtung der Hauptbelastung, zwischen Radial- und Axiallagern. Der weitaus größere Teil der Wälzlager sind Radiallager. Deshalb braucht der Vorsatz „Radial“ nur genannt zu werden, wenn die Deutlichkeit des Ausdrucks dies erfordert. Der Vorsatz „Axial“ bei Axiallagern ist immer erforderlich.

Die für die Anwendung der verschiedenen Wälzlager notwendigen Kennwerte, wie äußere Abmessungen, Bezeichnungen, Tragfähigkeiten usw., sind den Angaben der Herstellerfirmen (Wälzlagerkataloge) zu entnehmen (Tafel 8.4). Entsprechend den Anforderungen werden die Wälzlager in Güteklassen geliefert: Lager normaler Qualität, ausgewählte Lager, Genauigkeits- und Hochgenauigkeitslager (TGL 15508/DIN 620).

Tafel 8.3. Übersicht über die standardisierten bzw. genormten Wälzlagerbauformen

Wälzlagerbauform	Eigenschaften und Anwendung
1. Radiallager	
(Radial-) Rillenkugellager TGL 2981, DIN 625 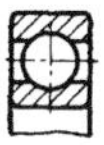	(Radial-) Rillenkugellager sind die am meisten verwendeten Wälzlager, weil sie universell einsetzbar sind. Durch die tiefen Laufrillen ohne Füllnut und die gute Schmiegung zwischen Kugeln und Laufbahn besitzen die Lager eine große Tragfähigkeit auch in axialer Richtung sogar bei hohen Drehzahlen. Das kleinste Lager hat die Abmessungen $d = 3$ mm, $D = 10$ mm, $B = 4$ mm. Rillenkugellager sind selbsthaltend, d.h., daß sie beim Ein- und Ausbau nicht zerlegbar sind. Außer der Normalausführung (Bild 8.29a) gibt es Lager mit einer oder zwei Deckscheiben (b), mit einer oder zwei Dichtscheiben (c), sowie Lager mit Ringnut (d). Deckscheiben verhindern das Eindringen von Fremdkörpern in das Lager, Dichtscheiben darüber hinaus das Auslaufen des Schmierstoffs. Beidseitig abgedichtete Lager werden einbaufertig mit Fett gefüllt geliefert. Lager mit einer Ringnut im Außenring sind mit einem Sprengring besonders platzsparend und einfach zu befestigen.
(Radial-) Schrägkugellager TGL 2982, DIN 628 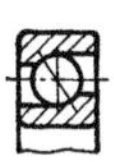	Sie dienen zur Aufnahme höherer Axialkräfte. Die Laufbahnen sind so gegeneinander versetzt, daß die Kugelkräfte schräg zur Lagerachse wirken. Es muß immer gegen ein Lager, welches Axialkräfte in entgegengesetzter Richtung aufnehmen kann, angestellt werden (paarweiser Einbau). Schrägkugellager werden als einseitige oder zweiseitige Lager geliefert, sie sind mit Ausnahme des zweiseitigen Lagers mit geteiltem Innenring selbsthaltend und für hohe Drehzahlen geeignet.
(Radial-) Pendelkugellager TGL 2983, DIN 630 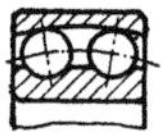	Sie haben zwei Kugelreihen und sind selbsthaltend. Infolge ihrer kugeligen Außenringrollbahn sind sie winkelbeweglich und damit unempfindlich gegen Wellendurchbiegung und Fluchtungsabweichungen. Sie sind daher besonders geeignet für lange dünne Wellen und getrennte Gehäuse. Man bezeichnet sie auch als selbsteinstellende Lager. Sie haben kleinere radiale und axiale Tragfähigkeit als Rillen- und Schrägkugellager.
(Radial-) Schulterkugellager TGL 2985, DIN 615 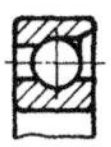	Sie haben im Gegensatz zum Rillenkugellager am Außenring nur auf einer Seite eine Schulter. Sie sind daher einseitig wirkend, nicht selbsthaltend und müssen paarweise eingebaut werden. Sie lassen sich aber wegen ihrer Zerlegbarkeit leicht einbauen. Die Tragfähigkeit ist geringer als beim Rillenkugellager. Infolge der geringen Schmiegung tritt nur kleine Reibung auf. Sie werden vorwiegend im Gerätebau verwendet.
(Radial-) Zylinderrollenlager TGL 2988, DIN 5412 	Es gibt mehrere Bauformen, die sich in der Anordnung der Borde an den Rollbahnringen zur Führung der Zylinderrollen unterscheiden. Die dargestellte Ausführung ermöglicht eine axiale Verschiebung in beiden Richtungen und überträgt keine Axialkräfte. Alle Formen haben hohe radiale Belastbarkeit, kleine Reibung, sind unempfindlich gegen Stöße und eignen sich für hohe Drehzahlen. Wegen der hohen Tragfähigkeit werden sie in Kraft- und Arbeitsmaschinen und zur Lagerung von Werkzeugspindeln verwendet.

Tafel 8.3 (Fortsetzung)

Wälzlagerbauform	Eigenschaften und Anwendung
(Radial-) Nadellager TGL 3889, DIN 617 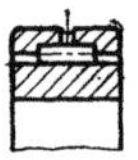	Sie sind Rollenlager mit dünnen, im Verhältnis zum Durchmesser langen zylindrischen Wälzkörpern (Nadeln). Sie werden in verschiedenen Ausführungen geliefert und eignen sich besonders für solche Lagerungen, wo nur geringe Einbauhöhe zur Verfügung steht, z.B. bei Kolbenbolzen und in Gelenken. Reicht trotzdem der Einbauraum für ein Nadellager mit Innenring nicht aus, kann ein Nadellager ohne Innenring verwendet werden, wenn die Welle gehärtet und geschliffen werden kann. Nadellager mit Innenring sind nicht selbsthaltend, der Außenring mit den Nadeln und der Innenring können deshalb getrennt montiert werden. Die Tragfähigkeit der Nadellager ist sehr groß, der Reibwert beträgt jedoch je nach Bauart bis zum Dreifachen von dem eines Rillenkugellagers. Die Drehzahlgrenze liegt unter der der anderen Wälzlager.
(Radial-) Kegelrollenlager TGL 2993, DIN 720 	Sie sind nicht selbsthaltend, paarweiser Einbau ist erforderlich. Sie haben große radiale und axiale Tragfähigkeit und werden vorzugsweise im Kraftfahrzeug-, Getriebe- und Werkzeugmaschinenbau eingesetzt.
(Radial-) Pendelrollenlager TGL 3890, DIN 635 	Sie sind selbsthaltend und werden ein- oder zweireihig ausgeführt. Durch die kugelige Außenringrollbahn haben sie die gleichen Eigenschaften wie die Pendelkugellager. Wegen der guten Schmiegung zwischen Rollbahn und Wälzkörpern (Tonnenrollen) ist die einreihige Bauform radial und die zweireihige sowohl radial als auch axial hoch belastbar. Wegen ihrer hohen Betriebssicherheit sind sie für größte Belastungen geeignet, z.B. in Walzwerk- und Förderanlagen.
2. Axiallager	
Axial-Rillenkugellager TGL 2986 TGL 2987 DIN 711 DIN 715 (einseitig) (zweiseitig)  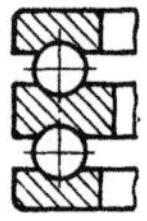	Sie können große Axial-, aber keine Radialkräfte aufnehmen. Wegen der auf die Kugeln wirkenden Fliehkräfte sind nur niedrige Drehzahlen zugelassen. Es gibt ein- und zweiseitig wirkende Ausführungen. Sie werden u.a. verwendet für axial hochbelastete Werkzeugspindeln, und zwar kombiniert mit Radiallagern.
Axial-Pendelrollenlager TGL 20911, DIN 728 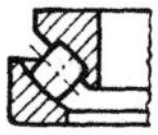	Es ist ein einseitig wirkendes, nicht selbsthaltendes Lager mit kugeliger Rollbahn zum Ausgleich von Montageungenauigkeiten. Als Wälzkörper dienen Tonnenrollen. Es ist für höchste Axial- und hohe Radiallasten geeignet und wird im Kran- und Großapparatebau eingesetzt.

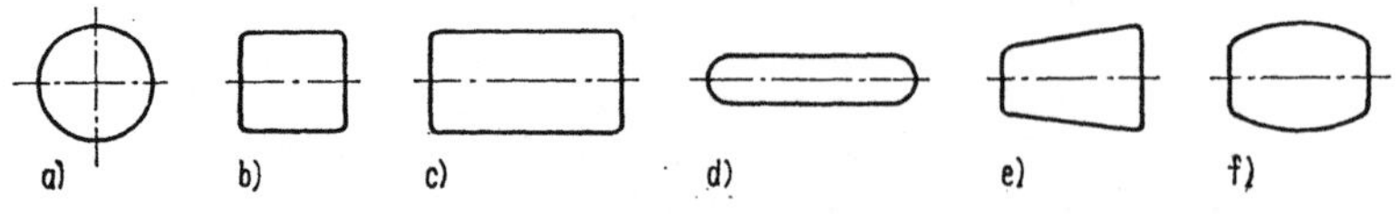

Bild 8.28. *Übersicht über die Wälzkörperformen*

a) Kugel TGL 15515; b) Zylinderrolle, kurz TGL 15516; c) Zylinderrolle, lang TGL 15517; d) Nadel TGL 15518; e) Kegelrolle; f) Tonnenrolle (vgl. a. DIN 5401 und 5402)

Tafel 8.4. Katalogangaben für Rillenkugellager Typ 623 bis 629 und 6200 bis 6208; Tragzahlen nach DIN 622 weichen ab

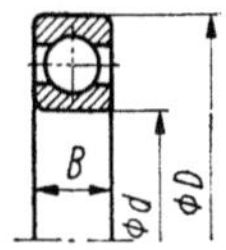

Lager-kurzzeichen (Bohrungs-kennziffer)	Lager-bohrung d	Mantel-durchmesser D	Lager-breite B	C	C_0	n_{zul} bei Fett-schmierung
623	3	10	4	510	220	38
624	4	13	5	920	420	35
625	5	16	5	1480	760	33
626	6	19	6	2180	1180	31
627	7	22	7	2600	1380	29
629	9	26	8	3600	1980	27
6200	10	30	9	4800	2700	25
6201	12	32	10	5400	3150	23
6202	15	35	11	6100	3600	20
6203	17	40	12	7550	4450	17
6204	20	47	14	10300	6300	14
6205	25	52	15	11500	7100	12
6206	30	62	16	15400	10200	10
6207	35	72	17	21000	13900	8
6208	40	80	18	22900	15900	7
	Maße in mm			Tragzahl in N		10^3 U/min

Rollenlager sind speziell für hohe Belastungen im Maschinen- und Elektromaschinenbau entwickelt worden und werden in der Gerätetechnik selten verwendet (ausgenommen Nadellager).

Die verschiedenen Wälzkörper (Bild 8.28) können für Sonderkonstruktionen auch als Einzelteile bezogen werden.

8.2.4. **Miniaturwälzlager** [3]

Miniaturwälzlager sind Lager mit einem Außendurchmesser $D < 10$ mm. Diejenigen Lager, die hohe Anforderungen hinsichtlich Laufgenauigkeit und Laufruhe erfüllen und ein geringes und besonders gleichmäßiges Reibungsmoment haben, bezeichnet man auch als Instrumentenlager. Für Miniaturwälzlager liegt kein Standard vor. Miniaturwälzlager werden als Rillenkugellager bis herab zu einem Wellendurchmesser von 1 mm produziert. Um die Einbauverhältnisse zu vereinfachen, werden die Lager auch mit Flansch

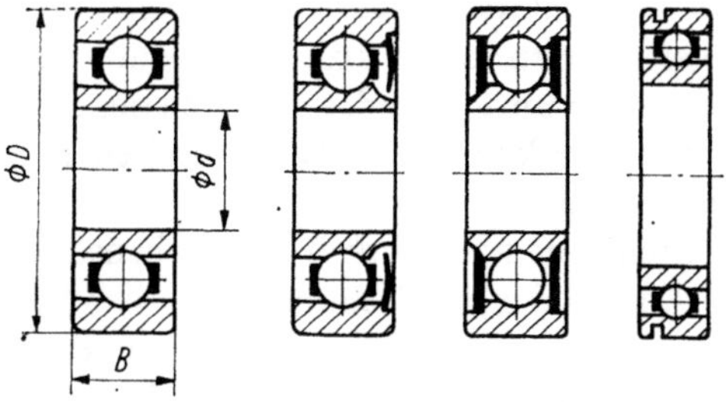

Bild 8.29
Ausführungsformen der Rillenkugellager

(Bild 8.30a) hergestellt. Bei noch kleineren Wellendurchmessern (bis 0,5 mm) entfällt der Innenring, die Kugeln laufen unmittelbar auf der gehärteten und polierten Welle (b). Zur Begrenzung des Axialspiels der Welle können derartige Lager auch mit Spurplatte (c) verwendet werden.

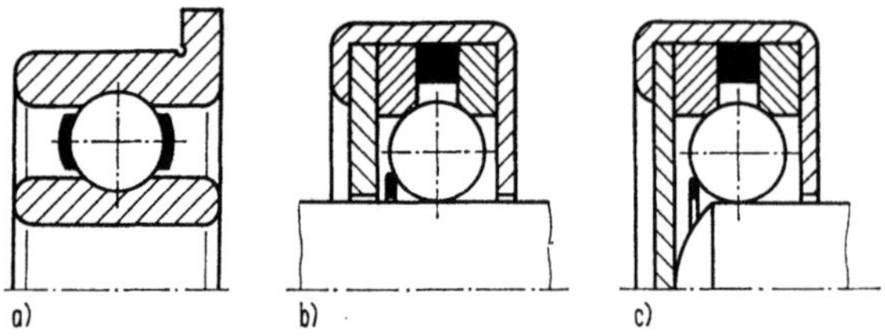

Bild 8.30
Miniaturrillenkugellager
a) mit Flansch; b) ohne Innenring; c) mit Spurplatte

Zylinderrollenlager gibt es in üblichen Bauformen ab $d = 4$ mm. Bei Schrägkugellagern wurde eine ganze Reihe von Sonderformen entwickelt. Ihre Anwendungsfreundlichkeit im Geräte- und Instrumentenbau resultiert aus der Aufnahmefähigkeit sowohl für radiale als auch für axiale Kräfte, was besonders bei Geräten mit unterschiedlicher Gebrauchslage wesentlich ist, sowie aus der Einstellbarkeit des Lagerspiels und den extrem kleinen Abmessungen bei relativ hoher Belastbarkeit (z. B. gegenüber Spitzenlagern,

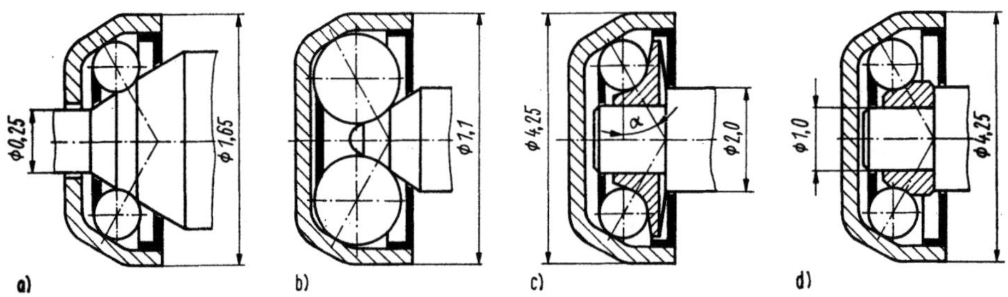

Bild 8.31. Ausführungsformen von Miniaturschrägkugellagern

s. Abschn. 8.3.2.). Bild 8.31 zeigt einige Bauformen mit Angabe der jeweils kleinsten Ausführung. Während die Laufeigenschaften der Lager nach (a) und (b) von der Härte und der Bearbeitung der Welle abhängen, haben die Lager nach (c) und (d) Innenringe. Wie im Bild 8.31a dargestellt, gibt es auch bei diesen Typen eine Ausführung mit durchbohrter Lagerschale. Dadurch sind sie z. B. zur Lagerung von Zeigerwellen geeignet. Eine Federscheibe (c) kann zum Ausgleich des Axialspiels der Welle eingefügt sein.

8.2.5. Berechnungsgrundlagen

Die Berechnung der erforderlichen Lagergröße wird aufgrund der vorhandenen Lagerbelastung, der Betriebsbedingungen und der geforderten Lebensdauer vorgenommen. Jedes Wälzlager hat eine bestimmte Tragfähigkeit. Man unterscheidet zwischen der dynamischen Tragfähigkeit bei umlaufendem Innen- oder Außenring und der statischen Tragfähigkeit bei Stillstand bzw. kleinen Schwenkbewegungen.

Die *dynamische Tragfähigkeit* hängt mit der Lebensdauer zusammen. Die Lebensdauer einer Gruppe gleicher Lager ist definiert als die Anzahl der Umdrehungen, die von 90% der Lager erreicht oder überschritten wird, bevor die ersten Ermüdungserscheinungen des Werkstoffs auftreten. Damit ist zugelassen, daß bis zu 10% der eingebauten Lager vor dem Erreichen des Lebensdauerwerts ausfallen. Die rechnerische Lebensdauer L in 10^6 Umdrehungen ist mit $p = 3$ für Kugellager und mit $p = 10/3$ für Rollenlager nach Gleichung (8.17) zu bestimmen und kann bei konstanter Drehzahl mit Gl. (8.18) auch in Betriebsstunden (L_h) umgerechnet werden (vgl. TGL 15511/DIN 622, DIN ISO 281).

$$L = (C/F)^p \qquad \frac{L}{10^6\,\mathrm{U}} \,\Big|\, \frac{C}{\mathrm{N}} \,\Big|\, \frac{F}{\mathrm{N}} \,\Big|\, \frac{p}{-} \tag{8.17}$$

$$L_h = 10^6 L/60n \qquad \frac{L_h}{\mathrm{h}} \,\Big|\, \frac{n}{\mathrm{U/min}} \,\Big|\, \frac{L}{10^6\,\mathrm{U}} \tag{8.18}$$

Die dynamische Tragzahl C des Lagers ist diejenige Lagerbelastung, bei der die rechnerische Lebensdauer von 10^6 Umdrehungen erreicht wird. Sie ist einem Wälzlagerkatalog zu entnehmen (Tafel 8.4).

Die für diese Tragzahl gegebenen Definitionen [3] [8] setzen entweder eine Radialkraft (Radiallager) oder eine Axialkraft (Axiallager) unveränderlicher Größe und Richtung voraus. Außerdem gelten die Werte für C bei Radiallagern nur dann, wenn an dem fast immer höher beanspruchten Innenring Umfangslast vorliegt; d.h., wenn die Radialkraft nicht auf einen bestimmten Punkt bzw. auf eine begrenzte Zone des Innenrings wirkt, sondern nacheinander den gesamten Umfang durchläuft. Treten abweichende Belastungs- und Umlaufverhältnisse auf, so muß mit entsprechenden Korrekturfaktoren in eine äquivalente Belastung F umgerechnet werden.

Für Radiallager ergibt sich F zu

$$F = VXF_r + YF_a; \tag{8.19}$$

F_r Radiallast des Lagers,
V Umlauffaktor,
X Radialfaktor,
F_a Axiallast des Lagers,
Y Axialfaktor.

Für den Umlauffaktor gilt $V = 1$, wenn Umfangslast am Innenring vorliegt. Bei örtlich begrenzter Belastung (Punktlast) am Innenring ist für Rillen- oder Schrägkugellager der Umlauffaktor $V = 1{,}2$ zu setzen. Die Werte für X und Y hängen sowohl vom Lagertyp als auch von den Belastungsverhältnissen ab und sind den Wälzlagerkatalogen oder TGL 15511 bzw. DIN 622 und DIN ISO 281 zu entnehmen (Tafel 8.5).

Axialrillenkugellager können keine Radialkräfte übertragen; es gilt $F = F_a$.

Tafel 8.5. Radial- (X) und Axialfaktoren (Y)

Lagerart	F_a/C_0	$F_a/VF_r \leqq e$		$F_a/VF_r > e$		e[1])
		X	Y	X	Y	
Rillen-Kugellager (einreihig)	0,014	1	0	0,56	2,30	0,19
	0,028				1,99	0,22
	0,056				1,71	0,26
	0,084				1,55	0,28
	0,11				1,45	0,30
	0,17				1,31	0,34
	0,28				1,15	0,38
	0,42				1,04	0,42
	0,56				1,00	0,44

[1]) vom inneren Aufbau des Lagers abhängiger Grenzwert

Treten zeitlich schwankende Belastungen und/oder Drehzahlen auf, so ist für die Äquivalentlast F ein mittlerer Wert zu bestimmen, der von der Art der Schwankung abhängt. Hier sollen nur zwei Fälle betrachtet werden:

Liegen während der jeweiligen Wirkungsdauer t_i verschieden große, aber konstante Belastungen F_i und Drehzahlen n_i vor, dann ist mit einer mittleren Äquivalentlast

$$F = \sqrt[p]{\sum \left(F_i^p \frac{n_i}{33{,}33} \frac{q_i}{100} \right)} \tag{8.20}$$

mit dem Lebensdauerexponenten p und der prozentualen Wirkungsdauer der einzelnen Betriebszustände $q_i = t_i/T \cdot 100\%$ zu rechnen.

Schwankt die Belastung periodisch und linear zwischen den Grenzwerten F_{min} und F_{max} bei konstanter Drehzahl, dann gilt für die Äquivalentlast

$$F = (F_{min} + 2F_{max})/3. \tag{8.21}$$

Zur Erleichterung der in den Gln. (8.17) und (8.18) angegebenen Lebensdauerberechnung werden eine Bezugslebensdauer von 500 h und eine Bezugsdrehzahl von (100/3) U/min eingeführt, womit sich dimensionslose Faktoren ergeben

$$\text{Lebensdauerfaktor} \quad f_L = \sqrt[p]{L_h/500} \tag{8.22}$$

$$\text{Drehzahlfaktor} \quad f_n = \sqrt[p]{100/3n}. \tag{8.23}$$

Damit vereinfacht sich Gl. (8.17) zu

$$f_L = f_n C/F. \tag{8.24}$$

Die Faktoren f_L und f_n enthält Tafel 8.6. Wird F nach (8.20) berechnet, gilt $f_n = 1$.

Eine noch bequemere Berechnung ist mit dem nach diesen Beziehungen erarbeiteten Nomogramm (Bild 8.32) möglich.

Allen Berechnungen liegen eine Härte der Rollbahnen von 62 ± 3 HRC (Rockwell-Härte) und der Kugeln von 63 ± 3 HRC sowie eine Lagertemperatur ≦ 100 °C zugrunde.

Tafel 8.6. Lebensdauer- und Drehzahlfaktoren (f_{LK}, f_{nK} für Kugellager; f_{LR}, f_{nR} für Rollenlager)

L_h h	f_{LK} –	f_{LR} –	n U/min	f_{nK} –	f_{nR} –
100	0,585	0,617	10	1,494	1,435
200	0,737	0,760	20	1,186	1,166
400	0,928	0,935	40	0,941	0,947
600	1,063	1,056	60	0,822	0,838
800	1,170	1,151	80	0,747	0,769
1000	1,260	1,231	100	0,693	0,719
2000	1,59	1,52	200	0,550	0,584
4000	2,00	1,87	400	0,437	0,475
6000	2,29	2,11	600	0,382	0,420
8000	2,52	2,30	800	0,347	0,385
10000	2,71	2,46	1000	0,322	0,360
20000	3,42	3,02	2000	0,255	0,293
40000	4,31	3,72	4000	0,203	0,238
60000	4,93	4,20	6000	0,177	0,211
80000	5,43	4,58	8000	0,161	0,193
100000	5,85	4,90	10000	0,149	0,181

Wird die Härte unter- bzw. die Temperatur überschritten, sind Korrekturfaktoren f_H (Härtefaktor) und f_t (Temperaturfaktor) sowie bei schwingenden und stoßartigen Belastungen, die nicht ohne weiteres zu erfassen sind, der Zusatzfaktor f_Z in die Berechnungen einzubeziehen. Die Werte dieser Faktoren sind in TGL 15511/DIN 622, DIN ISO 281 angegeben. Die Gleichung zur Berechnung der Lebensdauer lautet dann:

$$f_L = (f_n f_t f_H / f_Z)\,(C/F). \tag{8.25}$$

Tafel 8.7 enthält einige Richtwerte für die Lebensdauer.

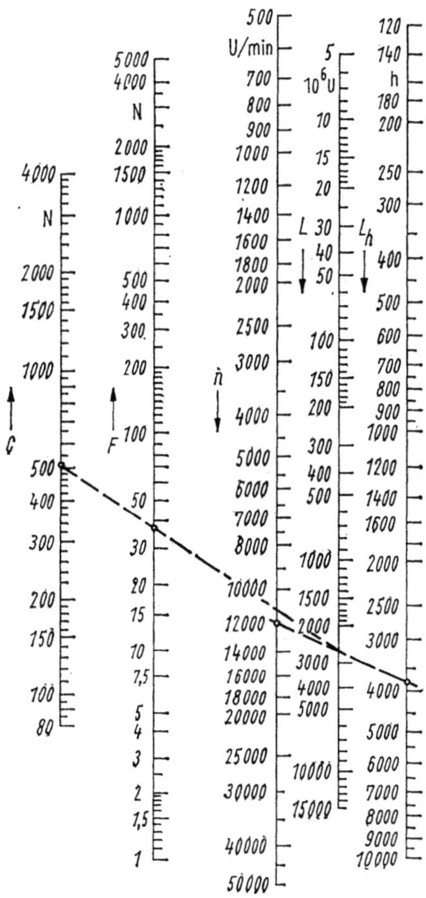

Bild 8.32
Nomogramm zur Bestimmung der Lebensdauer von Kugellagern
eingezeichnetes Beispiel: C = 510 N; n = 12000 U/min; dynamische Äquivalentlast F = 37 N ergibt L_h = 3700 h

Die *statische Tragfähigkeit* des Lagers ist die Belastung, die das Lager im Stillstand oder bei kleinen Schwenkbewegungen zu ertragen vermag. Es hat sich gezeigt, daß bleibende Verformungen in der Größe von 0,1 ‰ des Wälzkörperdurchmessers die Laufruhe des Lagers nicht beeinträchtigen. Dieser Erfahrungswert liegt der statischen Tragzahl C_0 zugrunde. Der Index weist dabei auf den statischen Belastungsfall hin. Die äquivalente Lagerbelastung ergibt sich dann analog Gl. (8.19) zu

$$F_0 = X_0 F_r + Y_0 F_a. \tag{8.26}$$

Für die am häufigsten eingesetzten Rillenkugellager sind $X_0 = 0{,}6$ und $Y_0 = 0{,}5$ zu setzen. Werte für andere Lager sind TGL 15511/06 bzw. DIN ISO 76 zu entnehmen.

Tafel 8.7. Lebensdauerrichtwerte für Wälzlager

Einsatzfälle	Lebensdauer L_h in Betriebsstunden
Selten benutzte Vorrichtungen und Geräte: Vorführungsgeräte	500
Geräte und Maschinen für kurzzeitigen unterbrochenen Betrieb, bei denen Betriebsstörungen keine größere Bedeutung haben: Handwerkzeuge, Haushaltmaschinen	4000 ... 8000
Geräte und Maschinen für unterbrochenen Betrieb, bei denen Betriebsstörungen von großer Bedeutung sind: Aufzüge, Fördereinrichtung für die Fließfertigung, kleine E-Motoren bis 4 kW, BMSR-Geräte	8000 ... 12000
Geräte und Maschinen für achtstündigen Betrieb, die nicht immer voll ausgenutzt werden: ortsfeste E-Motoren, Zahnradgetriebe für allgemeine Zwecke, Kinoprojektoren	12000 ... 20000
Geräte und Maschinen für achtstündigen Betrieb, die voll ausgenutzt werden: Werkzeugmaschinen, technologische Ausrüstungen, Ventilatoren, periphere Geräte der EDVA	20000 ... 30000
Geräte und Maschinen für ununterbrochenen Tag- und Nachtbetrieb: Kompressoren, Grubenförderanlagen, EDVA	40000 ... 60000
Geräte und Maschinen für ununterbrochenen Tag- und Nachtbetrieb mit großer Betriebssicherheit: öffentliche Kraftanlagen	100000 ... 200000

Die Verwendbarkeit eines Wälzlagers bei statischer Belastung wird mit Hilfe der Kennzahl der statischen Beanspruchung beurteilt. Die Kennzahl ist definiert als

$$k_0 = C_0/F_0 . \tag{8.27}$$

Als Richtwerte gelten

k_0 = 0,5 bis 0,8 für geringe,
k_0 = 0,8 bis 1,5 für mittlere und
k_0 = über 1,5 für hohe Anforderungen an die Bewegungsgenauigkeit.

8.2.6. Einbau von Wälzlagern

Wird eine Welle in zwei oder mehreren Wälzlagern gelagert, so muß ein Ausgleich der Längenunterschiede (z.B. durch Wärmedehnung und Einbautoleranzen) möglich sein. In solchen Fällen (Bild 8.33) wird ein Lager fest eingebaut (Festlager), während das oder die anderen Lager entweder auf der Welle oder im Gehäuse verschiebbar sein müssen

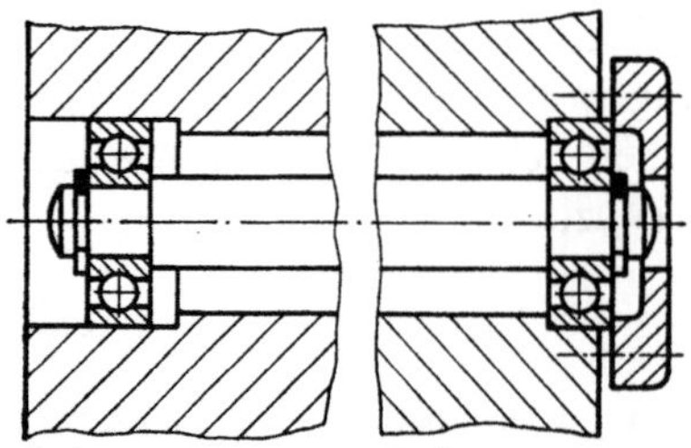

Bild 8.33
Prinzipieller Aufbau einer Wälzlagerung mit Los- und Festlager

(Loslager), wenn nicht innerhalb der Lager selbst ein Längsausgleich erfolgen kann. Ein Loslager nimmt keine axialen Kräfte auf. Für seinen Einbau gilt, daß der Ring mit Umfangslast festsitzen muß (Gefahr der Wanderung in Lastrichtung). Außerdem soll das Festlager das radial weniger belastete sein, weil es außer den Radialkräften noch die gesamte Axialkraft auffangen muß.

Festlegung des Innenrings. Er wird fest auf die Welle aufgepreßt und meist noch durch Muttern, Zugschrauben, Sicherungsringe o.ä. gegen Verschieben gesichert (Bild 8.34).

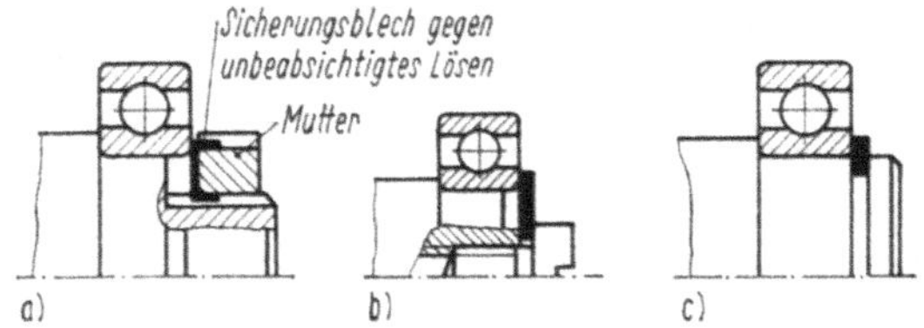

Bild 8.34
Festlegung des Innenringes
a) durch Absatz und Mutter;
b) durch Absatz und Schraube;
c) durch Absatz und Sicherungsring

Festlegung des Außenrings. Falls der Außenring nicht axial verschiebbar angeordnet werden soll, ist er durch Sicherungsringe, Deckel o.ä. gegen axiales Verschieben zu sichern (Bild 8.35). Aus fertigungstechnischen Gründen sollte auf eine glatt durchgehende Gehäusebohrung geachtet werden. An der Festlegung der Ringe allein kann noch nicht erkannt werden, ob das Lager als Fest- oder Loslager wirkt, es muß auch der Lagertyp berücksichtigt werden. So liegt z.B. im Bild 8.35c trotz festgelegtem Außen- und Innenring ein Loslager vor. Enge Toleranzen bei der Gehäusebohrung lassen sich auch durch elastische Bauweise (s. a. Tafel 2.14) umgehen (Bild 8.35d). Beispiele für Festlager zeigt Bild 8.36 und für Stützlager Bild 8.35a und b (vgl. a. Bild 8.1).

Richtlinien für Passungen für den Einbau von Wälzlagern (Welle–Lager, Lager–Gehäuse) sind in TGL RGW 773 und DIN 5425 enthalten [3] [6] [8], vgl.a. Tafel 8.8.

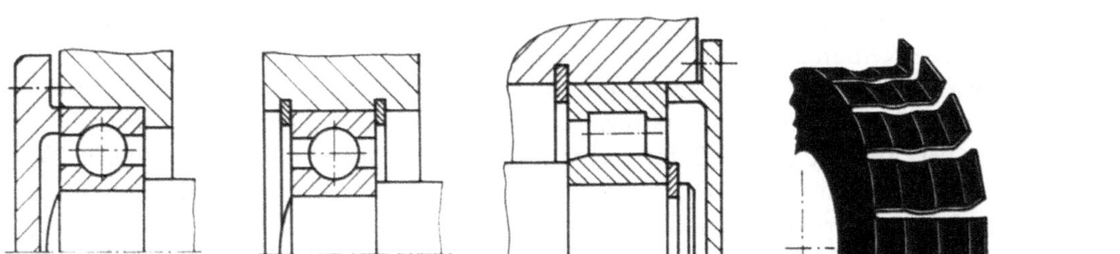

Bild 8.35. Festlegung des Außenringes

a) durch Absatz und Deckel; b) durch zwei Sicherungsringe; c) durch Sicherungsring und Deckel, d) geschlitzter Federkorb für Toleranzausgleich (vor Montage in Gehäusebohrung eingelegt) (bei großen Axialkräften zwischen Sicherungs- und Wälzlagerring Stützring anordnen)

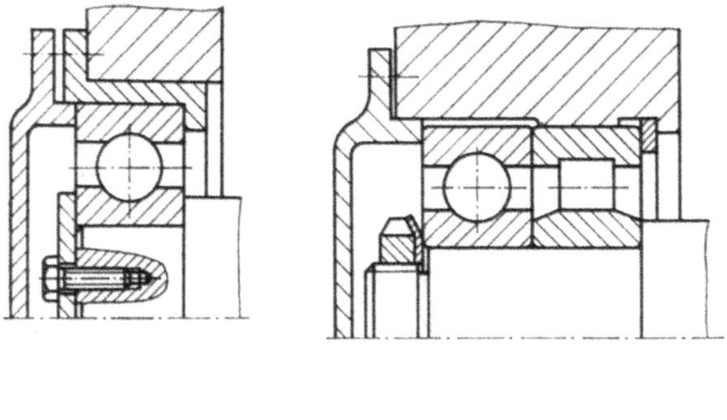

Bild 8.36. Festlager

Beim Einbau von *Schulterlagern* (Bild 8.37) ist darauf zu achten, daß das axiale Spiel nicht durch das Lager gegeben ist wie bei Rillenkugellagern, sondern durch die Art des Einbaus. Die Innenringe müssen so montiert werden, daß sich ein geringes Spiel ergibt.

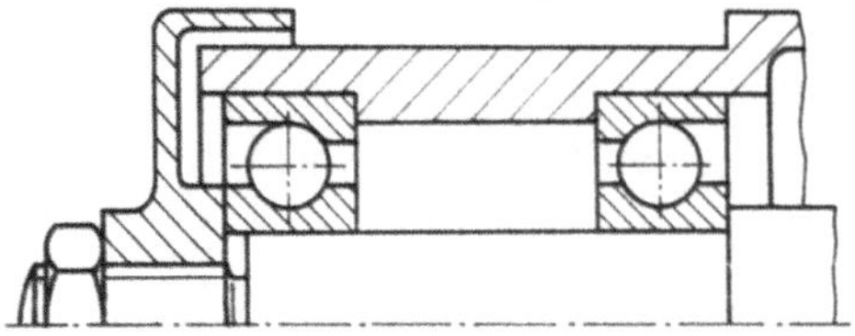

Bild 8.37
Einbau von Schulterlagern mit einstellbarem Spiel

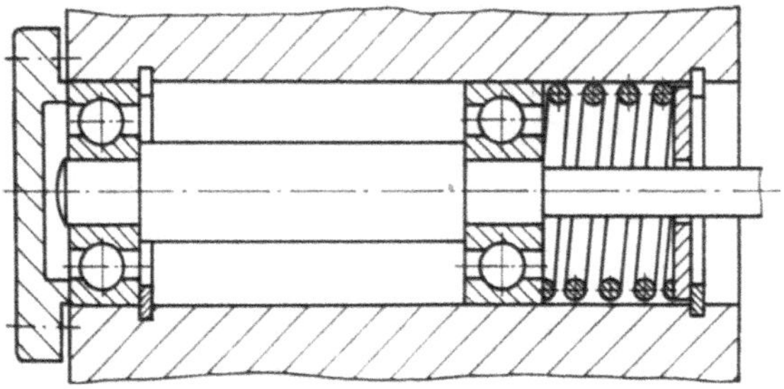

Bild 8.38
Spielfreie Lagerung

Tafel 8.8. Toleranzfelder für Wälzlagerpassungen (Auswahl)

	Punktlast	Umfangslast und unbestimmte Lastrichtung
Welle	g6, h6	h5, j5, j6, k5, k6, m5, m6, n6, p6, r6
Gehäuse	C7, H7, H8, J_s7	J_s7, K7, M6, M7, N7, P7

Eine Spielfreiheit der Wälzlager läßt sich durch Einbau federnder Teile (z. B. Federscheibe, s. Bild 8.31c, oder Schraubenfeder) auf der Loslagerseite erreichen (Bild 8.38).

Schmierung und Abdichtung. Bei Wälzlagern wird Öl als Schmierstoff verwendet, wenn nur kleinste Reibungsverluste zulässig sind, sonst erfolgt Fettschmierung. Das Fett darf nur etwa ein Drittel des Wälzlagerhohlraums ausfüllen, überschüssiges Fett läuft aus dem Lager aus. Dichtungen sorgen dafür, daß der Schmierstoff nicht austritt und die Umgebung verunreinigt und daß das Lager vor Schmutz und Staub geschützt wird. Wenn keine abgedichteten Lager (Bild 8.29b und c) verwendet werden, ist eine andere Dichtung konstruktiv zu verwirklichen. Berührungsfreie Dichtungen (Beispiele s. Bild 8.39a, b) sind zwar nicht so wirksam wie schleifende (c, d, e), erhöhen aber nicht das Reibmoment.

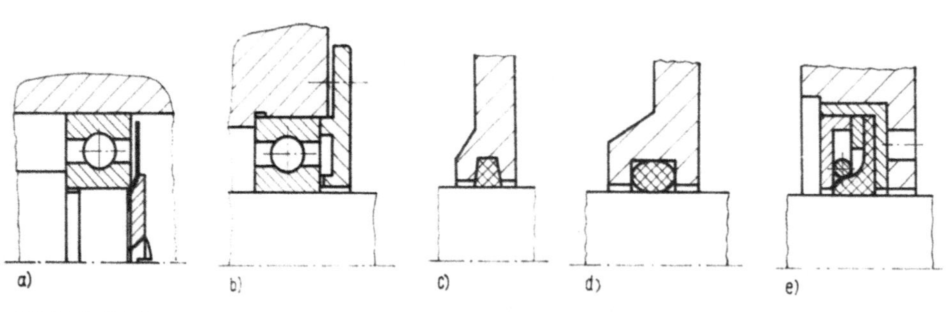

Bild 8.39. Dichtungen

berührungsfreie Dichtungen: a) Stauscheibe; b) einfacher gerader Spalt
schleifende Dichtungen: c) Filzring; d) Rundring (aus Gummi nach TGL 6365/DIN 3770); e) Radialdichtring (TGL 16454/DIN 3760)

Bei Filzringen sind die Reibungsverluste und das Erhärten des Filzes im Laufe der Zeit zu berücksichtigen. Filzringe und Rundringe erfordern wenig Aufwand, eignen sich aber nicht für hohe Drehzahlen. Radialdichtringe sind einbaufertige Bauelemente zum Abdichten der Lagerstelle und auch geeignet für Räume mit unter Druck stehender Flüssigkeit. Sie sind für Wellendurchmesser von 5 bis 1000 mm erhältlich.

8.3. Sonderformen von Lagern in der Gerätetechnik

Wegen der u.a. häufig auftretenden Forderung nach minimaler Reibung haben sich in der Gerätetechnik, speziell im Meßgerätebau, Sonderformen von Lagern herausgebildet. Nach Gl. (8.4) kann die Reibung vermindert werden, wenn der maßgebende Lagerradius klein ist. Das führte zu Steinlagern sowie zu den Spitzen- und Schneidenlagern. Reibungsverminderung wird auch durch Verringerung der Lagerbelastung erreicht, was sich durch Leichtbauweise oder magnetische Entlastung erzielen läßt. Bei kleinen Schwenkbewegungen können anstelle von Lagern Federgelenke eingesetzt werden, die jegliche äußere Reibung ausschalten.

8.3.1. Steinlager

Steinlager sind normale Gleitlager, bei denen als Lagerwerkstoff Edelstein (Rubin oder Saphir) zur Anwendung kommt und die nur für sehr kleine Zapfendurchmesser (0,1 bis 2,5 mm) eingesetzt werden. Die Werkstoffpaarung Stahl–Edelstein ist verschleißfest und reibungsarm. Der Reibwert μ von Stahl/Rubin liegt zwischen 0,05 und 0,1. Typisches Anwendungsgebiet ist die Uhrentechnik.

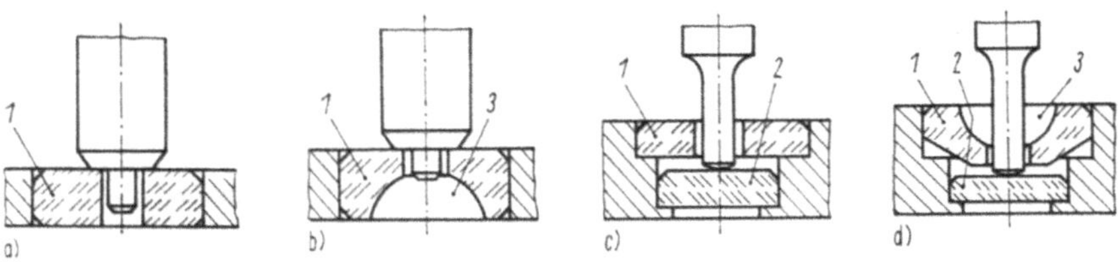

Bild 8.40. Ausführung und Anordnung der Lagersteine bei einem Steinlager

a) ohne Schmiereinrichtung; b) mit Ölsenkung; c) Raum zwischen beiden Steinen; d) Ölsenkung und Raum zwischen beiden Steinen
1 Lochstein; *2* Deckstein; *3* Ölsenkung

Ein Steinlager (Bild 8.40) besteht aus einem Lochstein *1* (Lagerbuchse) und in den meisten Fällen aus einem Deckstein *2*, der zur Begrenzung des Axialspiels und als Spurplatte zur Aufnahme von Axialkräften dient. Die Lochsteine können unterschiedliche Form haben. Die Bohrung des Lochsteins ist häufig oliviert (Kanten sind verrundet), um die schädliche Kantenpressung zu vermeiden.

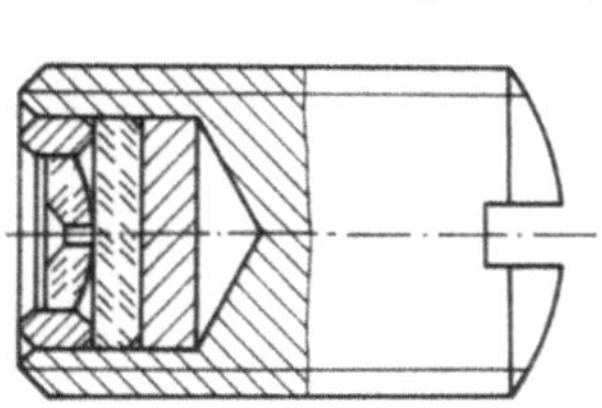

Bild 8.41
Lagerschraube

Bei der Montage der Lagersteine ist deren Sprödigkeit zu beachten. Die beiden üblichen Befestigungsarten sind Einpressen mit einem Übermaß von 5 bis 20 μm oder loses Einlegen mit einem Spiel von 5 bis 20 μm und anschließendes leichtes Umbördeln des Randes der Aufnahmebohrung.

Bei der Anordnung des Lagersteins in einer Lagerschraube nach Bild 8.41 läßt sich das Axialspiel der Welle leicht einstellen.

8.3.2. Spitzenlager

Spitzenlager sind Gleitlager mit kugeligen Lagerflächen. Es werden Vertikal- und Horizontallager unterschieden (Bilder 8.42 und 8.43), die vorrangig in Meßgeräten angewendet werden. Die Berührung zwischen dem kugelig ausgebildeten Lagerzapfen (Spitze mit Radius r_1) und der kugeligen Lagerfläche (Kalotte mit Radius r_2) beschränkt sich auf eine sehr kleine Fläche, theoretisch auf einen Punkt, der je nach Lagerart in der Drehachse oder in ihrer unmittelbaren Nähe liegt. Deshalb ist das Reibmoment einer solchen Lagerung sehr klein. Infolge der Berührungsverhältnisse ergibt sich zwischen Spitze und Kalotte selbst bei kleinen Belastungskräften eine sehr hohe Flächenpressung.

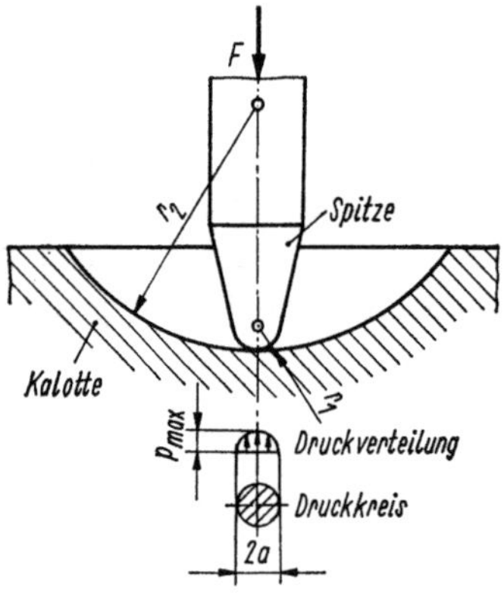

Bild 8.42. Vertikales Spitzenlager

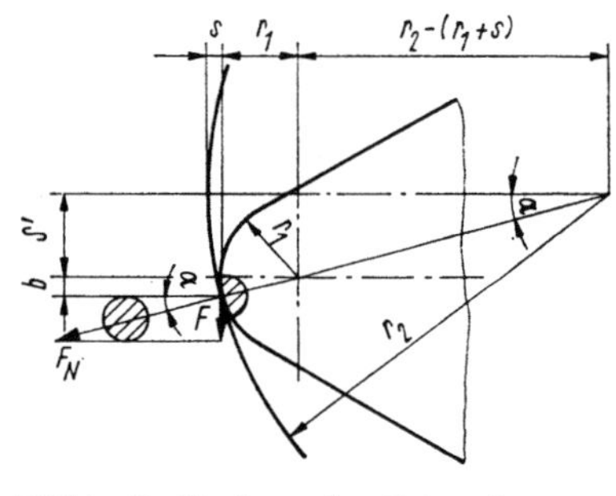

Bild 8.43. Horizontales Spitzenlager

Sie bestimmt die Tragfähigkeit des Lagers. Grundlage für die Berechnung der Flächenpressung sind die Hertzschen Gleichungen mit folgenden Bezeichnungen (vgl. Tafel 3.4):

Radius des Druckkreises	a
Ersatzradius	r, $1/r = 1/r_1 - 1/r_2$
Resultierender E-Modul	E, $1/E = (1/2)(1/E_1 + 1/E_2)$
Querzahl	ν (für Metalle $\nu \approx 0{,}3$).

Für das vertikale Spitzenlager (Bild 8.42) mit der Lagerbelastung F gilt

$$a = \sqrt[3]{1{,}5\,(1 - \nu^2)\,Fr/E}. \tag{8.28}$$

Die maximale Pressung in der Druckfläche beträgt

$$p_{\max} = \sqrt[3]{1{,}5E^2F/\pi^3r^2(1 - \nu^2)^2}. \tag{8.29}$$

Das Reibmoment ist

$$M_R = \int_0^a \mathrm{d}M = \frac{3}{16}\pi aF\mu. \tag{8.30}$$

Eine horizontale Spitzenlagerung besteht aus zwei Lagern, auf die sich die Gesamtlast verteilt. Im Bild 8.43 ist F die Belastung eines Lagers. Infolge des Axialspiels S in einem Lager (Gesamtspiel $2S$) senkt sich bei dieser Lagerung die Spitze um den Betrag S' ab. Zur Berechnung der Flächenpressung ist die Normalkraft F_N ausschlaggebend:

$$F_N = F/\sin\alpha\,. \tag{8.31}$$

Der Kontaktwinkel α hängt von den Radien r_1 und r_2 sowie vom Spiel S ab. Da α niemals Null werden darf, sondern nur so klein, daß F_N einen zulässigen Wert nicht überschreitet, müssen Spitzenlager stets ein bestimmtes Axialspiel haben, das nicht unterschritten werden darf. Analog zum Vertikallager gelten die Beziehungen

$$a = \sqrt[3]{1{,}5\,(1 - \nu^2)\,F_N r/E} \tag{8.32}$$

$$p_{max} = \sqrt[3]{1{,}5 E^2 F_N/\pi^3 r^2\,(1 - \nu^2)^2}\,. \tag{8.33}$$

Das notwendige Spiel beträgt

$$S = (r_2 - r_1)\,[1 - \sqrt{1 - (F/2F_n)^2}]. \tag{8.34}$$

Die Güte einer Meßwerklagerung wird beurteilt nach dem

- Reibungsfehler (Reibungsgütewert) $\sigma_R = M_R/M_E$ in % und der
- Transportempfindlichkeit (Transportgütewert) $\sigma_T = M_E/F$ in mm

(M_R Reibmoment bei Vollausschlag, M_E Einstellmoment bei Vollausschlag des Meßwerks).
Als Richtwerte gelten für

	Präzisionsgeräte	sehr gute	mittlere	einfache Geräte
σ_R in %	0,1	0,2 ... 0,5	1,0 ... 1,5	2,5
σ_T in mm	0,8 ... 1,5		1,0 ... 2,5	

Das Reibmoment beträgt $M_R = bF_R = \mu r_1 F$ mit $F_R = \mu F/\sin\alpha = \mu F r_1/b$.

Wegen der Fertigung und Montage wird die Kugelkalotte zu einem Kegel erweitert. Eine solche Lagersenkung bezeichnet man auch als „Körner". Deshalb ist für Spitzenlager mitunter der Begriff „Körnerlager" zu finden. Körner können sowohl in Metall als auch in

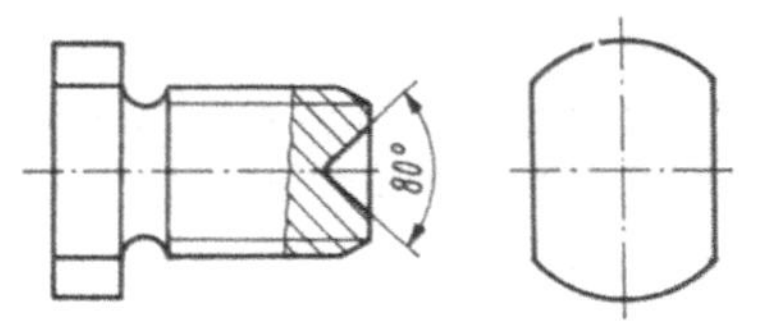

Bild 8.44. Körnerschraube

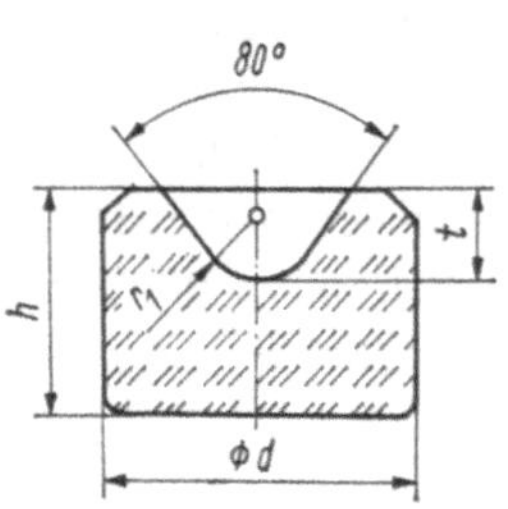

Bild 8.45 Lagerstein

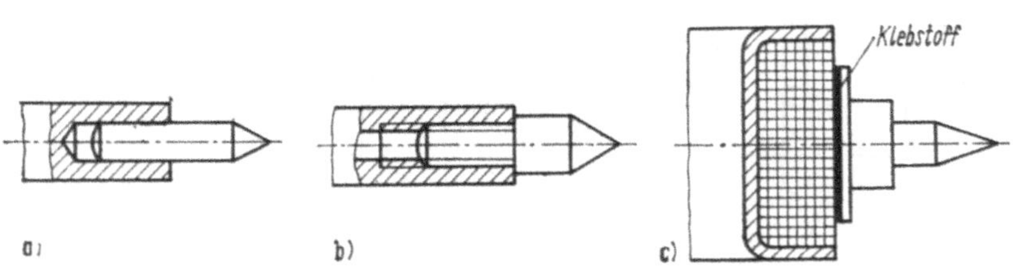

Bild 8.46. Befestigung der Lagerspitzen
a) durch Einpressen; b) durch Einschrauben; c) durch Aufkleben

Stein eingearbeitet sein. Körnerschrauben nach Bild 8.44 ermöglichen, das Axialspiel einfach einzustellen. Lagersteine nach Bild 8.45 sind standardisiert bzw. genormt.

Die Lagerspitzen werden wegen der Wirtschaftlichkeit der Fertigung getrennt hergestellt und danach mit der Welle verbunden (Bild 8.46).

8.3.3. Schneidenlager

Schneidenlager sind reibungsarme Lager für Pendelbewegungen bis zu einem Auslenkwinkel α von etwa $\pm 10°$. Sie bestehen aus Schneide und Pfanne (Bild 8.47). Die beiden Lagerelemente werden durch Kraftpaarung verbunden und sind deshalb stets spielfrei. Wegen der Abrollbewegung, welche die Schneide mit dem Radius r_1 in der Pfanne mit dem Radius r_2 ausführt, verlagert sich die Drehachse der Lagerung.

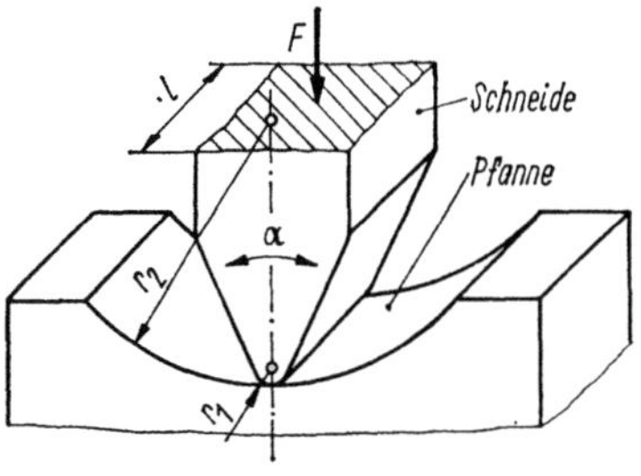

Bild 8.47
Schneidenlager

Bei größerem Auslenkwinkel α und vor allem bei kleinem Pfannenradius r_2 tritt nach dem anfänglichen Abrollen ab einem Grenzwinkel α_{grenz} ein Gleiten auf. Dieser Winkel berechnet sich aus den Radien r_1 und r_2 sowie dem Reibwert μ zwischen Schneide und Pfanne zu

$$\alpha_{grenz} = (r_2/r_1 - 1) \arctan \mu . \tag{8.35}$$

Um das Gleiten weitgehend zu vermeiden, wird eine ebene Pfanne ($r_2 = \infty$) verwendet.

Als Werkstoffe für Schneiden und Pfannen kommen gehärteter Stahl und bei Präzisionslagerungen Edelsteine, wie Achat oder der härtere Saphir, in Frage. Die Auswahl soll so erfolgen, daß die Schneide weicher als die Pfanne ist.

Ähnlich wie bei den Spitzenlagern ist die Tragfähigkeit durch die Flächenpressung begrenzt. Theoretisch tritt Linienberührung auf. Für die Berechnung der Druckfläche sind wiederum die Hertzschen Gleichungen heranzuziehen. Bei einer Schneidenlänge l ergeben sich damit die Breite b der Druckfläche

$$b = \sqrt{8Fr\,(1 - \nu^2)/lE\pi} \tag{8.36}$$

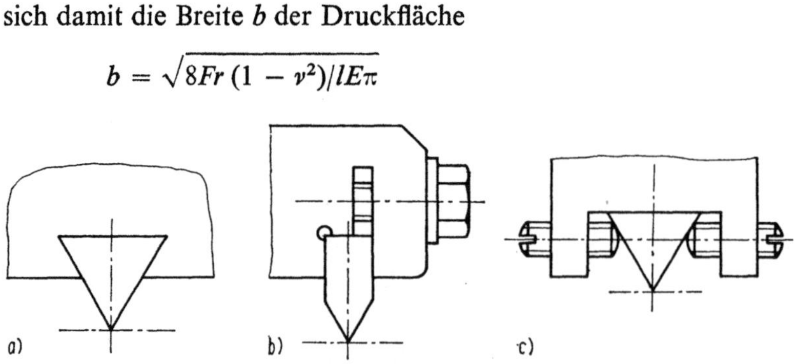

Bild 8.48. Schneidenbefestigung

a) durch Einpressen; b) durch Verklemmen; c) durch Verschrauben

und eine maximale Flächenpressung

$$p_{\max} = \sqrt{\frac{FE}{2\pi l r\,(1 - \nu^2)}}$$

mit E und r entsprechend Abschn. 8.3.2.

Die Befestigung der Schneiden erfolgt entweder durch Einpressen oder Verklemmen oder – um justieren zu können – durch Verschrauben (Bild 8.48). Die Befestigung der Pfannen richtet sich nach äußerer Form und Werkstoff (Bild 8.49).

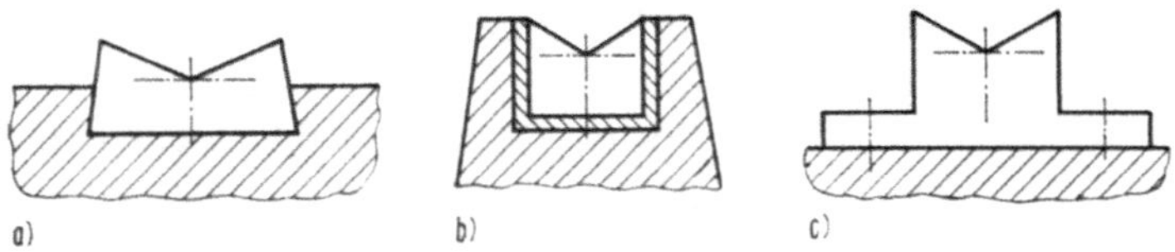

Bild 8.49. Pfannenbefestigung

a) durch Einpressen; b) durch Einkitten; c) durch Anschrauben

Präzisionsschneidenlager werden vorwiegend im Waagenbau verwendet. Eine einfache und billige Ausführung ist z. B. bei der Lagerung des Klappankers im Relais zu finden (Bild 8.50).

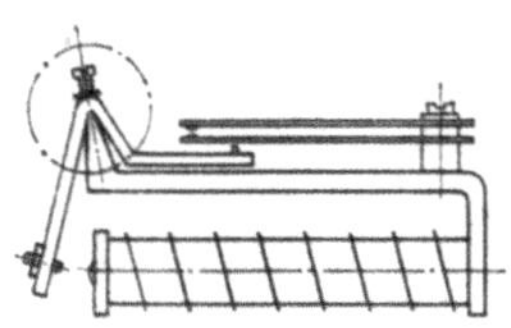

Bild 8.50
Schneidenlagerung beim Relais

8.3.4. Stoßsicherungen

Um die empfindlichen Stein-, Spitzen- und Schneidenlager vor Beschädigung durch Überbelastung besonders infolge von Stößen zu schützen, werden Stoßsicherungen angewendet. Ihr Funktionsprinzip ist, daß der Lagerstein bei Auftreten einer Stoßbelastung der Kraft soweit ausweicht, bis die Welle sich an einem Anschlag abstützen kann. Das Ausweichen des Lagersteins wird durch eine Feder ermöglicht, die mit genau dosierter Kraft den Stein im Normalfall in seiner Arbeitslage hält (Bild 8.51). Durch eine kegelige Gleit-

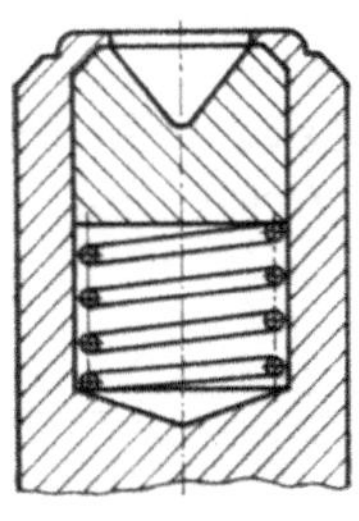

Bild 8.51. Gegen axiale Stöße gesichertes Spitzenlager

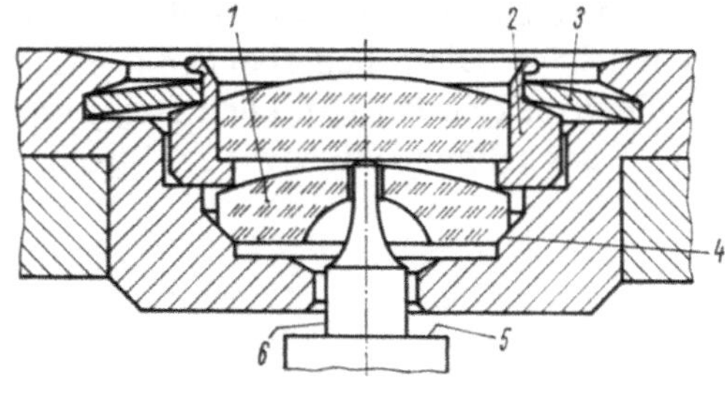

Bild 8.52. Stoßgesichertes Uhrenlager

1 lose eingelegter Lochstein; *2* Futter mit eingepreßtem Deckstein; *3* Rückstellfeder; *4* kegelige Gleitfläche; *5* axiale Anschlagfläche; *6* radiale Anschlagfläche

fläche werden sowohl axiale als auch radiale Stöße abgefangen. Bei axialen Stößen weicht der Deckstein in axialer Richtung aus, bei radialen Stößen verschiebt sich der Lochstein seitlich und gleichzeitig axial (Bild 8.52).

8.3.5. Federlager

Durch Ausnutzung der elastischen Verformbarkeit der Federn können Lager für begrenzte Bewegungen mit Federelementen aufgebaut werden. Eine einfache Blattfeder führt z. B. zu einem Biegefedergelenk (Bild 8.53a), die gekreuzte Anordnung zweier Blattfedern dagegen führt zum wesentlich stabileren Kreuzfedergelenk (*b*). Es ist aber bei derartigen einfachen Federgelenken zu beachten, daß die Lage des Drehpunkts nicht ortsfest ist, sondern sich in Abhängigkeit vom Auslenkwinkel verändert. Die Verlagerung

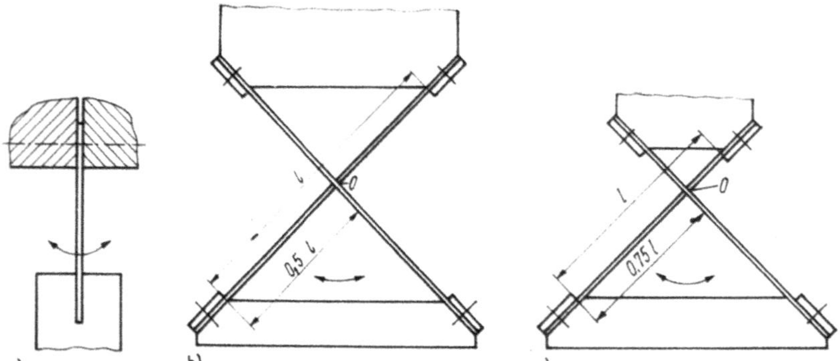

Bild 8.53. Biegefedergelenk
a) einfaches Blattfedergelenk; b), c) Kreuzfedergelenke

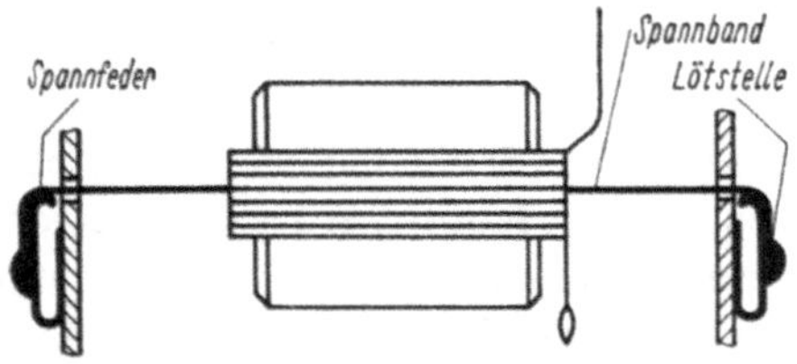

Bild 8.54
Spannbandgelagerte Drehspule

wird minimal, wenn die Kreuzungsachse *0* nicht bei 0,5 *l* (wie im Bild 8.53 b), sondern bei 0,75 *l* liegt (c). Auch Torsionsfederlager sind möglich. In empfindlichen elektrischen Drehspulmeßgeräten wird die Drehspule zwischen zwei gespannten Federbändern aufgehängt (Bild 8.54). Diese Federbänder (Spannbänder) dienen als Lagerelemente (sie halten die Drehspule in einer stabilen Lage) und gleichzeitig als Torsionsfeder zur Erzeugung des Rückstellmoments sowie zur Stromzuführung (Berechnung s. Abschn. 6.).

9. Geradführungen

Geradführungen sichern eine geradlinige Bewegung von Bauteilen. Sie bestehen aus dem geführten Teil und einer Führungsbahn, zwischen denen Form- oder Kraftpaarung vorhanden sein muß. Man unterscheidet zwischen Gleitführungen (gleitende Reibung zwischen den Bauteilen) und Wälzführungen, bei denen die Bewegung durch Wälzkörper (Kugeln, Walzen usw.) oder durch drehbar gelagerte Rollen vermittelt wird. Für sehr kleine Schubbewegungen kommen auch Federn als Führungselemente zum Einsatz.

9.1. Gleitführungen [2] [3] [9.1]

Die Art der Beweglichkeit des geführten Teils in der Führungsbahn ist von der Oberflächenbeschaffenheit der Gleitpartner, der verwendeten Passung sowie der Führungslänge abhängig. Die Oberflächenbeschaffenheit wird gekennzeichnet durch die Rauheit R_z. Diese kann bei metallischen Werkstoffen etwa zwischen 20 µm (Führungen für geringe Ansprüche) und 0,1 µm (hochgenaue Präzisionsführungen) liegen. Die Passung ist im Hinblick auf die Wirtschaftlichkeit der Fertigung sowie wegen erwünschter Leichtgängigkeit und zur Aufnahme von Schmierstoffen so grob wie möglich zu wählen (Passungsauswahl nach Abschn. 2.3.2.). In untergeordneten Fällen kann die Passung durch Einsatz federnder Elemente vermieden werden (elastische Bauweise, s. Bild 9.5), wobei sich i. allg. die Reibung vergrößert, die oft aber auch eine zusätzliche Sicherung gegen selbsttätiges Verstellen ermöglicht.

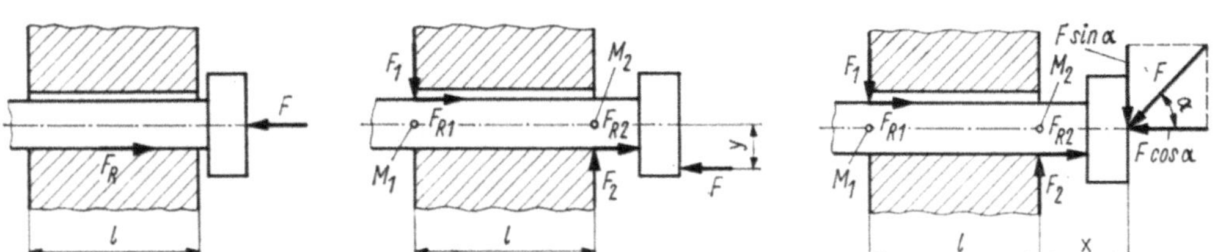

Bild 9.1. Kraftangriff bei Gleitführungen
a) mittig; b) außermittig; c) schräg

Die *Berechnung* der Mindestführungslänge l_{min}, die ein Verkanten eines nach Bild 9.1 geführten Teils vermeiden soll, erfolgt in Abhängigkeit von der Lage des Angriffspunkts und der Richtung der Kraft F sowie zusätzlich vom Reibwert μ. Die Führungslänge l kann aus den Momentengleichungen um die Punkte M_1 und M_2 unter Beachtung der entstehenden Reibungs- und Auflagerkräfte ermittelt werden. Dabei sind drei Fälle des Kraftangriffs zu unterscheiden:

- Fällt die Richtung der Kraft mit der Führungsachse zusammen (Bild 9.1 a), so tritt bei $F > F_R$ Gleiten ein, unabhängig von der Länge l der Führung.

- Bei parallel zur Führungsachse im Abstand y angreifender Kraft tritt entsprechend Bild 9.1b nur dann kein Verkanten auf, wenn $F > F_{R1} + F_{R2}$ ist. Mit $F_1 = F_2$; $F_{R1} = F_{R2} = F_1\mu$ und $Fy = F_1 l$ ergibt sich die notwendige Führungslänge zu

$$l \geqq 2\mu y. \tag{9.1}$$

- Greift die Kraft F unter einem Winkel α im Abstand x zur Führungsachse an (Bild 9.1c), so tritt nur dann kein Verkanten ein, wenn $F\cos\alpha > F_R$ ist. Mit $F_R = F_{R1} + F_{R2} = [\mu F \sin\alpha\,(l + 2x)]/l$ ergibt sich die erforderliche Führungslänge zu

$$l \geqq 2x\mu\tan\alpha/(1 - \mu\tan\alpha). \tag{9.2}$$

Bei der *konstruktiven Gestaltung von Gleitführungen* ist es vorteilhaft, sehr lange Führungsbahnen (Bild 9.2a) durch zwei Teilflächen in entsprechendem Abstand zu ersetzen (*b*). Diese zweistellige Führung gestattet gegenüber der einstelligen (durchgehenden) Führung eine wirtschaftlichere Herstellung und garantiert eine definierte Führungslänge l auch bei Durchbiegung oder Fertigungsungenauigkeiten der Führungsteile.

Je nach Art der konstruktiven Gestaltung ist zwischen offenen und geschlossenen Führungen zu unterscheiden. Letztere erfordern keine zusätzlichen Maßnahmen zum Zusam-

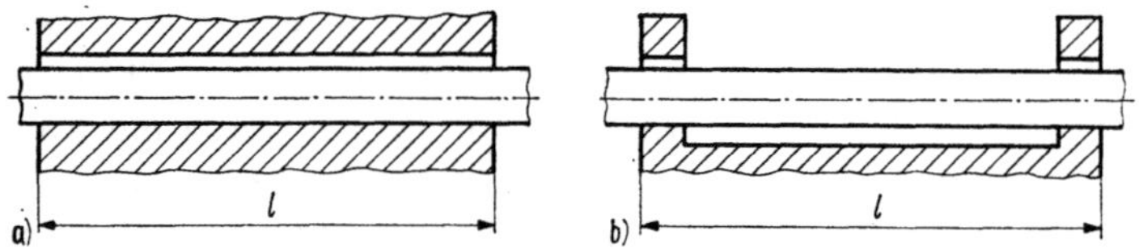

Bild 9.2
Gleitführungen
a) einstellig; b) zweistellig

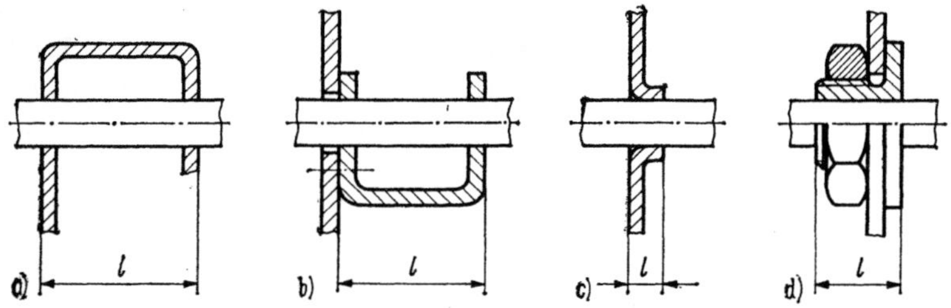

Bild 9.3. Realisierung der erforderlichen Führungslänge bei Zylinderführungen
a) U-Blech; b) Zusatzblech; c) Durchzug; d) Buchse

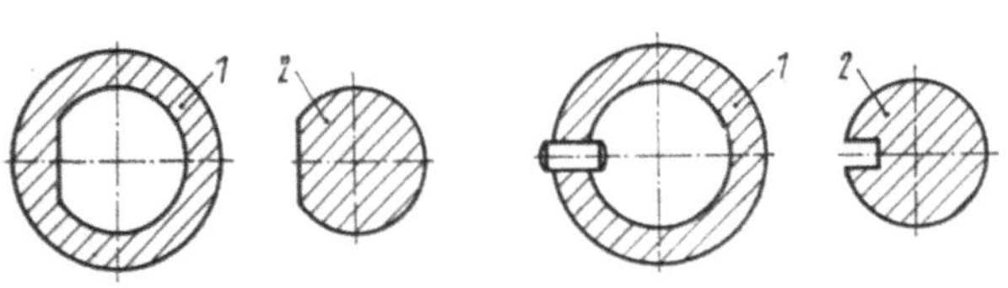

Bild 9.4. Verdrehsicherung bei Zylinderführungen
1 Außenteil; *2* Innenteil

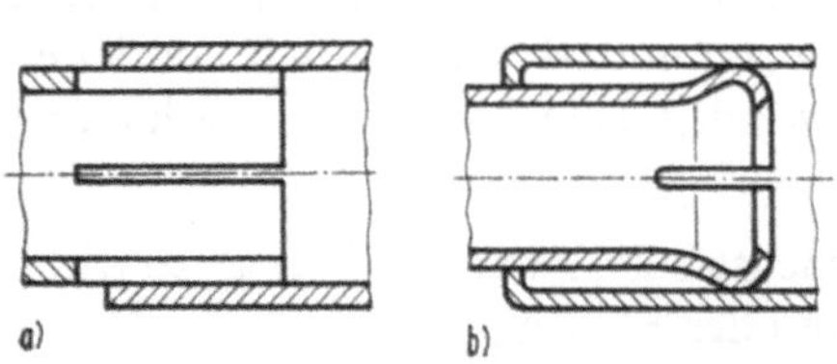

Bild 9.5
Rohrführungen
a) federnd; b) zweistellig

menhalten der Teile. Häufig vorkommende Ausführungsformen sind Führungen mit zylindrischen Gleitflächen (Bild 9.3), die i. allg. als geschlossene Führungen ausgebildet werden. Sie sind ggf. gegen Verdrehen zu sichern (Bild 9.4) und können z. B. durch federnde Gestaltung der Führungselemente sehr wirtschaftlich spielfrei ausgeführt werden (Bild 9.5). Prismatische Führungen werden eingesetzt, wenn die Führungseigenschaften auch über längere Zeit erhalten bleiben sollen. Sie gestatten den Ausgleich des durch Verschleiß bedingten Spiels mittels federnder oder nachstellbarer Elemente. Bild 9.6 zeigt Anwendungsbeispiele für Prismenführungen, wobei die Schwalbenschwanzführung u. a. bei höheren Genauigkeitsforderungen eingesetzt wird.

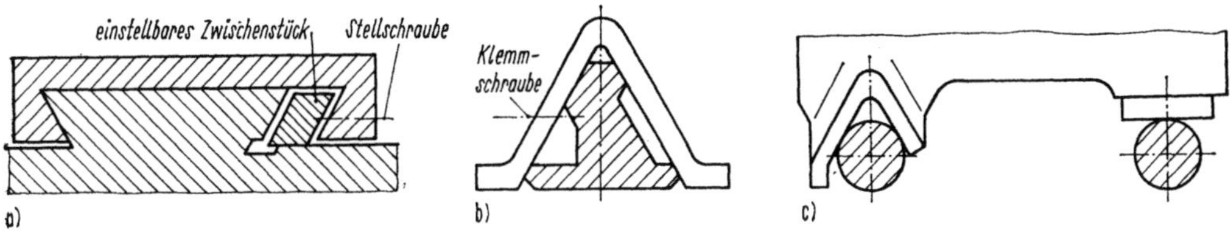

Bild 9.6. Ausführungsbeispiele für Gleitführungen

a) Schwalbenschwanzführung mit nachstellbarem Zwischenstück; b) Führung einer optischen Bank; c) offene Prismenführung größerer Breite

Bei sehr hohen Anforderungen an Reibungsarmut und Führungsgenauigkeit lassen sich auch Luftlager (aerostatische Lager) zum Aufbau von Gleitführungen verwenden [3] [8.6], deren Tragkraft und Stabilität wesentlich von Ausführungsform und Lage der Lufteinströmdüsen abhängt. Weiteren Vorteilen, wie verschleißloses Arbeiten und lange Lebensdauer, stehen eine relativ geringe Tragfähigkeit und sehr hohe Anforderungen an die Makrogestalt der gepaarten Teile gegenüber.

9.2. Wälzführungen [2] [3] [9.2] [9.3]

Wälzführungen finden Anwendung, wenn höhere Anforderungen an die Leichtgängigkeit der zu bewegenden Teile gestellt werden. Sie lassen sich als Wälzkörperführungen (für geringere Belastungen, Bild 9.7) und als Rollenführungen (für größere Belastungen, Bild 9.9) ausbilden.

Für die Berechnung der erforderlichen Führungslänge gelten die im Abschn. 9.1. angegebenen Beziehungen, wobei der Reibwert für Rollreibung $\mu \approx 1 \cdot 10^{-3}$ beträgt.

Bei der *konstruktiven Gestaltung von Wälzkörperführungen* ist zu beachten, daß sich die Länge L des Führungskörpers durch die Mitbewegung der Wälzkörper vergrößert. Nach Bild 9.7 ergibt sich bei Verschiebung des Innenteils um den Betrag s eine Bewegung der

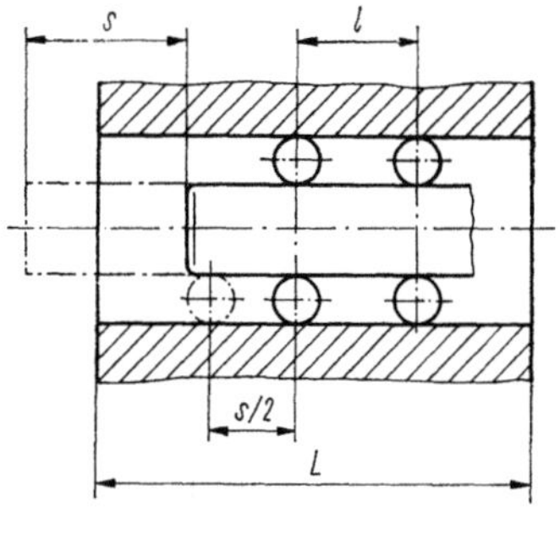

Bild 9.7
Länge des Führungskörpers bei Wälzkörperführungen

Mittelpunkte der Wälzkörper um den Betrag $s/2$. Um zusätzlich noch Sicherheit gegen Herausfallen der Wälzkörper zu haben, sollte für die Länge des Führungskörpers die Bedingung $L \approx l + s$ eingehalten werden.

Ähnlich wie bei Wälzlagern werden die Wälzkörper oft in Käfigen geführt. Bei großer Führungsbreite kann eine Führung nach Bild 9.8 erreicht werden, wobei die in (*a*) notwendige, i. allg. nicht realisierbare enge Tolerierung der Parallelität der Führungsbahnen durch eine Führung nach (b) ohne Beeinträchtigung der Führungsgenauigkeit vermeidbar ist (Prinzip Haupt- und Nebenführung, wobei die Nebenführung nur eine Verdrehsicherung gewährleisten muß).

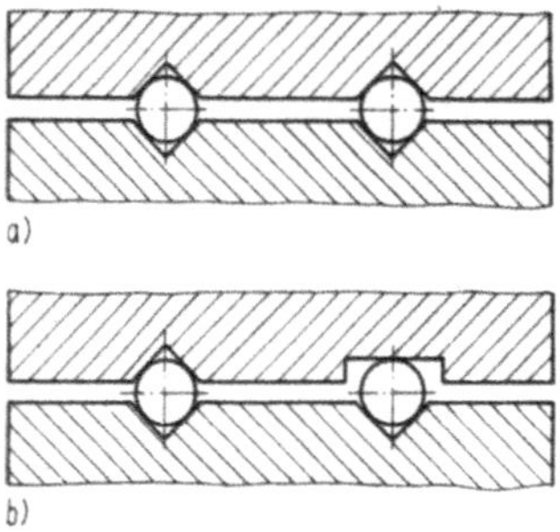

Bild 9.8. Wälzkörperführung bei großer Führungsbreite

a) Doppelführung (sehr enge Toleranzen);
b) Haupt- und Nebenführung

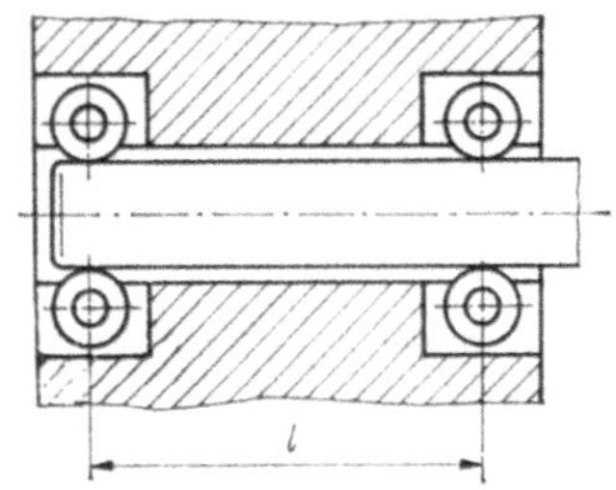

Bild 9.9. Prinzip einer Rollenführung

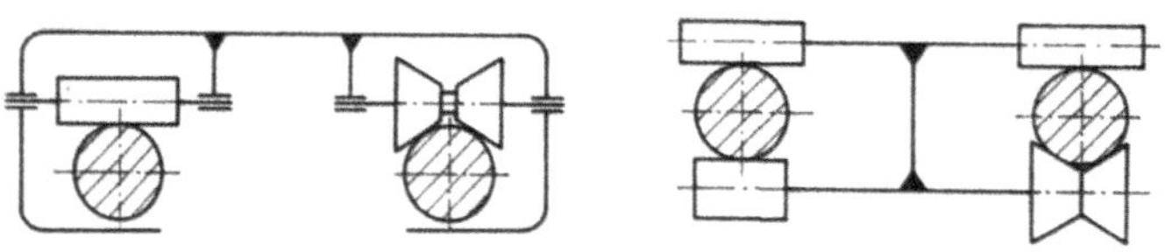

Bild 9.10. Rollenführungen mit zylindrischen Laufflächen

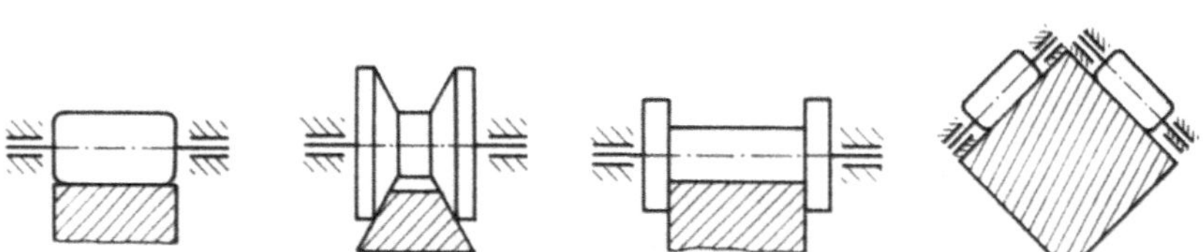

Bild 9.11. Rollenführungen mit prismatischen Laufflächen

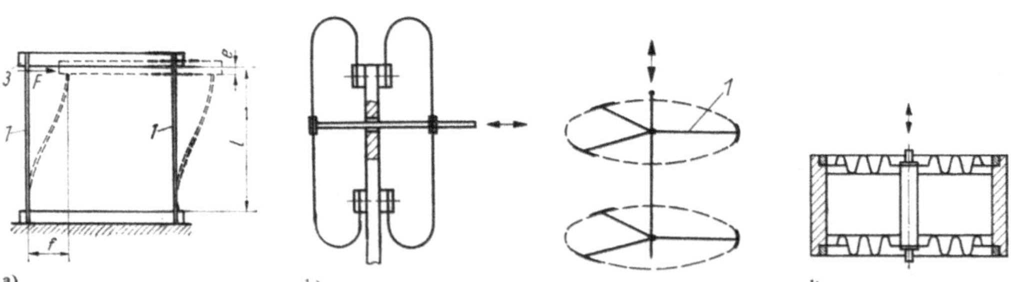

Bild 9.12. Federgelenkführungen mit

a) zwei Blattfedern; b) Bügelfedern; c) Spannbändern (für kleinste Führungslängen): d) gewellten Membranfedern

Bei *Rollenführungen* (Bild 9.9) ist die Länge des Führungskörpers unabhängig von der Verschiebung der Teile gegeneinander, da die Rollen ortsfest gelagert sind. Gegenüber den Wälzkörperführungen tritt bei Rollenführungen am Lagerzapfen der Rollen eine zusätzliche Gleitreibung auf, wodurch letztere etwas schwerer beweglich sind. Dieser Nachteil kann durch Wälzlager anstelle der Rollen gemindert werden. Die Bilder 9.10 und 9.11 zeigen einige prinzipielle Anordnungen von Rollenführungen.

Für sehr kleine Führungslängen lassen sich spielfreie Führungen auf einfache Weise durch geeignete Federanordnungen erreichen [3] [9.4]. Bild 9.12a zeigt eine *Federgelenkführung* nach Art eines Parallelkurbelgetriebes mit zwei beidseitig eingespannten Blattfedern. Die für eine Verschiebung f erforderliche Kraft läßt sich nach Abschn. 6.3.2. berechnen. Nachteilig ist die sich ergebende Querbewegung mit dem Betrag e:

$$e = l^5F^2/960E^2I^2 = 3f^2/5l;$$

E Elastizitätsmodul, I Flächenträgheitsmoment des Federquerschnitts. Dieser Nachteil kann durch eine Anordnung nach Bild 9.12b vermieden werden. Ebenfalls ohne Querversatz bei guter Querstabilität arbeiten die Anordnungen nach den Bildern 9.12c und d.

9.3. Aufgaben und Lösungen zu den Abschn. 8. und 9.

Aufgabe 9.1. Verschleißlagerberechnung

Welcher Zapfendurchmesser ist für ein Verschleißlager mit einmaliger Schmierung erforderlich? Folgende Größen sind gegeben: Lagerbelastung $F = 15$ N, Wellenwerkstoff St 42 mit $\sigma_{b\,zul} = 75$ N/mm^2 (s. Tafel 3.2), Lagerwerkstoff CuSn8 F60, Breitenverhältnis $b/d = 1$, Belastungsabstand $a = 2{,}5$ mm.

Aufgabe 9.2. Lebensdauerberechnung einer Wälzlagerung

Für die im Bild 9.13 dargestellten Belastungsverhältnisse der Welle ist die Lebensdauer des Los- und Festlagers zu berechnen. Folgende Werte sind gegeben: $F_1 = 50$ N, $F_2 = 80$ N, $\alpha = 30°$, $n = 4000$ U/min. Es sind Kugellager vom Typ 626 vorgesehen, am Innenring liegt Umfangslast vor.

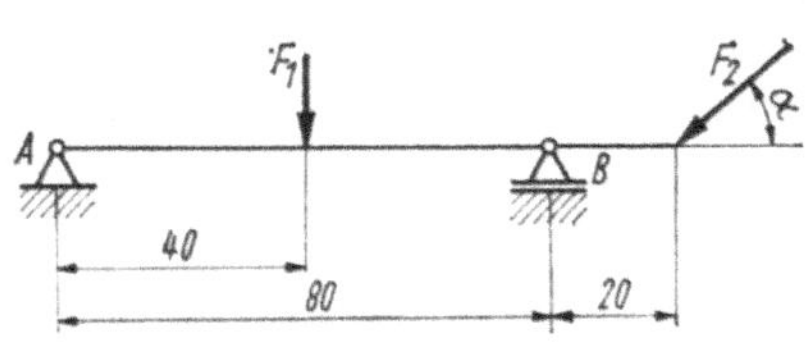

Bild 9.13. Wälzlagerung einer Welle mit Fest- und Loslager

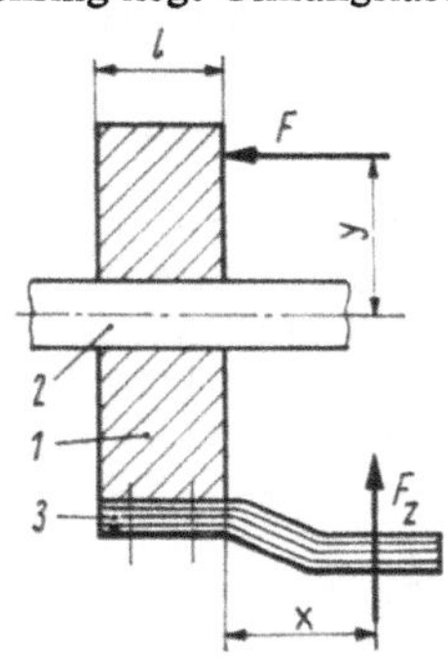

Bild 9.14. Prinzip des Schleifkontakts eines Schiebewiderstands

1 Kontaktbrücke; *2* Säule; *3* Kontakt; *F* Richtkraft; F_z Kontaktkraft

Aufgabe 9.3. Führung des Schleifkontakts bei einem Schiebewiderstand

Für einen Schiebewiderstand wurde der skizzierte Schleifkontakt vorgesehen (Bild 9.14).

Wie groß muß die Führungslänge l sein, wenn die Kraft $F_z = 5$ N, die Abstände $y = 15$ mm und $x = 8$ mm sind und der Schlitten mit einer Kraft $F = 2$ N in beiden Richtungen bewegt werden soll (Reibwert $\mu = 0{,}2$)?

Aufgabe 9.4. Lagerung einer vertikalen Achse

Es ist eine wartungsfreie Lagerung für die vertikale Achse des Plattentellers eines Phonolaufwerks zu konstruieren. Die Lagerung ist zweistellig mit Gleitlagern auszuführen für einen Achsendurchmesser von

6 mm. Die Lagerbuchsen sind in zwei 5 mm dicken Zwischenwänden des Chassis, die einen lichten Abstand von 50 mm haben, zu befestigen.

Aufgabe 9.5. Betriebssicherheit eines Gleitlagers

Es ist die Betriebssicherheit eines einstellbaren Gleitlagers zu überprüfen. Gegeben: Belastung $F = 5000$ N, Wellendrehzahl $n = 800$ U/min, Betriebstemperatur $\vartheta_1 = 55$ °C, Durchmesser der Lagerbohrung $D = 60{,}130$ mm, Zapfendurchmesser $d = 59{,}981$ mm, Lagerbreite $b = 60$ mm, Bohrung und Zapfen feingeschliffen, Schmierstoff Schmieröl R 50.

Lösung zu Aufgabe 9.1

Der Zapfendurchmesser ist so zu dimensionieren, daß einerseits die zulässige Biegespannung des Wellenwerkstoffs und andererseits die zulässige Flächenpressung des Lagerwerkstoffs nicht überschritten wird. Bei Biegebeanspruchung gilt

$$d_{\min} = \sqrt[3]{10Fa/\sigma_{\mathrm{b\,zul}}} = \sqrt[3]{\frac{10 \cdot 15 \cdot \mathrm{N} \cdot 2{,}5\ \mathrm{mm}}{75\ \mathrm{N/mm^2}}} = 1{,}71\ \mathrm{mm}.$$

Bei Flächenpressung gilt

$$d_{\min} = F/bp_{\mathrm{zul}} \quad \text{und mit} \quad b/d = 1: \quad d_{\min} = \sqrt{F/p_{\mathrm{zul}}}.$$

Nach Tafel 8.2 ist für CuSn 8 F 60 bei einmaliger Schmierung $p_{\mathrm{zul}} = 2\ \mathrm{N/mm^2}$. Damit wird

$$d_{\min} = \sqrt{15\ \mathrm{N}/2\ \mathrm{N} \cdot \mathrm{mm}^{-2}} = 2{,}74\ \mathrm{mm}.$$

d muß mindestens 2,74 mm betragen, um beide Forderungen zu erfüllen. Gewählt wird $d = 3$ mm.

Lösung zu Aufgabe 9.2

Zunächst müssen die Auflagerreaktionen ermittelt werden. Das Loslager kann nur Radialkräfte aufnehmen ($B = B_y$), im Festlager tritt neben der Radialkraft A_y auch eine Axialkraft A_x auf. Sie werden mit den drei Gleichgewichtsbedingungen der Statik berechnet:

$$A_x = 69{,}3\ \mathrm{N}, \quad A_y = 15\ \mathrm{N} \quad \text{und} \quad B = 75\ \mathrm{N}.$$

Die Lebensdauer wird berechnet aus $f_L = f_n C/F$.

Für $n = 4000$ U/min ist $f_{nK} = 0{,}203$. Das Kugellager vom Typ 626 hat die Tragzahlen $C = 2180$ N und $C_0 = 1180$ N. Die äquivalente Lagerbelastung ist $F = VXF_r + YF_a$. Der Umlauffaktor ist für die Umfangslast am Innenring $V = 1$. Beim Loslager B ist $F_a = 0$, damit ist nach Tafel 8.5 $X = 1$. Es ergibt sich daraus $F = F_r = B = 75$ N.

Der Lebensdauerfaktor beträgt danach $f_L = 0{,}203 \cdot 2180/75 = 5{,}9$, das ergibt eine rechnerische Lebensdauer von $L_h = 103000$ h. Beim Festlager A ist $F_a = A_x = 69{,}3$ N und $F_r = A_y = 15$ N. Das ergibt für $F_a/C_0 = 69{,}3/1180 = 0{,}058$ und damit nach Tafel 8.5 $e = 0{,}26$.

Der Wert $F_a/V \cdot F_r = 69{,}3/1 \cdot 15 = 4{,}62 > e$ führt zu folgenden Faktoren: $X = 0{,}56$ und $Y = 1{,}71$. Die äquivalente Lagerbelastung für das Festlager ist

$$F = 1 \cdot 0{,}56 \cdot 15\ \mathrm{N} + 1{,}71 \cdot 69{,}3\ \mathrm{N} = 127\ \mathrm{N}.$$

Der Lebensdauerfaktor beträgt danach $f_L = 0{,}203 \cdot 2180/127 = 3{,}5$, was eine rechnerische Lebensdauer von $L_h \approx 20000$ h ergibt.

Lösung zu Aufgabe 9.3

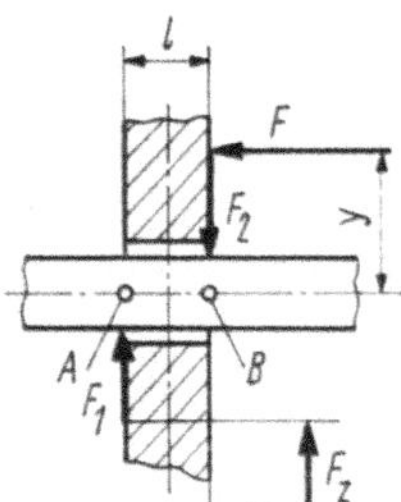

Bild 9.15
Kräfte am Schleifkontakt eines Schiebewiderstands

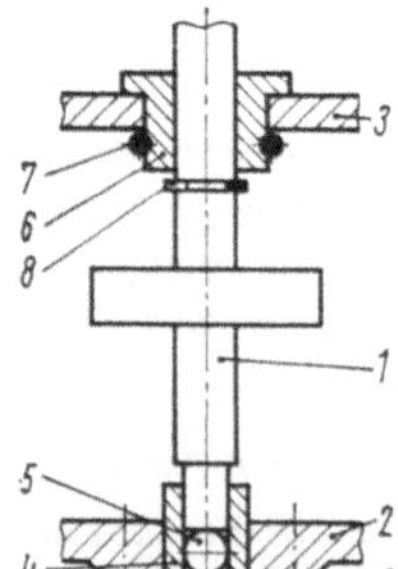

Bild 9.16
Lagerung einer Plattentellerachse

1 Tellerachse; *2*, *3* Zwischenwand; *4*, *6* Buchse; *5* Kugel; *7* Federring; *8* Sicherungsscheibe; *9* Abdeckplatte

Die Führungslänge l für den Schleifkontakt nach Bild 9.15 ergibt sich aus:

$$\curvearrowleft_B: -F_1 l + Fy + F_z x = 0$$

$$\curvearrowleft_A: -F_2 l + Fy + F_z (x + l) = 0$$

$$F_1 = (Fy + F_z x)/l; \qquad F_2 = [Fy + F_z (x + l)]/l.$$

Die Kraft F muß größer als die Reibkraft F_R sein, also $F > F_R$

$$F_R = \mu F_N = (F_1 + F_2)\,\mu = (2Fy + 2F_z x + F_z l)\,\mu/l$$

und damit

$$F > \mu\,[2\,(Fy + F_z x) + F_z l]/l.$$

Dies eingesetzt, ergibt:

$$Fl - \mu F_z l > 2\mu\,(Fy + F_z x)$$

$$l > 2\mu\,(Fy + F_z x)/(F - \mu F_z)$$

$$l > 2\,(Fy + F_z x)/(F/\mu - F_z)$$

$$l > \frac{2\,(2\,\mathrm{N} \cdot 15\,\mathrm{mm} + 5\,\mathrm{N} \cdot 8\,\mathrm{mm})}{(2\,\mathrm{N}/0{,}2) - 5\,\mathrm{N}} = \frac{2 \cdot 70\,\mathrm{mm}}{5\,\mathrm{N}}$$

$$l > 28\,\mathrm{mm}.$$

Lösung zu Aufgabe 9.4

Da die Achse vertikal steht, ist zur Abstützung der Eigenmasse des Plattentellers ein Axiallager erforderlich. Im Lösungsvorschlag Bild 9.16 wird dies durch die unter die Achsstirnfläche eingelegte Kugel *5* (Wälzlagerkugel) realisiert. Die seitliche Führung (Radiallager) wird durch zwei Sinterlagerbuchsen *4*, *6* erreicht, die eine lange wartungsfreie Lebensdauer garantieren. Der axialen Sicherung dienen die Abdeckplatte *9* und die Sicherungsscheibe *8*.

Lösung zu Aufgabe 9.5

Fertigungsspiel: $S = D - d = 60{,}130 - 59{,}981 = 0{,}149$ mm.
Warmspiel: $\Delta S = 60/10000 = 0{,}006$ mm; $S_w = 0{,}149 - 0{,}006 = 0{,}143$ mm.
Relatives Lagerspiel: $\Psi = S_w/d = 0{,}143/60 = 2{,}38 \cdot 10^{-3}$.
Flächenpressung: $p = F/(bd) = 5000/(6 \cdot 6) = 139\ \mathrm{N/cm^2}$.
Winkelgeschwindigkeit: $\omega = 2\pi n = 2\pi \cdot 800/60 = 83\ \mathrm{s^{-1}}$.
Zähigkeit (Bild 8.20): $\eta = 0{,}036\ \mathrm{Pa \cdot s} = 3{,}6 \cdot 10^{-6}\ \mathrm{N \cdot s/cm^2}$.
Sommerfeld-Zahl nach Gl. (8.9): $So = (p\psi^2)/(\eta\omega) = (139 \cdot 2{,}38^2 \cdot 10^{-6})/(3{,}6 \cdot 10^{-6} \cdot 83) = 2{,}54$.
Relative Schmierschichtdicke (Bild 8.15a mit $b/d = 1$): $\delta = 0{,}245$.
Schmierschichtdicke: $h_0 = (\delta S_w)/2 = 0{,}245 \cdot 0{,}143/2 = 0{,}0175$ mm.
Kleinste zulässige Schmierschichtdicke nach den Gln. (8.12) und (8.13):

Rauhigkeit der Welle: $\Delta y_{11} \approx 0{,}003$ mm (feingeschliffen),
Rauhigkeit der Lagerschale: $\Delta y_{21} \approx 0{,}003$ mm (feingeschliffen),
Verformung der Welle: $\Delta y_{12} = 0{,}2 \cdot 10^{-5} \cdot 1{,}39 \cdot 60 \cdot 1 \approx 0{,}0002$ mm,
Verformung der Lagerschale: $\Delta y_{22} = 0$,

$$h_{0k} = \Sigma\,\Delta y = 0{,}006\ \mathrm{mm}.$$

Größte zulässige Schmierschichtdicke:

$$h_{0g} = 0{,}35 \cdot S_w = 0{,}35 \cdot 0{,}143 = 0{,}050\ \mathrm{mm}.$$

Damit ist $0{,}006 < h_0 = 0{,}0175 < 0{,}050$, d.h., die Betriebssicherheit ist gewährleistet.

10. Kupplungen [3] [6] [8] [10.1] bis [10.8]

Kupplungen dienen der Verbindung von Wellen zur Übertragung von Drehbewegungen und Drehmomenten.

Dauerkupplungen sind während des Betriebs nicht lösbar und stellen im einfachsten Fall eine starre Verbindung zwischen den Wellen her. Sie lassen sich in feste und Ausgleichskupplungen unterteilen.

Feste Kupplungen finden z.B. Anwendung zur Vereinfachung und Erleichterung der Montage von Baugruppen und erfordern ein exaktes Fluchten und einen konstanten axialen Abstand der Wellen. Diese Voraussetzungen sind jedoch selten erfüllt. Deshalb kommen bei Lageabweichungen der Wellen untereinander (axiale, radiale oder Winkelabweichung bzw. Kombinationen, Bild 10.1) *Ausgleichskupplungen* zum Einsatz, die durch Verwenden von elastischen Elementen häufig auch der Dämpfung von Drehschwingungen, Drehmomentstößen und Geräuschen dienen können. Kupplungen, die hauptsächlich diesen Zweck erfüllen und insbesondere im Maschinenbau angewendet werden, bezeichnet man auch als drehelastische Kupplungen.

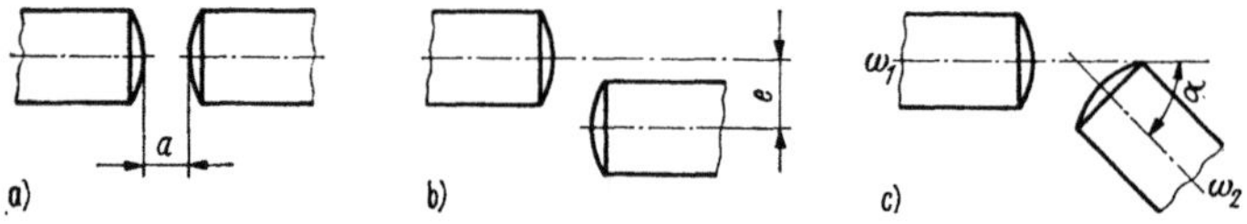

Bild 10.1. Lageabweichung von Wellen

a) axiale Abweichung; b) radiale Abweichung; c) Winkelabweichung
Es treten auch Kombinationen auf; bei sich kreuzenden Wellen z.B. aus b) und c)

Soll die Drehbewegung nur zeitweilig übertragen werden, so finden *Schaltkupplungen* Verwendung, die bei Bedienung von außen als *schaltbare Kupplungen* bezeichnet werden. Geschieht das zeitweilige Ein- und Auskuppeln in Abhängigkeit von den Betriebsparametern, z.B. Drehzahl, Drehmoment, Drehrichtung oder Drehwinkel, so spricht man von *selbstschaltenden oder selbsttätigen Kupplungen.*

10.1. Feste Kupplungen

Feste Kupplungen dienen der ständigen starren Verbindung von Wellen und sind während des Betriebs nicht lösbar. Hinsichtlich der Struktur unterscheidet man Hülsen- oder Schalenkupplungen (Bild 10.2) für kleinere Drehmomente und Scheibenkupplungen (Bild 10.3) zur Übertragung größerer Drehmomente. Die Dimensionierung von Schalen- oder Hülsenkupplungen, die eine geringe radiale Baugröße ermöglichen, erfolgt abhängig von den gewählten Verbindungselementen (Schrauben-, Stift- oder Klemmverbindung, Bild 10.2; Berechnung s. Abschn. 4.).

Bei der Scheibenkupplung, die i.allg. mit einer Zentrierung versehen ist (Bild 10.3), wird das Drehmoment meist durch Reibung übertragen, die mit Durchsteckschrauben erzeugt wird. Die dabei auf jede der z Schrauben wirkende Zugkraft F_z wird berechnet nach

$$F_z = 2M_d/zD\mu, \tag{10.1}$$

wobei für den Reibwert μ der Haftreibungskoeffizient einzusetzen ist, der bei Kupplungsscheiben aus Stahl und Gußeisen etwa 0,2 ... 0,25 beträgt. Weiterhin ist zu berücksichtigen, daß bei Lockern der Schrauben die zulässige Scherspannung nicht überschritten werden darf (s. Abschn. 4.2.2.). Bei Verwendung von Paßschrauben erfolgt die Berechnung ausschließlich auf Abscherung des Schraubenschafts.

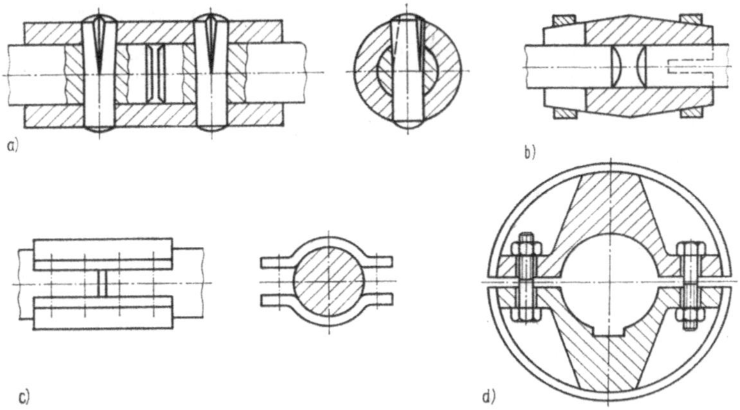

Bild 10.2. Hülsen- und Schalenkupplungen (vgl. TGL 5850 und DIN 115)

a) Hülsenkupplung mit Querstiften; b) mit geschlitzter Klemmhülse; c) Prinzip der Schalenkupplung; d) Schalenkupplung für größere Drehmomente

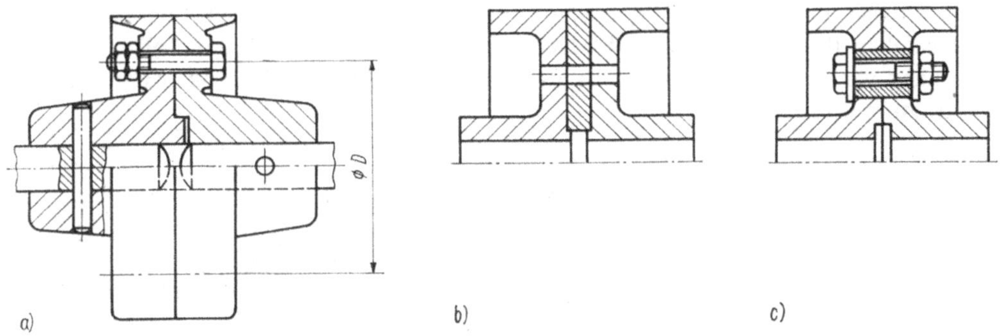

Bild 10.3. Scheibenkupplungen (vgl. TGL 21611 und DIN 116)

a) mit Zentrierrand; b) mit Zentrierscheibe; c) mit Zentrierbuchsen

Feste Kupplungen werden in der Gerätetechnik relativ selten verwendet, da die dazu notwendige Lagegenauigkeit der Wellen oftmals nicht funktionsnotwendig und manchmal auch nicht hinreichend genau realisierbar ist und deshalb im Interesse einer wirtschaftlichen Fertigung auch nicht angestrebt wird. Im Maschinenbau kommen feste Kupplungen (Scheibenkupplungen) hauptsächlich dann zum Einsatz, wenn stoßartige und wechselnde Drehmomente übertragen werden sollen oder wenn große Axialkräfte und Biegemomente auftreten.

10.2. Ausgleichskupplungen

Bei Ausgleichskupplungen sind die Kupplungsteile so ausgebildet, daß die im Bild 10.1 dargestellten fertigungs- bzw. montagebedingten, ggf. auch funktionsbedingten Lageabweichungen der Wellen ausgeglichen werden.

Kupplungen mit axialem Ausgleich setzen das Fluchten der Wellen voraus; es können nur axiale Abweichungen (Bild 10.1a) ausgeglichen werden. Die axiale Führung der Welle ist entweder getrennt für jede Welle oder durch ein entsprechend ausgebildetes Kupplungsstück möglich. Die Kupplungen mit axialem Ausgleich lassen sich wie feste Kupplungen in Hülsen- und Scheibenkupplungen unterteilen, wobei die Drehmomentübertragung durch Formschluß erfolgt. Im Bild 10.4 sind einige Ausführungsformen von Hülsenkupplungen mit axialem Ausgleich für geringe Drehmomente angegeben, die meist keiner festigkeitsmäßigen Berechnung bedürfen bzw. im Bedarfsfall nach den entsprechenden Verbindungselementen zu dimensionieren sind (s. Abschn. 4.).

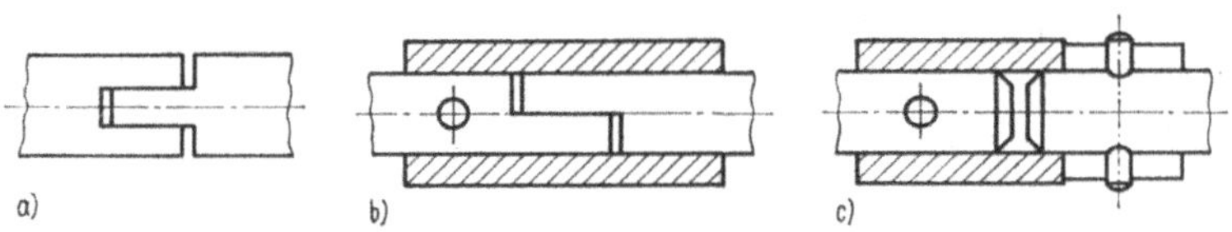

Bild 10.4. Hülsenkupplungen mit axialem Ausgleich

a) mit nur teilweise axialer Führung; b), c) mit axialer Führung durch Hülse

Prinzipielle Ausführungen von Scheibenkupplungen mit axialem Ausgleich zeigt Bild 10.5. Bei der drehstarren Bolzenkupplung mit mehreren Mitnehmern (Bild 10.5b) verteilt sich infolge fertigungsbedingter Abweichungen die zu übertragende Kraft ungleichmäßig auf die Mitnehmerbolzen und führt dadurch zu starken Beanspruchungsschwankungen in Welle und Lagern, so daß diese Kupplungsart nur in untergeordneten Fällen eingesetzt werden sollte. Aus dem gleichen Grund nimmt man bei der Berechnung einer solchen Bolzenkupplung auf Flächenpressung und Biegung der Bolzen (Abscherung kann vernachlässigt werden) an, daß nur 75 ... 80% der Mitnehmer an der Kraftübertragung beteiligt sind.

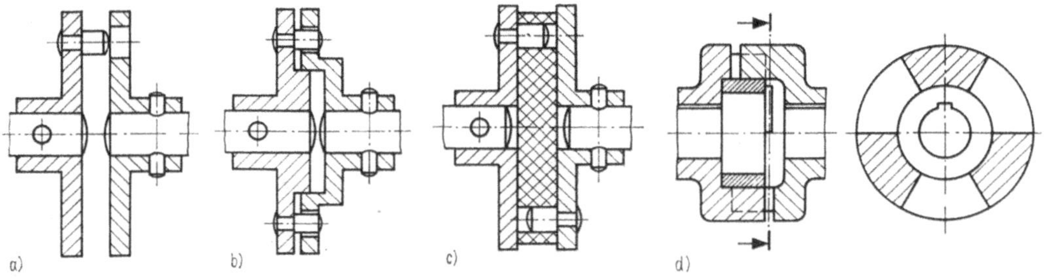

Bild 10.5. Scheibenkupplungen mit axialem Ausgleich

a) mit einem Mitnehmerbolzen; b) mit mehreren Mitnehmerbolzen und Zentrieransatz; c) mit mehreren Mitnehmerbolzen und elastischer, dämpfender Zwischenlage; d) Klauenkupplung

Die Klauenkupplung im Bild 10.5d ist mit kräftigen stirnseitigen Mitnehmern versehen, die in die entsprechenden Lücken der gegenüberliegenden Nabe eingreifen und die Übertragung großer Drehmomente gestatten. Aus Fertigungsgründen ist eine ungerade Anzahl von Klauen vorzusehen.

Kupplungen mit radialem Ausgleich (querbewegliche Kupplungen) sind notwendig, wenn die zu verbindenden Wellen um einen Betrag *e* gegeneinander versetzt sind (Bild 10.1b) bzw. wenn die Gefahr einer Versetzung bei Betrieb besteht. Zur Übertragung kleinster Drehmomente, z.B. in der Gerätetechnik, eignet sich oftmals bereits ein Gummi- bzw. Kunststoffschlauch (Bild 10.6a) oder eine Schraubenfeder (Bild 10.6b). Bei sehr geringen Wellendurchmessern und niedrigen Anforderungen an Drehwinkeltreue und Lebensdauer läßt sich eine einfache Mitnehmerkupplung durch entsprechende Formgebung der Wellenenden realisieren (Bild 10.6c). Die Mitnehmerkupplung im Bild 10.6d entsteht aus der Bolzenkupplung (Bild 10.5a), wenn dafür gesorgt wird, daß der Mitnehmerbolzen radial gleiten kann. Soll spielfreies Arbeiten in beiden Drehrichtungen gewährleistet sein, müssen beide Mitnehmerflächen federnd ausgebildet werden.

Bild 10.6
Kupplungen mit radialem Ausgleich
a) Gummi- oder Plastschlauch; b) Schraubenfeder; c), d) Mitnehmerkupplung; e) Kreuzscheibenkupplung

Nachteile der Mitnehmerkupplung sind der starke Verschleiß durch die ständige Relativbewegung der Kupplungsteile und die Schwankung der Abtriebswinkelgeschwindigkeit ω_2 zwischen den Grenzen

$$\omega_2 = \omega_1/(1 \pm e/r); \quad e \text{ s. Bild 10.1.} \tag{10.2}$$

Diese Schwankung läßt sich vermeiden, wenn zwei Mitnehmerkupplungen um 90° versetzt angeordnet werden, wie bei der Kreuzscheibenkupplung (Bild 10.6e), die sich infolge ihrer Formgebung auch zur Übertragung größerer Drehmomente eignet. Es sei noch darauf hingewiesen, daß von den hier genannten Kupplungen mit radialem Ausgleich insbesondere die Lösungen nach Bild 10.6a und b auch zum Ausgleich von Winkelabweichungen und die Lösungen nach Bild 10.6b, c, d, e zum Ausgleich geringfügiger axialer Abweichungen verwendet werden können.

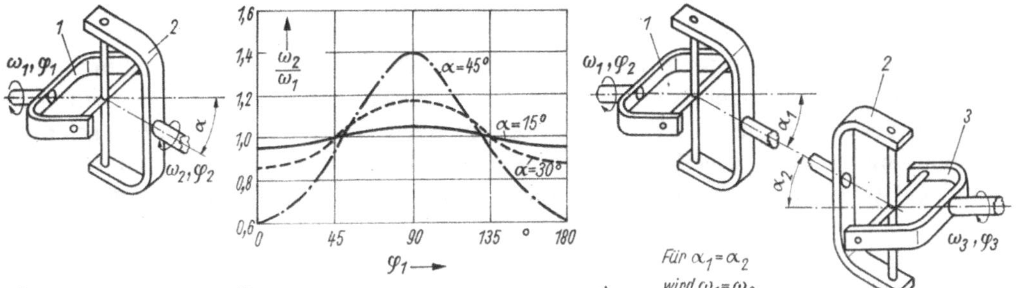

Bild 10.7. Prinzip der Gelenkkupplung
a) einfaches Gelenk; b) Verlauf der Winkelgeschwindigkeit beim Einfachgelenk; c) Doppelgelenk

Winkelbewegliche Kupplungen (Gelenkkupplungen) finden Anwendung zur Verbindung von Wellen, die um einen Winkel α zueinander geneigt sind (Bild 10.1c). Der Fall sich kreuzender Wellen läßt sich auf zwei durch eine Zwischenwelle miteinander verbundene und sich mit dieser schneidende Wellen zurückführen (Bild 10.7). Außer den bereits genannten Kupplungen (Bild 10.6a und b) für geringe Drehmomente kommen als winkelbewegliche Kupplungen hauptsächlich unterschiedliche Gelenkkupplungen zum Einsatz. Auch bei dieser Kupplungsart schwankt die Abtriebswinkelgeschwindigkeit, was sich dann durch den Ungleichmäßigkeitsgrad U angeben läßt. Dreht sich die Welle *1* (Bild 10.7a) mit konstanter Winkelgeschwindigkeit $\omega_1 = d\varphi_1/dt$, so entsteht an der Welle *2* eine veränderliche Winkelgeschwindigkeit $\omega_2 = d\varphi_2/dt$, wobei gilt:

$$\omega_{2\,max}/\omega_1 = 1/\cos\alpha \quad \text{und} \tag{10.3}$$

$$\omega_{2\,min}/\omega_1 = \cos\alpha. \tag{10.4}$$

Man erhält damit für den Ungleichmäßigkeitsgrad U:

$$U = (\omega_{2\,max} - \omega_{2\,min})/\omega_1 = 1/\cos\alpha - \cos\alpha. \tag{10.5}$$

Im Bild 10.7b ist das Verhältnis der Winkelgeschwindigkeiten für verschiedene Winkel α dargestellt. Durch geeignetes Hintereinanderschalten zweier Gelenkkupplungen (z.B. durch parallel verlaufende An- und Abtriebswelle Bild 10.7c) kann bei symmetrischer Anordnung der Gelenke die Ungleichmäßigkeit beseitigt werden. Der gleiche Effekt läßt sich durch sog. Gleichganggelenke erreichen.

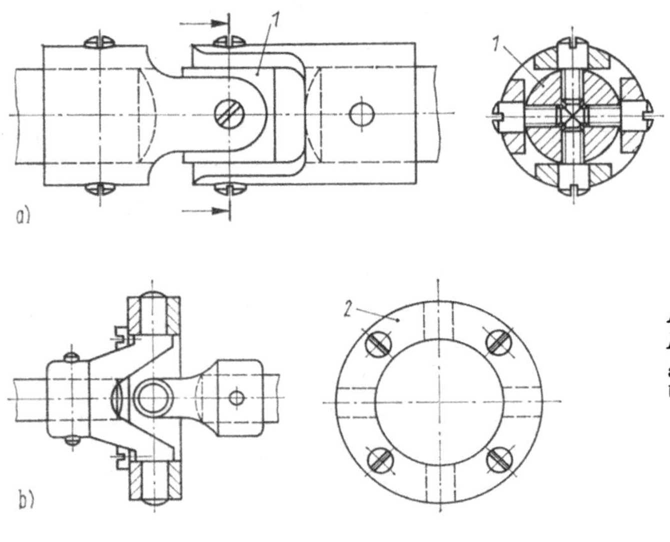

Bild 10.8
Kreuzgelenkkupplungen
a) mit zylindrischem Mittelteil *1*;
b) mit Koppelring *2*

Gelenkkupplungen werden meist als Kreuzgelenk- oder als Kugelgelenkkupplungen ausgeführt. Bild 10.8 zeigt zwei Formen von Kreuzgelenkkupplungen, die sich durch das Koppelstück unterscheiden. Kugelgelenkkupplungen entstehen meist durch gelenkige Verbindung zwischen kugelförmigem Innenteil und zylindrischem Außenteil (Bild 10.9) durch entsprechende Mitnehmer und eignen sich nur für kleine Drehmomente.

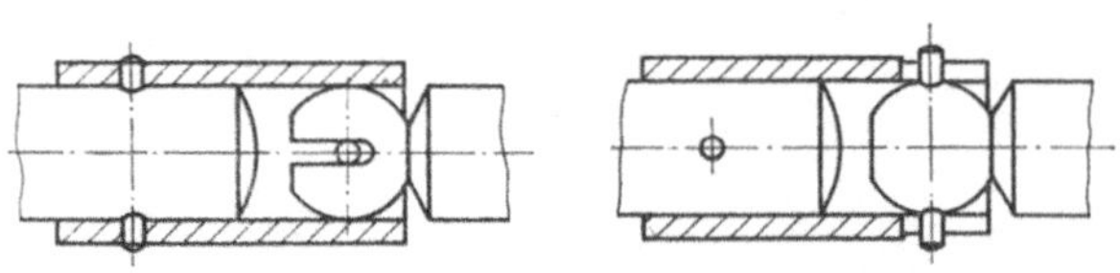

Bild 10.9
Kugelgelenkkupplungen

Bei geringen Winkelabweichungen und zum Ausgleich sehr kleiner axialer Abweichungen lassen sich die elastischen Eigenschaften eines Federrings (Bild 10.10a) oder einer Membran ausnutzen. Bei Anwendung einer Doppelmembran (b) können auch geringe radiale Abweichungen ausgeglichen werden. Die genannten Kupplungen verhalten sich in Drehrichtung nahezu starr und werden vorteilhaft dann eingesetzt, wenn eine drehwinkeltreue Bewegungsübertragung erforderlich ist.

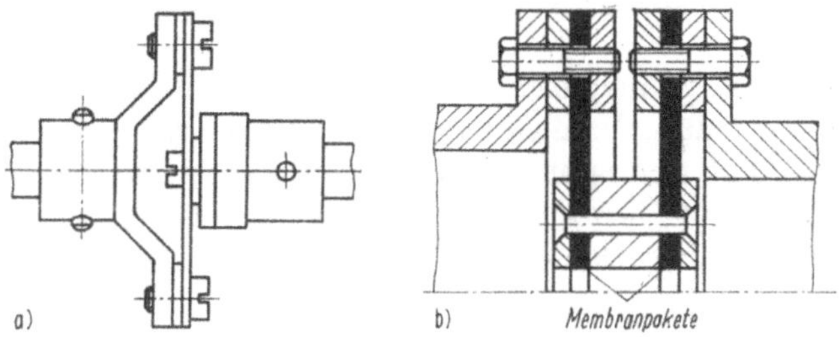

Bild 10.10
Federnde Kupplungen
a) Federringkupplung;
b) Doppelmembrankupplung

Zahnkupplungen (Bild 10.11) können winklige (bis zu 5°), radiale und auch axiale Abweichungen ausgleichen. Zur Erhöhung der Winkelbeweglichkeit werden die Zähne des Innenteils meist ballig ausgeführt. Da die Übertragung des Drehmoments über eine Vielzahl von Zähnen erfolgt, ergeben sich relativ kleine Kupplungen, die sich zur Übertragung großer Drehmomente (bis zu 630 kN · m, TGL 20648) auch bei hohen Drehzahlen eignen. Wegen der Relativbewegung der Zahnflanken gegeneinander ist eine ausreichende Schmierung mit Fett (kleine Drehzahlen) oder Öl (große Drehzahlen) erforderlich.

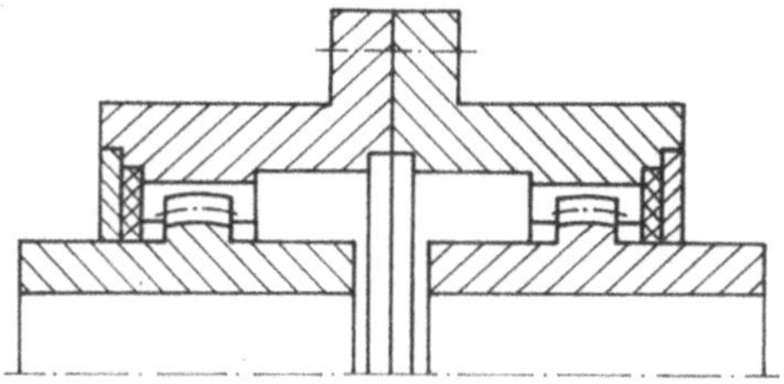

Bild 10.11
Zahnkupplung

Drehelastische Kupplungen sind durch eingebaute elastische Elemente nachgiebig gegenüber dem Drehmoment, so daß sie Stöße und Schwingungen mindern können. Darüber hinaus eignen sie sich in bestimmten Grenzen zum Ausgleich von Lageabweichungen der zu verbindenden Wellen.

Die Übertragung zeichnet sich durch das federnde und dämpfende Verhalten der elastischen Glieder aus, wobei die Dämpfung (infolge innerer Reibung) hauptsächlich eine Eigenschaft nichtmetallischer Werkstoffe wie Gummi, Leder oder Plaste ist. Aufgrund des Übertragungsverhaltens können drehelastische Kupplungen einerseits Ungleichmäßigkeiten im Drehmoment durch Energiespeicherung (Federung) und Energieumwandlung (Dämpfung) ausgleichen sowie andererseits die kritischen Drehzahlen des schwingungsfähigen Gesamtsystems (s. Abschn. 7.3.3.) so verlagern, daß sie außerhalb des Betriebsdrehzahlbereichs liegen. Das Feder- und Dämpfungsverhalten muß dabei den jeweiligen Betriebsverhältnissen entsprechen. Treten in einer Maschine Drehmomentstöße selten auf und sollen diese von einer anderen Maschine ferngehalten werden, so ist eine Kupplung mit großem Feder- und Dämpfungsvermögen zweckmäßig. Treten dagegen die

Drehmomentstöße kurz hintereinander auf, so kann eine Kupplung mit großer Dämpfung zu einer unzulässig hohen Erwärmung führen. Zur Vermeidung hoher Schwingungsbeanspruchungen eignen sich Kupplungen mit gekrümmter Federkennlinie (s. Abschn. 6.), da allein schon durch die veränderliche Drehsteifigkeit die Gefahr eines Aufschaukelns der Schwingungsamplituden erheblich gemindert wird.

Als drehelastische Kupplungen für sehr kleine Drehmomente lassen sich die Ausführungsformen in den Bildern 10.6a, b verwenden. Größere Drehmomente können mit der Bolzenkupplung (Bild 10.5c) oder mit den im Bild 10.12 dargestellten drehelastischen Kupplungen übertragen werden.

Für die Auswahl von drehelastischen Kupplungen in Antriebsanlagen größerer Leistung (Schiffsgetriebe, Walzwerk-, Förder-, Verdichteranlagen) sind maschinendynamische Gesichtspunkte maßgebend. Zur Bestimmung des an der Kupplung wirkenden Drehmoments müssen sämtliche Massenträgheitsmomente und Federsteifen auf der An- und Abtriebsseite bekannt sein. Im einfachsten Fall kann das Schwingungssystem der Antriebsanlage auf ein Zweimassensystem zurückgeführt werden [6] [8].

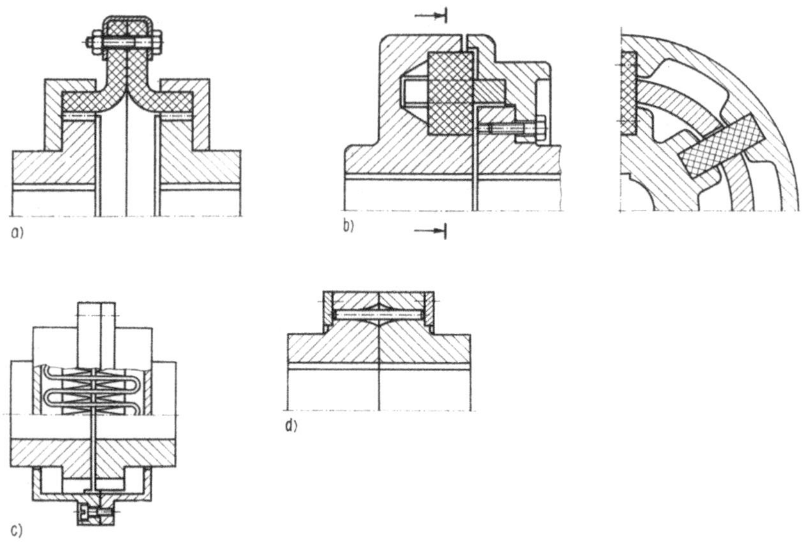

Bild 10.12. Drehelastische Kupplungen

a) Gummifederkupplung; b) elastische Klauenkupplung; c) Schlangenfederkupplung; d) Stabfederkupplung

Gummifederkupplungen (TGL 20646/DIN 740) haben zwei mittels Verzahnung an den Naben formschlüssig befestigte Gummireifen, die durch Schrauben spielfrei miteinander verbunden sind (Bild 10.12a). Sie eignen sich besonders gut zur Stoß- und Schwingungsminderung und sind auch zum Ausgleich von Wellenverlagerungen einsetzbar, wobei die zulässigen Verlagerungen wegen der Erwärmung infolge Walkarbeit drehzahlabhängig sind. Die Kupplungen werden für Drehmomente von 0,01 ... 1,12 kN · m hergestellt.
Bei **Stabfederkupplungen** (Bild 10.12d) liegen zylindrische Biegestäbe als elastische Elemente in trichterförmigen Bohrungen der Kupplungshälften. Beim Verbiegen legen sich die Stäbe an die Trichterwand, die wirksame Federlänge verkürzt sich. Die Federkennlinie ist progressiv gekrümmt. Die Kupplungen werden für Drehmomente bis zu 3500 kN · m hergestellt und erfordern ein exaktes Fluchten der zu verbindenden Wellen.

Elastische Klauenkupplungen eignen sich für Drehmomente bis zu 100 kN · m (Bild 10.12b). Bei ihnen wird das elastische Verhalten durch prismatische Gummi- oder Lederpuffer erreicht. Zwischen die Lücken der Puffer greifen die Klauen des zweiten Kupplungsteils ein. Die Kupplungen haben eine progressiv gekrümmte Federkennlinie und wirken gleichzeitig dämpfend. Die Einsatzbedingungen sind in TGL 21613 bzw. DIN 740 angegeben.
Schlangenfederkupplungen (Bild 10.12c) haben als elastisches Element eine schlangenförmig gewundene Stahlfeder, die in axial verlaufende, keilförmige Nuten der Kupplungshälften eingelegt wird, so daß die gleiche Wirkung wie bei Stabfederkupplungen entsteht. Die übertragbaren Drehmomente reichen von 0,02 bis 5000 kN · m. Kleine Fluchtungsabweichungen der zu verbindenden Wellen werden ausgeglichen.

10.3. Schaltkupplungen

10.3.1. Schaltbare Kupplungen

Schaltbare Kupplungen sind dann erforderlich, wenn aus funktionellen Gründen die Übertragung einer Bewegungsgröße unterbrochen werden muß. Die Wellen werden i. allg. durch Form- oder Kraftpaarung verbunden, die Betätigung der Kupplung, d. h. das Verschieben eines Kupplungsteils bzw. das Erzeugen der erforderlichen Andruckkraft erfolgt von außen. Für kleinere Drehmomente wird meist eine mechanische oder elektromagnetische Betätigung gewählt. Kupplungen für größere Drehmomente schaltet man i. allg. pneumatisch oder hydraulisch, wobei die Bedienungsart sowohl von konstruktiven Randbedingungen (Drucköl oder Druckluft) als auch von den Einsatzbedingungen abhängt (Schaltzeit, Schaltgenauigkeit, Wärmeabfuhr, Fernbedienung usw.).

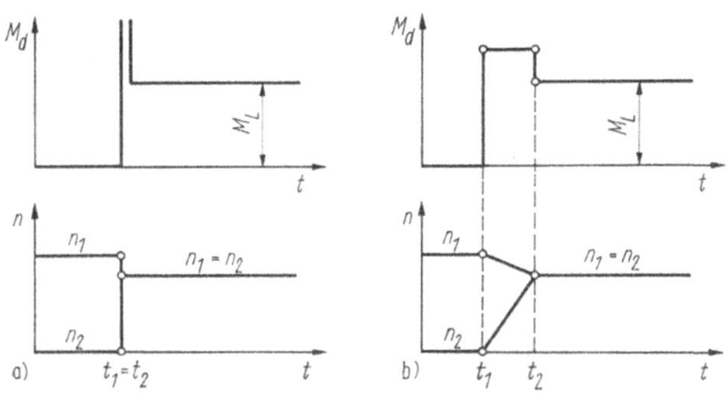

Bild 10.13
Antriebsseitiger Drehmoment- und Drehzahlverlauf beim Einkuppeln von Schaltkupplungen mit
a) Formpaarung; b) Kraftpaarung
M_L Lastmoment; t_1 Beginn und t_2 Ende des Schaltvorgangs

Schaltkupplungen mit Formpaarung zeigen den im Bild 10.13a dargestellten Verlauf von Drehmoment M_d und Drehzahl n der Antriebsseite beim Einkuppeln. Da ein Drehmomentstoß (ruckartige Beschleunigung) zur Beschädigung der Kupplungs- oder An-

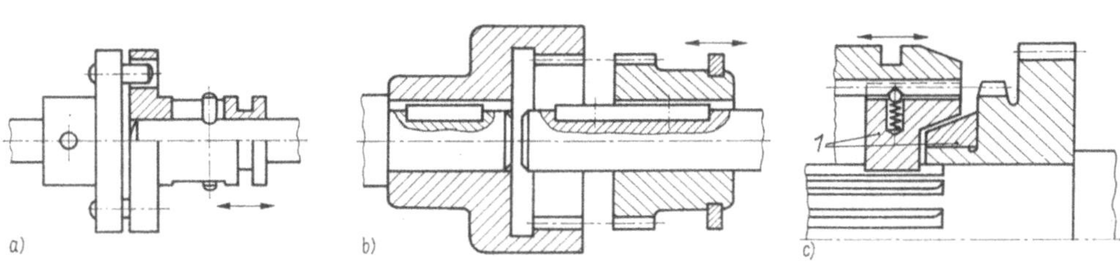

Bild 10.14. Schaltbare Kupplungen mit Formpaarung
a) schaltbare Bolzenkupplung; b), c) schaltbare Zahnkupplung, in c) mit Reibkegel *1* zur Synchronisation

triebselemente führen kann, sollten die Kupplungen nur bei Stillstand oder im Gleichlauf geschaltet werden (synchrone Schaltung). Um Gleichlauf zu erzielen, werden manchmal besondere Synchronisiereinrichtungen benutzt (Bild 10.14c). Der konstruktive Aufbau von Kupplungen mit Formpaarung ist im wesentlichen den Dauerkupplungen analog, wobei jedoch zum Lösen der Formpaarung eine Kupplungshälfte verschiebbar ausgebildet sein muß (Bild 10.14). Die Berechnung erfolgt ebenfalls analog.

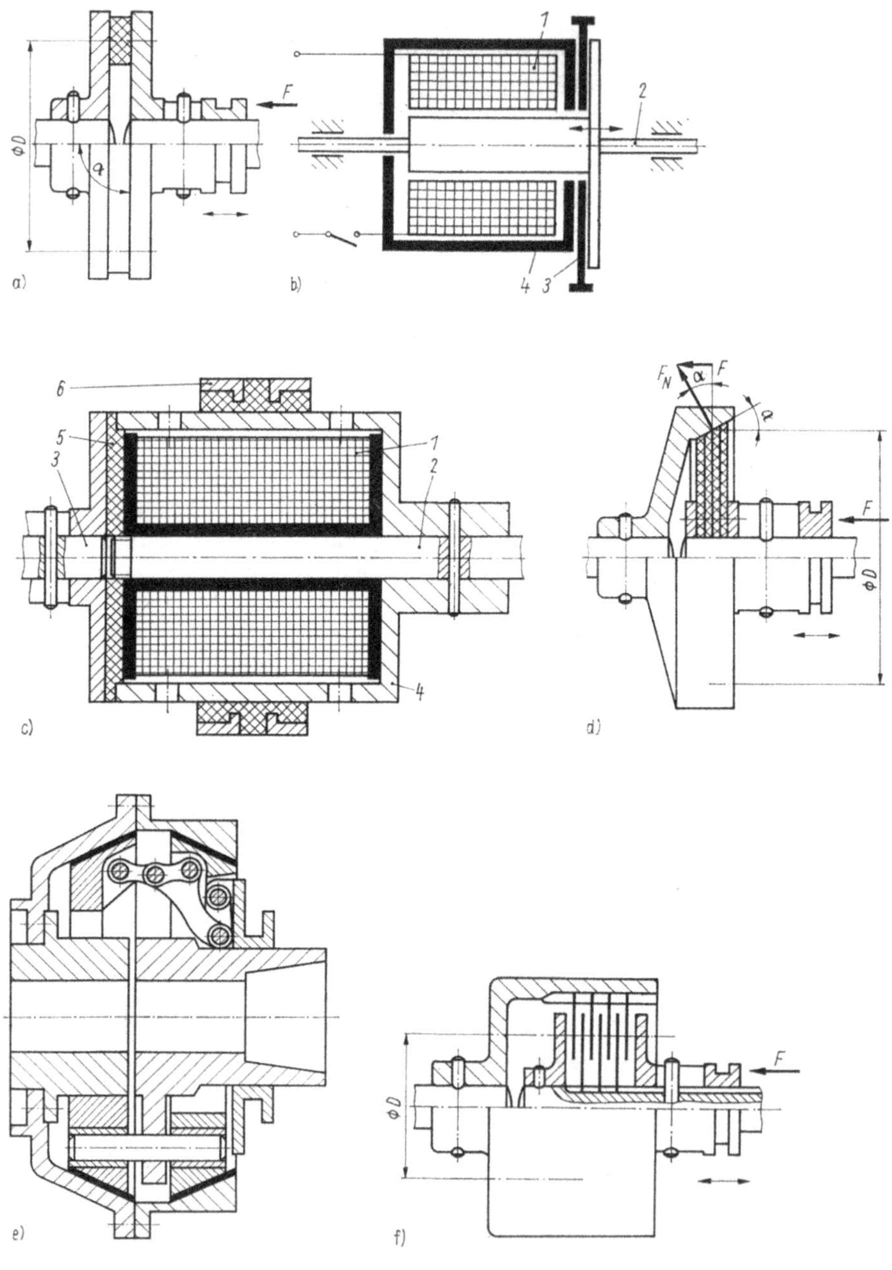

Bild 10.15. Schaltbare Kupplungen mit Kraftpaarung

a) Einscheibenkupplung; b) Magnetkupplung mit feststehender Spule (Prinzip); c) Magnetkupplung mit umlaufender Spule; d) Kegelkupplung; e) Doppelkegelkupplung; f) Lamellenkupplung (Prinzip)
1 **Spule;** ***2*** **Antrieb;** ***3*** **Abtrieb;** ***4*** **Spulengehäuse;** ***5*** **Reibbelag;** ***6*** **Schleifringe**

Bei schaltbaren Kupplungen mit Kraftpaarung [10.6] wird das abtriebsseitige Kupplungselement innerhalb der Schaltzeit $t_s = t_2 - t_1$ auf die Drehzahl n_2 beschleunigt. Dadurch verringert sich die stoßartige Beanspruchung (Bild 10.13b). Deshalb sind diese Kupplungen auch bei unterschiedlichen Drehzahlen schaltbar (asynchrone Schaltung).

Die Kraftpaarung erfolgt hauptsächlich durch Festkörperreibung. Reibflächen sind Kreisringflächen, Kegel- oder Zylindermantelflächen. Die einfachste Reibungskupplung ist die Einscheibenkupplung (Bild 10.15a). Sie erfordert nur kurze Schaltwege und hat daher, besonders als Trockenkupplung ausgeführt, sehr kurze und genaue Schaltzeiten. Die Reibungswärme wird gut abgeführt. Nachteilig ist der gegenüber anderen Kupplungen größere Durchmesser und das dadurch bedingte größere Massenträgheitsmoment.

Einscheibenkupplungen werden als mechanisch, hydraulisch oder pneumatisch betätigte Kupplungen hauptsächlich im Maschinen- und Fahrzeugbau eingesetzt. Als elektromagnetisch betätigte Kupplung (Magnetkupplung, Bild 10.15) mit meist feststehender (b), manchmal auch umlaufender Spule (c) finden sie vielfältige Anwendung in der BMSR- und Gerätetechnik [10.4].

Mit Kegelkupplungen (Bild 10.15d) können bei gleicher Andruckkraft F wegen der kegelig ausgebildeten Reibflächen größere Drehmomente übertragen werden als mit Scheibenkupplungen. Vorteilhaft sind weiterhin die relativ kleine Pressung an den Reibflächen, die gute Wärmeabfuhr und die selbsttätige Zentrierung. Häufig wird der Reibkegel als Doppelkegel ausgebildet (Bild 10.15e), wodurch große Drehmomente (bis etwa 1000 kN · m) übertragbar sind.

Bei Lamellenkupplungen wird das übertragbare Drehmoment gegenüber der Einscheibenkupplung durch Vervielfachung der Reibstellen erhöht. Dazu dienen Reibscheiben (Lamellen), die wechselweise in den Außenmitnehmer (Gehäuse) und den Innenmitnehmer (Nabe) eingreifen (Bild 10.15f).

Aufgrund raumsparender Bauweise und Wartungsfreiheit werden Lamellenkupplungen bevorzugt innerhalb von Maschinen und Getrieben eingesetzt. Außer mechanischer Betätigung (Bild 10.15f) sind alle anderen Arten möglich, wobei die elektromagnetisch geschaltete Lamellenkupplung wegen des relativ geringen Aufwands, der einfachen Fernbedienung und der kurzen Schaltzeit die größte Bedeutung hat.

Die *Berechnung* des übertragbaren Drehmoments von Schaltkupplungen mit Kraftpaarung kann nach

$$M_d = D\mu iF/2 \sin \alpha \qquad (10.6)$$

erfolgen (D, F, α s. Bild 10.15). Der Reibwert für übliche Werkstoffpaarungen ist in Tafel 10.1 angegeben oder Tabellen zu entnehmen [2] [6]. Die Anzahl i der Reibstellen ist bei der Einscheiben- und der Kegelkupplung gleich eins, bei Lamellenkupplungen entsprechend größer und beträgt im Beispiel nach Bild 10.15f: $i = 8$.

Der halbe Kegelwinkel α hat bei Einscheiben- und Lamellenkupplungen den Wert $\alpha = 90°$, d.h., $\sin \alpha = 1$.

Bei der Dimensionierung darf die (ebenfalls in Tafel 10.1 oder anderen Tabellen angegebene) zulässige Flächenpressung der Reibwerkstoffe nicht überschritten werden.

10.3.2. Selbstschaltende Kupplungen

Selbstschaltende Kupplungen sind Schaltkupplungen, bei denen der Schaltvorgang durch Änderung der Betriebsverhältnisse ausgelöst wird, und zwar hauptsächlich in Abhängigkeit von Drehmoment, Drehzahl, Drehrichtung oder Drehwinkel.

Drehmomentabhängige Kupplungen werden beispielsweise zur Sicherung der Abtriebs- oder Antriebsseite eines Geräts oder einer Maschine eingesetzt. Eine solche Kupplung ist für ein maximales Drehmoment ausgelegt, bei dessen Überschreitung die Verbindung gelöst wird.

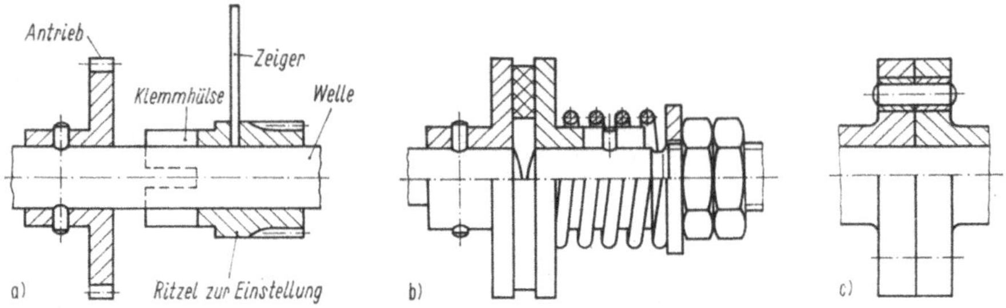

Bild 10.16. Drehmomentabhängige Kupplungen

a) mit festem Nenndrehmoment durch geschlitzte Klemmhülse (zur Einstellung eines Zeigers); b) Einscheibenkupplung mit einstellbarem Drehmoment durch Änderung der Federvorspannung; c) Brechbolzenkupplung

Die Kupplungen sind meist als Reibungskupplung (Rutschkupplung, Bild 10.16a und b) mit fest vorgegebenem oder einstellbarem Nenndrehmoment ausgeführt, wobei die gleichen Berechnungsvorschriften wie für schaltbare Kupplungen zugrunde liegen.

Zur groben Momentenbegrenzung an leicht zugänglichen Stellen ist auch die Brechbolzenkupplung geeignet (Bild 10.16c).

Drehzahlabhängige Kupplungen dienen der Herstellung bzw. der Trennung einer Wellenverbindung bei wachsender oder fallender Drehzahl durch Ausnutzen der Fliehkraftänderung. Sie sind beispielsweise dann notwendig, wenn ein Elektromotor ein sehr geringes Anlaufmoment hat und deshalb erst nach Erreichen einer bestimmten Nenndrehzahl mit dem Abtrieb verbunden werden darf.

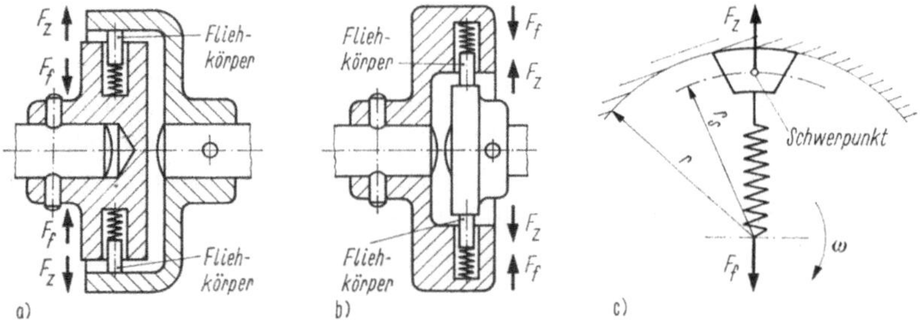

Bild 10.17. Drehzahlabhängige Kupplungen (Fliehkraftkupplungen)

a) Einschaltkupplung; b) Ausschaltkupplung; c) Kräfteverhältnisse

Je nachdem, ob die kuppelnde Wirkung unterhalb oder oberhalb einer Nenndrehzahl n_0 einsetzen muß, sind zu unterscheiden: Einschaltkupplungen mit $n_{eff} > n_0$ und Ausschaltkupplungen mit $n_{eff} < n_0$. Die konstruktive Gestaltung erfolgt prinzipiell mit zwei oder mehreren auf dem Umfang verteilten und meist radial beweglichen Fliehkörpern

(Masse m). Zusammen mit rückstellenden Federn werden über Reibkräfte an einem der Kupplungselemente die Kupplungshälften bei Erreichen der Nenndrehzahl verbunden (Einschaltkupplungen, Bild 10.17a) bzw. unterbrochen (Ausschaltkupplungen, Bild 10.17b). Aus den Kräfteverhältnissen am Beispiel einer Einschaltkupplung (siehe Bild 10.17c) läßt sich das Reibmoment M_R ermitteln:

$$M_R = \mu F_{eff} r = \mu (F_z - F_f) r \geqq M_d. \tag{10.7}$$

Durch Festlegung konstruktiver Bedingungen (z. B. Kupplungsradien r und r_S, Zahl i der Fliehkörper bzw. Kupplungsbacken, Reibwert μ, Federkraft F_f) ist unter Berücksichtigung von $F_{eff} = F_z - F_f$ und $F_z = m r_S \omega^2$ eine Dimensionierung der Kupplung möglich. Die Masse eines Fliehkörpers ergibt sich zu

$$m = (1/i r_S \omega^2)(F_f + M_d/\mu r). \tag{10.8}$$

Drehrichtungsabhängige Kupplungen (Freilaufkupplungen) gestatten die Übertragung eines Drehmoments nur in einer Drehrichtung und ermöglichen dadurch z. B. das Vorlaufen des angetriebenen Teils in Antriebsrichtung. Die konstruktive Gestaltung erfolgt meist mit Zahnrichtgesperren (Formpaarung, Bild 10.18a) oder Reibrichtgesperren (Kraftpaarung, Bild 10.18b), wobei bei ersteren ein Rastgeräusch in Freilaufrichtung auftritt. Besonders einfach aufgebaut und deshalb häufig angewendet wird die Schlingfederkupplung (Bild 10.18c). Welle und Nabe werden dabei durch eine nur an der Nabe befestigte und auf die Welle geschobene Feder verbunden, die einen kleineren Innendurchmesser hat als die Welle. In der einen Drehrichtung wird die Welle dadurch mitgenommen,

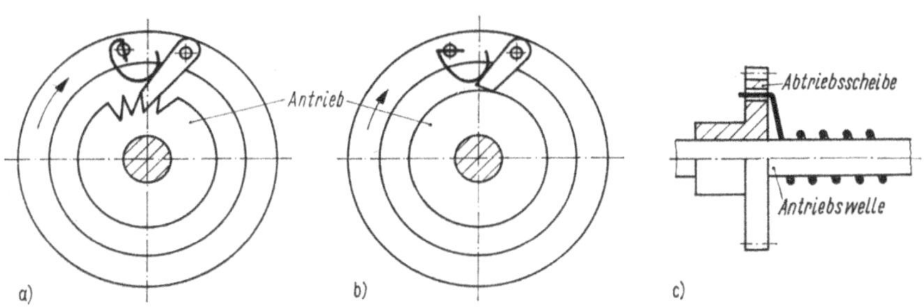

Bild 10.18. Drehrichtungsabhängige Kupplungen
a) Zahnrichtgesperre; b) Reibrichtgesperre; c) Schlingfederkupplung

daß sich die Feder zusammenzieht und auf der Welle verklemmt, während sie sich in der anderen Drehrichtung löst. Das übertragbare Drehmoment ist abhängig von der Gesamtdimensionierung, besonders aber von der Anzahl der Federwindungen. Ist Leichtgängigkeit im Freilauf gefordert, wählt man die Differenz zwischen Federinnen- und Wellenaußendurchmesser klein.

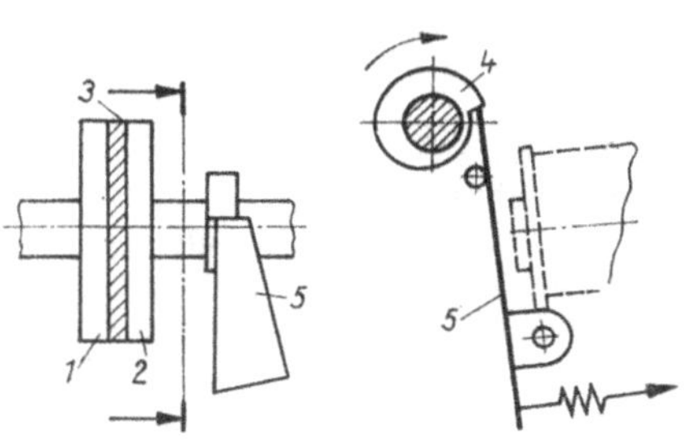

Bild 10.19
Drehwinkelabhängige Kupplung (Eintourenkupplung mit Magnetauslösung als Rutschkupplung mit Anschlag)
1 Antrieb; *2* Abtrieb; *3* Reibfläche; *4* Anschlagstück; *5* Anschlag

Drehwinkelabhängige Kupplungen lösen die Verbindung nach Durchlaufen eines bestimmten Drehwinkels und werden vorzugsweise für einen Winkel von 360° ausgelegt (Eintourenkupplung). Sie werden bei kleinen Drehmomenten als Rutschkupplung (Bild 10.19) gestaltet, bei größeren Drehmomenten als schaltbare Kupplung, die eine Reibungs- oder Zahnkupplung sein kann.

Hingewiesen sei noch darauf, daß bei Schaltkupplungen mit Kraftpaarung neben der Festkörperreibung auch noch die kinetische Energie einer strömenden Flüssigkeit (hydrodynamische oder Strömungskupplung, selbstschaltend) oder Magnetkräfte (Induktionskupplung, schaltbar bzw. selbstschaltend) zur Drehmomentübertragung ausgenutzt werden können [6] [8].

10.4. Aufgaben und Lösungen zu Abschn. 10.

Aufgabe 10.1. Kegelreibungskupplung

Bei einem Motor mit Kurzschlußläufer soll das belastende Drehmoment zur Verminderung des Einschaltstromstoßes erst eingeschaltet werden, wenn der Motor bereits läuft.

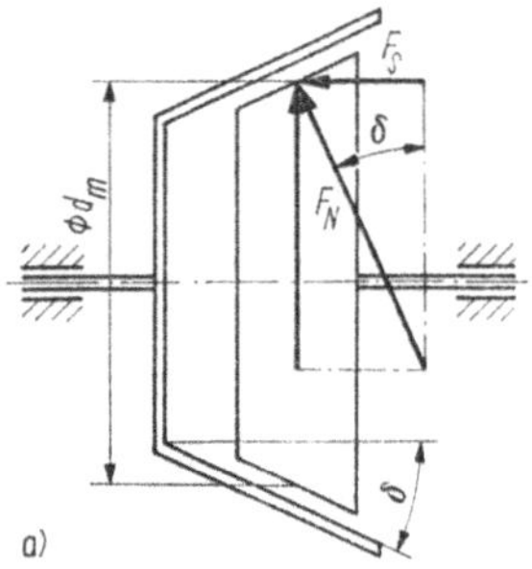

Bild 10.20
Prinzip einer Kegelreibungskupplung

Das Einschalten soll von Hand über eine Kegelreibungskupplung erfolgen (Bild 10.20). Die Kupplung ist zu berechnen und zu konstruieren.

Gegebene Größen: $M_d = 50\ \text{N} \cdot \text{mm}$, $d = 10$ mm (Wellendurchmesser); Reibpaarung: Asbestgewebe mit Kunstharz gegen St (trocken).

Aufgabe 10.2. Spielfreie Kupplung mit radialem Ausgleich

Zwei Wellen mit dem Durchmesser $d = 6$ mm sind spielfrei miteinander zu kuppeln. Das zu übertragende Drehmoment ist klein. Es ist zu beachten, daß geringe radiale Abweichungen auftreten können. Gesucht sind mehrere Varianten.

Aufgabe 10.3. Einfache Steckkupplung

Die Welle eines Zusatzgeräts für eine kleine Maschine ist mit der Antriebswelle der Maschine starr zu verbinden. Das Zusatzgerät soll leicht und schnell an- und abmontierbar sein. Daher muß die zu entwerfende Kupplung leicht lösbar und möglichst einfach sein. Eine axiale Sicherung ist nicht erforderlich.

Lösung zu Aufgabe 10.1

Lösungsschritte sind: 1. Wahl der Werkstoffpaarung, 2. Berechnung der Schaltkraft F_S, 3. Wahl des Kegelwinkels, 4. Bestimmung der Breite der Reibfläche und 5. konstruktiver Entwurf.

1. Wahl der Werkstoffpaarung: Nach Tafel 10.1 gilt für die gegebene Reibpaarung: $\mu = 0{,}4$; $p_m \approx 0{,}1\text{N/mm}^2$. Wegen der geringen Flächenpressung tritt kaum Verschleiß auf. Deshalb braucht beim konstruktiven Entwurf keine Nachstellmöglichkeit für den Reibkegel vorgesehen zu werden.
2. Berechnung der Schaltkraft F_S: Mit den Beziehungen nach Bild 10.21 a gilt:

$$\sin\delta = F_S/F_N \quad \text{bzw.} \quad F_N = F_S/\sin\delta \quad \text{und} \quad F_R = \mu F_N.$$

Tafel 10.1. Reibwerte von Reibpaarungen

Reibstoffe	Reibwert μ trocken	Reibwert μ gefettet	Reibwert μ geölt	Empfohlene Flächenpressung p N/cm²	Zulässige Temperatur in °C kurzzeitig	Zulässige Temperatur in °C dauernd
Baumwollgewebe mit Kunstharz gegen Stahl[2])	0,65 ... 0,4		0,2 ... 0,1	50 ... 120	150	100
Asbestgewebe mit Kunstharz gegen Stahl[2])	0,5 ... 0,3	0,35 ... 0,15 (für die ersten vier Reibstoffe)	0,2 ... 0,15	50 ... 200	300	200
Asbest mit Kunstharz[1]) gegen Stahl[2])	0,4 ... 0,2		0,15 ... 0,1	50 ... 800	500	250
Metallwolle mit Kautschuk, gepreßt, gegen Stahl[2])	0,45 ... 0,65			50 ... 800	300	250
CuSn[3]) gegen CuSn[3]) oder Gußeisen	0,2	0,15				
Gußeisen gegen Gußeisen	0,25 ... 0,15	0,1 ... 0,05	0,1 ... 0,02			
Gehärteter Stahl gegen gehärteten Stahl	0,2 ... 0,15	0,1 ... 0,15	0,1 ... 0,03	70 ... 300		

[1]) hydraulisch gepreßt; [2]) auch gegen Gußeisen und Stahlguß; [3]) Sintermetall

Für das übertragbare Drehmoment gilt:

$$M_d = F_R r_m = \mu F_S r_m / \sin \delta \quad \text{bzw.} \quad F_S = M_d \sin \delta / r_m \mu .$$

3. Wahl des Kegelwinkels: Für die Festlegung der Anpreßkraft ist die Kenntnis von δ (Kegelwinkel) und r_m (mittlerer Radius des Reibkonus) notwendig. Damit sich die Kupplung leicht lösen läßt, muß der Kegelwinkel δ größer als der Reibwinkel $\varrho = \arctan \mu$ sein. In diesem Fall gilt:

$$\tan \varrho = 0{,}4; \quad \varrho = 21{,}8°; \quad \delta_{\text{gewählt}} = 30°.$$

Für den mittleren Radius wird ein Wert von $r_m > d/2$ vorgesehen. Gewählt: $r_m = 10$ mm.
4. Bestimmung der Breite der Reibfläche: Mittlere Flächenpressung

$$p_m = F_N/A = M_d / r_m A \mu$$

$$A = M_d/(r_m p_m \mu) = \frac{50\ \text{N} \cdot \text{mm}}{10\ \text{mm}} \frac{1\ \text{mm}^2}{0{,}1\ \text{N} \cdot 0{,}4} = 125\ \text{mm}^2$$

Reibfläche: $A = \pi d_m b$
Breite der Reibfläche:

$$b = \frac{A}{\pi d_m} = \frac{125\ \text{mm}^2}{\pi \cdot 20\ \text{mm}} = 1{,}98\ \text{mm};$$

gewählt: $b = 2$ mm.

4. Konstruktiver Entwurf: Bild 10.21 b.

Lösung zu Aufgabe 10.2

Grundsätzlich wird man das Kuppeln zweier Wellen mit radialen Abweichungen bei relativ kleinem Drehmoment mittels elastischer Zwischenglieder vornehmen. Bild 10.22 zeigt mehrere Lösungen. Bei *a)* wurden die Wellen *1* und *2* mittels einer Hülse *3* aus Gummi verbunden, die auf die gerändelten Wellenenden aufgeschoben ist. Bei *b)* wurde als elastisches Zwischenglied eine Schraubenfeder *4*, deren Enden in Nuten der Wellen liegen, verwendet. *c)* zeigt als Verbindungsglied einen runden Stab *5* aus Federstahl, der auf beiden Seiten in den Bohrungen der Wellen eingelötet ist. Die Verbindung von Wellen durch eine Gummibuchse *3* zeigt Bild 10.22 d. Die Befestigung zwischen den Wellen und der Buchse *3* erfolgt durch Schellen *6*. Als Zwischenglied bei der Lösung nach *e*) wurden das Gummiteil *9* zwischen zwei Kupplungsscheiben *8* vulkanisiert und die Wellen jeweils mit den Kupplungsscheiben verstiftet.

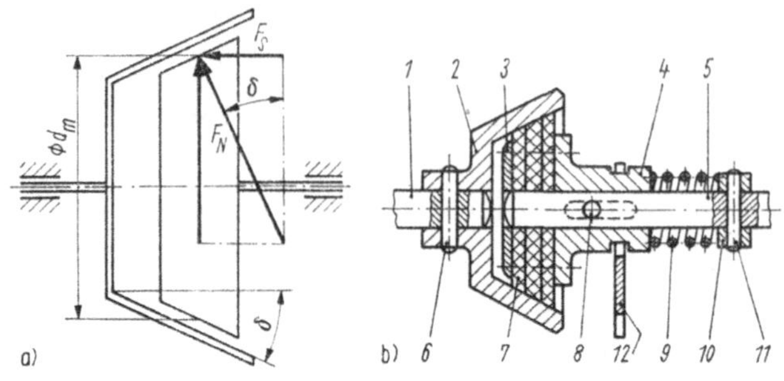

Bild 10.21
Kegelreibungskupplung
a) Kräfte; b) konstruktiver Entwurf [4]
1, *5* Welle; *2* Kupplungskegel; *3* Scheibe; *4* Buchse; *6*, *8*, *11* Stift; *7* Reibscheiben; *9* Feder; *10* Ring; *12* Schaltgabel

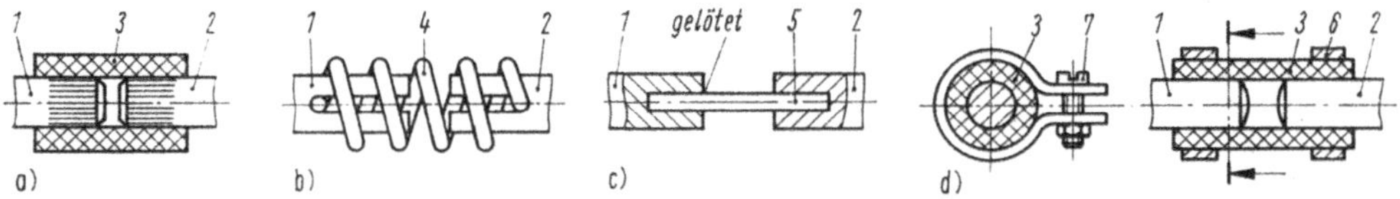

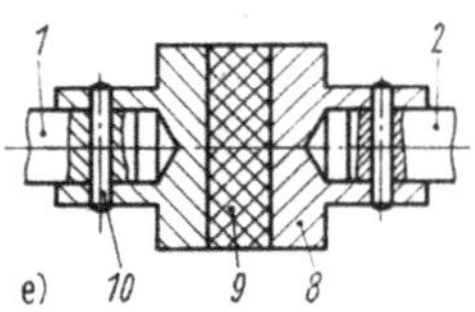

Bild 10.22
Varianten für spielfreie Kupplungen mit radialem Ausgleich [4]
a) mit Gummihülse; b) mit Feder; c) mit Federstab; d) mit Gummihülse und Schellen; e) mit Gummischeibe
1, *2* Welle; *3* Gummihülse; *4* Schraubenfeder; *5* Federstab; *6* Schelle; *7* Schraube; *8* Kupplungsscheibe; *9* Gummischeibe; *10* Stift

Lösung zu Aufgabe 10.3

Die einfachste Lösung wäre, beide Wellen verdrehsicher ineinanderzustecken. Die sichere Mitnahme der Welle des Zusatzgeräts könnte durch ein entsprechendes Profil (Vierkant, Sechskant o. ä.) gewährleistet werden. Bei der Anordnung im Bild 10.23 a würden keine zusätzlichen Teile benötigt, jedoch ist die Herstellung des Innenprofils im Wellenende kompliziert. Technologisch günstiger ist ein durchgehendes Innenprofil in einem separaten Teil (Bild 10.23 b). Für Einzelfertigung empfiehlt sich eine einfache Zylinderformpaarung nach c. Die Mitnahme ist durch den Gewindestift und die Abflachung des Wellenendes gegeben.

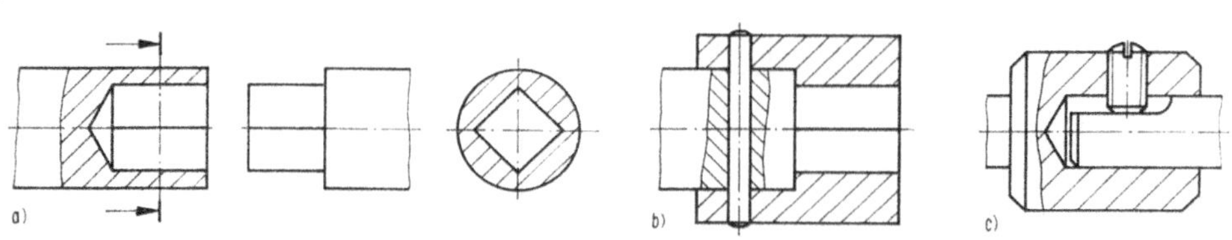

Bild 10.23. Starre Steckkupplung
a) Mitnehmerprofil im Wellenende; b) Mitnehmerprofil im Extrateil; c) Zylinderformpaarung

11. Zahnrad- und Zugmittelgetriebe

11.1. Einteilung der Getriebearten [11.1] [11.5]

Getriebe sind mechanische Einrichtungen zum Übertragen von Bewegungen und Kräften oder zum Führen von Punkten eines Körpers auf bestimmten Bahnen. Sie bestehen aus beweglichen, miteinander verbundenen Teilen (Gliedern), deren gegenseitige Bewegungsmöglichkeiten durch die Art der Verbindungen (Gelenke) bestimmt sind. In einem Getriebe ist ein Glied stets Bezugskörper (Gestell), die Mindestzahl der Glieder und Gelenke beträgt jeweils drei.

Man unterscheidet bezüglich der Funktion Übertragungsgetriebe und Führungsgetriebe.

In *Übertragungsgetrieben* steht die Bewegungsübertragung nach einer Übertragungsfunktion im Vordergrund, die den Zusammenhang zwischen der Bewegung des Abtriebs-

Tafel 11.1. Typische Übertragungsfunktionen (nach [11.1])

Übertragungsfunktion	Form der Abtriebsbewegung (Beispiele) Drehen	Schieben	Benennung
s, ψ – φ	Zahnradgetriebe	Schraubengetriebe	gleichmäßig übersetzende Getriebe
s, ψ – φ	Doppelkurbel	Bandgetriebe	ungleichmäßig übersetzende Getriebe ohne Bewegungsumkehr
s, ψ – φ	Kurvengetriebe	Schubkurbel	ungleichmäßig (periodisch) übersetzende Getriebe mit Bewegungsumkehr
s, ψ – φ	Malteserkreuzgetriebe	Kurvenschrittgetriebe	ohne Bewegungsumkehr mit Rast, Schrittgetriebe
s, ψ – φ	Koppelrastgetriebe	Kurvengetriebe	mit Bewegungsumkehr und Rast, Rastgetriebe
s, ψ – φ	Räderkoppelgetriebe	Bandgetriebe	mit Bewegungsumkehr fortlaufend, Pilgerschrittgetriebe

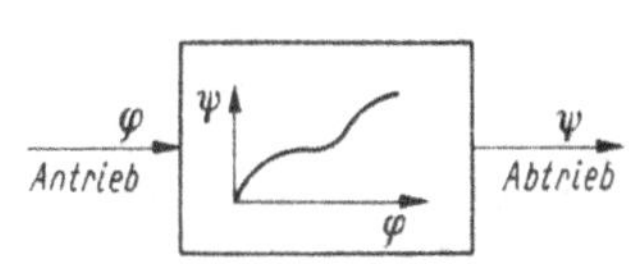

Bild 11.1
Blockschema des Übertragungsgetriebes

Tafel 11.2. Ordnung der Übertragungsgetriebe nach charakteristischen Elementen

Getriebegruppe	Charakteristische Bestandteile	Beispiel
Koppelgetriebe	starre Glieder, Drehgelenke, Schubgelenke	
Kurvengetriebe	Kurvenglied, Eingriffsglied, Kurvengelenk	
Zahnradgetriebe	Zahnräder (Stirn-, Kegel-, Schrauben-, Schneckenräder), Schnecken	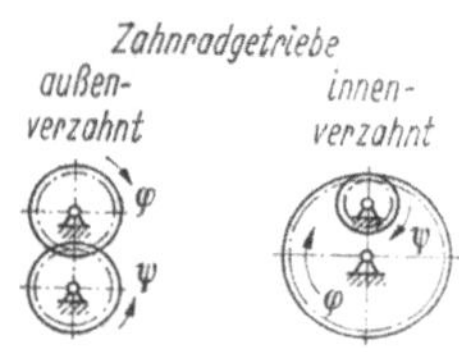
Reibkörper-getriebe	kraftgepaarte Reibkörper (Scheiben, Kegel, Kugeln, Stangen)	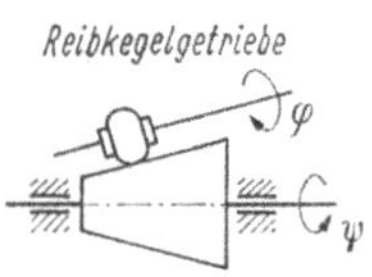
Keilschub-getriebe	an Keilflächen gepaarte starre Glieder	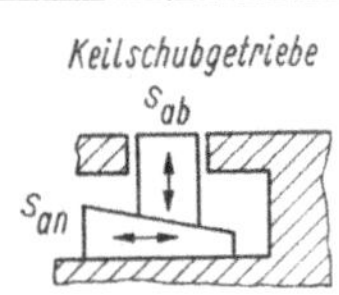
Schrauben-getriebe	Bewegungsschraube, Mutter	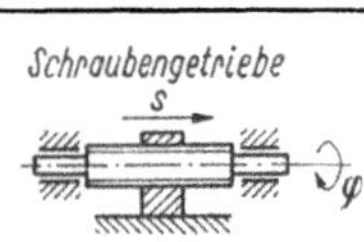
Zugmittel-getriebe	schmiegsame Zugmittel (Riemen, Bänder, Seile, Ketten)	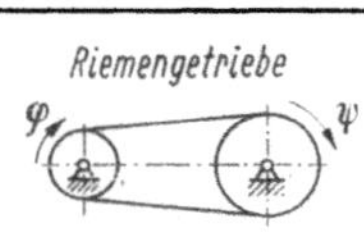
Druckmittel-getriebe	Druckmittel (gasförmig, flüssig, körnig)	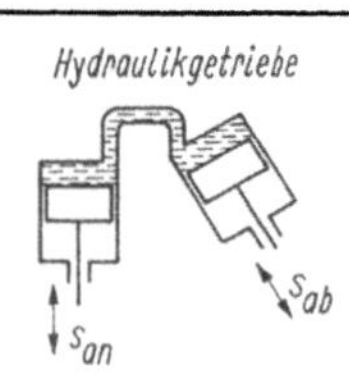

und des Antriebsgliedes darstellt. Sowohl Eingangs- als auch Ausgangsgrößen (An- und Abtrieb) sind mechanische Größen. Getriebe können deshalb auch als mechanische Wandler bezeichnet werden. Sieht man die Getriebeglieder als starre Körper an, dann hängt die Übertragungsfunktion nur von den Abmessungen der Getriebeglieder ab. Ein Übertragungsgetriebe kann entsprechend Bild 11.1 symbolisiert werden. Ist die Übertragungsfunktion linear, d.h., $\psi = k\varphi$, spricht man von gleichmäßig übersetzenden Getrieben bzw. von Getrieben mit konstanter Übersetzung. Zur gleichmäßigen Drehzahlübersetzung sind z.B. neben den Zahnradgetrieben auch die Reibrad- und die Zugmittelgetriebe (Seil-, Riemen-, Kettengetriebe) geeignet. Unter ungleichmäßig übersetzenden Getrieben werden alle Getriebe mit nichtlinearer Übertragungsfunktion zusammengefaßt.

Tafel 11.1 gibt eine Übersicht über typische Übertragungsfunktionen und Beispiele von zugehörigen Getrieben.

Führungsgetriebe sind Getriebe, bei denen ein Glied so geführt wird, daß es bestimmte Lagen einnimmt bzw. daß Punkte des Gliedes bestimmte Bahnen (Führungsbahnen) beschreiben. Hier charakterisieren also Form und Lage von Punktbahnen den Zweck des Getriebes. Bei Führungsgetrieben werden die Begriffe Antriebs- und Abtriebsglied sowie Übertragungsfunktion i.allg. nicht benutzt.

Die Getriebearten können auch nach dem Aufbau, d.h. nach charakteristischen Bestandteilen, eingeteilt werden (Tafel 11.2).

11.2. Zahnradgetriebe – Übersicht [3] [8]

Zahnradgetriebe (als eine spezielle Gruppe der Übertragungsgetriebe) dienen der Wandlung von Drehzahlen und Drehmomenten zwischen zwei oder mehreren Wellen. Die Verzahnung der Räder bewirkt eine Formpaarung und ermöglicht dadurch eine zwangläufige und schlupffreie Bewegungs- und Kraftübertragung. Zur Charakterisierung der Bewegungsübertragung bei Zahnradgetrieben wird die mittlere Übersetzung i bzw. die momentane Übersetzung i_0 herangezogen:

$$i = n_1/n_2 = d_2/d_1, \quad i_0 = \omega_1/\omega_2; \tag{11.1}$$

Index 1 Antriebsrad (Eingang der Getriebestufe), Index 2 Abtriebsrad (Ausgang der Getriebestufe), ω Winkelgeschwindigkeit, n Drehzahl, d Teilkreisdurchmesser der Räder.

11.2.1. Einteilung nach der Gestellanordnung der Räder

Einfache oder einstufige Zahnradgetriebe sind dreigliedrig und entsprechen damit der Getriebedefinition (s. Abschn. 11.1.). Sie bestehen aus zwei Rädern (*1*, *2*) und der festen Verbindung der Drehachsen (Steg *S*) (Bild 11.2a). Steht der Steg still, d.h., ist er mit dem Gehäuse fest verbunden, spricht man von Standgetrieben. Läuft er um, d.h., ist er im Gestell (Gehäuse) selbst drehbar angeordnet, bezeichnet man die Getriebe als Umlaufräder-

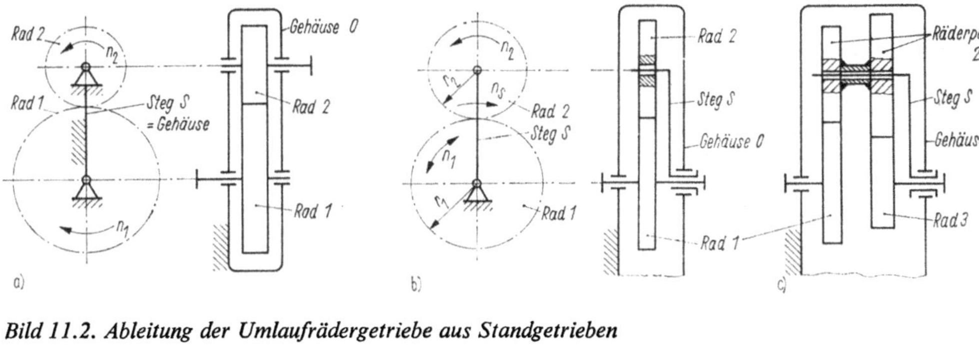

Bild 11.2. Ableitung der Umlaufrädergetriebe aus Standgetrieben

a) einstufiges Standgetriebe; b) einstufiges Umlaufrädergetriebe; c) zweistufiges Umlaufrädergetriebe

getriebe, weil mindestens ein Rad mit dem Steg umläuft (Bilder 11.2b, c). Allgemein werden dabei die im Gestell gelagerten Räder als Zentral- oder Sonnenräder bezeichnet, die auf dem umlaufenden Steg als Umlauf- oder Planetenräder (daher auch Planetenradgetriebe).

11.2.2. Einteilung nach der Anzahl der Übersetzungsstufen

Einstufige Getriebe sind Zahnradgetriebe, bei denen zwischen Antriebs- und Abtriebswelle Drehzahl und Drehmoment nur einmal gewandelt werden (Bild 11.3a), bei mehrstufigen Getrieben dagegen mehrmals. Man unterscheidet zusätzlich, je nachdem ob Antriebs- und Abtriebsachse fluchten oder nicht, rückkehrende und nichtrückkehrende Getriebe (Bild 11.3b, c).

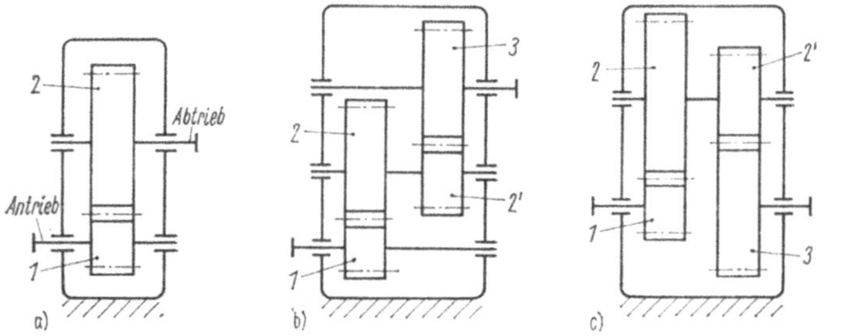

Bild 11.3
Stirnradgetriebe
a) einstufig; b) zweistufig, nicht rückkehrend; c) zweistufig, rückkehrend

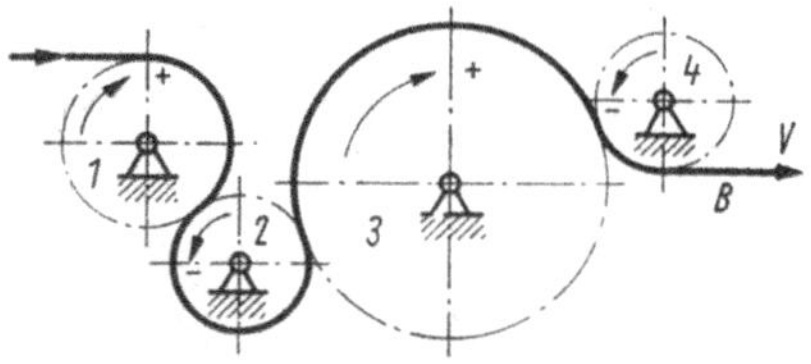

Bild 11.4
Räderkette

Ein Sonderfall ist die Räderkette (Bild 11.4), bei der mehrere außenverzahnte Räder (*1* bis *4*) in einer fortlaufenden Kette angeordnet sind. Bei ihnen überträgt die gleiche Verzahnung, die die Bewegung vom vorhergehenden Rad übernimmt, diese auch auf das nachfolgende Rad ohne Zwischenübersetzung, kehrt dabei aber die Drehrichtung um. Alle Teilkreise haben die gleiche Umfangsgeschwindigkeit *v*, so als ob ein Band *B* hindurchgezogen würde.

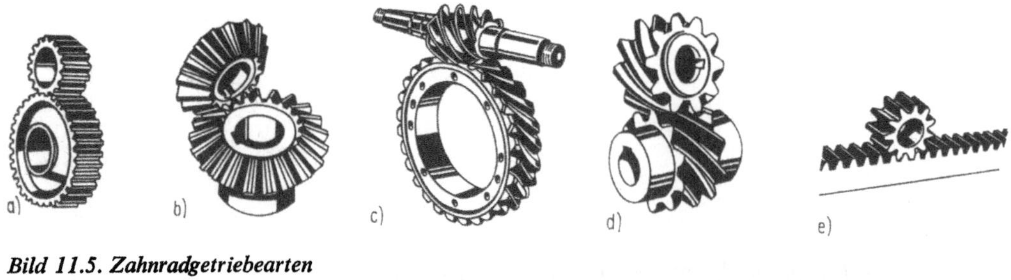

Bild 11.5. Zahnradgetriebearten
a) Stirnradgetriebe; b) Kegelradgetriebe; c) Schneckengetriebe; d) Schraubenstirnradgetriebe; e) Zahnstangengetriebe

11.2.3. Einteilung nach Lage der Achsen und geometrischer Grundform der Radkörper

Stirnradgetriebe haben parallele Achsen; geometrische Grundformen der gepaarten Räder sind Zylinder (Bild 11.5a). Kegelradgetriebe haben sich schneidende Achsen (b). Die geometrischen Grundformen der Radkörper sind Kreiskegel. Sich kreuzende Achsen liegen sowohl bei Schraubenstirnrad- als auch bei Schneckengetrieben vor. Bei Schneckengetrieben beträgt der Kreuzungswinkel i. allg. 90°. Die geometrischen Grundformen der gepaarten Radkörper sind Zylinder und Globoid (Bilder 11.5c und 11.31), während bei den Schraubenstirnradgetrieben die Grundform beider Räder ein Zylinder ist (Bild 11.5d). Ein spezielles Stirnradgetriebe ist das Zahnstangengetriebe (Bild 11.5e).

11.3. Zahnräder [3] [8] [11.3]

11.3.1. Grundgesetze der Verzahnung

Entsprechend der Forderung nach gleichmäßiger Bewegungsübertragung können Aufbau und Gestaltung der Zahnräder nicht willkürlich erfolgen, sondern sind bestimmten kinematischen und geometrischen Bedingungen unterworfen. Diese ergeben sich aus den zwei Grundgesetzen der Verzahnung.

Um eine Verzahnung mit konstanter Übersetzung,

$$i_0 = \omega_1/\omega_2 = \text{konst.}, \tag{11.2}$$

und damit gleichmäßiger Bewegungsübertragung zu erhalten, müssen die beiden sich berührenden Zahnprofile so ausgebildet sein, daß ihre gemeinsame Normale in jeder Lage durch einen unveränderlichen Punkt, den Wälzpunkt C, geht (Bild 11.6a) und somit die Verbindungslinie der beiden Radmittelpunkte $\overline{0_1 0_2}$ im konstanten Verhältnis r_2/r_1 geteilt wird. Dieses *erste Verzahnungsgesetz* wird vom Evolventenprofil erfüllt. Die Forderung

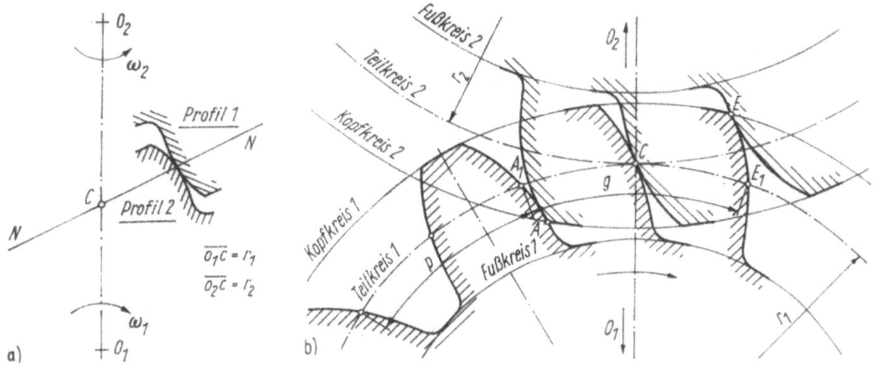

Bild 11.6. Grundgesetze der Verzahnung
a) erstes Verzahnungsgesetz; b) zweites Verzahnungsgesetz

nach einer konstanten Übersetzung verlangt außerdem, daß beim Zusammenarbeiten zweier Zahnräder mindestens ein Flankenpaar im Eingriff ist, d. h. also, daß spätestens bei Beendigung des Eingriffs eines Flankenpaars (Punkt E im Bild 11.6b) das nächstfolgende kinematisch exakt in Eingriff kommen muß (Punkt A). Für die Verzahnung im Bild 11.6b ergibt sich somit die Forderung, daß der Eingriffsbogen g, also der auf dem Teilkreis gemessene Bogen, vom Beginn bis zum Ende des Eingriffs gleich oder größer sein muß als die Teilung p (s. Abschn. 11.3.2.). Das Verhältnis von Eingriffsbogen g zur Teilung p wird bei geradverzahnten Stirnradgetrieben als Profilüberdeckung ε_α bezeichnet. Damit ergibt sich das *zweite Verzahnungsgesetz*:

$$\varepsilon_\alpha = g/p \geqq 1. \tag{11.3}$$

11.3.2. Bezeichnungen und Bestimmungsgrößen an Zahnrädern

Die grundlegenden Begriffe und Bezeichnungen an Zahnrädern sind in TGL 15015/DIN 3960 festgelegt und im Bild 11.7 für ein Stirnrad mit geraden Zähnen dargestellt.

Beim Verzahnen wird der Umfang eines Zahnrads entsprechend der Zähnezahl in z gleiche Teile geteilt. Die Entfernung zwischen zwei aufeinanderfolgenden, gleichgerichteten Flankenflächen der Zähne bezeichnet man als Teilung. Wird sie auf dem Umfang des Teilkreises mit dem Durchmesser d zwischen zwei Rechts- oder Linksflanken gemessen, bezeichnet man die Teilung als Teilkreisteilung p. Zwischen dem Teilkreisdurchmesser d, der Teilung p und der Zähnezahl z besteht folgender Zusammenhang:

$$pz = d\pi \quad \text{bzw.} \quad d = pz/\pi. \tag{11.4), (11.5}$$

Das Verhältnis d/z wird als Modul m bezeichnet (Durchmesserteilung), und man erhält

$$d = mz \quad \text{bzw.} \quad p = m\pi. \tag{11.6), (11.7}$$

Die Teilung p setzt sich zusammen aus der Zahndicke s und der Lückenweite e,

$$p = s + e. \tag{11.8}$$

Alle drei Größen werden i. allg. als Bogenlängen auf dem Teilkreis gemessen. Weitere Bestimmungsgrößen sind die Zahnkopfhöhe h_a, gemessen vom Teilkreis bis zum Kopfkreis, die Zahnfußhöhe h_f, gemessen vom Teilkreis bis zum Fußkreis, und die Zahnhöhe h, die sich aus Kopf- und Fußhöhe zusammensetzt. Bei standardisierten Verzahnungen werden diese Verzahnungsgrößen als modulabhängige Größen angegeben.

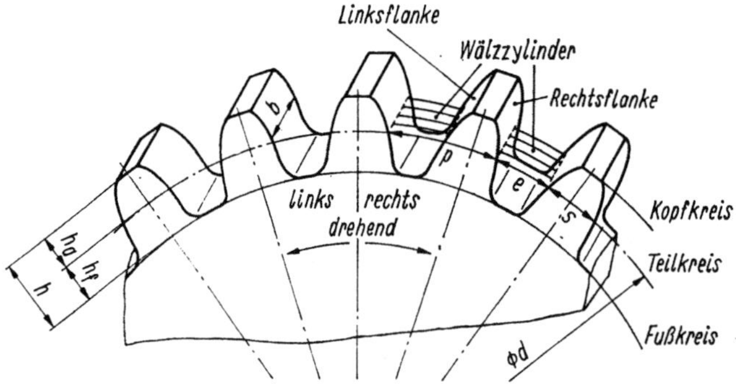

Bild 11.7
Bestimmungsgrößen an Zahnrädern

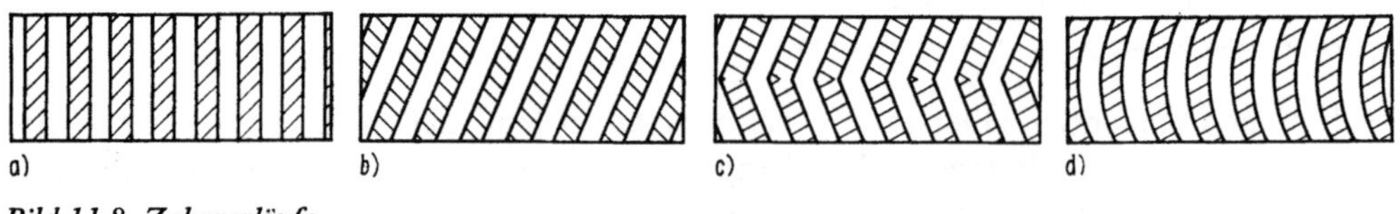

Bild 11.8. Zahnverläufe

a) Geradzähne; b) Schrägzähne; c) Pfeilzähne; d) Bogenzähne

Für den Modul m dürfen nur standardisierte (genormte) Werte verwendet werden:

Modul m in mm					
Reihe 1	Reihe 2	Reihe 1	Reihe 2	Reihe 1	Reihe 2
0,05	–	–	0,35	2,0	–
–	0,055	0,4	–	–	2,25
0,06	–	–	0,45	2,5	–
–	0,07	0,5	–	–	2,75
0,08	–	–	0,55	3	–
–	0,09	0,6	(0,65)	–	3,5
0,1	–	0,7)	0,7	4	–
–	0,11	–	(0,75)	–	4,5
0,12	–	0,8	(0,85)	5	–
–	0,14	(0,9)	0,9	–	5,5
0,15	–	–	(0,95)	6	–
–	0,18	1,0	–	–	7
0,2	–	–	(1,125)	8	–
–	0,22	1,25	–	–	9
0,25	–	–	(1,375)	10	
–	0,28	1,5	–		
0,3	–	–	1,75		

Tafel 11.3. Modulreihe für Stirnräder nach TGL RGW 310-76 und DIN 780 (in Klammern stehen in DIN 780 zusätzlich enthaltene Modulwerte, und für $m = 0{,}15$ mm gilt in DIN $m = 0{,}16$ mm); Werte der Reihe 1 sind bevorzugt anzuwenden

Je nach Getriebeart müssen für die Räder bestimmte Verzahnungen verwendet werden, die durch ihre Profilform und den Verlauf der Flanken eindeutig festgelegt sind. Die Profilform ergibt sich aus den Gesetzmäßigkeiten der Verzahnungsgeometrie; der Verlauf der Flankenlinien bestimmt die verschiedenen gebräuchlichen Zahnverläufe (Bild 11.8).

11.3.3. Profilformen

Ausgehend von einem beliebig gewählten Zahnprofil kann gemäß dem ersten Verzahnungsgesetz das zugehörige Gegenprofil konstruiert werden (Konstruktionsverfahren s. a. [2] [3] [8]). Willkürlich geformte Zahnflanken, auch wenn mit ihnen die Grundgesetze der Verzahnung erfüllt werden, sind für die praktische Verwendung nicht sinnvoll. Sie lassen sich mathematisch nicht genau fassen und vor allem sehr schwierig fertigen. Zweckmäßig sind regelmäßig geformte Flanken. Im wesentlichen hat nur das Evolventenprofil technische Bedeutung erlangt (s. Abschn. 11.3.4.1.). Lediglich für Getriebe in Uhren mit mechanischem Schwingsystem gelangen von der Zykloide abgeleitete Sonderverzahnungen (Pseudozykloidenverzahnung, Uhrwerksverzahnung, Bild 11.9) zum Einsatz. Da in diesen

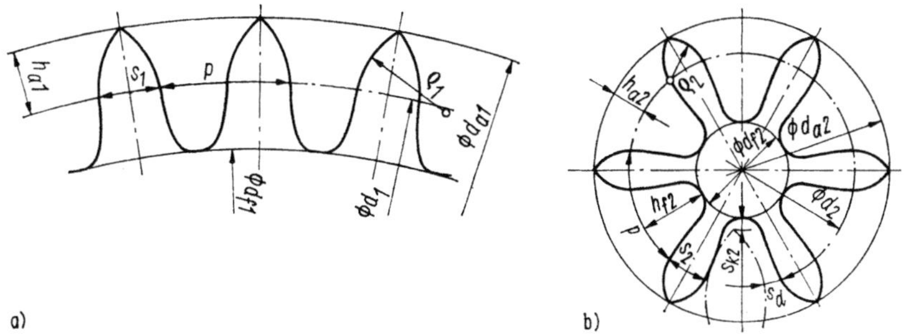

Bild 11.9. Pseudozykloidenverzahnung
Zahnform a) für Räder; b) für Triebe

Uhren die Größe und damit die Leistung des Antriebs (Federhaus, s. Abschn. 6.) Beschränkungen unterworfen ist, wird ein möglichst großer Getriebewirkungsgrad gefordert, der mit der Sonderverzahnung besser erreicht werden kann als mit der Evolventenverzahnung. Außerdem muß eine solche Uhrwerksverzahnung momentengetreu übertragen, was mit der Evolventenverzahnung nicht erreichbar ist.

11.3.4. Stirnräder mit Evolventengeradverzahnung

11.3.4.1. Die Evolvente

Wird eine Gerade auf einer beliebigen Grundkurve, der sog. Evolute, abgerollt, ohne zu gleiten, so beschreibt jeder Punkt dieser Geraden eine Abwicklungskurve (Evolvente). Demnach sind Evolventen, die von verschiedenen Punkten derselben Geraden beschrieben werden, Parallelkurven, deren Verlauf nur durch die Grundkurve bestimmt wird. Im folgenden soll unter dem Begriff Evolvente einschränkend nur die Kreisevolvente verstanden werden. Sie entsteht, wenn die Gerade auf einem Kreis, dem sog. Grundkreis, abrollt (Bild 11.10).

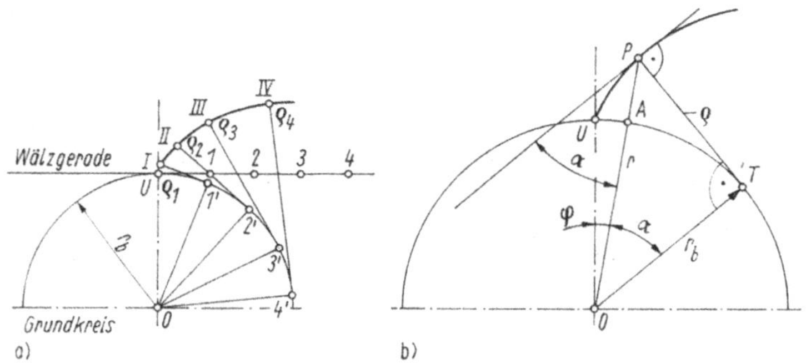

Bild 11.10. Die Kreisevolvente
a) Konstruktion ($\widehat{U1'} = \overline{U1}$; $\widehat{U2'} = \overline{U2}$; ...); b) Bezeichnungen und Beziehungen, s.a. Gl. (11.18 a)

Zwei auf dem gleichen Grundkreis abgewickelte gegenläufige Evolventen E_1 und E_2 schließen den Evolventenzahn ein (Bild 11.11), der nach oben durch den Kopfkreis und nach unten durch den Fußkreis begrenzt ist. Die Zahnform wird durch den Eingriffswinkel α bestimmt. Dieser Winkel ist der Pressungswinkel (spitzer Winkel zwischen einer Tangente an die Zahnflanke und dem Mittelpunktstrahl durch den Berührungspunkt, s. Bild 11.10b), dessen Scheitel auf dem Teilkreis mit dem Radius $r(\alpha)$ bzw. auf dem Wälzkreis mit dem Radius $r_w(\alpha_w)$ liegt.

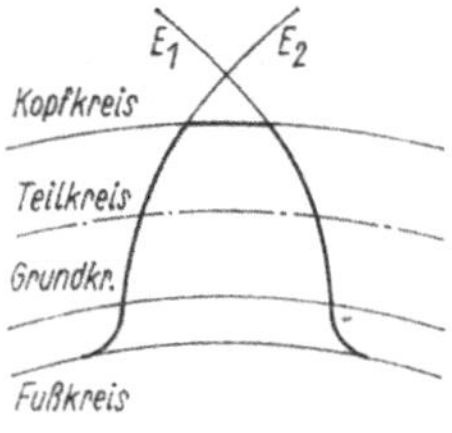

Bild 11.11
Evolventen E_1 und E_2 als Zahnflanken

Der Grundkreis ergibt sich aus diesen Größen nach

$$r_b = r \cos \alpha = r_w \cos \alpha_w . \tag{11.9}$$

11.3.4.2. Bezugsprofil und Verzahnungsgrößen

Betrachtet man ein Zahnrad mit unendlich großem Radius, d.h., r und damit auch $r_b = \infty$, so erhält man eine Zahnstange. Bei dieser geht aufgrund des unendlich großen Grundkreises die Evolvente in eine unter dem Eingriffswinkel α gegen die Senkrechte geneigte Gerade über, und die Zahnflanken werden Ebenen (Bild 11.12). Wegen seiner einfachen und genau herstellbaren Form wurde das Zahnstangenprofil als Ausgangsprofil für die

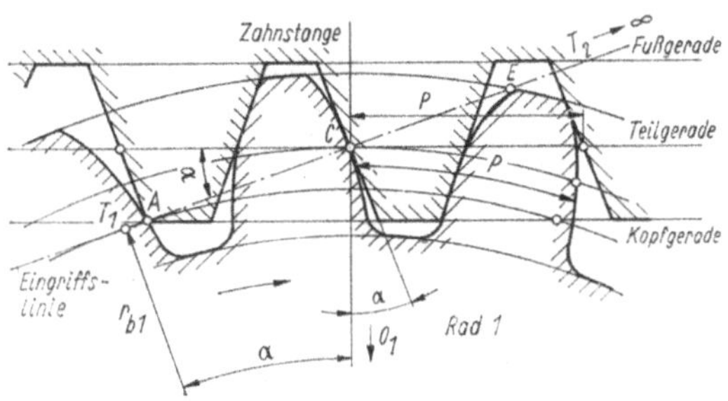

Bild 11.12
Eingriff von Zahnstange und Rad
A Beginn, E Ende des Eingriffs

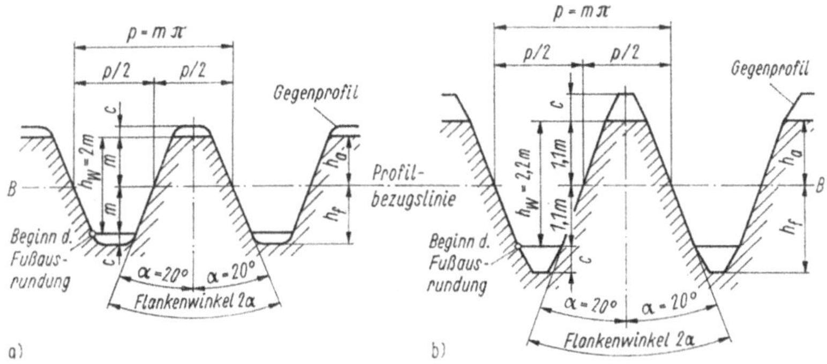

Bild 11.13. Bezugsprofil mit Gegenprofil
a) nach TGL RGW 308-76 und TGL RGW 309(A) sowie DIN 867; b) nach TGL RGW 309(B) sowie DIN 58400 (in DIN sind für die Bestimmungsgrößen am Bezugsprofil alle Zeichen mit dem zusätzlichen Index P versehen.)

Evolventenverzahnung festgelegt und Bezugsprofil genannt (Bild 11.13). Leitet man daraus das Werkzeug ab, dann lassen sich alle Räder so damit verzahnen, daß sie unabhängig von der Zähnezahl einwandfrei zusammenarbeiten. Um den unterschiedlichen Anforderungen gerecht zu werden, sind zwei Bezugsprofile standardisiert bzw. genormt

Verzahnungsgrößen (vgl. a. Tafel 11.8)	TGL RGW 308-76 TGL RGW 309(A) DIN 867 (Bild 11.13a)	TGL RGW 309(B) DIN 58400 (Bild 11.13b)
Flankenwinkel 2α	40°	40°
halber Flankenwinkel α	20°	20°
Kopfhöhe $h_a = h_a^* m$	$1{,}0m$	$1{,}1m$
Kopfspiel $c = c^* m$	$0{,}25m$	$(0{,}25 \ldots 0{,}4)\, m$
Fußhöhe $h_f = (h_a^* + c^*)\, m$	$1{,}25m$	$1{,}35m$
gemeinsame Zahnhöhe $h_w = 2h_a^* m$	$2{,}0m$	$2{,}2m$
Kopfkreisdurchmesser d_a	$(z + 2{,}0)\, m$	$(z + 2{,}2)\, m$ } für $c = 0{,}25m$
Fußkreisdurchmesser d_f	$(z - 2{,}5)\, m$	$(z - 2{,}7)\, m$ } für $c = 0{,}25m$

Das Bezugsprofil nach TGL RGW 308-76 und TGL RGW 309(A) sowie DIN 867 wird bei Moduln $m \geqq 1$ vorzugsweise im Maschinenbau und bei $m < 1$ mm i. allg. in der Gerätetechnik angewendet, während das Bezugsprofil nach TGL RGW 309 (B) sowie DIN 58400 vorzugsweise bei $m < 1$ mm den Anforderungen der gerätetechnischen Massenfertigung (insbesondere ausreichende Profilüberdeckung und großes Zahnkopfspiel auch bei großen Verzahnungstoleranzen) gerecht wird.

11.3.4.3. Eingriffsverhältnisse und Profilüberdeckung

Für die Konstruktion eines Zahnradgetriebes ist der Achsabstand a_w eine wichtige Ausgangsgröße. Er ist definiert als Abstand der Radachsen zweier gepaarter Stirnräder.

Der theoretische Achsabstand a ist

$$a = d_1/2 \pm d_2/2 \tag{11.10}$$

bzw., unter Verwendung von Gl. (11.6)

$$a = m(z_1 \pm z_2)/2$$

(negatives Vorzeichen gilt für Innenverzahnung, vgl. Tafel 11.2).

Kleinere Abweichungen vom theoretischen Achsabstand führen bei der Evolventenverzahnung nicht zu einer Veränderung der momentanen Übersetzung. Beeinflußt wird jedoch u. a. die Überdeckung, die sich bei Achsauseinanderrückung verringert. Die Über-

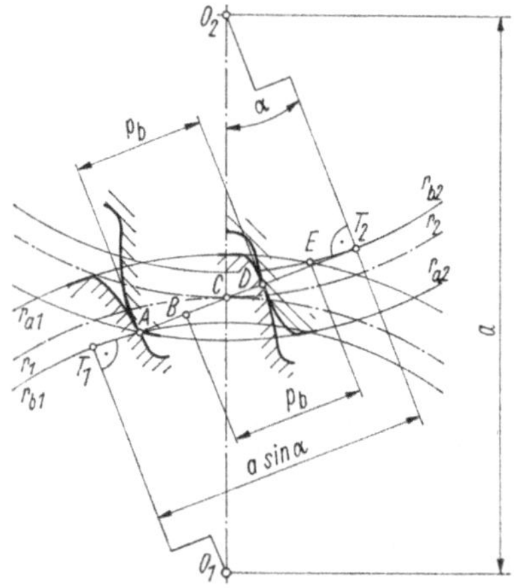

Bild 11.14
Eingriffsverhältnisse der Evolventenverzahnung
A Eingriffsbeginn; *E* Eingriffsende, $\overline{BD}$ Einzeleingriffsgebiet (nur ein Zahnpaar im Eingriff); $\overline{AB}$, $\overline{DE}$ Doppeleingriffsgebiet (zwei Zahnpaare gleichzeitig im Eingriff)
In DIN 3960: p_e Eingriffsteilung; p_b Teilung auf Grundzylinder.

deckung ergibt sich beim theoretischen Achsabstand a mit den Beziehungen nach Bild 11.14. Dabei ist zu beachten, daß bei der Evolventenverzahnung der Eingriff eines Zahnpaars auf einer Geraden, der Eingriffslinie, innerhalb der Eingriffsstrecke $\overline{AE}$ erfolgt (vgl. a. Bild 11.6 und Gl. (11.5)). Bei Geradverzahnung gilt:

$$\varepsilon_\alpha = g/p = \overline{AE}/p_b.$$

Mit $\overline{AE} = \overline{T_1E} + \overline{T_2A} - \overline{T_1T_2}$ und $p_b = p \cos\alpha = m\pi \cos\alpha$ (p_b Eingriffsteilung/Grundkreisteilung: Abstand zweier aufeinanderfolgender Zahnflanken auf der Eingriffslinie/auf dem Grundzylinder. In DIN 3960: p_e Eingriffsteilung, p_b Teilung auf dem Grundzylinder) erhält man

$$\varepsilon_\alpha = \frac{\sqrt{r_{a1}^2 - r_{b1}^2} + \sqrt{r_{a2}^2 - r_{b2}^2} - a \sin\alpha}{m\pi \cos\alpha} \geqq 1 \quad \text{[s. a. Gl. (11.20)]}. \tag{11.11}$$

11.3.4.4. Herstellung der Zahnräder

Man unterscheidet die spanlose Formung (Spritzgießen, besonders für Plastmassen, und Schneiden, vor allem für Räder aus Blech) und spanende Formgebung (Fräsen, Stoßen, Schleifen, Schaben, Honen usw.).

Bei der Herstellung der Zahnräder wird, sofern diese nicht in einem Arbeitsgang erfolgt (z.B. durch Spritzgießen), grundsätzlich nach der Anfertigung des Radkörpers verzahnt. Während die spanlose Formung nur in der Massenfertigung bei geringen Ansprüchen an die Genauigkeit angewendet wird, lassen sich durch die spanende Formgebung Zahnräder mit z.T. sehr hoher Genauigkeit herstellen. Dabei unterscheidet man je nach der Art der Weiterschaltung von Zahn zu Zahn während der Bearbeitung zwischen kontinuierlichen Arbeitsverfahren und Teilverfahren. Bei kontinuierlichen Verfahren hat das Abwälzfräsen (Bild 11.15a) die größte Bedeutung. Das Werkzeug, der Abwälzfräser, trägt ein angenähertes Zahnstangenprofil, so daß je Modul ein einziger Fräser benötigt wird, unabhängig von der Zähnezahl der herzustellenden Räder (s. Abschnitt 11.3.4.2.). Beim Fräsen im Teilverfahren (Bild 11.15b) muß das Werkzeug (Formfräser) genau dem Profil der Zahnlücke entsprechen. Da das Profil von der Zähnezahl bzw. vom Durchmesser des Rades abhängt, ist eigentlich für jede Zähnezahl ein gesonderter Fräser erforderlich. Die Unterschiede der Lückenform sind jedoch bei kleinen Zähnezahldifferenzen so gering, daß ohne Beeinträchtigung der Laufgüte wirtschaftlich mit einem Fräser (Satzfräser) Zahnräder eines bestimmten Zähnezahlbereichs hergestellt werden können.

Durch Fräsen werden im Teilverfahren Zahnräder gefertigt, die aufgrund ihrer Dimensionen nicht mehr abgewälzt werden können. Der Hauptvorteil der Teilverfahren sind die geringen Schnittkräfte.

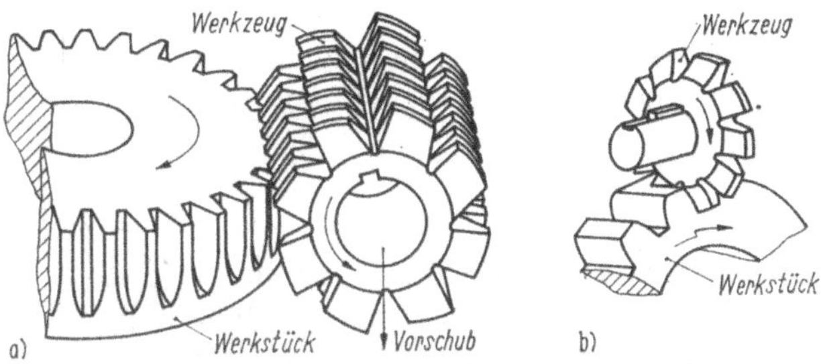

Bild 11.15
Herstellung von Zahnrädern
a) Fräsen im Abwälzverfahren;
b) Fräsen im Teilverfahren

In der feingerätetechnischen Massenfertigung werden Stirnräder beim Wälzfräsen oft nach dem *Kopfüberschneidverfahren* hergestellt (gleichzeitige Bearbeitung von Kopfzylinder und Zahnflanken). Das hat den Vorteil, daß die Radkörper nur grob vorbearbeitet sein müssen (z.B. durch Ausschneiden) und sich bei kleiner Radbreite im Paket auf die Fräsmaschine spannen lassen. Dadurch werden zugleich geringe Rundlaufabweichungen zwischen Verzahnung und Radbohrung garantiert. Nachteilig ist jedoch, daß bei negativer Profilverschiebung (s. Abschn. 11.3.4.6.) und damit auch bei größeren Zahndickenabmaßen zugleich eine Kopfkürzung erfolgt, wodurch die Profilüberdeckung verringert wird.

11.3.4.5. Unterschnitt und Grenzzähnezahl

Bei der Herstellung eines Zahnrads durch Abwälzfräsen bestimmt die relative Bahn des Werkzeugzahnkopfs (relativ in bezug auf das Rad) den untersten Teil der Fußflanke. Dabei kann ein Teil der zur Bewegungsübertragung notwendigen Fußflanke zwischen

Grund- und Teilkreis weggeschnitten werden (Bild 11.16). Dadurch wird der gesamte Zahnfuß geschwächt und die Belastbarkeit des Zahnes verringert. Diese nachteilige Erscheinung wird als Unterschnitt bezeichnet. Er tritt bei kleinen Zähnezahlen auf, und zwar dann, wenn der Grenzpunkt A der Eingriffsstrecke (das ist der Schnittpunkt der Kopfgeraden mit der Eingriffslinie) außerhalb der Strecke $\overline{CT_1}$ liegt. Der Betrag des

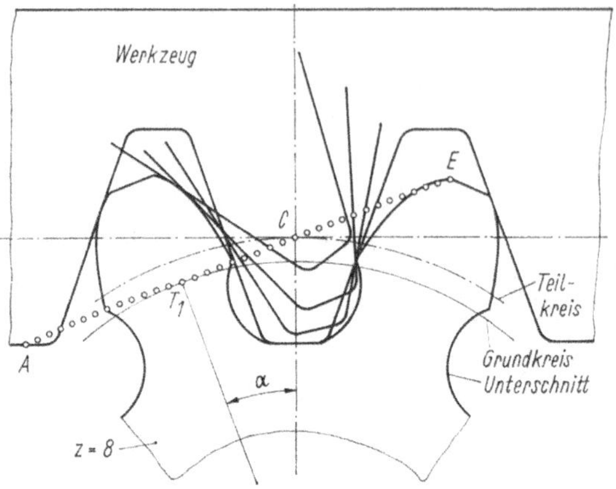

Bild 11.16
Entstehung des Unterschnitts

Unterschnitts ist abhängig von der Zähnezahl z des zu schneidenden Rades, vom Flankenwinkel α des Werkzeugs und von der Zahnkopfhöhe am Erzeugungsprofil. Die Zähnezahl, bei der gerade noch kein Unterschnitt auftritt (in diesem Fall liegt der Punkt A im Punkt T_1), ist die rechnerische Grenzzähnezahl z_{min}. Für Zahnstangenwerkzeuge gilt

$$z_{min} = 2h_a^*/\sin^2 \alpha \tag{11.12}$$

mit $h_a^* = h_a/m$ (s. Abschn. 11.3.4.2.). In der Praxis kann ohne Verschlechterung der Eingriffsverhältnisse dieser Grenzwert etwas unterschritten werden. Für die praktische Grenzzähnezahl gilt dann

$$z'_{min} = (5/6)\, z_{min}. \tag{11.13}$$

Bei dem Bezugsprofil mit $h_a = 1{,}0\, m$ ergeben sich Grenzzähnezahlen von $z_{min} = 17$ bzw. $z'_{min} = 14$ und bei dem Profil mit $h_a = 1{,}1\, m$ solche von $z_{min} = 19$ bzw. $z'_{min} = 16$.

Zur Vermeidung des Unterschnitts gibt es verschiedene Möglichkeiten. Neben der Vergrößerung des Flankenwinkels α am Werkzeug oder der Verkleinerung der Werkzeugkopfhöhe wird meist von der Profilverschiebung Gebrauch gemacht, weil dafür keine Sonderwerkzeuge erforderlich sind.

11.3.4.6. Profilverschiebung

Der Unterschnitt wird bei der Herstellung evolventenverzahnter Räder mittels Abwälzfräser dann vermieden, wenn das Werkzeug (Zahnstangenprofil mit der Profilbezugslinie $\overline{BB}$) vom Teilkreis des Rades um einen genügend großen Betrag abgerückt wird, so daß der Punkt A (s. Bild 11.16) nicht mehr außerhalb der Strecke $\overline{CT_1}$ liegt. Der Abstand der Profilbezugslinie $\overline{BB}$ zum Teilkreis ist der Betrag der Profilverschiebung v. Er wird in Abhängigkeit vom Modul angegeben als

$$v = xm, \tag{11.14}$$

x dimensionsloser Profilverschiebungsfaktor.

Man unterscheidet je nach der Richtung der Verschiebung, bezogen auf den Radmittelpunkt des zu schneidenden Rades, eine positive (Abrücken des Werkzeugs) und eine negative Profilverschiebung (Zustellen des Werkzeugs).

Es ergeben sich drei Radarten:

- *Null-Räder:* Räder ohne Profilverschiebung
- *V-Plusräder:* Räder mit positiver Profilverschiebung
- *V-Minusräder:* Räder mit negativer Profilverschiebung.

Der erforderliche theoretische Mindestprofilverschiebungsfaktor zur Erzielung nicht unterschnittener Zähne wird berechnet aus

$$x_{\min} = h_a^* (z_{\min} - z)/z_{\min}. \tag{11.15}$$

Unter Berücksichtigung der praktischen Grenzzähnezahl $z'_{\min}$ gilt für den praktischen Profilverschiebungsfaktor:

$$x' = h_a^* (z'_{\min} - z)/z_{\min}. \tag{11.16}$$

Der Profilverschiebungsfaktor x ist für jede Zähnezahl eingegrenzt, nach oben durch das Spitzwerden der Zähne und nach unten durch den Unterschnitt (Bild 11.17).

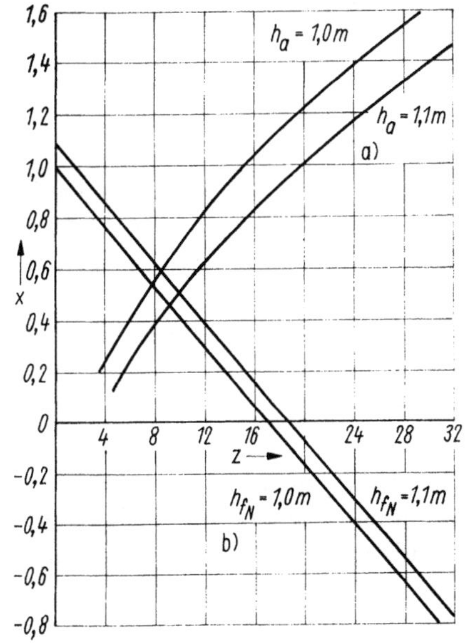

Bild 11.17
Bestimmung der Maximal- und Minimalprofilverschiebung in Abhängigkeit von der Zähnezahl

a) Grenze für das Spitzwerden der Zähne bei Profilverschiebung ($x_{\max}$); b) Grenze für beginnende Unterschneidung der Zähne ($x_{\min}$)
h_a Kopfhöhe; h_{fN} nutzbare Zahnfußhöhe

Ein Vorteil des Evolventenprofils ist die Unempfindlichkeit gegen Abweichungen vom Nennachsabstand. Das Abrücken oder Zustellen des Abwälzfräsers bei der Herstellung profilverschobener Räder entspricht einer Achsabstandsänderung. Daraus folgt, daß alle vom gleichen Abwälzfräser hergestellten Räder, gleichgültig, ob mit oder ohne Profilverschiebung, miteinander zu Getrieben gepaart werden können. Folgende drei Paarungsmöglichkeiten sind zu unterscheiden:

- *Null-Getriebe:*
  Paarung zweier Null-Räder; $x_1 = x_2 = 0$; $a = (z_1 \pm z_2)\, m/2$.
- *V-Null-Getriebe:*
  Paarung eines V-Plus- und eines V-Minusrads mit gleichem Betrag der Profilverschiebung; $x_1 = -x_2$, $x_1 + x_2 = 0$; $a = (z_1 \pm z_2)\, m/2$.

- *V*-Getriebe:
  Paarung zweier Räder mit ungleicher Profilverschiebung (Null- und V-Rad bzw. zwei V-Räder); $x_1 \neq x_2$; $x_1 + x_2 \neq 0$; $a_w \neq a$, s. Gl. (11.19).

Ein Vergleich der Paarungsmöglichkeiten zeigt, daß die Vermeidung von Unterschnitt bei $z < z'_{min}$ unter Beibehaltung des theoretischen Achsabstands a zur Anwendung eines V-Null-Getriebes führt. Während beim V-Plusrad dieses Getriebes (kleineres Rad) der Unterschnitt durch die positive Profilverschiebung vermieden wird, darf beim V-Minusrad (größeres Rad) die negative Profilverschiebung nicht zu Unterschnitt führen. Deshalb muß gelten $z_2 > z'_{min}$. Ein V-Null-Getriebe setzt also voraus:

$$z_1 + z_2 \geqq 2z'_{min}. \tag{11.17}$$

Demgegenüber verändert sich bei einem V-Getriebe der Achsabstand und damit zugleich auch der Eingriffswinkel. Den Betriebseingriffswinkel α_w dieses Getriebes erhält man über

$$\text{ev}\,\alpha_w = \text{ev}\,\alpha + 2\tan\alpha\,(x_1 + x_2)/(z_1 + z_2). \tag{11.18}$$

Die Evolventenfunktion „ev α" ergibt sich mit den Bezeichnungen aus Bild 11.10b allgemein zu

$$\hat{\varphi} = \text{ev}\,\alpha = \text{inv}\,\alpha = \tan\alpha - \text{arc}\,\alpha. \tag{11.18a}$$

Die Evolventenfunktion liegt tabelliert vor (s. Tafel 11.4 und [2] [3] [8]). Aus ev α_w kann mit diesen Tabellen α_w bestimmt und damit der neue Betriebsachsabstand a_w errechnet werden:

$$a_w = a\cos\alpha/\cos\alpha_w. \tag{11.19}$$

Diese Achsabstandsänderung durch Profilverschiebung kann auch ausgenutzt werden, wenn für ein Getriebe ein bestimmter Achsabstand einzuhalten ist, der mit Variation der Zähnezahlen allein nicht erreicht werden kann. Dann werden nach Gl. (11.19) der neue Betriebseingriffswinkel α_w und aus Gl. (11.18) die erforderlichen Profilverschiebungsfaktoren berechnet.

Die Profilverschiebung hat weiterhin Einfluß auf die Überdeckung, es gilt:

$$\varepsilon_\alpha = \frac{\sqrt{r_{a1}^2 - r_{b1}^2} + \sqrt{r_{a2}^2 - r_{b2}^2} - a_w \sin\alpha_w}{m\pi\cos\alpha} \geqq 1. \tag{11.20}$$

Mit der Profilverschiebung ändern sich in dieser Gleichung neben dem Achsabstand a_w und dem Eingriffswinkel α_w auch die Kopfkreisradien. Sie ergeben sich nach $r_a = r + (h_a + xm)$. Analog erhält man für die Fußkreisradien $r_f = r - h_f + xm$ (h_a und h_f s. Abschn. 11.3.4.2.).

Tafel 11.4. Evolventenfunktion ev α = inv $\alpha = f(\alpha)$

α	0′	10′	20′	30′	40′	50′	60′
18°	0,010760	011071	011387	011709	012038	012373	012715
19°	0,012715	013063	013418	013779	014148	014522	014904
20°	0,014904	015293	015689	016092	016502	016920	017345
21°	0,017345	017777	018217	018665	019120	019583	020054
22°	0,020054	020533	021019	021514	022018	022529	023049
23°	0,023049	023577	024114	024660	025214	025778	026350
24°	0,026350	026931	027521	028121	028729	029348	029975
25°	0,029975	030613	031260	031916	032583	033260	033947
26°	0,033947	034644	035352	036069	036798	037537	038286
27°	0,038286	039047	039819	040602	041395	042201	043017
28°	0,043017	043845	044685	045537	046400	047276	048164

Nur bei dem Profil mit $h_a = 1{,}0\,m$ (Bild 11.13a) ist bei größeren Profilverschiebungen für ein Mindestkopfspiel außerdem eine zusätzliche Kopfkürzung erforderlich (Berechnung s. [3] [8]).

Neben der Vermeidung von Unterschnitt und der Korrektur des Achsabstands kann die Profilverschiebung auch zur Erhöhung der Laufruhe durch Vergrößerung der Überdekkung sowie zur Steigerung der Zahnfuß- und Flankentragfähigkeit ausgenutzt werden (Profilverschiebung s. TGL 15008, 15010, 15011 und DIN 3992 bis 3995 und [8]).

11.3.4.7. Verzahnungstoleranzen, Getriebepassungen [11.10]

Je nach Verwendungszweck werden an ein Zahnradgetriebe Anforderungen hinsichtlich ruhigem Lauf, geringem Verschleiß, winkelgetreuer Übertragung der Drehbewegung und Austauschbarkeit der Getriebeelemente gestellt. Hinzu kommt, daß nur eine Getriebemontage ohne Nacharbeit wirtschaftlich ist. Das verlangt tolerierte Getriebeabmessungen und ein Getriebepassungssystem. Zur Festlegung einer bestimmten Getriebepassung (Spielpassung) ist neben dem Kopfspiel c (Bild 11.13), das den Abstand des Kopfkreises vom Fußkreis des Gegenrades angibt, aus fertigungs- und betriebstechnischen Gründen (Herstellungs- und Montageabweichungen, Möglichkeit der Schmierstoffaufnahme usw.)

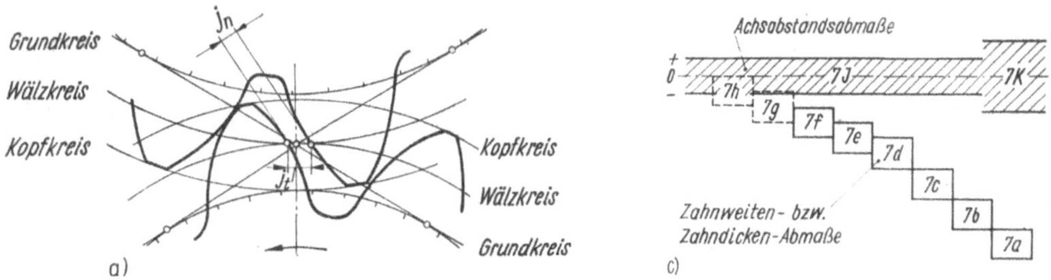

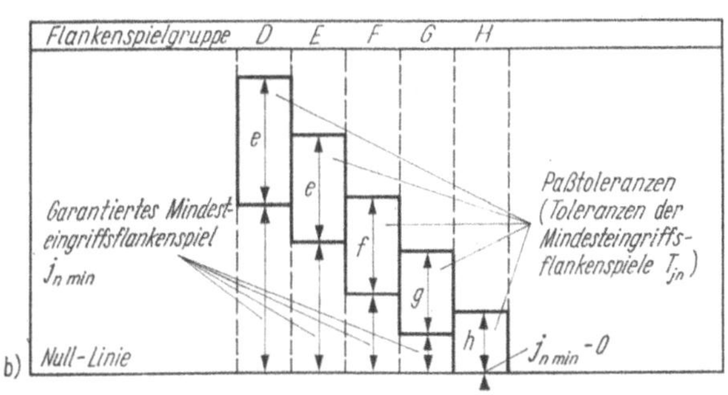

Bild 11.18
Flankenspiel bei Stirnradgetrieben
a) Verdreh- und Eingriffsflankenspiel
b) Flankenspielgruppen nach TGL RGW 642
c) Zahndicken- bzw. Zahnweitenmaße nach DIN 58405 (Beispiel für Getriebepassung der Qualität 7); vgl. a. DIN 3961, 3964, 3967

ein definiertes Flankenspiel erforderlich. Der Betrag des Flankenspiels ergibt sich aus den Profilabstandsmaßen E_{Hs} der beiden Räder und aus der Grenzabweichung f_a des Achsabstands. Man unterscheidet das Verdrehflankenspiel j_t und das Eingriffsflankenspiel j_n (Bild 11.18a), wobei gilt

$$j_t = j_n / \cos\alpha . \qquad (11.21\,a)$$

Das garantierte Mindest-Eingriffsflankenspiel $j_{n\,min}$ ergibt sich aus

$$j_{n\,min} = 2 \sin\alpha\,(E_{Hs\,1} + E_{Hs\,2} - f_a) . \qquad (11.21\,b)$$

Zur funktionsgerechten Festlegung des Flankenspiels stehen für Moduln $m \geqq 1$ mm in TGL RGW 641 sechs und für Moduln $m < 1$ mm in TGL RGW 642 fünf Flankenspielgruppen zur Verfügung. Außerdem enthalten diese Standards die Qualitätskenngrößen der Zahnräder (Rundlaufabweichung F_r, Teilungsabweichung f_{pt} usw.). Diese Größen sind in drei Funktionsgruppen (Kinematische Genauigkeit – Laufgleichmäßigkeit – Flankenberührung) sowie jeweils 12 Genauigkeitsklassen gestuft. Damit läßt sich eine Radpaarung, z.B. mit den Genauigkeitsklassen 8 – 7 – 7 dieser drei Funktionsgruppen, der Flankenspielgruppe D und der Paßtoleranzgruppe f (Bild 11.18b), wie folgt bezeichnen: 8 – 7 – 7 D f ST RGW 641-77.

In vielen Fällen ist es jedoch ausreichend, für alle drei Funktionsgruppen die gleiche Genauigkeitsklasse sowie Flankenspiel- gleich Paßtoleranzgruppe zu wählen, z.B. 8 D ST RGW 642-77 [11.10]. In DIN gelten andere Festlegungen (s. Bild 11.18c).

Bei Laufwerkgetrieben der Gerätetechnik, wo zur Vermeidung von Laufstörungen ein relativ großes Flankenspiel erforderlich ist, sind bei Achsabständen bis 20 mm Mindest-Eingriffsflankenspiele von etwa 20 bis 25 μm, bei Achsabständen bis 125 mm von 35 bis 50 μm nicht zu unterschreiten.

Bei Leistungsgetrieben ist das Spiel sehr sorgfältig unter Beachtung der Betriebstemperatur und weiterer Betriebsbedingungen festzulegen [8].

11.3.5. Stirnräder mit Evolventenschrägverzahnung [3] [8]

Schrägzahnräder haben sowohl in bezug auf die Verzahnungsgeometrie als auch hinsichtlich der Kräfteverteilung und des Betriebsverhaltens andere Eigenschaften als Geradzahnräder. So laufen z.B. Zahnradgetriebe mit Schrägzahnrädern ruhiger, weil die Flanken eines Zahnpaares nicht auf einmal, sondern allmählich in Eingriff kommen. Es erhöht sich zudem die Überdeckung, denn zur Profilüberdeckung ε_α kommt die Sprungüberdeckung ε_β hinzu. Die Gesamtüberdeckung ist

$$\varepsilon_\gamma = \varepsilon_\alpha + \varepsilon_\beta . \tag{11.22}$$

Die Sprungüberdeckung ergibt sich aus der gegenseitigen Versetzung (*Sp* Sprung, siehe Bild 11.19) der beiden die Zahnbreite begrenzenden Profile:

$$\varepsilon_\beta = Sp/p_t = b \tan \beta / p_t . \tag{11.23}$$

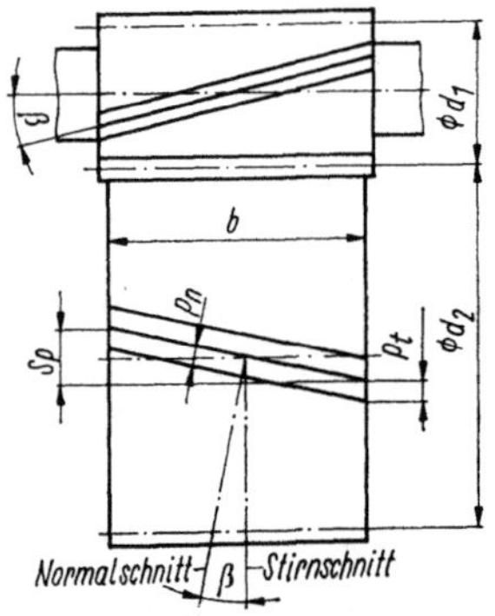

Bild 11.19
Schrägstirnräder
(Sprung *Sp* in DIN 3960 mit g_β bezeichnet; Sprung in Zeichenebene projiziert)

Bei den verzahnungsgeometrischen Grundgrößen von Stirnrädern mit schrägen Zähnen muß zwischen Normalteilung p_n und Stirnteilung p_t unterschieden werden. Die Normalteilung ist der Abstand zweier aufeinanderfolgender Rechts- oder Linksflanken, gemessen auf dem Mantel des Teilzylinders, senkrecht zur Flankenrichtung

$$p_n = m_n \pi . \tag{11.24}$$

Die Stirnteilung ist der Abstand zweier Rechts- oder Linksflanken, gemessen im achsensenkrechten Schnitt (Stirnschnitt) des Teilzylinders. Der Zusammenhang zwischen Normal- und Stirnteilung ist durch den Schrägungswinkel β der Flankenlinie gegeben:

$$p_t = p_n / \cos \beta . \tag{11.25}$$

Entsprechend ist auch zwischen dem Normalmodul m_n und dem Stirnmodul m_t zu unterscheiden. Es gilt

$$m_t = m_n/\cos\beta. \tag{11.26}$$

Der Normalmodul muß ein Wert der standardisierten Modulreihe nach Tafel 11.3 sein.

Bedingt durch den Verlauf der Flankenlinien ist bei Schrägzahnrädern der Steigungssinn der Flankenrichtung festzulegen. Ein Schrägzahnrad ist rechtssteigend, wenn der Flankenlinienverlauf eine Steigung im Uhrzeigersinn aufweist, und linkssteigend, wenn die Steigung entgegen dem Uhrzeigersinn verläuft.

Für die Tragfähigkeitsberechnung (s. Abschn. 11.3.6.3.) wird das Zahnprofil im Normalschnitt zugrunde gelegt. Um einfache Beziehungen zu erhalten, führt man ein Ersatzstirnrad ein. Sein Teilkreishalbmesser ist gleich dem Krümmungsradius im Wälzpunkt C der in der Normalschnittebene vorliegenden Ellipse des Teilzylinders. Die virtuelle (scheinbare) Zähnezahl des im Normalschnitt angenäherten Ersatzstirnrads ist [3] [8]

$$z_v \approx z/\cos^3\beta. \tag{11.27}$$

11.3.6. Festigkeitsberechnung der Zahnräder

Zahnräder sind so zu dimensionieren, daß während der geforderten Lebensdauer keine Schadensfälle auftreten (Zahnbruch, Verschleiß, Grübchenbildung auf den Flanken oder Fressen), wobei die Lebensdauer der Zahnflanken von der Wahl des Werkstoffs, seiner Härte und Oberflächengüte, der Flächenpressung, der Schmierung usw. abhängt. Zusätzlichen Einfluß haben die Betriebsbedingungen (z. B. periodische oder stoßartige Belastungen), Verzahnungsabweichungen und die Deformation der Zähne.

Bereits die Festlegung der Übersetzung i und damit der Zähnezahl z wirkt sich auf die Festigkeit aus, denn eine ganzzahlige Übersetzung in einer Getriebestufe (z. B. $i = 3{,}0$) hat zur Folge, daß stets die gleichen Zahnflanken und damit auch die gleichen Fehlerstellen in Kontakt kommen. Das führt insbesondere bei ungehärteter Verzahnung zu einem ungleichen Flankenverschleiß und bei höheren Umfangsgeschwindigkeiten mitunter zu Schwingungserregung. Um dies zu vermeiden, sollten die Übersetzungen der einzelnen Stufen nicht ganzzahlig gewählt werden. Primzahlen für die größere Zähnezahl in einer Stufe erfüllen diese Forderung in jedem Fall.

Für ungehärtete Stirnräder im Modulbereich $m < 1$ mm, die in Massenfertigung hergestellt werden (z. B. für Laufwerkgetriebe – geringe Belastung), genügt meist eine überschlägliche Dimensionierung nach *Bach*. Bei Leistungsgetrieben (hohe Belastung) sind Tragfähigkeitsberechnungen (TGL 10545 und 10546 bzw. DIN 3990) durchzuführen.

11.3.6.1. Zahnkräfte

Geradstirnräder. Die Umfangskraft F_U, die durch das Last- bzw. Antriebsmoment im Wälzkreis eines Rades erzeugt wird, bestimmt die Normalkraft F_N (Bild 11.20):

$$F_N = F_U/\cos\alpha \tag{11.28}$$

mit

$$F_U = F_{U1} = F_{U2} = M_{d1}/r_1 = M_{d2}/r_2. \tag{11.29}$$

Die Normalkraft wirkt in Richtung der Eingriffslinie und ist von den Radlagern aufzunehmen. Für die Radialkraft F_r gilt

$$F_r = F_N \sin\alpha = F_U \tan\alpha. \tag{11.30}$$

Schrägstirnräder. Für die Zahnkräfte gilt analog:

Umfangskraft $F_U = M_d/r$

Radialkraft $F_r = F_U \tan \alpha_n / \cos \beta$ (11.31)

Axialkraft $F_a = F_U \tan \beta$. (11.32)

Die durch den schrägen Zahnverlauf hervorgerufene Axialkraft wirkt sich nachteilig aus, da sie die Lager zusätzlich belastet.

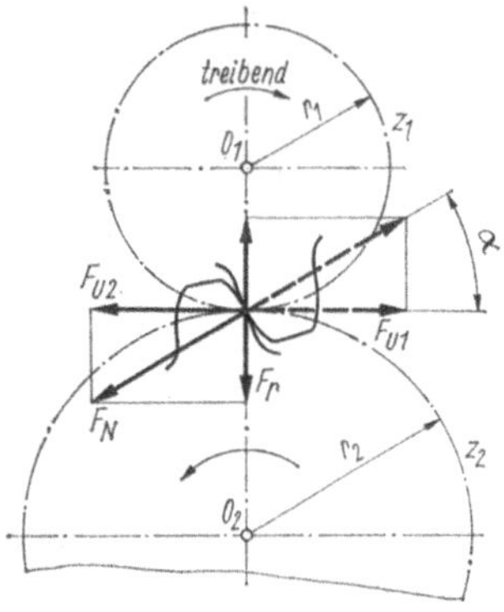

Bild 11.20
Zahnkräfte an Geradstirnrädern

Das Drehmoment M_d kann aus der zu übertragenden Leistung P und der Drehzahl n ermittelt werden (s. Abschn. 7.2.2. Wellenberechnung). Die Reibung zwischen den Zahnflanken wird dabei i. allg. vernachlässigt.

11.3.6.2. Überschlagsrechnung nach *Bach*

Diese Berechnung ist nur anwendbar für Geradzahnstirnräder der Gerätetechnik aus ungehärteten metallischen Werkstoffen mit Moduln $m < 1$ mm.

Unter der Voraussetzung, daß die Belastung am äußersten Punkt des Zahnkopfs angreift (Bild 11.21), erhält man am Zahnfuß ein Biegemoment

$$M_b = F'_U \bar{a},$$

das vom Zahnfuß aufgenommen werden muß. Die Umfangskraft mit dem Kraftangriffsradius als Hebelarm ist $F_U = M_d/r$. Die auf den Teilkreis bezogene Kraft F_U entspricht nicht genau der am Zahnkopf angreifenden Kraft F'_U. Für die Überschlagsrechnung kann aber mit guter Näherung $F_U = F'_U$ gesetzt werden.

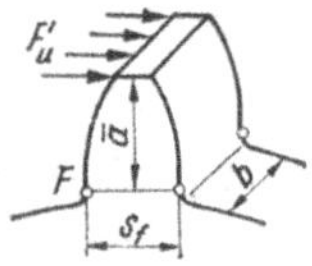

Bild 11.21
Zur Überschlagsrechnung nach Bach

Mit dem Widerstandsmoment $W_b = bs_f^2/6$ des Zahnfußquerschnitts gegen Biegung und $M_b = W_b \sigma_{b\,zul}$ wird dann

$$F_U = bs_f^2 \sigma_{b\,zul}/6\bar{a}. \tag{11.33}$$

Bei der Evolventennormalverzahnung mit $h_a = 1{,}0\,m$ kann für die Zahnfußdicke $s_f \approx 0{,}52p$ und für die Zahnhöhe $\bar{a} \approx 0{,}64p$ gesetzt werden. Hieraus ergibt sich die Bachsche Beziehung

$$F_U = bpc \tag{11.34}$$

mit $c = 0{,}07\sigma_{b\,zul}$. Wegen der geringen Unterschiede ist dieser Wert näherungsweise auch für das Bezugsprofil mit $h_a = 1{,}1\,m$ verwendbar.

Durch die Einführung des Zahnbreitenverhältnisses $\lambda = b/m$ kann die Bachsche Beziehung auch zur überschläglichen Berechnung des erforderlichen Moduls m herangezogen werden. Mit $p = m\pi$ gilt

$$m = \sqrt{F_U/\lambda\pi c} = \sqrt{M_d/r\lambda\pi c}. \tag{11.35}$$

Erfahrungswerte für das Zahnbreitenverhältnis sind $\lambda = 5 \ldots 20$.

11.3.6.3. Tragfähigkeitsberechnung [8]

TGL 10545 und 10546 gelten für die Berechnung der Tragfähigkeit und zur Bestimmung der erforderlichen Abmessungen für außenverzahnte Gerad- und Schrägstirnräder mit Evolventenverzahnung. Die Berechnung enthält die Bestimmung der Zahnfußtragfähigkeit (durch zulässige Zahnfußbeanspruchung) und der Zahnflankentragfähigkeit (ausreichende Sicherheit gegen fortschreitende Grübchenbildung).

Die Freßtragfähigkeit (ausreichende Sicherheit gegen Auftreten von Freßerscheinungen an den Zahnflanken) und die Verschleißtragfähigkeit (zulässiger Verschleiß während der vorgesehenen Lebensdauer) sind wenig erforscht und noch nicht festgelegt.

DIN 3990 berücksichtigt zusätzlich zu TGL Breiten- und Stirnlastverteilung, Kerbwirkung, dynamische Einflüsse usw. (besonders bei $b/m > 10$ und großen Leistungen zu beachten).

Nachrechnung der Zahnfußtragfähigkeit bei gegebenen Abmessungen

Wird die zulässige Zahnfußbeanspruchung überschritten, brechen die Zähne vorwiegend am Zahnfuß weg. Um Zahnräder von ausgeführten Konstruktionen nachzurechnen, wird entsprechend Bild 11.22 angenommen:

- Es tritt nur Biegebeanspruchung auf; Druck- und Schubspannungen sind gegenüber der Biegespannung vernachlässigbar. Der kritische Zahnfußquerschnitt liegt im Berührungspunkt der im Normalschnitt eingezeichneten 30°-Tangente.

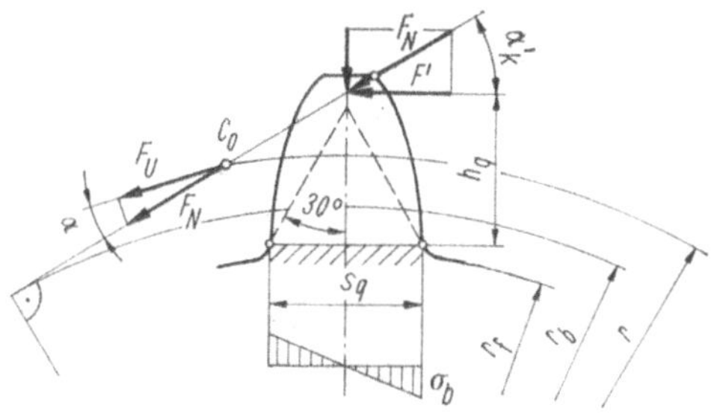

Bild 11.22
Zur Tragfähigkeitsberechnung nach TGL 10545/10546

Bei Rädern mit $m < 1$ mm generell und bei $m \geqq 1$ mm mit $b/m < 10$ können die in DIN 3990 berücksichtigten zusätzlichen Einflüsse i. allg. vernachlässigt werden, so daß in diesen Fällen die Tragfähigkeitsberechnung gem. Abschn. 11.3.6.3. anwendbar ist.

Für die Biegespannung σ_b am Zahnfuß gilt

$$\sigma_b = F_U q_k q_\varepsilon / b m_n \leqq \sigma_{b\,zul} \tag{11.36}$$

mit der Umfangskraft am Teilkreis $F_U = 2M_d/d$;
b Zahnbreite, m_n Normalmodul (bei Geradstirnrädern ist $m_n = m$), q_ε Überdeckungsfaktor, $q_\varepsilon = 1/\varepsilon_\alpha$.

Der Zahnformfaktor q_k ist in Abhängigkeit vom Profilverschiebungsfaktor x und der Zähnezahl z in TGL 10545 festgelegt (Bild 11.23).

Die zulässige Zahnfußspannung $\sigma_{b\,zul}$ ist abhängig vom Werkstoff, der Wärmebehandlung und dem Herstellungsverfahren. Richtlinien für die Bestimmung von $\sigma_{b\,zul}$ sind in TGL 10546 gegeben (vgl. a. DIN 3990).

Danach ist

$$\sigma_{b\,zul} = \sigma_{SchG}/S_D.$$

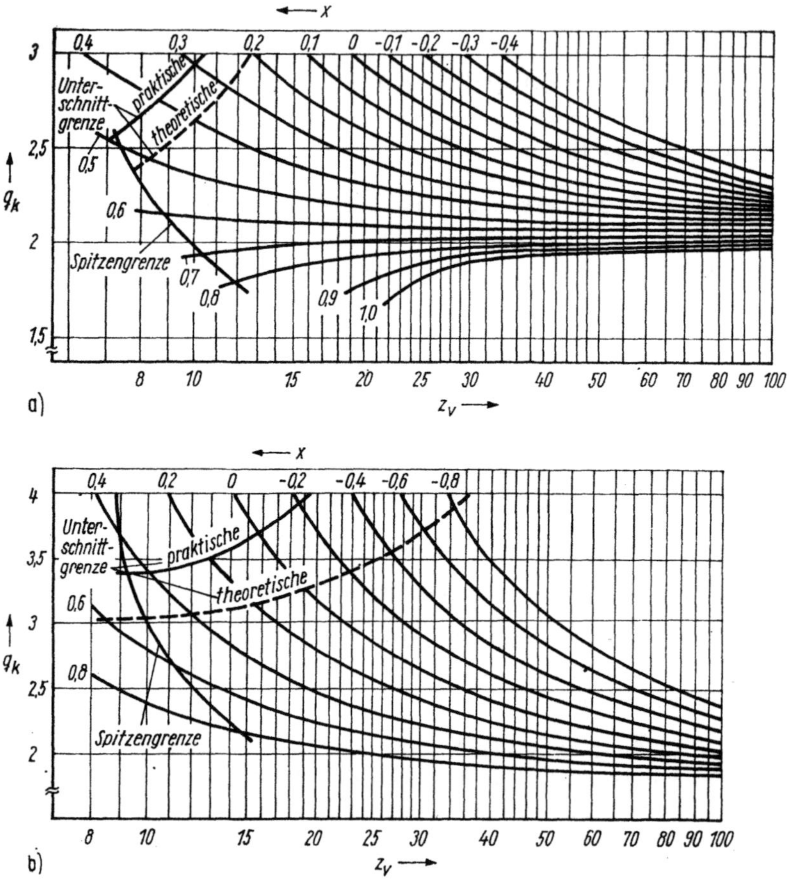

Bild 11.23. Zahnformfaktor q_k

a) für Bezugsprofil mit $h_a = 1{,}0\,m$; b) für Bezugsprofil mit $h_a = 1{,}1\,m$ (für Geradstirnräder ist $z_v = z$)

σ_{SchG} ist die im Laufversuch mit Zahnrädern ermittelte Gestaltfestigkeit (Schwellfestigkeit, Tafel 11.5) und S_D der Sicherheitsfaktor gegen Dauerbruch ($S_D = 1{,}5$).

Für Zahnräder mit Moduln $m < 1$ mm kann näherungsweise gesetzt werden

$$\sigma_{b\,zul} = \sigma_{bW}/S_D$$

mit der Biegewechselfestigkeit σ_{bW} und dem Sicherheitsfaktor gegen Dauerbruch $S_D = 2$ bis 3.

Tafel 11.5. Angaben für Zahnradwerkstoffe (Auszug aus TGL 10546; in DIN 3990 z.T. abweichend)

Werkstoff	Kurzzeichen	Wärmebehandlung	Zugfestigkeit σ_B N/mm²	Streckgrenze σ_S N/mm²	Gestaltfestigkeit σ_{SchG} N/mm²	Dauerfestigkeit p_D N/mm²	Brinellhärte HB
Stahlguß	GS-60.1	geglüht	600	320	120	500	175
Maschinenbaustahl	St 42	geglüht	420	240	110	340	125
	St 50		500	280	130	400	150
	St 60		600	320	150	490	180
Vergütungsstahl	C 45	vergütet	600	360	160	500	185
	37 MnSi 5		700	450	210	650	220
	42 CrMo 4		900	700	220	760	340
Einsatzstahl	C 15	gehärtet	500	300	150	1760	637
	16 MnCr 5		800	600	300	1820	650
	20 MnCr 5		1000	700	330	1820	650
Gußeisen	GGL-25	–	250	–	40	380	210
	GGG-50		500	350	140	480	200

Nachrechnung der Zahnflankentragfähigkeit bei gegebenen Abmessungen

Wird die zulässige Pressung an den zusammenarbeitenden Zahnflanken überschritten, brechen Teile aus. Dabei entstehen grübchenartige Vertiefungen (pittings). Für die im Wälzpunkt auftretende Flankenpressung p_C (Hertzsche Flächenpressung) gilt:

$$p_C = y_C y_w y_\beta \sqrt{(F_U/bd_1)\ [(u+1)/u]} \leqq p_{zul}; \tag{11.37}$$

y_C Wälzpunktfaktor (in Abhängigkeit von den Profilverschiebungsfaktoren und Zähnezahlen aus Bild 11.24 oder TGL 10545 entnehmbar). Der Werkstoffaktor y_w (Tafel 11.6) wird berechnet nach

$$y_w = \sqrt{[1/\pi\,(1-\nu^2)]\ [(2E_1E_2)/(E_1+E_2)]}. \tag{11.38}$$

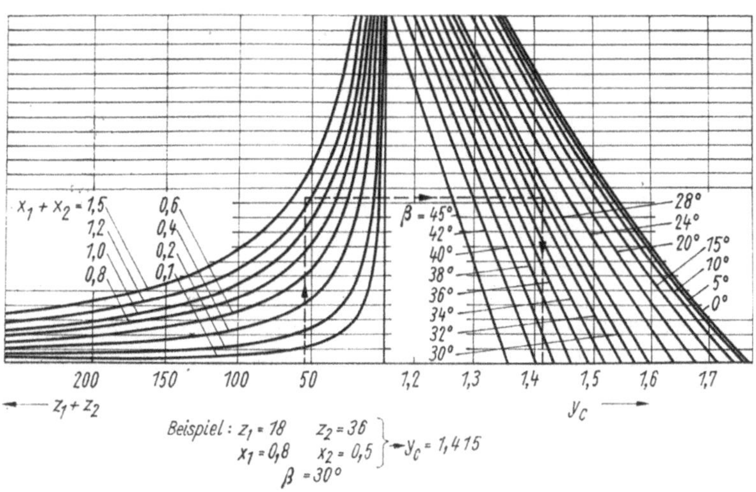

Bild 11.24
Wälzpunktfaktor y_C

Tafel 11.6. Werkstoffaktor y_W

Werkstoff Ritzel	Rad	y_W $\sqrt{N/mm^2}$
Stahl	Stahl	272
Stahl	Stahlguß	270
Stahl	Gußeisen GGG-50	258
Stahl	Bronze G-CuSn14	221
Stahlguß GS-60	Stahlguß GS-50	268
	Gußeisen GGG-50	258
	GGL-20	230
Gußeisen GGG-50	Gußeisen GGG-40	248
	GGL-20	224
Gußeisen GGL-20	Gußeisen GGL-20	205

Für Metalle beträgt die Querkontraktionszahl (Querzahl) $\nu = 0{,}3$. Damit kann die Beziehung auch umgeformt werden zu

$$y_W = \sqrt{0{,}35E}, \quad \text{wobei} \quad E = 2E_1E_2/(E_1 + E_2);$$

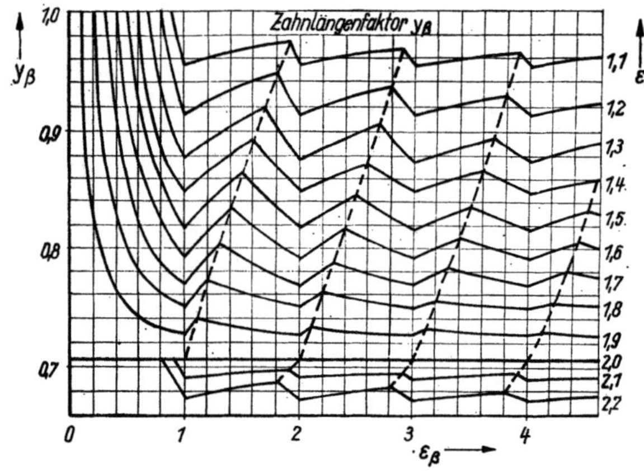

Bild 11.25. Zahnlängenfaktor y_β für Schrägstirnräder abhängig von ε_α und ε_β, für Geradstirnräder ist $y_\beta = 1$

Für das Zähnezahlverhältnis u gilt:

$$u = z_{\text{Rad}}/z_{\text{Ritzel}} \geqq 1. \tag{11.39}$$

Bei gehärteten Rädern mit Moduln $m \geqq 1$ mm muß die zulässige Walzenpressung aus der Dauerfestigkeit (Dauerflankenfestigkeit) p_D bestimmt werden: $p_{zul} = p_D/S_D$ (Sicherheitsfaktor für Dauerfestigkeit $S_D = 1{,}5$). Als zulässigen Wert bei ungehärteten Rädern mit $m < 1$ mm wählt man oft $p_{zul} = (2 \ldots 3)\,\sigma_S$ (σ_S Streckgrenze). Bei hochbelasteten Ritzeln mit $z_1 < 20$ ist die Walzenpressung am inneren Einzeleingriffspunkt des Ritzels und am Kopfeingriffspunkt des Rades nachzurechnen (s. TGL 10545 und DIN 3990).

Entwurfsberechnung

Für den Entwurf von Stirnradgetrieben werden die Beziehungen zur Nachrechnung der Verzahnung entsprechend umgestellt.

Bei gehärteter Verzahnung ist die zulässige Zahnfußbiegespannung i. allg. die Tragfähigkeitsgrenze. Daher geht man zweckmäßigerweise von der Zahnfußtragfähigkeit aus. Als maßgebende geometrische Größe wird der Modul vorausberechnet. Mit Einführung des Breitenverhältnisses b/d_1 ergibt sich aus Gl. (11.36)

$$m_n = \sqrt[3]{\frac{2M_{d1}\cos^2\beta q_{k1}q_\varepsilon}{z_1^2(b/d_1)\,\sigma_{b\,zul}}}. \tag{11.40}$$

Hierbei sind z_1, b/d_1 und β festzulegen (s. Abschn. 11.3.8.), und es ist ein entsprechender Werkstoff auszuwählen. Für Geradstirnräder wird $\beta = 0°$ und $m_n = m$ gesetzt. Alle übrigen Größen werden entsprechend der Nachrechnung bestimmt.

Aus TGL RGW 310-76/DIN 780 (s. Tafel 11.3) ist der zur Rechnung nächstliegende größere Modul auszuwählen.

Bei ungehärteten Stirnrädern wird für den Entwurf die Zahnflankentragfähigkeit zugrunde gelegt und als maßgebende geometrische Größe der Nullachsabstand vorausbestimmt. Aus Gl. (11.37) ergibt sich unter Berücksichtigung von $u = z_2/z_1$ die Beziehung

$$a = (1 + u)\sqrt[3]{\frac{y_W^2 y_C^2 y_\beta^2 M_{d1}}{4\,(b/d_1)\,p_{zul}^2}\,\frac{u+1}{u}}. \tag{11.41}$$

Mit dem berechneten Null-Achsabstand a kann der Modul

$$m_n = 2a\cos\beta/z_1\,(1 + u) \tag{11.42}$$

bestimmt und bei Profilverschiebung auf den Achsabstand a_w [8] geschlossen werden. Es sind wieder z_1, b/d_1, β festzulegen (Abschn. 11.3.8.) und ein entsprechender Werkstoff (z. B. Maschinenbaustahl oder Vergütungsstahl) auszuwählen. Das Zähnezahlverhältnis ergibt sich aus der zu verwirklichenden Übersetzung zu $u = z_2/z_1$ (s. Gl. (11.39)). Die Profilverschiebung wird entweder nach den in TGL 15008/DIN 3992 angeführten Gesichtspunkten ausgewählt oder aufgrund bestimmter Forderungen (Abschn. 11.3.4.6.) berechnet. Für Geradstirnräder ist $\beta = 0°$ und $m_n = m$ zu setzen. Alle übrigen Größen werden wie bei der Nachrechnung bestimmt. Aus TGL RGW 310-76/DIN 780 (Tafel 11.3) ist ein dem errechneten Modul nächstliegender größerer Wert auszuwählen. Außerdem sind die in ST RGW 229-75 standardisierten Achsabstände einzuhalten (vgl. a. DIN 747).

Während bei Moduln $m \geqq 1$ mm mit dem Breitenverhältnis b/d_1 gerechnet wird, benutzt man in der Gerätetechnik bei Stirnrädern mit $m < 1$ mm das Verhältnis $\lambda = b/m = 5 \dots 20$. Dann ist in den Gln. (11.40) und (11.41) b/d_1 durch λ/z zu ersetzen.

11.3.6.4. Berechnung von Zahnrädern aus Plastwerkstoffen

Die Festigkeitsberechnung von Stirnrädern aus Plastwerkstoffen erfolgt vielfach vereinfacht, da derartige Räder meist nur kleinere Kräfte zu übertragen haben. Deshalb wurde die Bachsche Beziehung weiterentwickelt. Die Belastungszahl c wird aufgeteilt in einen von der Umfangsgeschwindigkeit abhängigen Faktor c' und einen von der Zähnezahl abhängigen Zahnformfaktor q, der sich von dem im Abschn. 11.3.6.3. eingeführten Zahnformfaktor q_k für Metalle unterscheidet. Man erhält

$$F_U = (c'q)\,bp. \tag{11.43}$$

Die Werte für c' und q sind Tafel 11.7 zu entnehmen.

v	0,5	1	2	4	6	8	10	12	15
c'	2,5	2,3	2,2	1,7	1,3	1,1	0,95	0,85	0,70
z	13	15	20	25	30	40	60	100	
q	0,7	0,85	1,00	1,08	1,14	1,21	1,27	1,34	

Tafel 11.7. Belastungskennwerte c' und q für Preßstoffzahnräder; v in m/s, c' in N/mm²

Zulässiger Wert c' für Polyamide: $c' = 2{,}5\,[0{,}25 + 0{,}75/(1 + v)]$, gültig für $z \leqq 25$ und Umfangsgeschwindigkeiten v bis 10 m/s; für $z > 25$ ist c' bis zu 50% größer wählbar.

11.3.7. Werkstoffwahl

Die Auswahl der Werkstoffe für *Zahnräder der Gerätetechnik* erfolgt in erster Linie nach wirtschaftlichen Überlegungen. Da der Werkstoff-Kostenanteil bei der Fertigung gegenüber dem Lohnanteil gering ist, sind niedrige Fertigungskosten bei geringem Verschleiß und gute Beständigkeit gegenüber Feuchtigkeitseinflüssen usw. für die Wahl der Werkstoffe bestimmend (s. a. Tafel 2.15).

Stahl wird verwendet, wenn Zahnräder trotz kleiner Abmessungen hohe Festigkeit haben müssen (Leistungsgetriebe) oder wenn hohe Herstellungsgenauigkeit und geringer Verschleiß gefordert sind (Meßgetriebe mit minimalem Flankenspiel).

Aus *Kupferlegierungen* (Messing) fertigt man hauptsächlich langsamlaufende Räder, die i. allg. geringe Kräfte zu übertragen haben, z. B. in Meßgeräten. Gegenüber Stahl weisen diese Werkstoffe bessere Verarbeitungseigenschaften und Korrosionsbeständigkeit auf. Außerdem sind sie unmagnetisch (z. B. CuZn40Pb2, CuZn40). Mitunter gelangt auch CuSn6 (Zinnbronze) zur Anwendung, z. B. wegen seiner Wasserbeständigkeit in Getrieben, die mit Wasser in Berührung kommen (Wasserzähler usw.), und bei stoßbeanspruchten Zahnrädern.

Plastwerkstoffe [11.6] weisen eine Reihe von Vorteilen auf. Sie wirken z. B. schwingungsdämpfend und gleichen durch niedrigen Elastizitätsmodul Verzahnungsabweichungen elastisch aus. Die Getriebe laufen geräuscharm, sie sind aber empfindlich gegen Feuchtigkeitseinflüsse, die die Maßhaltigkeit beeinträchtigen. Ihre vorrangige Anwendung erfolgt in Haushalt- und Büromaschinen, in Film- und Tonaufnahmegeräten und im Apparatebau. Wichtigste Vertreter sind die *Polyamide* (PA) und *Polyoximethylene* (POM), daneben aber auch Phenolharzpreßstoffe mit Gewebeeinlage (Hartgewebe). Beim Einbau von Hartgeweberädern darf die Betriebstemperatur nicht über 100 °C liegen, und Hartgeweberäder dürfen nicht miteinander gepaart werden, da dann erhöhter Verschleiß auftritt.

Getriebe mit Polyamidrädern sollen geschmiert werden. Dabei genügt grundsätzlich eine einmalige Schmierung vor Inbetriebnahme. Ihre Betriebstemperatur darf 80 °C nicht übersteigen. Bei nicht zu hoher Belastung können Polyamidräder miteinander in Eingriff stehen. Abgesehen von Rädern aus PA und POM sollten jedoch bei Getriebepaarungen für Rad und Gegenrad immer verschiedene Werkstoffe verwendet werden, um Verschleißminderung zu erreichen [11.6] [11.9].

Als *Zahnradwerkstoffe für Leistungsgetriebe* im Maschinen- und Elektromaschinenbau gelangen Stahl und Gußeisen sowie ebenfalls Hartgewebe und Polyamide zur Anwendung. Die besten Eigenschaften hierfür hat Stahl; bei Übertragung kleinerer Kräfte wird jedoch oft Gußeisen wegen seiner leichten Zerspanbarkeit und des geringen Fertigungsaufwands bevorzugt. Speziell bei Schneckenrädern für Leistungsgetriebe gelangt des weiteren G-CuSn12Ni (Bronze) zum Einsatz.

11.3.8. Konstruktive Gestaltung und Schmierung der Zahnräder

Gegenstand der konstruktiven Gestaltung der Zahnräder sind in erster Linie die Radkörperform (Bild 11.26) und die Art der Verbindung von Radkörper und Welle (Nabenverbindungen, vgl. a. Abschn. 4.). Wichtig sind dabei neben dem Grad der Lösbarkeit bzw. Verstellbarkeit das übertragbare Drehmoment, die Getriebepassung, die Werkstoffwahl und das Herstellungsverfahren bei Beachtung der Wirtschaftlichkeit. Neben der normalen Ausführung (Bild 11.26a) werden die Radkörper u.a. aus Gründen der Materialeinsparung (Leichtbau) durchbrochen (*b*, *c*) oder mit Aussparungen (*d*) versehen. Bei großen Stirnrädern wird als Zahnkranz (*e*) nur ein Stahlring aus hochwertigem Material auf den Gußradkörper aufgeschrumpft.

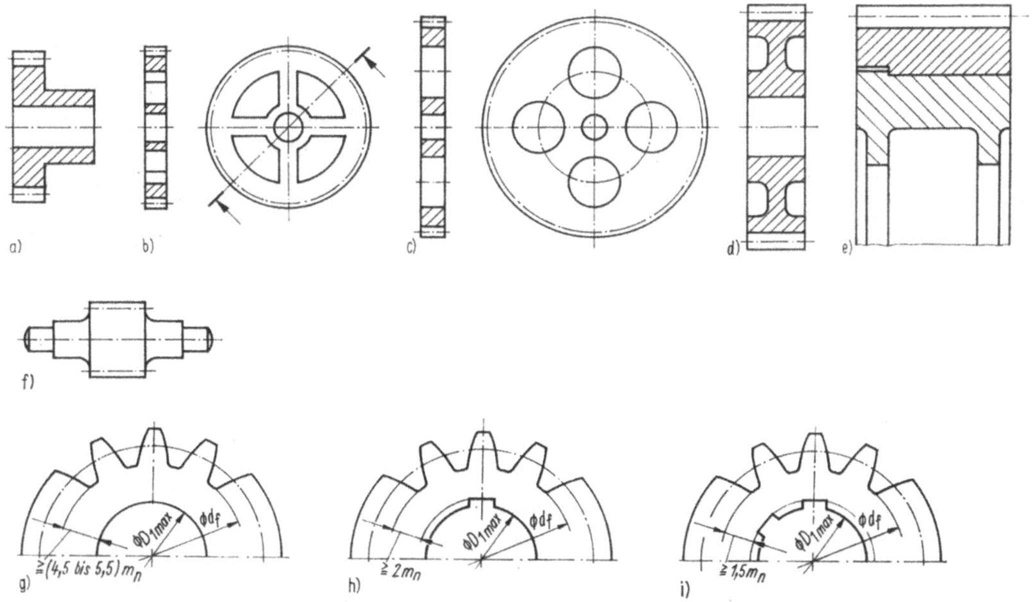

Bild 11.26. Gestaltung der Radkörper von Stirnrädern [5] [8] [11.12]

a) gedreht mit Bund; b) ausgeschnitten; c) gedreht; d) mit Aussparung; e) mit aufgeschrumpftem Zahnkranz; f) Ritzelwelle; g) bis i) größtmöglicher Bohrungsdurchmesser $D_{1\,max}$ (Richtwerte) bei Preßverbindung (g), Paßfederverbindung (h), Keilnabenverbindung (i)

Bei Leistungsgetrieben des Maschinenbaus mit Moduln $m \geqq 1$ mm darf die Zahnbreite nicht beliebig groß ausgeführt werden, da sonst zu große Spannungsspitzen infolge der durch Verformung und Fertigungsabweichungen hervorgerufenen ungleichmäßigen Lastverteilung auftreten. Richtlinien für die zweckmäßige Wahl des Zahnbreitenverhältnisses b/d_1 sind in TGL 10546/DIN 3990 enthalten. Allgemein gilt, daß bei gehärteter und geschliffener Verzahnung mit mittlerer Fertigungsqualität das Zahnbreitenverhältnis $b/d_1 = 0{,}4 \ldots 0{,}5$ und bei ungehärteter Verzahnung (vergütet oder normalgeglüht und wälzgefräst bzw. wälzgestoßen) $b/d_1 \leqq 1$ betragen soll. Bei der Festlegung der Zähnezahl z_1 für das Ritzel ist die Unterschnittgrenze zu beachten. Bei höheren Umfangsgeschwindigkeiten ($v_U > 10$ m/s) ist zur Geräuschminderung Schrägverzahnung der Geradverzahnung vorzuziehen (Schrägungswinkel im Bereich $\beta = 8 \ldots 25°$). Kleinere Winkel sind zwecklos, und größere bewirken eine zu große Axialbelastung der Lager. Auf der Welle nicht verschiebbare Zahnräder der Leistungsgetriebe werden meist durch Preßpassung mit der Welle verbunden (s. Abschn. 4.2.1.). Unterschreitet bei Ritzeln die Dicke zwischen Bohrung oder Paßfedernut und Fußkreis die im Bild 11.26g bis i angegebene Größe, dann müssen Ritzel und Welle als sog. Ritzelwelle (Bild 11.26f) aus einem Stück gefertigt werden. Flankenspielfreie Stirnradgetriebe siehe Bild 2.29.

Gehäusegestaltung

Gerätetechnische Zahnradgetriebe werden oft mit Platinen aufgebaut (Bild 11.27a), wobei auf möglichst stabile Anordnung zu achten ist. Die Verbindung der Platinen erfolgt i. allg. durch Nieten oder Verschrauben, und die Wellen sind in speziellen, in die Platinen eingepreßten Buchsen gelagert (s. Abschn. 8.1.2.). Die Zwischenplatinen werden auf Stehbolzen gepreßt, ebenso sind die Zahnräder mit den Wellen durch Verpressen verbunden.

Bild 11.27 b zeigt ein einstufiges Stirnradgetriebe zur Übertragung größerer Leistungen, wie es im Maschinen- und Elektromaschinenbau zum Einsatz kommt. Die Teilfuge des Gehäuses verläuft meist horizontal und wird zur Erleichterung der Montage in die Ebene der Lagermitten gelegt. Dadurch können Zahnräder und Lager außerhalb des Getriebegehäuses auf die Wellen gezogen werden. An den Lagerstellen sind Versteifungen vorgesehen, um eine verformungs- und schwingungsarme Gehäusekonstruktion zu erhalten. Dadurch wird ein gleichmäßiges Tragbild über die gesamte Zahnbreite erzielt und gleichzeitig die Geräuschabstrahlung vermindert. Die Verbindungsschrauben beider Gehäusehälften sollen aus gleichem Grunde möglichst nahe an den Lagerstellen angebracht werden. Die Lagerung der Wellen erfolgt in der Regel in Wälzlagern und nur in Sonderfällen (Großgetriebe) in Gleitlagern. TGL 6481/DIN 747 enthalten Achshöhen. Für die Serienfertigung werden aus wirtschaftlichen Gründen gegossene Gehäuse verwendet, bei Einzelfertigung geschweißte Ausführungen.

Schmierung

Zahnräder für Laufwerk- oder Meßgetriebe mit Moduln $m < 1$ mm und meist geringen Belastungen werden nur einmalig vor der Montage mit Fett oder Öl geschmiert. Ebenso ist für Leistungsgetriebe mit einer Umfangsgeschwindigkeit der Räder $v_U < 1$ m/s Fett als Schmierung ausreichend. Bei Industriegetrieben mit $v_U = 1 \dots 10$ m/s muß man dagegen Tauchschmierung vorsehen, d.h., die Räder tauchen mit der Verzahnung in ein im Gehäuse stehendes Ölbad ein. Für Getriebe mit $v_U > 10$ m/s wird mit Umlaufschmierung und erforderlichenfalls mit Rückkühlung des Öls gearbeitet. Bei Umlaufschmierung wird das Öl durch Pumpen auf die in Eingriff kommenden Zahnflanken gespritzt.

11.4. Bauformen der Zahnradgetriebe

Im Abschn. 11.2.3. wurden bereits die Bauformen genannt, die sich aus der unterschiedlichen Lage der Achsen ergeben. Zu diesen Bauformen sollen die wichtigsten Getriebeparameter und Eigenschaften erläutert werden.

11.4.1. Stirnradgetriebe

Stirnradgetriebe sind die gebräuchlichsten Ausführungsformen. Sie werden eingesetzt zur Übertragung von Drehmomenten und Drehbewegungen zwischen parallelen Wellen sowohl bei stark miniaturisierter Bauweise mit Moduln ab 0,1 mm und Leistungen von nur einigen Watt als auch für Antriebsleistungen bis 20000 kW und Drehzahlen bis 100000 U/min. Die Umfangsgeschwindigkeit der gerad- oder schrägverzahnten Räder

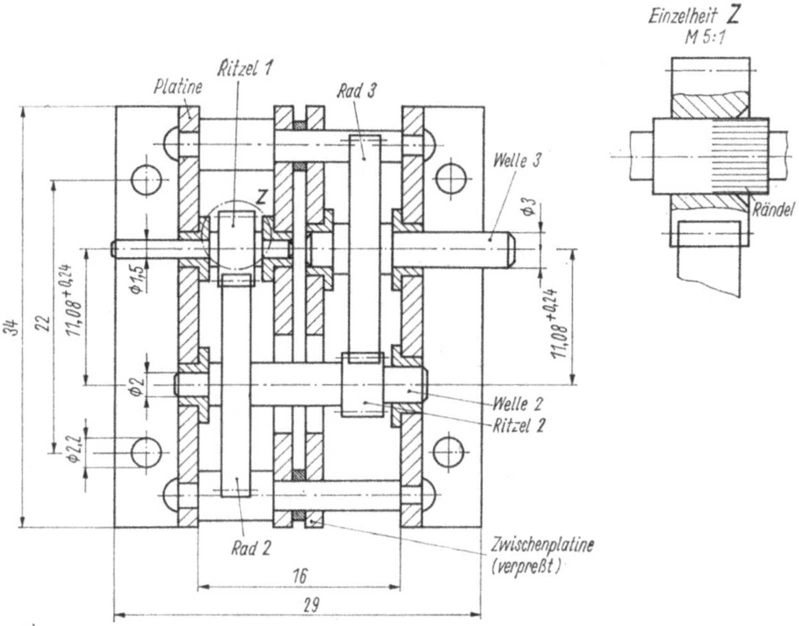

a)

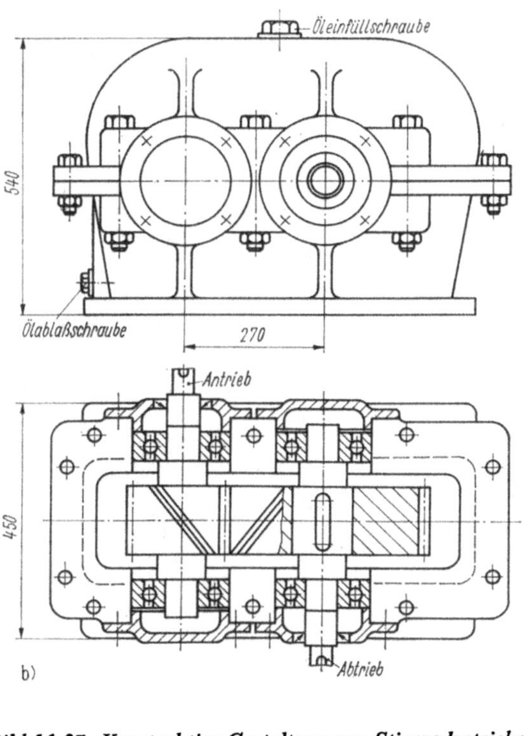

b)

Bild 11.27. Konstruktive Gestaltung von Stirnradgetrieben

a) gerätetechnisches Laufwerkgetriebe in Platinenbauweise (zweistufiges Stirnradgetriebe)
b) Leistungsgetriebe (einstufiges Stirnradgetriebe)

Tafel 11.8. Abmessungen von Stirnrädern und Stirnradgetrieben mit Außenverzahnung

Benennung	Symbol	Einheit	Geradverzahnung $\beta = 0°$ (Bilder 11.7, 11.8a)	Schrägverzahnung $\beta \neq 0°$ (Bilder 11.8b, 11.19)
Übersetzung	i	–	$i = \omega_1/\omega_2 = n_1/n_2 = d_2/d_1 = z_2/z_1$	
Modul	m	mm	für $m < 1$ mm Überschlagsrechnung Gl. (11.35) für $m \geqq 1$ mm Entwurfsberechnung Gl. (11.40)	
Teilkreis-durchmesser	d	mm	$d = mz$	$d = m_n z/\cos\beta$
Kopfkreis-durchmesser	d_a	mm	$d_a = m(z + 2h_a^* + 2x)$[1][2]	$d_a = m_n(z/\cos\beta + 2h_a^* + 2x)$[1][2]
Fußkreis-durchmesser	d_f	mm	$d_f = m(z - 2h_f^* + 2x)$[1]	$d_f = m_n(z/\cos\beta - 2h_f^* + 2x)$[1]
Grundkreis-durchmesser	d_b	mm	$d_b = d\cos\alpha$	$d_b = d\cos\alpha_t$
Modul	m m_n m_t	mm	$m = \frac{d}{z} = \frac{p}{\pi}$	$m_n = p_n/\pi$ Normalmodul $m_t = m_n/\cos\beta$ Stirnmodul
Teilkreisteilung	p p_n p_t	mm	$p = \frac{d\pi}{z} = m \cdot \pi$	$p_n = p_t\cos\beta = m_n\pi$ Normalteilung $p_t = d\pi/z = m_t\pi$ Stirnteilung
Eingriffsteilung	p_b p_{nb} p_{tb} (in DIN 3960: p_e, p_{en}, p_{et})	mm	$p_b = p\cos\alpha$	$p_{nb} = p_n\cos\alpha_n$ Normaleingriffsteilung $p_{tb} = p_t\cos\alpha_t$ Stirneingriffsteilung
Eingriffswinkel	α α_n α_t	Grad	$\alpha = 20°$	$\alpha_n = 20°$ Normaleingriffswinkel $\tan\alpha_t = \tan\alpha_n/\cos\beta$ Stirneingriffswinkel
Achsabstand für Nullgetriebe (Rechengröße)	a (in DIN 3960: a_d)	mm	$a = m\frac{z_1 + z_2}{2}$	$a = \frac{m_n}{\cos\beta}\frac{z_1 + z_2}{2}$
Betriebsachs-abstand	a_w (in DIN 3960: a)	mm	$a_w = a\cos\alpha/\cos\alpha_w$	$a_w = a\cos\alpha_t/\cos\alpha_{tw}$
Betriebseingriffs-winkel	α_w (in DIN 3960: a_{wt} sowie inv α für ev α)	Grad	$\cos\alpha_w = m\frac{z_1 + z_2}{2a_w}\cos\alpha$ bzw. $\text{ev}\,\alpha_w = \text{ev}\,a + 2 \times \frac{x_1 + x_2}{z_1 + z_2}\tan\alpha$	$\cos\alpha_{tw} = \frac{m_n}{\cos\beta}\frac{z_1 + z_2}{2a_w}\cos\alpha_t$ bzw. $\text{ev}\,\alpha_{tw} = \text{ev}\,\alpha_t + 2 \times \frac{x_1 + x_2}{z_1 + z_2}\tan\alpha_n$
Überdeckung	ε	–	nach Gln. (11.11) und (11.20)	nach Gln. (11.22) und (11.23)

[1]) Kopf- und Fußhöhenkoeffizient: $h_a^* = 1{,}0$ bei Profil nach TGL RGW 308-76 und TGL RGW 309(A) sowie DIN 867
$1{,}1$ bei Profil nach TGL RGW 309(B) sowie DIN 58400
$h_f^* = h_a^* + c^*$ ($c^* = c/m$, s. Abschn. 11.3.4.2.)

[2]) Kopfkürzung s. Abschn. 11.3.4.6.

kann dabei im Extremfall 200 m/s erreichen. Der Wirkungsgrad je Übersetzungsstufe beträgt etwa 95 ... 99%.

Stirnradgetriebe werden für Übersetzungen bis acht als einstufige, bis 45 als zweistufige und darüber als mehrstufige Getriebe ausgeführt (Bilder 11.2 und 11.3). Das einstufige Getriebe (Bild 11.3a) hat die Übersetzung

$$i = n_1/n_2 = d_2/d_1 = z_2/z_1. \tag{11.44}$$

Bei mehrstufigen Getrieben ist die Gesamtübersetzung das Produkt aus den Teilübersetzungen der einzelnen Stufen,

$$i_{ges} = i_I \cdot i_{II} \cdot \ldots \cdot i_n. \tag{11.45}$$

Für das zweistufige Getriebe nach Bild 11.3b und c gilt demnach

$$i_{ges} = n_1/n_3 = (n_1/n_2)(n_{2'}/n_3) = (d_2/d_1)(d_3/d_{2'}) = (z_2/z_1)(z_3/z_{2'}). \tag{11.46}$$

Die Zahnräder *2* und *2'* sitzen fest auf einer gemeinsamen Welle, deshalb ist $n_2 = n_{2'}$.

Die Aufteilung der Gesamtübersetzung in Teilübersetzungen wird bei mehrstufigen Leistungsgetrieben i.allg. unter der Voraussetzung vorgenommen, daß das Gesamtvolumen aller Räder ein Minimum wird. Bild 11.28 zeigt die ermittelten optimalen Teilübersetzungen.

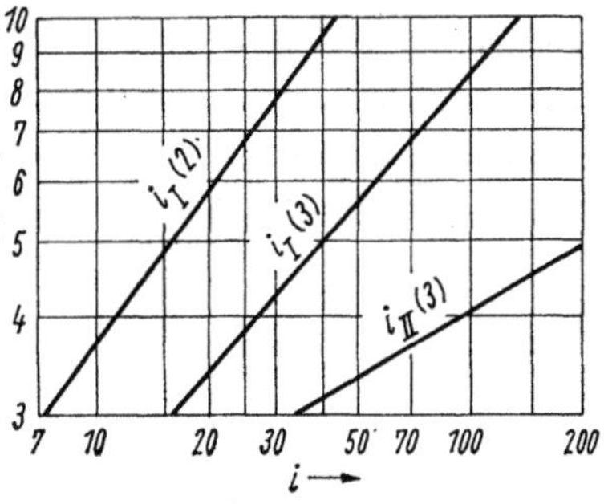

Bild 11.28
Aufteilung der Gesamtübersetzung bei mehrstufigen Leistungsgetrieben

$i_{I(2)}$ Teilübersetzung der ersten Stufe eines zweistufigen Getriebes;
$i_{I(3)}$ Teilübersetzung der ersten Stufe eines dreistufigen Getriebes;
$i_{II(3)}$ Teilübersetzung der zweiten Stufe eines dreistufigen Getriebes

Um die Fertigung von Stirnrädern feingerätetechnischer Laufwerkgetriebe mit i.allg. sehr kleinen zu übertragenden Leistungen zu vereinfachen, wird dagegen eine gleiche Übersetzung der einzelnen Stufen angestrebt. Die Stufenübersetzung i_i eines *n*-stufigen Getriebes errechnet sich dabei zu $i_i = \sqrt[n]{i_{ges}}$. Bei Umlaufrädergetrieben sind die Berechnungsformeln komplizierter. Es empfiehlt sich sowohl zur Analyse als auch zur Synthese die Anwendung des Kutzbach-Planes, einem grafischen Verfahren.

Der *Kutzbach-Plan* besteht aus drei Teilen, dem Getriebeschema, dem Geschwindigkeitsplan und dem Drehzahlplan (Bild 11.29a).

Im *Getriebeschema* (I) ist das zu untersuchende Getriebe in einer die Drehachsen enthaltenden Schnittdarstellung aufgezeichnet, und zwar maßstäblich, soweit es die Raddurchmesser und den Achsabstand betrifft.

Der *Geschwindigkeitsplan* (II) besteht aus der Nullinie, den aus dem Getriebeschema heraus verlängerten Achslinien der Räder sowie den Paarungslinien (in Bild 11.29a nur eine), die alle senkrecht auf der Nullinie stehen. Die die Umfangsgeschwindigkeiten der Räder repräsentierenden Linien *1* und *2* schneiden die Achslinien jeweils auf der Nullinie (in den Drehachsen ist $v_u = 0$) und schneiden einander auf der Paarungslinie. Der Abstand dieses Schnittpunkts von der Nullinie ist der Umfangsgeschwindigkeit v_u der beiden Räder auf dem Wälzkreis proportional.

Der *Drehzahlplan* (III) entsteht, indem die Geschwindigkeitslinien parallel zu sich selbst so verschoben werden, daß beide durch den frei gewählten Pol *P* auf der Nullinie gehen. Senkrecht zur Nullinie im geeigneten Abstand p (Polabstand) wird eine Linie gezogen, auf der die Geschwindigkeitslinien die Abschnitte $\overline{n_1 0}$ und $\overline{0 n_2}$ abschneiden. Das Verhältnis dieser Strecken ist dem Verhältnis der zugeordneten Drehzahlen der Räder gleich. Darüber hinaus ist der Drehsinn der Räder zu erkennen. Liegen beide Abschnitte auf der gleichen Seite der Nullinie, so haben beide Räder den gleichen Drehsinn. Im anderen Falle liegen die entsprechenden Abschnitte beiderseits der Nullinie.

Das Bild 11.29b zeigt ein zweistufiges Umlaufrädergetriebe und die Anwendung des Kutzbachplans auf dieses Getriebe. Die Antriebsdrehzahl n_s des Steges s sei gegeben und n_3 gesucht. Nach Aufzeichnen des Getriebeschemas sowie der Achslinien, der Paarungslinien und der Nullinie wählt man eine geeignete Lage des Pols P und einen Polabstand p. Dann wird mittels eines Maßstabs (vgl. Abschn. 3.2.1.) die Drehzahl n_s eingetragen. Die sich damit ergebende Linie s kann nun in den Geschwindigkeitsplan übertragen und v_{us} ermittelt werden. Die Räder *1, 1'* sind fest miteinander verbunden und auf dem Steg drehbar gelagert. Ihre Drehachse ist ein Punkt des Steges, also muß die Geschwindigkeitslinie *1* der Räder *1, 1'* durch den Endpunkt der Geschwindigkeit v_{us} gehen. Außerdem wälzt Rad *1* auf dem innenverzahnten gestellfesten Zahnkranz *2* ab. Dieser Wälzpunkt ist ein Momentandrehpunkt der Räder *1, 1'*. Deshalb muß die Geschwindigkeitslinie *1* auch durch den Schnittpunkt dieser Paarungslinie mit der Nullinie gehen. Damit sind Lage und Richtung der Linie *1* bestimmt. Da das innenverzahnte Rad *3* mit Rad *1'* im Eingriff steht, hat es die gleiche Umfangsgeschwindigkeit wie dieses. Rad *3* ist zentral gelagert, seine Geschwindigkeitslinie *3* kann nun ebenfalls eingezeichnet werden. Aus dem Drehzahlplan geht hervor, daß sich das Rad *3* (Abtrieb) gegenläufig zum Steg (Antrieb) dreht. Entspricht die Strecke $\overline{0 n_s}$ z.B. einer Drehzahl $n_s = 300$ U/min, so folgt für die Strecke $\overline{n_3 0}$ eine Drehzahl von $n_3 = 130$ U/min.

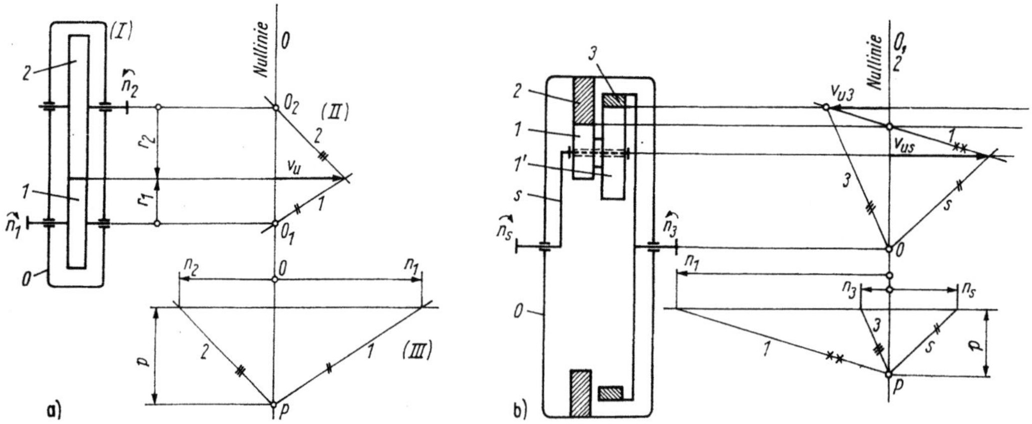

Bild 11.29. Kutzbach-Plan

a) für einstufiges Stirnradgetriebe
0 Gehäuse; *1, 2* Räder
b) für zweistufiges Umlaufrädergetriebe (vereinfachte Darstellung)
0 Gehäuse; *s* Steg; *1, 1'* Planeten- bzw. Umlaufräder; *2* innenverzahnter gestellfester Radkranz; *3* innenverzahntes Rad

11.4.2. Kegelradgetriebe

Die Achsen der Kegelräder schneiden sich unter dem Winkel δ im Punkt 0 (Bild 11.30a), und die Wälzkegel der jeweils miteinander kämmenden Räder berühren sich in der gemeinsamen Mantellinie $\overline{0C}$. Sie rollen bei der Drehung, ohne zu gleiten, aufeinander ab.

Mit den Beziehungen von Bild 11.30 gilt

$$\begin{aligned} &\text{Übersetzung} \quad i = n_1/n_2 = z_2/z_1 = r_2/r_1 = \sin\delta_2/\sin\delta_1 \\ &\text{Achsenwinkel} \quad \delta = \delta_1 + \delta_2 . \end{aligned} \tag{11.47}$$

Die Teilkegelwinkel δ_1 und δ_2 ergeben sich aus

$$\cot\delta_1 = (z_2/z_1 + \cos\delta)/\sin\delta \quad \text{bzw.} \quad \cot\delta_2 = (z_1/z_2 + \cos\delta)/\sin\delta . \tag{11.48}$$

Für den häufig vorkommenden Fall $\delta = 90°$ vereinfachen sich die Gleichungen zu

$$\tan\delta_1 = z_1/z_2 \quad \text{bzw.} \quad \tan\delta_2 = z_2/z_1 .$$

Wegen der Anordnung der Zähne auf den kegelförmigen Radkörpern sind Teilung, Zahndicke, Lückenweite, Zahnhöhe und Raddurchmesser nicht wie beim Stirnrad konstant, sondern ändern sich stetig über die Zahnbreite b. Für die Zahnkräfte gelten:

$$\text{Radialkraft} \quad F_{r1,2} = F_U \tan\alpha \cos\delta_{1,2} \tag{11.49}$$

$$\text{Axialkraft} \quad F_{a1,2} = F_U \tan\alpha \sin\delta_{1,2} \tag{11.50}$$

mit der Umfangskraft $F_U = M_d/r$.

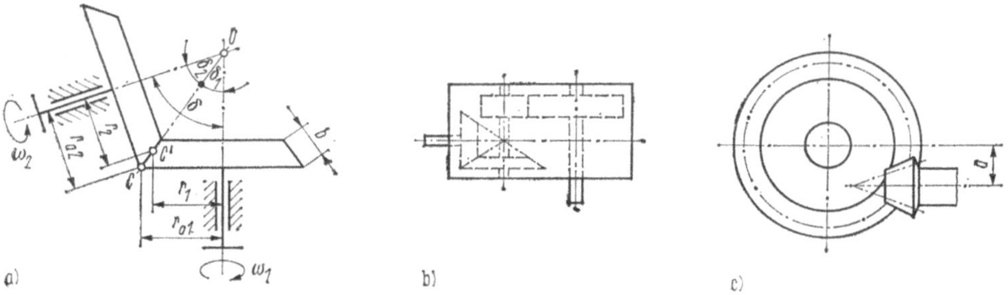

Bild 11.30. Kegelrädergetriebe

a) Bezeichnungen; b) Kegelstirnradgetriebe; c) Schraubenkegelradgetriebe (a Achsversetzung)

Kinematisch einwandfreier Lauf wird nur erzielt, wenn beide Kegelspitzen im Schnittpunkt der Achsen liegen. Kegelräder müssen deshalb sehr genau gelagert und in Axialrichtung eingestellt werden. Kegelradgetriebe sind für Übersetzungen bis $i = 6$ einsetzbar. Für größere Übersetzungen kommen Kombinationen mit Stirnradgetrieben zur Anwendung (Bild 11.30b), und zwar bis $i = 40$ als zweistufige und bis $i = 250$ als dreistufige Ausführungen. Für geringe Anforderungen bezüglich Tragfähigkeit und Laufruhe können geradverzahnte Kegelräder eingesetzt werden. Für höhere Anforderungen werden Kegelräder meist bogenverzahnt sowie gehärtet und in dieser Form auch in Schraubenkegelradgetrieben (Hypoidgetrieben) für sich kreuzende Wellen angewendet (Bild 11.30c). Vorteilhaft ist die erhöhte Laufruhe und die Möglichkeit der beiderseitigen Lagerung des Ritzels. Hauptanwendungsgebiet ist der Achsantrieb von Kraftfahrzeugen.

11.4.3. Schneckengetriebe [11.7]

Wie im Abschn. 11.2.3. bereits erwähnt, können die Radkörper Zylinder oder Globoide sein. Folgende vier Kombinationen sind möglich (Bild 11.31): Zylinderschnecke-Globoidrad (a), Zylinderschnecke-Zylinderrad (Stirnrad) (b) sowie Globoidschnecke-Zylinderrad (Stirnrad) und Globoidschnecke-Globoidrad.

Das Kleinrad wird meist als Zylinderschnecke ausgeführt. Sie hat trapezähnliches Gewinde mit der Gangzahl g (i. allg. $g = 1 \ldots 5$), die der Zähnezahl z_1 entspricht. Für das Großrad (Schneckenrad) wird i. allg. ein Globoidrad verwendet. In der Gerätetechnik genügt jedoch oft ein einfaches Schrägstirnrad, vor allem wenn es sich um niedrig belastete Getriebe handelt. Für die Paarung Zylinderschnecke–Globoidrad gelten folgende Beziehungen:

Übersetzung	$i = n_1/n_2 = z_2/g = z_2/z_1$	(11.51)
Mitten- bzw. Teilkreisdurchmesser	$d_{m1} = z_1 m_n/\sin\gamma_m; \quad d_2 = m_s z_2$	(11.52)
Mittensteigungswinkel	$\tan\gamma_m = h/\pi d_1$.	(11.53)

Wird $\gamma_m \leqq \varrho$, tritt Selbstsperrung (ϱ Reibungswinkel) auf. Der Modul im Normalschnitt m_n und der Modul im Stirnschnitt m_s sind verknüpft durch

$$m_n = m_s \cos\gamma_m,$$

wobei m_n der Auswahlreihe nach Tafel 11.3 entsprechen muß.

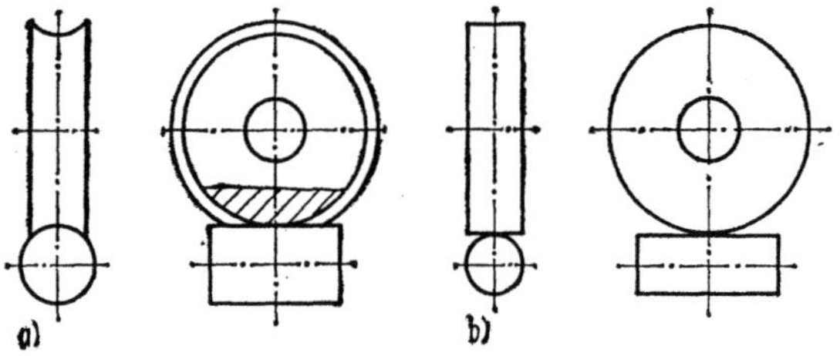

Bild 11.31
Bauformen der Schneckengetriebe
a) Zylinderschnecke-Globoidrad;
b) Zylinderschnecke-Zylinderrad

Schneckengetriebe werden vorzugsweise für große Übersetzungen ins Langsame eingesetzt ($i_{max} = 100$ je Übersetzungsstufe). Sie können höhere Leistungen als z.B. Schraubenstirnradgetriebe (s. Abschn. 11.4.4.) übertragen, laufen geräuscharm, sind aber empfindlich gegen Achsabstandsänderungen. Der Achsabstand beträgt $a = (d_1 + d_2)/2$.

11.4.4. Schraubenstirnradgetriebe

Bei Schraubenstirnradgetrieben haben die Flankenlinien der gepaarten Räder im Gegensatz zu Stirnradgetrieben mit schrägverzahnten Rädern gleichen Steigungssinn (beide rechts- oder beide linkssteigend). Der Achsenschnittwinkel δ ist gegeben durch die Schrägungswinkel β_1 und β_2 der Räder:

$$\delta = \beta_1 + \beta_2. \tag{11.54}$$

Für die Übersetzung gilt:

$$i = n_1/n_2 = z_2/z_1 = (d_2/d_1)(\cos\beta_2/\cos\beta_1). \tag{11.55}$$

Das bedeutet, daß, im Gegensatz zu Stirnradgetrieben, mit Schraubenrädern gleichen Durchmessers Übersetzungen $i \neq 1$, z.B. $i = 2$ verwirklicht werden können.

Die Berührungsverhältnisse von zwei im Eingriff stehenden Flanken sind bei Schraubenstirnradgetrieben (Bild 11.32) wesentlich ungünstiger als bei Stirnradgetrieben. Neben dem Wälzgleiten tritt noch ein Schraubgleiten auf, und entlang der Flanken herrscht Punktberührung. Dies hat eine höhere Flächenpressung und damit höheren Verschleiß zur

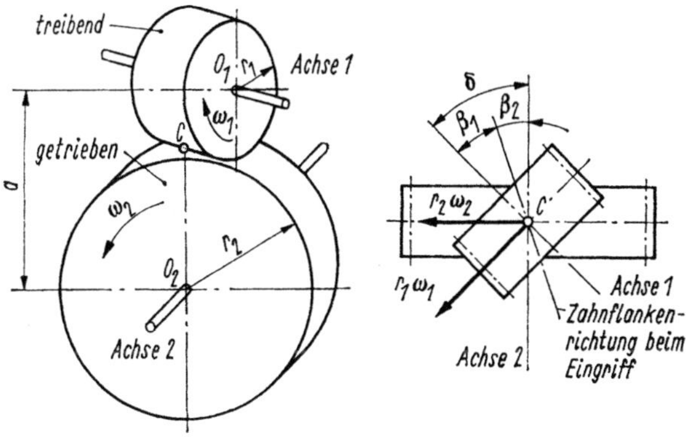

Bild 11.32
Schraubenstirnradgetriebe

Folge. Im Vergleich zu den Schneckengetrieben sind Schraubenstirnradgetriebe nur für kleinere Leistungen geeignet, jedoch ist ihre Unempfindlichkeit gegen geringe Abweichungen im Achsenkreuzungswinkel und geringe Achsabstandsvergrößerung vorteilhaft. Der Wirkungsgrad ist stark vom Schrägungswinkel der Räder abhängig, die günstigsten Verhältnisse liegen bei $\beta_1 = \beta_2 = \delta/2 = 45°$. Schraubenstirnradgetriebe können ebenfalls selbstsperrend ausgeführt werden.

11.5. Zugmittelgetriebe [3] [8] [11.4]

Zugmittelgetriebe finden Anwendung, wenn größere Abstände zwischen An- und Abtriebswelle zu überbrücken sind oder die räumlichen Gegebenheiten andere Getriebearten ausschließen. Sie zeichnen sich gegenüber Zahnradgetrieben durch einen einfachen Aufbau aus und erfordern geringen Aufwand bezüglich der Wartung. Man unterscheidet zwischen kraftgepaarten (Schnur- und Bandgetriebe, Flachriemen-, Keilriemengetriebe) und formgepaarten Zugmittelgetrieben (Zahnriemen-, Kettengetriebe). Die kraftgepaarten Getriebe, deren Zugmittel ungegliedert sind, arbeiten schwingungs- und stoßdämpfend und laufen geräuscharm, während die formgepaarten Getriebe gegliederte Zugmittel haben, dadurch höhere Leistungen übertragen können und auch keine größere Vorspannung

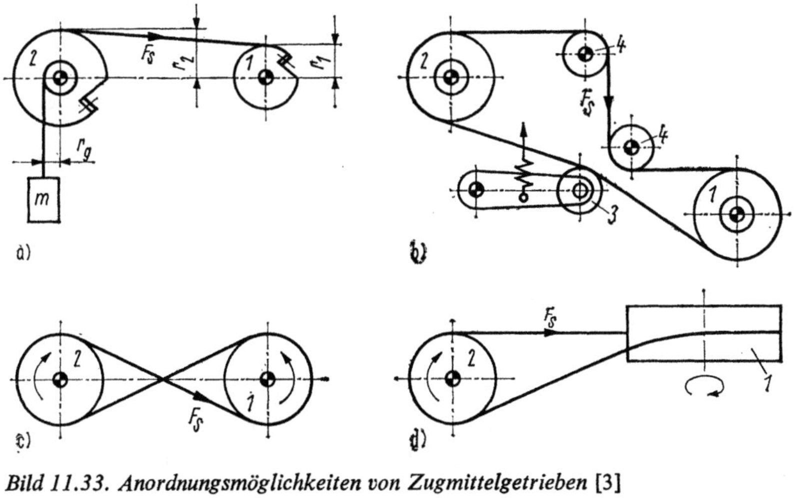

Bild 11.33. Anordnungsmöglichkeiten von Zugmittelgetrieben [3]

a) ebene Anordnung; b) mit Umlenk- und Spannrolle; c) gekreuzt; d) halbgekreuzt
a offene Zugmittel; *b, c, d* geschlossene Zugmittel

benötigen, so daß Wellen und Lager weniger beansprucht werden. Infolge des Polygoneffekts (s. Abschn. 11.5.2.) entsteht aber eine mehr oder weniger große Ungleichmäßigkeit der Drehbewegung. Bild 11.33 zeigt schematisch die verschiedenen Anordnungen der Zugmittelgetriebe, deren Zugmittel offen (*a*) oder geschlossen (*b*, *c*, *d*) ausgebildet und die Getriebeglieder in einer Ebene (*a*, *b*, *c*) oder räumlich angeordnet sein können (*d*).

Bei Leistungsgetrieben werden als Zugmittel vorwiegend Flach- und Keilriemen sowie Zahnflachriemen und Ketten verwendet. Für gerätetechnische Getriebe kleiner Leistung und für Führungsgetriebe gelangen auch einfache Schnüre, Seile, Bänder oder Drähte zur Anwendung.

11.5.1. Zugmittelgetriebe mit Kraftpaarung (Schnur-, Band-, Flachriemen- und Keilriemengetriebe)

Schnur- und Bandgetriebe finden vorrangig in der Gerätetechnik Anwendung, wenn bei kleinen zu übertragenden Leistungen eine fortlaufende Drehbewegung an eine oder mehrere Wellen weiterzuleiten ist, die einen größeren Abstand zueinander haben, bzw. wenn bei Schwenkbewegungen Drehwinkel > 360° zu realisieren sind. Ein Beispiel für ein geschlossenes Zugmittelgetriebe zeigt Bild 11.34.

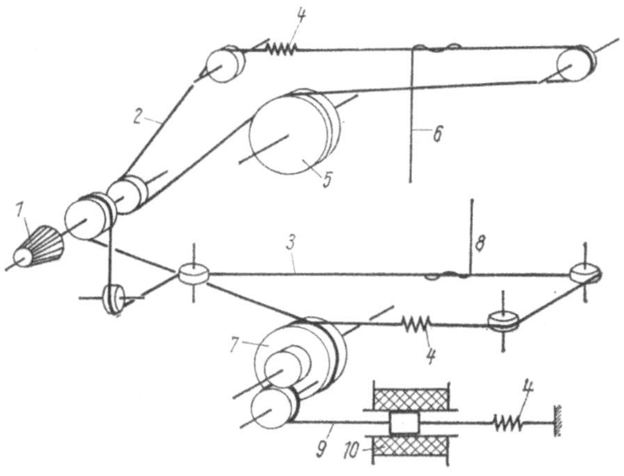

Bild 11.34
Gerätetechnisches Zugmittelgetriebe mit Kraftpaarung [3]

Abstimmgetriebe in einem Rundfunkgerät mit Amplituden- (Lang-, Mittel-, Kurzwelle) und Frequenzmodulation (UKW)
1 Doppeldrehknopf; *2* AM-Bandkreis; *3* FM-Bandkreis; *4* Zugfeder; *5* Drehkondensator; *6* Zeiger im AM-Bandkreis; *7* Drehkondensator für FM; *8* Zeiger im FM-Bandkreis; *9* Band für Variometer; *10* Variometer

Schnüre wendet man bei diesen Getrieben für kleine bis mittlere Zugkräfte an. Sie werden aus Hanf (Durchmesser 3 ... 4 mm), Baumwolle (1 ... 3 mm), Darmsaiten (0,7 bis 2 mm) sowie aus Seide, Gummi und Plaste (evtl. umsponnen) hergestellt. Bei größeren Kräften wählt man Leder (Durchmesser 4 ... 8 mm) oder auch Drahtwendel und Drahtseile.

Bänder werden aus gewebter Baumwolle oder Seide, aus Gummi, Leder oder, bei geringer zulässiger Dehnung, aus Stahl und bei Korrosionsgefahr z. B. auch aus Phosphorbronze gefertigt.

Flachriemengetriebe gelangen bei Übertragung größerer Leistungen zur Anwendung. Sie zeichnen sich durch günstiges elastisches Verhalten (stoß- und schwingungsmindernd) und einen Wirkungsgrad von 97 ... 98% aus. Es können Leistungen bis etwa 30 kW je 1 cm Riemenbreite bei Riemengeschwindigkeiten bis 100 m/s übertragen werden. Die Übersetzung ist im Normalfall bis $i = 8$ und bei Verwendung von Spezialriemen bis $i = 15$ ausführbar. Als Riemenwerkstoffe dienen Leder, Plaste, Gummi und Textilien. Leder hat gutes Dehnungsverhalten und Haftvermögen. Reine Lederriemen werden aber zunehmend von tragfähigeren kombinierten Flachriemen verdrängt. Diese bestehen aus einem Polyamidband, das auf der Laufseite mit dünnem Chromleder als Adhäsionsmaterial und auf der Außenseite mit dünnem Deckleder als Schutzmantel versehen ist (Bild 11.35a). Textilriemen haben eine Zugschicht aus Baumwoll-, Kunstseide- oder Polyamidgewebe zur Aufnahme der Zugspannungen und eine ein- oder beiderseitige Laufschicht aus PVC (weich) oder Gummi zur Verbesserung des Haftvermögens (*b*). Sind z.B. mit Rücksicht auf die Montagemöglichkeit endliche Riemen einzusetzen, werden deren Enden im Gegensatz zu früher üblichen verschraubten Platten (*c*) jetzt fast ausschließlich durch Kleben verbunden (*d*). Die Riemenscheiben sind vorzugsweise aus Gußeisen (Riemenbreite nach TGL 16359/DIN 111). Zu beachten ist, daß die Scheibe stets breiter sein muß als der Riemen und daß durch eine Scheibenwölbung (Bild 11.35e) das Abwandern des Riemens verhindert wird. Die Lauffläche der Scheibe ist möglichst fein zu bearbeiten und zu polieren, um den durch Dehnschlupf auftretenden Verschleiß zu vermindern und die Reibung klein zu halten.

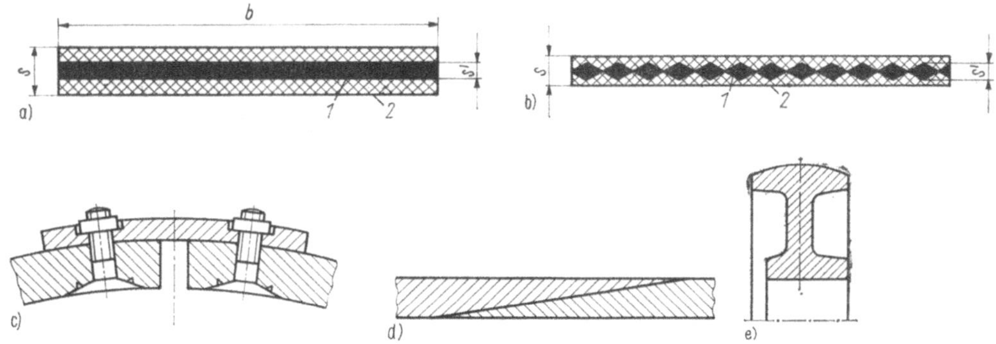

Bild 11.35. Flachriemen

a) Leder-Polyamid-Riemen; b) Textilriemen; c), d) Riemenverbindung mittels Platten bzw. durch Kleben; e) Flachriemenscheibe
1 Zugschicht; *2* Lauffläche

Bei **Keilriemengetrieben** wird das Zugmittel (Keilriemen) unter der Belastung in die trapezförmige Rille der Riemenscheibe hineingezogen (Bild 11.36a). Infolge der Keilwirkung entstehen dadurch bereits bei relativ geringer Vorspannung große Reibkräfte an den Flanken. Die Vorteile gegenüber Flachriemengetrieben sind kleinere Lagerbelastungen und größere Übersetzungen bei kleineren Achsabständen. Die maximale Übersetzung beträgt $i = 15$. Nachteilig gegenüber dem Flachriemen sind die höheren Biegeverluste, die stärkere Walkarbeit und die große Erwärmung. Die zulässigen Riemengeschwindigkeiten sind deshalb bei Keilriemengetrieben niedriger als bei Flachriemengetrieben.

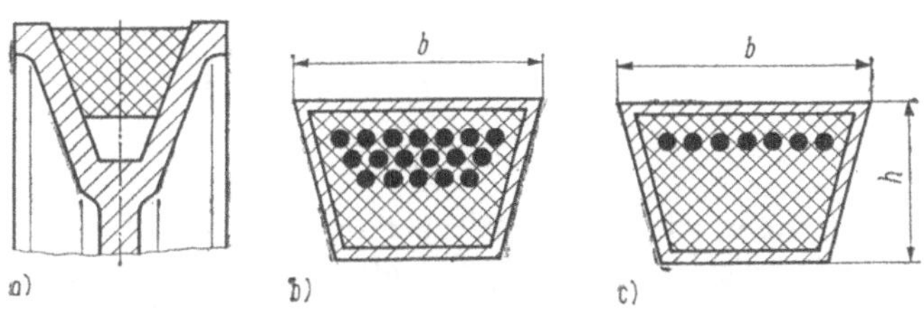

Bild 11.36. Keilriemengetriebe (Riemenscheibe und Riemenarten)

a) Keilriemenscheibe einrillig (maximal 19 Rillen); b) Normalkeilriemen, Paketkordausführung; c) Normalkeilriemen, Kabelkordausführung

Keilriemen (Bilder 11.36b und c) bestehen aus Fadensträngen (Kunstseide, Polyesterfasern u.ä.), Zugorganen (Paketkord, Kabelkord) und einem Gummipolster, das die Fadenstränge umhüllt und den Keilriemen profiliert. Das Gummiprofil wird von einem aufvulkanisierten Hüllgewebe umschlossen, das die Reibkräfte zwischen Riemen und Scheibenrille übernimmt und darüber hinaus gegen Einwirkung von Öl und Staub schützt. Der Kabelkordriemen ist biegeelastischer und für hohe Umfangsgeschwindigkeiten besser geeignet als der Paketkordriemen. Dem Bestreben nach höheren Umfangsgeschwindigkeiten kommt vor allem der Schmalkeilriemen entgegen. Während die Geschwindigkeitsgrenze bei Normalkeilriemen bei 25 m/s liegt, erreicht man mit dem Schmalkeilriemen maximal etwa 40 m/s. Keilriemen werden als Meterware oder als endlose Riemen geliefert. Sofern es die Montage gestattet, sollten stets endlose Riemen bevorzugt werden, da sie durch Fortfall des Keilriemenschlosses einen ruhigeren Lauf und höhere Lebensdauer sichern. Das Einsatzgebiet für Keilriemengetriebe ist praktisch unbegrenzt. Es reicht von Kleinantrieben mit geringer Leistung in der Gerätetechnik und im Haushaltmaschinenbau über leichte Antriebe, z.B. in Kreiselpumpen und Ventilatoren, bis zu Schwerlastantrieben wie Steinbrecher-, Bagger- und Kranantrieben.

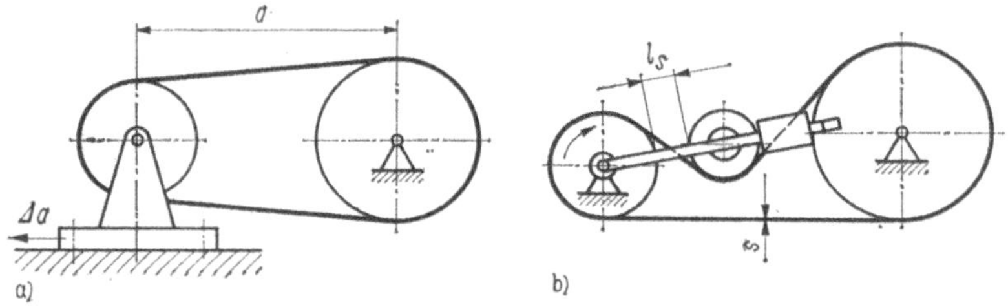

Bild 11.37. Spannvorrichtung für Zugmittelgetriebe
a) Spannschienen; b) Spannrolle

Generell ist bei der Konstruktion von Zugmittelgetrieben mit Kraftpaarung auf das ordnungsgemäße Spannen des Zugmittels zu achten. Es kann bei geschlossenen Zugmitteln entweder durch Verändern der Länge oder durch Spannvorrichtungen (Bild 11.33b und Bild 11.37) erzielt werden. Nur bei stark elastischen Materialien (Gummischnüre oder Drahtwendel) sind keine besonderen Maßnahmen notwendig.

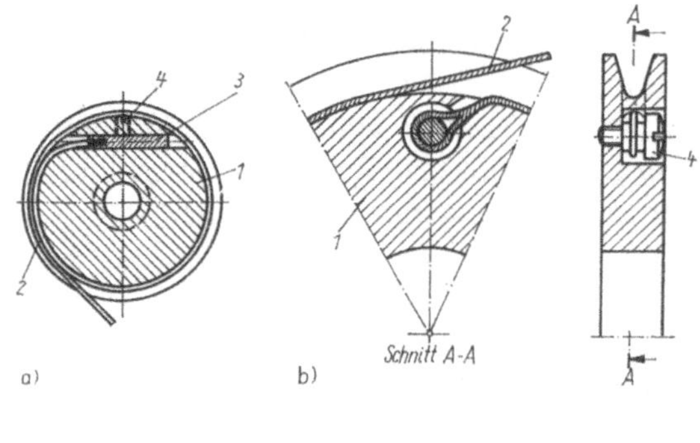

Bild 11.38
Befestigung von Zugmitteln am Rad [3]
a) Stahlband, b) Seil
1 Rad; *2* Zugmittel; *3* Zwischenteil;
4 Gewindestift bzw. Ansatzschraube

Bei Verwendung von offenen Zugmitteln, wie in Registriergeräten, Positioniereinrichtungen (Schreibmaschinenwagen) und Stelleinrichtungen (Skalentrieb), muß des weiteren der Befestigung der Zugmittelenden am treibenden und am getriebenen Rad besondere Beachtung geschenkt werden, weil die Einspannstelle die Bewegungsübertragung nicht stören darf. Bild 11.38 zeigt einige Befestigungsmöglichkeiten.

Die zu übertragenden Drehmomente bei Getrieben mit geschlossenen Zugmitteln sind vom Umschlingungswinkel abhängig (s.a. [3] [8]). Für die geometrischen Abmessungen der Zugmittelgetriebe nach Bild 11.39 gelten folgende Beziehungen:

Übersetzung	$i = n_1/n_2 \approx D/d$ (es tritt Schlupf auf)
Umschlingungswinkel	$\cos\alpha/2 = (D - d)\,2a;\quad \beta = 90° - \alpha/2$ (11.56)
Zugmittellänge	$L = (D + d)\,\pi/2 + 2a\sin\alpha/2 + \pi\beta\,(D - d)/180.$

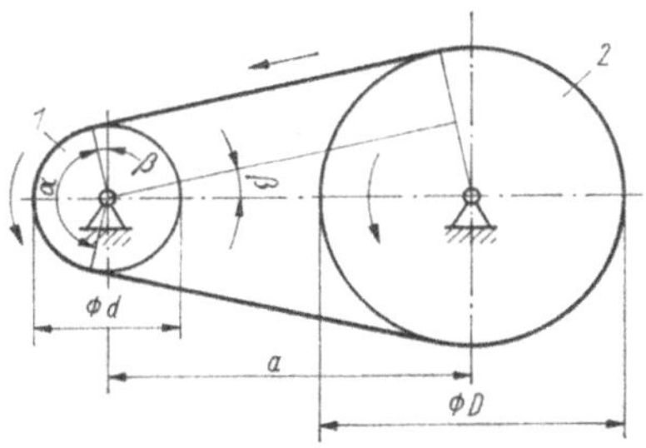

Bild 11.39
Getriebe mit geschlossenem Zugmittel

Für eine winkelgenaue Übertragung, wie oft in der Gerätetechnik verlangt, sind die Zugmittelgetriebe mit ungegliederten Zugmitteln wegen des auftretenden Schlupfes nicht geeignet.

11.5.2. Zugmittelgetriebe mit Formpaarung (Zahnriemen- und Kettengetriebe)

Zahnriemengetriebe [11.8] [11.11] verbinden die Vorzüge des Riemens (kleine Masse, hohe Umfangsgeschwindigkeit, Geräuscharmut, Wartungsfreiheit) mit denen der Kette (Schlupffreiheit, geringe Vorspannung). Die Umfangskraft wird durch Formpaarung übertragen, indem ähnlich wie bei Zahnradgetrieben die Riemenzähne in die Zahnlücken der Scheiben eingreifen (Bild 11.40). Hinsichtlich Aufbau und Technologie lassen sich gegenwärtig zwei Zahnriementypen unterscheiden. Der Zahnriemen im Bild 11.41 b besteht aus formbeständigem, zähelastischem Polyurethan, das eine hohe Strukturfestigkeit hat und sehr abriebfest ist. In der neutralen Biegezone sind schraubenlinienförmig gewickelte Zugstränge aus hochfestem Stahl oder Glasfaserkord angeordnet. Bei Zahnriemen gemäß Bild 11.41 a wird als Werkstoff Polychloropren verwendet, und auf der Laufseite schützt eine Schicht aus Polyamidgewebe die Zähne vor Abrieb. Für die Zugstränge wird fast ausschließlich Glasfaserkord eingesetzt. Zahnriemen aus Polychloropren stehen in sechs international standardisierten Teilungen (Zollsystem) zur Verfügung. Polyurethanzahn-

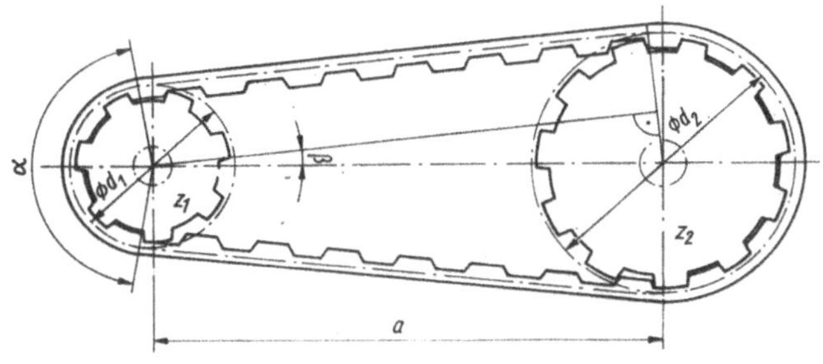

Bild 11.40
Zahnriemengetriebe

riemen werden hauptsächlich in vier Teilungen (metrisch) angeboten. Darüber hinaus entwickelten Zahnriemenhersteller in den letzten Jahren eine Reihe von Profilen, die sich vor allem durch ein hohes Volumen beim Riemenzahn und damit durch höhere Belastbarkeit auszeichnen. Mit dem vorhandenen Spektrum lassen sich sowohl in gerätetechnischen Erzeugnissen als auch in schweren Industrieanlagen vielfältige Antriebsprobleme lösen, da Leistungen von wenigen Watt bis etwa 450 kW übertragen werden können und Riemengeschwindigkeiten bis 80 m/s zulässig sind. Aufgrund ihres schlupffreien Laufes werden sie bevorzugt für Steuer- und Regelantriebe z. B. in Walzwerken, Kraftwerken und in der chemischen Industrie sowie zunehmend für Antriebe von Büromaschinen wie auch von Nockenwellen in Verbrennungsmotoren eingesetzt. Weitere Anwendungsgebiete sind Werkzeug-, Druckerei-, Textil-, Holzbearbeitungs- und Baumaschinen, Förderanlagen u. a. m.

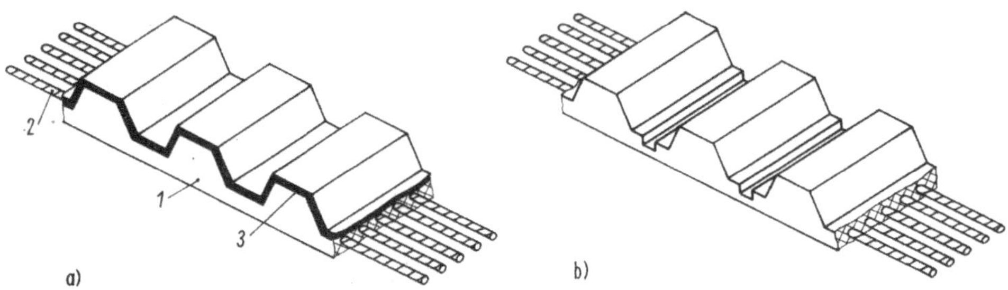

Bild 11.41. Zahnriemen
a) aus Polychloropren; b) aus Polyurethan
1 Riemenwerkstoff; *2* Zugstränge; *3* Polyamidgewebe

Der ordnungsgemäße Betrieb von Zahnriemengetrieben erfordert neben einer zweckmäßigen Gestaltung der hauptgeometrischen Getriebeabmessungen auch eine fachgerechte Konstruktion und Fertigung der Zahnriemenscheibe. Zur Gewährleistung der insbesondere bei langen Zahnriemen notwendigen Vorspannung ist wegen des Einflusses von Fertigungsabweichungen bei Riemen und Scheibe eine Einstellmöglichkeit des Achsabstands oder der Einsatz einer Spannrolle günstig. Dem Bestreben des Riemens, von den Scheiben abzulaufen, muß mit Bordscheiben entgegengewirkt werden. Unter anderem aus Gründen der Werkstoffersparnis sollten die Bordscheiben zweckmäßig an der kleineren Zahnscheibe, können bei einer Übersetzung $i = 1$ aber auch wechselseitig an je einer angeordnet werden. Bei großen Achsabständen, etwa ab dem zehnfachen Durchmesser der kleineren Scheibe, müssen beide Zahnscheiben jeweils beiderseitig Bordscheiben aufweisen, ebenso dann, wenn die Wellen des Getriebes nicht horizontal angeordnet sind (Bild 11.42). Das Befestigen durch Nieten oder Verschrauben ist aufwendig und nur bei

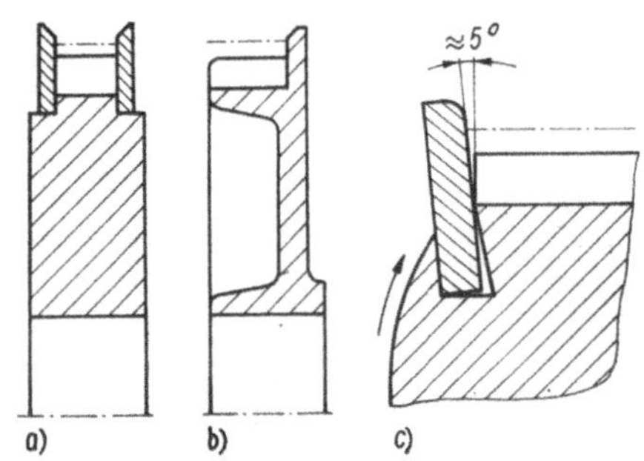

Bild 11.42
Gestaltung von Zahnscheiben
a) Bordscheiben beiderseits
b) Druckgußausführung
c) eingebördelte Bordscheiben

kleineren Serien sinnvoll. Wegen der niedrigen Axialkräfte bei geringen Abweichungen der Achslage eines Getriebes genügt vielfach eine Befestigung durch Bördeln (c). Eine Schräglage der angebördelten Scheiben verringert den Verschleiß an den Seitenflächen des Riemens. Als Werkstoffe für die Zahnscheiben werden neben Stahl und Gußeisen für Leistungsgetriebe auch Leichtmetalle sowie Plaste für weniger beanspruchte Getriebe angewendet.

Kettengetriebe haben ebenfalls den Vorteil, daß sie infolge der Formpaarung schlupffrei arbeiten, daß keine größere Vorspannung erforderlich ist und damit kleinere Wellen- und Lagerbelastungen auftreten und daß eine größere Leistung übertragbar ist. Von Nachteil ist aber, daß infolge des sog. Polygoneffekts eine Ungleichmäßigkeit der Drehbewegung entsteht und damit Beschleunigungskräfte und Schwingungen auftreten können.

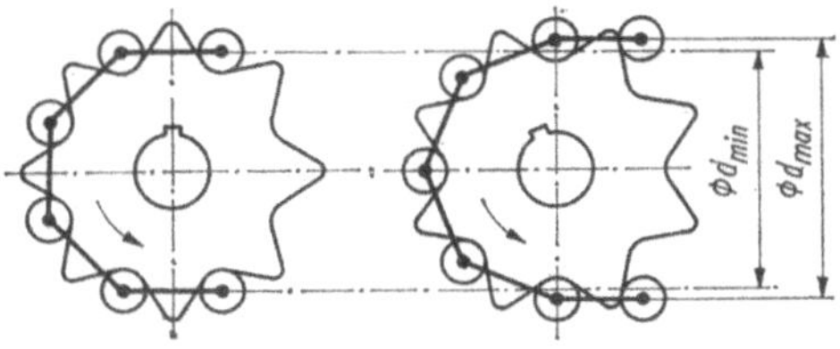

Bild 11.43
Darstellung des Polygoneffekts bei Kettengetrieben

Der Polygoneffekt ist durch die vieleckförmige Auflage der Kette auf dem Rad bedingt (Bild 11.43). Bei Umdrehung des Kettenrades schwankt der wirksame Teilkreisdurchmesser zwischen einem Maximal- und einem Minimalwert und damit auch die Geschwindigkeit. Da die Zähnezahl des Kettenrades nicht unendlich groß ausgeführt werden kann, läßt sich die periodisch schwankende Kettengeschwindigkeit nicht vermeiden. Die Geschwindigkeitsabweichung wird aber mit zunehmender Zähnezahl kleiner. Man wählt des-

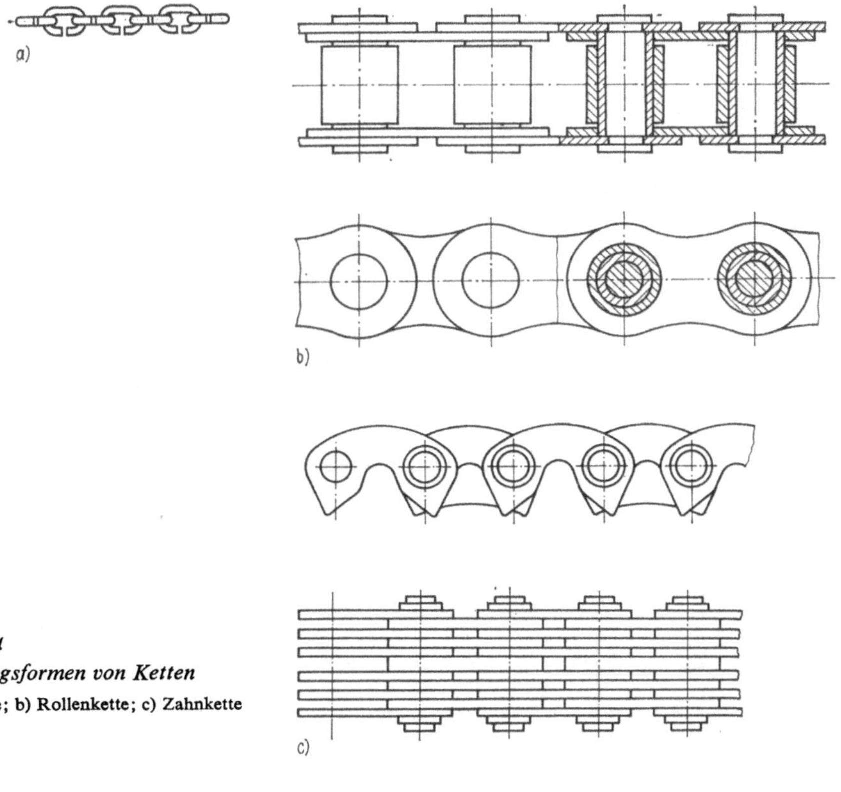

Bild 11.44
Ausführungsformen von Ketten
a) Ringkette; b) Rollenkette; c) Zahnkette

halb bei Leistungsgetrieben für das kleine Kettenrad bei Kettengeschwindigkeiten von $v \leqq 5$ m/s mindestens 19 Zähne und bei Geschwindigkeiten von $v > 5$m/s mindestens 25 Zähne. Die größtmögliche Umfangsgeschwindigkeit beträgt bei Kettengetrieben 40 m/s. Getriebeketten gelangen in unterschiedlichen Ausführungen zur Anwendung. Zu den einfachsten Formen, die vorrangig in der Gerätetechnik in untergeordneten Fällen eingesetzt werden, zählt die Ringkette (Bild 11.44a). Ihre Glieder werden aus Stahl-, Messing- oder Bronzedraht gebogen und je nach geforderter Belastbarkeit offen gelassen oder durch Schweißen bzw. Löten verbunden. Für Leistungsgetriebe sind Rollenketten (b) am gebräuchlichsten. Sie bestehen aus Innen- und Außengliedern, deren Laschen durch Bolzen bzw. Hülsen fest verbunden sind. Zur Verminderung des Verschleißes sind auf die Hülsen Rollen aufgeschoben. Das Spiel zwischen Rolle und Hülse sowie zwischen Hülse und Bolzen ist so bemessen, daß die Teile zueinander frei drehbar sind. Bei Zahnketten werden mehrere verzahnte Laschen auf Bolzen nebeneinandergereiht (c). Die Laschen sind paarweise versetzt über die Bolzenbreite angeordnet und greifen tangential ohne Gleitbewegung in die Zahnlücken der Kettenräder ein. Dadurch sind Geräusch und Abnutzung gering. Zahnketten werden besonders dort eingesetzt, wo ein ruhiger Lauf auch bei hohen Geschwindigkeiten erforderlich ist.

Um den durch die Relativbewegung in den Kettengelenken oder an den Zahnflanken der Kettenräder bedingten Verschleiß zu vermindern, müssen die Ketten mit Fett oder Öl geschmiert werden [8].

Für die Gestaltung der Wellen-Naben-Verbindungen bei Zugmittelgetrieben gelten die analogen Richtlinien wie bei Zahnradgetrieben.

Die Berechnung der geometrischen Abmessungen und der Tragfähigkeit der Zugmittelgetriebe ist der Literatur zu entnehmen [3] [8].

11.6. Aufgaben und Lösungen zu Abschn. 11.

Aufgabe 11.1. Achsabstandsanpassung

Es ist zu überprüfen, ob bei einem einstufigen Geradstirnradgetriebe mit $z_1 = 20$ und $z_2 = 35$ bei einem Modul $m = 0{,}8$ mm ein Achsabstand von 22,50 mm eingehalten werden kann. Wie groß ist erforderlichenfalls die Profilverschiebung?

Aufgabe 11.2. Zahnfußbiegespannung

Bei einem einstufigen Geradstirnradgetriebe mit den Parametern $z_1 = 19$, $z_2 = 79$, $x_1 = 0{,}56$, $x_2 = 0{,}50$, $m = 2{,}5$ mm, $b = 24$ mm und $\varepsilon_\alpha = 1{,}41$ (Profil mit Kopfhöhe $h_a = 1{,}0 \cdot m$) wirkt an der Antriebswelle ein Drehmoment $M_{d1} = 185$ N · m. Es ist zu überprüfen, ob das Getriebe bei Verwendung von einsatzgehärteten Stirnrädern aus 16 MnCr 5 der Belastung hinsichtlich Zahnbruch standhält.

Aufgabe 11.3. Modulberechnung

Einem elektrischen Gerät soll ein zweistufiges Getriebe gemäß Bild 11.3c vorgeschaltet werden. Der Antriebsmotor gibt bei einer Drehzahl $n_1 = 2800$ U/min eine Leistung $P_1 = 60$ W ab. n_3 beträgt 660 U/min, und der Wirkungsgrad je Zahneingriffsstelle $\eta = 0{,}92$. Die Lagerung wird vernachlässigt. Die Raddurchmesser sind $d_1 = 12$ mm, $d_2 = 44$ mm, $d_{2'} = 26$ mm und $d_3 = 30$ mm. Gesucht ist der Modul nach der Bachschen Beziehung!

Lösung zu Aufgabe 11.1

Mit den gegebenen Zahnraddaten z_1, z_2 und m ergibt sich ein Achsabstand

$$a = \frac{z_1 + z_2}{2} m = \frac{20 + 35}{2} \cdot 0{,}8 \text{ mm} = 22 \text{ mm}.$$

Da ein Betriebsachsabstand $a_w = 22{,}50$ mm gefordert ist, muß eine Profilverschiebung vorgenommen werden (V – Getriebe). Die erforderliche Profilverschiebung errechnet man aus

$$x_1 + x_2 = (\mathrm{ev}\,\alpha_w - \mathrm{ev}\,\alpha)(z_1 + z_2)/2\tan\alpha .$$

Der benötigte Betriebseingriffswinkel α_w ist aus $\cos\alpha_w = (a/a_w)\cos\alpha$ zu gewinnen. Er beträgt im vorliegenden Fall

$$\cos\alpha_w = (22/22{,}5)\cos 20° = 0{,}9188; \qquad \alpha_w = 23{,}25° = 23°15'.$$

Der Wert für ev α_w (in DIN: inv α_{wt}) ist Tafel 11.4 durch Interpolation zu entnehmen:

$$\mathrm{ev}\,23°15' = 0{,}023845 \quad \text{und} \quad \mathrm{ev}\,20° = 0{,}014904.$$

Die erforderliche Profilverschiebung beträgt

$$x_1 + x_2 = \frac{(0{,}023845 - 0{,}014904)(20 + 35)}{2 \cdot 0{,}3640} = +0{,}675.$$

Das ist die Summe der Profilverschiebungsfaktoren beider Räder. Die Aufteilung auf die einzelnen Räder kann innerhalb der in Bild 11.17 angegebenen Grenzen erfolgen. Im vorliegenden Fall könnte empfohlen werden:

$$x_1 = 0; \quad x_2 = +0{,}675.$$

Daraus folgt für die Profilverschiebung $v = xm$:

$$v_1 = 0; \quad v_2 = 0{,}675 \cdot 0{,}8\ \text{mm} = +0{,}54\ \text{mm}.$$

Lösung zu Aufgabe 11.2

Die Festigkeitsberechnung erfolgt am Ritzel (Rad 1). Die Zahnfußbiegespannung wird berechnet aus

$$\sigma_b = F_u q_k q_\varepsilon / bm.$$

Die Umfangskraft F_{u1} beträgt

$$F_{u1} = 2M_d/d_1 \quad \text{mit} \quad d_1 = mz_1; \qquad F_{u1} = 2 \cdot 185000/2{,}5 \cdot 19\ \text{N} = 7790\ \text{N}.$$

Der Zahnformfaktor q_{k1} wird dem Diagramm Bild 11.23a entnommen und hat für $z_1 = 19$ und $x_1 = 0{,}56$ die Größe

$$q_{k1} = 2{,}15.$$

Der Überdeckungsfaktor q_ε ist für die gegebene Überdeckung

$$q_\varepsilon = 1/\varepsilon_\alpha = 1/1{,}41 = 0{,}71.$$

Damit ergibt sich am Ritzel eine Zahnfußbiegespannung von

$$\sigma_b = \frac{7790}{24 \cdot 2{,}5} \cdot 2{,}15 \cdot 0{,}71\ \text{N/mm}^2 = 198\ \text{N/mm}^2.$$

Die zulässige Zahnfußbiegespannung $\sigma_{b\,zul} = \sigma_{SchG}/S_D$ beträgt für 16 MnCr 5 mit $\sigma_{SchG} = 300\ \text{N/mm}^2$ und $S_D = 1{,}5$

$$\sigma_{b\,zul} = 300/1{,}5\ \text{N/mm}^2 = 200\ \text{N/mm}^2.$$

Ergebnis: Die am Ritzel auftretende Zahnfußbiegespannung ist kleiner als die zulässige. Das Getriebe hält der Belastung stand.

Lösung zu Aufgabe 11.3

Nach Gl. (7.13) lassen sich die Drehmomente an den Wellen *1* und *2* ermitteln:

$$M_{d1} = 204{,}64\ \text{N} \cdot \text{mm} \quad \text{und} \quad M_{d2} = 675{,}31\ \text{N} \cdot \text{mm}.$$

Aus $F_u = 2M_d/d$ erhält man die Umfangskräfte in den Wälzpunkten:

$$F_{u1,2} = 34{,}1\ \text{N} \quad \text{und} \quad F_{u2',3} = 51{,}9\ \text{N}.$$

Bei Annahme eines mittleren Zahnbreitenverhältnisses $\lambda = 10$ und bei einem gewählten Zahnradwerkstoff St 38 (mit $c = 0{,}07 \cdot \sigma_{bzul.} \approx 7\ \text{N/mm}^2$ für Bezugsprofil mit Kopfhöhe $h_a = 1{,}0 \cdot m$) ergibt sich der Modul aus

$$m = \sqrt{F_u/(\pi\lambda c)} \quad \text{zu} \quad m_{1,2} = 0{,}39\ \text{mm} \quad \text{und} \quad m_{2',3} = 0{,}49\ \text{mm}.$$

Gewählt wird mit Rücksicht auf die Vereinheitlichung der Fertigung $m = 0{,}5$ mm.

Literatur

Grundlagenliteratur

[1] *Hildebrand, S.; Markert, C.:* Zeichnungen und Darstellungen in der Elektrotechnik. 9. Aufl. Berlin: VEB Verlag Technik 1979.

[2] Taschenbuch Feingerätetechnik. Bd. 1 und 2. 2. Aufl. Berlin: VEB Verlag Technik 1971/72.

[3] *Hildebrand, S.:* Feinmechanische Bauelemente. 4. Aufl. Berlin: VEB Verlag Technik 1981 und München: Hanser 1983.

[4] *Hildebrand, S.:* Einführung in die feinmechanischen Konstruktionen (Aufgaben und Lösungen). Berlin: VEB Verlag Technik 1976 und München: Hanser 1972.

[5] *Hildebrandt S.; Krause, W.:* Fertigungsgerechtes Gestalten in der Feingerätetechnik. Berlin: VEB Verlag Technik 1982 und Braunschweig: Vieweg 1977.

[6] Taschenbuch Maschinenbau. Bd. 1 Grundlagen. Berlin: VEB Verlag Technik 1978 und München: Hanser 1983.

[7] *Schlottmann, D.:* Konstruktionslehre – Grundlagen. Berlin: VEB Verlag Technik 1980 und Wien/New York: Springer 1983.

[8] *Fronius, S.:* Konstruktionslehre – Antriebselemente. 2. Aufl. Berlin: VEB Verlag Technik 1982.
Decker, K.-H.: Maschinenelemente – Gestaltung und Berechnung. 8. Aufl. München/Wien: Hanser 1982.

[9] Friedrich-Tabellenbuch Elektrotechnik. 20. Aufl. Leipzig: VEB Fachbuchverlag 1979.

[10] *Fischer, R.; Padelt, E.; Schindler, H.:* Physikalisch-technische Einheiten – richtig angewandt. 10. Aufl. Berlin: VEB Verlag Technik 1982.

[11] *Grünwald, F.:* Fertigungsverfahren in der Gerätetechnik. Berlin: VEB Verlag Technik 1980, 1985 und München: Hanser 1983.

[12] *Krause, W.:* Gerätekonstruktion. Berlin: VEB Verlag Technik 1982.

Weiterführende Literatur

Abschnitt 1

[1.1] *Hansen, F.:* Konstruktionswissenschaft. Berlin: VEB Verlag Technik 1980 und München/Wien: Hanser 1974.

[1.2] *Hansen, F.:* Konstruktionssystematik. Berlin: VEB Verlag Technik 1965.

[1.3] *Pahl, G.; Beitz, W.:* Konstruktionslehre. Berlin/Heidelberg/New York: Springer-Verlag 1977.

[1.4] *Koller, R.:* Konstruktionsmethode für den Maschinen-, Geräte- und Apparatebau. Berlin/Heidelberg/New York: Springer-Verlag 1976.

[1.5] *Schilling, M.:* Genauigkeit, Zuverlässigkeit und Systemstruktur. XIX. Internat. Wiss. Kolloquium, TH Ilmenau 1974.

[1.6] *Bauerschmidt, M.:* Methoden zur Lösung von Genauigkeitsproblemen im Gerätebau. XIX. Internat. Wiss. Kolloquium, TH Ilmenau 1974.

[1.7] *Höhne, G.; Sperlich, H.:* Methodische Richtlinie zur Konstruktionskritik. Wiss. Z. TH Ilmenau 22 (1976) 4, S. 107.

[1.8] *Röhrs, G.; Presse, G.:* Klassifizierung von Funktionsgruppen signalverarbeitender Geräte unter Berücksichtigung der Informationsspeicherung für den Konstrukteur. Feingerätetechnik 23 (1974) 12, S. 588.

[1.9] *Höhne, G.; Koch, P.:* Die Anwendung der Variationsmethode beim Konstruieren. Maschinenbautechnik 25 (1976) 4, S. 183.

[1.10] *Liedke, K.:* Ein Beitrag zur Auswahl und Dimensionierung eines Triebsystems bei der Entwicklung eines neutralen Gleichstromrelais. Diss. TH Ilmenau 1973.

[1.11] *Koch, P.; Heinrich, W.;* u.a.: Rationelles Konstruieren – Grundstruktur eines allgemeinen Konstruktionsverfahrens. Die Technik 33 (1978) 1, S. 17.

[1.12] Nomenklatur der Arbeitsstufen und Leistungen von Aufgaben des Planes Wissenschaft und Technik (Arbeitsstufennomenklatur). Hrsg. v. Ministerrat der DDR, Minist. f. Wiss. und Technik, Berlin 1975.

[1.13] *Aurich, H.;* u.a.: Rechner- und bildschirmunterstütztes Konstruieren im Maschinenbau. Wiss. Schriftenreihe der TH Karl-Marx-Stadt 9/1979.

Abschnitt 2

[2.1] *Felber, E.; Felber, K.:* Toleranz- und Passungskunde. 11. Aufl., Leipzig: VEB Fachbuchverlag 1981.
[2.2] *Richter, E.; Schilling, W.; Weise, M.:* Montage im Maschinenbau. 2. Aufl. Berlin: VEB Verlag Technik 1978.
[2.3] *Leyer, A.:* Kraftflußgerechtes Konstruieren. Konstruktion 16 (1964) 10, S. 401.
[2.4] *Franze, K.:* Passungsprobleme bei veränderlichen Temperaturen. Feingerätetechnik 16 (1967) 3, S. 135.
[2.5] *Kiper, G.:* Fertigungstoleranzen als konstruktives Problem in der Feinwerktechnik. Konstruktion 23 (1971) 4, S. 146.
[2.6] TGL 19115/01 bis 04 (Entwurf): Berechnung von Maß- und Toleranzketten.
[2.7] *Krist:* Werkstatt – Tabellen, Bd. 1. 7. Aufl. Leipzig: VEB Fachbuchverlag 1971.
[2.8] *Bernst, R.:* Werkstoffe im wissenschaftlichen Gerätebau. Leipzig: Geest & Portig 1975.
[2.9] *Racho, R.; Krause, K.:* Spezielle Werkstoffe der Elektrotechnik/Elektronik. 2. Aufl. Leipzig: VEB Dt. Verl. f. Grundstoffindustrie 1978.
[2.10] *Hahn, L.; Munke, I.:* Werkstoffkunde für die Elektrotechnik und Elektronik. 2. Aufl. Berlin: VEB Verlag Technik 1976.

Abschnitt 3

[3.1] *Göldner, H.; Holzweißig, F.:* Leitfaden der Technischen Mechanik. 5. Aufl. Leipzig: VEB Fachbuchverlag 1976.
[3.2] *Göldner, H.:* Übungsaufgaben aus der Technischen Mechanik. 10. Aufl. Leipzig: VEB Fachbuchverlag 1975.
[3.3] *Winkler, J.:* Statik. Leipzig: VEB Fachbuchverlag 1975.
[3.4] *Winkler, J.; Aurich, H.:* Technische Mechanik (Nachschlagebücher für Grundlagenfächer). 2. Aufl. Leipzig: VEB Fachbuchverlag 1976.
[3.5] Technische Mechanik für Ingenieurschulen. Leipzig: VEB Fachbuchverlag 1971.
[3.6] *Naubereit, H.:* Kinematik – Kinetik. Leipzig: VEB Fachbuchverlag 1975.

Abschnitt 4

[4.1] *Scheuermann, G.:* Verbindungselemente. 4. Aufl. Leipzig: VEB Fachbuchverlag 1971.
[4.2] *Beckert, M.; Neumann, A.:* Grundlagen der Schweißtechnik-Löten. Berlin: VEB Verlag Technik 1973.
[4.3] *Neumann, A.:* Schweißtechnisches Handbuch für Konstrukteure. Bd. 1 bis 4. Berlin: VEB Verlag Technik 1976.
[4.4] *Schwarz, H.; Schlegel, H.:* Metallkleben und glasfaserverstärkte Plaste in der Technik. 8. Aufl. Berlin: VEB Verlag Technik 1977.
[4.5] *Junker, G.; Köthe, H.; Lienemann, H.:* Schraubenverbindungen. 2. Aufl. Berlin: VEB Verlag Technik 1971.
[4.6] VDI/VDE-Handbuch Feinwerktechnik. VDI-Richtlinie Nr. 2251: Feinwerkelemente-Verbindungen. Düsseldorf: VDI-Verlag 1963 und 1965.
[4.7] *Maasz, E.:* Handbuch der Blechbearbeitung. Leipzig: VEB Fachbuchverlag 1958.
[4.8] *Angermaier, H.; Eder, H.:* Feinwerktechnische Verbindungen durch Löten. Feinwerktechnik 68 (1964) 4, S. 141 und 5, S. 180.
[4.9] *Eder, H.; Uhden, W. P.:* Feinwerktechnische Verbindungen durch Schweißen. Feinwerktechnik 67 (1963) 4, S. 109.
[4.10] *Eder, H.; Uhden, W. P.:* Feinwerktechnische Verbindungen durch Kleben. Feinwerktechnik 70 (1966) 11, S. 529 und 12, S. 567.
[4.11] *Tschanter, E.:* Verbindungen durch Kleben. Feinwerktechnik 74 (1970) 4, S. 177.
[4.12] *Eder, H.:* Feinwerktechnische Verbindungen durch plastische Verformung. Feinwerktechnik 65 (1961) 4, S. 135.
[4.13] *Gommel, K.-W.:* Die Tragfähigkeit und Elastizität von Präzisionsstift-Verbindungen. Feingerätetechnik 15 (1966) 4, S. 148.
[4.14] *Eder, H.:* Feinwerktechnische Verbindungen durch Schrauben. Feinwerktechnik 72 (1968) 3, S. 108.
[4.15] *Kittel, H.:* Gewinde der Feinwerktechnik. feinwerktechnik & micronic 76 (1972) 6, S. 286.

Abschnitt 5

[5.1] *Hanke, H.-J.; Fabian, H.:* Technologie elektronischer Baugruppen. 3. Aufl. Berlin: VEB Verlag Technik 1982.
[5.2] *Faas, G.K.; Swozil, J.:* Verdrahtungen und Verbindungen in der Nachrichtentechnik. Frankfurt a.M.: Akademische Verlagsgesellschaft 1974.
[5.3] *Krause, W.:* Gerätekonstruktion. Berlin: VEB Verlag Technik 1982.
[5.4] *Schoppe, C.-G.; Pfeifer, H.-J.:* Termi-Point, eine neue lötlose Verbindungstechnik. Feingerätetechnik 21 (1972) 5, S.210.
[5.5] *Remus, P.; Zimmermann, E.:* Drahtwickelverbindungen (Wire-Wrap). Feinwerktechnik 74 (1970) S.286.
[5.6] *Pleva, V.:* Bewertung der Beständigkeit von Lötverbindungen in der Halbleitertechnik. Feingerätetechnik 26 (1977) 12, S.532.
[5.7] *Kunze, M.:* Träger- und Verbindungstechniken im elektronischen Gerätebau unter dem Einfluß der Mikroelektronik. Feingerätetechnik 27 (1978) 5, S.205.
[5.8] *Kunzmann, K.:* Stecken oder fest verdrahten? Feingerätetechnik 27 (1978) 5, S.207.

Abschnitt 6

[6.1] Technische Federn, Handbuch. VEB Draht- und Federnwerke Karl-Marx-Stadt 1967.
[6.2] *Brügmann, G.:* Schrauben- und Tellerfedern im Werkzeug- und Maschinenbau. Leipzig: VEB Fachbuchverlag 1953.
[6.3] *Göbel, F.F.:* Gummifedern. (Konstruktionsbücher Nr.7), 3. Aufl. Berlin/Göttingen/Heidelberg: Springer-Verlag 1969.
[6.4] *Kaspar, F.:* Thermobimetalle in der Elektrotechnik. Berlin: VEB Verlag Technik 1960.
[6.5] *Hildebrand, S.:* Zur Berechnung von Torsionsbändern im Feingerätebau. Feinwerktechnik 61 (1957) 6, S.191.
[6.6] *Hager, K.-H.; Meißner, M.:* Überblick über die Entwicklung des Gebiets der elastischen Federn. Wissenschaftliche Zeitschrift TH Ilmenau 14 (1968) 2, S.189.
[6.7] *Holfeld, A.:* Zur Berechnung der Triebfedern mit Federhaus. Wissenschaftliche Zeitschrift TU Dresden 17 (1968) 4, S.1031.
[6.8] *Krause, W.:* Feinmechanische Bauelemente. Feingerätetechnik 23 (1974) 10, S. 455.
[6.9] *Hager, K.-H.:* Rationelle Berechnung von metallischen Federn. Feingerätetechnik 23 (1974) 11, S.502.
[6.10] *Müller, B.:* Auswahl TGL-gerechter Federn mit Hilfe der EDV. Feingerätetechnik 26 (1977) 7, S.294.

Abschnitt 7

[7.1] *Bauer, R.; Schneider, G.; Kaltofen, H.:* Maschinenteile, Bd.II: Achsen, Wellen, Lagerungen, Kupplungen. Leipzig: VEB Fachbuchverlag 1964.
[7.2] *Hager, K.-H.:* Vereinfachte Berechnung der Kerbspannung bei Wellen. Feingerätetechnik 20 (1971) 7, S.305.

Abschnitt 8

[8.1] *Bauer, R.;* Schneider, *G.; Kaltofen, H.:* Maschinenteile, Bd.II: Achsen, Wellen, Lagerungen, Kupplungen. Leipzig: VEB Fachbuchverlag 1964.
[8.2] *Unger, H.:* Wälzlagerhandbuch, Bd.1 und 2. Berlin: VEB Verlag Technik 1964.
[8.3] TGL-Taschenbuch 5: Wälzlager. 3. Aufl. Leipzig: VEB Fachbuchverlag 1966.
[8.4] *Hampf, W.:* Wälzlagerungen. Berechnung und Gestaltung. Konstruktionsbücher Nr.23. Berlin/Heidelberg/New York: Springer-Verlag 1971.
[8.5] *Spengler, G.; Wunsch, F.:* Schmierung und Lagerung in der Feinwerktechnik. Düsseldorf: VDI-Verlag 1970.
[8.6] *Wiemer, A.:* Luftlagerungen. Berlin: VEB Verlag Technik 1969.
[8.7] *Kragelski, I.W.:* Reibung und Verschleiß. Berlin: VEB Verlag Technik 1971.
[8.8] *Holfeld, A.:* Wartungsfreie Lager der Feingerätetechnik. Feingerätetechnik 20 (1971) 2, S.88.
[8.9] *Krause, W.:* Feinmechanische Bauelemente. Feingerätetechnik 23 (1974) 10, S.455.
[8.10] *Krause, W.; Phan Ba:* Plastgleitlager in der Feingerätetechnik. Feingerätetechnik 27 (1978) 4, S.178.

[8.11] *Krause, W.; Phan Ba:* Montage von Plastgleitlagerbuchsen durch Einpressen. Feingerätetechnik 30 (1981) 4, S.147.
[8.12] *Krause, W.; Phan Ba:* Montage von Plastgleitlagerbuchsen durch Einkleben. Feingerätetechnik 30 (1981) 7, S.305.
[8.13] *Polzer, G.; Meißner, F.:* Grundlagen zur Reibung und Verschleiß. Leipzig: VEB Dt. Verlag für Grundstoffindustrie 1979.
[8.14] Wissensspeicher Tribotechnik. Leipzig: VEB Fachbuchverlag 1978.
[8.15] Entwurf, Anwendung und Prüfung selbstschmierender Lagerbuchsen. Firmenschrift. ZVL, národny podnik, 02617, Dolný Kubin–Mokrad, ČSSR.
[8.16] Devagleit, einbaufertige Gleitlager. Firmenschrift. Stadtallendorf (BRD): Glacier GmbH – Deva-Werke.

Abschnitt 9

[9.1] *Holecek, K.:* Über das Verkanten. Feinwerktechnik 60 (1956) 10, S.353.
[9.2] Geradführungen. Z VDI 100 (1958) 21, S.921.
[9.3] *Kuhnert, K.-H.:* Kraftverteilung in wälzkörpergelagerten Geradführungen. Konstruktion 12 (1960) 9, S.353.
[9.4] *Lotze, W.:* Statik und Kinematik symmetrischer Federgeradführungen. Feingerätetechnik 17 (1968) 10, S.449.

Abschnitt 10

[10.1] *Pampel, W.:* Kupplungen. Berlin: VEB Verlag Technik 1958.
[10.2] *Bauer, R.; Schneider, G.; Kaltofen, H.:* Maschinenteile, Bd.II: Achsen, Wellen, Lager, Kupplungen. Leipzig: VEB Fachbuchverlag 1964.
[10.3] *Stübner, K.; Rüggen, W.:* Kompendium der Kupplungstechnik. München: Carl Hanser Verlag 1962.
[10.4] *Pelczewski, W.:* Elektromagnetische Kupplungen. Braunschweig: Verlag Vieweg und Sohn 1971.
[10.5] *Krause, W.:* Feinmechanische Bauelemente. Feingerätetechnik 23 (1974) 10, S.455.
[10.6] *Roth, K.-H.:* Reibkupplungen in der Feinwerktechnik. Feinwerktechnik 65 (1961) 8, S.285.
[10.7] *Centmaier, K.; Eder, H.:* Zur Systematik der feinwerktechnischen Kupplungen. Feinwerktechnik 68 (1964) 11, S.447.
[10.8] *Stübner, K.; Rüggen, W.:* Kupplungen in der Feinwerktechnik. Feinwerktechnik 74 (1970) 2, S.77.

Abschnitt 11

[11.1] *Volmer, J.:* Getriebetechnik, Lehrbuch. 3.Aufl. Berlin: VEB Verlag Technik 1976.
[11.2] *Volmer, J.:* Getriebetechnik. Aufgabensammlung. 2.Aufl. Berlin: VEB Verlag Technik 1979.
[11.3] *Zirpke, K.:* Maschinenteile, Bd.IV: Zahnräder. Leipzig: VEB Fachbuchverlag 1960.
[11.4] *Bauer, R.; Schneider, G.:* Maschinenteile, Bd.III Riemen-, Seil- und Kettentriebe, Reibradgetriebe. 5.Aufl., Leipzig: VEB Fachbuchverlag 1971.
[11.5] *Bock, A.:* Arbeitsblätter für die Konstruktion von Mechanismen. Hrsg. v. d. Kammer der Technik, Bezirksverband Suhl 1976/1983.
[11.6] *Krause, W.:* Plastzahnräder. Berlin: VEB Verlag Technik 1985.
[11.7] *Demian, T.; Krause, W.;* u.a.: Einsatz von Schneckengetrieben in der Feingerätetechnik. Feingerätetechnik 27 (1978) 5, S.222.
[11.8] *Krause, W.; Metzner, D.:* Anwendung von Zahnriemengetrieben. Feingerätetechnik 27 (1978) 12, S.546.
[11.9] *Klotzsche, R.:* Thermoplastische Werkstoffe für Stirnräder in der Feingerätetechnik. Feingerätetechnik 27 (1978) 5, S.230.
[11.10] *Weinhold, H.; Krause, W.:* Das neue Toleranzsystem für Stirnradverzahnungen. Berlin: VEB Verlag Technik 1981.
[11.11] *Metzner, D.; Urbansky, M.:* Entwicklungsstand bei Zahnriemengetrieben. Feingerätetechnik 31 (1982) 2, S.80.
[11.12] *Krause, W.:* Kinematische Genauigkeit von Zahnradgetrieben der Feingerätetechnik. XXV.Int. Wiss. Koll., Vortragsreihe B1, TH Ilmenau 1980.

Anhang

In diesem Anhang wurde der Inhalt des vorliegenden Buches für Benutzer in den westlichen Ländern erweitert.

Die Bearbeitung beschränkte sich auf Gegenüberstellungen der TGL-Standards und DIN-Normen sowie der in den technischen Tafeln angeführten Toleranzen, Passungen und Werkstoffe und auf eine Erweiterung der Literaturverzeichnisse. Es werden außerdem die Festlegungen für Verzahnungstoleranzen und für die Tragfähigkeitsberechnung von Stirnrädern in TGL und DIN verglichen.

Bei den Werkstofftabellen wurden die in den Normen teilweise noch enthaltenen Einheiten kp/cm^2 durch die neuen Einheiten N/mm^2 ersetzt, die Zahlenwerte mit 9,81 umgerechnet und gerundet.

Alle Angaben der vorliegenden Erweiterung entsprechen dem Stand von Mitte 1983.

Wien

Dipl.-Ing. *G. Siegmund*

Entsprechungen zwischen TGL-Standards und DIN-Normen

Im vorliegenden Buch wird auf Standards mit den Bezeichnungen TGL 0-..., TGL ..., TGL RGW ... Bezug genommen. Bei wesentlichen Unterschieden zwischen TGL und DIN sind in der Anlage zu dieser Liste Auszüge von DIN-Normen dargestellt (*)).

- **Die Standards TGL 0-... entsprechen den DIN-Normen mit gleicher Nummer**

  z. B.: TGL 0-7 entspricht DIN 7

- **Die Standards TGL ... entsprechen folgenden DIN-Normen**

TGL	Seiten-Nr. des Buches	DIN
2897	30	7186
2981	191	625; 622*)
2982	191	628
2983	191	630
2985	191	615
2986	192	711
2987	192	715
2988	191	5412
2993	192	720
3889	192	617
3890	192	635
5477	132	46420; 46431
5478	133	46433
5683	106	7987
5687	106	964
5738	106	7513
5850	215	115
6365	200	3770
6546	67	17210*)
6547	67	17200*)
6558	188	1850
6560	188	1850
7403	114	127; 128; 7980
7408	116	1469
7838	47	keine Entsprechung
7960	67	17100*)
8110	68	1705; 1709; 1716*)
8189	68	1693*)
8549	136	47291
9499	119	6888
9500	119	6885
9501	118	6886
9502	118	6887

TGL	Seiten-Nr. des Buches	DIN
9613	188	E 1495
10327	46	1692
10472	136	41524
10545	247	E 3990 *)
10546	247	E 3990 *)
10580	105	40400
10826	111	267; DIN ISO 898
11108	134	46211
11162	170	671
11163	170	668
12529	46	1651
14192	147	17222*)
14193	147	17223*)
14315	68	1681*)
14400	68	1691; 1693
14508	45	17100
14703	185	ISO 4381*)
14715	160	E 1715
14725	68	1745; 1746*)
14729	185	1729; 9715*)
14903	92	1910
14904	86	1910; 1912; 8519; 8528; 8551; 8552
14915	91	31000 und VDI-Richtlinie 2226
15008	251	3992
15010	243	3994
15011	243	3995
15015	243	3960
15131	53	5478
15508	191	620
15511	195	DIN ISO 76; 281
15515	192	5401

TGL	Seiten-Nr. des Buches	DIN
15516	192	5402
15517	192	5402
15518	192	5402
16359	262	111
16363	122	keine Entsprechung, vgl. DIN 7993
16454	200	3760
18398	157	2092
18399	157	2093
19072	24	7151
19081	32	7184; DIN ISO 5459
19085	31	7184
19115	271	keine Entsprechung
19340	69	18800; VDI-Richtlinie 2226 und 2227 Lit.: u.a.: Matek: Maschinenelemente, Normung, Berechnung, Gestaltung. 7. Aufl. Braunschweig: Vieweg 1976.
19486	136	43650
20646	220	740
20648	219	keine Entsprechung
20911	192	728
21000	119	6886; 6887
21590	134	46289
21611	215	116
21613	221	740
21706	122	keine Entsprechung
21804	133	E 47727; E 47730
21805	133	47709; 47717
21806	132	47411; VDE 0812
21807	132	47413; 47414
22425	136	46342
22434	107	562
24814	136	47231
24815	136	47225
25521	147	keine Entsprechung
27786	24	323
28566	137	41611
29331	134	41612
31050	32	DIN ISO 1302
31428	136	keine Entsprechung
31665	122	7993
35484	185	17660; 17670*)
35486	185	1705*)
35488	185	1714*)
35489	147	17670; 17672*)
200-1579	132	47264; 47265; 47269
200-3670	134	46237
200-3681	134	46284
200-3854	136	46247

● **Die Standards TGL RGW ... entsprechen folgenden DIN-Normen**

TGL RGW	Seite	DIN
144-77	26	7150; 7151; 7152; 7154; 7155; 7157*); 7160; 7161; 7162; IOS/R 286-1962
145-77	25	7150; 7151; 7182; ISO/R 286-1962 58700*); 58701
180-75	105	13
181-75	105	13
182-75	105	13
183-75	105	13
184-75	105	13
229-75	251	keine Entsprechung
308-76	237	867
309	237	58400
310-76	235	780
514-77	24	323; ISO 3-1973; ISO 17-1973; ISO 497-1973
641	243	3961...3967 }*)
642	243	58405 }
773	199	5425

Grundlagenliteratur

[13] *Hoischen, H.:* Technisches Zeichnen. Essen: Verlag Girardet 1975.
[14] DIN-Taschenbuch 7: Graphische Symbole für die Elektrotechnik. Berlin/Köln: Beuth-Verlag 1983.
[15] DIN-Taschenbuch 107. Schaltungsunterlagen. Berlin/ Köln: Beuth-Verlag 1979.
[16] Dubbel, Taschenbuch für den Maschinenbau. Berlin/Heidelberg/New York: Springer-Verlag 1981.
[17] *Kuhlenkamp, A.:* Konstruktionslehre der Feinwerktechnik. München: Hanser-Verlag 1971.
[18] *Ringhandt, H.:* Feinwerkelemente. Einführung in die Gestaltung und Berechnung. München/Wien: Hanser-Verlag 1974.
[19] *Sieker, K.-H.; Rabe, K.:* Fertigungs- und stoffgerechtes Gestalten in der Feinwerktechnik. Berlin/ Heidelberg/New York: Springer-Verlag 1968.
[20] *Niemann, G.:* Maschinenelemente. Bd.I. 2.Auflage. Berlin/Heidelberg/New. York: Springer-Verlag 1975.
[21] *Steinhilper, W.; Röper, R.:* Maschinen- und Konstruktionselemente. Bd.1. Berlin/Heidelberg/ New York: Springer-Verlag 1982.
[22] DIN-Taschenbuch 22: Größen und Einheiten in Naturwissenschaft und Technik. Berlin/Köln: Beuth-Verlag 1978.
[23] *Schweitzer, W.; Kiesewetter, L.:* Moderne Fertigungsverfahren der Feinwerktechnologie. Berlin/ Heidelberg/New York: Springer-Verlag 1981.
[24] *Degner, W.; Böttger, H.-C.:* Handbuch der Feinbearbeitung. München/Wien: Hanser-Verlag 1975.

Weiterführende Literatur siehe bei den einzelnen Abschnitten.

1. Der konstruktive Entwicklungsprozeß

Zu Abschn. 1.2. Ablauf und Methoden des Konstruierens (S. 12)

In den westlichen Industriestaaten ist der Ablauf des Konstruktionsprozesses nicht gesetzlich geregelt, sondern bleibt den Herstellungsbetrieben überlassen. Im Schrifttum ist jedoch das methodische Konstruieren ausführlich behandelt. Als Richtlinie für die dabei anzuwendende Vorgehensweise kann das vorliegende Kapitel oder die nachstehend angeführte Literatur herangezogen werden.

Weitere Literaturhinweise zu Abschnitt 1.

[1.14] *Rodenacker, W.:* Methodisches Konstruieren. Berlin/Heidelberg/New York: Springer-Verlag 1976.
[1.15] VDI-Richtlinien 2222 und 2225: Konstruktionsmethodik. Düsseldorf: VDI-Verlag 1977.
[1.16] *Baumann, H.G.:* Systematisches Projektieren und Konstruieren. Berlin/Heidelberg/New York: Springer-Verlag 1982.
[1.17] *Roth, K.:* Konstruieren mit Konstruktionskatalogen. Berlin/Heidelberg/New York: Springer-Verlag 1982.
[1.18] *Domke, H.; Robens, M.; Kehrmann, H.:* Methodisches Suchen nach neuen Produkten, Brainstorming auf der Basis der Funktionsbetrachtung. Ind.-Anz. 95 (1973).
[1.19] *Hoefle, J.:* Zuverlässigkeitsrechnung. Berlin/Heidelberg/New York: Springer-Verlag 1978.
[1.20] *Eigner, M.; Maier, H.:* Einführung und Anwendung von CAD-Systemen. München: Hanser-Verlag 1982.
[1.21] *Phillipow, E.:* Taschenbuch Elektrotechnik. Bd.2: Grundlagen der Informationstechnik. München/ Wien: Hanser-Verlag 1977.

2. Grundlagen der Konstruktionsarbeit

Zu Abschn. 2.3.1. Toleranzen (S. 25)

Tafel 2.6. Empfohlene Toleranzfelder nach DIN 7157 für allgemeine Anwendung (hervorgehobene Felder sind zu bevorzugen, js und JS dürfen durch j und J ersetzt werden); Nennabmaße s. Tafel 2.6 (S. 28)

			d8	e7	f6	g5	h5				js5	k5	m5	n5	p5	r5	s5	t5	
a11	b11	c11	d9	e8	f7	g6	h6	h7	h9	h11	js6	k6	m6	n6	p6	r6	s6	t6	
			d10	e9	f8			h8			js7	k7	m7	n7	p7	r7	s7	t7	u7
			D9	E8	F7	G6	H6				JS6	K6	M6	N6	P6	R6	S6	T6	
A11	B11	C11	D10	E9	F8	G7	H7	H8	H9	H11	JS7	K7	M7	N7	P7	R7	S7	T7	
			D11	E10	F9				H10		JS8	K8	M8	N8	P8	R8			

Zu Abschn. 2.3.2. Passungen

Tafel 2.12. Toleranzfeldauswahl und zu empfehlende Passungen für die Feinwerktechnik nach DIN 58700 Bl. 2

Passung Reihe 1	Reihe 2	Art der Passung	Anwendung
$\frac{Z8}{h9}$ $\frac{X8}{h8}$		Preßpassungen	Übertragung großer Drehmomente ohne zusätzliche Verdrehsicherung, z. B. Getriebeteile, dickwandige Buchsen, Zylinderstifte
$\frac{H7}{r6}$	$\frac{S7}{h6}$ $\frac{H7}{s6}$		Übertragung kleiner Drehmomente ohne zusätzliche Verdrehsicherung. Dünnwandige Teile, z. B. Lagerbuchsen
$\frac{H7}{m6}$	$\frac{H7}{n6}$	Übergangspassungen	Festsitzende Teile. Drehmomentübertragung mit zusätzlicher Sicherung. Lösen durch Auspressen möglich, z. B. Zylinderstifte, Bohrbuchsen
$\frac{H7}{j6}$			Genaue Zentrierung. Fügen eventuell unter leichtem Druck, z. B. Zentrierflansche
$\frac{H7}{h6}$	$\frac{H6}{h6}$		Genaue Zentrierung für bedingt verschiebbare Teile, z. B. Zentrierflansche, Getriebeteile hoher Genauigkeit, wie Wechselräder, auswechselbare Bohrbuchsen, Optikteile
$\frac{H8}{h8}$ $\frac{H8}{h9}$			Niet- und Steckverbindungen mit mittlerer Zentrierfunktion. Verschiebbare Paßteile
	$\frac{H10}{h9}$ $\frac{H11}{h11}$		Niet- und Steckverbindungen geringer Zentrierfunktion
	$\frac{G6}{h5}$ $\frac{H6}{g5}$	Spielpassungen	Hochgenaue Gleitlagerungen mit sehr geringem Spiel und geräuscharmem Lauf
$\frac{G7}{h6}$	$\frac{H7}{g6}$		Genaue Gleitlagerungen mit geringem Spiel. Präzisionsgeradführungen, Optikteile, z. B. Objektivfassungen
	$\frac{G7}{h8}$		Gleitlagerungen mit geringem Spiel
$\frac{H7}{f7}$			Gleitlagerungen hoher Beanspruchung. Verschiebbare Getriebeteile, z. B. Gleitbuchsen
$\frac{F8}{h8}$	$\frac{H8}{f8}$		Gleitlagerungen mittlerer Beanspruchung. Mehrfach-Steckverbindungen mit geringer Zentrierfunktion
$\frac{F8}{h9}$ $\frac{F9}{h9}$	$\frac{H8}{e8}$		Gleitlagerungen niederer Beanspruchung. Hartlötungen
$\frac{E9}{h9}$ $\frac{D10}{h9}$			Gleitlagerungen in weitem Temperaturbereich. Kunststofflagerungen. Niet- und Steckverbindungen mit geringer Zentrierfunktion. Hartlötungen. Fügen bei Nennmaß über 3 mm auch nach Oberflächenauftrag geringer Schichtdicke möglich
$\frac{D10}{h11}$ $\frac{D11}{h11}$	$\frac{D11}{h9}$ $\frac{H11}{d11}$		Untergeordnete Gleitlagerungen. Niet- und Steckverbindungen ohne Zentrierfunktion. Fügen bei Nennmaß über 3 mm auch nach Oberflächenauftrag geringer Schichtdicke möglich
$\frac{CD10}{h9}$ [1]	$\frac{C11}{h11}$		Untergeordnete Gleitlagerungen mit großem Kleinstspiel. Niet- und Steckverbindungen ohne Zentrierfunktion. Fügen nach Oberflächenauftrag geringer Schichtdicke möglich

[1]) Nur bis Nennmaß 10 mm

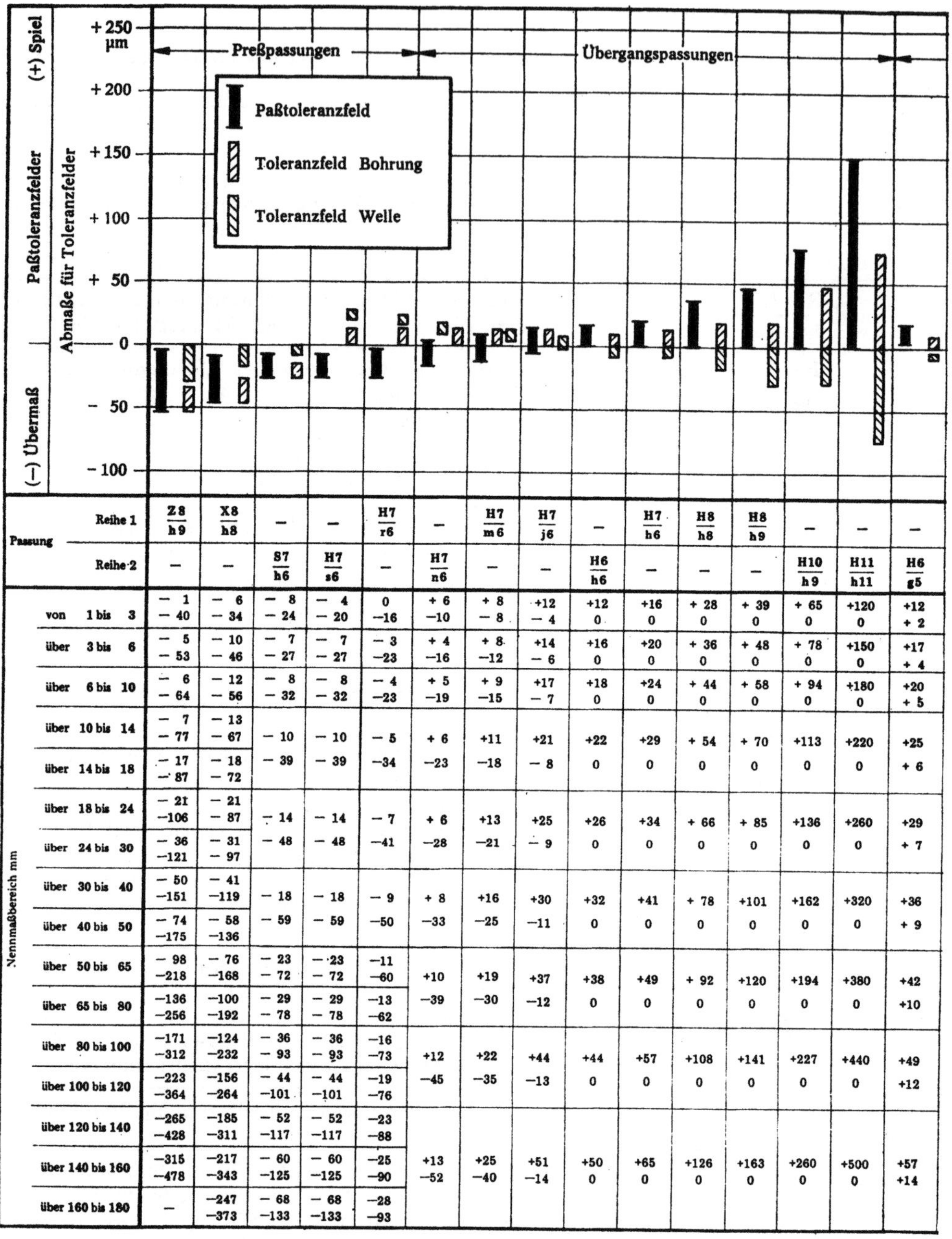

Passung Reihe 1	Z8/h9	X8/h8	—	—	H7/r6	—	H7/m6	H7/j6	—	H7/h6	H8/h8	H8/h9	—	—	—
Passung Reihe 2	—	—	S7/h6	H7/s6	—	H7/n6	—	—	H6/h6	—	—	—	H10/h9	H11/h11	H6/g5
Nennmaßbereich mm															
von 1 bis 3	− 1 − 40	− 6 − 34	− 8 − 24	− 4 − 20	0 −16	+ 6 −10	+ 8 − 8	+12 − 4	+12 0	+16 0	+ 28 0	+ 39 0	+ 65 0	+120 0	+12 + 2
über 3 bis 6	− 5 − 53	− 10 − 46	− 7 − 27	− 7 − 27	− 3 −23	+ 4 −16	+ 8 −12	+14 − 6	+16 0	+20 0	+ 36 0	+ 48 0	+ 78 0	+150 0	+17 + 4
über 6 bis 10	− 6 − 64	− 12 − 56	− 8 − 32	− 8 − 32	− 4 −23	+ 5 −19	+ 9 −15	+17 − 7	+18 0	+24 0	+ 44 0	+ 58 0	+ 94 0	+180 0	+20 + 5
über 10 bis 14	− 7 − 77	− 13 − 67	− 10 − 39	− 10 − 39	− 5 −34	+ 6 −23	+11 −18	+21 − 8	+22 0	+29 0	+ 54 0	+ 70 0	+113 0	+220 0	+25 + 6
über 14 bis 18	− 17 − 87	− 18 − 72													
über 18 bis 24	− 21 −106	− 21 − 87	− 14 − 48	− 14 − 48	− 7 −41	+ 6 −28	+13 −21	+25 − 9	+26 0	+34 0	+ 66 0	+ 85 0	+136 0	+260 0	+29 + 7
über 24 bis 30	− 36 −121	− 31 − 97													
über 30 bis 40	− 50 −151	− 41 −119	− 18 − 59	− 18 − 59	− 9 −50	+ 8 −33	+16 −25	+30 −11	+32 0	+41 0	+ 78 0	+101 0	+162 0	+320 0	+36 + 9
über 40 bis 50	− 74 −175	− 58 −136													
über 50 bis 65	− 98 −218	− 76 −168	− 23 − 72	− 23 − 72	−11 −60	+10 −39	+19 −30	+37 −12	+38 0	+49 0	+ 92 0	+120 0	+194 0	+380 0	+42 +10
über 65 bis 80	−136 −256	−100 −192	− 29 − 78	− 29 − 78	−13 −62										
über 80 bis 100	−171 −312	−124 −232	− 36 − 93	− 36 − 93	−16 −73	+12 −45	+22 −35	+44 −13	+44 0	+57 0	+108 0	+141 0	+227 0	+440 0	+49 +12
über 100 bis 120	−223 −364	−156 −264	− 44 −101	− 44 −101	−19 −76										
über 120 bis 140	−265 −428	−185 −311	− 52 −117	− 52 −117	−23 −88	+13 −52	+25 −40	+51 −14	+50 0	+65 0	+126 0	+163 0	+260 0	+500 0	+57 +14
über 140 bis 160	−315 −478	−217 −343	− 60 −125	− 60 −125	−25 −90										
über 160 bis 180	—	−247 −373	− 68 −133	− 68 −133	−28 −93										

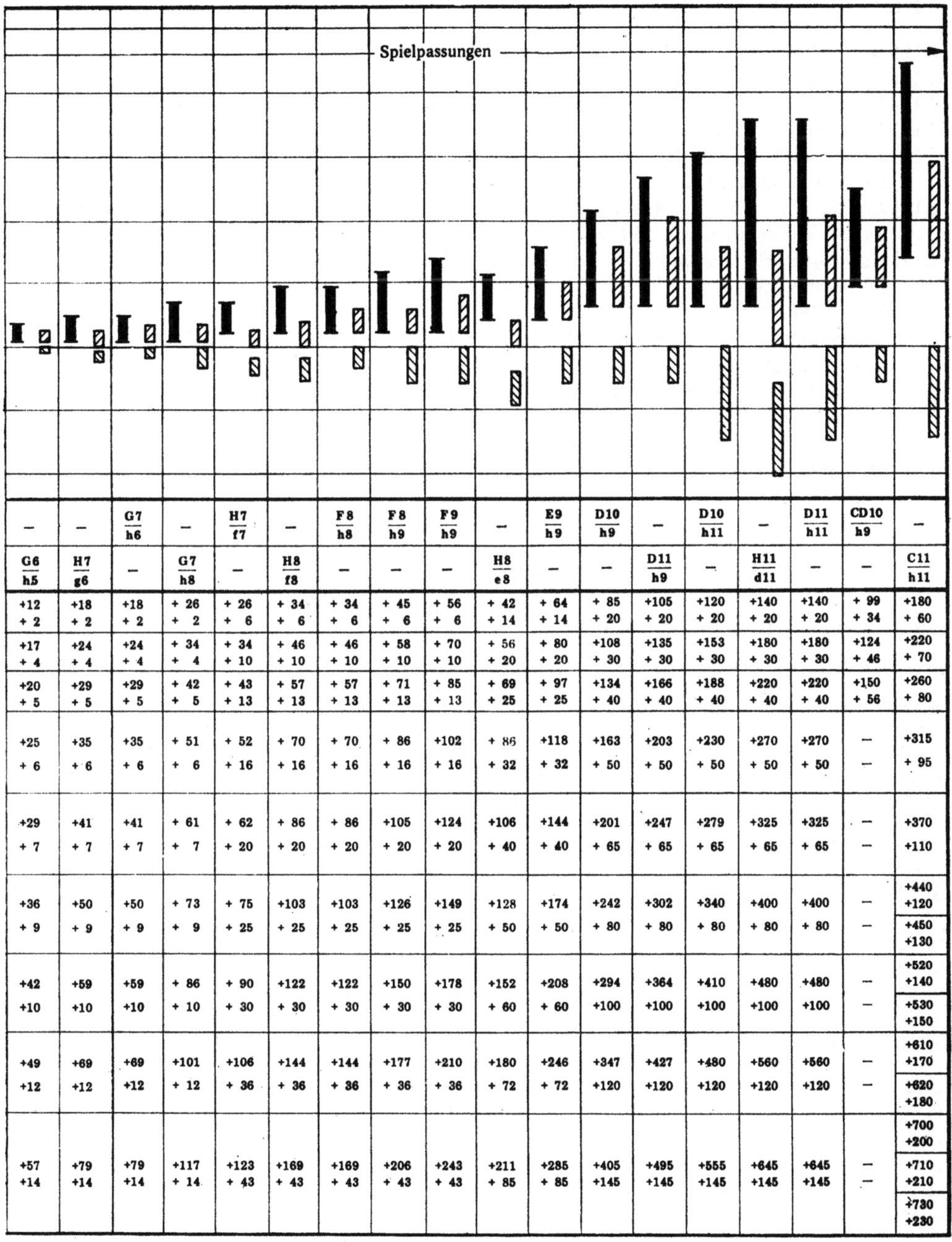

–	–	G7/h6	–	H7/f7	–	F8/h8	F8/h9	F9/h9	–	E9/h9	D10/h9	–	D10/h11	–	D11/h11	CD10/h9	–
G6/h5	H7/g6	–	G7/h8	–	H8/f8	–	–	–	H8/e8	–	–	D11/h9	–	H11/d11	–	–	C11/h11
+12 + 2	+18 + 2	+18 + 2	+ 26 + 2	+ 26 + 6	+ 34 + 6	+ 34 + 6	+ 45 + 6	+ 56 + 6	+ 42 + 14	+ 64 + 14	+ 85 + 20	+105 + 20	+120 + 20	+140 + 20	+140 + 20	+ 99 + 34	+180 + 60
+17 + 4	+24 + 4	+24 + 4	+ 34 + 4	+ 34 + 10	+ 46 + 10	+ 46 + 10	+ 58 + 10	+ 70 + 10	+ 56 + 20	+ 80 + 20	+108 + 30	+135 + 30	+153 + 30	+180 + 30	+180 + 30	+124 + 46	+220 + 70
+20 + 5	+29 + 5	+29 + 5	+ 42 + 5	+ 43 + 13	+ 57 + 13	+ 57 + 13	+ 71 + 13	+ 85 + 13	+ 69 + 25	+ 97 + 25	+134 + 40	+166 + 40	+188 + 40	+220 + 40	+220 + 40	+150 + 56	+260 + 80
+25 + 6	+35 + 6	+35 + 6	+ 51 + 6	+ 52 + 16	+ 70 + 16	+ 70 + 16	+ 86 + 16	+102 + 16	+ 86 + 32	+118 + 32	+163 + 50	+203 + 50	+230 + 50	+270 + 50	+270 + 50	– –	+315 + 95
+29 + 7	+41 + 7	+41 + 7	+ 61 + 7	+ 62 + 20	+ 86 + 20	+ 86 + 20	+105 + 20	+124 + 20	+106 + 40	+144 + 40	+201 + 65	+247 + 65	+279 + 65	+325 + 65	+325 + 65	– –	+370 +110
+36 + 9	+50 + 9	+50 + 9	+ 73 + 9	+ 75 + 25	+103 + 25	+103 + 25	+126 + 25	+149 + 25	+128 + 50	+174 + 50	+242 + 80	+302 + 80	+340 + 80	+400 + 80	+400 + 80	– –	+440 +120 +450 +130
+42 +10	+59 +10	+59 +10	+ 86 + 10	+ 90 + 30	+122 + 30	+122 + 30	+150 + 30	+178 + 30	+152 + 60	+208 + 60	+294 +100	+364 +100	+410 +100	+480 +100	+480 +100	– –	+520 +140 +530 +150
+49 +12	+69 +12	+69 +12	+101 + 12	+106 + 36	+144 + 36	+144 + 36	+177 + 36	+210 + 36	+180 + 72	+246 + 72	+347 +120	+427 +120	+480 +120	+560 +120	+560 +120	– –	+610 +170 +620 +180
+57 +14	+79 +14	+79 +14	+117 + 14	+123 + 43	+169 + 43	+169 + 43	+206 + 43	+243 + 43	+211 + 85	+285 + 85	+405 +145	+495 +145	+555 +145	+645 +145	+645 +145	– –	+700 +200 +710 +210 +730 +230

Weitere Literaturhinweise zu Abschnitt 2.

[2.11] *Berg, S.*: Konstruieren in Größenreihen und Normzahlen. Konstruktion 17 (1965) S. 15.
[2.12] DIN 7150 bis 7161: ISO-Toleranzen.
[2.13] *Gaubeaud, F.*: Toleranzkoppelungen in Theorie und Praxis. Feinwerktechnik 63 (1959) S. 123.
[2.14] *Wyrowsky, G.*: Das Rechnen mit tolerierten Maßen. Konstruktion 13 (1961) S. 298.
[2.15] *Kondziela, W.*: Über die Bedeutung einer eingehenden Toleranzrechnung für feinwerktechnische Konstruktionen. Feinwerktechnik 66 (1962) S. 179.
[2.16] *Hanka, W.; Hase, R.*: Häufigkeitsverteilung der Summentoleranzen von zusammengebauten Teilen. Werkstattechnik 55 (1965) S. 590.
[2.17] *Hornbogen, E.*: Werkstoffe. Berlin/Heidelberg/New York: Springer-Verlag 1983.
[2.18] *Lünnemann, G.; Repenning, K.*: Handbuch der Elektrotechnik, Elektronik. Heidelberg: Hüthig-Verlag 1983.
[2.19] *Spickermann, D.*: Werkstoffe und Bauelemente der Elektrotechnik und Elektronik. Würzburg: Vogel-Verlag 1978.
[2.20] *Carlowitz, B.*: Thermoplastische Kunststoffe. Die Kunststoffbücherei Bd. 16. Speyer: Verlag Zechner & Hüthig 1980.
[2.21] *Phillipow, E.*: Taschenbuch Elektrotechnik. Bd. 1: Allgemeine Grundlagen. München/Wien: Hanser-Verlag 1976.

3. Statik und Festigkeitslehre

Zu Abschn. 3.3.1. Grundbegriffe (S. 65)

Tafel 3.2. Elastizitätsmodul und Festigkeitskenngrößen für

a) verschiedene Stahlarten (S. 67)

Werkstoff Kurzzeichen TGL	DIN	Zugfestigkeit δ_B (R_m) N/mm²	Streckgrenze δ_S (R_e) N/mm²	E-Modul E kN/mm²
Baustahl DIN 17100				
St 34	St 33	290	185 ... 175	
St 38	St 37	340 ... 470	235 ... 215	210
St 42	St 44	410 ... 540	275 ... 235	____
St 50	St 50	470 ... 610	295 ... 255	
St 60	St 60	570 ... 710	335 ... 315	215
Vergütungsstahl DIN 17200				
C 25	C 22	540 ... 685	355	
C 35	C 35	620 ... 765	420	210
C 45	C 45	695 ... 845	480	
C 60	C 60	835 ... 980	570	____
30Mn5	28Mn6	785 ... 930	590	
40Mn4	40Mn4	880 ... 1080	640	
34Cr4	34Cr4	880 ... 1080	685	
42CrMo4	42CrMo4	1080 ... 1275	885	
50CrMo4	50CrMo4	1080 ... 1275	885	215
58CrV4	nicht genormt			
	30CrMoV9	1225 ... 1420	1030	
Einsatzstahl DIN 17210				
C 15	C 15	590	355	
16MnCr5	16MnCr5	785	590	
20MnCr5	20MnCr5	980	685	215
18CrNi8	18CrNi8	1180	785	

b) weitere metallische und Plastwerkstoffe (S. 68)

Werkstoff Kurzzeichen TGL	DIN	Zugfestigkeit δ_B (R_m) N/mm²	Streckgrenze δ_S (R_e) N/mm²	Biege-festigkeit N/mm²	E-Modul E kN/mm²
Stahlguß DIN 1681					
GS-40	GS-38	370	185		
GS-50	GS-52	510	255		210
GS-60	GS-60	590	295		
Gußeisen mit Kugelgraphit DIN 1693					
GGG-40	GGG-40	390	245		
GGG-60	GGG-60	590	370		150
Gußeisen mit Lamellengraphit DIN 1691					
GGL-20	GG-20	195	100	325	105
GGL-30	GG-30	295	150	440	130
Aluminiumlegierungen DIN 1745, 1746					
AlMg3F18	AlMg3F18	180	80		
AlMg5F24	AlMg5F25	250	110		
AlMg1Si1F20	AlMgSi1F21	205	110		70...90
AlCu4Mg2F44	AlCuMg2F44	440	290		
Kupfergußlegierungen DIN 1705, 1709, 1716					
G-CuSn10	G-CuSn10	270	130	100	90
G-CuPb10Sn10	G-CuPb10Sn	180	80	77	79
G-CuZn33Pb2	G-CuZn33Pb	180	70	70	102
G-CuZn15Si3	G-CuZn15Si4	400	230	150	100
Plastwerkstoffe					

Werkstoffe und Kenngrößen unverändert

Kennwerte für Schwellfestigkeit (Fall II) und Wechselfestigkeit (Fall III) s. [3.13]. Berechnung auf Dauerfestigkeit, Kerb- und Formzahlen s. [3.10] bis [3.12].

Weitere Literaturhinweise zu Abschnitt 3.

[3.7] *Neuber, H.:* Einführung in die technische Mechanik. T. 1 bis 3. Berlin/Heidelberg/New York: Springer-Verlag 1965–1974.

[3.8] *Szabo, I.:* Einführung in die technische Mechanik und Höhere technische Mechanik. Berlin/Heidelberg/New York: Springer-Verlag 1966, 1972.

[3.9] *Holzmann, G.; Meyer, H.; Schumpich, G.:* Technische Mechanik. T. 1 bis 3. Stuttgart: Teubner-Verlag 1967–1969.

[3.10] VDI-Richtlinie 2226: Empfehlungen für die Festigkeitsberechnung metallischer Bauteile. Düsseldorf: VDI-Verlag 1965.

[3.11] VDI-Richtlinie 2227: Festigkeit bei wiederholter Beanspruchung; Zeit- und Dauerfestigkeit metallischer Werkstoffe, insbesondere von Stählen. Düsseldorf: VDI-Verlag 1974.

[3.12] *Neuber, H.:* Kerbspannungslehre. Berlin/Göttingen/Heidelberg: Springer-Verlag 1958.

[3.13] *Hänchen, R.:* Dauerfestigkeitsschaubilder für Stahl und Gußeisen. München: Hanser-Verlag 1963.

[3.14] DIN-Taschenbuch 4: Stahl und Eisen; Gütenormen 1 und
DIN-Taschenbuch 155: Stahl und Eisen; Gütenormen 2. Berlin/Köln: Beuth-Verlag 1981.

[3.15] VDI/VDE-Richtlinie 2471 und 2474 bis 2480: Werkstoffe der Feinwerktechnik (Plastwerkstoffe). Düsseldorf: VDI-Verlag 1965 bis 1980.

4. Mechanische Verbindungselemente und -verfahren

Weitere Literaturhinweise zu Abschnitt 4.

[4.16] *Niemann, G.:* Maschinenelemente. Bd. I. 2. Aufl. Berlin/Heidelberg/New York: Springer-Verlag 1975.
[4.17] *Ruge, J.:* Handbuch der Schweißtechnik. Bd. 1: Werkstoffe. Bd. 2: Verfahren und Fertigung. Berlin/Heidelberg/New York: Springer-Verlag 1980.
[4.18] *Eichhorn, F.; Oppe, H.-J.:* Das Verbindungsschweißen von Kleinstbauteilen. Feinwerktechnik 71 (1967) S. 449.
[4.19] *Lüder, E.:* Löten. Betriebsbücher Bd. 25. München: Hanser-Verlag 1966.
[4.20] VDI-Richtlinie 2229: Metallkleben; Hinweise für Konstruktion und Fertigung. Düsseldorf: VDI-Verlag 1979.
[4.21] *Brockmann, W.:* Grundlagen und Stand der Metallklebtechnik. Düsseldorf: VDI-Verlag 1971.
[4.22] *Bossard, H.:* Handbuch der Verschraubungstechnik. Grafenau: Expert-Verlag 1982.
[4.23] VDI/VDE-Richtlinie 2251 Bl. 1: Feinwerkelemente; Spannverbindungen. Düsseldorf: VDI-Verlag 1972.
[4.24] VDI/VDE-Richtlinie 2251 Bl. 2: Feinwerkelemente; Stauch- und Biegeverbindungen. Düsseldorf: VDI-Verlag 1979.

5. Elektrische Leitungsverbindungen

Weitere Literaturhinweise zu Abschnitt 5.

[5.9] *Lewicki, A.:* Einführung in die Mikroelektronik. München/Wien: R. Oldenbourg-Verlag 1966.
[5.10] *Phillipow, E.:* Taschenbuch Elektrotechnik. Bd. 3: Bauelemente und Bausteine der Informationstechnik. München/Wien: Hanser-Verlag 1978.
[5.11] Lötlose Verdrahtung. Feinwerktechnik 73 (1969) S. 185.
[5.12] *Uhlmann, R.:* Zuverlässigkeit der Kontaktierverfahren. Schweißtechnik 22 (1972) S. 70.
[5.13] *Brinkmann, C.:* Die Isolierstoffe der Elektrotechnik. Berlin/Heidelberg/New York: Springer-Verlag 1975.
[5.14] *Stöckel, D., u. a.:* Werkstoffe für elektrische Kontakte. Grafenau: Expert-Verlag 1980.
[5.15] *Schikarski, H.:* Die gedruckte Schaltung. Stuttgart: Telekosmos-Verlag 1966.
[5.16] VDI/VDE-Richtlinie 3710: Entwurf. Fertigung von Leiterplatten. Übersicht und Bl. 1 bis 5. Düsseldorf: VDI-Verlag 1979.

6. Federn

Zu Abschn. 6.1. Grundbegriffe, Federkennlinien (S. 146)

Tafel 6.1. Festigkeitseigenschaften von Federwerkstoffen

a) Bandstahl, kalt gewalzt, Auszug aus DIN 17222

Kurzzeichen	Zugfestigkeit R_m (δ_B) in N/mm² geglüht	gehärtet und angelassen	E-Modul[1]) E kN/mm²	Schubmodul[1]) G kN/mm²
Ck 67	640	1230 ... 1770	206	78
Ck 75	640	1320 ... 1870		
50CrV4	740	1400 ... 2000		

[1]) bei 20°

Tafel 6.1. (Fortsetzung)

b) NE-Federwerkstoffe

Kurzzeichen		DIN	Zugfestigkeit N/mm²	E[1]) kN/mm²	G[1]) kN/mm²
CuZn36	F 70	17670	650 ... 930	110	39
CuSn6	F 35	17672	350	115	42
	F 52		520		
	F 65		650		
	F 95		900 ... 1230		

[1]) bei 20°

Tafel 6.2 Festigkeitseigenschaften für Federstahldraht (patentiert gezogener Stahldraht aus unlegierten Stählen, Auszug aus DIN 17223)

Nennmaß d mm	Zugfestigkeit R_m (δ_B) für Drahtsorten A, B, C N/mm²		
	A	B	C
0,1	–	–	2530 ... 2830
0,2	–	–	2490 ... 2790
0,4	1700 ... 2030	2040 ... 2420	2430 ... 2730
0,5	1670 ... 2000	2010 ... 2390	2400 ... 2700
0,8	1610 ... 1940	1950 ... 2320	2330 ... 2570
1,0	1570 ... 1890	1900 ... 2260	2270 ... 2510
1,2	1540 ... 1850	1860 ... 2210	2220 ... 2460
1,4	1500 ... 1810	1820 ... 2150	2160 ... 2400
1,6	1470 ... 1760	1770 ... 2100	2110 ... 2300
1,8	1440 ... 1740	1750 ... 2050	2060 ... 2260
2,0	1420 ... 1710	1720 ... 2010	2020 ... 2220

Weitere Literaturhinweise zu Abschnitt 6.

[6.11] *Wolf, W. A.:* Die Schraubenfedern, ihre Ausführungsformen, Berechnung und Herstellung. 2. Aufl. Essen: Verlag Girardet 1966.

[6.12] VDI/VDE-Richtlinie 2255: Entwurf. Feinwerkelemente; Energiespeicherelemente. Übersicht, Bl. 1 und 2. Düsseldorf: VDI-Verlag 1971, 1982, 1974.

[6.13] *Enard, E.:* Federn in der Feinwerktechnik und ihre Werkstoffe. Zeitschr. für Werkstofftechnik (1972) S. 345.

[6.14] *Palm, J.:* Formfedern in der Feinwerktechnik. Feinwerktechnik 79 (1975) S. 105.

[6.15] *Walz, K.:* Entwurf und Konstruktion der Tellerfeder. Werkstatt und Betrieb (1975) S. 311.

[6.16] *Andresen, E. G.:* Der gleichmäßig erwärmte Bimetallstreifen. Feinwerktechnik 70 (1966) S. 278.

[6.17] *Engstler, D.:* Zur Messung der thermischen Empfindlichkeit von Thermobimetall. Feinwerktechnik 86 (1978) S. 363.

[6.18] *Schneider, F. E.:* Thermobimetalle. Grafenau: Expert-Verlag 1982.

7. Achsen und Wellen

Weitere Literaturhinweise zu Abschnitt 7.

[7.3] *Hänchen, R.; Decker, K.-H.:* Neue Festigkeitsberechnung für den Maschinenbau. München: Hanser-Verlag 1967.

[7.4] *Decker, K.-H.:* Maschinenelemente, Gestaltung und Berechnung. München/Wien: Hanser-Verlag 1982.

[7.5] *Puchner, O.:* Die Kerbwirkung scharfer Kerben bei Dauerbeanspruchung. Konstruktion 22 (1970) S. 471.

8. Lager

Zu Abschn. 8.1.3. Werkstoffwahl (S. 183)

Tafel 8.1. Werkstoffauswahl für hydrodynamische Gleitlager, Gegenüberstellung (S. 184)

Lfd. Nr.	TGL Kurzzeichen	DIN Kurzzeichen	Nr.	Härte HB bei 50°
1	Lg PbSn10	PbSb15Sn10	ISO 4381	16
2	Lg PbSn80	SnSb12Cu6Pb		20
3	G-CuSn4Zn6Pb3	G-CuSn5ZnPb	1705	60
4	G-CuSn7Zn4Pb6	G-CuSn7ZnPb		65
5	G-CuSn10	G-CuSn10		70
6	G-CuSn12	G-CuSn12		80
7	GVb-CuPb25	G-CuPb22Sn	1716	30
8	GVb-CuPb15Sn7	G-CuPb15Sn		60
9	GVb-CuAl9Fe3Mn2	nicht genormt		
10	G-CuMn12Al7Fe3Ni2	nicht genormt		
11	GGL-25	GG-25	1691	160 ... 180
12	Hgw 2088	Hgw 2088	7735	
13	PAG, PA 11	PA 6, PA 11	–	

Tafel 8.2. Auswahl metallischer Werkstoffe für Verschleißlager, Gegenüberstellung (S. 185)

Lagerwerkstoff	TGL Kurzzeichen	DIN Nr.	DIN Kurzzeichen
Magnesiumknetlegierung	MgMn2 F20 MgAl8Zn F30	1729/9715	MgMn2 F20 MgAl8Zn F31
Kupfer-Zink-Legierung (Messing)	CuZn40Pb2 F67	17660/17670	CuZn40Pb2 F62
Kupfer-Zinn-Legierung (Zinnbronze) (Gußzinnbronze)	CuSn8 F60 G-CuSn10Pb1	17662/17672 1705	CuSn8 F60 G-CuSn10
Kupfer-Aluminium-Legierung (Aluminiumbronze) (Gußaluminiumbronze)	CuAl11Ni F75 G-CuAl9Ni	17665/17672 1714	CuAl11Ni F75 G-CuAl9Ni
Lagermetall auf Zinngrundlage (Weißmetall)	Lg PbSn10 Lg PbSn9Cd	ISO 4381	PbSb15Sn10 PbSb14Sn9CuAs
Kupfer-Blei-Legierung (Gußbleibronze) (Gußzinnbleibronze)	G-CuPb25 G-CuPb15Sn7	1716	G-CuPb22Sn G-CuPb15Sn

Zu Abschn. 8.1.4. Schmierung (S. 185)

Bild 8.20 Viskositäts-Temperatur-Verhalten von Schmierölen, Gegenüberstellung (S. 186)

Benennung		DIN-Bezeichnung	ISO VG
1	Heißdampfzylinderöl	Schmieröl DIN 51510 – ZC	1500
2	Schmieröl GL 240	Schmieröl DIN 51517 – CLP 320	320
3	Schmieröl M 95	Schmieröl DIN 51501 – L-AN 150	150
4	Schmieröl R 50	Schmieröl DIN 51501 – L-AN 68	68
5	Uhrenöl Sorte 1	Schmieröl DIN 51501 – L-AN 32	32
6	Feinmechaniköl F 25	Schmieröl DIN 51501 – L-AN 15	15
7	Schmieröl R 5	Schmieröl DIN 51501 – L-AN 7	7
8	Feinstpassungsöl FPO	Schmieröl DIN 51501 – L-AN 5	5
9	Silikonöl OE 4011/200	nicht genormt	
10	Silikonöl MO/200	nicht genormt	

In der Tabelle sind die entsprechenden Öle nach DIN angeführt. Die Zuordnung ist jedoch nur mit Vorbehalt möglich, weil zum Teil erhebliche Unterschiede in den Eigenschaften bestehen. Zusätzlich sind aus DIN 51519 auch die Viskositätsklassen nach ISO festgehalten.

Zu Abschn. 8.2.3. Ausführungsformen der Wälzlager und ihre Anwendungen (S. 190)

Tafel 8.4. Tragzahlen für Rillenkugellager nach DIN 622 (Tragzahl in N) (S. 193)

Lager-kurzzeichen	C	C_0	Lager-kurzzeichen	C	C_0
623	375	176	6202	6000	3450
624	695	335	6203	7350	4300
625	865	440	6204	9800	6200
626	1290	695	6205	10800	6950
627	2500	1290	6206	15000	9800
629	2850	1460	6207	19600	13400
6200	3900	2200	6208	22400	15600
6201	5300	2900			

Weitere Literaturhinweise zu Abschnitt 8.

[8.13] *Lang, O.; Steinhilper, W.:* Gleitlager. Berlin/Heidelberg/New York: Springer-Verlag 1978.

[8.14] *Bartz, W.:* Gleitlagertechnik. Grafenau: Expert-Verlag 1981.

[8.15] *Detter, H.; Holecek, K.:* Der Reibungswiderstand und die Beanspruchung von feinmechanischen Lagern im Trockenlauf bei kleinen Gleitgeschwindigkeiten. Feinwerktechnik 74 (1970) S. 461.

[8.16] VDI-Richtlinie 2541: Gleitlager aus thermoplastischen Kunststoffen. Düsseldorf: VDI-Verlag 1975.

[8.17] VDI/VDE-Richtlinie 2252: Feinwerkelemente. Führungen. Übersicht, Bl. 2, 3, 4. Düsseldorf: VDI-Verlag 1970 bis 1980.

[8.18] *Spengler, G.; Wunsch, F.:* Schmierung und Lagerung in der Feinwerktechnik. Düsseldorf: VDI-Verlag 1970.

[8.19] *Hoffmann, M.:* Über Theorie und Anwendung von Luftlagern. Ind.-Anz. (1967) S. 1138.

[8.20] *Drescher, H.:* Gleitlager mit Luftschmierung. Z. VDI 95 (1953) S. 1182.

[8.21] *Eschmann, P.; Hasbargen, L.; Weigand, K.:* Die Wälzlagerpraxis. München/Wien: Oldenbourg-Verlag 1978.

[8.22] *Schard, L.:* Wälzlager in der Feinwerktechnik. Feinwerktechnik 72 (1968) S. 1.

[8.23] DIN-Taschenbuch 24: Wälzlager. Berlin/Köln: Beuth-Verlag 1981.

9. Geradführungen

Weitere Literaturhinweise zu Abschnitt 9.

[9.5] VDI/VDE-Richtlinie 2252: Feinwerkelemente. Führungen. Übersicht, Bl. 2, 3, 4, 8. Düsseldorf: VDI-Verlag 1970 bis 1980.
[9.6] *Breitinger, R.:* Lösungskataloge für Sensoren. T. 1: Federführungen und Federgelenke. Mainz: Krausskopf-Verlag 1976.
[9.7] *Angermeier, H.:* Federgelenke und Federgelenkantriebe. Feinwerktechnik 70 (1966) S. 553.

10. Kupplungen

Weitere Literaturhinweise zu Abschnitt 10.

[10.9] *Schalitz, A.:* Kupplungsatlas. 4. geänderte und erweiterte Aufl. Ludwigsburg: A.G.T.-Verlag G. Thum 1975.
[10.10] *Dittrich, O.; Schumann, R.:* Anwendungen der Antriebstechnik. Bd. II: Kupplungen. Mainz: Krausskopf-Verlag 1974.
[10.11] VDI-Richtlinie 2241 Bl. 1: Schaltbare fremdbetätigte Reibkupplungen und -bremsen. Düsseldorf: VDI-Verlag 1982.
[10.12] VDI-Richtlinie 2240: Wellenkupplungen. Düsseldorf: VDI-Verlag 1971.
[10.13] VDI/VDE-Richtlinie 2254: Feinwerkelemente. Drehkupplungen. Übersicht, Bl. 1, 2. Düsseldorf: VDI-Verlag 1966 bis 1978.
[10.14] *Mutz, G.:* Grundlagen für den Einsatz von Magnetkupplungen in der Feinwerktechnik. Feinwerktechnik 71 (1967) S. 374.
[10.15] *Stübner, K.; Rüggen, W.:* Kupplungen in der Feinwerktechnik. Feinwerktechnik 74 (1970) S. 77.

Zu Abschn. 11.3.4.7. Verzahnungstoleranzen, Getriebepassung (S. 243)

DIN-Verzahnungstoleranzsystem

Im Unterschied zu TGL RGW 641 und 642 ergibt sich nach dem DIN-Verzahnungstoleranzsystem der Betrag des Flankenspiels aus der Verringerung der Zahndicken bzw. Zahnweiten der beiden Räder (Zahndickenabmaße A_s, Zahnweitenabmaße A_W) und aus dem Achsabstandsmaß A_a.

Man unterscheidet das Drehflankenspiel j_t und das Normalflankenspiel j_n. Das Drehflankenspiel ist die Länge des Wälzbogens, um den sich jedes der beiden Zahnräder bei festgehaltenem Gegenrad von der Anlage der Rechtsflanken bis zur Anlage der Linksflanken drehen läßt. Seine Größe stellt sich im Stirnschnitt dar (s. Bild 11.18a). Zwischen j_n und j_t) gilt

$$j_n = j_t \cos \alpha_n \cos \beta = j_t \cos \alpha_t \cos \beta_b.$$

Die Größen A_s bzw. A_W und A_a sind im DIN-Verzahnungstoleranzsystem nach DIN 3961 bis 3967 zusammen mit zulässigen Fehlern am Zahnrad festgelegt (Rundlauffehler F_r, Teilungseinzelabweichung f_p usw.). Danach sind die Räder in 12 Verzahnungsqualitäten 1 bis 12 und die Achsabstandsabmaße in Achslagegenauigkeitsklassen eingeteilt. Zur Erzeugung des Flankenspiels liegt eine größere Anzahl von Feldern für Zahndicken- bzw. Zahnweitenabmaße vor, die analog zum Passungssystem für Rund- und Flachteile (s. Abschn. 2.3.2.) mit kleinen Buchstaben h, g, f, e, d usw. gekennzeichnet sind. Mit diesen Größen läßt sich ein Zahnrad, z.B. der Qualität 9 mit Zahndickenabmaß nach Feld d mit der Angabe 9d auf der Zahnradzeichnung in der Zeile „Verzahnungsqualität, Toleranzfeld" kennzeichnen. In DIN 58400 sind für Stirnradgetriebe der Feinwerktechnik in Anlehnung an DIN 3961 bis 3967 die Getriebepassungsauswahl sowie Toleranzen und Abmaße gesondert festgelegt. (Richtlinien zur Wahl des Flankenspiels siehe Abschnitt. 11.3.4.7.)

Zu Abschn. 11.3.6. Festigkeitsberechnung der Zahnräder (S. 245)

Die Berechnung der Tragfähigkeit von Verzahnungen ist in DIN 3990 T. 1 bis 10 genormt. In der derzeit geltenden Fassung fehlt der Teil 9, Richtwerte für die Festigkeit. Ein Entwurf aus dem Jahre 1970 wurde zurückgezogen.

Eine neue, sehr ausführliche und ins Detail gehende Berechnung liegt nur im Entwurf vor (E DIN 3990 T. 1 bis 4, Grundlagen für die Tragfähigkeitsberechnung von Gerad- und Schrägstirnrädern) und kann daher bis zur Herausgabe noch geändert werden.

Die Dauerfestigkeitswerte in E DIN 3990 für Zahnfußbeanspruchung und Hertzsche Pressung können als Richtwerte angesehen werden und sind in der nachstehenden Tabelle enthalten. Von den im Normentwurf angegebenen Festigkeitsbereichen wurden die Mittelwerte herausgegriffen.

Tafel 11.5. Angaben für Zahnradwerkstoffe (S. 249)

Werkstoff	Kurzzeichen	Zahnfußdauerfestigkeit σ_{SchG} ($\delta_{F\,lim}$) N/mm²	Dauerfestigkeit Hertz'sche Pressung p_D ($\delta_{H\,lim}$) N/mm²	Brinellhärte *HB*
Stahlguß	GS-60	145	360	175
Maschinenbaustahl	St 42	160	380	125
	St 50	170	410	150
	St 60	180	440	180
Vergütungsstahl	C 45	200	530	185
	42CrMo4	280	730	280
Einsatzstahl gehärtet	C 15	210	1400	637
	16MnCr5	420	1475	650
	20MnCr5	420	1475	650
	15CrNi6	420	1475	650
Gußeisen	GG-26	70	380	210
	GGG-50	180	480	200

Weitere Literaturhinweise zu Abschnitt 11.

[11.13] *Thomas, A. K.; Charchut, W.:* Die Tragfähigkeit der Zahnräder. München: Hanser-Verlag 1971.
[11.14] DIN 3961: Toleranzen für Stirnradverzahnungen.
[11.15] *Dittrich, O.; Schumann, R.:* Anwendungen der Antriebstechnik Bd. III. Getriebe. Mainz: Krausskopf-Verlag 1974.
[11.16] *Kiper, G.; Bruchwald, E.:* Katalog einfachster Getriebeformen. Berlin/Heidelberg/New York: Springer-Verlag 1982.
[11.17] *Reitor, G.; Hohmann, K.:* Konstruieren von Getrieben. Essen: Verlag Girardet 1970.
[11.18] *Gleitsmann, K.-H.:* Die Mechanik der Kettengetriebe. Konstruktion 21 (1969) S. 272.
[11.19] *Hachmann, H.; Stickle, E.:* Polyamide als Zahnradwerkstoffe. Konstruktion 18 (1966) S. 81.
[11.20] VDI-Richtlinie 2545: Zahnräder aus thermoplastischen Kunststoffen. Düsseldorf: VDI-Verlag 1981.
[11.21] DIN-Taschenbuch 173: Antriebstechnik 3. Zahnradkonstruktion. Berlin/Köln: Beuth-Verlag 1981.
[11.22] *Niemann, G.; Winter, H.:* Maschinenelemente. Bd. II. Berlin/Heidelberg/New York: Springer-Verlag 1981.

Gegenüberstellung der Standards TGL 10545/10546 und DIN 3990 zur Tragfähigkeitsberechnung von Stirnrädern **) (S. 247)

Bezeichnung	TGL 10545/10546 (Bild- und Tafelnummern gemäß Abschn. 11.3.6.3.)	E DIN 3990 (Bild- und Tafelnummern aus E DIN 3990; Gleichungen z. T. vereinfacht nach Decker [8])
Zahnfußtragfähigkeit Biegespannung	$\sigma_b = \frac{F_u}{bm_n} q_k q_\varepsilon \leqq \frac{\sigma_{SchG}{}^{*})}{S_D}$ σ_{SchG} Tafel 11.5; $S_D \approx 1{,}5$	$\sigma_{Fn} = \frac{w_{Ft}}{m_n} Y_{Fa} Y_\varepsilon Y_\beta \leqq \frac{\sigma_{F\,lim}}{S_{F\,min}}$ $\sigma_{F\,lim}$: DIN 3990 T. 3, Bild 7.1 bis 7.5 $S_{F\,min} = 1{,}5 \ldots 1{,}8$ [8]
Zahnformfaktor	$q_k = \frac{6h_q^* \cos \alpha'_{na}}{(s_q^*)^2 \cos \alpha_n}$ (Bild 11.23) $h_q^* = h_q/m_t$; $s_q^* = s_q/m_t$	$Y_{Fa} \mathrel{\hat{=}} q_k$ in TGL 10545 (DIN 3990 T. 3, Bild 3.6 und folgende)
Überdeckungsfaktor	$q_\varepsilon = 1/\varepsilon_\alpha$	$Y_\varepsilon = 0{,}25 + \frac{0{,}75}{\varepsilon_\alpha}$ für $\varepsilon_\alpha < 2$
Schrägenfaktor		$Y_\beta^{**})$ (DIN 3990 T. 3, Bild 6.1)
Spezifische Umfangskraft		$w_{Ft}^{**}) = wK_A K_v K_{F\alpha} K_{F\beta}$ mit $w = F_t/b$
Anwendungsfaktor		K_A (DIN 3990 T. 1, Tafel 4.1)
Dynamikfaktor		K_{v-C} (DIN 3990 T. 1, Bilder 5.5, 5.6)
Stirnlastverteilungsfaktor	q_L (Diagramm in TGL 10546) falls $q_L > q_\varepsilon$: q_L für q_ε einsetzen falls $q_L < q_\varepsilon$: mit q_ε rechnen	$K_{F\alpha}$ (nach [8]): $q_L = 0{,}4 + f_E/w$ mit w in N/mm; $f_E \approx k_e f_{pe} - 8$ (s. Tab. 21.10 in [8]) für $q_L < 0{,}5$: $q_L = 0{,}5$ setzen, für $q_L > 0{,}5$: $q_L = 1$ setzen. Dann gilt für $\varepsilon_\alpha \leqq 2$: $K_{F\alpha} = q_L \varepsilon_\alpha$ bei $q_L < 1/\varepsilon_\alpha$ $K_{F\alpha} = 1$ bei $q_L \geqq 1/\varepsilon_\alpha$
Breitenlastverteilungsfaktor		$K_{F\beta} \approx 1$ bei $b/m < 10$

Zahnflankentragfähigkeit Hertzsche Pressung im Wälzpunkt C	$p = y_C y_W y_\beta \sqrt{\frac{F_u}{bd_1} \frac{u+1}{u}} \leqq \frac{p_D}{S_D}$ p_D Tafel 11.5; $S_D \approx 1{,}5$	$\sigma_H = Z_H Z_E Z_\varepsilon Z_\beta \sqrt{\frac{w_{Ht}}{d_1} \frac{u+1}{u}} \leqq \frac{\sigma_{H\,lim}}{S_{H\,min}}$ $\sigma_{H\,lim}$: DIN 3990, T.2, Bilder 7.1 bis 7.5 $S_{H\,min} \geqq 1{,}25$ für $z_1 > 20$; $S_{H\,min} \geqq 1{,}4$ für $z_1 \leqq 20$ [8]
Wälzpunktfaktor	$y_C = \sqrt{\frac{\cos\beta_b}{\tan\alpha_{tw}\cos^2\alpha_t}}$ (Bild 11.24)	
Zonenfaktor		$Z_H = \frac{1}{\cos\alpha_t}\sqrt{\frac{2\cos\beta_b}{\tan\alpha_{tw}}}$ (DIN 3990 T.2, Bild 3.1 und folgende)
Werkstoffaktor	$y_W = \sqrt{\frac{1}{\pi(1-\nu^2)} \frac{2E_1E_2}{E_1+E_2}}$ (Tafel 11.6)	$Z_E = \frac{y_W}{\sqrt{2}}$ in TGL 10545 (DIN 3990 T.2, Tafel 4.1)
Zahnlängenfaktor	$y_\beta = \sqrt{\frac{b}{l_{min}\cos\beta_b}}$ (Bild 11.25)	
Überdeckungsfaktor		$Z_\varepsilon = \sqrt{\left[\frac{4-\varepsilon_\alpha}{3}(1-\varepsilon_\beta) + \frac{\varepsilon_\beta}{\varepsilon_\alpha}\right]}$ für $\varepsilon_\beta < 1$ (DIN 3990 T.2, Bild 5.1)
Spezifische Umfangskraft		w_{Ht}**) $= wK_AK_vK_{H\alpha}K_{H\beta}$ mit w, K_a, K_v wie bei Zahnfußtragfähigkeit
Schrägenfaktor		$Z_\beta = \sqrt{\cos\beta}$ (DIN 3990 T.2, Bild 6.1)
Stirnlastverteilungsfaktor		$K_{H\alpha} = 1 + 2(q_L - 0{,}5)(1/Z_\varepsilon^2 - 1)$ mit q_L wie bei Zahnfußtragfähigkeit (nach [8])
Breitenlastverteilungsfaktor		$K_{H\beta} \approx K_{F\beta}$
	*) Bei ungehärteten Rädern mit $m < 1$ mm kann näherungsweise σ_{bw}/S_D mit $S_D = 2 \ldots 3$ gesetzt werden.	**) Bei Stirnrädern mit Modul <1 mm und mit Modul $\geqq 1$ mm mit $b/m < 10$ können die Faktoren Y_β, K_A, K_v, $K_{F\alpha}$, $K_{F\beta}$, $K_{H\beta}$ und $K_{H\alpha}$ in erster Näherung gleich Eins gesetzt werden. Für diesen Fall sind also die beiden hier dargestellten Berechnungsvorschriften angenähert gleichwertig (Rechnung nach Abschn. 11.3.6.3).

Sachwörterverzeichnis

Abbildungsmaßstab 53
Abbrand 91
Abdichtung 200
Abmaß 25
Abplattung 73
Abstraktion 13
Abwälz/bewegung 204
-fräsen 239
Achsabstand 238, 256
Achsabstandsabmaß 243
Achse 163
Achsen/durchmesser 163
-winkel 259
Aderleitung 133
Aluminium 45
-legierungen 68
Ankerbewegung 15
Anlage/bund 81
-fläche 103
Anlaufmoment 188
Anzugsmoment 110
Äquivalentlast 196
Arbeits/programm 13
-stufen 12
Aufbereitungsphase 15
Aufgabenstellung 14
-, präzisierte 14
Aufgabenteilung 19
Auflagefläche 113
Auflager/größe 60
-reaktion 59, 83
Augenschraube 106
Ausfallquote 42
Ausgleichskupplung 216
Austauschbarkeit 40
Austauschbau 17
Autogenschweißen 86
Automatenstahl 45
Axial/faktor 195
- Kugellager 192
-lager 173, 177
- Rastgesperre 51
- Rollenlager 192
-spiel 203

Bach, Überschlagsrechnung nach 246
Bandleitung 137, 140
Baustahl 45, 67
Bauteildimensionierung 52
Bauweise, elastische 43, 48
Beanspruchung 64
Beanspruchungsart 71
Bearbeitungs/spuren 32
-verfahren 32
Befestigungsschraube 104
Belastung 66
Belastungsfall 66
Benetzung 63
Betriebs/achsabstand 242, 256
-drehzahl 170, 176
-eingriffswinkel 242, 256
-kraft 111
Bewegungs/schraube 104
-umkehr 229
-widerstand 174
Bezugsprofil 237
Biege/feder 149
-federgelenk 206
-festigkeit 67
-beanspruchung 64, 74
-kante 129
-linie 78
-moment 63, 74
-radius 128
-steifigkeit 77
-wechselfestigkeit 68
Biegung 63, 71, 74
Bildschirmgerät 16
Bimetall 159
-feder 159
Blattfeder 149
Blechschraube 106
Bogenzahn 234
Bohrreibung 173
Bohrung 25, 34
Bohrungskennziffer 193
Bolzen 116
Bolzenkupplung 217
Bördeln 127
Bordscheibe 266
Brechbolzenkupplung 224
Buchsenleiste 135
Buckelschweißen 86
Bügelelektrode 139
Bündelverdrahtung 138

Dauerfestigkeit 69, 248
Dauerfestigkeitsschaubild 69
Deckstein 201, 205
Dehnung 66, 70, 75
Dehn/grenze 67
-schraube 113
Dichtring 200
Dichtung 200
Diffusions/schweißen 86
-löten 95
Dimensionierung, festigkeitsmäßige 69
Dimensionierung 19
Dokumentation 15
Doppel/falz 128
-passung 18
-schelle 121
Drehen 33
Dreh/elastizität 219
-moment 58, 79
Drehmomentstoß 219, 221
Drehfeder 150
Drehmomentschlüssel 107
Drehschwingung 169, 214
Drehteile 21
Drehwinkeltreue 217
Drehzahl/faktor 196
-plan 257
Drehzahl, kritische 170, 219
Dreigelenkbogen 55
Drillungswiderstand 76, 79
Druck 71
Druck/beanspruchung 65, 73
-faser 65
-feder 149
-mittelgetriebe 230
Durch/biegung 77, 168
-steckschraube 108
-zug 125
Dynamik 52
Dynamoblech 46

Ebenheitstoleranz 31
Edel/metall 45
-stein 201
Einbaulage 18
Einbetten 99
Einbettungsteil 99
Eingriff 233
Eingriffs/bogen 234
-flankenspiel 242
-linie 238
-strecke 238

Eingriffs
–teilung 238, 256
–winkel 237, 256
Einheits/bohrung 27, 34, 38
–welle 27, 34, 38
Einheitensystem, Internationales 52
Einlegeteil 119
Einlochbefestigung 114
Einpressen 100
Einrollen 128
Einsatzstahl 46, 68
Einscheibenkupplung 223
Einschraub/länge 108
–tiefe 113
Einspannung 55, 61
Einspreizen 123
Eintourenkupplung 226
Einzeleingriffspunkt 238, 250
Einzeltoleranz 40
Eisen 45
–gußwerkstoff 46
Elastizitäts/grenze 69
–modul 67, 72
Elektrogewinde 104
Entwicklungsprozeß, konstruktiver 11
Entwicklungsstand 15
Entwurf, technischer 14
Entwurfsberechnung 69
E-Reihe, internationale 25
Ergonomie 19
Erprobungsbericht 13
Ersatzzähnezahl 245, 251
Erzeugnis/entwicklung 13
–kosten 12
Euler-Hyperbel 73
Evolvente 236
Evolventen/funktion 242
–profil 233
Exzenter 44, 121

Falzen 127
Faser, neutrale 75
Feder 146
–arbeit 148
–berechnung 148
–ende, Gestaltung 155
–gelenk 206
–gelenkführung 211
–haus 152, 162
–kennlinie 146
–kern 162
–konstante 111, 148
–lager 206
–paket 157
–ring 114
–säule 157
–scheibe 114
–stahldraht 147
–steife 148, 169
–system 156
–verbindung 119
–vorspannung 154
–weg 146
–werkstoff 147
Fein/gewinde 105
–schweißen 90
Fertigungs/dokumentation 13
–muster 13
–reife 13
–spiel 182
–verfahren 27
Festigkeits/klasse 111
–lehre 52, 65
Festkörper/reibung 175
–schmierstoff 187
Festlager 55, 61, 198, 173
Filzring 189, 200
Flachformfeder 151
Flachsteck/armatur 136
–verbindung 134
Flach/riemen 262
–rundniet 123
–verdrahtung 139, 140
Flächen/last 52
–pressung 71, 179
–trägheitsmoment 75
Flanken/spiel 50, 243
–pressung 249
–winkel 237
Fliehkraftkupplung 224
Fließgrenze 67
Fließlöten 93
Fluchten 216
Flügelmutter 107
Flüssigkeitsreibung 175
Flußmittel 93
Form/elemente 18
–faktor 70
–kabel 139
–schluß 85, 96, 99
–toleranz 31
–zahl 70, 166
Fräsen 33
Freigabe 13
Freilaufkupplung 225
Freimachen 55
Freimaßtoleranz 30
Freiverdrahtung 140
Fugenpressung 101
Füge/spiel 102
–temperatur 102
Fügungscharakter 34
Führung 173
– –, einstellig 208
– –, geschlossen 208
– –, offen 208
– –, zweistellig 208
Führungs/bahn 208
–getriebe 231
–länge 207
Funktion 12, 19
Funktions/muster 13
–gruppe 244
–struktur 14
Fußkreisdurchmesser 256

Ganghöhe 104
Gangzahl 259
Gasschweißen 89
Gebilde, technisches 17
Gebrauchswert 12
Gegenmutter 114
Gegenprofil 237
Gelenk 55, 218, 229
Gelenkkupplung 217
Genauigkeitsgrad 30
Geradführung 44, 207
Geradzahn 234
Gerätesteckverbinder 138
Gesamt/funktion 15
–spannung 80
–übersetzung 257
Geschwindigkeitsplan 257
Gestaltänderungshypothese 81
Gestalten 17
– –, montagegerechtes 21
– –, passungsgerechtes 43
– –, toleranzgerechtes 43
– –, Vorgehensweise 22
Gestaltfestigkeit 248
Gestaltungs/richtlinien 17
–phase 15
–prinzipien 29
Getriebe/arten 229
–passungen 243
–welle 81
Gewinde 104
– –, metrisches 104
– –, spielfreies 44
Gewinde/auslauf 114
–buchse 113
–kraft 60
–nenndurchmesser 109
–reibmoment 110
–stift 106
–tiefe 108
Gleichganggelenk 218
Gleich/gewicht 52
–gewichtsbedingungen 59, 62
–lauf 221
Gleitfeder 119
Gleitführung 207
Gleitlager 174
– –, Entwurfsberechnung 182
– –, Gestaltung 182
– –, hydrodynamisches 179
– –, wartungsfreies 184
Gleitlagertheorie 178

Gleitmodul 72
Gleitreibung 173
Glied 229
Globoid 233
Globoid/rad 259
-schnecke 259
Graphit 187
Grauguß 46, 68, 249
Grenzlastspielzahl 68
Grenzmaß 26
Grenzzähnezahl 239
Größtmaß 25, 34
Grundformen 18
Grundgesetz, dynamisches 52
Grundkreis 236
Grundkreisdurchmesser 256
Grundreihen 23, 24
Grundtoleranzen 24, 26
Gummifeder 158
Gummifederkupplung 220
Gummihärte 156
Gummischlauchleitung 133
Gußeisen 46, 68, 249

Haft/beiwert 103
-maß 101
Halb/fabrikat 45
-rundniet 123
-zeug 20
Halskerbstift 116
Hartlöten 93
Hartlötverbindung 95
Haupt/funktion 22
-wert 23
Hebelarm 58
Heizelementschweißen 92
Herstellung 19
Hertzsche Gleichung 202
Hertzsche Pressung 71, 202
Hobeln 33
Hochfrequenzleitung 133
Hohl/niet 123
-keil 119
-welle 80
Honen 33
Hookesches Gesetz 66, 72, 79
Horizontalkraft 54
Horizontallager 202
Hülsenkupplung 215
Hutmutter 99, 107
Hyperm 46
Hypoidgetriebe 259

Impulsschweißen 86
Informations/speicherung 16
-umfang 14
Infrarotlöten 137
Innen/maß 26
-ring 190
Instandhaltung 19
Instrumentenlager 193
Involut (inv) 242
ISO-Gewinde 104
ISO-Paßsystem 34
ISO-Toleranzen 26
IT-Reihen 24, 26
Istabmaß 25
Istmaß 26

Justage 43

Kabel/baum 139
-kordriemen 264
-schuh 134
-verdrahtung 139
Käfig 190, 210
Kalotte 202
Kalottenlager 188
Kalt/gerätestecker 137
-preßlöten 94
Kanalverdrahtung 139
Kantenpressung 169, 178
Kegel/feder 155
-kupplung 223
-radgetriebe 232, 258
Kegel/rollenlager 192
-stift 117
Kehlnaht 90
Keil/riemen 263
-riemengetriebe 263
-schubgetriebe 230
-verbindung 116
-welle 119
Keramik 47
Kerb/nagel 116
-stelle 171
-stift 117
-wirkung 69, 113, 164, 247
-wirkungszahl 70, 167
Kern/durchmesser 109
-querschnitt 109
Kettengetriebe 267
Kipp/achse 60
-moment 60
Kitt 98
-fuge 98
-verbindung 98
Klauenkupplung 216
Klebstoff 97
Klebverbindung 96
Kleinstmaß 25, 34
Klemm/feder 151
-fuge 121
-leiste 134
-ring 122
-verbindung 121, 134
Knebelkerbstift 116
Knick/beanspruchung 73
-länge, freie 73
-sicherheit 71, 73
-spannung 73
Knickung 71
Knotenpunkt 56
Koaxialkabel 132
Kolophonium 93
Kondensatorimpulsschweißen 86
Konstruieren 11
– –, Ablauf, Methoden 12
Konstruktions/aufgaben 11
-arbeit, Grundlagen 17
-dokumentation 15
Kontakt/art 134
-element 130
-feder 20
-winkel 203
Kontaktierung 137
Kontrolle 19
Kopf/kreisdurchmesser 256
-kürzung 243
-spiel 237
-überschneidverfahren 239
Koppel/getriebe 230
-rastgetriebe 229
Körnerlager 203
Korrosion 22
Kosten 19, 22, 27
Kraft 52
-eck 57
–, eingeprägte 63
-leitung 19
-maßstab 53
–, resultierende 56
-schluß 85
-system, allgemeines 57
– –, zentrales 56
-vektor 56
Kräfte/paar 58
-parallelogramm 56
-plan 57
Kreis/evolvente 236
-formtoleranz 31
Kreuz/federgelenk 206
-gelenkkupplung 218
-lochmutter 107
-scheibenkupplung 217
Kriechneigung 187
Kronenmutter 107
Kugel/gelenkkupplung 218
-lager 191
Kupferlegierung 69
Kupplung 214
Kurvengetriebe 230
Kutzbachplan 257

Labilität 19
Lacksicherung 116
Lager/buchse 178, 183
-deckel 142
-passung 182

-schraube 201
-senkung 203
-spiel 176
-stein 201
-temperatur 182
-werkstoff 183
-zapfen 177, 202
Lage/plan 56
-sicherung 21, 85
-toleranz 31
Lagerung, spielfreie 200
Lamelle 222
Lamellenkupplung 222
Längenmaße 30
Längs/keil 118
-kraft 63
-lager 173
-presspassung 101
-stift 117
Lappen 127
Läppen 33
Last, ruhende 66
Lastfall 81
Lastspielzahl 68
Lastwechsel 66
Lastverteilung 247
Lauf/fläche 178
-geräusch 188
Laufwerkgetriebe 245
Lehrenbau 27
Leichtbau 19, 80
Leichtmetall 45
Leistungsgetriebe 245, 252
Leiterplatte 141
Leiterwerkstoff 46
Leitung, gedruckte 132
Leitungsdichte 139
Leitungsebene 141
Leitungsverbindung, elektrische 130
Lichtbogenpunktschweißen 137
Lichtbogenschweißen 86, 89
Lichtstrahllöten 137
Linie, elastische 78
Linienberührung 72
Linsenhalsschraube 115
Linsenniet 123
Lochabstand 30
Lochlager 178
Lochleibung 118, 124
Lochstein 201, 205
Lösungs/ansatz 14
-findung 12
Losgröße 43
Loslager 55, 61, 173, 199
Lot 92
Löt/fahne 21
-fett 93
-kerbe 96
-spalt 96
-verbindung 92, 95
-verfahren 93
-wasser 93
Lückenweite 234
Luftlager 209

Magnetkupplung 222
Malteserkreuzgetriebe 229
Maßangabe 26
Maße 25
– –, freitolerierte 30
– –, ohne Toleranzangabe 30
Maß/bezugslinie 38
-kette 38
-stab 53
-toleranzfeld 26
Maximum-Minimum-Methode 40
Mehrfachpaßstelle 44
Mehrlagenleiterplatte 141
Membran 219
Membrankupplung 219
Meßfeder 148
Minderungsfaktor 90
Mindestführungslänge 207
Miniaturwälzlager 193
Mischreibung 175
Mitnehmer/ 119
-bolzen 216
-kupplung 217
Mittelspannung 69
Mittenrauhwert 32
Mittensteigungswinkel 260
Mittentoleranz 31
Modul 235, 256
Modulreihe 235
Molybdändisulfid 187
Moment 58
Moment/begrenzung 224
-verlauf 78
Momentdiagramm 65
Mutter 104
Mutter/formen 107
-höhe 108

Nabenverbindung 85
Nachstellbarkeit 43
Nadellager 102
Naht/anhäufung 92
-schweißen 86
Nasenkeil 119
Nebenfunktion 22
Neigung 168
Neigungswinkel 181
Nenn/abmaß 28
-durchmesser 109, 112
-maß 25
-maßbereich 26
Neuentwicklung 14
Neutrale 75
Nichteisenmetalle 45
Nichtmetalle 45
Niet/form 123
-kopf 125
-querschnitt 125
-verbindung 123
Nietverbindung, Gestaltung 125
– –, Berechnung 124
– –, einschnittige 124
– –, zweischnittige 124
Nietzapfen 125
Nomenklaturstufen 12
Normal/modul 245
-schnitt 244
-spannung 66
-teilung 244
-verteilung 43
Normzahlen, -maße 23
Notlaufeigenschaft 184
Null/achsabstand 256
-getriebe 241
-linie 25
-räder 241
-serie 13

Oberflächen/güte 32
-rauheit 32
-zeichen 33
Ofenlöten 93
Ölsenkung 188, 201
Optimierung 12
Ordnen 13
Öse 125

Paketkordriemen 264
Parallelitätstoleranz 31
Parallel/spaltschweißen 137
-stoß 88
Paß/feder 119
-schraube 108
-stelle 43
-stift 114
-system 34
-toleranz 34, 102
-toleranzfeld 35
Passung 24, 36, 101
Passungsart 34
Passungsauswahl 36, 38
Pendel/kugellager 191
-rollenlager 192
Permaloy 46
Pfanne 204
Pfeilzahn 234
Pflichtenheft 13
Phenolformaldehydharz 68
Planetengetriebe 232
Plaste 46, 68
Platine 177, 254
Platinenbauweise 255
Plotter 16

Poissonsche Zahl 70
Polstrahl 56
Poly/amid 68, 183
–chloropren 266
–oximethylen 68
–styrol 68
–tetrafluoräthylen 184
–urethan 266
Polyvinylchlorid 68
Polygoneffekt 262, 267
Präzisieren 13
Pressen 33
Preß/fugenfläche 103
–fugenlänge 101
–passung 34
–schweißen 86
–stoff 99
–verbindung, Berechnung 101
– –, konstruktive Gestaltung 104
Pressung, maximale 72
Pressungsbeiwert 101
Preßverbände 100
Prinzip, technisches 14
Prismenführung 209
Produktionsfreigabe 13
Profil/bezugslinie 240
–form 235
–überdeckung 234, 238, 242, 256
–verschiebung 240
–verschiebungsfaktor 240
–welle 119
–wellenverbindung 85
Proportionalitätsgrenze 66, 73
Punkt/berührung 72
–last 195
–schweißen 86, 138

Qualität 26
Qualitätsstahl 46
Quer/kraft 63
–kraftdiagramm 172
–lager 173
–preßpassung 101
–stift 117
–verkürzung 70
–zahl 70, 72, 202

Radial/dichtring 200
–faktor 195
–lager 173
Räder/kette 232
–koppelgetriebe 229
Rändel/mutter 107
–schraube 106
Rastvorrichtung 48
Rauheit 32
Rauhtiefe 33
Räumen 33
Reaktions/kraft 63
–löten 95
–prinzip 54
Reiben 33
Reib/fläche 227
–körpergetriebe 230
–löten 95
–moment 174
–paarung 227
–richtgesperre 225
Reibschweißen 92
Reibstoffe 227
Reibung 173
Reibungs/kupplung 222
–zustand 174
Reibwert 174, 227
Reihe, abgeleitete 23
Relais 15
Reproduktionsprozeß 11
Resultierende 56
Richtgesperre 225
Richtungskoeffizient 39
Riemen 262
–getriebe 261
–scheibe 262
–werkstoff 262
Rillenkugellager 191
Ring/kette 267
–schmierlager 183
–schmierung 181
–schraube 106
Rippe 77
Risikofaktor 43
Ritzelwelle 253
Rohrführung 208
Roll/bahn 189
–körper 189
–reibung 173, 189
–widerstand 189
Rollen/führung 209
–kette 267
Rück/holfeder 153
–stellfeder 151
–verdrahtung 140
Rund/gewinde 104
–laufabweichung 243
–steckverbinder 136
–wert 24
–wertreihen 24
Rutsch/kraft 101
–kupplung 224

Sägengewinde 104
Schadensfälle 245
Schälbeanspruchung 98
Schalenkupplung 215
Schalt/draht 132
–kupplung 214, 221
–litze 132
–weg 222
–zeit 222
Scheibenfeder 119
Scheibenkupplung 215
Schelle 121
Schenkelfeder 152
Scherbeanspruchung 65, 71
Scherung 71
Schiebung 22
Schiefstellung 181
Schlangenfederkupplung 221
Schlankheitsgrad 73
Schließkopf 123
Schlingfederkupplung 225
Schlitzmutter 107
Schlupf 265
Schlußmaß 39
Schlußtoleranz 39
Schmelzschweißen 89
Schmieden 33
Schmier/druck 175
–fett 187
–film 176
–öl 186
–ring 182
–schichtdicke 180
–spalt 179
–stoff 175, 185
–stoffmenge 181
Schmierung 185, 200, 254
Schmierung, hydrodynamische 176
Schnecke 259
Schnecken/getriebe 233, 259
–rad 259
Schneide 204
Schneidenlager 204
Schneidschraube 106
Schnittreaktion 63, 83
Schräg/kugellager 191
–stoß 97
–zahn 234
–zahnrad 244
Schrägungswinkel 244
Schränken 129
Schraube 104
–, längsbelastet 106
–, querbelastet 106
Schrauben/ende 107
–feder 150, 154
–form 106
–getriebe 230
–kegelradgetriebe 259
–linie 104
–rad 260
–schaft 108
–stirnradgetriebe 232, 260
Schraubenverbindung, Berechnung 107
–, konstruktive Gestaltung 22, 113
–, Sicherung der 114
Schubmodul 72

Schubspannung 66, 71, 79
Schulterkugellager 192
Schutzgaslöten 96
Schwalbenschwanzführung 44, 209
Schwallöten 93, 137
Schwankungsweite 68
Schweißbarkeit 89
Schweiß/elektrode 89
–konstruktion 92
–naht 90
–nahtberechnung 91
–nahtspannung 91
–verbindung 86
–verfahren 87
Schwellast 66
Schwellfestigkeit 68, 248
Schwenkrahmen 143
Schwermetall 46
Schwerpunkt 60, 75, 79
Schwingungsminderung 220
Sechskant/mutter 107
–paßschraube 106
–schraube 106
Seil 55
Seileckverfahren 57
Seilrolle 144
Selbstreinigungseffekt 136
Selbstsperrung 260
Senkniet 123
Senkschraube 106
Serienfertigung 13
Shore-Härte 158
Sicherheitsfaktor 69
Sicherungs/blech 115
–ring 122, 199
–scheibe 122
Sicken 77, 127
SI-Einheiten 52
Sinter/bronze 188
–eisen 188
–lager 188
Smith-Diagramm 69
Sommerfeld-Zahl 182
Sonderstahl 46
Spann/band 206
–bandlagerung 151, 206
–rolle 261, 264
–stift 117
Spannung 66
–, ertragbare 69
–, zulässige 69
–, zusammengesetzte 80
Spannungs-Dehnungs-Diagramm 67
Spannungs/querschnitt 108, 112
–zustand 66
Speicher 16
Spiel 34, 203
Spielfreiheit 44, 50, 200, 211, 217
Spielpassung 34
Spiralfeder 150
Spitzenlager 202
Spreiz/mittel 122
–verbindung 122
Spreng/niet 125
–ring 122
Sprungüberdeckung 244
Spur/fläche 178
–platte 194
Stab 54
Stabfederkupplung 221
Stabilität 19, 52
Stahl 45, 67
Stahlguß 46
Stahlprofile 20
Stand/getriebe 231
–moment 60
–sicherheit 60
Statik 52
Stauchung 74
Stecker 134
Steckerleiste 134
Steck/hülse 136
–verbindung 134
Steg 231
Steigung 104, 108
Steinerscher Satz 75
Steinlager 201
Stiftschraube 106
Stiftverbindung, Berechnung 117
–, Gestaltung 118
Stirn/lauftoleranz 39
–modul 245
–radgetriebe 232
–schnitt 244
–teilung 244
Stockpunkt 187
Stoffschluß 85
Stoßarten 88
Stoßsicherung 205
Streckenlast 52, 62
Streckgrenze 67, 250
Streuung, relative 43
Stribeck-Diagramm 175
Struktur 12, 14
Strukturplan 54
Stückzahl 18
Student-Verteilung 43
Stufensprung 23, 27
Stufenübersetzung 257
Stumpfnaht 90
Stumpfstoß 88
Stützlager 173, 199
Symmetrietoleranz 31
Synchronisiereinrichtung 222

T-Stoß 88
Tangentialspannung 66, 79
Tauchlöten 93
Teilkegelwinkel 259
Teilkreis 234
Teilkreis/durchmesser 234, 256
–teilung 256
Teilübersetzung 257
Teilung 234
Teilungsabweichung 243
Teilverfahren 239
Tellerfeder 157
Temperaturdehnung 38, 102
Temperguß 46
Tetmayersche Gleichung 74
Thermobimetall 159
Toleranzen 21, 25, 243
Toleranz/angabe 26
–einheit 26
–feld 28
–feldgröße 26
–feldlage 27
–fortpflanzungsgesetz 41
–kette 38
–mittenabmaß 41
–mittenmaß 40
–raum 31
–rechnung 39
–reihe 26
Torsion 71, 79
Torsions/band 153
–beanspruchung 65
–draht 153
–feder 150, 153
–moment 79
–schwingungen 169, 214
–spannung 79
–steifigkeit 80
Traganteil 120
Träger 55, 61
Tragfähigkeit 247
–, dynamische 194
–, statische 197
Trägheitsmoment 75
Trägheitsachse 75
Tragtiefe 109
Tragzahl 195
Trapez/feder 149
–gewinde 104
Triebfeder 152
Trockenreibung 175
Tropfenverhalten 187

Über/bestimmung 44
–deckung 239, 242, 256
–gangsdrehzahl 176
–gangspassung 34
–lappstoß 88
Überlastsicherung 224
Übermaß 35, 101
–grenze 102
–verlust 102
Übersetzung 256

Übertragungs/funktion 229
–getriebe 229
Uhrenöl 187
Uhrwerksverzahnung 235
Ultraschallschweißen 86
Umfangslast 195
Umlauf/biegung 166
–faktor 195
–rädergetriebe 231
–schmierung 181
Umlenkrolle 261
Umschlingungswinkel 265
Ungleichmäßigkeitsgrad 218
Unstetigkeitsstelle 64
Unterschnitt 239
Unwucht 169

V-Getriebe 242
V-Minusrad 241
V-Null-Getriebe 241
V-Plusrad 241
Variantenauswahl 13
Veränderung, stoffliche 86
Verbindung 85
– –, formschlüssige 85
– –, kraftschlüssige 85
– –, lösbare 85
– –, stoffschlüssige 85
– –, unlösbare 85
Verbindungs/elemente 85
–verfahren 85
Verdrahtung 138, 139
Verdreh/festigkeit 67
–flankenspiel 243
–fließgrenze 67
–sicherung 126
–winkel 80
Verdrehung 79
Verdrillung 168
Vergleichsspannung 81, 164
Vergütungsstahl 46, 67
Verkanten 207
Verlustleistung 174
Verpressen 101
Verschleiß 173
–lager 176
Versagensspannung 69
Verschlußscheibe 122
Verschlußschraube 106
Versetzungsmoment 59
Verspannung, radiale 50
– –, tangentiale 54
Verspannungsdreieck 110
Vertikal/lager 202
–kraft 54
Verzahnung 233
–, spielfreie 50
Verzahnungs/gesetz, erstes und zweites 233
–größen 237
Vierkantmutter 107
Viskosität 179, 186
Vorspannkraft 107, 110
Vorzugs/maße 23, 24
–passungen 36
–toleranzen 28
–zahlen 23, 24

Wahrscheinlichkeitstheorie, Toleranzberechnung nach der 42
Walzen 33
Wälz/fräsen 239
–führung 209
–körper 190, 209
–körperführung 209
–kreis 236
–lager 122, 189
–lager, Bauform 191
–lager, Einbau 38, 198
–lagersitz 170
–punkt 233
–punktfaktor 249
–reibung 173
–zylinder 234
Wärmeleitvermögen 184
Warmgerätestecker 136
Warmspiel 182
Wasseraufnahme 38
Wechselfestigkeit 68
Wechsellast 66
Weichlöten 93
Weichlötverbindung 95
Welle 34, 80, 163
Wellendurchmesser 164
Werkstoff 19, 45
Werkstoff/auswahl 45
–eigenschaften 66
–faktor 249
–kenngrößen 67
Werkzeugstahl 46
Wickelverbindung 135
Widerstands/löten 94, 137
–moment 75, 79
–schweißen 86
Winkel 20
Wirkfläche 18
Wirkprinzip 18
Wirkungslinie 58
Wöhler-Kurve 68

Zähigkeit 186
Zahlenreihe 23
Zahnbreite 234, 244
Zahndicke 234
Zahndickenabmaß 243
Zahnweitenabmaß 243
Zähnezahl 234
Zahn/flanke 233, 237
–flankentragfähigkeit 247
–fußhöhe 234
–fußtragfähigkeit 247
–höhe 234
–kette 267
–kopfhöhe 234
–kraft 245
–kranz 253
–kupplung 219
–längenfaktor 250
–profil 233
Zahnrad, Gestaltung 253
–, Spielfreiheit 50
–getriebe 231
–werkstoff 249
Zahnriemengetriebe 265, 266
Zahn/scheibe 114, 266
–stange 237
Zahnstangengetriebe 232
Zapfen 178
Zapfenwerkstoff 183
Zeichenautomat 16
Zeigerwelle 194
Zeitfestigkeit 68
Zentrierbund 21
Ziehen 33
Zug 71
–beanspruchung 65, 70
–faser 65
–feder 149
– –, Dimensionierung 161
–festigkeit 67
–mittel 261
–mittelgetriebe 230, 261
Zwangszustand 18
Zweckform 20
Zweiflankenanlage 50
Zykloide 235
Zylinder/führung 208
–rad 259
–rollenlager 191
–schnecke 259
–schraube 106
–stift 116

GPSR Compliance

The European Union's (EU) General Product Safety Regulation (GPSR) is a set of rules that requires consumer products to be safe and our obligations to ensure this.

If you have any concerns about our products, you can contact us on ProductSafety@springernature.com

In case Publisher is established outside the EU, the EU authorized representative is:

Springer Nature Customer Service Center GmbH
Europaplatz 3
69115 Heidelberg, Germany

Batch number: 10584556

Printed by Printforce, the Netherlands